新型数码、高清、平板彩电保护电路速修图解

孔刘合　主编

机 械 工 业 出 版 社

本书以图文并茂的方式介绍了海信、长虹、康佳、TCL、创维、海尔新型数码、高清和平板彩电近90多种机心、机型的保护电路原理图解和维修提示。本书图中对各种保护电路的工作原理做出通俗易懂的分析和标注，绘出了保护电路和开关机控制电路信号走向和控制与保护电压的高低变化。书中还提供了切实可行的维修方法和维修步骤，在复杂的保护电路中，指出判断保护电路是否启动的测试点和解除保护的切入点，同时介绍了240多个保护电路的维修实例，为读者快速理解新型数码、高清和平板彩电保护电路的工作原理提供方便，为快速排除新型数码、高清和平板彩电保护故障提供帮助。

本书除了适合家电维修人员、无线电爱好者维修新型彩电参考外，还可供中等职业学校学生阅读和学习。

图书在版编目（CIP）数据

新型数码、高清、平板彩电保护电路速修图解/孔刘合主编. —北京：机械工业出版社，2014. 4
ISBN 978-7-111-45882-1

Ⅰ. ①新… Ⅱ. ①孔… Ⅲ. ①数字电视-彩色电视机-保护电路-维修-图解②高清晰度电视-彩色电视机-保护电路-维修-图解③平板电视机-彩色电视机-保护电路-维修-图解 Ⅳ. ①TN949. 1-64

中国版本图书馆CIP数据核字（2014）第030277号

机械工业出版社（北京市百万庄大街22号 邮政编码100037）
策划编辑：刘星宁 责任编辑：江婧婧
版式设计：常天培 责任校对：李锦莉
封面设计：陈 沛 责任印制：刘 岚
北京京丰印刷厂印刷
2014年5月第1版·第1次印刷
184mm×260mm·22. 25印张·1插页·562千字
0 001—3 000册
标准书号：ISBN 978-7-111-45882-1
定价：59. 80元

凡购本书，如有缺页、倒页、脱页，由本社发行部调换

电话服务	网络服务
社服务中心：（010）88361066	教材网：http://www.cmpedu.com
销售一部：（010）68326294	机工官网：http://www.cmpbook.com
销售二部：（010）88379649	机工官博：http://weibo.com/cmp1952
读者购书热线：（010）88379203	**封面无防伪标均为盗版**

前 言

保护电路的检修，是彩电维修中比较复杂的维修技术，一是发生故障时，保护电路启动，进入关机或黑屏状态，无法看到故障的真实现象；二是保护检测电路延伸到电视机的电源、行输出、场输出、主板、背光灯板电路，有的电视机保护电路的电路图绘制不衔接，造成保护电路的绘制分析困难；三是保护电路形式千差万别，不同的电路和厂家，设计的保护电路不同，检测电路不同，保护控制原理不同，保护后的故障现象也不同，给分析和维修造成困难；四是即使得到待修彩电的电路图，由于维修人员的技术水平有限，对保护电路原理不清楚，也不知从何处下手；五是保护电路的关键点电压变化较快，有的电压瞬间即逝，马上进入保护状态，给电压测量判断故障部位造成困难，只有在解除保护后，方能测量到真实电压；六是要慎重采用解除保护的方法，必须在确定开关电源输出电压不高、负载电路无严重短路、开路故障后，方能采用解除保护的方法。保护电路就像一座彩电维修的大门，将维修人员挡在门外，往往造成无法修复和放弃修复。

要快速准确地修好保护电路的故障，要求维修人员掌握保护电路的原理，对所修机型保护电路进行全面的分析，找到判断保护启动的测试点和解除保护的切入点，熟悉关键点的电压变化规律和解除保护的方法，方能熟练、快捷、准确地排除保护电路的故障。为了适应维修彩电保护电路的需求，我们编写了这本《新型数码、高清、平板彩电保护电路速修图解》。

本书共分两大部分13章，第1章从保护电路的基础知识讲起，逐步深入，介绍保护电路识图与维修技巧；第2~7章为本书的第一部分——数码、高清彩电保护电路速修图解，介绍了海信、长虹、康佳、TCL、创维、海尔新型数码、高清彩电常见机心、机型保护电路原理图解、维修提示和维修实例；第8~13章为本书的第二部分——平板彩电保护电路速修图解，介绍了海信、长虹、康佳、TCL、创维、海尔新型平板彩电常见机心、机型保护电路原理图解、维修提示和维修实例。

本书以图文并茂的方式介绍了海信、长虹、康佳、TCL、创维、海尔新型数码、高清和平板彩电90多种机心、机型的保护电路原理图解和维修提示。本书图中对各种保护电路的工作原理做出通俗易懂的分析和标注，绘出了保护电路和开关机控制电路信号走向和控制与保护电压的高低变化，为读者快速识别和理解新型数码、高清和平板彩电保护电路工作原理提供方便。书中提供了切实可行的维修方法和维修步骤，在复杂的保护电路中，指出判断保护电路是否启动的测试点和解除保护的切入点，同时介绍了240多个保护电路维修实例，为快速排除新型数码、高清和平板彩电保护故障提供帮助。

本书由孔刘合主编。参加本书编写的人员还有孙玉莲、张锐锋、孙铁瑞、陈飞英、于秀娟、张伟、郭天璞、刘玉珍、孙铁刚、孙玉华、王萍、孙玉净、孙世英、孙德福、孙铁强、孙铁骑、韩沅汛、许洪广、孙德印等。本书的编写参考了大量家电维修网站、家电维修软件、家电维修期刊和彩电维修书籍中与彩电保护电路有关的内容，由于参考内容较多，在此不一一列举，一并向有关作者和提供大量资料及热情帮助的同仁表示衷心的感谢！由于作者水平有限，错误之处再所难免，衷心希望家电维修同行和广大读者提出宝贵意见，共同探讨彩电保护电路维修技巧。

作　者

目　录

第二部分 平板彩电保护电路速修图解

第1章　新型彩电保护电路识图与维修技巧

新型数码、高清彩电中的电源电路、行输出电路、伴音功放电路、场输出电路或平板彩电的电源板、背光灯板，工作于高电压或大电流状态，故障率较高，且上述电路的损坏往往波及其他电路连锁损坏。为了避免故障扩大，在彩电中，多设有保护电路，对上述高电压、大电流电路的工作状态进行监测，当被监测电路发生过电压、过电流等现象时，采取保护措施。

彩电中保护电路的结构大多由故障检测电路、电压翻转电路、保护执行电路三部分构成。故障检测电路对被检测的电压或电流进行检测，并将检测结果送到保护电压翻转电路，当被检测的电压或电流超过设定值时，检测电路将检测后的故障信息送往保护电压翻转电路，产生保护控制电压，驱使保护执行电路动作，迫使被保护电路退出工作状态或进入相应的保护状态，以达到保护的目的。

图1-1是常见保护电路框图。在实际的彩电保护电路中，根据需要会有所增减。如有的保护检测电路兼作保护电压翻转电路，有的保护电压翻转电路兼作保护执行电路等。

维修保护电路，首先要确定保护电压翻转电路是否发生翻转，输出保护启动电压，然后确定是哪个检测电路向保护电压翻转电路送入的保护触发电压，最后对被检测电路进行检查和维修。如果被检测电路正常，则是检测电路本身故障引起的误保护，应对检测电路本身进行测量和检修，排除误保护故障。

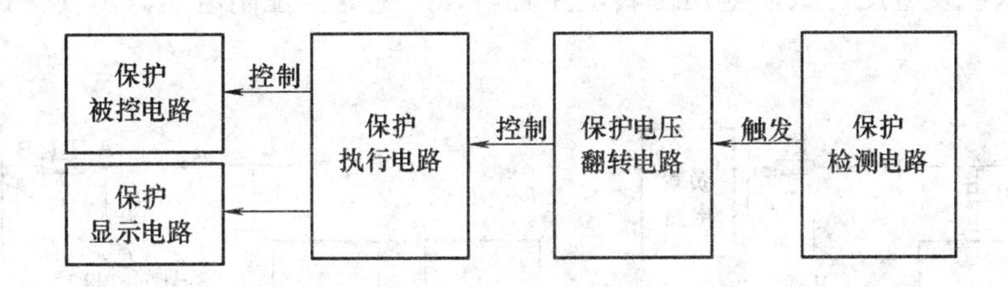

图1-1　保护电路框图

1.1　保护检测电路识图

保护检测电路位于保护电路的前沿，一般多位于被检测电路附近，对被检测电路的电压、电流、脉冲等信息进行检测，并将检测后的信息以触发电压的形式送到保护电压翻转电路。被检测电路的电压、电流、脉冲正常时，多数检测电路不向保护电压翻转电路送入触发电压；当被检测的电压、电流、脉冲超过或低于设定值或丢失时，检测电路判定被检测电路发生故障，向保护电压翻转电路送去触发电压，使其发生电压翻转，向保护执行电路送去保护启动电压。常见的保护检测电路主要有过电流检测电路、过电压检测电路、失电压检测电路、脉冲检测电路等。

1.1.1 过电流检测电路

彩电中对过电流保护，主要采用两种措施：一是采用限流熔丝或熔断电阻，对供电电路或负载电流进行限制，当电流增大到设计值时，将熔丝或熔断电阻烧断，达到保护的目的；二是设置电流检测电路，对供电电路或负载电流进行检测，当电流增大到设计值时，保护电路启动，进入待机状态或采取其他保护措施。

数码、高清彩电中常见的过电流检测电路主要有行输出电路过电流检测电路、场输出电路过电流检测电路、伴音功放过电流检测电路、电源开关管过电流检测电路、显像管束电流过电流检测电路等；平板彩电中常见的过电流检测电路主要是直流供电过电流检测电路，对负载电路主板或背光灯板电流进行检测。

1. 直流电流检测电路

常见的行输出电路过电流检测电路、场输出电路过电流检测电路、伴音功放过电流检测电路、平板彩电电源板直流供电检测电路，如图1-2所示。应用时串连到电源与行、场、伴音、主板、背光灯板等负载电路之间。图1-2a~c为数码、高清彩电常用的直流电流检测电路，常用于行输出电路过电流检测电路、场输出电路过电流检测电路、伴音功放过电流检测电路，正常时行、场、功放等负载电路的电流流过取样电阻R1的A、B两端产生的电压降V_{AB}较小，不足以使PNP型检测晶体管Q1导通，Q1处于截止状态，c极C端无电压输出，D点也无保护触发电压输出。当行、场、伴音输出电路发生短路或漏电等故障，造成行、场、伴音电流增加，使流过取样电阻R1的电压降V_{AB}增加到0.6~0.7V时，通过偏置电阻R2加到检测晶体管Q1的b极，使Q1由截止状态进入导通状态，其c极C端由正常时的低电平变为高电平。该电平经R3、R4分压电路分压，从D点经隔离降压电阻R5向保护电压翻转电路送入触发电压，致使电压翻转电路翻转，产生保护控制电压，迫使保护执行电路进入保护状态。

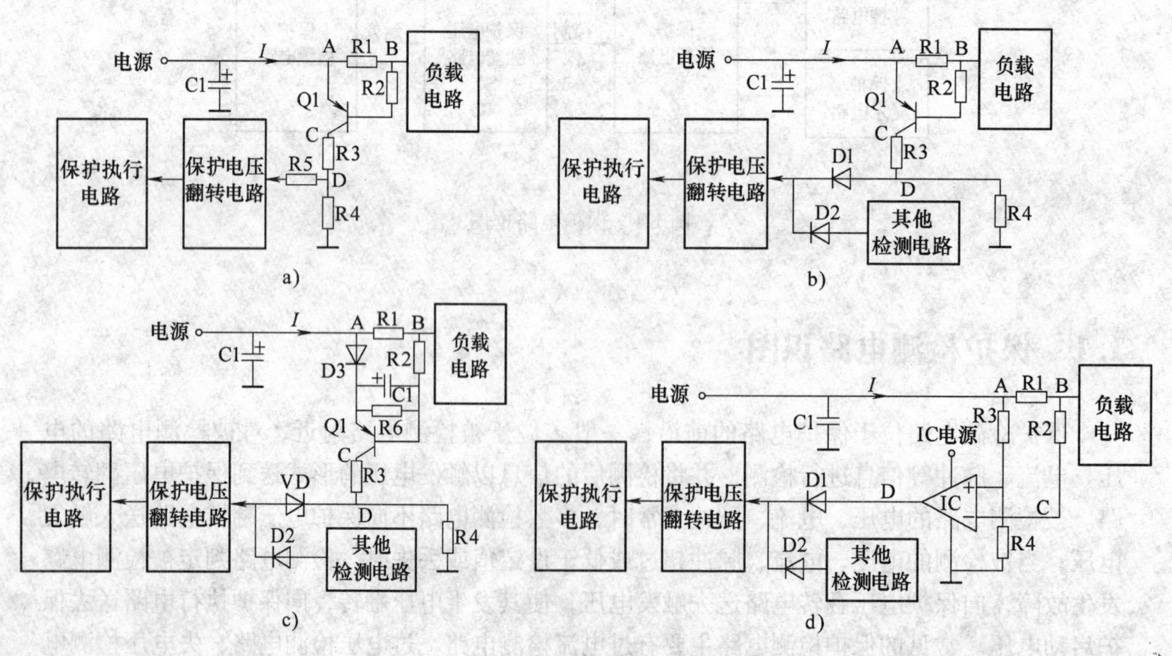

图1-2 直流电流检测电路

平板彩电电源板中常用的过电流检测电路如图 1-2d 所示。它由运算放大器 IC 组成，电流取样大多采用小阻值大功率电阻，少数采用电流互感器获得取样电压，再经整流滤波输入到运算放大器。正常时负载电路主板或背光灯板的电流流过取样电阻 R1 的 A、B 两端产生的电压降 V_{AB}较小，IC 正相输入端电压与反相输入端电压基本相等，IC 输出低电平，D 点无保护触发电压输出。当主板或背光灯板电路发生短路、漏电等故障，造成电流增加，使流过取样电阻 R1 的电压降 V_{AB}增加时，致使 IC 的正相输入端电压高于反相输入端电压时，IC 输出端电压产生翻转，输出高电平，从 D 点经隔离二极管向保护电压翻转电路送入触发电压，致使电压翻转电路翻转，产生保护控制电压，迫使保护执行电路进入保护状态。

直流过电流检测电路中的 D 点是该电路是否进入保护状态的测试点，正常时为低电平，检测到过电流故障时变为高电平。

2. 束电流检测电路

高清、数码彩电显像管束电流检测电路，如图 1-3 所示。该电路大多依托 ABL 电路，对束电流的大小进行检测。R1 和 R2 为显像管束电流电路中的分压电阻，A 点为束电流取样点，通过降压隔离电阻 R3 送入保护电压翻转电路，然后再执行保护。一般 R1 阻值较大，接到 +B 电源上时为（100 ~ 200）kΩ，接到低压电源上为几十 kΩ，R2 的阻值较小［（10 ~ 20）kΩ］，当束电流正常时，A 点的电压在设定的正常范围内变化，一般在 -10 ~ 12V 变化，根据机型和电路而不同，保护电压翻转电路不动作。当显像管束电流过大时，在 R1 上的电压降增加，使 A 点的电压下降，当 A 点电压超过正常变化范围时，A 点的电压经 R3 送到保护电路，将行振荡电路关闭或切断行激励信号，达到保护的目的。束电流检测电路中的 A 点电压为测试点，根据机型不同，一般在 -10 ~ 15V 之间。

图 1-3c 中当束电流过大时，ABL 负压增加，将稳压二极管 VD 击穿，Q2 导通，向保护电路输送保护启动电压，进入保护状态。

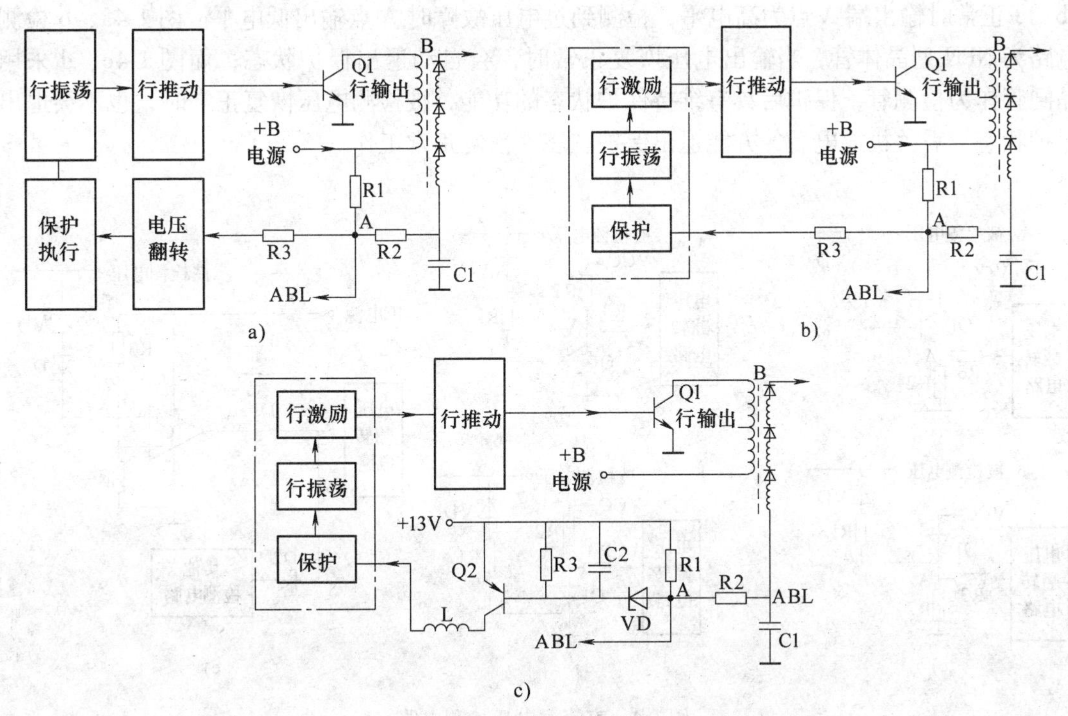

图 1-3　束电流检测电路

1.1.2 过电压检测电路

彩电中对过电压保护，主要采用两种措施：一是采用压敏电阻、双向击穿二极管或稳压二极管直接并联在市电电源输入两端和开关电源输出与地之间，其压敏电阻、双向击穿二极管或稳压二极管的设计值稍高于被保护的输出电压，当被保护的电压超过稳压二极管的稳压值时，将稳压二极管击穿，迫使该电源电路的保险元件过电流烧断，或迫使开关电源停振，中断电压供应，达到保护的目的；二是设置过电压检测电路，对开关电源输出的各路电压、行输出提供的二次电源电压和行场脉冲电压进行检测，当被检测的电压因稳压环路故障，造成输出电压超过规定值时，检测电路输出保护触发电压，迫使保护电压翻转电路翻转，进入保护状态。

设置电压检测电路，对开关电源和行输出二次供电电路电压进行检测，是目前彩电中比较流行的过电压保护。彩电中常见的过电压检测电路主要有直流过电压检测电路、脉冲电压过电压检测电路等。

1. 直流过电压检测电路

数码、高清彩电中的直流过电压检测电路如图1-4a～d所示。其中的VD为取样基准稳压二极管，R1为限流电阻，Q1为检测管（晶体管或晶闸管），当被检测电压较高时，如+B电压、视放供电，往往采用电阻分压后再接入检测电路。被检测电压正常时，低于VD的稳压值，VD截止，Q1也截止，对电路不产生影响。当被检测的电压高于VD的稳压值时，VD击穿，通过R1将电压加到检测晶体管Q1的b极或晶闸管Q1的G极，Q1由截止变为导通。图1-4中的A点是保护触发电压的输出端，经过隔离降压电阻R3送入保护电压翻转电路。

图1-4a、c正常时A点输出端为低电平，检测到过电压故障时A点输出高电平；图1-4b、d正常时输出端A点为高电平，检测到过电压故障时A点输出低电平。图1-4a、b检测电路为NPN型晶体管，当输出电压恢复正常时，会自动退出保护状态；而图1-4c、d采用晶闸管作为检测管，保护后具有维持保护状态的功能，被检测电压恢复正常时，也不会退出保护状态，需关机放电后，方能退出保护状态，恢复正常工作。

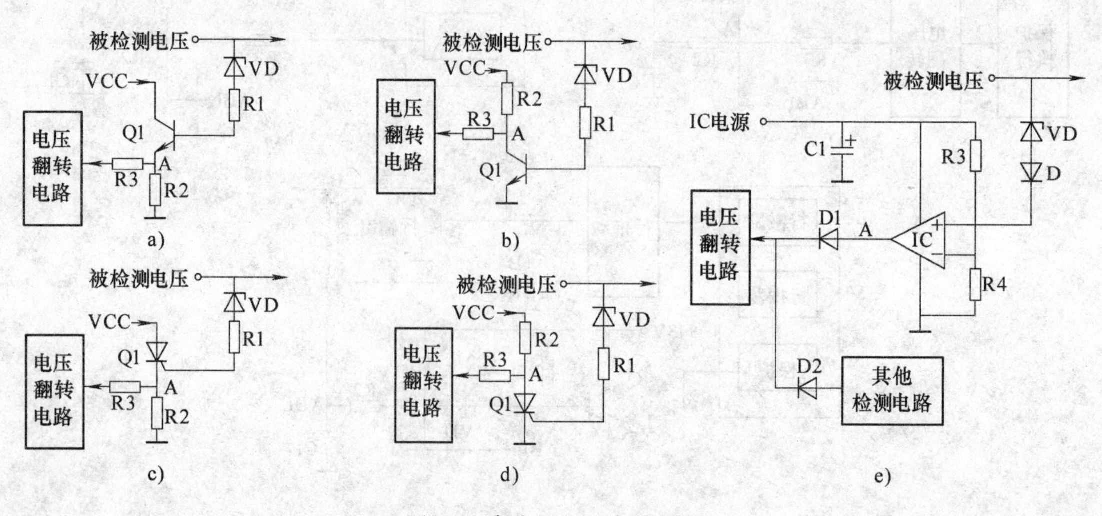

图1-4　直流过电压检测电路

平板彩电电源板除了采用上述图1-4a～d所示过电压检测电路外，常采用图1-4e所示由运算放大器IC组成的过电压检测电路，多用于对电源板输出的+5V、+12V、+24V电压进行检测。图1-4e中的VD为取样基准二极管，D为隔离二极管。IC的反相输入端输入基准电压，取样电压送到同相输入端。被检测电压正常时，低于VD的稳压值，VD截止，IC正相输入端电压低于反相输入端电压，IC输出低电平，A点无保护触发电压输出。当被检测的电压高于VD的稳压值时，VD击穿，通过隔离二极管将电压加到IC的正相输入端，致使IC的正相输入端电压高于反相输入端电压时，IC输出端电压产生翻转，输出高电平，从A点经隔离二极管向保护电压翻转电路送入触发电压，致使电压翻转电路翻转，产生保护控制电压，迫使保护执行电路进入保护状态。

直流过电压检测电路中的A点为过电压检测电路的测试点，其输出电压应符合上述规律。

2. 脉冲电压过电压检测电路

脉冲电压过电压检测电路如图1-5所示，常应用于对高清、数码彩电显像管的灯丝电压进行检测，称为X射线过高保护，也称为超高压保护。图1-5a）检测电路中，先将要检测的脉冲电压通过D1、C1进行整流、滤波，然后通过稳压管VD对整流、滤波后的低压进行检测。当被检测的电压高于稳压管VD的稳压值时，稳压管VD被击穿，将高电平触发电压送到电压翻转电路。为了与稳压管配合，对脉冲电压较高的检测电路，如图1-5b）所示，还设有R2、R3分压电路，经过分压后，再与稳压管VD检测电路相连接，可检测比稳压管VD高的脉冲电压。

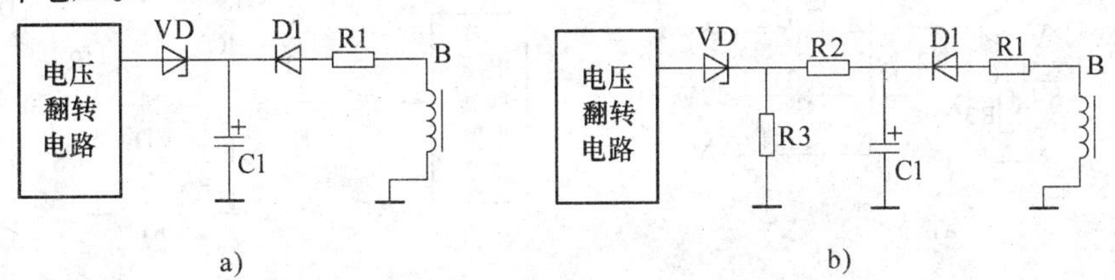

图1-5　脉冲电压过电压检测电路

1.1.3　失电压检测电路

彩电中的失电压检测电路，主要对开关电源输出的各路电压，行输出提供的二次电源电压和行、场脉冲电压进行检测，当被检测的电压因整流滤波电路开路和负载严重短路等原因造成输出电压过低和失去电压时，检测电路输出保护触发低压，迫使保护电压翻转电路翻转，进入保护状态。彩电中常见的失电压检测电路主要有直流电源失电压检测电路、脉冲丢失检测电路等。

1. 直流电源失电压检测电路

直流电源失电压检测电路如图1-6所示。该电路为多路电压欠电压、失电压检测电路，二极管D1～D4为检测与隔离二极管，其负极分别接到各路被检测的电源电路中，图1-6a正极均通过R2接到PNP型检测管Q1的b极，当被检测电压较高时，如+B电压、视放供电，往往采用电阻分压后再接入检测电路。当被检测电源电压正常时，检测隔离二极管均反偏截止，Q1的b极为高电位，Q1截止，其c极无电压输出；当被检测电源发生开路造成失去电压或负载电路短路造成电压过低时，其相应的检测与隔离二极管D1～D4之一导通，将Q1

的b极电压拉低，Q1导通，c极C端有电压输出，通过隔离电阻R4将电压加到保护电压翻转电路，致使保护电路动作，进入保护状态。

图1-6b所示检测电路采用NPN型晶体管，其b极通过稳压二极管VD和分压电路、检测二极管D1、D2和R3与被检测电压相连接。当被检测的电源电压正常时，+24V电压经R3～R6分压后，高于VD的稳压值，将VD击穿，Q1导通，c极C端输出低电平。当被检测电源发生开路造成失去电压，其中或负载电路短路造成电压过低时，一是24V电压降低；二是相应的检测与隔离二极管D1、D2之一导通，将Q1的b极电压拉低，Q1截止，c极C端输出高电平，通过隔离电阻R2将电压加到保护电压翻转电路，致使保护电路动作，进入保护状态。

图1-6c中的检测二极管的正极接微处理器的专用保护检测POR脚，当被检测的电源电压正常时，检测与隔离二极管均反偏截止，POR脚为高电位，微处理器判断电路正常，不采取保护措施。当被检测电源发生开路造成失去电压，或负载电路短路造成电压过低时，其相应的检测与隔离二极管D1～D4之一导通，将POR脚电压拉低，微处理器根据POR脚变为低电位，判断被检测电路发生失电压故障，进入保护状态。

直流电源失电压检测电路图中的C点或微处理器的POR脚为测试点。正常时为Q1的c极C端为低电平，检测到失电压故障时，c极C端变为高电平。微处理器的POR脚正常时为高电平，检测到失电压故障时，变为低电平。

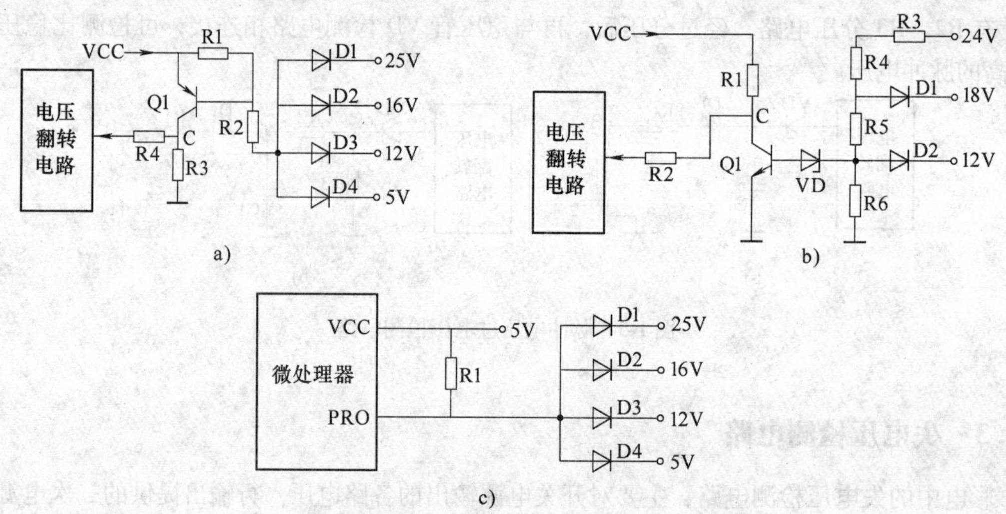

图1-6　直流电源失电压检测电路

2. 脉冲丢失检测电路

脉冲丢失检测电路如图1-7所示。当行扫描电路或场扫描电路发生故障时，就会无行、场脉冲输出。电容C通过分压电路或降压电阻接行、场输出端，对行、场输出的脉冲进行监测，正常时不断有行、场脉冲通过C和R1输入到行、场集成电路内部或晶体管Q1的b极，Q1处于脉冲放大状态，c极C端的电压相对较低。当行、场扫描电路发生故障停止工作时，无脉冲送入行、场集成电路内部或Q1的b极，Q1处于截止状态，c极C端的电压升高接近VCC电压，该高电压经隔离电阻R3送入保护电压翻转电路，致使保护电路动作，进入保护状态。

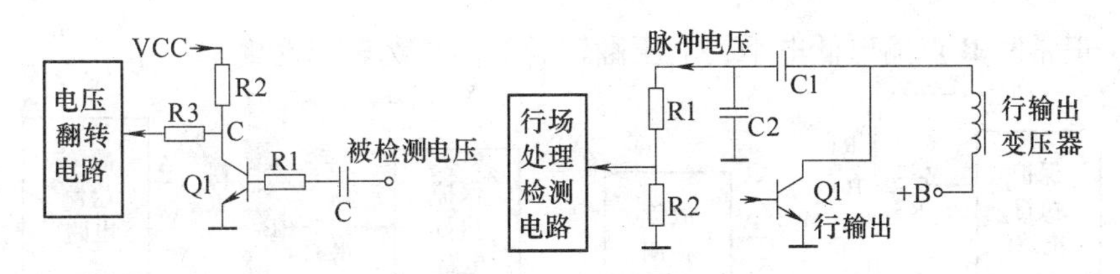

图1-7　脉冲丢失检测电路

1.2　保护电压翻转电路识图

保护电压翻转电路的作用是保护检测电路检测到故障时，向电压翻转电路送入触发电压，电压翻转电路由正常时的工作状态，转为相反的工作状态。电压翻转电路大多由晶体管、晶闸管或模拟晶闸管电路组成，有的电压翻转电路还兼作故障检测电路或保护执行电路。多数电压翻转电路正常时工作于截止状态，收到检测电路的触发电压时，变为饱和导通状态，向保护执行电路送入启动电压，或直接执行保护措施；个别电压翻转电路正常时工作于饱和导通状态，收到检测电路触发电压时，变为截止状态，向保护执行电路送入启动电压，或直接执行保护措施。

1.2.1　由晶体管组成的电压翻转电路

由晶体管组成的电压翻转电路，分为NPN型晶体管和PNP型晶体管两种电路。由晶体管组成的电压翻转电路，当触发电压消失时，会自动退出保护状态，恢复正常工作。

1. NPN型晶体管电压翻转电路

由NPN型晶体管组成的电压翻转电路，如图1-8所示。该电路应用于保护电路中，正常时输入端A点为低电平，晶体管Q1工作于截止状态；检测电路送来触发电压时，A点变为高电平，Q1由截止状态变为饱和导通状态。图1-8中的B点为该电路的测试点，图1-8a所示的电压翻转电路，正常时B点输出高电平，电压翻转后B点变为输出低电平；图1-8b所示的电压翻转电路，正常时B点输出低电平，电压翻转后B点变为输出高电平。

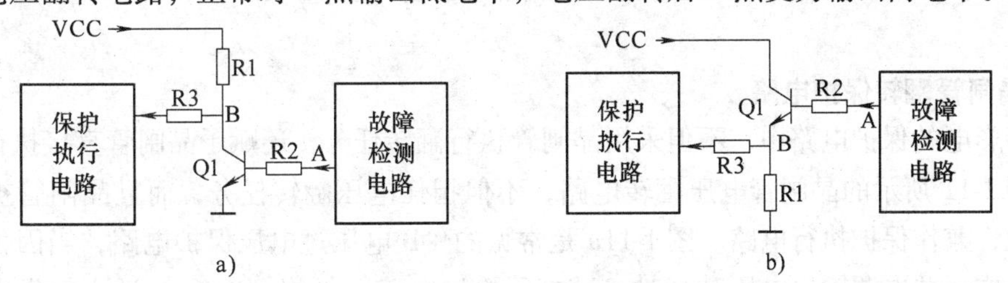

图1-8　NPN型晶体管电压翻转电路

2. PNP型晶体管电压翻转电路

由PNP型晶体管组成的电压翻转电路，如图1-9所示。该电路应用于保护电路中，正常时输入端A点为高电平，Q1工作于截止状态；检测电路送来触发电压时，A点变为低电平，Q1由截止状态变为饱和导通状态。图1-9中的B点为该电路的测试点，图1-9a所示的电压翻转电路，正常时B点输出高电平，电压翻转后B点变为输出低电平；图1-9b所示的电压翻转电路，正常时B点输出低电平，电压翻转后B点变为输出高电平。

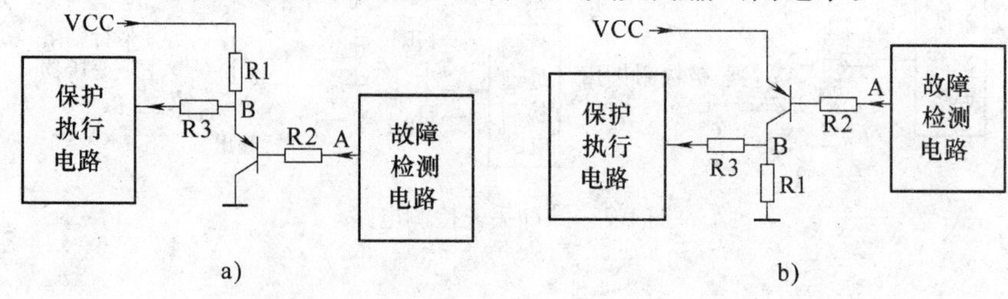

图1-9　PNP型晶体管电压翻转电路

1.2.2　由晶闸管组成的电压翻转电路

由晶闸管组成的电压翻转电路，当触发电压消失时，由于晶闸管的特性，只要保护电路维持供电，当触发电压消失后，仍可维持保护状态不变，只有关机放电后，才能恢复正常工作。

1. 晶闸管电压翻转电路

由晶闸管组成的电压翻转电路如图1-10所示。正常时晶闸管Q1的G极的输入端A点为低电平，Q1截止；检测电路送来触发电压时，A点变为高电平，Q1被触发导通，电压翻转，经隔离电阻R3输出保护电压，进入保护状态；图1-10中的B点为该电路的测试点，图1-10a正常时B点为高电平，电压翻转后B点输出低电平；图1-10b正常时B点为低电平，电压翻转后保护时B点输出高电平。

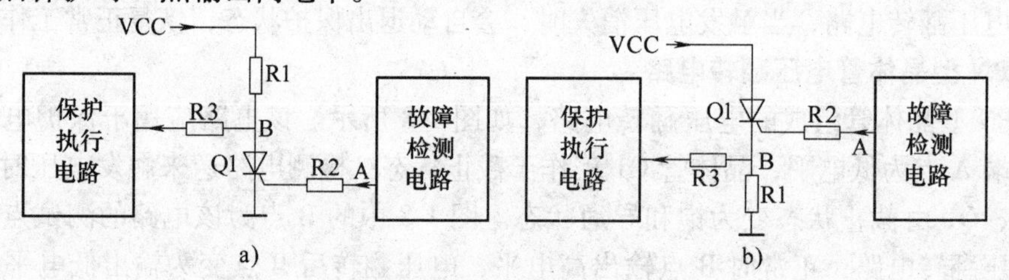

图1-10　晶闸管电压翻转电路

2. 晶闸管翻转保护电路

很多彩电的保护电路中，不但采用晶闸管执行翻转任务，还赋予晶闸管直接执行保护措施。如图1-11所示的晶闸管电压翻转电路，不但担任电压翻转任务，而且晶闸管被触发导通的同时，兼作保护执行电路。图1-11a是常见的+B电压过电压保护电路，当因稳压电路故障，造成开关电源输出电压升高时，过电压检测电路向晶闸管的G极送入触发电压，晶闸管被触发导通，将+B电压对地短路，迫使开关电源停振，达到保护的目的。图1-11b是开关电源一次侧常见的晶闸管过电压保护电路，当开关电源输出电压升高时，反馈绕组的电压也会升高，该电压被过电压检测电路检测后，输出触发电压，晶闸管被触发导通，将开关管的b极信号对地短路，迫使振荡电路停振，达到保护的目的。图1-11c是平板彩电电源板常见的晶闸管过电压、过电流保护电路，当电源板输出电压过高或电流过大时，过电压、过电流检测电路向晶闸管的G极送去高电平触发电压，晶闸管被触发导通，将开关机控制电路光耦合器的1脚高电平拉低，迫使光耦合器截止，控制开关机VCC电流截止，切断主电源或 PFC 驱动电路的 VCC 供电，PFC 电路和主电源停止工作，达到保护的目的。

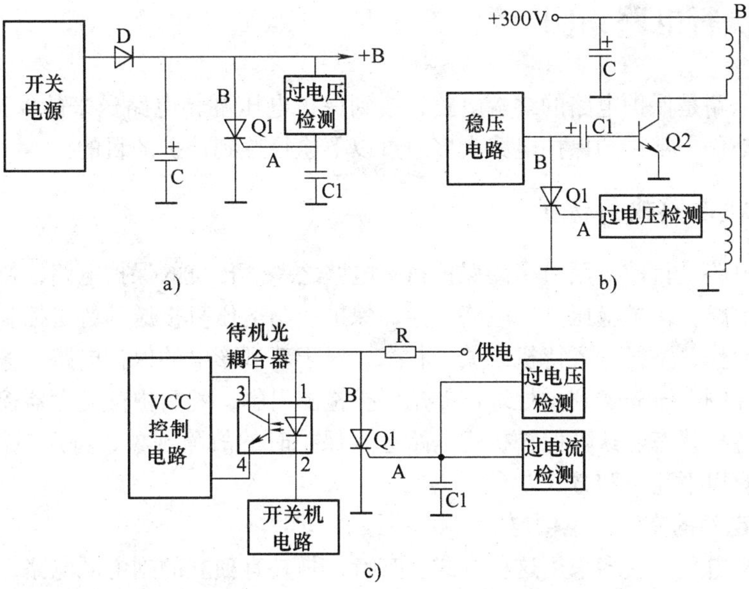

a)　　b)

c)

图 1-11　晶闸管翻转保护电路

1.2.3　由模拟晶闸管组成的电压翻转电路

由模拟晶闸管组成的电压翻转电路如图 1-12 所示。它由一个 NPN 型晶体管 Q1 和一个 PNP 型晶体管 Q2 构成，每个晶体管的 b 极通过电阻分别接到另一个晶体管的 c 极。图 1-12a 为高电平进入保护状态，故障检测电路输出的触发电压接到 Q1 的 b 极，正常工作时，Q1 的 b 极输入端 A 点无触发电压，为低电平，Q1、Q2 均截止，输出端 B 点为低电平；检测电路送来触发脉冲时，A 点送入高电平，Q1 导通，其 c 极电流通过 R5 将 Q2 的 b 极电位拉低，Q2 正偏导通，其 c 极 B 点输出高电平，一方面通过 R2 为 Q1 的 b 极提供正向电压，维持导通状态；另一方面通过 R6 输出控制电平，对保护执行电路实施控制。图 1-12b 为低电平进入保护状态，故障检测电路输出的触发电压接到 Q2 的 b 极，正常工作时，Q2 的 b 极输入端 A 点为高电平，Q1、Q2 均截止，B 点输出高电平；故障检测电路 A 点送入低电平时，Q2 导通，其 c 极电流通过 R2 为 Q1 的 b 极提供正向电流，Q1 正偏导通，其 c 极 B 点输出低电平，一方面通过 R5 为 Q2b 极提供正向电压，维持导通状态，另一方面通过 R6 输出控制电平，对保护执行电路实施控制。

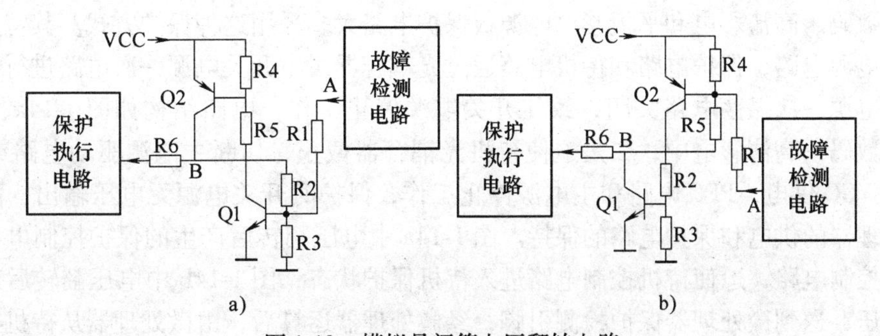

图 1-12　模拟晶闸管电压翻转电路

1.3　保护执行电路识图

保护执行电路是保护电路的终端电路，接到保护电压翻转电路送来的保护控制电压后，保护执行电路动作。常见的保护电路大多通过以下途径达到保护的目的。

1.3.1　由待机电路执行保护

这种保护电路是目前应用最多的保护执行电路之一。传统的保护电路，特别是由分立元件组成的保护电路，保护电压翻转电路产生的保护控制电压直接送到待机控制电路中，迫使待机控制电路动作，整机进入待机或关机状态。对于新型彩电的保护电路，保护电压翻转电路产生的保护控制电压先送到微处理器专用保护检测引脚，然后由微处理器控制待机电路启动，进入保护待机状态。这种保护执行电路进入保护时的故障现象、特点与待机状态相同。待机保护主要有以下途径和方式。

1. 切断主电源的交流市电供电

早期的保护电路，大多采用这种方式。其特点是具有独立的副电源电路，保护和待机电路通过继电器动作，控制主电源的供电，电路结构如图1-13所示。保护或待机时驱使继电器断开，切断主电源的市电输入电路，由副电源维持微处理器的供电和保护电路的保持。图1-13a中电压翻转后产生的保护控制电压，直接送到待机控制电路，迫使待机控制电路进入待机保护状态；图1-13b中电压翻转后产生的保护控制电压，送到微处理器保护检测引脚，经微处理器运算后，由微处理器从待机控制端输出待机控制电压，进入待机保护状态。

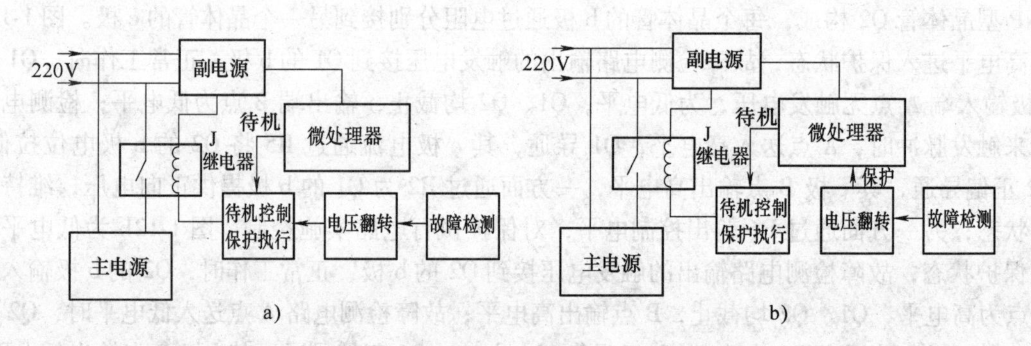

图1-13　执行切断主电源供电保护电路

2. 迫使主电源停止工作

三洋数码、高清彩电和平板彩电电源板保护电路大多采用这种保护方式。其特点是具有独立的副电源电路，保护电路和待机电路通过光耦合器对主开关电源一次电路进行控制：一是将开关电源一次振荡电路关闭，致使开关电源停止工作，电路结构如图1-14a、b所示，常应用于数码、高清彩电中；二是迫使待机光耦合器截止，切断主电源驱动电路或PFC驱动电路的VCC供电，PFC电路和主电源停止工作，保护时开关电源无电压输出，由副电源维持微处理器的供电和保护电路的保持。图1-14a中电压翻转后产生的保护控制电压，直接送到待机控制电路，迫使待机控制电路进入待机保护状态；图1-14b中电压翻转后产生的保护控制电压，送到微处理器保护检测引脚，经微处理器运算后，由微处理器从待机控制端输出待机控制电压，进入待机保护状态；图 1-14c 中电压翻转后产生的保护控制电压，直接对待机控制电路的光耦合器进行控制，常应用于平板彩电的电源板中，切断主电源或 PFC 驱动电路的 VCC 供电，PFC 电路和主电源停止工作，进入待机保护状态。

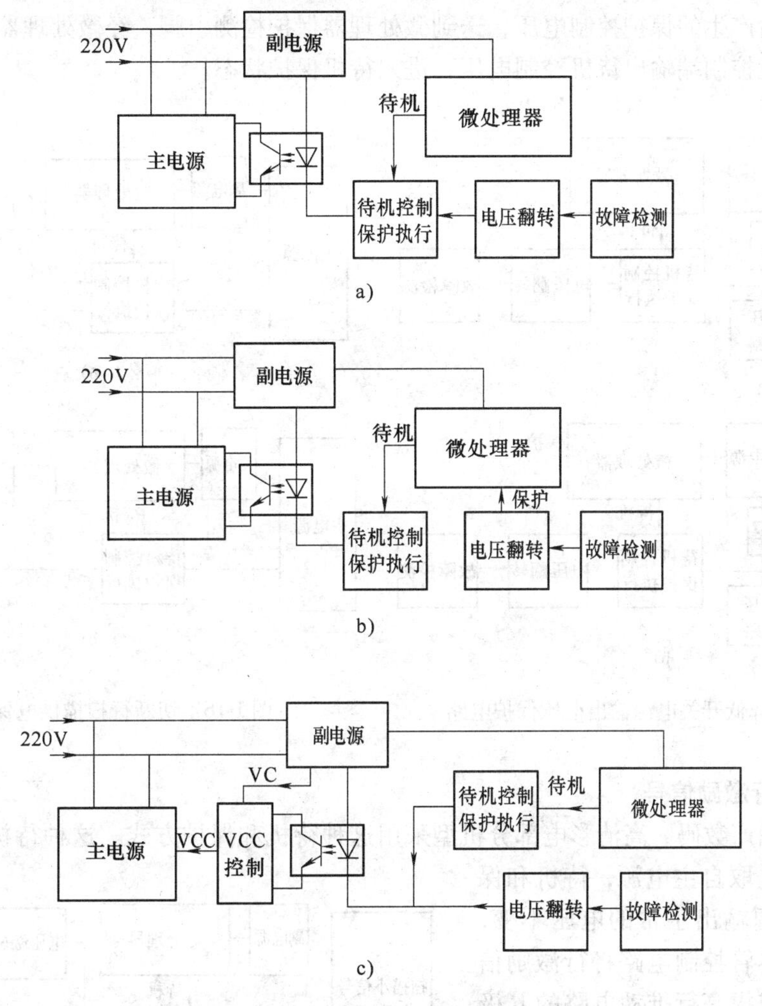

图 1-14　主电源停止工作保护电路

3. 降低开关电源输出电压

这是近几年流行的高清、数码彩电的一种待机方式。无独立的副电源，微处理器供电取自主电源，待机和保护时，通过光耦合器控制开关电源稳压电路，电路结构如图 1-15 所示。保护时开关电源输出电压降到正常开机时的 1/2 或 1/3 左右，以维持微处理器的供电。多数机型还同时设有行振荡供电控制电路，以便达到停止行扫描的目的。图 1-15a 中电压翻转后产生的保护控制电压，直接送到待机控制电路，迫使待机控制电路进入待机保护状态；图 1-15b 中电压翻转后产生的保护控制电压，送到微处理器保护检测引脚，经微处理器运算后，由微处理器从待机控制端输出待机控制电压，进入待机保护状态。

4. 切断行输出或行振荡电路供电

康佳、长虹部分数码彩电机型使用这种待机保护方式。这种待机和保护方式，微处理器供电取自主电源，待机和保护时开关电源输出正常的电压不变，只是通过继电器和晶体管模拟开关电路，将行输出供电 +B 电压或将行振荡电路的电源切断，迫使行输出电路停止工作，也同时失去了行输出的二次供电，电路结构如图 1-16 所示。图 1-16a 中电压翻转后产生的保护控制电压，直接送到待机控制电路，迫使待机控制电路进入待机保护状态；图 1-16b 中电压翻转后产生的保护控制电压，送到微处理器保护检测引脚，经微处理器运算后，由微处理器从待机控制端输出待机控制电压，进入待机保护状态。

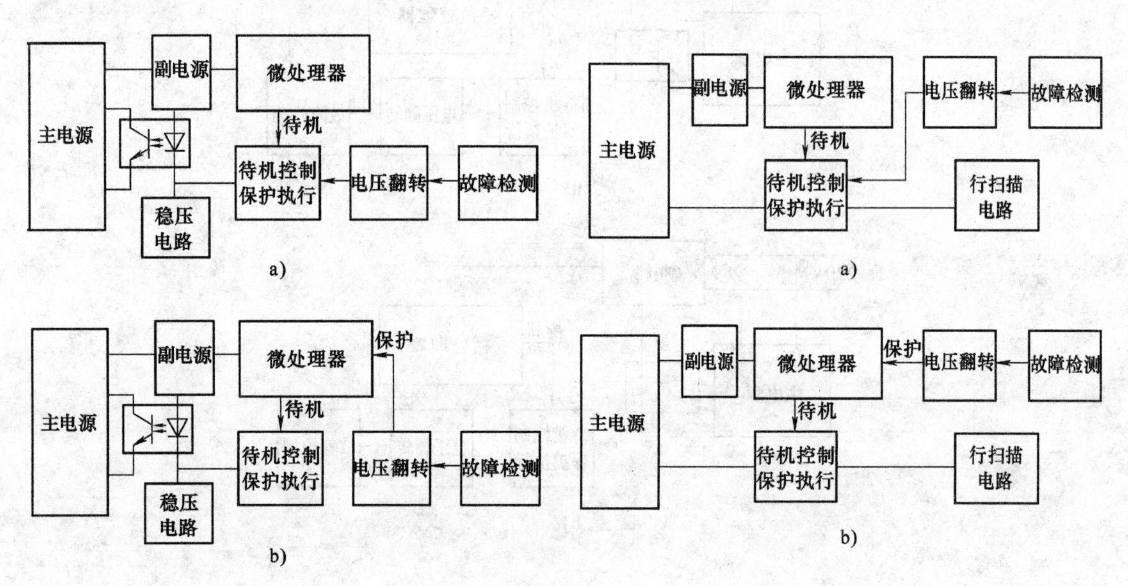

图 1-15　降低开关电源输出电压保护电路

图 1-16　切断行扫描供电保护电路

5. 切断行激励信号

索尼和国产数码、高清彩电部分机型采用这种待机和保护方式。这种待机和保护方式，微处理器供电取自主电源，待机和保护时开关电源输出正常的电压不变，只是通过晶体管控制电路将行激励信号对地短路或提高行推动电路的 b 极电压，将行激励信号阻断，迫使行扫描停止工作，达到待机和保护的目的。电路结构如图 1-17 所示。图 1-17a 中电压翻转后产生的保护控制电压，直接送到待机控制电路，迫使待机控制电路进入待机保护状态；图 1-17b 中电压翻转后产生的保护控制电压，送到微处理器保护检测引脚，经微处理器运算后，由微处理器从待机控制端输出待机控制电压，进入待机保护状态。

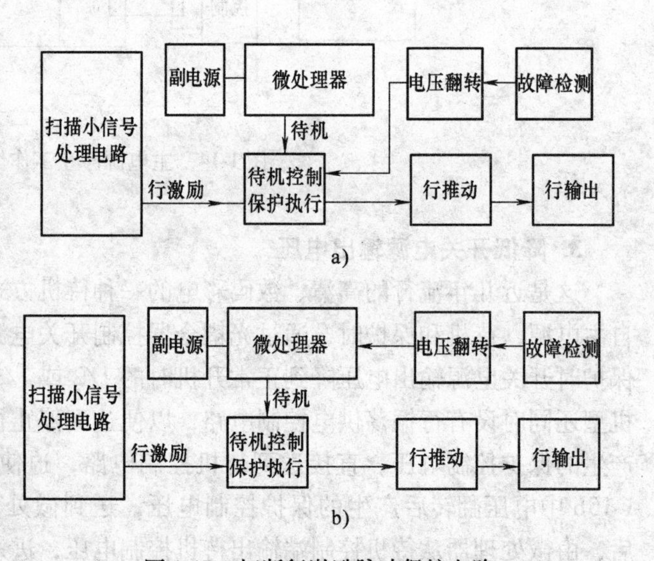

图 1-17　切断行激励脉冲保护电路

1.3.2　由小信号处理电路执行保护

这种保护电路是被普遍采用的保护执行电路之一。按保护检测电路的不同，主要有两种保护形式：一是保护检测电路和电压翻转电路位于小信号处理电路的外部，检测到故障后，电压翻转电路产生保护控制电压，送到小信号处理电路的专用检测引脚，再由小信号处理电路执行保护；二是由小信号处理电路专用引脚直接对被检测电路进行检测，检测电路和电压翻转电路位于集成电路内部，检测到故障时，由小信号处理电路内部直接执行保护。小信号处理电路执行保护主要有以下途径和方式。

1. 关断行振荡或切断行激励信号

故障检测电路检测到故障时，保护电压翻转电路翻转，产生保护控制电压，小信号处理集成电路内部保护电路启动，使行振荡电路停止振荡或切断行激励信号，达到保护的目的。其电路结构如图 1-18 所示，图 1-18a 的故障检测电路和保护电压翻转电路在小信号处理集成电路的外部；图 1-18b 的故障检测和保护电压翻转电路在小信号处理集成电路的内部，如常见的 ABL 保护电路。这种保护方式，保护时开关电源输出正常，只是行输出电路未工作。

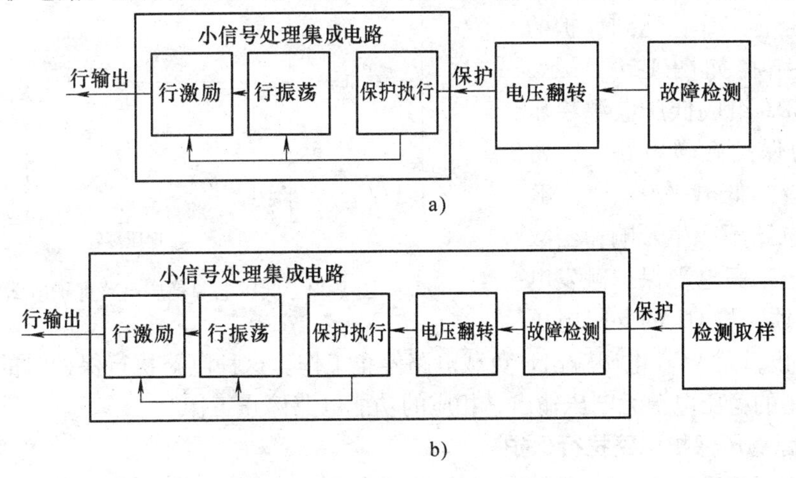

图 1-18　关断行扫描保护电路

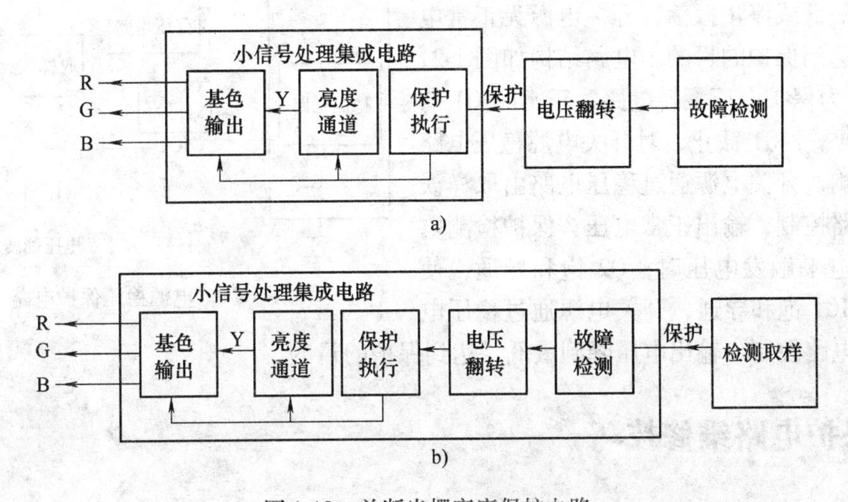

图 1-19　关断光栅亮度保护电路

2. 关闭光栅亮度

故障检测电路检测到故障时，小信号处理集成电路内部保护电路启动，将亮度通道关闭或迫使基色输出电路截止，达到保护的目的。其电路结构如图1-19所示，图1-19a的故障检测电路和保护电压翻转电路在小信号处理集成电路的外部；图1-19b的故障检测和保护电压翻转电路在小信号处理集成电路的内部。这种保护方式，保护时开关电源输出正常，行输出电路工作，只是三个视放电路均处于截止状态，出现黑屏现象。

1.3.3 由稳压电路执行保护

这种保护执行电路由稳压电路执行，保护电路翻转后产生的保护控制电压与稳压电路相连接，迫使稳压电路截止，切断稳压电路的输出电压，使相关的功能电路停止工作，达到保护的目的。该电路主要有两种。

1. 由低压电源稳压电路执行保护

保护电路翻转后产生的保护控制电压与低压电源稳压电路相连接，迫使稳压电路截止，切断稳压电路的输出电压，使相关的功能电路停止工作，达到保护的目的。电路结构如图1-20所示，Q1、R1和ZD1组成低压电源稳压电路，Q2为保护翻转电路，正常时Q2的b极为低电平0V，Q2截止，对稳压电路不产生影响；当故障检测电路送来高电平保护触发电压时，Q2导通，将Q1的b极电压拉低，Q1截止，无VCC电压输出，负载电路停止工作。这种电路执行保护时的特征是：被保护电路控制的稳压电源无电压输出，相应的功能电路停止工作。

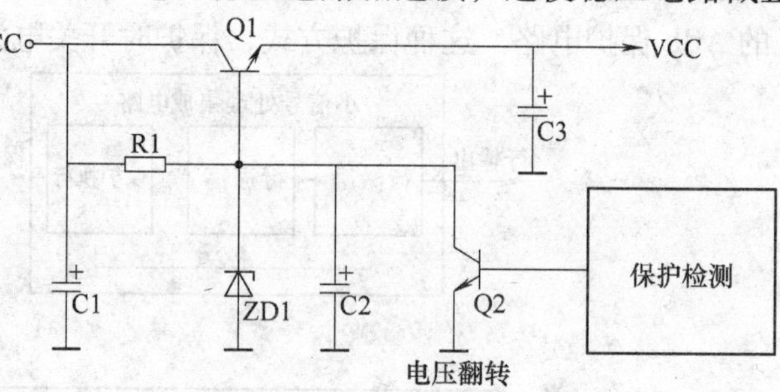

图1-20 低压电源稳压电路保护电路

2. 由电源稳压保护电路执行保护

保护电路翻转后产生的保护控制电压，直接与开关电源稳压环路相连接，迫使稳压环路将开关管的导通时间缩到最短，开关电源输出电压降到最低或停止振荡，开关电源无正常电压输出，达到保护的目的。电路结构如图1-21所示，Q1为保护电压翻转电路，正常时Q1的b极为低电平，Q1截止，对开关电源稳压电路不产生影响，开关电源通过稳压电路由取样误差放大电路控制，输出正常电压；保护检测电路送来高电平触发电压时，Q2饱和导通，使光耦合器IC1饱和导通，开关电源通过稳压电路由保护电路控制，输出电压降到最低，达到保护的目的。

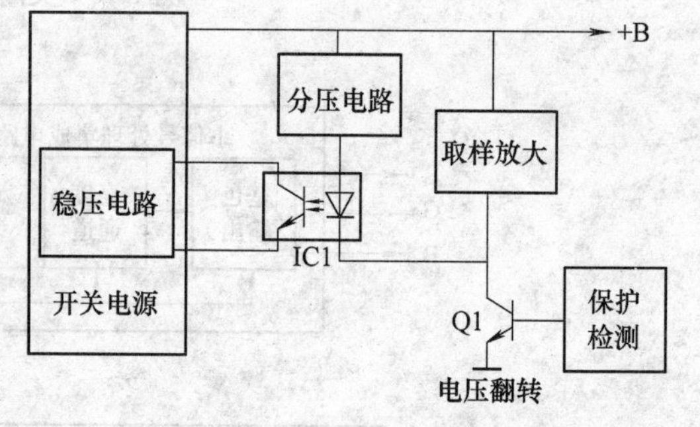

图1-21 电源稳压保护电路

1.4 保护电路维修技巧

保护电路执行保护时，控制的功能电路不同，保护后的故障现象也不相同。一般电源本身的过电压、过电流保护采取停止电源振荡或切断激励脉冲的方式，保护后表现为开机瞬间有电压输出，之后电压降为 0V。其他保护电路动作后产生的故障现象，根据厂家设计而定：采用控制待机电路的，保护时进入待机状态；采用控制行扫描电路的，保护时行扫描电路停止工作；采用控制视频电路的，保护时迫使显像管截止，表现为黑屏幕等。虽然保护时的故障现象不同，但总有规律可循，我们可以利用从开机到保护的这段有效时间，结合故障现象，运用多种方法进行观察、分析、推理、检测，就会顺藤摸瓜，找到引起保护的故障元器件，排除保护故障。

保护电路引起的故障主要分为两类：一类是被检测电路发生故障，如被检测的开关电源输出电压升高，被检测的行、场扫描，主板，背光灯板电路发生短路、漏电引起电流过大等，故障检测电路将检测结果送到电压翻转电路，保护执行电路启动，迫使保护被控电路进入保护状态；另一类是故障检测或电压翻转、保护执行电路发生短路漏电或元器件变质故障，如检测取样电阻、分压电阻变质，检测稳压二极管稳压值改变，晶体管、二极管、运算放大器损坏或漏电等，保护执行电路引起被控电路误入保护状态。检修保护电路，就是要确定是否进入保护状态，如果确定进入保护状态，要区分是哪个检测电路引起的保护，最后对该检测电路及其被控电路进行检测，找到引起保护的故障元器件。一般检修保护电路需要经过以下过程，采取以下方法和步骤。

1.4.1　掌握检修方法、熟悉保护电路

彩电的保护电路各有不同，维修彩电的保护电路时，必须对彩电的保护电路做全面的了解，弄清楚保护电路的工作原理、保护后的故障特征、保护电路的测试点等，以便做到心中有数，有针对性地做出检修计划，采用切实可行的维修步骤和检修方法，顺藤摸瓜，排除故障。

1. 检修保护电路方法

保护电路的检修与彩电其他电路的检修基本相同，但根据保护电路的特点，也存在一些不同之处。

（1）电压测量法

电压测量是彩电保护检修中常用的检修方法之一。彩电的保护检测电路多设置在高电压、大电流的行、场扫描电路，伴音功放电路，开关电源电路中。保护电路检修的电压测量，除了常规的首先检测开关电源供给电压、行输出二次供电电压外，一是重点检测行、场扫描电路，伴音功放电路，平板彩电的背光灯电路，开关电源电路中关键点电压；二是测量与保护相关的故障检测电路、电压翻转电路、保护执行电路的关键点电压。测量保护电路电压，要准确找到各个保护电路的测试点，通过测试点的电压变化，确定故障范围。测量保护执行电路和电压翻转电路，可确定是否进入保护状态；测量故障检测电路，可确定引起保护的故障部位。

由于保护电路的启动，大多在开机后电视机工作数秒钟后进入保护状态，对保护电路的电压测量有三种：一是抓住开机后保护前的瞬间，测量开关电源和相关测试点的电压；二是在保护后，测量开关电源和测试点电压；三是解除保护开机后，测量开关电源和测试点电压。

（2）电阻测量法

电阻测量法是彩电保护检修中常用的检修方法之一。该方法分为在路测量和不在路测量

两种。

在路测量，是不取下元器件，直接在电路板上测量元器件的电阻，不但可测量电阻，还可测量二极管、晶体管、电感器、电容器、变压器的在路电阻。测量电阻时，一是重点检测可能引起保护的开关电源、行输出、场输出、伴音功放电路的在路电阻；二是重点检测可能引起误保护的取样电阻、分压电阻、稳压二极管等。由于被测量元器件在路与其他电路相连接，受在路其他元器件电阻的影响，测量的电阻值是与被测元器件相连接的所有元器件的全部电阻，对测量结果应根据电路做综合分析。为了提高测量的准确性，建议采用数字式万用表进行测量。

在路测量时必须注意几点：一是测量元器件在路电阻时，必须在断电后进行；二是测量开关电源一次侧的热地部分时，需先将300V滤波电容器放电后，再进行测量；三是测量时应尽量选择小档位；四是用数字式万用表测量二极管、晶体管时，选择二极管挡测量。

不在路测量，是取下元器件进行测量，由于不受其他因素影响，其测量结果准确无误。如果在路测量时怀疑损坏或变质的元器件，建议拆下测量。特别是重点测量保护电路的取样电阻、分压电阻、稳压二极管的电阻，其次测量电压翻转和保护执行电路的晶体管、晶闸管等。

测量具有单方向导电特性的元器件时，如二极管、晶体管、稳压管的正反向电阻时，应注意万用表的表笔接法，指针式万用表电阻挡正表笔带负电，负表笔带正电；而数字式万用表与其相反，正表笔带正电，负表笔带负电。

（3）接假负载法

当怀疑行输出电路存在短路、漏电故障造成电流增大，引起开关电源输出电压降低时，可采用接假负载的方法确定故障范围。方法是在开关电源的输出端与负载电路断开，数码、高清彩电断开行扫描电路的+B供电，也可将行输出管的b极与e极短路，迫使行输出电路停止工作，在开关电源的+B输出端，接一个白炽灯泡、电烙铁或大功率电阻。一般25in以下电视机接（40~60）W/220V的灯泡、电烙铁或300Ω/50W电阻，29in以上彩电接100W/220V的灯泡、电烙铁或200Ω/80W电阻。平板彩电将电源板输出连接器断开，在输出端与地线之间接24V或12V摩托车灯泡做假负载，将开关机控制端通过电阻接5V电压输出端，为电源板提供开机高电平；少数为低电平开机的电源板，将开关机控制端接地即可。

如果接假负载后，通电试机，开关电源输出电压恢复正常，则是负载电路故障，否则为开关电源故障，特别是稳压电路故障。

（4）解除保护法

由于保护电路启动后，观察到的故障现象只是保护后的状态，无法确定真实故障现象。为此可采用解除保护的方法，设法退出保护状态，开机观察是否退出保护状态。如果解除保护状态后，电视机仍然处于故障状态，则不是保护电路引起的保护故障，应根据故障现象，对相应的故障电路进行检修；如果解除保护状态后，电视机恢复工作，则故障发生在保护电路中。如果退出保护后，声光图均正常，则是保护电路本身引起的误保护；如果退出保护后，发生光栅、图像、伴音故障，则是被检测的电路发生故障，进入保护状态。

解除保护状态的前提是：电源和高清、数码彩电的行输出电路、平板彩电的主板和背光灯板无明显短路或漏电故障，而且电源电路工作正常，输出电压不应过高，避免解除保护后，因电压过高或严重短路故障而扩大故障。

（5）代换法

代换法是用同功能、同规格的元器件或功能电路，代换不易判断的元器件或功能电路，确定被代换的元器件和功能电路是否正常。彩电维修中常用代换法替换的元器件主要有：

一是电容器代换，特别是电解电容器的代换，当怀疑电容器容量减小或失效时，不必拆下电容器，在电路板背面相应的引脚并联一个相同规格的电容器即可。如果并联后故障排除，则是该电容器故障，而怀疑电容器漏电时，需拆下后代换。

二是开关电源板代换，当维修中开关电源输出电压不正常，无法确定是开关电源故障还是负载故障，或反复测量未果或无元器件更换时，可采用开关电源整体代换的方法，用功率和输出电压相同的正常开关电源，代换原开关电源。如果代换后故障排除，则是开关电源电路故障，否则为负载电路故障。

三是代换不易检测或参数不稳定的元器件。如怀疑稳压二极管稳压值改变或漏电，取样电路电阻的阻值不稳定，晶体管放大倍数改变，晶闸管或二极管不良，三端稳压器参数改变，集成电路内部损坏等，均可采用代换法。

2. 查找保护电路

要维修保护电路，必须从整个电视机的电路图中查找到保护电路。对于比较复杂的保护电路，保护检测电路往往分布于整机电路图的各个单元电路中，要从复杂的整机电路图中挑出保护电路并非易事，特别是对初学维修的人员。下面就笔者的维修经验，介绍几种查找保护电路的方法。

（1）熟悉保护电路的基本电路

对本章前面介绍的彩电保护电路的故障检测、电压翻转、保护执行电路做到心中有数，并与电路图中相同的电路对照，即可找到相关的保护电路。只要找到一个保护检测电路或保护翻转电路，然后顺藤摸瓜，向前或向后即可找到相关联的其他保护电路。

（2）掌握检测电路所在位置的规律

保护电路的检测电路，在整机电路图中的位置都有其规律性。一般负载过电流保护检测电路大多串联在电源输出电路和负载电路之间，平板彩电过电流保护大多设计在电源板各种电压输出电路中，开关管过电流检测电路并联在e极电阻两端，电压过电压、失电压检测电路大多并联在各路输出电压与地线之间，其过电压检测电路大多串联有稳压二极管，且稳压二极管的负极接电源的输出端；失电压检测电路大多串联普通的二极管，其二极管的负极接电源的输出端。找到保护检测电路后，顺着触发电压的输出端，即可顺藤摸瓜找到电压翻转和保护执行电路。

（3）查找电压翻转电路

大多数保护电路的电压翻转电路都采用晶闸管，找到晶闸管，即找到了保护电路的核心部件。然后顺着晶闸管的G极查找故障检测电路，顺着晶闸管的A极查找保护执行电路，这样整个保护电路即可浮出水面。采用晶体管的电压翻转和执行电路的特点是：其b极与保护检测电路相连接，c极或e极与保护执行电路相连接，根据该特点，也可找到由晶体管构成的电压翻转电路。

（4）查找微处理器的保护引脚

微处理器的保护引脚大多有引脚功能标识，英文标识是PROTECT或PRO，该脚外接相关的保护检测电路。顺着标注PROTECT或PRO的保护引脚，即可找到电压翻转电路和故障检测电路。

（5）查找小信号处理电路的保护引脚

小信号处理电路的保护引脚，大多标有英文标识，常见的保护引脚标识有：X射线检测脚的标识是X-PAY或X-RAY；ABL检测电路的标识是ABL VGUARD或ABL；行逆程脉冲检测的标识是FBISO或HS；高压过电压保护的标识是EHT或EHTO；黑电平电流输入检测的标识是BLKIN或BLACK CURR、Black-c、SE、RSW；场束电流检测的标识是BEAM；沙堡脉冲检测的标识是SCP或Sand、SAND。找到上述保护检测引脚后，顺着该脚，即可找到相应的保护检测电路和取样电路。

3. 熟悉保护电路工作原理

（1）分析保护电路工作原理

查找到全部保护电路后，按照本章前面介绍的基本电路，对保护电路工作原理进行分析，弄清楚保护电路的工作原理。有的电视机往往有两组以上保护电路，要将所有保护电路全部查找出来，并分析其保护电路的工作原理，必要时，将与保护电路有关的电路画到一张电路图上，便于全面掌握和分析其工作原理。弄清楚维修彩电的全部保护功能，从故障检测、电压翻转到保护执行的来龙去脉，保护执行后被控制的电路，保护后可能产生的故障现象。

（2）寻找保护电路的测试点

分析并了解保护电路的工作原理后，从整个保护电路中找到与保护有关的测试点。所谓测试点，就是指该点的电压变化，能反映保护电路工作状态，测量后能确定保护电路是否进入工作状态。常见的测试点，参见本章前面介绍的“保护电路基础知识”中标注的测试点。保护检测电路的测试点在检测电路的触发电压输出端，电压翻转电路的测试点在翻转电路的输入端和输出端；微处理器保护专用引脚和小信号处理电路的保护检测专用引脚的电压，均是保护电路的测试点。这些测试点在彩电工作时的正常电压和保护时的电压往往发生电压翻转或超过规定值，能直接反映保护电路的工作状态。

1.4.2 确定是否进入保护状态

保护电路工作时，一般经过开机、整机进入工作状态，故障检测电路检测到故障，输出触发电压，电压翻转电路产生电压翻转，输出保护控制电压，最后由保护执行电路执行保护，进入保护状态。因此，从开机到保护有几秒钟的过程，我们抓住开机到保护的瞬间，可做出相应的判断。检修保护电路可通过以下方法判断是否进入保护状态。

1. 观察故障现象，判断是否保护

（1）从开机瞬间的故障现象，确定是否进入保护状态

从开机到保护，要经历从电压建立，各电路进入工作状态，故障检测电路检测到故障，保护电路执行保护的过程。往往出现开机后开关电源有电压输出，负载电路工作，然后又停止工作的故障现象。如果出现上述故障现象，可初步判断电视机进入保护状态。根据经验，数码、高清彩电如果开机瞬间高压建立的声音比正常时大，荧光屏产生的静电比正常时强，甚至手接近荧光屏有汗毛被荧光屏吸引和凉飕飕的感觉，行幅度不足且亮度很亮，然后停止工作，一般是由于电源电压过高或行逆程电容器开路引起的过电压保护；如果开机后光栅暗淡，高压建立的声音较正常时小，然后停机，多为欠电压或过电流保护。平板彩电开机后电源板有电压输出，然后降为0V或开机后有光栅，然后黑屏幕，多为保护电路启动所致。

（2）通过故障显示电路，判断是否进入保护状态

如果开机后，电源指示灯有亮、灭，或电源指示灯的亮度、颜色发生变化，然后回到原始状态，也是保护电路启动的特征之一。如果被检修的电视机有故障显示功能，可通过故障显示功能的提示，判断是否进入保护状态。如果发生故障的同时，故障指示灯发生变色、闪烁等故障报警显示，或进入故障显示状态，屏幕上显示有故障信息，即可判断该机进入保护状态。

（3）从保护后的故障现象，判断故障范围

由于进入保护状态时，看不到由故障电路引起的真实故障现象，只是看到保护后的故障现象，根据机型和保护电路的差异，进入保护状态的故障现象也不相同：保护执行电路与关机或待机电路相连接，进入保护时的故障现象与电源故障和待机状态相同，故障现象为三无；保护执行电路与行振荡或相关电路相连接，进入保护时的故障现象与行振荡、行输出级故障相同，故障现象为无光栅；保护电路与亮度控制电路相连接，进入保护时的故障现象与亮度通道故障相同，故障现象为黑屏幕、有伴音，故障原因有可能是行逆程脉冲丢失造成沙堡脉冲不正常或 ABL 电路动作引起束电流过电流保护所致。根据保护后的故障现象，大致判断是哪种保护电路进入保护状态。

2. 测量关键测试点电压，确定是否保护

电压翻转电路产生翻转，输出保护控制电压，是保护电路进入保护状态的关键测试点。发生故障时，通过测量翻转电路是否产生翻转并输出保护控制电压，是准确确定是否进入保护状态的关键。具体操作时，一是测量翻转电路的输入电压；二是测试翻转电路的输出电压。如果翻转电路的输入、输出电压均与正常值相反，即由正常时的低电平变为高电平或由正常时的高电平变为低电平，均可判断保护电路进入保护状态。

（1）测量分立元件电压翻转电路电压，确定是否进入保护

由分立元件组成的电压翻转电路，主要由晶体管和晶闸管组成。测量其翻转电路的电压，一是测量翻转电路的输入电压，如测量图 1-8 ~ 图 1-12 中的 A 点电压，即晶体管的 b 极电压和晶闸管的 G 极电压，确定是否输入触发电压，或测量晶体管的 E、B 极之间电压或晶闸管的 G、K 极之间电压，正常时为 0V，保护时为 0. 7V；二是测试翻转电路的输出电压，如测量图 1-8 ~ 图 1-12 中的 B 点电压，即晶体管的 c 极（或 e 极）电压或晶闸管的 A 极（或 K 极）电压，确定是否产生翻转并有保护控制电压输出。

（2）测量微处理器检测引脚电压，确定是否进入保护状态

微处理器保护检测引脚电压产生翻转，从待机控制端输出保护控制电压，进入待机保护状态。微处理器保护检测引脚是判断微处理器是否进入保护状态的关键测试点。发生故障时，通过测量微处理器保护检测引脚电压是否产生翻转，同时测量待机控制输出引脚电压，是判断微处理器是否进入保护状态的关键。如测量图 1-13b ~ 图 1-17b 中的微处理器保护引脚的电压。如果微处理器检测引脚电压发生翻转，则是微处理器执行保护，从待机控制端输出关机控制电压，整机进入待机保护状态。

（3）测量小信号处理电路检测引脚电压，确定是否进入保护状态

小信号处理电路与保护有关的检测引脚电压和信号变化，是小信号处理电路采取保护措施的依据。检测到故障时，根据引脚检测功能的设计需要，一般有三种电压变化：一是检测引脚的电压发生翻转，即由正常时的低电平变为高电平，或由正常时的高电平变为低电平；二是检测引脚的电压超出规定范围，如某检测引脚的电压正常时在 2. 5 ~ 3. 5V 之间变化，

当该电压超出2.5~3.5V时，小信号处理电路采取保护；三是检测引脚的波形丢失、畸变、幅度过大或过小，小信号处理电路采取保护措施。如测量图1-18和图1-19中的小信号处理电路保护检测引脚的电压。如果小信号处理电路的检测引脚电压发生上述三种情况，调试产生保护后的故障现象，则是小信号处理电路进入保护状态。

有的彩电设有多种保护电路，既有开关电源过电压、过电流保护、微处理器检测保护电路，还有分立元件检测保护和小信号处理保护电路等，通过上述翻转电路电压的测量，可区分多种保护电路中，是哪种保护电路进入保护状态。

测量上述关键点电压，一是抓住开机后、保护前的瞬间，测量关键点电压变化；二是进入保护状态后，测量关键点电压；三是退出保护状态或强行开机后测量关键点电压。根据关键点电压的变化，判断是哪路检测电路进入保护状态，确定故障范围。

1.4.3 解除保护，根据故障现象确定故障范围

解除保护后，开机观察是否退出保护状态。如果解除保护状态后，电视机仍然处于故障状态，则不是保护电路引起的保护故障，应根据故障现象，对相应的故障电路进行检修；如果解除保护后，电视机恢复工作，则故障发生在保护电路中。

如果退出保护后，声光图均正常，则是保护电路本身引起的误保护；如果退出保护后，发生光栅、图像、伴音故障，则是被检测的电路发生故障，进入保护状态。

1. 采取安全保护措施

解除保护状态的前提是：电源和行输出电路无明显短路、漏电故障，而且电源电路工作正常，输出电压不应过高。为了防止解除保护后，输出电压过高或电流过大，引起元器件大面积损坏，可采取如下保护措施：

（1）并联稳压二极管

在+B电压输出端与地线之间并联一只高于+B电压20V左右的稳压二极管，如果+B电压超过规定值20V，稳压管击穿，迫使开关电源停振。平板彩电根据输出电压的高低，按照高于正常输出电压20%比例确定并联稳压管的稳压值。

（2）串联熔丝

在+B供电回路串联一只熔丝，21in以下彩电串联0.5A熔丝，大屏幕彩电适当增大熔丝。当行输出电路发生短路故障时，熔丝熔断，达到保护的目的。平板彩电根据输出电压支路的电流确定熔丝的大小。

（3）并联逆程电容

为了防止逆程电容失效或开路造成行扫描电路过电压损坏，在原来逆程电容的两端并联与其容量相等的电容。

上述保护措施，也为判断故障范围提供依据。如果并联的稳压管击穿，是过电压保护电路启动；如果串联的熔丝熔断，则是过电流保护电路启动；如果光栅过大，表明原来的逆程电容正常，如果光栅尺寸正常，表明原逆程电容失效开路。

2. 解除保护的步骤

（1）确定负载电路无明显短路故障

数码、高清彩电测量行输出管的对地电阻，判断行输出电路是否存在严重直流短路现象，一般应大于6kΩ。如果小于6kΩ，应首先排除行扫描电路的短路故障。平板彩电测量主板、背光灯板电源供电端有无严重短路故障，正常时根据供电电压的高低而有所不同，5V

输出端对地电压为几十到数百欧，12V 和 24V 输出端对地电阻为数百欧。

（2）接假负载，测量开关电源输出电压

断开开关电源输出端与负载电路的供电连接，在输出端接假负载，开关机控制端根据需要，高电平开机的机型接5V 电源，低电平开机的机型接地。退出保护状态后，检测开关电源的输出电压，如果电压不正常，先排除开关电源故障。

（3）恢复负载电路，解除保护

确定开关电源输出电压正常后，再拆下假负载，恢复负载电路，采取解除保护的方法，开机观察故障现象，并测量负载电路电流和开关电源输出电压。根据故障现象和测量结果，对故障范围做出判断，对相应的故障部位进行检测。

3. 从保护执行电路采取措施强行开机

完全解除保护可从电压翻转电路、保护执行电路、微处理器保护检测电路、小信号处理检测引脚采取措施，解除保护状态。解除保护最好先从保护执行电路进行，再从保护检测电路执行，这样做的好处是：断开保护执行电路，可基本确认是否由保护电路引起的故障，对于用待机方式保护的机型可再断开保护检测电路进一步确认。

如果保护电路的故障检测和电压翻转电路均在微处理器或小信号处理电路的内部，无法采取解除保护的措施。可通过从保护执行电路采取措施的方法，强行开机，观察故障现象。根据保护执行电路的不同，可采取以下开机措施。

（1）将待机控制电路置于开机状态

对于由微处理器执行待机保护的电路，可将待机控制端电压强行拉到开机状态。方法是断开微处理器的待机控制端，将该脚外部的待机控制电路，通过并联上拉电阻或下拉电阻的方法，强行将其置于正常开机状态。

（2）短路开关机控制器件

对于采用继电器控制开关机的，将继电器开关短接；采用大功率晶体管控制开关机的，将晶体管 c 极与 e 极之间短接。

（3）拆除控制行供电和行激励的晶体管

对于数码、高清彩电短路行激励信号和短路稳压电路 b 极电压的待机电路，将短路执行晶体管拆除，也可将执行晶体管的 b 极与 e 极之间短路。

上述方法的缺点是：只是被控电路（开关电源）进入正常状态，为整机提供了电源，但微处理器仍处于保护状态，各项控制功能可能未进入正常控制状态，此时有可能无图无声，但可对开关电源输出电压和受控电路电压进行大致的测量，以便做到心中有数，对症检修。如果从保护执行电路解除保护后，能正常开机，且输出电压基本正常，则可基本确定是保护电路启动所致。

4. 从保护检测电路采取措施解除保护

如果从保护执行电路采取措施解除保护后，确认是保护电路启动所致，可从电压翻转电路、微处理器保护检测电路、小信号处理检测引脚采取措施，解除保护状态。解除保护可通过以下途径进行。

（1）从电压翻转电路采取措施解除保护

从电压翻转电路解除保护，可分别从电压翻转电路的触发电压输入端和翻转后的保护执行电压的输出端进行。解除保护的方法有开路和短路两种。

开路法。一是断开故障检测电路触发电压输出端与电压翻转电路输入端的连接，如从图

1-8～图 1-12 中的 A 点采取措施，断开电压翻转电路晶体管的 b 极、保护闸管的 G 极与检测电路的连接，切断保护检测电路的触发信号；二是断开电压翻转电路输出端与保护执行电路之间的连接，如从图 1-8～图 1-12 中的 B 点采取措施，断开翻转电路与保护执行电路之间的连接，如断开电压翻转晶体管的 c 极或闸管的 A 极，也可将电压翻转电路的晶体管或闸管拆除。

短路法。一是将电压翻转电路输入端的触发电压短路，如从图 1-8～图 1-12 中的 A 点采取措施，将电压翻转电路晶体管的 b 极与 e 极短路、将保护闸管的 G 极与地短路等；二是将电压翻转电路输出的保护控制电压短路，如从图 1-8～图 1-12 中的 B 点采取措施，将电压翻转电路输出的高电平保护控制电压对地短路，或将电压翻转电路输出的低电平保护控制电压对电源短路。

（2）从微处理器保护检测引脚采取措施解除保护

如果检测到微处理器的保护检测引脚发生电压翻转，可从该引脚采取措施，迫使微处理器退出保护状态，观察故障现象，判断是否进入保护状态。解除保护的方法有开路和短路两种。

开路法。将微处理器的保护检测引脚与外部保护检测电路的连接断开，注意保留检测引脚的上拉电阻或下拉电阻，切断故障检测电路的触发保护电压。

短路法。如果微处理器的检测引脚正常时为低电平，保护时变为高电平的，可将微处理器的保护检测引脚与地短路，强行拉入低电平；如果微处理器的检测引脚正常时为高电平，保护时变为低电平的，可将微处理器的保护检测引脚与微处理器电源短路，强行拉入高电平。

（3）从小信号处理电路的检测引脚采取措施解除保护

如果检测到小信号处理的保护检测引脚发生电压变化，可从该引脚采取措施，迫使小信号处理电路退出保护状态，观察故障现象，判断是否进入保护状态。

对电压翻转型故障检测引脚，可采取与微处理器检测引脚相同的开路法和短路法，切断外部检测电路，强行将检测引脚电压拉到正常状态。

对于划定电压变化范围的检测引脚，可采取外接分压电路的方法，将该脚的电压强行拉到正常范围。

1.4.4 查找保护原因

在确定是保护电路启动进入保护状态后，还要区分是哪个检测电路输出的触发电压，引起保护电路启动；最后要确定是被检测电路故障引起保护电路动作，还是保护电路本身元器件变质损坏造成误保护。通过电阻和电压测量，找到故障元器件，更换损坏的元器件，排除保护故障。

对常规熔丝、熔断电阻保护，除更换烧断的熔丝、熔断电阻外，还要查找到引起保护的原因，更换损坏的元器件，确认熔丝、熔断电阻所接的负载电路不存在对地短路、漏电现象后，方能通电开机。

1. 确定是哪路保护检测电路引起的保护

如果该保护电路具有多种故障检测电路，为了缩小故障范围，要区分是哪个保护检测电路检测到故障，输出保护触发电压，引起保护电路启动。一般可通过四个途径确定是哪个保护电路引起的保护。

（1）测量保护检测电路的输出端对地电压

各路检测电路在检测到故障时，大多输出保护触发电压到电压翻转电路。通过测量各路故障检测电路输出端电压，参考第1章保护检测电路的测试点，测量各路检测电路的测试点对地电压，判断检测电路是否输出保护触发电压。如果哪个检测电路输出触发电压，则是该保护电路引起的保护。也可采用本章介绍的保护检测电路，串入各个检测支路，对各个支路的电压进行监测。

（2）测量隔离或检测二极管的两端电压

如果在电压翻转电路与多路检测电路之间设有隔离或检测二极管，通过测量隔离和检测二极管两端电压，即可判断是否由该二极管相关联的检测电路引起的保护。如果被测量的二极管两端为正向偏置电压0.7V，说明该二极管相关联的检测电路输出的触发电压使电压翻转电路翻转，引起保护；否则，如果二极管两端电压为反向偏置，二极管截止，则该检测电路未检测到故障，未输出触发电压。

（3）测量检测晶体管的工作状态

由晶体管组成的故障检测电路，根据检测需要，有的工作于截止状态，检测到故障时变为导通状态；有的正常时工作于导通状态，检测到故障时变为截止状态；有的正常时工作于脉冲放大状态，检测到故障时，变为截止或饱和导通状态。通过测量晶体管的工作状态，也可判断该晶体管是否输出保护触发电压。如果检测晶体管的工作状态由正常时的截止（或导通）状态变为导通（或截止）状态，或者由正常时的微导通状态变为饱和导通状态，由脉冲放大状态变为截止状态等，只要检测晶体管的工作状态发生改变，即可判断该晶体管检测电路输出了保护触发电压，引起保护。

（4）测量运算放大器的输出电压

由运算放大器组成的故障检测电路，大多采用高电平输出保护电压的方式。正常时工作运算放大器的输出端输出低电平；检测到故障时运算放大器的输出电压发生翻转，输出高电平。通过测量运算放大器的输出电压，可判断保护电路是否启动。

（5）逐个解除保护检测电路触发电压

如果保护电压翻转电路的输入端有多路检测电路，可逐个解除保护检测电路的触发电压，然后进行开机试验。解除保护的方法有开路和短路两种。一是逐个断开故障检测电路输出端与保护执行电路控制端的连接；二是如果各路故障检测电路的输出端与保护执行电路的输入端有隔离电阻，还可逐个将故障检测电路输出电压对地短路。

采取开路法或短路法后，开机观察是否退出保护状态。如果开路或短路哪路故障检测输出端与保护执行电路控制端的连接，保护电路退出保护状态，则故障发生在该故障检测电路中。

2. 查找引起保护的原因

在查清楚由哪路故障检测电路引起的保护后，还要查清楚是什么原因引起的该检测电路输出的触发电压。保护电路引起的保护，一是被检测的电路发生故障，进入保护状态；二是故障检测电路本身发生故障，误入保护状态。可通过以下途径和方法，判断引起保护的原因。

（1）测量被检测电路的电流

当确定是过电流检测电路引起保护时，可通过测量被检测的负载电路的电流，查找引起保护的原因。测量时必须先解除保护状态，再进行电流测量。电流的测量一般通过两个途径进行：一是直接测量负载电流，即断开保护取样电路，串入电流表，直接测量被检测电路的电流；二是测量保护取样电路的取样电阻两端电压，计算出负载电流。

将检测结果与正常时的电流比较，确定被检测电路是否发生短路漏电故障。正常时，21in以下彩电的行输出电流为300～450mA，大屏幕彩电根据其消耗功率大小，一般为500～1000mA。平板彩电电源板由于输出电压低，电流较大，5V供电电流在1A左右；12V和24V电压供电电流，根据屏幕的大小和负载电路的需求，在2～8A之间。

如果负载电流超过正常值，则是负载电路发生短路漏电故障，应对负载电路进行检测；如果负载电流正常，则是过电流检测电路引起的误保护，主要是检测电路元器件变质所致，多为取样电阻阻值增加、电路接触不良、检测晶体管漏电等。

（2）测量被检测电路的电压

当确定是过电压检测电路引起保护时，可通过测量被检测的电源电路输出电压，查找引起保护的原因。测量被检测的电源电压时，一是抓住开机后、保护前的瞬间，测量被检测的电压；二是退出保护状态或强行开机后测量被检测的电压。

将检测结果与正常时的电压比较，确定被检测电路是否发生过电压故障。如果被检测电压超过正常值，则是电源稳压电路故障，应对稳压电路进行检测；如果被检测电压正常，则是过电压检测电路引起的误保护，主要是检测电路元器件变质所致，多为基准二极管稳压值变小或漏电，取样分压电路的电阻阻值变质或接触不良，检测晶体管漏电等。

（3）解除保护后观察故障现象

如果退出保护后，声光图均正常，则是故障检测电路本身引起的误保护，对引起保护的检测电路元器件进行检测；如果退出保护后，发生光栅、图像、伴音故障，则是被检测的电路发生故障，进入保护状态，需对相应的故障电路进行检测，排除保护原因。

（4）测量保护电路元器件

在确定是保护电路引起的误保护时，要对保护电路的元器件进行必要的检测，排除引起误保护的原因。常引起误保护的原因主要有：取样电路的取样电阻阻值改变，稳压二极管的稳压值改变或漏电，检测晶体管漏电，抗干扰的旁路电容开路或容量减小等，要对可疑元器件进行必要的检测。

由于在路测量受其他电路的影响，测量的数据不够准确，根据维修经验，对电阻的测量，建议用数字式万用表进行测量，由于其内阻比较大，测量时的电流较小，不能使与其连接的二极管、晶体管等半导体器件的PN结导通，测量结果比较准确。测量二极管、晶体管的PN结正向电阻和反向电阻时，建议用普通指针式万用表，测量正向电阻用R×1挡，可提供较大的正向电流；测量反向电阻时，根据测量电路的电阻范围，建议用R×100或R×1k挡，并尽量选用高阻挡。

必要时应拆下可疑器件，进行非在路测量。特别是对稳压二极管的稳压值的测量，建议用晶体管测试仪进行测试。将高于稳压二极管稳压值2～10V的直流电源VCC，通过电阻R降压、限流后反向加到稳压二极管的两端，用万用表直流电压挡测量稳压二极管两端的直流电压，即为该二极管的稳压值。电阻的阻值以不超过稳压二极管的最大损耗功率为依据，根据VCC电压的高低、稳压二极管的稳压值和最大反向电流确定，可在100～1000Ω之间选择，功率在0.5～2W之间选择。

对于保护电路在集成电路内部的，一是通过测量集成电路相关引脚的对地电压和电阻，并与正常值进行比较，确定集成电路内部是否损坏；二是采用代换的方法，确定集成电路是否损坏。

3. 更换损坏元器件

找到引起保护的故障元器件后，一项任务就是更换损坏的元器件。更换元器件时，最好按原型号和规格进行更换。如果无同型号的元器件，代换时，应采用与其参数相近的元器件代换，并选用质量可靠的元器件，以免因元器件质量问题而引起误保护，给检修带来困难。

如果元器件未损坏，而是由于电视机老化，需要提高电压和电流才能达到要求的，如果保护电路的取样电路元器件参数不变，很可能引起误保护。为此，在提高电压和电流后，应适当提高保护检测电路中的取样元器件参数。如提高电流后，如果该电路中设有过电流保护检测电路，应适当减小过电流保护电路的取样电阻；提高电压后，如果该电压电路中设有过电压保护电路，应适当提高过电压保护电路的取样稳压二极管的稳压值，或更改取样分压电阻的阻值。

第一部分　数码、高清彩电保护电路速修图解

第2章　海信数码、高清彩电保护电路速修图解

2.1　海信A3-CA机心单片彩电保护电路速修图解

海信A3-CA机心，微处理器N701采用M34300N4-628SP、M34300N4-721SP，小信号处理电路N101采用三洋单片LA7680，场输出电路采用LA7837，伴音功放电路采用AN5265等。

适用机型：海信SR5468、SR5468A、SR5468C、SR5468C5、TC2105、TC2106、TC2107、TC2108、TC2109、TC2111、TC2117V5、TC2129C、TC2129C5、TC2119MA、TC2122MA、TC2125C3、TC2125C5等系列单片彩电。

海信A3-CA机心开关电源采用常见的由分立元件组成的开关电源，设有独立的副电源，副电源采用降压变压器和串联稳压电路供电，待机采用关闭主电源振荡的方式。

海信A3-CA机心不但在主电源设有过电流、过电压保护电路，同时微处理器设有保护专用端口，设计了失电压保护电路，当开关电源负载电路发生短路、过电流、失电压等故障时，均会进入待机保护状态。本节以海信SR5468系列彩电为例，介绍海信A3-CA机心保护电路原理与维修，有关其开关电源的原理与保护电路维修。

2.1.1　保护电路原理图解

1. 保护检测电路

海信SR5468彩电保护电路如图2-1所示。微处理器N701（M34300N4-721SP）的15脚为PROTECT专用保护引脚，也称为中断口，外接失电压检测电路。正常时N701的15脚PROTECT电压在上拉电阻的作用下为高电平4V以上，当15脚外接的失电压保护电路检测到故障时，将15脚的PROTECT电压拉低，N701根据设计程序，采取保护措施，从17脚输出高电平待机控制电压，进入待机保护状态。

2. 保护执行电路

（1）待机控制电路

海信SR5468彩电的待机控制与状态显示，由微处理器N701的待机控制端17脚及其外接的元器件控制晶体管V792、光耦合器VD515、开关电源一次电路构成，对开关电源一次侧的大功率开关管的b极激励脉冲进行控制。

（2）指示灯显示

海信SR5468彩电的指示灯控制电路，由N701的开关机控制端17脚外接晶体管V797

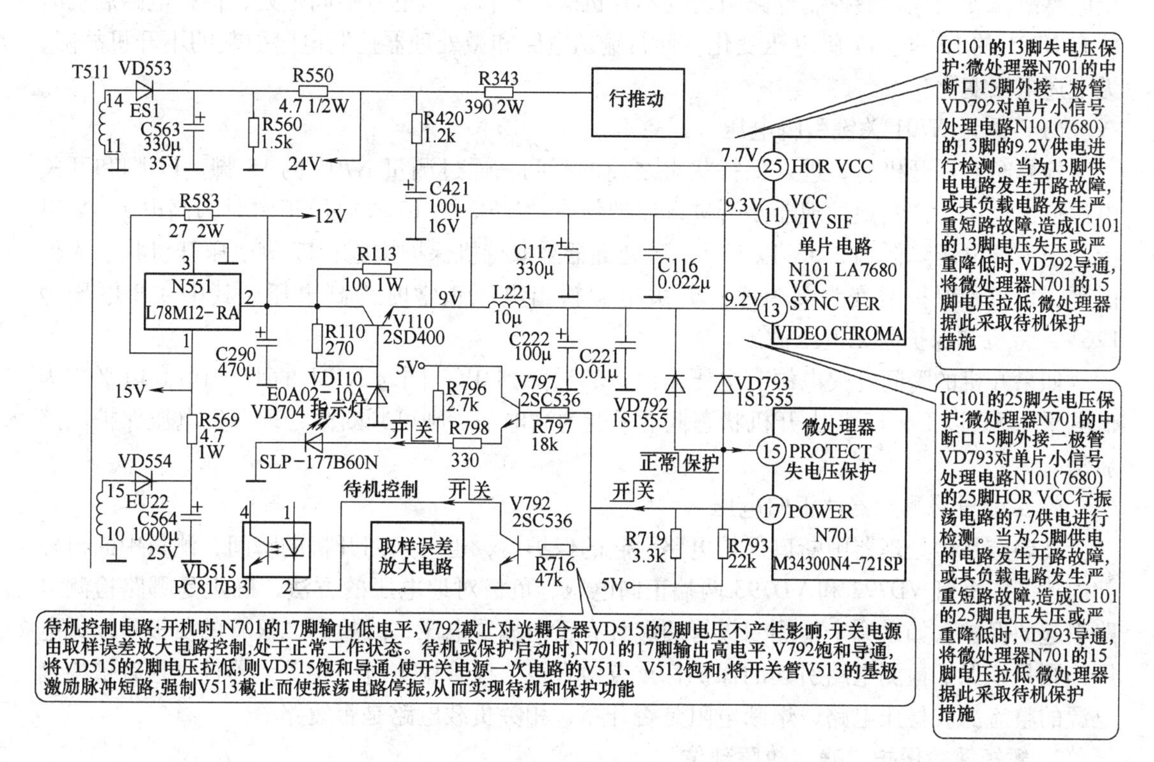

图 2-1 海信 SR5468 彩电保护电路图解

组成。开机时 17 脚输出低电平，V797 截止，指示灯 VD704 通过 R796 限流、降压点亮，但由于 R796 的阻值较大（2.7kΩ），指示灯发光亮度较低；待机和保护时，微处理器的 17 脚输出高电平，V797 饱和导通，将 R798 并联在 R796 两端，流过 VD704 的电流增加，指示灯亮度提高。

2.1.2 保护电路维修提示

海信 SR5468 彩电微处理器专用保护检测电路，检测到失电压故障时，采取待机保护措施，引起不能二次开机，或开机后自动关机的故障现象。检修时，首先要判断是否进入保护状态，然后查找引起保护故障的原因，顺藤摸瓜找到故障元器件。可采用测量关键点电压，判断是否保护和解除，观察故障现象的方法维修，根据故障现象进一步判断故障范围，对相应的电路进行检修；还可在解除保护开机后，对与保护有关的电压进行测量，确定故障范围。

1. 测量关键点电压，判断是否保护

微处理器 N701 进入保护状态时，保护检测端 15 脚外部的检测二极管之一导通，将中断口电压拉低，N701 从开关机控制端 17 脚输出高电平，外部晶体管 V792 饱和导通，进入待机保护状态。

保护时的故障特征是：开机的瞬间有行输出工作和高压建立的声音，然后三无；N701 的保护检测端 15 脚电压低于 2.5V，开关机控制端 17 脚电压经历高、低、高的变化；开机的瞬间开关电源有输出电压，然后降到 0V，同时指示灯亮度发生变化。其故障特征与行输出电路故障和微处理器控制电路引起的不开机故障相似，但也有不同之处，保护电路启动时伴有 N701 的 15 脚、17 脚电压变化，而行输出电路和微处理器控制电路引起的不开机故障，无上述电压变化。

（1）测量 N701 关键引脚电压

检修时，在开机后，进入保护状态之前的瞬间，通过测量 N701 的 15 脚、17 脚和开关电源输出电压，判断微处理器是否进入保护状态。N701 的 15 脚电压正常时为高电平 4V 以上，当该脚电压降低到 2.5V 以下时，微处理器采取待机保护措施；17 脚电压开机状态为低电平，待机和保护时变为高电平；开关电源输出电压正常时为高电压，其中 +B 电压为 126V，待机和保护时无电压输出。

如果开机的瞬间开关电源有电压输出，然后降到 0V，同时 N701 的 15 脚由高电平变为低电平 2.5V 以下，17 脚由开机状态低电平变为高电平，则可判断微处理器失电压保护电路启动。

（2）测量检测元器件正向电压

在确定是微处理器中断口保护电路引起的保护后，也可采用开机的瞬间，测量中断口外部的检测二极管 VD792 和 VD793 两端正向电压、负极对地电压的方法，确定是哪路检测电路引起的保护。如果哪个检测二极管两端具有正向偏置电压，或检测二极管的负极对地无电压，则是该保护检测电路引起的保护，重点检查该二极管检测电路相关元器件，检查被检测电源的整流滤波稳压电路、熔断电阻是否开路，相关负载电路是否短路等。

2. 暂短解除保护，确定故障部位

（1）从微处理器保护执行电路解除保护

从微处理器 N701 的开关机控制电路采取措施，将开关机控制晶体管 V792 的 b 极对地短路，强行开机观察故障现象，判断故障范围。该方法的缺点是：由于微处理器仍处于待机保护状态，操作和控制可能无效，但可对开关电源输出电压以及行、场扫描和小信号处理等相关电压进行测量。

（2）从微处理器保护检测电路解除保护

如果测量 N701 的中断口 15 脚电压低于 2.5V，可解除微处理器中断口检测保护电路，逐个断开中断口外部的检测二极管 VD7892 和 VD793，进行开机试验。如果解除哪路保护检测电路后，开机不再保护，则是该保护检测电路或被检测电路发生故障引起的保护，重点检查与其相关的电源电路和负载电路。

注意：为了整机电路安全，解除保护前，应确定开关电源输出电压正常，行输出电路无明显短路故障，然后再采取解除保护的方法检修，避免解除保护后造成故障扩大。

2.1.3 保护电路维修实例

例 2-1：海信 SR5468 彩电，开机后三无，不能遥控开机，指示灯很亮。

分析与检修： 按开关键后电源指示灯亮，用遥控二次开机，指示灯先变暗，3s 后又变亮，三无（无光栅、无图像、无伴音）。根据故障现象进行分析，该故障一般发生在电源及负载和保护电路。该机的 15 脚为过电流保护检测端，正常时该脚电压应为 4.5V，二极管 VD792、VD793 因为 9V、24V 的作用，反偏截止；若 9V 或 24V 因过电流电压大幅度下降时，VD792 或 VD793 导通，15 脚变为低电平，CPU 的 17 脚即变为 5V 高电平，使开关电源停振。

用万用表开机测 CPU 的 15 脚中断口电压为 2.2V，17 脚开关机控制电压先为低电平 0V，3s 后变为高电平 5V，说明确已保护。测 VD792、VD793 正常，将其脱开，测 15 脚电压为 4.5V 正常，此时开关电源已启振，能听到开关变压器发出微弱的“吱吱”声，测开关电源 130V、24V、9V 输出端电压均为 0V，断开行输出变压器 T471 的 3 脚，在 130V 端接一假负载，开机测以上电压正常，说明故障在行输出电路，检查行输出管 V432 内部击穿。该机 CPU 的 15 脚外围设计仅用来检测 9V 和 24V 两支路电压，130V 支路失电压会造成其保护是因为行输出管击穿后，开关电源过载，使 130V、24V、9V 急剧下降，微处理器的 15 脚变为低电平，最终导致微处理器保护停机。更换行输出管 V432 后，机器工作恢复正常，故障排除。

例 2-2：海信 SR5468 彩电，开机后自动关机。

分析与检修：开机的瞬间，测量开关电源有电压输出，几秒钟后变为 0V，测量微处理器 N701 的 15 脚电压，为 1.5V，同时微处理器 N701 的开关机控制端 17 脚电压经开机低电平，几秒钟后变为高电平，自动关机。由此判断微处理器执行待机保护，引起自动关机故障。

开机的瞬间测量检测二极管 VD792、VD793 的负极电压，发现 VD792 的负极开机的瞬间无电压，对 IC101 的 13 脚供电电路进行检查，发现稳压电路 V110（2SD400）内部开路，造成被检测的 IC101 的 13 脚电压失电压，保护电路启动。更换 V110 后，不再发生自动关机故障。

2.2 海信 A6-CA 机心单片彩电保护电路速修图解

海信 A6-CA 机心，微处理器采用 LC864512-5C77 或 LC864516A，小信号处理电路采用三洋单片小信号处理电路 LA7687A 或 LA7688，场输出电路采用 LA7837，伴音功放电路采用 LA4285。

适用机型：海信 TC-2139、TC-2139C、TC-2151、TC-2165、TC-2166、TC-2179、TC-2180、TC-2182、TC2128、TC2080、TC2116、TC2116M、TC2127FA、TC2128C 、TC2128C6、TC2128FA、TC2139D、TC2139T、TC2140M、TC2145、TC2168C、TC2182M、TC2188、TC2146 等单片系列彩电。

海信 A6-CA 机心，开关电源采用常见的由分立元件组成的开关电源。副电源取自主电源，待机控制采用切断行振荡、小信号处理电路供电和降低主电源输出电压的方式。

海信 A6-CA 机心，围绕误差取样放大电路和微处理器保护专用端口，设计了多路过电流、失电压保护电路，当开关电源、行输出、场输出等电路发生短路、过电流、失电压等故障时，均会进入待机保护状态。下面以海信 TC2139 彩电为例，介绍海信 A6-CA 机心保护电路的速修图解。

2.2.1 保护电路原理图解

海信 TC2139 彩电保护电路如图 2-2 所示。它主要由两部分组成：一是依托开关电源误差放大电路 V631 设计的开关电源输出电压短路、失电压保护电路，保护时将开关电源振荡电路关断；二是依托微处理器 N801（LC864512-5C77）特设的保护检测（PROTECT）端口 41 脚，设计的开关电源输出电压短路、失电压保护、行不工作、场偏转过电流保护电路，保护时 N801 从待机控制端输出待机控制电压，进入待机保护状态。

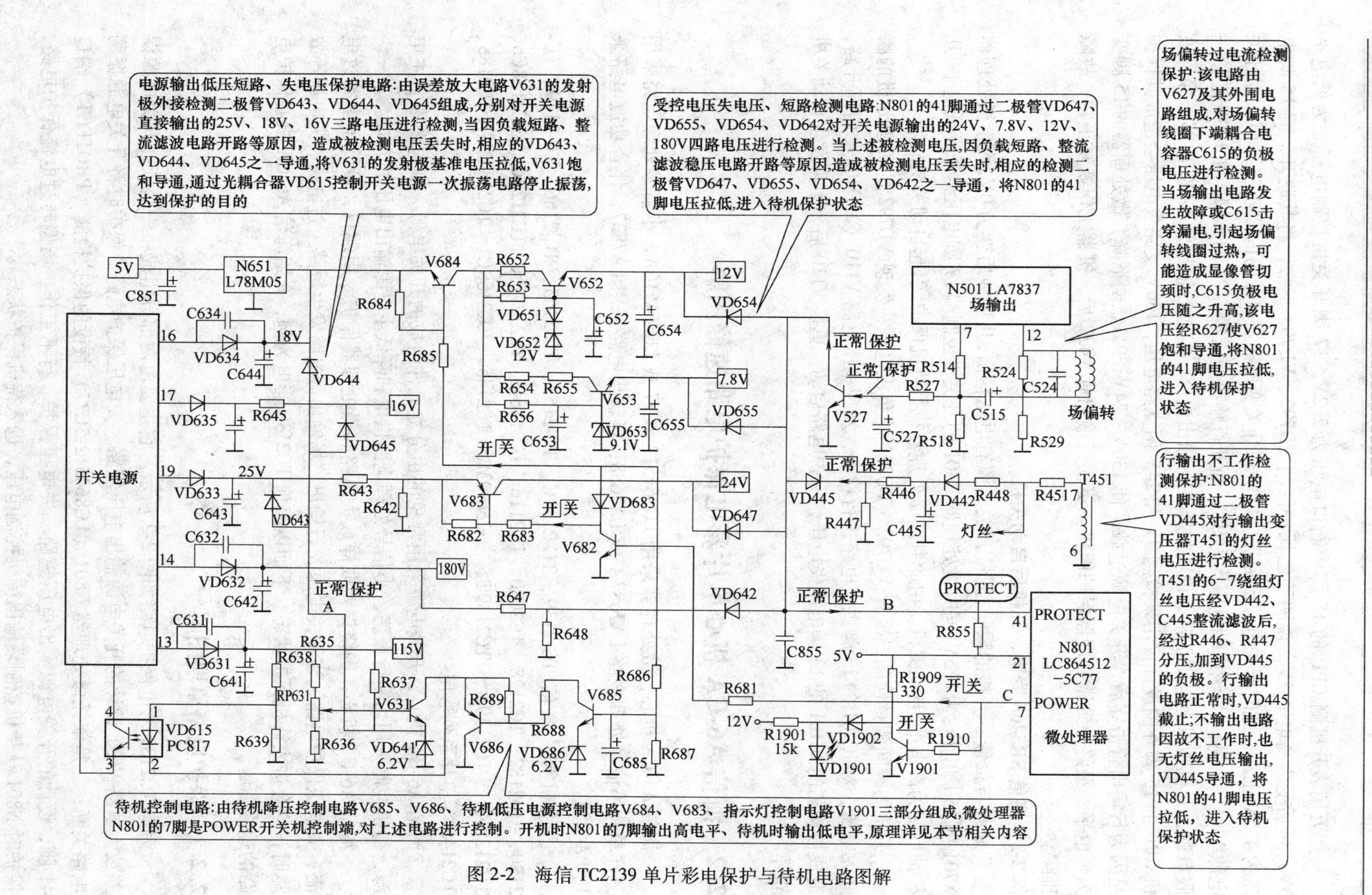

图 2-2　海信 TC2139 单片彩电保护与待机电路图解

1. 误差放大电路短路、失电压保护电路

图2-2中V631是取样误差放大电路，R637和VD641为V631的e极提供6.2V的基准电压，开关电源输出的115V的+B电压，经R635、RP631、R636取样后输入到V631的b极，与e极的基准电压比较放大后，从c极输出控制电压，通过光耦合器VD615对开关电源一次振荡电路进行控制，以达到稳压的目的。

2. 微处理器失电压保护电路

微处理器失电压保护电路如图2-2所示。微处理器N801的41脚是特设的保护检测端口，外接开关电源输出电压短路、失电压保护、行不工作和场偏转过电流保护电路。N801的41脚电压正常时为高电平4.5V以上，被检测的电路电压因负载短路或整流滤波电路故障无电压输出时，相应的检测二极管导通，将N801的41脚电压拉低，当低于2.5V时，N801判断被检测的电路发生故障，采取保护措施，从开关机控制端7脚发出低电平，进入待机保护状态。

3. 待机控制电路

海信TC2139彩电待机控制不是关断主电源，而是采取降低开关电源输出电压和切断小信号处理电路电源电压的方法来实现。开机时由误差取样放大电路控制，开关电源输出正常高电压，低压电源控制电路导通，为小信号处理电路提供电源；待机时由待机降压电路控制，开关电源输出电压降到正常时的1/2左右，同时低压电源控制电路截止，切断小信号电路电源。由于待机电路的特殊性和保护电路保护时，执行待机控制，有必要对待机电路进行介绍。

待机控制电路如图2-2所示，微处理器N801的7脚是POWER开关机控制端，V684、V683为低压电源控制电路，V685、V686为待机降压控制电路，V1901为待机指示灯控制电路。

（1）开机状态

开机时N801的7脚输出高电平，V682饱和导通，c极变为低电平，一是通过R683、VD683、R685使低压电源控制电路的V684、V683获正向电压而导通，向小信号处理电路和场输出电路提供电源，进入工作状态。二是通过R686将待机降压控制电路V685的b极电压拉低，V685和V686均截止，对稳压电路不产生影响，由误差取样放大电路控制，开关电源输出正常高电压；同时N801的7脚高电平使指示灯控制电路V1901导通，c极变为低电平，VD1902截止，指示灯由12V电源经R1901供电，由于R1901阻值较大（15kΩ），指示灯亮度变暗。

（2）待机状态

待机或保护时N801的7脚输出低电平，V682截止，c极变为高电平，一是通过R683、VD683、R685使低压电源控制电路的V684、V683截止，切断小信号处理电路和场输出电路电源，行场扫描电路停止工作。二是通过R686向待机降压控制电路V685的b极提供正向偏置电压，V685和V686均导通，其导通程度受VD686（6.2V）的控制，其中V686的导通电流大于误差取样放大电路V631的导通电流，通过光耦合器VD615（PC817）控制开关电源振荡脉冲变窄，输出电压降到正常时的1/2左右；同时N801的7脚低电平使指示灯控制电路V1901截止，c极变为高电平，VD1902导通，指示灯亮度变亮。

2.2.2　保护电路维修提示

该机的保护电路几乎覆盖了开关电源和行、场扫描等易发故障部位，当开关电源各路输出电压因负载短路或整流滤波电路故障无电压输出，以及行、场扫描电路发生故障时，均会进入保护状态，再加上保护检测电路因元器件变质引起的误保护，所以，该系列彩电易发生开机三无、开机困难、自动关机等疑难故障。检修时，不要忙于对开关电源和行、场扫描电路进行检修，首先要判断是否进入保护状态，然后查找引起保护故障的原因，顺藤摸瓜找到故障元器件。

1. 误差放大电路保护检修

依托误差放大电路设计的保护电路，进入保护状态时，检测二极管 VD643、VD644、VD645 之一导通，将误差放大电路 V631 的 e 极基准电压拉低，V631 饱和导通，通过光耦合器 VD615 控制开关电源一次振荡电路停止振荡。保护时的故障特征是：开关电源无电压输出，各路输出电压均为 0V，副电源也失去供电，电源指示灯不亮，其故障特征与开关电源本身损坏不工作引起的故障现象相同。检修时，往往在开关电源电路反复查找，也找不到故障元器件，此时应注意对误差放大电路 e 极保护电路的检测。可采用电压测量和解除保护的方法，确定是否进入保护状态。

由于该机的开关电源属于并联型开关电源，当负载严重短路时，振荡电路的反馈电压也会大幅度降低，会破坏开关电源的振荡条件，停止振荡，因此采用解除保护的方法不会对开关电源电路造成威胁。具体方法是：首先测量检测二极管 VD643、VD644、VD645 负极对地电阻，排除负载严重短路故障；然后将图 2-2 中保护检测电路的 A 点断开，开机测量开关电源输出电压，并观察故障现象。如果开关电源输出电压恢复正常，则是保护电路启动所致，重点检查被检测的电源整流滤波电路和与其相关的负载电路；如果开关电源仍无电压输出，则是开关电源本身发生故障，重点检查开关电源的供电、启动、反馈、稳压电路。

2. 微处理器保护电路检修

微处理器 N801 进入保护状态时，保护端口 41 脚外部的检测二极管、晶体管之一导通，将 41 脚电压拉低，N801 从待机控制端 7 脚发出低电平，进入待机保护状态。保护时的故障特征是：开机的瞬间有行输出工作和高压建立的声音，然后三无；N801 的 41 脚电压低于 2. 5V，7 脚电压经历低、高、低的变化；开关电源输出电压也经历低、高、低的变化，最后降到正常时的 1/2 左右，同时指示灯亮度经过亮、暗、亮的变化过程。其故障特征与行输出电路故障和微处理器控制电路引起的不开机故障相似，但也有不同之处，保护电路启动时伴有 N801 的 41 脚、7 脚和开关电源输出电压高、低、高的电压变化，而行输出电路和微处理器控制电路引起的不开机故障，无上述电压变化。

检修时，在开机后进入保护状态之前的瞬间，通过测量 N801 的 41 脚、7 脚和开关电源输出电压，判断微处理器是否进入保护状态。也可采用解除保护的方法，观察开机后的故障现象，根据故障现象进一步判断故障范围，对相应的电路进行检修；还可在解除保护开机后，对与保护有关的电压进行测量，确定故障范围。检修微处理器保护故障，可采取以下方法。

（1）从微处理器保护执行电路解除保护

从微处理器 N801 的 7 脚采取措施，从图 2-2 中的 C 点将待机控制电路与 7 脚的连接断开，改接到 21 脚 +5V 副电源端口，强行开机，也可直接将 V682 的 c 极与 e 极之间短路，强行开机，观察故障现象，判断故障范围。该方法的缺点是：由于微处理器仍处于待机保护状态，操作和控制可能无效，但可对开关电源输出电压以及行、场扫描和小信号处理等相关电压进行测量。

（2）从微处理器保护检测电路解除保护

如果测量N801的41脚电压低于2.5V，可解除微处理器41脚检测保护电路。具体方法有两种：一是全部解除41脚的保护检测，保留上拉电阻R855，从图2-2中的B点断开41脚与外部检测电路的连接；二是逐个断开二极管VD647、VD655、VD654、VD642、VD445正极和晶体管V627c极与41脚的连接，进行开机试验。如果解除哪路保护检测电路后，开机不再保护，则是该保护检测电路或被检测电路发生故障引起的保护，重点检查与其相关的电源电路和负载电路；如果解除保护后，声光图均正常，各路电源电压也在正常范围内，则是保护电路元器件变质引起的误保护。

（3）测量检测元件正向电压

在确定是微处理器41脚保护电路引起的保护后，也可采用开机的瞬间，测量41脚外部的检测二极管VD647、VD655、VD654、VD642、VD445两端正向电压，负极对地电压和晶体管b极对地电压的方法，确定是哪路检测电路引起的保护。如果哪个检测二极管两端或晶体管b极具有正向偏置电压，或检测二极管的负极对地无电压，则是该保护检测电路引起的保护，重点检查该二极管、晶体管组成的检测电路相关元器件，检查被检测电源的整流滤波稳压电路是否开路、相关负载电路是否短路等。

注意：为了整机电路安全，解除保护前，应确定开关电源输出电压正常，行输出电路无明显短路故障，然后再采取解除保护的方法检修，避免解除保护后造成故障扩大。

2.2.3　保护电路维修实例

例2-3：海信TC2139彩电，开机后三无，遥控开机电源指示灯变暗后，几秒钟后变亮。

分析与检修：根据指示灯的亮、暗、亮变化过程，估计是微处理器保护电路启动所致。开机的瞬间测量N801的41脚电压为2.3V，开关机控制端7脚由开机时的高电平5V瞬间变为低电平0V，开关电源输出的+B电压降到55V左右，进一步判断是微处理器执行保护。开机的瞬间，测量41脚外部的检测二极管VD647、VD655、VD654、VD642、VD445两端正向电压，确定故障范围。发现VD445开机的瞬间有正向偏置电压，判断是行输出不工作检测电路引起的保护，对VD442、C445、R446、R447等故障检测电路进行检查，未见异常；再断开VD445解除保护，N801的41脚电压恢复高电平，N801的7脚电压也恢复开机高电平，开关电源输出电压升到开机正常值115V，但仍无光栅。检查行扫描电路，发现行推动级V431（2SC3332）有激励信号输出，但行输出电路不工作，检查行输出管V432（2SD1651），发现其发射结开路。更换行输出管2SD1651，恢复保护电路，开机不再保护，故障排除。

例2-4：海信TC2139彩电，开机后三无，遥控开机电源指示灯变暗后，几秒钟后变亮。

分析与检修：故障现象与例2-3相同，采用相同的检修方法，测量N801的41脚电压低于2.5V，7脚由开机时的高电平5V瞬间变为低电平0V，+B电压降到55V左右，判断是微处理器执行保护。开机的瞬间测量41脚外部的检测二极管VD647、VD655、VD654、VD642、VD445两端正向电压，确定故障范围。发现VD642开机的瞬间有正向偏置电压，其负极无电压，判断是180V视放电压检测电路引起的保护。断开VD462解除保护，开机出现伴音和光栅，但光栅过亮，图像上有木纹干扰。检查视频放大电路电压，180V供电电压低于正常值，在140V左右，检查180V视频放大电路电源，发现滤波电容器C642容量减小，由正常时的22μF减小到不足1μF，更换C642后，光栅亮度恢复正常，图像上的木纹干扰消失，但接上检测二极管 VD642 仍然保护，检查与 VD642 有关的检测电路，发现分压电阻 R647（390kΩ）开路。更换 R647 后，开机不再保护，故障排除。

例 2-5：海信 TC2139 彩电，多数时间能正常收看，收看中途偶尔发生三无故障。

分析与检修：由于有时能正常收看，说明开关电源和行输出电路基本正常，偶尔发生自动关机故障，可能是电路接触不良或误入保护状态所致。发生三无时，指示灯变亮，测量 N801 的 41 脚电压低于 2.5V，7 脚由开机时的高电平 5V 瞬间变为低电平 0V，+B 电压降到 55V 左右，判断是微处理器执行保护。检修中，翻动电路板时，电视机又自动恢复正常，看来是电路接触不良，引起保护电路的被检测电压丢失，微处理器执行保护所致。仔细检查电路板上的焊点，发现灯丝供电电路的熔断电阻 R451（1.0Ω/2W）一脚开焊，接触不良，造成灯丝电压丢失，致使行不工作保护电路启动。将 R451 焊好后，故障排除。

例 2-6：海信 TC2139 彩电，开机三无，指示灯不亮。

分析与检修：测量开关电源输出电压为 0V，测量市电整流滤波后的 300V 电压正常。判断一是开关电源电路故障，无电压输出；二是依托误差放大电路设计的保护电路进入保护状态。测量误差放大电路 e 极的保护检测电路 VD643、VD644、VD645 的负极对地电阻，VD645 的负极对地电阻只有 20Ω 左右，偏低，判断 16V 负载电路发生短路故障。检查 16V 负载伴音功放电路 N001（LA4285），内部 8、9、10 脚之间击穿短路，更换 LA4285 后，开机故障依旧。检查 16V 整流滤波电路，发现熔断电阻 R645（6.8Ω/2W）烧断，引起失电压保护，致使开关电源一次振荡电路停止振荡，造成三无故障。更换 R645 后，故障排除。

2.3 海信 A6-CB 机心单片彩电保护电路速修图解

海信 A6-CB 机心，微处理器采用 LC864516-5G18 或 LC864512V-5D18，小信号处理电路采用三洋单片小信号处理电路 LA7687A 或 LA7688，伴音功放电路采用 LA4287 或 TDA7263M，场输出电路采用 LA7838。

适用机型：海信 TC2511、TC2511A、TC2511C、TC2511D、TC2521、TC2531、TC2531SB、TC2531T、TC2531M、TC2531MX、TC2532、TC2532A、TC2539、TC2539A、TC2539D、TC2557、TC2559、TC2563、TC2565D、TC2566A、TC2567、TC2568、TC2577、TC2578、TC2911、TC2953、TC2955、TC2955D、TC2957、TC2958、TC2960、TC2961A、TC2961C、TC2961BC、TC2961D、TC2961T、TC2961G、TC2963、TC2965、TC2966、TC2968、TC2968A、TC2972、TC2972A、TC2975、TC2975F、TC2975H、TC2975A、TC2975C、TC2975AD、TC2975D、TC2975MD、TC2968、TC2985X 等单片系列彩电。

海信 A6-CB 机心，开关电源采用常见的由分立元件组成的开关电源。设有独立的副电源，副电源采用降压变压器和串联稳压电路，为微处理器提供 5V 电压，待机采用关闭主电源振荡的方式。

海信 A6-CB 机心，不但在主电源设有过电流、过电压保护电路，还在微处理器设有保护专用端口，具有过电流、失电压保护功能，当开关电源、行输出、场输出等电路发生短路、过电流、失电压等故障时，均会进入待机保护状态。下面以海信 TC2953 彩电为例介绍海信 A6-CB 机心保护电路的速修图解。

2.3.1　保护电路原理图解

海信 TC2953 彩电保护与待机电路如图 2-3 所示。微处理器 N801（LC864516-5G18）的 41 脚是特设的保护检测（PROTECT）端口，俗称“在端口”，外接开关电源输出电压短路、失电压保护、行不工作、场偏转过电流保护电路，保护时 N801 从待机控制端输出待机控制电压，进入待机保护状态。

1. 待机控制电路

海信 TC2953 彩电设有独立的副电源，待机采用关闭主电源振荡的方式。微处理器 N801 的 7 脚是开关机控制端，外接 V662、V661 控制电路，对稳压控制电路光耦合器 VD615（PC817）进行控制，待机或保护时，N801 的 7 脚输出低电平，通过 V662、V661、VD615 将开关电源振荡激励信号短路，开关电源停止工作，进入待机状态。

2. 微处理器失电压保护电路

微处理器 N801 的 41 脚是特设的保护检测端口，外接开关电源输出电压短路、失电压保护、行不工作、和场偏转过电流保护电路。N801 的 41 脚电压正常时为高电平 4.5V 以上，被检测的电路电压因负载短路或整流滤波电路故障无电压输出时，相应的检测二极管导通，将 N801 的 41 脚电压拉低，当低于 2.5V 时，N801 判断被检测的电路发生故障，采取保护措施，从待机控制端 7 脚发出低电平，进入待机保护状态。N801 的 41 脚外部保护检测电路如下所述。

2.3.2　保护电路维修提示

该机的保护电路对易发故障的开关电源和行、场扫描等供电电压进行检测，上述被检测的电压因负载短路或整流滤波电路故障无电压输出，以及行、场扫描电路发生故障时，均会进入保护状态。检修时，不要忙于对开关电源和行、场扫描电路进行检修，首先要判断是否进入保护状态，然后查找引起保护故障的原因，顺藤摸瓜找到故障元器件。

1. 检测关键点电压，判断是否保护

微处理器 N801 进入保护状态时，保护中断口 41 脚外部的检测二极管、晶体管之一导通，将 41 脚电压拉低，N801 从开关机控制端 7 脚发出低电平，进入待机保护状态。保护时的故障特征是：开机的瞬间有行输出工作和高压建立的声音，然后三无；N801 的 41 脚电压低于 2.5V，7 脚电压经历低、高、低的变化；开关电源输出电压也经历从有到无的变化，同时指示灯亮度经过亮、暗、亮的变化过程。

（1）测量 N801 关键引脚电压

检修时，在开机后，进入保护状态之前的瞬间，通过测量 N801 的 41 脚、7 脚和开关电源输出电压，判断微处理器是否进入保护状态。如果 N801 的 41 脚电压低于 2.5V，7 脚电压经历低、高、低的变化，则是微处理器保护电路启动。

（2）测量检测元器件正向电压

在确定是微处理器 41 脚保护电路引起的保护后，也可采用开机的瞬间，测量 41 脚外部的检测二极管 VD656、VD655、VD673、VD468、VD428、VD486 两端正向电压，负极对地电压和晶体管 V527 的 b 极对地电压的方法，确定是哪路检测电路引起的保护。如果哪个检测二极管两端或晶体管 b 极具有正向偏置电压，或检测二极管的负极对地无电压，则是该保护检测电路引起的保护，重点检查该二极管、晶体管组成的检测电路相关元器件，检查被检

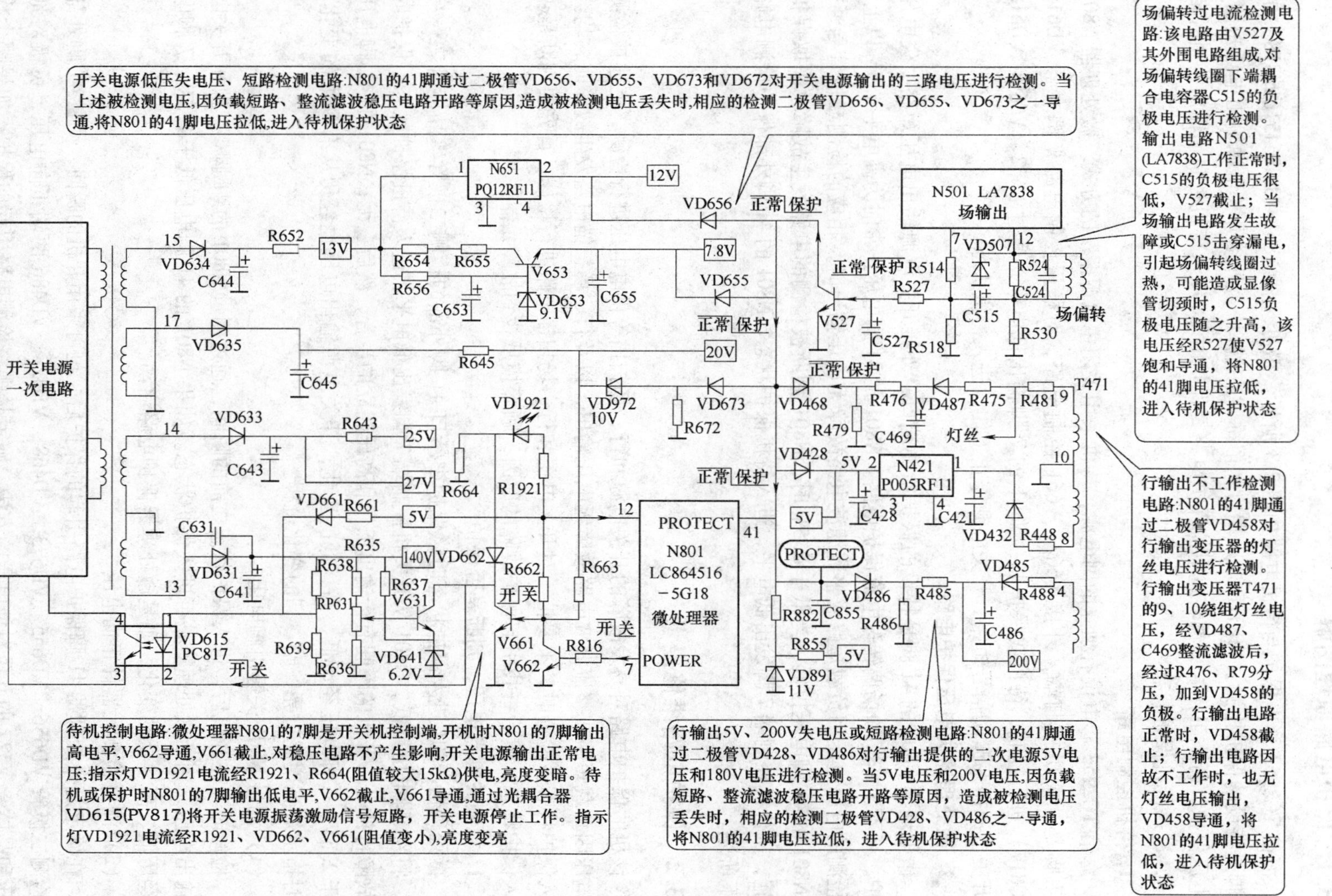

开关电源低压失电压、短路检测电路:N801的41脚通过二极管VD656、VD655、VD673和VD672对开关电源输出的三路电压进行检测。当上述被检测电压,因负载短路、整流滤波稳压电路开路等原因,造成被检测电压丢失时,相应的检测二极管VD656、VD655、VD673之一导通,将N801的41脚电压拉低,进入待机保护状态
场偏转过电流检测电路:该电路由V527及其外围电路组成,对场偏转线圈下端耦合电容器C515的负极电压进行检测。输出电路N501(LA7838)工作正常时,C515的负极电压很低,V527截止;当场输出电路发生故障或C515击穿漏电,引起场偏转线圈过热,可能造成显像管切颈时,C515负极电压随之升高,该电压经R527使V527饱和导通,将N801的41脚电压拉低,进入待机保护状态
行输出不工作检测电路:N801的41脚通过二极管VD458对行输出变压器的灯丝电压进行检测。行输出变压器T471的9、10绕组灯丝电压,经VD487、C469整流滤波后,经过R476、R79分压,加到VD458的负极。行输出电路正常时,VD458截止;行输出电路因故不工作时,也无灯丝电压输出,VD458导通,将N801的41脚电压拉低,进入待机保护状态
待机控制电路:微处理器N801的7脚是开关机控制端,开机时N801的7脚输出高电平,V662导通,V661截止,对稳压电路不产生影响,开关电源输出正常电压;指示灯VD1921电流经R1921、R664(阻值较大15kΩ)供电,亮度变暗。待机或保护时N801的7脚输出低电平,V662截止,V661导通,通过光耦合器VD615(PV817)将开关电源振荡激励信号短路,开关电源停止工作。指示灯VD1921电流经R1921、VD662、V661(阻值变小),亮度变亮
行输出5V、200V失电压或短路检测电路:N801的41脚通过二极管VD428、VD486对行输出提供的二次电源5V电压和180V电压进行检测。当5V电压和200V电压,因负载短路、整流滤波稳压电路开路等原因,造成被检测电压丢失时,相应的检测二极管VD428、VD486之一导通,将N801的41脚电压拉低,进入待机保护状态
开关电源一次电路
N651 PQ12RF11
N501 LA7838 场输出
场偏转
T471
灯丝
N421 P005RF11
N801 LC864516 -5G18 微处理器
PROTECT
POWER
正常 保护
开关
12V
13V
7.8V
20V
25V
27V
5V
140V
200V
VD653 9.1V
VD972 10V
VD641 6.2V
VD891 11V
VD615 PC817

图 2-3 海信 TC2953 彩电保护与待机电路图解

测电源的整流滤波稳压电路是否开路、相关负载电路是否短路等。

2. 暂短解除保护，确定故障部位

采用解除保护的方法，观察开机后的故障现象，根据故障现象进一步判断故障范围，对相应的电路进行检修；还可在解除保护开机后，对与保护有关的电压进行测量，确定故障范围。检修微处理器保护故障，可采取以下方法。

（1）从微处理器保护执行电路解除保护

有两种方法：一是从微处理器N801的开关机控制端7脚采取措施，将待机控制电路与7脚的连接断开，改接到12脚+5V副电源端口，为V662提供高电平开机电压；二是直接将V662的c极与e极之间短路，强行开机，观察故障现象，判断故障范围。

该方法的缺点是：由于微处理器仍处于待机保护状态，操作和控制可能无效，但可对开关电源输出电压以及行、场扫描和小信号处理等相关电压进行测量。

（2）从微处理器保护检测电路解除保护

如果测量N801的中断口41脚电压低于2.5V，可解除微处理器41脚检测保护电路，具体方法有两种：一是全部解除41脚的保护检测，保留上拉电阻R855，断开41脚与外部检测电路的连接；二是逐个断开二极管正极和晶体管V527的c极与41脚的连接，进行开机试验。如果解除哪路保护检测电路后，开机不再保护，则是该保护检测电路或被检测电路发生故障引起的保护，重点检查与其相关的电源电路和负载电路。如果解除保护后，声光图均正常，各路电源电压也在正常范围内，则是保护电路元器件变质引起的误保护。

注意：为了整机电路安全，解除保护前，应确定开关电源输出电压正常，行输出电路无明显短路故障，然后再采取解除保护的方法检修，避免解除保护后造成故障扩大。

2.3.3 保护电路维修实例

例2-7：海信TC2953彩电，开机后三无，遥控开机电源指示灯变暗后，几秒钟后变亮。

分析与检修：根据指示灯的亮、暗、亮变化过程，估计是微处理器保护电路启动所致。开机的瞬间测量N801的41脚电压为2.3V低电平，开关机控制端7脚由开机时的高电平5V瞬间变为低电平0V，开关电源输出的+B电压降到0左右，符合保护时的电压变化规律，进一步判断是微处理器执行保护。

采用解除保护的方法维修，保留上拉电阻R855，断开41脚与外部检测电路的连接，开机仍无光栅。检测行输出电路，发现行扫描电路未工作，对行扫描电路进行检查，发现行输出管V432击穿短路，+B过电流熔断电阻R422（5.6Ω/5W）烧断，致使行不工作检测电路启动，进入保护状态。更换V432和R422，恢复保护电路后，故障彻底排除。

例2-8：海信TC2953彩电，开机后三无，遥控开机电源指示灯变暗后，几秒钟后变亮。

分析与检修：故障现象与例2-7相同，采用相同的检修方法，测量N801的41脚电压低于2.5V，7脚由开机时的高电平5V瞬间变为低电平0V，+B电压降到0V左右，判断是微处理器执行保护。开机的瞬间测量41脚外部的检测二极管VD656、VD655、VD673、VD458、VD428、VD486两端正向电压，确定故障范围。发现VD486开机的瞬间有正向偏置电压，负极无电压，判断是200V视放电压检测电路引起的保护。断开VD486解除保护，开机出现正常的伴音和图像，判断是200V失电压检测电路引起的误保护，检查200V失电压检测电路，发现分压电阻R485开路。更换R485（180kΩ）后，开机不再保护，故障排除。

例 2-9：海信 TC2953 彩电，有时能正常收看，有时自动关机，有时不能开机，但指示灯亮。

分析与检修：由于有时能正常收看，说明开关电源和行输出电路基本正常，有时发生自动关机和不开机故障，可能是电路接触不良或误入保护状态所致。发生三无时，指示灯变亮，测量 N801 的 41 脚电压低于 2.5V，7 脚由开机时的高电平 5V 瞬间变为低电平 0V，判断是微处理器执行保护。采用解除保护的方法，断开微处理器 41 脚外部检测电路，开机出现声音，但无光栅。检查显像管的加速、阴极电压均正常，观察显像管的灯丝不亮，测量灯丝电压为 0。检查灯丝供电电路，发现熔断电阻 R481（0.68Ω/2W）接触不良，造成灯丝电压丢失，致使行不工作保护电路启动。将 R481 焊好后，故障排除。

2.4　海信 A12 机心单片彩电保护电路速修图解

海信 A12 机心，微处理器 N801 采用 LC863324A-5N09，小信号处理电路采用三洋单片电路 LA76810，伴音功放电路采用 TDA1013B，场输出电路小屏幕采用 LA7840、大屏幕采用 LA7845。

适用机型：海信 TC2569、TC2585、37E3S、TC1423、TC2540A、TC2588L 等单片彩电以及 TC1401、TC1420、TC2102G、TC2102GD、TC2128F、TC2166、TC2175GD、TC2181F、TC2189、TC2189A、TC2189L、TF2110D、TC2198、TC2199DM、TC2199D、TC1421L、TC2110L、TC2166L、TC2175L、TC2181L、TC2198L、TC2199、TC2199A、TC2199C、TC2505、TC2588B、TC2599C、TC2599、TC25105、TC2599L、TC2961L、TC2588D、TC2588M 等单片系列彩电。

海信 A12 机心，开关电源采用常见的由分立元件组成的开关电源。副电源取自主电源，为微处理器 N801 提供 5V 电压，待机采用切断小信号处理电路供电的方式。

海信 A12 机心，不但在主电源设有过电流、过电压保护电路；海信 TC2569、TC2585、37E3S、TC1423、TC2540A、TC2588L 等机型，还在微处理器 N801 设有保护专用端口，具有过电压、失电压保护功能，当行输出电路发生过电压、失电压等故障时，微处理器 N801 会执行待机保护措施。下面以海信 TC2569 彩电为例介绍海信 A12 机心保护电路的速修图解，其他采用海信 A12 机心的机型，如果设有该保护电路，可参照维修。

2.4.1　保护电路原理图解

海信 TC2569 彩电保护电路如图 2-4 所示。开机后，开关电源工作，在开关电源变压器的二次侧产生各路输出电压，其中 +15V 电压经 R866 降压，VD806、C833 稳压滤波，产生副电源 +5V，为微处理器 N801 的控制电路供电，同时使指示灯获电点亮。

微处理器 N801 的 31 脚是特设的保护（SAFTY）端口，俗称“中断口”，外接行输出过电压、失电压检测保护电路。IC801 的 31 脚电压正常时为高电平 4.5V 以上，外部检测电路检测到过电压、失电压故障时，相应的检测二极管或晶体管导通，将 N801 的 31 脚电压拉低，当低于 2.5V 以下时，N801 判断被检测的电路发生故障，采取保护措施，从待机控制 POWER 端 7 脚发出低电平，进入待机保护状态。

1. 开关机控制电路

开关机控制电路由微处理器 N801（LC863324A-5N09）的 7 脚和晶体管 V682、V683、V684 组成，对小信号处理电路的供电进行控制。

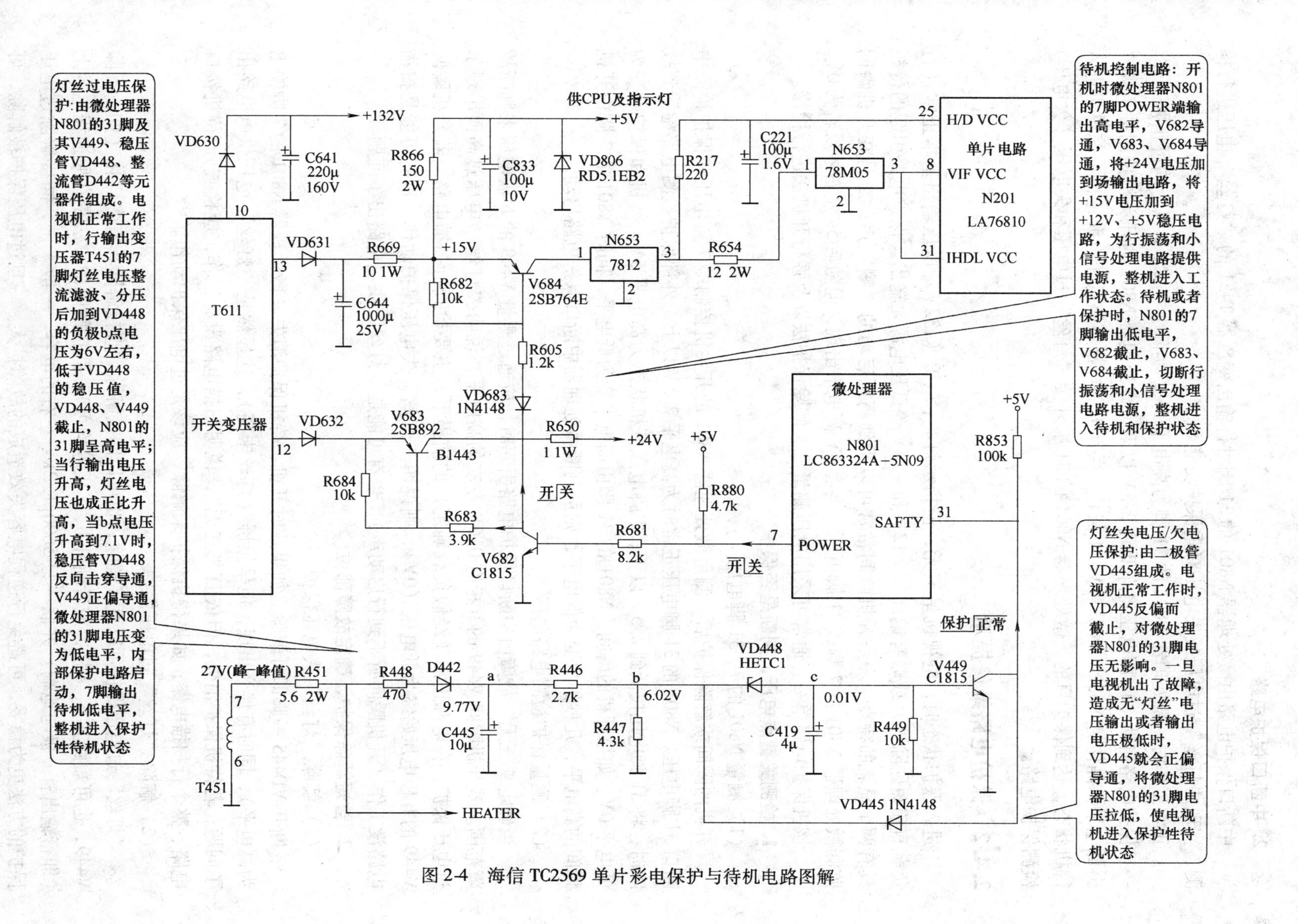

图 2-4　海信 TC2569 单片彩电保护与待机电路图解

2. 中断口保护电路

中断口保护电路由微处理器 N801 的 31 脚对行输出变压器 T451 的“灯丝”电压进行检测，实现“灯丝”过电压或失电压双重保护功能。

正常工作时，微处理器 N801 的 31 脚为高电平 5V，实际上在 2.5V 以上均可正常工作。一旦保护电路启动，31 脚电压将降低到 2.5V 以下，微处理器 N801 的开关机控制端 7 脚输出低电平，晶体管 V682、V683、V684 截止，关闭开关电源各路低压电源输出，使整机进入待机状态，达到保护目的。微处理器 N801 的 31 脚外接“灯丝”过电压和失电压（欠电压）检测保护电路。

2.4.2 保护电路维修提示

进入保护状态时，电视机呈三无，但指示灯亮，+B（132V）电压输出基本正常（行负载直流短路除外）或略有偏高，+12V 和 +24V 等低压电源无输出。保护电路引起的待机具有两个显著的特点：一是开机瞬间常常可以听到高压启动的“唰”声；二是在开机瞬间监测微处理器 N801 的 7 脚或 31 脚电压，会有 5V 高电平出现，但随后 5s 左右才反转为 0V。

该机保护电路单一，通常可采用电压测量法、解除保护法以及强行开机法进行检修。

1. 检测关键点电压，判断是否保护

（1）测量 N801 的 7、31 脚电压

开机的瞬间或解除保护后，测量微处理器 N801 的开关机控制端 7 脚电压和保护检测中断口 31 脚电压。N801 的 31 脚电压正常时为高电平 2.5V 以上，外部保护检测电路检测到故障时，将 31 脚电压拉低到 2.5V 以下；7 脚电压开机状态为高电平 5V，待机和保护时变为低电平 0V。如果开机的瞬间，N801 的 31 脚由高电平变为低电平，同时 N801 的 7 脚由开机瞬间的高电平，几秒钟后变为低电平，则可判断微处理器中断口保护电路启动。

（2）测量保护检测电路电压

当确定“三无”故障由中断口保护电路引起时，应通过测量 V449 的 b 极电压来判断故障范围。若开机瞬间 V449 的 b 极有 0.6V 左右的高电平，说明“灯丝”电压过高而出现了过电压保护，在电源正常（经假负载确定）的前提下，主要检查行扫描电路。若开机瞬间 V449 的 b 极电压始终为低电压（0V），则说明“灯丝”失电压保护动作，这有可能是扫描电路没工作（开机瞬间听不到行启动声），也有可能是“灯丝”供电电路出了问题。

2. 暂短解除保护，确定故障部位

（1）解除“灯丝”失电压保护

断开 VD445 一脚即可解除。如果这时开机，待机保护消失（微处理器 N801 的 7 脚输出为高电平），同时有伴音出现，但呈黑屏（灯丝未亮），这显然是“灯丝”电压供电电路出了问题；若待机保护消失，但依旧“三无”，说明扫描电路没有工作，应检查开/待机接口电路、整个行扫描电路；如果待机保护未解除，应该是过电压保护动作。

（2）解除“灯丝”过电压保护

“灯丝”过电压保护可以直接解除，也可以间接解除。直接解除具有多样化（如：拆除 V449，也可短路其 b、e 极，或者断开 b、c 极等均可）；间接解除的方法是在原逆程电容上（即行输出管 c 极与地端）并联一只 5600pF/2kV 左右的电容。一般来讲，间接解除过电压保护的方法更为稳妥，可避免行逆程电容失效造成的故障扩大。一旦过电压保护被解除，可通过观察电视机的光栅、图像、伴音等方面的故障现象来分析故障范围与原因。

3. 强行开机法

将待机控制电路V682的c、e极短路，迫使V683、V684导通工作，那么小信号处理芯片LA76810及行场扫描电路得到工作电压而工作。这时可通过检测图2-4中a、b、c这三点电压来区分保护电路启动是因为“灯丝”过电压、失电压，还是保护检测电路自身故障所引起，进而采取针对性的检查，找到故障根源。

必须指出，强行开机的前提是：+B电压和行逆程电容基本正常，否则有可能扩大故障范围。实际检测时，可因人而异，灵活选用上述三种方法，以达到简单高效的检修目的。

2.4.3 保护电路维修实例

例2-10：海信TC2569彩电，开机后三无，指示灯亮。

分析与检修：电源指示灯亮，说明开关电源工作基本正常（因为微处理器N801与指示灯所需+5V电源是由开关电源VD631整流后输出的+13V电压产生）。三无故障常见原因有二：一是微处理器N801没有输出开机指令；二是扫描电路工作异常，造成“灯丝”电压检测保护电路动作。

开机，测微处理器N801的7脚电压，发现7脚电压在开机瞬间由0V升至5V（开机）又降为0V，这一过程大约5s。此“症状”是保护性待机的一个显著特征。于是断开VD445，解除“灯丝”失电压保护，开机，依旧三无，但待机保护消失，这说明“灯丝”并非过电压而是失电压。测行输出管c极无电压，经检查发现限流电阻R445（3.9Ω/2W）开路，回头检查行输出管V432（D1555）击穿。再检查行管击穿之原因，隐约可见行推动变压器T421二次侧引脚出现隐性裂纹（其中一脚有一黑圈）。加锡补焊后，更换R445和行输出管。开机，图声一切正常。

结论：本例故障是由于行输出电路不工作，造成“灯丝”失电压保护以致三无。

例2-11：海信TC2585彩电，开机瞬间能听到行启动产生的高压冲击声，但呈三无现象，指示灯亮。

分析与检修：根据故障现象分析，开机瞬间行扫描电路工作了一下，但由于某种原因引起保护电路动作，出现保护性待机。为了验证，开机瞬间测微处理器N801的7脚电压，发现由0V上升到5V然后又下降到0V。断开VD445开机，伴音出现，黑屏依旧。观察显像管灯丝，未见点亮，检查发现行输出变压器T451的7脚所接灯丝限流电阻R451（5.6Ω/2W）一脚虚焊。加锡补焊后，再将VD445复位，试开机，故障排除。

例2-12：海信TC2569彩电，开机瞬间能听到行启动产生的高压冲击声，但呈三无现象，指示灯亮。

分析与检修：采取例2-11相同的检修方法与步骤，断开VD445后开机，故障依旧，说明是灯丝过电压保护。在行输出管c极并联一只逆程电容，试图间接解除过电压保护来观察故障现象，没想到开机后故障依旧。用数字式万用表电容挡测三只行逆程电容（C435、C436、C437）的容量，发现三只行逆程电容全都正常。怀疑是保护检测电路自身出了问题。

将三只行逆程电容重新装上，拆下新并联的行逆程电容（3300pF/1.6kW），断开V449的c极以解除过电压保护，开机，图声出现且一切正常。此时，检测图2-4中a点电压正常，而b点电压偏低，只有3.5V左右，c点电压仅为0.6V左右，这显然是稳压二极管VD448（7.1V）反向漏电造成的结果。拆下VD448，用万用表R×1k挡测其反向电阻过小（接近于击穿短路）且不稳定。用一只标称为6.8V的稳压二极管应急代之，恢复整机电路后试开机，故障排除。

2.5 海信 TDA884X 机心单片彩电保护电路速修图解

海信 TDA884X 机心单片彩电，总线系统主控电路微处理器采用 MTV880，采用菲利浦公司的单片小信号处理电路 TDA8841、TDA8843（或 TDA8843、OM8839），场输出电路采用 TDA8351，伴音功放电路采用 TDA70567AQ 等。

适用机型：海信 TC2985A、TC2992A、TC2976F、TC2940F、TC2975AM、TC2980GF、TC2998F、TC2975AF、TC2975DF、TC2975GF、TC2976、TC2980F、TC2999F、TF2999F、TC3418F 等单片彩电。

海信 TDA884X 机心开关电源由分立元件组成，采用三洋式开关电源电路，该机无独立的副电源，副电源取自主电源，待机和保护采用控制行振荡和小信号处理电路供电的方式。

海信 TDA884X 机心应用于 TC2985A、TC2992A、TC2976F 等机型，保护检测采取 I^2C 故障检测和中断口故障检测双重保护检测电路。其一，微处理器通过 I^2C 总线系统对被控集成电路进行检测，微处理器根据被控集成电路的应答信号和总线上的通信情况，对被控电路的工作状态进行检测，被控单片小信号处理电路 TDA884X 的 50、22 脚，设有行输出过电压保护、束电流过大保护和 ABL 控制保护电路，保护电路启动时，首先由小信号处理电路切断行激励脉冲或视频输出信号，同时通过总线系统，将保护信息传输给微处理器，由微处理器执行待机保护；其二，在微处理器单独设立故障检测引脚，外接各路保护检测电路，对开关电源各路输出电压进行检测，使保护电路更加完善。保护执行采用待机保护措施。本节以海信 TC2985A 彩电为例，介绍保护电路速修图解。

2.5.1 保护电路原理图解

1. 电源电路简介

海信 TC2985A 彩电的电源与保护电路如图 2-5 所示。主电源采用三洋常见的分立元件形式，由 V511、V512、V513 及其外部元器件组成；副电源由开关变压器二次侧输出的 +12V电压，经 R575 限流、VD575 稳压控制后，为微处理器控制电路提供 5V 电源；稳压电路由取样误差放大电路 V553 通过光耦合器 VD515 对开关电源一次电路进行控制，待机控制由 V552、V551、V554 组成，采取切断小信号处理电路供电的方式。

2. 中断口故障检测电路

微处理器的 11 脚是保护检测专用引脚，俗称中断口，对外部的故障检测电路输入的检测电压，进行分析和判断，正常时 11 脚的电压在上拉电阻的作用下为高电平 4V 以上，故障检测电路检测到故障时，将 11 脚电压拉低，当 11 脚电压低于 2.5V 时，微处理器据此判断被检测电路发生故障，执行保护措施。微处理器的 11 脚中断口外接电源失电压检测电路，对电源各路的输出电压进行检测，发生故障时，从待机控制的 41 脚输出控制电压，实施待机保护。

3. 总线系统故障检测电路

微处理器 N701 是保护电路的指挥控制中心，通过 40 脚 SDA 数据线和 39 脚 SCL 时钟线与被控单片小信号处理电路 N301（TDA8843）的 7、8 脚相连接，进行调整与控制。微处理器向被控集成电路发出控制信号，被控集成电路还向微处理器发送应答信号，微处理器根据

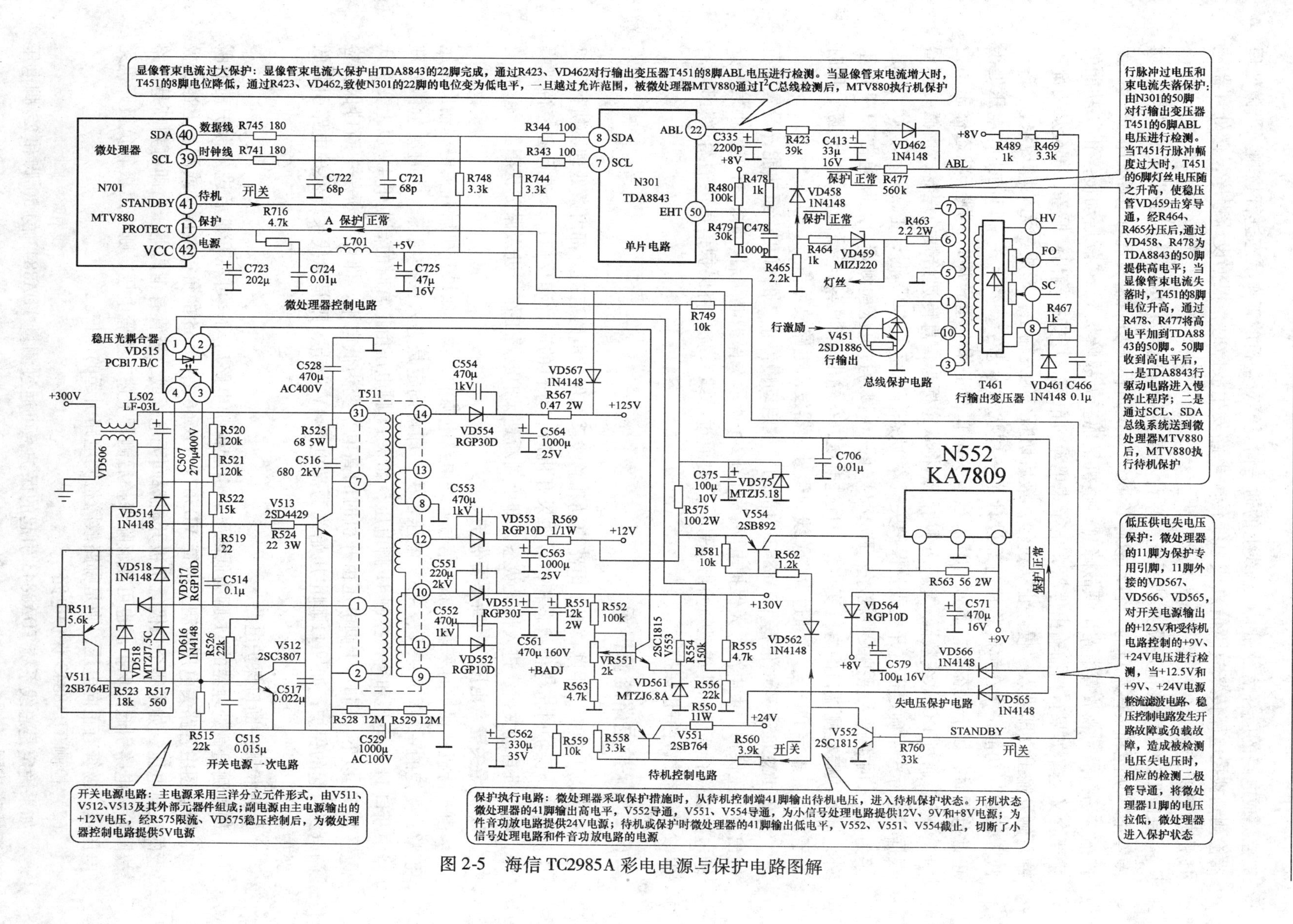

图2-5　海信TC2985A彩电电源与保护电路图解

被控集成电路的应答信号和 I^2C 总线上的通信情况，对整机的工作状态进行检测。当微处理器检测到被控电路传来故障信息或总线传输电路发生故障时，根据设计程序，微处理器从41 脚输出保护指令，执行待机保护措施。

海信 TC2985A 彩电围绕总线系统的单片小信号处理电路 TDA8843 内部设置的“软启动慢停止”功能和某些端口的“自动故障诊断”即逻辑保护功能来实现对电路的保护。当行扫描、场扫描、视放等电路出现故障时，整机呈现三无故障状态。“软启动慢停止”功能的主要含义是：如果行扫描输出停振，电子束电流过电流，场扫描输出停振等，都会从内部控制行触发输出立即进入“慢停止”过程，最后切断行触发输出，形成三无故障现象；“自动故障诊断”功能是指在解码芯片内部设计了一种状态标志字，当有关端口的工作电压处于正常范围时，赋于状态标志字为“0”。当有关端口的工作电压异常时，赋于状态标志字为“1”，然后通过 I^2C 总线数据“读”的功能，将状态标志信息传递给微处理器，由微处理器根据状态标志字确定正常开机或是保护关机，状态标志字为“0”时，正常开机；状态标志字为“1”时，进入保护关机程序。TDA8843 的 50 脚为过电压检测端口。除通常 EHT 校正外，同时跟踪检测端口的电压变化，一旦过电压，行输出驱动信号经慢停止予以切断，同时赋予状态标志字 PRD =1，通过 I^2C 总线向微处理器发出电路故障信号。

海信 TC2985A 彩电依据 TDA8843 内部的“软启动慢停止”的自我诊断功能，设置了行输出过电压保护、束电流过大保护电路，如图 2-5 所示。保护电路启动时，首先由小信号处理电路切断行激励脉冲或视频输出信号，同时通过总线系统，将保护信息传输给微处理器，由微处理器执行待机保护。

2.5.2 保护电路维修提示

根据以上原理，中断口保护电路启动和总线系统保护电路启动，都由微处理器执行待机保护措施，保护时与待机状态相似。如果开机后有开机的声音和反应，未进行遥控待机操作，电视机自动关机，进入待机状态，即可判断是保护电路工作，进入保护状态。

1. 测量关键点电压，判断是否保护

由于待机和保护时采取切断小信号处理电路电源的方法，如果开机后开关电源输出电压正常，受控的 +24V、+9V、+8V 电压消失，即可确定是进入保护状态，同时测量微处理器中断口 11 脚电压和待机控制 41 脚电压，如果 11 脚电压由正常时的高电平 4V 以上变为低电平 2.5V 以下，同时 41 脚电压由开机时的高电平变为低电平，即可判断是中断口保护检测电路引起的保护；如果 11 脚电压始终为高电平 4V 以上，则是总线系统保护电路引起的保护。

（1）检测中断口保护电路

如果测量微处理器的 11 脚为低电平，引起保护电路启动，可在开机后进入保护前的瞬间，测量图中各路失电压检测二极管 VD567、VD566、VD565 的负极电压，或测量上述二极管的正向电压，如果哪个二极管负极开机瞬间无电压或二极管有正向电压，即可判断是该路故障检测电路引起的保护。也可在解除保护后测量上述二极管电压，哪个二极管负极开机无电压或二极管有正向电压，则是哪路故障检测电路引起的保护。

（2）检测 TDA8843 保护电路

如果确定是总线系统 TDA8843 引起的保护，可通过测量 TDA8843 的 50 脚和 22 脚电压判断故障范围。

TDA8843的50脚电压正常时为2.1～2.5V（因机型和电路设计不同略有差异），如果50脚电压变为2.6V以上，则是50脚外部的行脉冲过电压检测电路或束电流失落检测电路引起的保护，可采用解除保护的方法，判断是行脉冲过电压检测电路引起的保护，还是束电流失落检测电路引起的保护。

TDA8843的22脚正常电压在3.5V上下变化。如果22脚电压高于4V低于3V，则是22脚外部的场扫描异常检测电路或束电流过大检测电路引起的保护，可采用解除保护的方法，判断是束电流过大检测电路引起的保护，还是场输出异常检测电路引起的保护。

（3）检测控制系统保护电路

该机控制系统发生故障，也会引起自动关机保护故障。除了测量微处理器的供电、复位、晶振引脚电压外，还应测量39、40脚的SCL、SDA总线系统电压，正常时为4.9V左右，保护时下降到3.6V，并围绕3.6V跳变，表明控制系统在对被控电路进行检测，随后上升到4.9V；另外总线电压不正常，微处理器收不到被控电路的应答信息，也会采取保护措施。

2. 短暂解除保护，确定故障部位

（1）解除中断口保护

可采用两种方法：一是逐个断开各路故障检测电路与中断口的连接，即逐个断开检测二极管VD567、VD566、VD565的正极，并重新启动电视机试之，如果断开哪个保护电路与中断口的连接后，开关退出保护状态，则是该故障检测电路引起的保护；二是直接断开中断口与外部故障检测电路的连接，重新启动电视机试之，如果开机后退出保护状态，声光图均正常，即是故障检测电路元器件变质、损坏引起的保护，如果开机后出现声光图方面的故障，则是单元电路故障引起的保护，如果开机后，仍处于待机状态，则是微处理器或开关电源电路故障。

（2）解除TDA8843保护

如果50脚电压变为2.6V以上，则是50脚外部的行脉冲过电压检测电路或束电流失落检测电路引起的保护，可通过断开VD458的方法判断故障范围。如果断开VD458后，开机不再保护，则是行脉冲过电压检测电路引起的保护，否则是束电流失落检测电路引起的保护。

如果22脚电压高于4V低于3V，则是22脚外部的束电流过大检测电路引起的保护，重点检查ABL电路元器件。也可断开R423，在22脚外接分压电阻，为22脚提供正常的3.5V电压，如果不再保护，则是ABL电路故障，否则是22脚内部电路故障。

解除保护后，开机测量开关电源各路输出电压，重点测量+B电压，如果输出电压过高或过低，则是稳压环路故障，重点检查稳压电路。如果+B电压正常，电视机声光图正常，则是断开的故障检测、保护执行电路元器件变质，引起的误保护；如果电视机存在光栅、图像、伴音故障，则是与其相关的电路引起的保护，重点检测相关的功能电路。

（3）从待机控制电路采取措施，强行开机

可采用两种方法：一是将V552的b极电阻R760接微处理器的41脚的一端断开，接+5V电源上；二是直接将V552的c极与e极短接，迫使V552、V551、V554导通，向小信号处理电路供电。退出保护状态后，开机观察电视机的故障现象，此时，由于微处理器仍处于保护状态，只是开关机控制电路进入开机状态，可能出现无图、无声现象，但可对电源和行输出相关电压进行检测。如果开关电源仍无电压输出，属开关电源故障。

2.5.3 保护电路维修实例

例 2-13：海信 TC2985A 彩电，刚开机时有吱吱的叫声，但三无，指示灯亮。

分析与检修：指示灯亮，说明副电源正常，刚开机时有吱吱的叫声，说明行扫描启动工作，然后进入保护状态，测量开关电源输出的 +B 电压正常。测量微处理器的开关机控制端 41 脚，在开机的瞬间的高电平变低电平，说明是开机后进入保护状态。

为了看清楚故障现象，采用断开保护，强行开机法，在确定电源和行输出电路正常后，将待机控制电路的 V552 的 c 极对地短接，强行开机。开机后仍然三无，行扫描不工作。测量小信号处理电路 TDA8843 的 12、37 脚电压，均为正常值 8V，测量行扫描输出级交流电压，在刚开机时行输出管 c 极有交流电压，然后变为 0V，说明行工作后，再次进入保护状态。对可能引起保护的 TDA8843 的 22 脚和 50 脚电压进行测量，发现 22 脚电压偏低，对 22 脚外部 ABL 电路进行检测，发现与 +8V 连接的 R469 阻值变大，造成 ABL 电压过低，显像管束电流过大保护功能启动，引起自动关机故障。更换 R469 和恢复待机控制电路后，故障排除。

例 2-14：海信 TC2985A 彩电，开机三无，指示灯亮。

分析与检修：开机的瞬间测量开关电源输出电压正常，测量微处理器的 41 脚电压，开机的瞬间为高电平，几秒钟后变为低电平，由此判断保护电路启动。

开机的瞬间测量 TDA8843 的 50 脚电压，为高电平，说明是 50 脚外部保护电路引起的保护。将 VD458 断开，开机不再发生保护现象，且声光图正常，说明是行脉冲过电压保护电路引起的误保护。对该保护电路元器件进行在路电阻测量，未见异常，怀疑稳压管 VD459 漏电或稳压值下降。试更换稳压管 VD459 后，故障排除。

例 2-15：海信 TC2985A 彩电，开机瞬间能出现光栅，但几秒钟后自动关机。

分析与检修：发生故障时无 24V 和 +9V、+8V 电压输出，说明进入待机状态。试按面板节目加/减键，能输出 24V 和 +9V、+8V 电压，由此判断微处理器部分基本工作正常，测量微处理器 N701 的 11 脚中断口电压为高电平 4.6V，判断故障在总线系统保护电路中。

发生故障时测行输出变压器 T451 的 8 脚 ABL 电压为 3.4V 左右正常，测量 TDA8843 的 22 脚电压和 50 脚电压，发现 50 脚电压开机的瞬间达到 4.0V，然后自动关机。对 50 脚外部的过电压检测电路进行检查，未见异常，实验断开灯丝过电压保护电路的 VD458 时，开机不再发生自动关机故障，且声光图正常，由此判断是灯丝过电压保护电路引起的误保护。对该保护检测电路元器件进行检查，发现分压电阻 R465 阻值变大，由正常时的 2.2kΩ 增大到 4.5kΩ，且阻值不稳定，造成 R465 上端的电压升高，引起保护电路启动。更换 R465 后，故障排除。

2.6 海信 TDA937X 超级机心彩电保护电路速修图解

海信 TDA937X 超级机心，微处理器和小信号处理电路采用超级单片电路 TDA9373 或 OM8373，伴音功放电路采用 TDA7497，场输出电路采用 TDA8351，具有丽音功能。

适用机型：海信 TC2906H、TC908UF、TC2910UF、TC29118、TC2911AL、TC2911UF、TC2977、TC2977A、TC29818、TC2988UF、TC3406H、TC3418UF、TC3482UF、TF2906H、TF2907H、TF2910UF、TF29118、TF2911UF、TF2919CF、TF2967CF、TF29818、TF2982E、

TF2988U 等大屏幕超级彩电。

海信 TDA937X 超级机心，微处理器和小信号处理电路采用超级单片电路 TDA9370 或 OM8370，伴音功放电路采用 AN7523，场输出电路采用 TDA8356。

适用机型：海信 TC2102D、TC2107F、TC2168CH、TC2175GF、TC2502DL、TC2507F、TC2575GF、TC2577DH、TF2106D、TF2107F、TF2111F、TF2111DF、TF2506D、TF2507F、TF2511HF、TF2566CH、TF2568CH 等中、小屏幕超级彩电。

海信 TDA937X 超级机心大屏幕彩电，开关电源一次电路采用厚膜电路 KA5Q1265RF，微处理器的副电源取自主电源，待机采用降低主电源输出电压的方式。

海信 TDA937X 超级机心大屏幕彩电，在超级单片电路 TDA937X 等的 36、49、34 脚设有行输出过电压、束电流过大和行脉冲检测保护电路，当检测到故障时，超级单片微处理器控制电路采取待机保护措施。本节以 TDA9373 机心大屏幕彩电为例，介绍海信 TDA937X 超级机心大屏幕彩电保护电路速修图解。

2.6.1 保护电路原理图解

1. 超级单片保护电路

海信 TDA937X 超级机心大屏幕彩电，在超级单片电路 TDA9373（N201）的 36、49、34 脚设有行输出过电压、束电流过大、行脉冲检测保护电路，如图 2-6 所示。TDA9373 的 36 脚为超高压保护输入端，49 脚为 ABL 电压输入端，36 脚和 49 脚与灯丝过电压保护检测电路和行输出变压器 T401 的 7 脚 ABL 电压相连接。静态时 36、49 脚电压由 R235、R234 对 +8V电压分压，电压在 2V 左右，并随着 ABL 电压的变化围绕 2V 上下变化。当检测到故障，输入端上述引脚电压超过保护设定值时，超级单片微处理器控制电路采取待机保护措施，整机进入待机保护状态。

2. 待机控制电路

待机控制电路由超级单片 N201（TDA9373）中微处理器的 1 脚及其外部电路 V806、VD820 组成，对误差放大器的取样电路进行控制，待机或保护时提升取样电压，降低开关电源输出电压。

2.6.2 保护电路维修提示

超级单片电路 TDA9373 的保护功能，通过 36、49、34 脚对行、场扫描电路进行检测，保护时从待机控制 1 脚输出低电平关机信号，使该机进入保护性待机状态，引起三无故障，其特点是指示灯亮，开关电源输出高电压后降到正常时的 1/2。

TDA9373 每次开机都有一个由启动到正常的过渡过程，即使是故障机也不例外，也存在从正常到关机的过渡过程。在过渡期内，无故障点的电压值变化规律是“启动→正常→开机”；有故障点的电压值变化规律是“启动→不正常→待机”。检修时，从开机检测到保护关机的时间段，给我们一个检测、观察故障的有效时间，从而逐步缩小故障查找范围。因此每次都需重新开机后开始检测，并在有效时间段内及时观察仪表测量值的变动范围，根据开机过渡期监测结果，分析确定故障电路和故障元器件。

检修自动关机故障时，首先确定是否保护电路启动，然后判断是哪种保护电路启动，最后找到引起保护的检测电路和故障元器件。检修时可采用测量关键点电压和解除保护的两种方法进行检修。

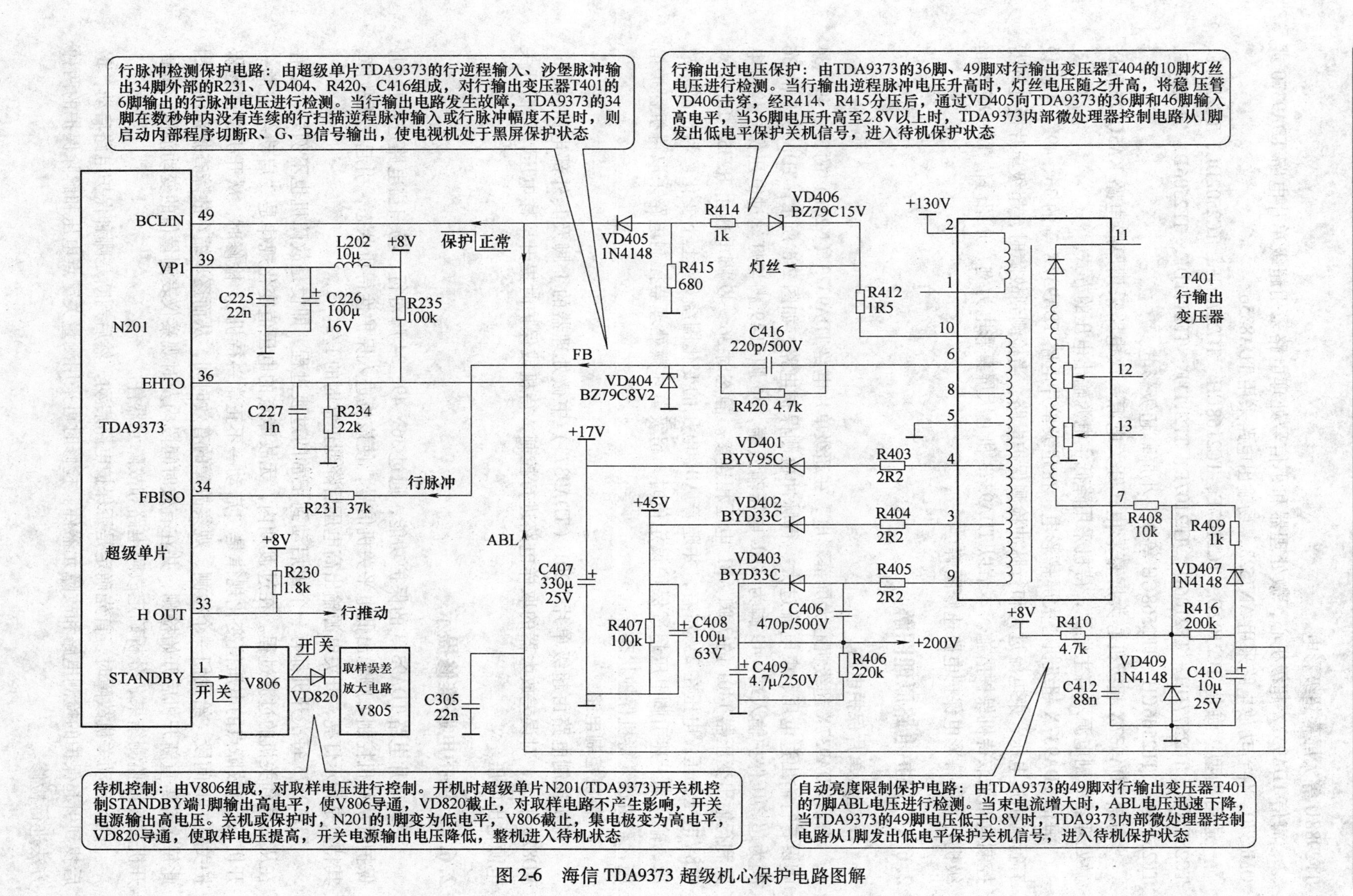
行脉冲检测保护电路：由超级单片TDA9373的行逆程输入、沙堡脉冲输出34脚外部的R231、VD404、R420、C416组成，对行输出变压器T401的6脚输出的行脉冲电压进行检测。当行输出电路发生故障，TDA9373的34脚在数秒钟内没有连续的行扫描逆程脉冲输入或行脉冲幅度不足时，则启动内部程序切断R、G、B信号输出，使电视机处于黑屏保护状态
行输出过电压保护：由TDA9373的36脚、49脚对行输出变压器T404的10脚灯丝电压进行检测。当行输出逆程脉冲电压升高时，灯丝电压随之升高，将稳 压管VD406击穿，经R414、R415分压后，通过VD405向TDA9373的36脚和46脚输入高电平，当36脚电压升高至2.8V以上时，TDA9373内部微处理器控制电路从1脚发出低电平保护关机信号，进入待机保护状态
BCLIN
VP1
N201
EHTO
TDA9373
FBISO
超级单片
H OUT
STANDBY
49
39
36
34
33
1
保护
正常
L202
10μ
+8V
C225
22n
C226
100μ
16V
R235
100k
C227
1n
R234
22k
R231 37k
行脉冲
+8V
R230
1.8k
行推动
开关
V806
开关
VD820
取样误差
放大电路
V805
C305
22n
ABL
FB
VD405
1N4148
R414
1k
VD406
BZ79C15V
R415
680
灯丝
R412
1R5
VD404
BZ79C8V2
C416
220p/500V
R420 4.7k
+17V
C407
330μ
25V
VD401
BYV95C
+45V
VD402
BYD33C
VD403
BYD33C
R407
100k
C408
100μ
63V
C406
470p/500V
C409
4.7μ/250V
R406
220k
+200V
R403
2R2
R404
2R2
R405
2R2
+130V
T401
行输出
变压器
2
1
10
6
8
5
4
3
9
11
12
13
7
R408
10k
R409
1k
VD407
1N4148
R416
200k
+8V
R410
4.7k
C412
88n
VD409
1N4148
C410
10μ
25V
待机控制：由V806组成，对取样电压进行控制。开机时超级单片N201(TDA9373)开关机控制STANDBY端1脚输出高电平，使V806导通，VD820截止，对取样电路不产生影响，开关电源输出高电压。关机或保护时，N201的1脚变为低电平，V806截止，集电极变为高电平，VD820导通，使取样电压提高，开关电源输出电压降低，整机进入待机状态
自动亮度限制保护电路：由TDA9373的49脚对行输出变压器T401的7脚ABL电压进行检测。当束电流增大时，ABL电压迅速下降，当TDA9373的49脚电压低于0.8V时，TDA9373内部微处理器控制电路从1脚发出低电平保护关机信号，进入待机保护状态

图 2-6　海信 TDA9373 超级机心保护电路图解

1. 测量关键点电压，判断是否保护

通过测量保护电路关键元器件电压，区分哪路保护电路启动进入保护状态，对相应的保护电路和被检测电路进行检修。该电压可在开机后、保护前的瞬间测量，也可在解除保护后测量。

（1）测量开关电源输出电压

进入保护关机时，通过测量开关电源输出的+B电压，即可区分是电源保护，还是开关机电路保护。

如果测量开关电源输出+B电压为0，则是电源一次电路进入保护状态，重点检查开关电源一次保护电路。一是稳压电路故障、厚膜电路启动和供电电路故障引起的过电压保护；二是由于负载或整流滤波电路严重短路或过电流检测元器件变质引起的过电流保护。

如果测量开关电源输出+B电压为60V左右，TDA9373的1脚为待机低电平，一是微处理器控制电路故障；二是超级单片保护电路启动。

（2）测量TDA9373关键引脚电压

测量TDA9373的1脚电压，如果TDA9373的1脚电压由开机状态高电平变为待机状态低电平，则是TDA9373引起的保护。可通过测量TDA9373的36、49、34脚电压判断故障范围。

TDA9373的36脚为超高压保护输入端，该脚电压正常时在1.5~2.2V，因机型和电路设计不同略有差异，如果36脚电压变为2.8V以上，即会引起保护。此时测量行输出过电压保护电路VD405的正极电压，该电压正常时为低电平，如果为高电平，则是灯丝过电压保护电路的启动，否则是ABL电压失落造成的保护电路启动。

TDA9373的49脚为束电流限制输入端，该脚电压正常时为2.0V左右，随光栅亮度在1~2.5V之间变化，因机型和电路设计不同略有差异，如果49脚电压降低到1V以下或高于3.6V以上，则是49脚外部束电流检测电路引起的保护。

TDA9373的34脚为行逆程输入、沙堡脉冲输出端，该脚电压正常时在0.3~1.0V，因机型和电路设计不同略有差异，并伴有行脉冲输入。如果34脚电压不正常或无行脉冲输入，则是34脚外部电路元器件故障或行输出电路故障，造成无行脉冲信号输出或脉冲信号幅度不足。重点检查容易损坏并引起保护的行扫描电路和34脚外部电路元器件。

（3）测量控制系统电压

该机控制系统发生故障，也会引起自动关机保护故障。除了测量超级单片微处理器部分的供电、复位、晶振引脚电压外，还应测量2、3脚的SCL、SDA总线系统电压，正常时为4.9V左右，保护时下降到3.6V，并围绕3.6V跳变，表明控制系统在对被控电路进行检测，随后上升到4.9V；另外总线电压不正常，微处理器收不到被控电路的应答信息，也会采取保护措施。

2. 暂短解除保护，确定故障部位

在确定开关电源输出电压正常，行扫描电路无明显短路漏电故障时，可采用强行开机的方法，观察开机后的故障现象，根据故障现象进一步判断故障范围，对相应的电路进行检修。也可在开机后，对与保护有关的引脚电压进行测量，确定故障范围。

（1）从待机控制端解除保护

退出保护的方法是：将微处理器的1脚断开，保留上拉电阻R201，向待机控制电路送入高电平，进入强行开机状态。

该方法由于微处理器未进入开机状态，各种控制电压可能不正常，可能引起无图像、无伴音故障，但可对开关电源输出电压和保护电路关键点电压进行测量。

（2）从保护检测端解除保护

如果测量 TDA9373 的 36、49 脚电压不正常，估计是该脚外部电路引起的保护，可采取解除保护的方法做进一步判断。

解除保护的方法是：断开 36、49 脚外部的行输出过电压保护电路和 ABL 检测电路的连接，其中行输出过电压保护电路断开隔离二极管 VD405，ABL 检测电路断开 R416 或 VD407。

解除保护后，开机测量开关电源各路输出电压，重点测量 +B 电压，如果输出电压过高或过低，则是稳压环路故障，重点检查稳压电路。如果 +B 电压正常，电视机声光图正常，则是断开的故障检测、保护执行电路元器件变质，引起的误保护；如果电视机存在光栅、图像、伴音故障，则是与其相关的电路引起的保护，重点检测相关的功能电路。

2.6.3 保护电路维修实例

例 2-16：海信 TC2908UF 超级彩电，开机三无，指示灯亮。

分析与检修：测量电源输出电压由开机状态的高电平变为低电平，测量 TDA9373 的 1 脚开机电压由高电平变为低电平，属关机保护状态。采用退出保护的方法，脱开 1 脚保留上拉电阻，强行开机观察故障现象，开机后仍然为三无；再次采用电压测量法，检查小信号处理电路 TDA9373 的 8V、5V 电源正常，测量 TDA9373 的 54、56、61 脚的 3.3V 电压也正常，说明微处理器具备工作条件；测量 TDA9373 的 39、14 脚也有 8V 电压。

按常规检查行扫描电路，发现行推动电路有脉冲输出，但行输出电路无脉冲，检查行输出电路，发现行推动变压器二次侧开焊，行输出电路不工作，造成场扫描电路和显像管不工作，引起 TDA9373 的 34 脚行脉冲检测与 49 脚束电流失落检测保护电路启动。将行推动变压器焊好后，行扫描电路恢复正常，恢复开关机电路后，不再进入保护状态，故障排除。

例 2-17：海信 TC2906H 超级彩电，开机三无，指示灯亮。

分析与检修：测量电源输出电压为开机状态的 1/2，测量 TDA9373 的 1 脚电压为待机低电平，属关机保护状态。

边遥控开机，边测量 TDA9373 的 49、36 脚保护电路检测端电压，发现开机的瞬间 36 脚电压偏高，测量行输出过电压保护电路 VD405 的正极电压为高电平，判断灯丝过电压保护。但测量灯丝电压组成，判断故障在检测电路元器件本身，经过在路测量，未见异常，怀疑稳压二极管 VD406 漏电或稳压值下降。更换 VD406 后，开机故障排除。

例 2-18：海信 TF2906H 超级彩电，开机后黑屏幕，几秒钟后自动关机。

分析与检修：根据故障现象分析，测量开关电源输出电压由开机状态的高电压变为低电压 70V 左右，测量超级单片 TDA9373 的开关机控制电压为待机电平，判断是超级单片保护电路启动。

测量 TDA9373 的 36 脚的行输出过电压保护电路的电压为 2V 不变，说明该保护电路正常；测量 49 脚的束电流过大保护电路，开机时由 0V 升到 0.75V，稍停片刻继续升到 1.6V，数秒钟后降到 0.8V，保护电路动作，由此判断时是束电流过大保护电路启动。但检查束电流过大保护电路元器件未见异常。后来考虑到行输出电路不正常，引起 TDA9373 的 34 脚行脉冲异常，也会引起保护电路启动，对行输出电路进行检测，发现行推动晶体管漏电。更换行推动管后，故障排除。

2.7　海信 SIEMENS 机心倍频彩电保护电路速修图解

海信 SIEMENS 机心，总线系统主控电路微处理器采用 TMP87PS38N（80C552）或 TMP87CS38N，采用倍频机心 DPTV-DX/DPTV-3D，总线系统被控电路有 CIP3325A、SDA9280、SDA9362、TDA4780、SDA9255 或 SDA9400、SDA9489、TA1218、MVCM41C、TA1267F 和 XPU01 倍频逐行处理模块等集成电路。

适用机型：海信 DP2988H、DP2988G、DP3488、DP2988F、DP2999G、ETV2988、TDC3488、TDF2900、TDF2901、TDF2966、TDF2988、TDF2988G、TDF29001-3D、HDTV-3201 等 DP 系列数字倍频彩电。

海信 SIEMENS 倍频机心，主电源电路采用厚膜电路 STR-F6656，副电源电路采用 TNY253P，待机控制采用切断主电源市电输入的方式。

海信 TDF2988 倍频彩电的保护电路分为三部分：一是在主电源电路的一次电路，依据 STR-F6656 内部电路保护功能，设有过电流保护、过电压保护、过热保护电路，保护电路启动时，开关电源停止工作；二是在开关电源二次侧，设有以晶闸管 V839 为核心的保护电路，保护电路启动时迫使待机控制电路动作，进入待机保护状态；三是在行场扫描电路设有场输出异常保护和行输出异常保护电路，保护电路启动时，切断行激励脉冲，行扫描电路停止工作。本节以海信 TDF2988 彩电为例，介绍 SIEMENS 机心倍频彩电保护电路速修图解。

2.7.1　开关电源电路简介

海信 TDF2988 倍频彩电电源电路由副电源和主电源电路组成。副电源输出 +5V-1 电压和复位电压，主要向遥控电路供电。主电源输出 +125V、+12V-1、+22.9V、+8V-1 四路电压，+125V 主要向行输出电路供电，+22.9V 向伴音功放电路供电，+12V-1 向末级视放电路供电，此电压还被稳压成 +8V-2 和 +9V-1、+9V-2、+9V-3，分别向各负载电路供电；+8V-1 被稳压成 +5V-2 和 +5V-3，向各自负载供电。

每次开机后，副电源先工作，主电源后工作，无副电源电压，主电源不会工作。在待机状态时，副电源仍向微处理器电路供电，主电源停止工作。

1. 主电源工作原理

海信 TDF2988 倍频彩电主电源电路如图 2-7 所示，以新型厚膜电路 STR-F6656（N01）为核心组成，为自激式并联型开关电源。开机后，副电源开始工作，输出 5V 电压，使遥控电路工作，继电器 J702 动作，常闭触点吸合。市电交流 220V 电压加到桥式整流器 VD807 整流、C810 滤波，形成约 300V 直流电压，为主电源供电，主电源启动工作后产生 +22.9V、+125V、+12V-1、8V-1 四路直流电压，为负载电路供电。

2. 待机控制电路

待机控制电路如图 2-7 所示，由两部分组成：一是由 V901、V900 和光耦合器 N12 组成的待机主电源降压控制电路，待机时迫使主电源输出电压降低到正常时的一半；二是以 V702 和继电器 J702 组成的主电源市电输入控制电路。通电后副电源开始工作，输出 5V 电

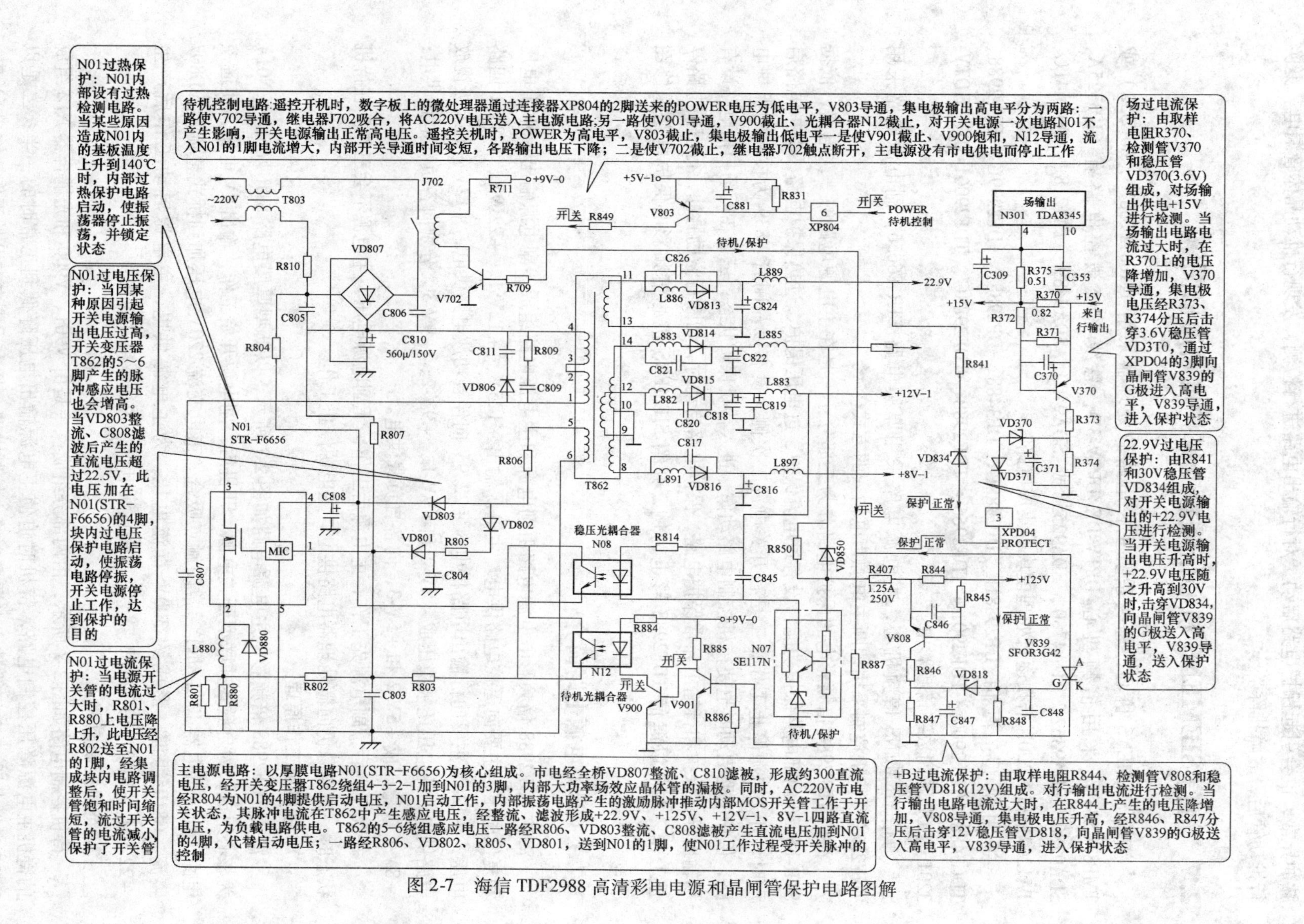

图 2-7　海信 TDF2988 高清彩电电源和晶闸管保护电路图解

压为微处理器供电。上述电路受 V803 控制，而 V803 受数字板通过连接器 XP804 的 2 脚送来的 POWER 电压控制。

2.7.2　保护电路原理图解

1. 主电源一次保护电路

主电源围绕厚膜电路设置了过电压保护、过电流保护、过热保护电路，发生过电压、过电流、过热故障时，保护电路启动，主电源停止工作。

2. 晶闸管 V839 保护电路

海信 TDF2988 倍频彩电开关电源二次侧设有以晶闸管 V839 为核心的保护电路，如图 2-7 所示。V839 的 A 极与待机控制电路相连接，其 G 极接有 +B 过电流检测保护、场输出过电流检测保护、+22.9V 过电压检测保护电路。当各路保护电路检测到被检测电路的电压、电流超过预定值时，向 V839 的 G 极送入高电平触发电压，晶闸管导通，将开关机电路中 V803 的 c 极输出的高电平对地短路，迫使待机控制电路动作，与待机控制一样，一是使待机降压电路 V901 截止、V900 导通、N12 导通，降低主电源的输出电压；二是使 V702 导通，继电器 J702 释放，切断送往主电源的 AC 220V 电压。

3. 行场扫描检测保护电路

海信 TDF2988 倍频彩电在行场扫描电路设有场输出异常保护和行输出异常保护电路，如图 2-8 所示。该保护电路由数字板上的扫描处理电路 NU05（SDA9362）和扫描板上的保护检测电路组成，电路启动时，切断行场激励脉冲，行场扫描电路停止工作。

正常工作时，行场小信号/枕校小信号处理块 NU05（SDA9362）的 29 脚能够输出正常的行激励信号，21、22 脚能够输出正常的场正负激励信号。当 SDA9362 的 12 脚输入的行检测信号异常时，SDA9362 的 29 脚停止输出行激励信号；当 SDA9362 的 11 脚输入的场检测信号异常时，SDA9362 的 21、22 脚停止输出场正负激励信号，同时 SDA9362 的 29 脚也停止输出行激励信号，机器得到保护。

2.7.3　保护电路维修提示

如上所述，海信 TDF2988 倍频彩电的保护电路分为三部分，三部分保护电路启动时，都会引起三无故障，但由于各部分保护电路启动时控制的电路不同，发生故障时的电压变化各不相同。在掌握各部分保护电路启动时引起的故障特点后，可采取听继电器是否吸合、测量关键点电压和解除保护的方法，判断故障范围。

1. 保护电路启动的故障特点

（1）电源一次保护特点

主电源电路的一次电路依据 STR-F6656 内部电路设置有过电流保护、过电压保护、过热保护电路，保护电路启动时，开关电源停止工作。引起的故障特点是：开机的瞬间开关电源有电压输出，然后又降到 0V，开关机控制电路始终为开机状态，继电器 J702 保持吸合状态。

（2）晶闸管保护特点

开关电源二次侧以晶闸管 V839 为核心的保护电路启动时，将开关机控制电路的高电平拉低，迫使待机控制电路动作，进入待机保护状态。引起的故障特点是：开机的瞬间开关电源有电压输出，几秒钟后晶闸管 V839 导通，继电器 J702 释放，开关电源输出电压降到 0V。

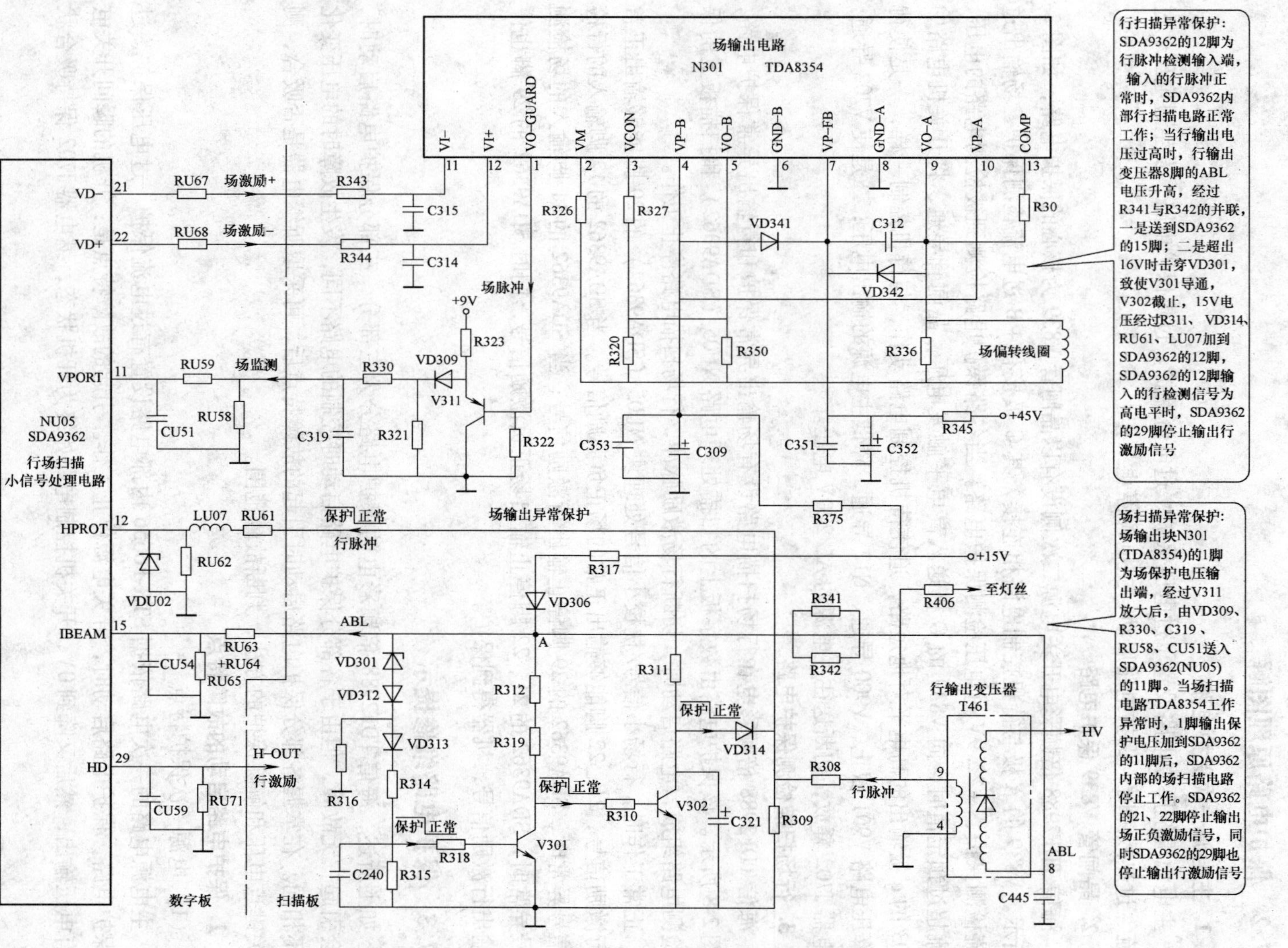

行扫描异常保护：SDA9362的12脚为行脉冲检测输入端，输入的行脉冲正常时，SDA9362内部行扫描电路正常工作；当行输出电压过高时，行输出变压器8脚的ABL电压升高，经过R341与R342的并联，一是送到SDA9362的15脚；二是超出16V时击穿VD301，致使V301导通，V302截止，15V电压经过R311、VD314、RU61、LU07加到SDA9362的12脚，SDA9362的12脚输入的行检测信号为高电平时，SDA9362的29脚停止输出行激励信号
场扫描异常保护：场输出块N301(TDA8354)的1脚为场保护电压输出端，经过V311放大后，由VD309、R330、C319、RU58、CU51送入SDA9362(NU05)的11脚。当场扫描电路TDA8354工作异常时，1脚输出保护电压加到SDA9362的11脚后，SDA9362内部的场扫描电路停止工作。SDA9362的21、22脚停止输出场正负激励信号，同时SDA9362的29脚也停止输出行激励信号
场输出电路
N301 TDA8354
VI− VI+ VO-GUARD VM VCON VP-B VO-B GND-B VP-FB GND-A VO-A VP-A COMP
NU05
SDA9362
行场扫描
小信号处理电路
VD− VD+ VPORT HPROT IBEAM HD
场激励+
场激励−
场脉冲
场监测
场输出异常保护
保护 正常
行脉冲
场偏转线圈
+9V
+45V
+15V
至灯丝
ABL
A
H-OUT
行激励
行输出变压器
T461
HV
数字板
扫描板

图 2-8　海信 TDF2988 高清彩电行场保护电路图解

（3）行场扫描保护特点

行场扫描电路设有场输出异常保护和行输出异常保护电路，保护电路启动时，切断行激励脉冲，行扫描电路停止工作。引起的故障特点是：待机控制电路始终处于开机状态，开关电源输出电压正常，行场扫描电路启动后又停止。

综上所述，电源一次保护电路启动时，继电器 J702 保持吸合，开关电源输出电压上升后降到 0V；以晶闸管 V839 为核心的保护电路启动时，继电器 J702 吸合后又释放，开关电源输出电压上升后降到 0V；行场扫描异常保护电路启动时，继电器 J702 保持吸合，开关电源输出电压正常，行场扫描启动后又停止。

2. 晶闸管保护的检修方法

因为晶闸管保护以及 V803 截止是造成图 2-7 继电器 J702 不吸合的主要原因，所以我们在实际维修中可以短路 V803 的 c 极与 e 极，如果继电器仍然不吸合，说明故障由以晶闸管 V839 为核心的保护电路保护引起。

检修电源保护故障时，我们应该采用工作点测量法。工作点测量法是检修电源保护的最根本方法，它在检修过程中可以有效地避免正常元器件的人为损坏，但是需要耗费一定的时间。首先确定晶闸管 V839 是否启动，方法是测量 V839 的 G 极电压，该电压正常时为低电平 0V，如果变为高电平 0.7V 以上，则可判断晶闸管保护电路启动。

（1）判断是否 +B 过电流保护

判断晶闸管保护是否由 +B 125V 电压存在过电流引起时，可以通过测量 R844 两端电压的方法判断。如果瞬间大于 0.3V，随后机器进入保护状态，说明此时的保护是由 125V 电压存在过电流引起，否则不是由 125V 电压存在过电流引起。当然判断晶闸管保护是否由 125V 电压存在过电流引起时，我们还可以断开 125V 负载。用 100W 灯泡作为假负载，看看保护电路是否动作，如果保护电路一直不动作，说明电源保护不是由 125V 电压存在过电流引起；否则是由 125V 电压存在过电流引起。

（2）判断是否场输出过电流保护

判断电源保护是否由为场输出供电的 15V 电压存在过电流引起，可以通过测量 R370 两端电压判断。如果瞬间大于 0.3V，随后机器进入保护状态，说明此时的保护是由 15V 电压负载场输出电路存在过电流引起；否则不是由 15V 电压存在过电流引起。当然判断电源保护是否由 15V 电压存在过电流引起时，我们还可以直接断开 15V 负载，看看保护电路是否动作。如果保护电路不动作，说明电源保护不是由 15V 电压存在过电流引起；否则是由 15V 电压存在过电流引起。

（3）判断是否 22.9V 过电压保护

判断电源保护是否由 22.9V 电压存在过电压引起时，可以测量 VD834 两端电压，如果瞬间大于 23V，随后机器进入保护状态，说明电源保护是由 23V 电压存在过电压引起；否则不是由 23V 电压存在过电压引起。

（4）解除晶闸管保护

在判断出保护电路动作不是由电源过电流、过电压引起时，我们检修保护电路本身引起保护的工作就变得简单了。因为检修保护电路本身出现故障时，使用强行开机的方法不会引起正常元器件损坏，所以我们可以使用解除保护的方法判断故障区域。方法有两种：一是断开 V839 任意一极之后开机；二是将晶闸管 V839 的 G 极与 K 极短路，如果开机后电视机工作正常了，就说明 V839 的 K 极与 A 极之间可能击穿导通，或者 125V 过电流保护电路、

15V 过电流保护电路本身可能存在故障。

3. 行场扫描保护的检修方法

行场扫描保护也可以分为两种类型：一种是行场扫描异常引起的保护：另一种是行场扫描保护电路本身引起的误保护。

（1）判断是否行异常保护

检修行扫描异常引起的保护时，我们同样应该采用工作点测量法。检修时，可以观察图 2-8 的 VD301 两端电压，如果瞬间大于 16V，随后机器进入保护状态，说明此时的保护是由行扫描异常引起；否则不是由行扫描异常引起。当我们判断出保护电路动作不是由行扫描异常引起时，我们再判断行保护电路本身是否引起误保护，同样也变得简单了。因为行扫描保护时，V301 导通，V302 截止，所以我们可以取下 V301，或者短路 V302 的 c 极与 e 极，看看机器是否还发生保护，如果机器不再发生保护，说明故障确实由行扫描保护电路本身引起；如果机器仍然发生保护，说明故障是由场扫描异常引起。

（2）判断是否场异常保护

因为断开场扫描保护电路中的任何一个元器件都会引起保护，并且场扫描保护电路本身元器件很少，所以我们判断机器发生保护是否由场扫描保护电路本身引起时，可以采取各个击破的方法进行判断。如果场扫描保护电路本身不存在问题，那么只有场扫描异常引起保护了。检查行场扫描异常引起的保护，应该检查行场振荡电路等。

2.7.4 保护电路维修实例

例 2-19：海信 TDF2988 倍频彩电，不能开机，电源指示灯亮，遥控二次开机时，指示灯颜色改变。

分析与检修：指示灯亮，开关电源可能正常，二次开机指示灯颜色改变，说明微处理器工作正常。检查发现开机瞬间有 + B 电压为 125V，然后才降到 40V 左右，说明保护电路启动了。由于电源工作正常，估计可能是行、场扫描电路过电流使保护晶闸管 V839 导通而导致保护。测晶闸管 V839 的 G 极电压，为 1V，的确晶闸管已导通。断开行过电流检测电阻 R844，V839 仍导通，说明不是行电路故障。当断开场电路到 V839 的 G 极的连接 VD371，晶闸管不再导通，说明是场输出电路有短路的地方。检查场输出电路，发现场扫描集成块 N301（TDA8354）已损坏。更换 N301，晶闸管 V839 不再导通，故障消失。

例 2-20：海信 TDF2988 倍频彩电，有时能开机有时不能开机，有时在收看过程中自动关机，二次开机时，指示灯颜色改变。

分析与检修：检查 + B 电压为 40V 左右，测保护晶闸管 V839 的 G 极电压为 1V，说明保护电路已启动。当断开 V808 的 c 极时，V839 不再导通，说明行输出电路有故障。测行电流检测电阻 R844 两端电压降时，发现此电压值在 0.4 ~ 0.5V，高于正常值。估计是行电流过大，断开 R844，串入直流电流表，发现行电流为 350mA 正常，而且电视机工作正常，图像、伴音都很好。怀疑行电流检测电阻 R844 变值，拆下 R844，测其电阻值在 0.55 ~ 0.65Ω 之间变化，正常值为 0.47Ω，说明此电阻变值，而且有接触不良现象。更换此电阻，故障消失。

例 2-21：海信 TDF2988 倍频彩电，开机即保护，然后继电器发出声音。

分析与检修：怀疑电源开关控制电路有故障。短路开关机控制电路 V803 的 c 极与 e 极，结果继电器仍然不吸合，说明是电源保护造成。电源瞬间进入保护状态时，检测 R844 两端电压大于 0.3V，说明是 125V 电压因出现过电流现象使机器得到保护。检查行扫描电路，发现行输出管短路。更换行输出管，开机正常。

例2-22：海信TDF2988倍频彩电，开机保护，然后继电器发出声音。

分析与检修：开机后，测125V电压正常，然后瞬间进入保护状态。电源瞬间进入保护状态时，检测场输出过电流保护电路的R370两端电压大于0.3V，说明是15V电压因为出现过电流现象使电源保护。断开场输出块TDA8354的电源供电后，继电器吸合，屏幕上出现水平一条亮线，电源不再保护，说明场输出块TDA8354严重短路。更换场输出块TDA8354，开机正常。

例2-23：海信TDF2988倍频彩电，开机保护，然后继电器发出声音。

分析与检修：开机后，测125V电压正常，然后瞬间进入保护状态。电源瞬间进入保护状态时，检测场输出过电流保护电路的取样电阻R370和行输出过电流保护电路的取样电阻R844两端电压均小于0.3V，VD834两端电压小于23V，说明电源保护是由保护电路本身引起的。检测V839，发现阴极与阳极之间击穿。更换V839后，开机正常。

例2-24：海信TDF2988倍频彩电，开机保护，继电器不发出声音。

分析与检修：机器进入保护瞬间时，发现行输出异常检测保护电路的VD301两端电压小于16V。短路V302的c极与e极，机器不再发生保护，说明是行保护电路本身引起的。检查行保护电路本身，发现R317的阻值由5.6kΩ增大到10kΩ以上。实验证明R317阻值增大到6.2kΩ时，行保护电路就要动作。更换R317后，机器恢复正常。

2.8 海信TDF2918倍频彩电保护电路速修图解

海信TDF2918倍频彩电，总线系统主控电路微处理器采用TMP87CS38N，总线系统被控电路有TDA4780、MT0481、VPC3201A、SDA9280、SDA9362、SDA9255、CIP3250A、TA1219N，中放电路采用MVCM41C，伴音功放电路采用TA8256H，场输出电路采用TDA8354。

海信TDF2918倍频彩电，开关电源采用稳压驱动电路TDA4605-3和大功率场效应晶体管组成，副电源取自主电源VD896、C895输出的+25V电压，待机采用降压的方式，将开关电源输出电压降到正常时的1/3左右，同时切断扫描信号处理电路的电源。

海信TDF2918倍频彩电，采用倍场和逐行扫描技术，仅倍场逐行信号处理电路就采用了5片大规模集成电路。整个彩电电路分布在7块电路板上，互相之间用插接件和导线连接，不但信号处理电路复杂，其保护电路也错综复杂，电源部分设有晶闸管过电压、过电流保护电路，扫描部分设有扫描异常保护电路，就是为小信号处理电路提供电源的稳压电路，也具有互锁保护的功能，受行、场、伴音大功率电源的控制，一旦大功率电路电源发生失电压故障，会同时切断小信号处理电路的电源，进入保护状态。由于该机的保护电路较多，发生故障时大多进入保护状态，看不到故障部位引发的真实故障现象，给维修造成一定难度。本节将几块电路板上与保护相关的电路汇集到一起，分析保护电路的工作原理，探讨其检修方法。

2.8.1 保护电路原理图解

1. 稳压与待机控制

海信TDF2918倍频彩电开关电源采用了晶闸管保护电路，并与开关机电路、稳压环路配合，保护时进入待机保护状态，晶闸管保护电路如图2-9所示。由于晶闸管保护通过开关

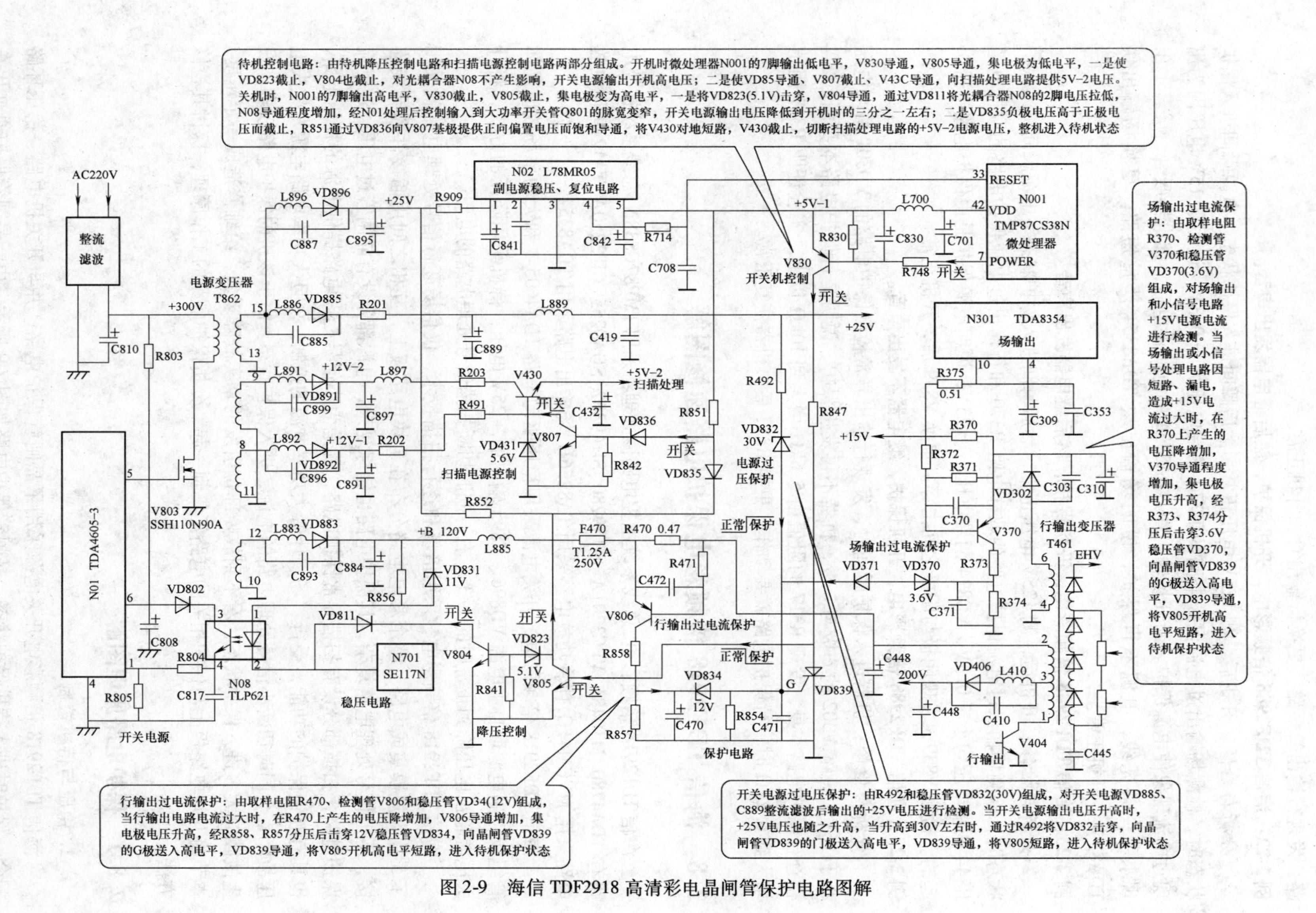

图 2-9 海信 TDF2918 高清彩电晶闸管保护电路图解

机控制电路和稳压电路执行，要弄清楚保护电路的工作原理，必须首先了解开关电源稳压电路和开关机控制电路。

该机开关电源采用TDA4605-3（N01）和场效应晶体管SSH110N90A（V803），稳压和待机保护均通过光耦合器N08（TLP621）对TDA4605-3的1脚内部电路进行控制，达到稳压、关机、保护的目的。

稳压电路由误差取样放大电路N701（SE117N）、光耦合器N08构成。开机状态时，开关电源VD883、C884输出的+B（120V）电压，经VD831（11V）、R856送到N701的输入端，经N701内部取样放大后，从输出端输出误差信号，该信号通过N08送到N01的1脚，经N01处理后控制5脚输入到大功率开关管Q801的脉宽，达到稳压的目的。开机时开关电源输出电压受N701控制，输出高电压，其中+B为120V左右。

该机无独立的微处理器副电源，副电源取自主电源VD896、C895输出的+25V电压，待机采用降压的方式，将开关电源输出电压降到正常时的1/3左右，同时切断扫描信号处理电路的电源。待机控制电路由微处理器N001（TMP87CS38N）开关机控制端7脚及其外围的V830、V804、V805、V807、V430等元器件构成，主要分两部分：一是开关电源降压控制电路；二是扫描处理电源控制电路。

2. 晶闸管保护电路分析

海信TDF2918倍频彩电，晶闸管VD839是保护电路的核心，其G极接有开关电源过电压检测保护、行输出过电流检测保护、场输出过电流检测保护电路。当各路保护电路检测到被检测电路电压、电流超过预定值时，向晶闸管VD839的G极送入高电平触发电压，晶闸管导通，将开关机电路中的V805b极高电平对地短路，迫使V805截止，V804导通，与待机状态相似，开关电源输出电压降到正常时的1/3左右。

3. 行、场扫描保护电路

海信TDF2918倍频彩电的行、场扫描信号处理电路NU05（SDA9362）内部，具有行、场扫描输出脉冲检测电路，对行、场输出电路反馈的行输出脉冲、场输出脉冲进行检测，当行、场输出电路发生故障，引起输入到NU05的反馈信号失常时，NU05就会采取保护措施，切断行、场激励信号，进入保护状态。其行场扫描保护电路如图2-10所示。

4. 稳压连锁保护电路

海信TDF2918倍频彩电，不但具有上述晶闸管和行场扫描保护电路，其稳压电路的设计也有独到之处，几乎所有小信号处理电路的稳压电源均受大功率输出电路电源的控制，具有连锁保护的功能。行输出电路、场输出电路、伴音功放电路由于工作于高电压、大电流的状态，是彩电中故障较多的部位，极易发生短路击穿故障，将其供给电源的熔断电阻，导致熔丝烧断，造成供给电源失电压。该机巧妙地利用行输出电路、场输出电路、伴音功放电路易发电源失电压故障的特点，利用行输出电路、场输出电路、伴音功放电路的电源电压为与其相关的小信号处理电路的电源稳压电路提供偏置电压或供给电压，当行输出电路、场输出电路、伴音功放电路发生电源失电压故障时，相应的小信号处理电路的电源稳压电路也失去了偏置电压而截止，停止向小信号处理电路供电，达到保护的目的。其稳压连锁保护电路如图2-11所示。

2.8.2 保护电路维修提示

海信TDF2918倍频彩电的保护电路较多，一旦发生故障大多进入保护状态，往往看不

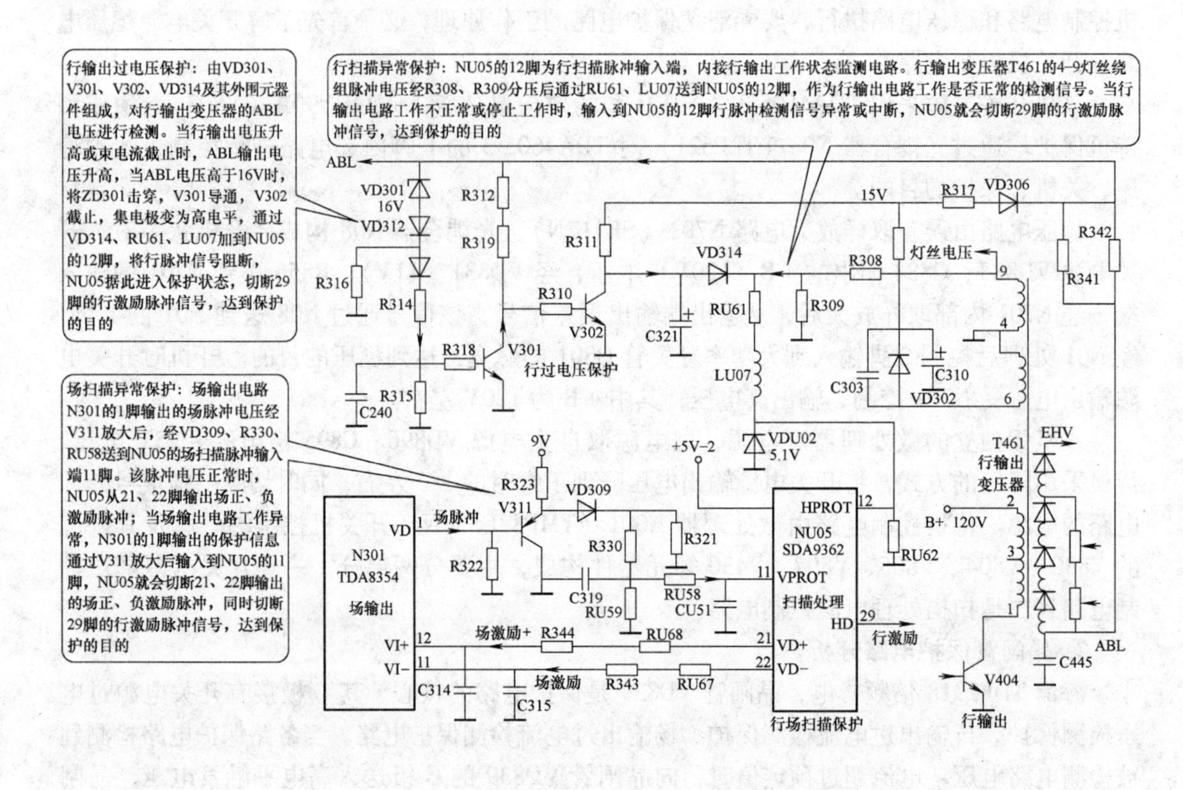

行输出过电压保护：由VD301、V301、V302、VD314及其外围元器件组成，对行输出变压器的ABL电压进行检测。当行输出电压升高或束电流截止时，ABL输出电压升高，当ABL电压高于16V时，将ZD301击穿，V301导通，V302截止，集电极变为高电平，通过VD314、RU61、LU07加到NU05的12脚，将行脉冲信号阻断，NU05据此进入保护状态，切断29脚的行激励脉冲信号，达到保护的目的
行扫描异常保护：NU05的12脚为行扫描脉冲输入端，内接行输出工作状态监测电路。行输出变压器T461的4−9灯丝绕组脉冲电压经R308、R309分压后通过RU61、LU07送到NU05的12脚，作为行输出电路工作是否正常的检测信号。当行输出电路工作不正常或停止工作时，输入到NU05的12脚行脉冲检测信号异常或中断，NU05就会切断29脚的行激励脉冲信号，达到保护的目的
场扫描异常保护：场输出电路N301的1脚输出的场脉冲电压经V311放大后，经VD309、R330、RU58送到NU05的场扫描脉冲输入端11脚。该脉冲电压正常时，NU05从21、22脚输出场正、负激励脉冲；当场输出电路工作异常，N301的1脚输出的保护信息通过V311放大后输入到NU05的11脚，NU05就会切断21、22脚输出的场正、负激励脉冲，同时切断29脚的行激励脉冲信号，达到保护的目的
ABL
VD301
16V
VD312
R312
R319
R311
R316
R314
R310
V302
R318
V301
行过电压保护
R315
C240
VD314
RU61
R309
C321
LU07
15V
R317
VD306
R342
R341
R308
灯丝电压
9
4
6
C303
C310
VD302
T461
行输出
变压器
EHV
2
3
1
B+ 120V
9V
R323
VD309
V311
场脉冲
VD
N301
TDA8354
场输出
R322
R330
R321
C319
RU59
RU58
CU51
+5V−2
VDU02
5.1V
HPROT
NU05
SDA9362
12
RU62
11
VPROT
扫描处理
29
HD
行激励
21
VD+
22
VD−
行场扫描保护
VI+
12
场激励+
R344
RU68
VI−
11
场激励
R343
RU67
C314
C315
C445
ABL
V404
行输出

图 2-10　海信 TDA2918 高清彩电行、场保护电路图解

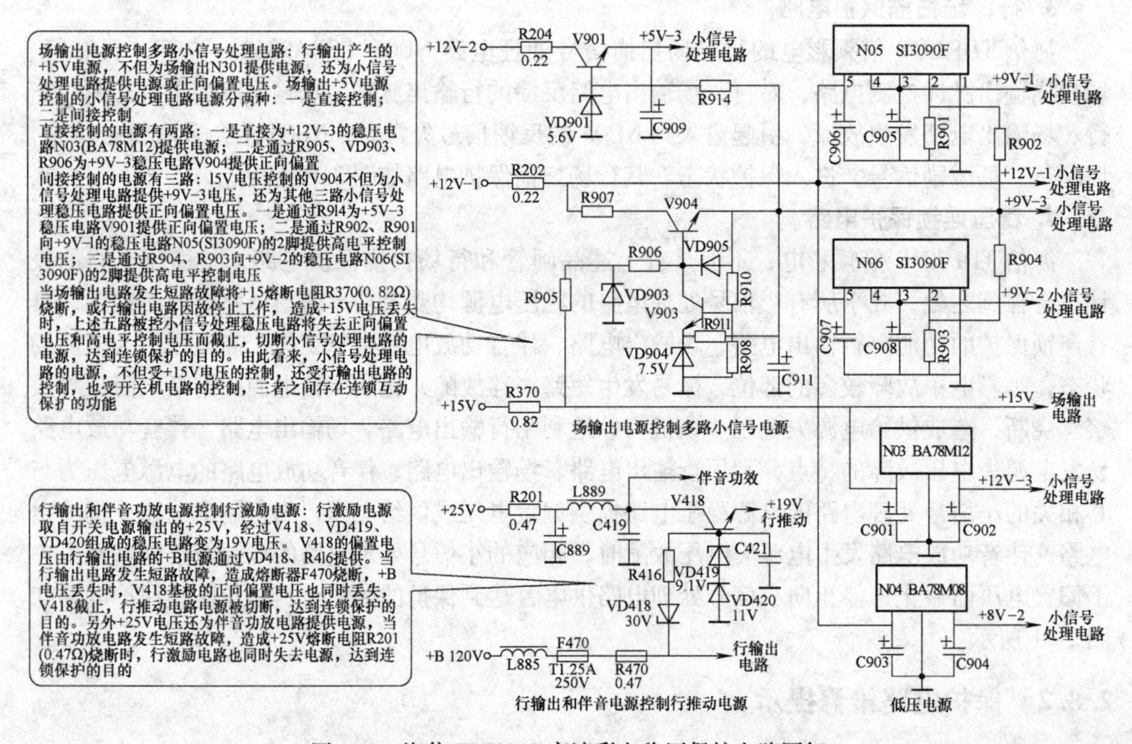

场输出电源控制多路小信号处理电路：行输出产生的+15V电源，不但为场输出N301提供电源，还为小信号处理电路提供电源或正向偏置电压。场输出+5V电源控制的小信号处理电路电源分两种：一是直接控制；二是间接控制
直接控制的电源有两路：一是直接为+12V−3的稳压电路N03(BA78M12)提供电源；二是通过R905、VD903、R906为+9V−3稳压电路V904提供正向偏置
间接控制的电源有三路：15V电压控制的V904不但为小信号处理电路提供+9V−3电压，还为其他三路小信号处理稳压电路提供正向偏置电压。一是通过R914为+5V−3稳压电路V901提供正向偏置电压；二是通过R902、R901向+9V−1的稳压电路N05(SI3090F)的2脚提供高电平控制电压；三是通过R904、R903向+9V−2的稳压电路N06(SI3090F)的2脚提供高电平控制电压
当场输出电路发生短路故障将+15熔断电阻R370(0. 82Ω)烧断，或行输出电路因故停止工作，造成+15V电压丢失时，上述五路被控小信号处理稳压电路将失去正向偏置电压和高电平控制电压而截止，切断小信号处理电路的电源，达到连锁保护的目的。由此看来，小信号处理电路的电源，不但受+15V电压的控制，还受行输出电路的控制，也受开关机电路的控制，三者之间存在连锁互动保护的功能
+12V−2
R204
0.22
V901
+5V−3
小信号
处理电路
VD901
5.6V
C909
R914
N05 SI3090F
5 4 3 2
+9V−1
小信号
处理电路
C906
C905
R901
R902
+12V−1
R202
0.22
R907
V904
+12V−1
小信号
处理电路
+9V−3
小信号
处理电路
R906
VD905
R905
VD903
V903
R910
R911
VD904
7.5V
R908
C911
N06 SI3090F
R904
5 4 3 2
+9V−2
小信号
处理电路
C907
C908
R903
+15V
R370
0.82
场输出电源控制多路小信号电源
+15V
场输出
电路
N03 BA78M12
+12V−3
小信号
处理电路
C901
C902
行输出和伴音功放电源控制行激励电源：行激励电源取自开关电源输出的+25V，经过V418、VD419、VD420组成的稳压电路变为19V电压。V418的偏置电压由行输出电路的+B电源通过VD418、R416提供。当行输出电路发生短路故障，造成熔断器F470烧断，+B电压丢失时，V418基极的正向偏置电压也同时丢失，V418截止，行推动电路电源被切断，达到连锁保护的目的。另外+25V电压还为伴音功放电路提供电源，当伴音功放电路发生短路故障，造成+25V熔断电阻R201(0.47Ω)烧断时，行激励电路也同时失去电源，达到连锁保护的目的
伴音功放
+25V
R201
0.47
L889
C419
V418
+19V
行推动
C889
C421
R416
VD419
9.1V
VD420
11V
VD418
30V
N04 BA78M08
+8V−2
小信号
处理电路
+B 120V
L885
F470
T1.25A
250V
R470
0.47
行输出
电路
C903
C904
行输出和伴音电源控制行推动电源
低压电源

图 2-11　海信 TDF2918 高清彩电稳压保护电路图解

到故障部位引起的故障现象，看到的只是保护电路引起的故障现象，给检修造成一定难度。检修时要分三步：第一步判断是否进入保护状态，如果进入保护状态；第二步确定是哪种保护电路启动，是晶闸管保护、扫描电路保护，还是稳压电路互锁保护；最后查清是该种保护电路的哪路检测电路引起的保护。

三种保护电路启动，都会引起无光栅、无伴音的故障现象，但保护后的电压变化有区别：晶闸管保护启动时，开关电源各路输出电压均降到正常开机时的 1/3 左右；行、场保护和稳压连锁保护启动时，开关电源输出电压正常，但行、场处理保护启动时 +5V-2 电压正常，稳压连锁保护电路启动时相应的电压被切断。通过测量相应的电压变化，即可区分是哪种保护电路启动，确定是哪种保护电路启动后，还要区分是该种保护电路的哪路故障检测电路或偏置电路引发的保护，然后顺藤摸瓜，找到故障元器件。一般引发保护的原因分两种：一种是被检测电路发生故障，相应检测电路检测到过电压、过电流或脉冲异常信息，引起保护电路启动；另一种是保护检测电路本身因元器件产生改变或损坏，引起的误保护。在区分三种保护电路中哪路检测电路引起的保护时，可根据观察故障现象和测量关键点电压变化确定保护种类。

1. 晶闸管保护电路维修

（1）晶闸管保护电路引发的故障现象和电压变化

晶闸管保护电路启动，引起开关机电路动作，进入待机保护状态，其引起的故障现象与待机状态相同。可通过测量晶闸管 G 极电压和开关电源输出电压确定晶闸管电路是否启动。如果开关电源输出电压均降到正常开机时的 1/3 左右，同时晶闸管 VD839 的 G 极电压由正常时的低电平 0V，变为高电平 0.7V 以上，即可判断是晶闸管保护电路启动。

（2）晶闸管保护电路检修方法

可采用两种方法，一是电压测量法：晶闸管保护要经过开机、工作、保护的过程，需要几秒钟的时间，检修时抓住开机后保护前的瞬间，测量各路故障检测电路关键部位电压，判断是否由该路检测电路引起的保护。行输出过电流保护电路测量取样电阻 R470 两端电压，场输出过电流保护电路测量取样电阻 R370 两端电压，正常时 R470、R370 两端电压应小于 0.3V，如果大于 0.3V，则是该过电流保护电路引起的保护；如果 R470、R370 两端电压均在正常范围内，即可确定是由开关电源过电压保护电路引起的保护。二是解除保护法：逐个断开各路检测电路与晶闸管 VD839 的 G 极的连接，行输出过电流保护电路断开 VD834，场输出过电流保护电路断开 VD371，开关电源过电压保护电路断开 VD832。每断开一路保护，做一次开机试验，观察是否退出保护状态，如果断开哪路保护检测电路的连接后，开机不再保护，则是该故障检测电路引起的保护；如果全部断开三路故障检测电路后，仍然保护，则是晶闸管 VD839 及其外围元器件故障。

2. 行场扫描保护电路维修

（1）行场扫描保护电路引起的故障现象和电压变化

行场扫描保护电路启动，停止输出行、场激励脉冲，行场扫描电路停止工作，同时行输出提供的二次电源 +15V 电压也同时消失，引起稳压连锁保护电路动作，引起的故障现象是无光栅、无伴音。可通过测量开关电源和行场处理电路 NU05 电压的方法确定行场扫描保护电路是否启动。如果开关电源输出开机高电压，NU05 的 +5V-2 供给电压正常，29 脚无行激励脉冲输出，21、22 脚无场激励脉冲输出，12 脚行扫描检测电压为高电平，则是行场扫描保护电路启动。

（2）行场扫描保护电路检修方法

也可采用两种方法，一是电压或脉冲测量法：在开机后，保护前测量 NU05 的故障检测引脚 11 脚、12 脚的电压和脉冲，如果 12 脚电压为高电平，则是行输出过电压检测电路引起的保护，如果 12 脚或 11 脚行、场脉冲不正常或无脉冲，则是行场扫描或脉冲传输电路故障，引起的保护，对相应的扫描电路和脉冲传输电路进行检测。二是解除保护法：如果测量 NU05 的 12 脚为高电平，可将 VD314 断开，并检测行输出电压，如果开机不再保护，且行输出级各路电压正常，则是过电压检测电路元器件产生变质引起的误保护；如果开机后，行输出电压或 ABL 电压高于正常值，要排除行输出和 ABL 电路故障。

3. 稳压连锁保护电路维修

（1）稳压连锁保护电路启动的故障现象和电压变化

稳压连锁保护电路启动，切断相应功能电路的电源，使保护电路对应的电路停止工作，因连锁保护时停止工作的功能电路不同，引发的故障现象也不同。行输出 +B 电压和伴音功放电源控制行激励稳压电源的保护电路启动时，无 19V 电压输出，行输出不工作，无光栅、无伴音；小信号处理电路总电源控制行场扫描处理电路稳压电源的保护电路启动时，无 +5V-2电压输出，行场扫描电路不工作，无光栅、无伴音；场输出电源控制小信号处理电路电源的保护电路启动时，无 +12V-3、+5V-3、+9V-3、+9V-1、+9V-2 电压输出，小信号处理电路不工作，由于行场扫描电路不受上述电压的影响，会引发有光栅、无图像、无伴音的故障现象。

（2）稳压连锁保护电路检修方法

稳压连锁保护电路启动时，被控稳压电路无电压输出。通过对无输出电压的稳压电路的电源、偏置电压检测，即可发现故障电路，再顺藤摸瓜对失电压的电源整流滤波电路、负载电路进行检测，即可找到故障元件。

提示：当采用解除保护的方法维修时，首先应排除开关电源输出电压过高、行输出电路严重短路、行逆程电容器开路故障，避免解除保护后，造成过电压、过电流损坏，扩大故障。

4. 追踪自检信息，检测故障电路

海信 TDF2918、TDF2988 彩电具有故障自检显示功能，检修时可充分利自检信息显示功能，根据自检信息提供的线索，对所提示的故障部位或故障电路进行检修。

获取屏幕自检显示信息时必须先进入维修模式，方法是：在电视机能正常开机时，使用 HY-2001 遥控器，按遥控器上的“环绕声”和“屏幕显示”键，然后按数字键“9、0、9、0”，即可进入工厂模式，屏幕上显示维修菜单，有数个子菜单，用遥控器上的“分页显示”键向前翻页，用“锁定”键向后翻页，TDF2918 的子菜单 FACTORY7 便是整机主要集成电路的自检结果，显示的内容见表 2-1。

表 2-1　海信西门子倍频机心胶片系列彩电 TDF2918 总线系统调整项目与数据

项目名称	调整内容	参考数据	项目名称	调整内容	参考数据
VPC3210	主解码芯片工作状态设置	OK	TA1218	AV 切换芯片工作状态设置	OK
SDA9392	扫描控制芯片工作状态设置	OK	TA8776	伴音处理芯片工作状态设置	OK
SDA9280	数-模转换芯片工作状态设置	OK	TDA4780	RGB 处理芯片工作状态设置	OK
VPC9255	倍场芯片工作状态设置	OK			

子菜单左侧显示集成电路的名称，右侧显示该电路的通信状态，微处理器与被控电路通信正常时显示“OK”，通信发生故障时显示“NO”。

2.8.3 保护电路维修实例

例 2-25：海信 TDF2918 倍频彩电，不能开机，电源指示灯亮，遥控开机指示灯颜色改变，但无光栅、无伴音。

分析与检修：电源指示灯亮，说明开关电源有电压输出，遥控开机指示灯颜色改变说明微处理器控制电路正常，并进入开机状态。拆机测量开关电源输出电压，开机的瞬间 +B 输出高电压 120V，同时伴有行输出工作和高压建立的声音，然后 +B 电压降到 40V 左右。故障现象符合晶闸管保护电路启动的特征，开机测量晶闸管 VD839 的 G 极电压为高电平 1V 左右，确为晶闸管保护。为确定是哪路故障检测电路引起的晶闸管保护，开机瞬间测量行场保护取样电阻 R470、R370 两端电压，均小于 0.3V，在正常范围内，估计是开关电源过电压保护电路引起的保护，为做进一步判断，将晶闸管 G 极与地短路，解除晶闸管保护，断开行输出电路，在 +B 输出端接假负载，对电源输出电压进行测量，开机后开关电源输出电压正常，由此判断是保护电路引起的误保护。对晶闸管 G 极的三路故障检测电路元器件在路测量，未见异常，考虑到在路测量无法确定稳压二极管的稳压值，逐个拆下稳压二极管 VD834、VD832、VD370，测量其稳压值，发现 VD832 的稳压值低于正常值 30V，降到 24V 左右，且不稳定，引起开关电源过电压保护电路误保护，更换 VD832 后，恢复保护电路和行输出电路，开机不再保护。

例 2-26：海信 TDF2918 倍频彩电，有时能开机，有时收看中途自动关机，有时不能开机，遥控开机指示灯颜色改变。

分析与检修：不能开机时，测量开关电源输出的 +B 电压降到 40V 左右，测量晶闸管 VD839 的 G 极电压为高电平 1V 左右，确为晶闸管保护。为确定是哪路故障检测电路引起的保护，开机瞬间测量行场保护取样电阻 R470、R370 两端电压，发现 R470 两端电压为 0.4 ~ 0.5V，高于正常值，估计是行输出级电流过大，引起行输出过电流保护电路启动，为做进一步判断，断开 VD834 解除行过电流保护，同时断开 F470，串联电流表，测量行输出电流。开机后声光图正常，行输出电流也在正常范围内，由此判断行过电流保护电路误保护。对行过电流保护电路元件进行测量，发现取样电阻 R470 阻值变大且不稳定，由正常时的 0.47Ω 增大到 0.5 ~ 0.6Ω，且有烧焦的痕迹。R470 阻值接近正常值或光栅亮度低时，能正常开机，收看一段时间后温度上升，R470 阻值增加和光栅亮度增大时，R470 上的电压降增加，引起误保护。更换 R470，恢复保护电路后，故障排除。

例 2-27：海信 TDF2918 倍频彩电，开机后指示灯颜色改变，无光栅、无伴音。

分析与检修：开机测量开关电源输出的 +B 电压为 120V 正常，测量行输出电路未工作，向前测量行推动级 V402 各极电压，b 极无行激励信号，c 极无电压，对行推动级电压供给 V418 稳压电路进行测量，c 极无 +25V 电压。检测 +25V 整流滤波电路未见异常，测量熔断电阻 R201 已烧焦断路，对 +25V 负载电路伴音功放电路和行推动电路进行检测，发现伴音功放电路 N003（TA8256H）输出端 8 脚与 +25V 电源供给端 9 脚内部严重短路，引起功放电路电流急剧增加，将熔断电阻 R201 烧断，造成伴音功放电源控制行激励稳压电源的保护电路启动，切断行推动电路电源。更换 N003 和 R201 后，故障排除。

例 2-28：海信 TDF2918 倍频彩电，时常发生自动关机故障，有时不能开机，指示灯颜色改变，无光栅、无伴音。

分析与检修：发生故障时，开机测量开关电源输出的 + B 电压为 120V 正常，测量行输出电路未工作，向前测量行推动级 V402 各极电压，c 极为供给电压 19V，b 极无行激励信号，判断故障在行场扫描处理电路。测量 NU05 的 + 5V-2 供给电压正常，测量 29 脚无行激励脉冲输出，测量 12 脚行输出脉冲检测端为高电平 5V，由此判断是行输出过电压保护电路启动。采用解除保护的方法，将 VD314 断开，开机不再保护，测量行输出各路电压也在正常范围内，声光图正常，判断是行输出过电压保护电路引起的误保护。对 VD301、V301、V302 行输出过电压保护电路元器件进行在路检测，未见异常，将稳压管 VD301 拆下检测其稳压值，发现其稳压值下降到 12V 左右，且不稳定。由于 VD301 的负极电压随 ABL 电压变化，当光栅亮度变化较小，ABL 电压低于 12V 时，能开机收看，当光栅亮度变化过大，ABL 电压超过 12V 时，VD301 击穿，造成行输出过电压保护电路误启动，引起自动关机和开机困难故障。更换 VD301 后，故障排除。

例 2-29：海信 TDF2918 倍频彩电，不能开机，遥控指示灯颜色改变，无光栅、无伴音。

分析与检修：测量开关电源输出的 + B 电压，开机的瞬间为高电平 120V，几秒钟后降到 40V 左右，测量晶闸管 VD839 的 G 极电压为高电平 1V 左右，确为晶闸管保护。为确定是哪路故障检测电路引起的保护，开机瞬间测量行场保护取样电阻 R470、R370 两端电压，发现 R370 两端电压大于正常值 0. 3V，估计是场输出级电流过大，引起场输出过电流保护电路启动，为做进一步判断，断开 R375，切断场输出电路 N301 的 + 15V 电源，开机不再保护，屏幕上出现一条水平亮线，说明 N301 内部严重短路。更换 N301（TDA8354），开机恢复正常。

第3章　长虹数码、高清彩电保护电路速修图解

3.1　长虹A3机心单片彩电保护电路速修图解

长虹A3机心，微处理器D701采用M34300-628SP或CH04001-5846，小信号处理电路N101采用三洋单片LA7680或LA7681等。

长虹A3机心适用机型：长虹B2111、B2112、B2113、B2115、B2117、B1818、C1851、C1851K、C1851KV、C1853、C1855、C1951、C2151、C2151A、C2151C、C2151Z、C2153、C2151KV、C2152、C2152KV、C2155、C2156、C2158等单片系列彩电。

长虹A3机心开关电源采用常见的由分立元件组成的开关电源，设有独立的副电源，副电源采用降压变压器和串联稳压电路供电，待机采用关闭主电源振荡的方式。该机心设有微处理器保护专用端口，设计了过电流、失电压保护电路，当开关电源负载电路发生短路、过电流、失电压等故障时，均会进入待机保护状态。

3.1.1　保护电路原理图解

长虹A3机心保护电路结构如图3-1所示，依托微处理器D701特设的保护检测（PROTECT）端口脚，设计的开关电源输出电压短路、失电压保护电路，保护时D701从待机控制端输出待机控制电压，进入待机保护状态。

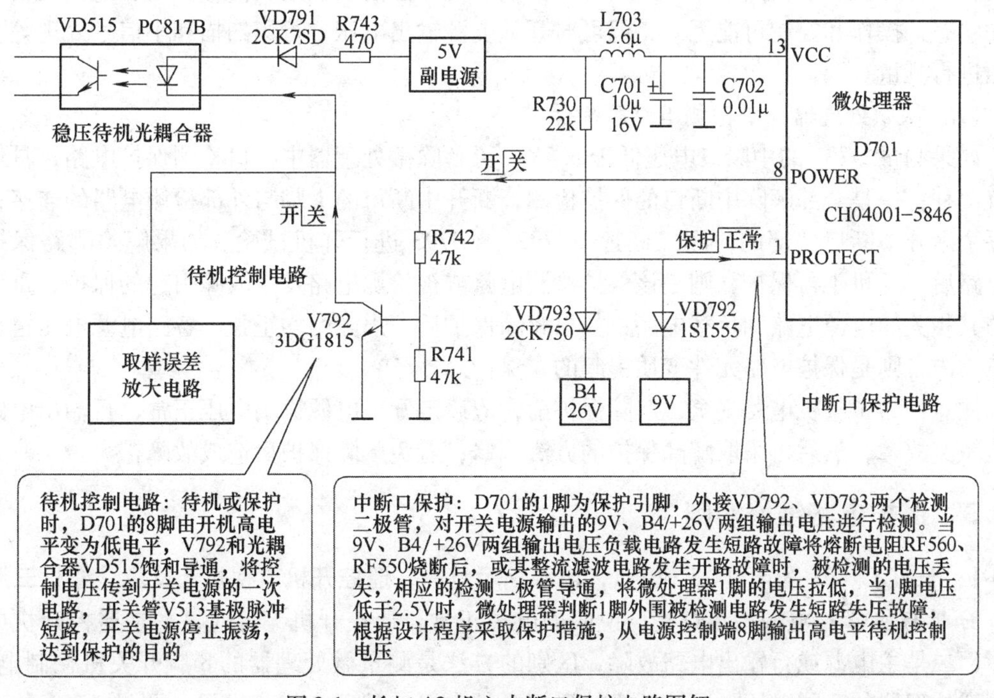

图3-1　长虹A3机心中断口保护电路图解

3.1.2 保护电路维修提示

1. 测量关键点电压，判断是否保护

（1）测量 D701 保护接口电压

保护时的故障特征是：开机的瞬间有行输出工作和高压建立的声音，然后三无；D701 的保护检测端口电压低于 2.5V，开关机控制端口电压经历高、低、高的变化；开机的瞬间开关电源有输出电压，然后降到 0V；同时指示灯亮度发生变化。检修时，在开机后，进入保护状态之前的瞬间，通过测量 D701 的检测端口、开关机端口和开关电源输出电压，判断微处理器是否进入保护状态。如果 D701 的保护检测端口电压低于 2.5V，开关机控制端口电压经历高、低、高的变化则可确定保护电路启动。

（2）测量检测元器件正向电压

在确定是微处理器中断口保护电路引起的保护后，也可采用开机的瞬间，测量中断口外部的检测二极管 VD792、VD793 两端正向电压、负极对地电压的方法，确定是哪路检测电路引起的保护。如果哪个检测二极管两端具有正向偏置电压，或检测二极管的负极对地无电压，则是该保护检测电路引起的保护，重点检查该二极管检测电路相关元器件，检查被检测电源的整流滤波稳压电路、熔断电阻是否开路、相关负载电路是否短路等。

2. 暂时解除保护，确定故障部位

判断电视机进入保护状态后，可采用解除保护的方法，观察开机后的故障现象，根据故障现象进一步判断故障范围，对相应的电路进行检修；还可在解除保护开机后，对与保护有关的电压进行测量，确定故障范围。检修微处理器保护故障，可采取以下方法：

（1）从微处理器保护执行电路解除保护

从微处理器 D701 的开关机控制电路采取措施，将开关机控制晶体管 V792 的 b 极对地短路，强行开机观察故障现象，判断故障范围。该方法的缺点是：由于微处理器仍处于待机保护状态，操作和控制可能无效，但可对开关电源输出电压、行场扫描和小信号处理等相关电压进行测量。

（2）从微处理器保护检测电路解除保护

如果测量 D701 的中断口电压低于 2.5V，可解除微处理器中断口检测保护电路，具体方法有两种：一是全部解除中断口的保护检测，断开中断口的 1 脚与外部检测电路的连接；二是逐个断开中断口外部的检测二极管 VD792、VD793 进行开机试验。如果解除哪路保护检测电路后，开机不再保护，则是该保护检测电路或被检测电路发生故障引起的保护，重点检查与其相关的电源电路和负载电路；如果解除保护后，声光图均正常，各路电源电压也在正常范围内，则是保护电路元件变质引起的误保护。

注意：为了整机电路安全，解除保护前，应确定开关电源输出电压正常，行输出电路无明显短路故障，然后再采取解除保护的方法检修，避免解除保护后造成故障扩大。

3.1.3 保护电路维修实例

例 3-1：长虹 C1851 彩电（A3 机心），电源指示灯亮，遥控开机电视机无反应，整机三无。

分析与检修：电源指示灯亮，说明副电源正常，遥控开机无反应，一是遥控开机电路故障；二是主电源或行输出电路故障，区别的方法是测量微处理器的 8 脚开关机控制电压。实测微处理器的 8 脚电压，遥控开机的瞬间为低电平，然后变为高电平，测量 D701 的 1 脚电压为1.6V，低于2.5V，判断保护电路启动。采用解除保护的方法维修，断开D701的1脚与VD792、VD793二极管正极之间的跳线，开机不再发生保护现象，且声光图均正常，判断保护电路故障引起误保护，但检查保护电路元件未见异常。将电视机装上后，再次发生开机无反应和三无故障。

二次拆开电视机，直接采用解除保护的方法，将开关机晶体管的b极对地短接，迫使开关电源进入开机状态，测量开关电源+B电压始终为0V，判断是开关电源电路发生故障，造成开机后无电压输出，微处理器欠电压保护电路启动。测量开关电源的+300V电压正常，开关电源不启动；检测开关电源启动和振荡电路元件未见异常，观察开关电源初级电路焊点，发现部分焊点有裂纹现象，对裂纹的焊点全部补焊一遍，开机后开关电源恢复正常，恢复开关机电路后，也不再保护，故障彻底排除。

例3-2：长虹C1951彩电（A3机心），**电源指示灯亮，遥控开机电视机有高压建立的声音，然后整机三无。**

分析与检修：该机由他人维修未果，由于其在开机后，发现待机控制电路始终处于待机状态，不能开机，误以为微处理器控制电路故障，对微处理器的电源、晶振、复位、矩阵电路进行反复检测，也未能排除故障，因而放弃维修，转到我处进行维修。

根据开机有高压建立的声音，说明微处理器在开机的瞬间已经送出开机信号，电源和行输出电路已经工作，然后三无，很可能是保护电路启动所致。开机的瞬间测量D701的1脚电压为1.5V，开关机控制端8脚由开机时的低电平瞬间变为高电平，开关电源输出端开机的瞬间有+B电压输出，然后降到0V，进一步判断是微处理器执行保护。采用解除保护的方法进行检修，断开1脚与VD792、VD793二极管正极之间的跳线，开机不再发生保护现象，但屏幕上出现一条水平亮线，由此判断场扫描电路发生故障，检查场输出电路无电压供给，测量场输出供电电路B4-26V电源无电压输出，检查其整流滤波电路，发现熔断电阻RF550（4.7Ω）烧断，估计是其负载场输出电路N451（LA7837）电路发生短路故障，检查N451电路，内部严重短路，更换一块LA7837和RF550后，开机声光图恢复正常，恢复保护电路的跳线，也不再发生保护现象。

例3-3：长虹C2125彩电（A3机心），**多数时间能正常收看，收看中途偶尔发生三无故障。**

分析与检修：发生三无时，测量D701的1脚电压低于2.5V，8脚由开机时的低电平瞬间变为高电平。+B电压降到0V，判断是微处理器执行保护。检修中，翻动电路板时，电视机又自动恢复正常，看来是电路接触不良，引起保护所致。

采用解除保护的方法，断开D701的1脚跳线，开机后仍然三无，但是有行扫描启动的声音。测量开关电源各路整流后输出的B3的190V，B1的130V，B4的26V电压均正常，但B5的15V、B6的12V和VD110稳压输出的9V电压为0V，仔细检查该系列电压供电电路，发现熔断电阻RF560一脚开焊，接触不良，造成15V、12V和9V电压丢失，引起微处理器执行保护。将RF560焊好后，故障排除。

3.2　长虹A6机心单片彩电保护电路速修图解

长虹A6机心，微处理器D701采用CHT0405、CHT0402或CHT0403，小信号处理电路采用三洋单片LA7688或LA7687等。

长虹A6机心适用机型有：长虹A2113、A2115、A2116、A2117、A2118、A2118BD、

A2119、A2119BC、A2518A、A2528、A2528A、A2528B、A2528BC、C2191A、P2113A/E、P2119、P2119B、P2119A、P2119BC、R2111、R2111A、R2112A、R2112AE、R2113A、R2113AE、R2115A、R2115E、R2116A、R2116E、R2116FA、R2117A、R2117E、R2118A、R2118E、2118FA、R2119A、R2119E、R2120A、2120E、R2121A、2121E、R2122A、R2122E、R2123A、R2123E、R2131FA、A2528、A2528B、A2528BC、R2510、R2510E、R2516A、R2516E、R2518A、R2518E、R2518C、R2519A、R2528、R2528B、R2528BC、R2916、R2916A、R2918E、R2918A、A2928、2112FA、2113FA、2115FA、2116FA、2117FA、2118FA、21A17、21A18、21A21、21A23、21A31、29A16、29A18等单片系列彩电。

长虹A6机心开关电源采用常见的由分立元件组成的开关电源，设有独立的副电源，副电源采用降压变压器和串联稳压电路供电，待机采用关闭主电源振荡的方式。该机心围绕微处理器保护专用端口，设计了多路过电流、失电压保护电路，当开关电源负载电路发生短路、过电流、失电压等故障时，均会进入待机保护状态。

3.2.1 保护电路原理图解

长虹A6机心保护电路结构如图3-2所示，依托微处理器D701特设的保护检测（PROTECT）端口脚，设计的开关电源输出电压短路、失电压保护电路，保护时D701从待机控制端输出待机控制电压，进入待机保护状态。

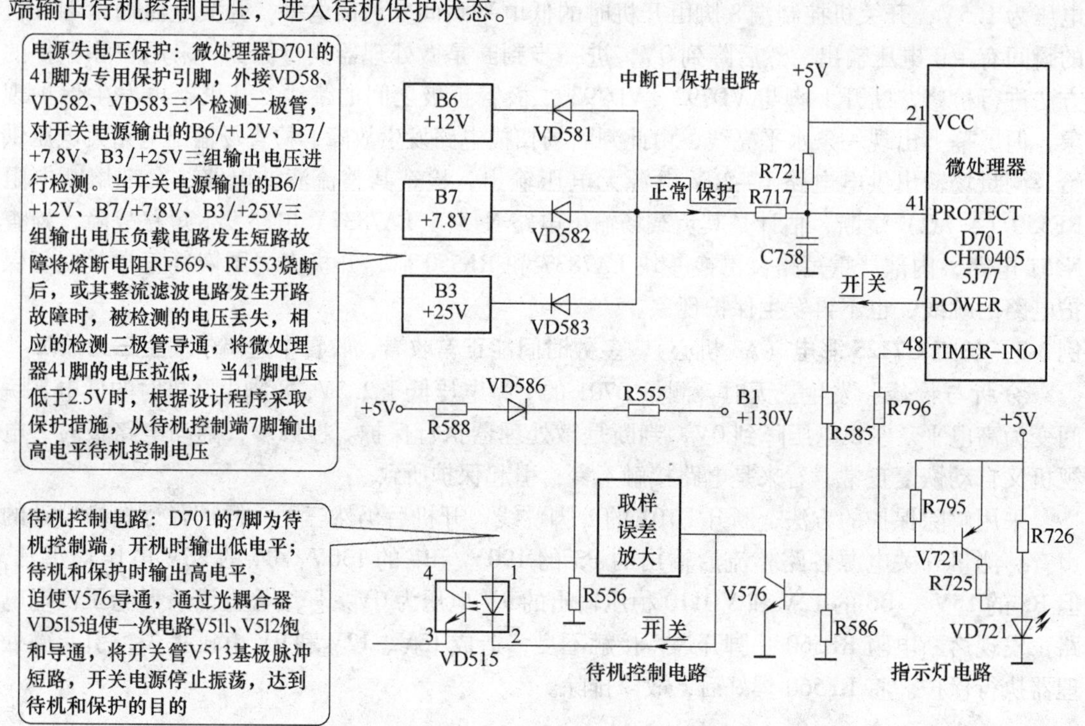

图3-2 长虹A6机心中断口保护电路图解

3.2.2 保护电路维修提示

检修时，首先要判断是否进入保护状态，然后查找引发保护故障的原因，顺藤摸瓜找到故障元件。

1. 测量关键点电压，判断是否保护

（1）测量检测端口电压

保护时的故障特征是：开机的瞬间有行输出工作和高压建立的声音，然后三无；D701的保护检测端口电压低于2.5V，开关机控制端口电压经历高、低、高的变化；开机的瞬间开关电源有输出电压，然后降到0V；同时指示灯亮度发生变化。

检修时，在开机后，进入保护状态之前的瞬间，通过测量D701的检测端口、开关机端口和开关电源输出电压。如果D701的保护检测端口电压低于2.5V，开关机控制端口电压经历高、低、高的变化则可确定保护电路启动。

（2）测量检测元器件正向电压

在确定是微处理器中断口保护电路引起的保护后，也可采用开机的瞬间，测量中断口外部的检测二极管VD581、VD582、VD583两端正向电压、负极对地电压的方法，确定是哪路检测电路引起的保护。如果某个检测二极管两端具有正向偏置电压，或检测二极管的负极对地无电压，则是该保护检测电路引起的保护，重点检查该二极管检测电路相关元器件，检查被检测电源的整流滤波稳压电路、熔断电阻是否开路、相关负载电路是否短路等。

2. 暂时解除保护，确定故障部位

判断电视机进入保护状态后，可采用解除保护的方法，观察开机后的故障现象，根据故障现象进一步判断故障范围，对相应的电路进行检修；还可在解除保护开机后，对与保护有关的电压进行测量，确定故障范围。检修微处理器保护故障，可采取以下方法：

（1）从微处理器保护执行电路解除保护

从微处理器D701的开关机控制电路采取措施，将开关机控制晶体管V576的b极对地短路，强行开机观察故障现象，判断故障范围。该方法的缺点是：由于微处理器仍处于待机保护状态，操作和控制可能无效，但可对开关电源输出电压、行场扫描和小信号处理等相关电压进行测量。

（2）从微处理器保护检测电路解除保护

如果测量D701的中断口电压低于2.5V，可解除微处理器中断口检测保护电路，具体方法有两种：一是全部解除中断口的保护检测，断开中断口41脚与外部检测电路的连接电阻R717；二是逐个断开中断口外部的检测二极管VD581、VD582、VD583进行开机试验。如果解除某一路保护检测电路后，开机不再保护，则是该保护检测电路或被检测电路发生故障引起的保护，重点检查与其相关的电源电路和负载电路；如果解除保护后，声光图均正常，各路电源电压也在正常范围内，则是保护电路元件变质引起的误保护。

注意：为了整机电路安全，解除保护前，应确定开关电源输出电压正常，行输出电路无明显短路故障，然后再采取解除保护的方法检修，避免解除保护后造成故障扩大。

3.2.3　保护电路维修实例

例3-4：长虹A2116彩电（A6机心），开机后三无，不能遥控开机，指示灯很亮。

分析与检修：检查测量开关电源各路输出电压均为0V，测量微处理器D701的7脚电压为4.9V，测量41脚保护检测端电压为0.3V低电平，判断微处理器执行保护。

开机的瞬间，测量41脚外部的检测二极管VD581、VD582、VD583两端正向电压，确定故障范围。发现VD583开机的瞬间有正向偏置电压，判断是B3负载场输出电路发生短路故障。检查B3电源电路，熔断电阻RF553完好，检查场输出电路LA7837也未见异常。回头检查25V整流滤波电路，发现滤波电容C563（470μF/35V）严重漏电短路，造成开关电源过电流保护电路启动，致使开关电源各路均无电压输出。更换C563后，开机不再保护，故障排除。

例3-5：长虹21A12彩电（A6机心），**开机后三无，遥控开机电源指示灯变暗后，几秒钟后变亮。**

分析与检修：根据指示灯的亮、暗、亮变化过程，判断是微处理器保护电路启动所致。开机的瞬间测量D701的41脚电压为2.3V，开关机控制端7脚由开机时的低电平瞬间变为高电平，开关电源输出端开机的瞬间有+B电压输出，然后降到0V，进一步判断是微处理器执行保护。开机的瞬间，测量41脚外部的检测二极管VD581、VD582、VD583两端正向电压，确定故障范围。发现VD583开机的瞬间有正向偏置电压，判断是B3负载场输出电路发生短路故障。检查B3电源电路，熔断电阻RF553烧断，检查场输出电路LA7837已经击穿短路。更换LA7837和熔断电阻RF553后，开机不再保护，故障排除。

例3-6：长虹R2111A彩电（A6机心），**开机后三无，遥控开机电源指示灯变暗后，几秒钟后变亮。**

分析与检修：测量D701的41脚电压低于2.5V，7脚由开机时的低电平瞬间变为高电平，测量开关电源+B电压始终为0V，判断是开关电源电路发生故障。测量开关电源的+300V电压正常，开关电源不启动；检测开关电源启动和振荡电路未见异常，怀疑开关电源初级保护电路启动，造成无电压输出。一般引起开关电源过电压保护的原因是取样稳压电路发生开路或失控故障，引起过电流保护的原因多为行输出电路发生严重短路故障。测量行输出电路，发现行输出管严重短路，引起开关电源过电流保护。更换行输出管后，开机不再保护，故障排除。

例3-7：长虹21A12彩电（A6机心），**多数时间能正常收看，收看中途偶尔发生三无故障。**

分析与检修：由于有时能正常收看，说明开关电源和行输出电路基本正常，偶尔发生自动关机故障，可能是电路接触不良或误入保护状态所致。发生三无时，指示灯变亮，测量D701的41脚电压低于2.5V，7脚由开机时的低电平瞬间变为高电平。+B电压降到0V，判断是微处理器执行保护。检修中，翻动电路板时，电视机又自动恢复正常，看来是电路接触不良，引起保护电路的被检测电压丢失，微处理器执行保护所致。仔细检查电路板上的焊点，发现熔断电阻RF569一脚开焊，接触不良，造成B6/+12V，B7/+7.8V电压丢失，引起微处理器执行保护。将RF569焊好后，故障排除。

例3-8：长虹A2116AE彩电（A6机心），**遥控开机后2s自动关机。**

分析与检修：测量微处理器D701的7脚电压开机的瞬间为低电平，2s后变为高电平4.8V，测量41脚保护检测端电压为0.8V低电平，判断微处理器执行保护。

采用解除保护的方法，逐个断开41脚外部的检测二极管进行开机实验，全部断开41脚外部的VD581、VD582、VD583后，开机仍进入保护状态，此时测量微处理器41脚电压仍为1.5V低电平。检查微处理器41脚的外接上拉电阻R721（100kΩ）阻值正常，在路测量电容C758（0.01μ）未见明显短路现象，但是断开C758后电视机恢复正常，拆下C758用R×10k档测量，表针有很大摆动，最小电阻为30kΩ左右，更换C758后，开机故障排除。

例3-9：长虹R2118AE彩电（A6机心），工作30min左右自动关机。

分析与检修：当故障出现时测+B电压为待机状态，测量微处理器待机控制端7脚电压为高电平，说明微处理器已经发出关机指令。采用从保护执行待机控制电路解除保护的方法，断开V576的c极+B电压上升为130V，显像管灯丝亮，只是黑屏。测量微处理器D701的41脚电压只有1.7V，正常时应为4.5V以上，判断是微处理器执行保护所致。

测量开关电源输出的12V、7.8V、25V电压，发现无25V电压，检查25V整流滤波电路，发现整流二极管VD553一端开焊，补焊后开机故障排除。

3.3 长虹CH-16机心超级彩电保护电路速修图解

长虹CH-16机心是以长虹公司引进飞利浦公司研发的超级芯片TDA9370/OM8370/TDA9383/TDA9373/OM8373作为母片而开发的系列彩电，先后开发了8个系列，各个系列彩电的电路配置和适用机型如下：

CH-16超级单片1：超级单片先后采用TDA9370、CH05T1602、CH05T1604、CH05T1607等，适用机型有SF1498、SF2115、SF2119、SF2139、SF2151、SF2186、SF2198、SF2199、H2115S等超级单片系列彩电。

CH-16超级单片2：超级单片先后采用TDA9373（CH05T1606）等，适用机型有PF2598、PF2915、PF2939、PF2986、PF3415、SF2998、SF3498F、H2515S、H2598S、H2998S等超级单片系列彩电。

CH-16超级单片3：超级单片先后采用TDA9373（CH05T1608）等，适用机型有PF2992等超级单片系列彩电。

CH-16超级单片4：超级单片先后采用TDA9383（CH05T1601）等，适用机型有SF2515、SF2915、SF2551、SF3498F、SF2951F、SF2598、SF2598、PF2939、PF2598、PF3415、PF2986、PF2515等超级单片系列彩电。

CH-16超级单片5：超级单片先后采用TDA9383（CH05T1603）等，适用机型有SF2939、SF2583、SF2539A、SF2583、SF2515A、SF3498、PF2515S、PF2598S、PF2998、PF2998S等超级单片系列彩电。

CH-16A超级单片1：超级单片先后采用CH05T1602、CH05T1604、CH05T1607（TDA9370PS-N2）等，适用机型有SF2136、SF2150、SF2183、PF2115、PF2139、PF2150、PF2183、PF2198等超级单片系列彩电。

CH-16A超级单片2：超级单片先后采用CH05T1609（TDA9370PS-N2）、CH05T1623（OM8370PS）等，适用机型有SF2111、SF2199（F04）、SF2198（F04）、SF2186（F04）、SF2183（F04）、SF2136（F04）、PF2155、PF2195、PF21118、PF21156、PF2163（F04）、PF2163、PF2165等超级单片系列彩电。

CH-16D超级单片：超级单片先后采用CH05T1611（TDA9373PS-N2）、CH05T1621（OM8373PS）等，适用机型有PF3495、PF2995、PF2595、PF25156、PF25118、PF2588（F6）、PF29008、PF29118、PF2985（F06）、SF2588（F6）、PF2983（F05）、PF2992（FB0）、PF2939（F05）、SF2583（F05）、SF2598（F06）、SF2539（F05）、SF2511（F06）、SF2911（FB0）、F2911F（FB0）、SF3488（F06）、F3411（F130）、SF3411F（F130）等超级单片系列彩电。

长虹 CH-16 机心，小屏幕机型开关电源采用类似三洋 A3 机心的由分立元件组成的开关电源，副电源取自主电源，待机采用短路行推动管激励脉冲的方式；大屏幕彩电采用以 STR-F6654、STR-F6454、STR-G5653 等厚膜电路为核心的自激、并联开关电源，副电源取自主电源，待机采用降低主电源输出电压的方式。主电源主要为行输出、伴音功放和微处理器提供电源，行输出电路工作后，再为小信号处理电路、场输出电路、视放电路和显像管电路提供电源。

长虹 CH-16 机心在超级单片电路中，设有 EHT、ABL、BLK 检测引脚，当上述引脚电压变化范围超出设计值时，超级单片采取保护措施，其中高压检测 EHT、自动亮度检测 ABL 引脚电压超过标准值时，采取切断行激励脉冲的保护措施；暗电流检测 BLK 引脚检测到三基色电流不平衡时，自动调整白平衡，严重不平衡时，采取黑屏幕保护措施。

3.3.1 保护电路原理图解

长虹 CH-16 机心超级单片彩电，由于开发的系列彩电较多，各个系列的功能和电路均有差异，本节以具有代表性的 CH-16D 和 CH-16 超级单片 4/5 系列彩电为例，介绍其保护电路速修图解，其他 CH-16 机心系列彩电保护电路与其基本相同，只是个别机型的元件编号不同，均可参照维修。

CH-16D 超级单片系列彩电保护电路如图 3-3 所示，CH-16 超级单片 4/5 系列大屏幕彩电的保护电路如图 3-4 所示，两者的工作原理基本相同，只是保护电路的元器件编号不同、保护检测电路外部结构不同，CH-16D 超级单片系列彩电的 EHT 和 ABL 检测电路比较复杂，而 CH-16 超级单片 4/5 系列彩电的 EHT 和 ABL 检测电路比较简洁。下面主要介绍 CH-16D 超级单片系列彩电保护电路的原理，CH-16 超级单片 4/5 系列彩电和其他 CH-16 超级单片彩电保护电路可参照维修。

3.3.2 保护电路维修提示

该机超级单片设置的保护电路，对行激励脉冲和屏幕亮度进行控制，保护时无行激励脉冲输出或无 RGB 信号输出，引发的故障为行输出电路停止工作或黑屏幕。检修时通过观察故障现象、监测关键点电压的方法，判断故障部位。

如果开机的瞬间，有电视机启动和高压建立的声音，然后行输出电路停止工作，多为超级单片保护电路启动所致，特点是 N100 供电正常，49 脚电压降低或 36 脚电压升高，但 33 脚无行激励脉冲输出。

如果开机后，有伴音无光栅，一是 N100 的暗电流检测电路采取黑屏幕保护措施；二是场输出电路发生故障。可通过调高加速极电压进行鉴别，如果调高加速极电压后，屏幕为一条水平亮线，则是场输出电路发生故障，如果为灰屏幕或伴有回扫线，则是超级单片保护电路启动或超级单片故障。

1. 测量关键点电压，判断是否保护

测量关键点电压可在三种状态下测量：一是在进入保护后测量；二是在开机后，进入保护状态前的瞬间测量；三是在解除保护后测量。将三种测量结果比较，作为判断故障范围的依据。

（1）测量 N100 关键引脚电压

在测量 N100 超级单片电压之前，首先测量开关电源输出电压、N100 的供电引脚电压是

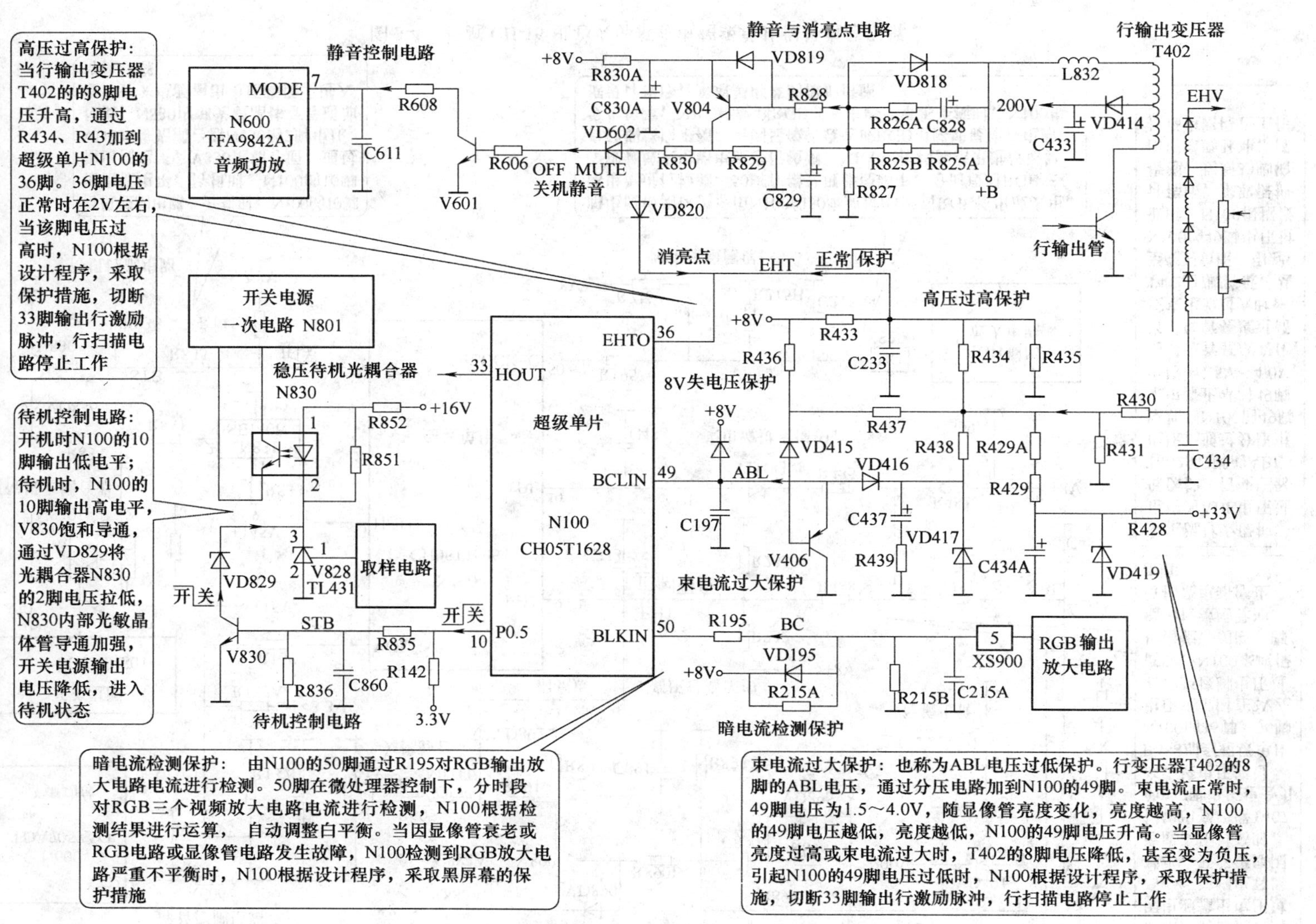

高压过高保护：当行输出变压器T402的的8脚电压升高，通过R434、R43加到超级单片N100的36脚。36脚电压正常时在2V左右，当该脚电压过高时，N100根据设计程序，采取保护措施，切断33脚输出行激励脉冲，行扫描电路停止工作
静音控制电路
MODE
N600
TFA9842AJ
音频功放
R608
C611
V601
R606
OFF MUTE
关机静音
静音与消亮点电路
+8V
R830A
C830A
VD819
V804
R828
VD602
R830
R829
C829
VD820
VD818
R826A
C828
R825B
R825A
R827
+B
200V
L832
VD414
C433
行输出变压器
T402
EHV
行输出管
消亮点
EHT
正常
保护
高压过高保护
开关电源
一次电路 N801
稳压待机光耦合器
N830
R852
+16V
R851
V828
TL431
取样电路
VD829
开
关
V830
STB
R835
R836
C860
R142
3.3V
待机控制电路
超级单片
N100
CH05T1628
EHTO
HOUT
BCLIN
BLKIN
P0.5
R433
C233
R434
R435
R436
8V失电压保护
R437
R438
R429A
R430
R431
C434
VD415
VD416
ABL
C197
C437
VD417
R439
V406
R429
C434A
VD419
R428
+33V
束电流过大保护
R195
BC
VD195
R215A
R215B
C215A
XS900
RGB输出
放大电路
暗电流检测保护
待机控制电路：开机时N100的10脚输出低电平；待机时，N100的10脚输出高电平，V830饱和导通，通过VD829将光耦合器N830的2脚电压拉低，N830内部光敏晶体管导通加强，开关电源输出电压降低，进入待机状态
暗电流检测保护：由N100的50脚通过R195对RGB输出放大电路电流进行检测。50脚在微处理器控制下，分时段对RGB三个视频放大电路电流进行检测，N100根据检测结果进行运算，自动调整白平衡。当因显像管衰老或RGB电路或显像管电路发生故障，N100检测到RGB放大电路严重不平衡时，N100根据设计程序，采取黑屏幕的保护措施
束电流过大保护：也称为ABL电压过低保护。行变压器T402的8脚的ABL电压，通过分压电路加到N100的49脚。束电流正常时，49脚电压为1.5～4.0V，随显像管亮度变化，亮度越高，N100的49脚电压越低，亮度越低，N100的49脚电压升高。当显像管亮度过高或束电流过大时，T402的8脚电压降低，甚至变为负压，引起N100的49脚电压过低时，N100根据设计程序，采取保护措施，切断33脚输出行激励脉冲，行扫描电路停止工作

图 3-3　长虹 CH-16 机心超级单片保护电路图解

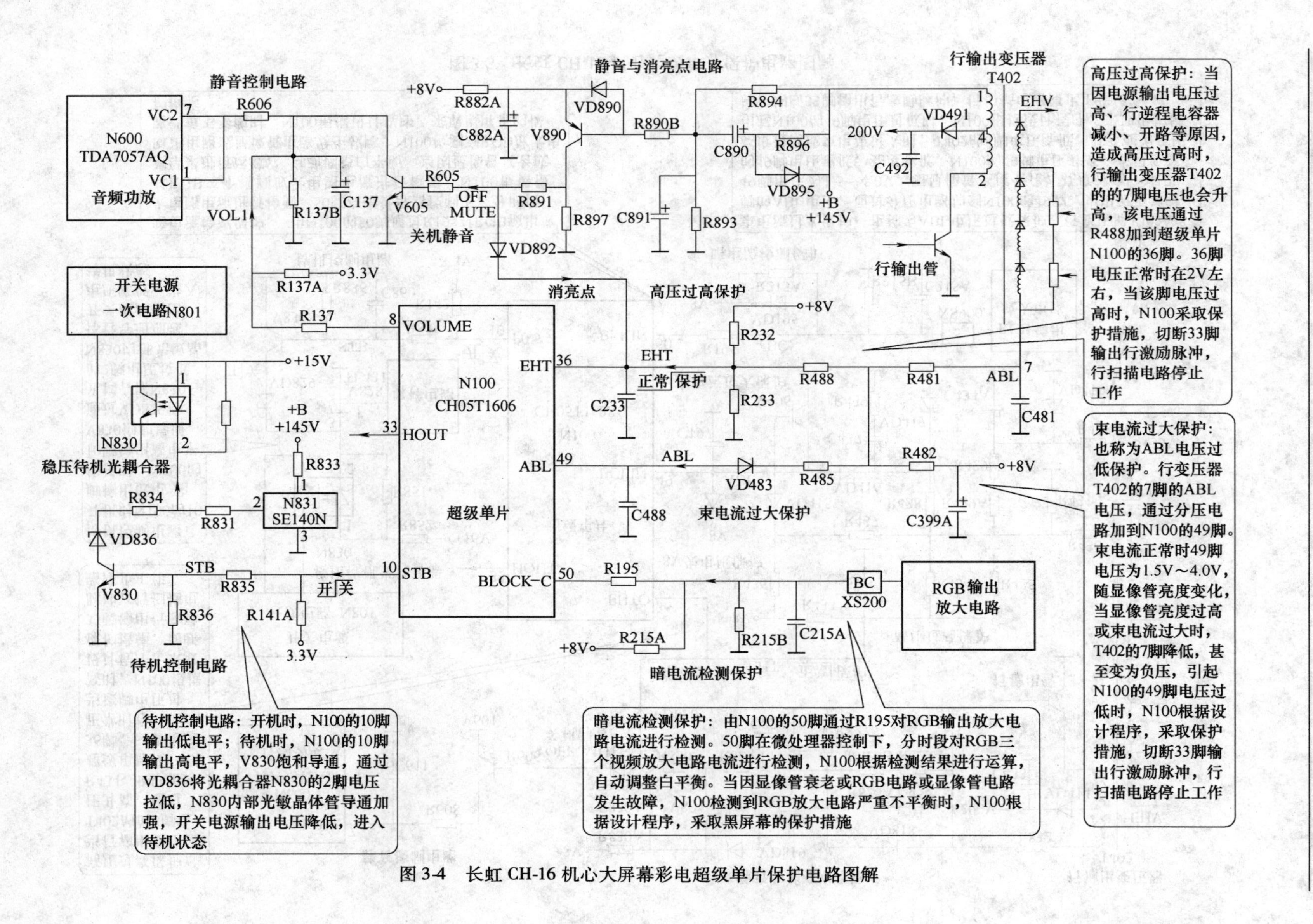

图 3-4　长虹 CH-16 机心大屏幕彩电超级单片保护电路图解

否正常，然后再测量与保护相关的36脚EHT电压、49脚ABL电压、50脚BLKIN电压。36脚电压正常时为2V左右，49脚电压随显像管亮度变换在1.5～4.0V之间变化，50脚电压正常时为2V左右。如果36脚电压为高电平4V以上，则是EHT高压过高保护电路启动；如果49脚电压过低，在1V以下，则是束电流过大导致保护电路或8V失电压保护电路启动；如果显像管衰老，图像调亮或对比度加大时，图像拖尾然后发生黑屏幕故障，多为暗电流检测保护电路启动。

（2）测量关机静音和消亮点电路电压

关机静音和消亮点电路在正常收看时，V804处于截止状态，当关机静音和消亮点电路发生故障，造成V804误导通时，会将高电平加到N100的36脚，引起高压过高保护电路启动。在发生自动关机时，测量V804的c极电压，该电压正常时为低电平0V，如果为高电平，则是关机静音和消亮点电路发生故障，引起N100误保护，常见为R825A、R825B开路或阻值变大。

2. 暂时解除保护，确定故障部位

该机超级单片的保护措施主要通过N100内部执行，解除保护只能从检测电路采取措施。

（1）解除高压过高保护

对于高压过高保护电路，一是将36脚电压拉低或对地短路，如果开机后不再保护，则是36脚高压过高保护电路启动；二是将36脚与关机静音和消亮点电路之间的VD820拆除，如果拆除后开机不再保护，则是关机静音和消亮点电路故障引起的误保护。

（2）解除束电流过大保护

对于束电流过大保护电路，一是将49脚电压提高，在49脚与+8V之间跨接1k电阻，如果开机后不再保护，则是束电流过大保护电路启动；二是拆除V406，如果开机后不再保护，则是8V失电压保护电路启动。

（3）解除待机保护

对于超级单片控制系统采取的待机保护故障，可用跨接线将待机控制电路的V830的b极与e极短接，迫使V830截止，强行进入开机状态。开机观察故障现象，测量开关电源和行输出电路、保护电路关键点电压，判断故障范围。

3.3.3 保护电路维修实例

例3-10：长虹PF29118（F28）彩电，开机后自动关机。

分析与检修：该机启动后马上就自动关机，然后行又启动再关机如此循环，初步判断保护电路故障。采用测量关键点电压的方法维修。测量开关电源输出电压为高电平，说明超级单片已经发出开机指令，且待机控制端10脚电压始终为低电平开机电压；测量N100与保护有关的引脚电压，发现36脚为高电平，判断高压过高保护电路启动。

由于36脚外接高压检测和关机静音消亮点电路，采取解除保护的方法，断开VD820，开机不再保护，看来是关机静音消亮点电路发生故障，引起误保护。检查关机静音消亮点电路元件，发现能正常开机但是没有声音，进一步断定故障在消亮点电路，检测VD820正端为高电平电路已起控。通过仔细检查该电路发现R825B已开路，该机采用1/4W电阻，功率较小，易发烧毁故障，改用1/2W的120k电阻代换，故障排除。

例 3-11：长虹金锐系列 PF2939 彩电，开机后自动关机。

分析与检修：开机后，图像刚出现就关机，然后过几秒后，又开机，然后重复。打开后盖检查，测量电压，待机时和开机时都正常，出现保护后，还是正常。关机后，突然听到高压帽里还有放电的声音，怀疑是高压包上的加速极调得太高，调低一点，感觉声音没有了，但是开机后还是会关机。检查 N100 上的 36 脚 EHT 电压，参见图 3-3 所示，电压有 5V 左右，比正常的 2.3V 左右高出很多，判断高压过高保护电路启动。

可是查高压过高保护电路没有发现问题，采取解除保护的方法，断开二极管 VD892，开机不再保护了，但是无伴音。检查关机静音消亮点电路元件，电阻 R894 阻值变大，使 V890 的 b 极电压低于 e 极，使 V890 导通，引发自动关机故障。更换后，故障排除。

例 3-12：长虹 PF2515 彩电，开机光栅闪动一下即保护关机，然后再次开机。

分析与检修：开机测量遥控二次开机后行供电电压 145V 工作正常，行推动电压 +15V 也正常，在光栅闪动时测量行推动电压，c 极电压也在变动，行供电电压不变化。由此分析故障应该是行推动电路以及行振荡电路。测量超级芯片 TDA9383 的行推动输出 33 脚电压在开机时由正常的 0.7V 降低到 0.1V 左右，确定故障的确就是因为行振荡电路工作不正常导致的。

检修行启动电源 +9V 正常，在开机行启动时测量 ABL 以及超级芯片的高压保护 36 脚电压逐渐变高，特别是 EHTO 高压保护端子电压达到 4.76V 后行振荡电路停止输出，故障由此锁定在高压保护电路，由于该功能端子是在高电压时才会导致内部行振荡电路停止工作，分析人为将其降为低电压应该使该电路失去作用，从而取消高压保护功能，直接将 36 脚接地开机，电视机不再保护关机了。检修该电路没有任何元件损坏，怀疑是超级芯片内部高压保护电路工作不正常导致电视机出现误动作，更换芯片后恢复电路，开机一切恢复正常。

例 3-13：长虹 SF2198 彩电，二次开机时红色指示灯闪烁，不能二次开机。

分析与检修：正常时遥控开机时，指示灯闪烁 2s 后熄灭，进入工作状态。测量开关电源各项输出电压正常，但检测行推动管 V501 的 b 极电压为 0V，无行激励脉冲输入。检测超级单片 TDA9370 的 14、39 脚 8V 供电和 54、61 脚的 3.3V 供电电压均正常，怀疑保护电路启动。该机的待机电路与上述介绍的不同，其 63 脚为待机控制电路，外接晶体管 V201 去控制行推动电路 V501 的 b 极，开机时 63 脚为低电平，V201 截止，对 V501 行推动电路不产生影响，行扫描电路工作，待机或保护时，63 脚输出高电平，V201 导通，将 V501 的行激励脉冲对地短路，行扫描电路停止工作，进入待机或保护状态。

测量 V201 的 b 极为 0.7V 高电平，确定保护电路启动。采取解除保护的方法，首先断开 36 脚外电路，为了不因高压过高损坏电路元件，在行输出管的 c 极与地线之间并联一只 5100pF 逆程电容器，开机后顺利启动，只是行幅度明显变小，据此说明行逆程电容器失效或开路造成高压过高，保护电路启动。仔细观察逆程电容器，发现 C503 的一脚焊点有裂纹，焊好后，恢复保护电路，开机不再发生保护故障。

例 3-14：长虹 SF2951F 彩电，保护性停机。

分析与检修：该机超级单片为 TDA9383PS，二次开机后出现约 8s 的蓝屏幕和字符，2s 后变为黑屏幕，然后又出现 8s 的蓝屏幕，如此周而复始，在出现蓝屏幕的 2s 内，只要不断的按电视机面板上的频道增/减键，能看到频道号码字符显示变换的正常图像，但无伴音。

测量开关电源输出的 +B 电压为 140V 正常，其他各路电压也正常，测量 N100

（CH05T1603）的14、39脚8V供电电压随黑屏幕而消失，呈现蓝屏幕时恢复正常。测量N100与保护有关引脚电压，发现36脚电压蓝屏幕时为5V，黑屏幕时为0V，其33脚行激励脉冲输出脚电压由7V降到2.5V，49脚电压在0~2.5V变化。

采取解除保护的方法，将36脚外部的VD892拆除，开机不再保护，判断故障在关机静音与消亮点电路中，检查该电路元件，发现也是V890的b极偏置电阻R894开路，看来该电阻设计功率不足，是该机易发故障之一，使V890的b极电压降低，迫使高压过高保护电路误保护，将行激励脉冲切断，行二次供电8V电压随之消失，V890又截止，N100的36脚应答又降低，N100再次启动行扫描电路，造成行输出电路启动、关闭的周而复始故障，将其用270k的1/2W电阻代换后，故障彻底排除。

3.4　长虹CHD-2/3机心高清彩电保护电路速修图解

长虹CHD-2/3机心是长虹公司开发的高清彩电机心，CHD-2机心除具有高清彩电的技术指标外，还具有多窗口显示全自动搜索节目2D动态降噪、轮廓增强、肤色增强、黑电平延伸、白平衡自动调整等功能；CHD-3机心除具有CHD-2的功能外，图像扫描模式可在逐点逐行、健康变频和数字倍频三种扫描模式中切换，有全屏、16：9两种模式。

CHD-2高清机心控制系统采用HM602，小信号和数字处理电路采用SAA7117A或SAA7119A、HTV112或HTV110、TDA9332、NJW116X等。

CHD-2高清机心适用机型有：长虹CHD34100C、CHD34100W、CHD29100C、CHD29100W、CHD29155、CHD29156、CHD29158、CHD29168、CHD2917DV、CHD2917DV、CHD2995AB、CHD25155、CHD25158等高清系列彩电。

CHD-3高清机心控制系统采用M30622SPGP或M30620SPGP，小信号和数字处理电路采用SVPLEX、TDA9332、NJW1168等。

CHD-3高清机心适用机型有：长虹CHD34188、CHD34200、CHD34218、CHD34300、CHD32200、CHD32218、CHD32300、CHD29188、CHD29218、CHD29200、CHD29300等“天翼”/“天际”系列高清彩电。

长虹CHD-2/3机心开关电源采用以STR-W6756或STR-F6656厚膜电路为核心的并联型开关电源，副电源取自主电源，采用降低主电源输出电压同时切断小信号处理电路供电电源的待机方式。

长虹CHD-2/3机心围绕小信号处理电路TDA9332的行逆程脉冲输入、高压检测输入、ABL输入、暗电流检测引脚，设计了高压过高、束电流过大、行脉冲异常保护电路，保护时TDA9332通过总线系统，将保护信息传输给微处理器，微处理器根据设计程序，采取切断行激励脉冲和黑屏幕的保护措施，故障严重时采取待机保护措施。

3.4.1　保护电路原理图解

长虹CHD-2/3机心的保护电路属于总线控制型保护，如果微处理器通过总线系统，检测到被控电路发生故障或总线传输系统发生故障时，微处理器就会根据设计程序，采取保护措施。常见的保护措施有三种：一是采取待机保护；二是采取切断行激励保护；三是采取黑屏幕保护。

长虹CHD-2/3机心微处理器对被控电路的控制功能非常强大。既要实现行、场几何失真的控制，还要对行、场激励脉冲的形成，即分频电路的分频率、占空比等进行控制。而行频率的大小直接影响行电路工作的稳定，特别是现在的高端 CRT 电视，行电路工作频率高，行部分电路元器件承受的工作电流和电压都高。为保护行管等元器件，在行振荡电路中均设置了较严格的检测电路，这些检测电路将检测电路的逻辑状态通知微处理器。当检测的逻辑状态异常时，根据软件定义，微处理器自动关闭行振荡电路，避免行振荡电路输出异常行脉冲信号损坏行电路元器件或控制系统自动进入待机状态，从而保护整机。

总线对这些电路的检测，首先是检测被控电路供电端电位，并将状态通过总线告诉微处理器，然后控制系统再写入软件进行分频控制。行启动工作后，再检测行反馈信号等。如果上述检测时序环节中之一出现故障．控制系统将输出指令关闭控制系统或关闭行激励输出。

TDA9332 行分频电路输出行频频率受总线控制。软件对此集成电路的判定，首先是判定 IC 地址脚、17 脚和 39 脚供电后进行频率控制，行启动工作后对 13 脚输入的行脉冲进行识别和判定，异常时实施保护。

另外当微处理器与被控电路之间的总线传输系统发生故障时，例如控制脚上拉电阻出现开路、虚焊，总线传输线上的电容器短路、漏电，串联电阻的阻值变大或断路，微处理器总线控制专用引脚外接元件故障等问题时，微处理器也将停止输出总线，从而出现开机又返回到待机状态的现象。

1. 待机控制电路

长虹 CHD-2/3 机心控制电路如图 3-5 所示。数字版上的微处理器送来的待机控制电压通过插排 XP803 的 6 脚进入电源板，待机控制电路由 VQ832、VQ833、VD822、VDS36 和光耦合器 NQ838、四端稳压器 NQ831 组成。

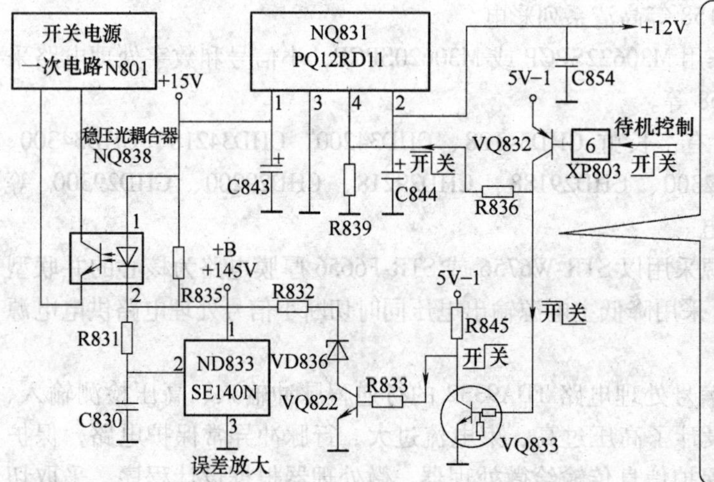

待机控制电路：
待机时数字板上的微处理器送来高电平，VQ832截止，集电极输出低电平，该低电平分为两路：一路使VQ833截止，VQ822导通，通过VD836将光耦合器VQ838的2脚电压拉低，NQ838内部光敏晶体管导通加强，开关电源输出电压降低；另一路通过R836加到受控四端12V稳压器NQ831的4脚，使NQ831截止，切断小信号处理电路的12V供电，进入待机状态。
开机时数字板上的微处理器送来低电平，VQ832导通，集电极输出高电平，该高电平分为两路：一路使VQ833导通，VQ822截止，对光耦合器NQ838的2脚电压不产生影响，开关电源输出电压由取样误差放大电路ND833(TL431或SE140N)控制，开关电源输出高电平正常开机电压；另一路通过R836、R839分压后加到受控四端12V稳压器NQ831的4脚，使NQ831导通，向小信号处理电路提供12V供电，进入开机工作状态

图 3-5　长虹 CHD2 和 CHD-3 高清机心待机控制电路图解

2. TDA9332 保护电路

长虹 CHD-2/3 机心由 TDA9332 构成的保护电路分布在主电路板和数字板上，通过插排 XS12 和 XS11 相连接。长虹 CHD-2/3 机心的主电路板基本相同，两者数字板上均采用 TDA9332 作为小信号处理，所以其保护电路的原理基本相同，只是围绕 TDA9332 的元器件编号不同。长虹 CHD-2 机心保护电路如图 3-6 所示，CHD-3 机心保护电路如图 3-7 所示。

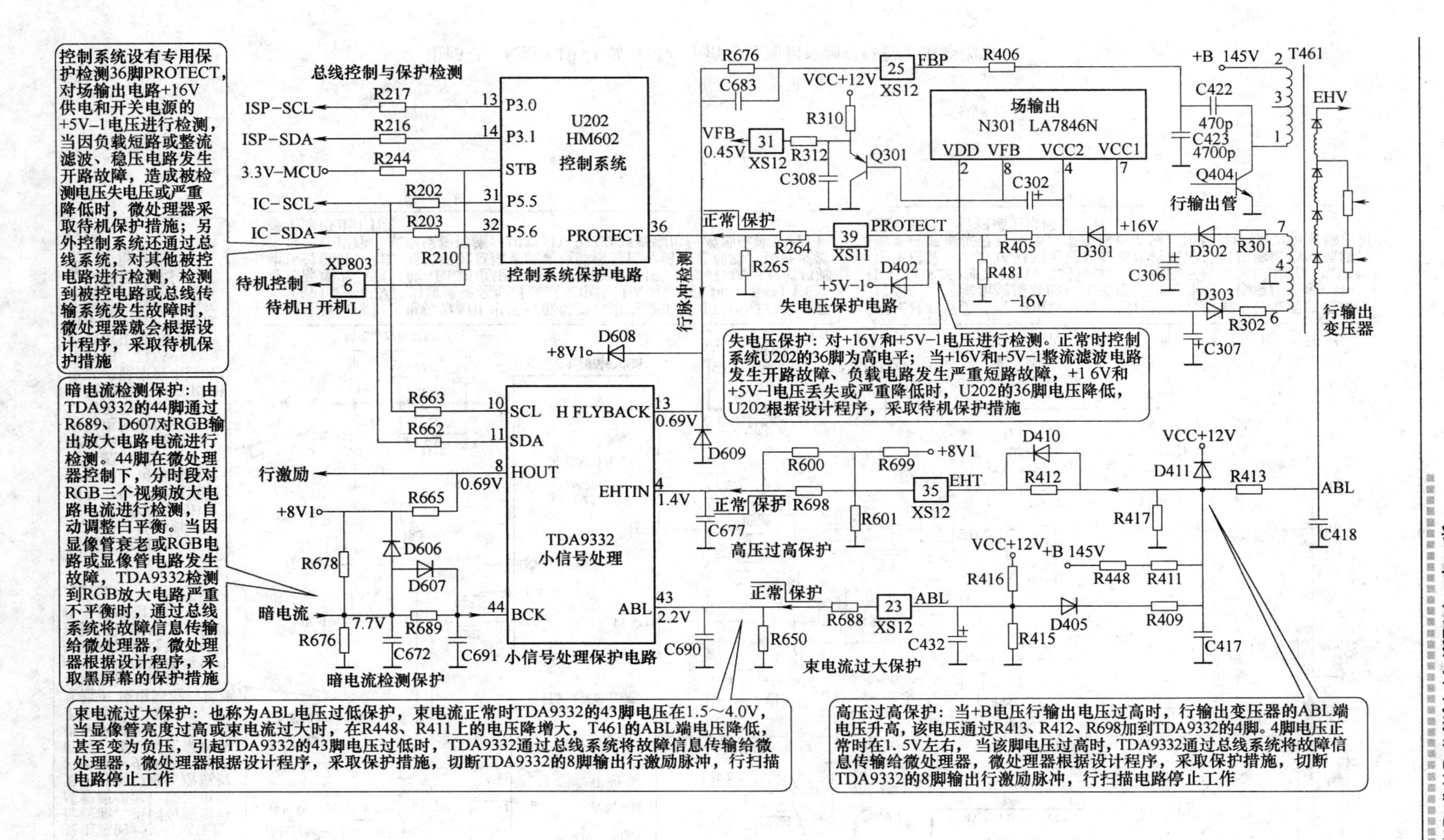

图3-6 长虹CHD-2 高清机心小信号处理和控制系统保护电路图解

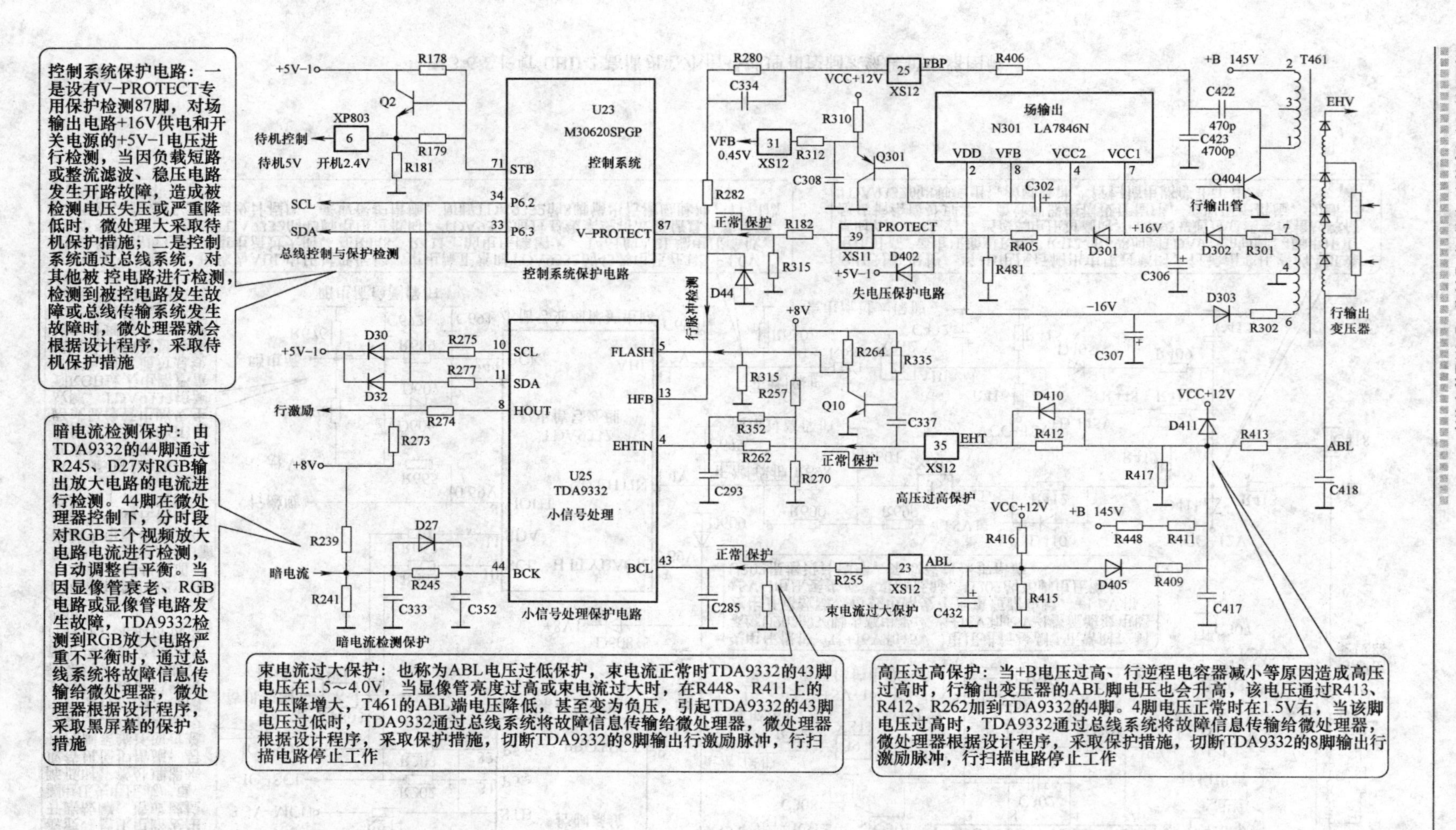
控制系统保护电路：一是设有V-PROTECT专用保护检测87脚，对场输出电路+16V供电和开关电源的+5V-1电压进行检测，当因负载短路或整流滤波、稳压电路发生开路故障，造成被检测电压失压或严重降低时，微处理大采取待机保护措施；二是控制系统通过总线系统，对其他被控电路进行检测，检测到被控电路发生故障或总线传输系统发生故障时，微处理器就会根据设计程序，采取待机保护措施
暗电流检测保护：由TDA9332的44脚通过R245、D27对RGB输出放大电路的电流进行检测。44脚在微处理器控制下，分时段对RGB三个视频放大电路电流进行检测，自动调整白平衡。当因显像管衰老、RGB电路或显像管电路发生故障，TDA9332检测到RGB放大电路严重不平衡时，通过总线系统将故障信息传输给微处理器，微处理器根据设计程序，采取黑屏幕的保护措施
束电流过大保护：也称为ABL电压过低保护，束电流正常时TDA9332的43脚电压在1.5～4.0V，当显像管亮度过高或束电流过大时，在R448、R411上的电压降增大，T461的ABL端电压降低，甚至变为负压，引起TDA9332的43脚电压过低时，TDA9332通过总线系统将故障信息传输给微处理器，微处理器根据设计程序，采取保护措施，切断TDA9332的8脚输出行激励脉冲，行扫描电路停止工作
高压过高保护：当+B电压过高、行逆程电容器减小等原因造成高压过高时，行输出变压器的ABL脚电压也会升高，该电压通过R413、R412、R262加到TDA9332的4脚。4脚电压正常时在1.5V右，当该脚电压过高时，TDA9332通过总线系统将故障信息传输给微处理器，微处理器根据设计程序，采取保护措施，切断TDA9332的8脚输出行激励脉冲，行扫描电路停止工作
U23
M30620SPGP
控制系统
控制系统保护电路
U25
TDA9332
小信号处理
小信号处理保护电路
场输出
N301 LA7846N
行输出管
行输出变压器
总线控制与保护检测
失电压保护电路
行脉冲检测
高压过高保护
束电流过大保护
暗电流检测保护
待机控制
行激励
暗电流

图 3-7　长虹 CHD-3 高清机心小信号处理和控制系统保护电路图解

值得一提的是，该保护电路启动是该机心的常见故障，引起保护的原因有二：一是行输出电路发生过电流、过电压故障，常见为行输出变压器或枕形校正电路发生短路故障，造成行输出电流增加，TDA9332 的 13 脚行脉冲信号幅度下降引起保护；行逆程电容器容量减小或开路，TDA9332 的 13 脚行脉冲信号幅度升高引起保护；开关电源输出电压升高，造成 TDA9332 的 13 脚行脉冲信号幅度升高引起保护；行振荡和分频电路发生故障，造成 TDA9332 的 13 脚行脉冲信号频率失常、相位偏移引起保护等。二是 TDA9332 的 13 脚外部电路元器件变质、开路、漏电引起保护，常见为分压电容器 C422、C423 容量改变或漏电，造成 TDA9332 的 13 脚行脉冲信号幅度过高或过低引起保护；电阻 R406 阻值变大或烧焦、开路造成 TDA9332 的 13 脚行脉冲信号幅度过低引起保护，13 脚外部的保护二极管 D608、D609 击穿，造成 TDA9332 的 13 脚无行脉冲信号输入引起保护等。

3. 控制系统保护电路

长虹 CHD-2/3 机心控制系统保护电路如图 3-6、图 3-7 上部所示，控制系统均设有 PROTECT 专用保护检测引脚，对场输出电路 +16V 供电和开关电源的 +5V-1 电压进行检测，当因负载短路或整流滤波、稳压电路发生开路故障，造成被检测电压失电压或严重降低时，微处理器采取待机保护措施；另外控制系统还通过总线系统，对其他被控电路进行检测，检测到被控电路发生故障或总线传输系统发生故障时，微处理器就会根据设计程序，采取待机保护措施。

3.4.2　保护电路维修提示

总线系统 TDA9332 设置的保护电路，对行激励脉冲和屏幕亮度进行控制，保护时无行激励脉冲输出或无 RGB 信号输出，引发的故障为行输出电路停止工作或黑屏幕，控制系统 U202 保护电路启动时，采取待机保护措施。检修时通过观察故障现象、监测关键点电压的方法，判断故障部位。

1. 观察故障现象，判断故障范围

（1）开机后自动停止工作

如果开机的瞬间，有电视机启动和高压建立的声音，然后行输出电路停止工作，多为 TDA9332 保护电路启动所致，特点是 TDA9332 供电正常，43 脚电压降低或 4 脚电压升高，但 8 脚无行激励脉冲输出。

（2）开机后，有伴音无光栅

此故障多为 TDA9332 的暗电流检测电路采取黑屏幕保护措施，另外是场输出电路发生故障。可通过调高加速极电压进行鉴别，如果调高加速极电压后，屏幕为一条水平亮线是场输出电路发生故障，如果为灰屏幕或伴有回扫线，则是 TDA9332 保护电路启动或 TDA9332 技巧数字板电路发生故障。

2. 测量关键点电压，判断是否保护

测量关键点电压可在三种状态下测量：一是在进入保护后测量；二是在开机后，进入保护状态前的瞬间测量；三是在解除保护后测量。将三种测量结果比较，作为判断故障范围的依据。

（1）测量 TDA9332 关键引脚电压

在测量 TDA9332 关键引脚电压之前，首先测量开关电源输出电压、TDA9332 的供电引脚电压是否正常，然后再测量与保护相关的 4 脚 EHT 电压、43 脚 ABL 电压、44 脚 BLKIN

电压和13脚的脉冲电压。由于数字板立在主电路板上，空间狭窄，不便于直接测量数字板上的电压，可通过测量数字板与主板之间的插排相关引脚电压进行判断。

TDA9332的4脚EHT电压可测量插排XS12的35脚电压，正常时为1.4V左右；TDA9332的43脚ABL电压可测量插排XS12的23脚电压，该电压随显像管亮度变化在1.5~4.0V之间变化；TDA9332的44脚暗电流电压，可测量显像管尾板插排上的暗电流输出电压，正常时为2V左右；TDA9332的13脚行脉冲电压可测量插排XS12的25脚脉冲电压。

如果TDA9332的4脚电压为高电平4V以上，则是EHT高压过高保护电路启动；如果43脚电压过低，低至1V以下，则是束电流过大保护电路启动；如果显像管衰老，图像调亮或对比度加大时，图像拖尾然后发生黑屏幕故障，多为暗电流检测保护电路启动；如果13脚行脉冲电压异常，则是行输出电路发生故障引起的保护。

（2）测量U202的36脚电压

TDA9332的36脚PROTECT电压可测量插排XS11的39脚电压，正常时为2.6V左右，如果该电压过低（1V以下），则是该保护电路启动。可通过测量+16V电压和+5V-1电压是否正常，判断故障范围。常见为场输出电路发生短路故障，引起熔断电阻R301烧断，+16V电压失电压或降低。

3. 暂短解除保护，确定故障部位

长虹CHD-2/3机心的TDA9332保护电路，保护措施主要通过集成电路内部执行，解除保护只能从检测电路采取措施。控制系统保护电路采取待机保护措施，可从待机控制电路采取措施解除保护。

（1）解除高压过高保护

对于高压过高保护电路，将TDA9332的4脚电压拉低或对地短路，如果开机后不再保护，则是4脚高压过高保护电路启动。

（2）解除束电流过大保护

对于束电流过大保护电路，将TDA9332的43脚电压提高，在43脚与+8V之间跨接1k电阻，如果开机后不再保护，则是束电流过大保护电路启动。

（3）解除行脉冲异常保护

TDA9332的13脚引起的二次开机保护故障的判定和解除，对于不同的机心和软件设置方法有所不同，有的可通过将13脚对地短路来解除保护，判定二次开机保护是否由13脚输入的脉冲异常引起；有的机型则不同，如CHD-8机心的CHD32366、CHD34300（F32）等机型，若将13脚长时间对地短路，则将出现屏幕上有光栅后，又进入保护状态。

有的机心和机型可将13脚断开，再将24脚输入行同步信号引入13脚，再次开机，故障现象若消失，表明该机行输出电路发生故障，引起TDA9332保护电路启动；有的机心则不行，如CHD-8机心。

长虹CHD-2机心如果怀疑TDA9332的13脚行脉冲异常引起的保护，检修时可采取将13脚断开，再将24脚输入行同步信号引入13脚的方法，解除保护，判断故障范围。

（4）解除待机保护

对于控制系统采取的待机保护故障，可将待机控制电路的VQ832的b极断开，用跨接线将其c极与e极短接，直接为受控四端12V稳压器的4脚和晶体管VQ833的b极送入高电平，强行进入开机状态。开机观察故障现象，测量开关电源和行输出电路、保护电路的关键点电压，判断故障范围。

（5）解除暗电流检测保护

如果测量TDA9332的44脚电压异常或怀疑暗电流检测系统保护，如果视频放大电路采用TDA6111Q，可采取解除保护的方法：将三只视放块（TDA6111Q）黑电流反馈5脚从电路中逐一断开检测，当把RGB放大电路与TDA6111Q的5脚断开后，如果出现了缺某基色的图像，则是该缺少的基色放大电路发生故障，引起TDA9332电路启动黑屏幕保护。也可采用代换视频放大电路的方式，判断故障范围。

3.4.3　保护电路维修实例

例3-15：长虹CHD29168（CHD-2机心）**彩电，开机后自动关机。**

分析与检修：在二次开机期间测量IPQ板上为TDA9332供电的三端稳压器U603（L7808）8V电压正常且稳定，机内有行启动、高压建立声，随后听到行停振声发出，测量U603处仍有稳定8V输出。而测量TDA9332的8脚电压在待机时为0.6V，二次开机瞬间由0.6V上升到正常值1.1V，后再降为0.7V，这一电压变化过程表明TDA9332保护电路启动。

采取解除保护的方法，将TDA9332的13脚断开，再将24脚输入行同步信号引入13脚，再次开机，故障现象消失，表明TDA9332的行脉冲异常，引起保护。先检测TDA9332的13脚外部的检测电路，发现行脉冲分压电路的C422有裂纹变色痕迹，用470pF电容器更换C422后，开机恢复正常。

例3-16：长虹CHD29218（CHD-3机心）**彩电，开机后自动关机。**

分析与检修：二次开机有伴音输出，过几秒钟伴音消失，随后听到机内继电器断开声，整机回到待机状态。二次开机瞬间听到消磁电阻启动、继电器吸合声且机内有伴音输出，表明此机控制系统工作正常；电视机工作一段时间进入保护状态，表明行扫描输出电路可能存在故障。再次开机瞬间测量TDA9332的8脚没有脉冲输出，测量控制系统的总线波形正常，随后波形串减少，测量总线电压也不正常，测量行推动管b极无行方波信号，由此推断行未工作可能是总线检测到负载电路有故障，实施了软件保护，TDA9332内行振荡电路停止工作。

开机瞬间可听到伴音及继电吸合声，表明控制系统输出总线正常；二次开机迅速测量供IPQ板的12V工作电压正常，三端稳压电路U28输出8V电压较低，只有3V多，更换8V稳压器U28后，故障排除。

例3-17：长虹CHD29168（CHD-2机心）**彩电，开机后无光栅。**

分析与检修：确定电源供电、控制系统正常。根据现象分析故障范围大概在IPQ板的软件设置、前级视频放大、视频输出及黑电流反馈检测电路。鉴于先有维修人员已将IPQ板换过，所以IPQ板上的软件设置、视频输出的原因可以排出。开机测IPQ板的RGB输出截止，黑电流反馈（BCK）电压只有3.6V，偏低，应是视放工作异常，TDA9332检测到黑电流异常，采取黑屏幕保护措施。

采取解除保护的方法，将三只视放块TDA6111Q黑电流反馈5脚从电路中逐一断开检测，当把TDA6111Q蓝色视放块的5脚断开后，出现了缺蓝色的图像，说明是由于蓝色视放工作不正常引起了保护，更换蓝色视放块TDA6111Q，开机后电视机恢复正常。

例3-18：长虹CHD29158（CHD-2机心）**彩电，不开机。**

分析与检修：开机指示灯不亮，测熔丝完好，测主电源无输出。说明问题在电源启动电路及电源块STR-F6656本身。测量STR-F6656开关管D极3脚电压正常为300V，再测控制电路电源输入端4脚电压为13V，低于正常时为16V左右。怀疑4脚电压偏低，引起STR-F6656内部欠电压保护电路启动。在路检测开关电源晶体管、整流二极管，均无问题。怀疑是18V的稳压管VD826变质，当试换VD826后，开机测电源正常，故障排除。

例3-19：长虹CHD29158（CHD-2机心）**彩电，黑屏，有伴音。**

分析与检修：开机有高压声，有伴音，无光栅，调高加速极电压有白光回扫线。故障应在数字板、ABL电路和视放等电路。先检查ABL电压为2.3V正常，代换数字板故障依旧，故障应在视放电路，数字板是通过BL脚进行黑电流检测，分别将三个视放管TDA6111的5脚逐一断开后开机，当断开绿色视放块TDA6111的5脚时出现图像，将绿视放块TDA6111更换后故障排除。

例3-20：长虹CHD3410DC（CHD-2机心）**彩电，自动开/关机。**

分析与检修：二次开机一几二十秒后图像、声音正常，但不到1min就自动关机，又自动开机，如此反复。测量+B及其他供电都正常，代换IPQ板后故障依旧。怀疑是行部分有问题，当查到行逆程脉冲电容C422时，发现容量已由470pF变成150pF左右，造成行脉冲分压后送入TDA9332的13脚行脉冲幅度过低，微处理器通过总线系统控制TDA9332采取保护措施。代换C422后开机正常。

例3-21：长虹CHD29155（CHD-2机心）**彩电，看一段时间，场幅度随亮度变化闪动收缩。**

分析与检修：场幅度随着亮度的变化明显收缩，亮度控制电路故障大概有三个方面：主亮度、副亮度和ABL电路，因为主、副亮度集成在IC内部，应该主要查ABL电路，在场幅度变化时候检测主电压在120～145V之间变化，几乎所有的电压都在变化，查ABL电路，查到ABL电路12V的箝位二极管D411（型号是1N4148）反向漏电，更换后故障排除。

例3-22：长虹CHD28600（CHD-3机心）**彩电，开机后自动关机。**

分析与检修：二次开机听到继电器吸合声。但1min左右机器回到待机状态。据此判断该机问题出在行扫描电路，检查行推动管c极没有25V电压，因为行推动电压是经过Q451产生的，测量Q451c极有25V电压，而b极电压为0V，b极电压是+B电压经D452、R451、D451产生的，测D452有145V的电压，重点怀疑R451、D451，将R451（68k）拆下测量时发现已开路，D451（22V稳压）用数字万用表200k挡测量发现击穿，更换后，电视机恢复正常。

例3-23：长虹CHD29218（CHD-3机心）**彩电，开机后自动关机。**

分析与检修：二次开机后吱吱响，几秒钟后自动关机。首先检测小信号（U25）OM8380H的17、39脚7.8V正常，因为自动关机可能是过电压保护电路引起，测U25的4脚高压检测，开机瞬间此电压由0.98V突然升高到3.6V后就自动关机了。此脚电压正常为1.7V左右，很明显此故障为过电压保护，首先考虑U25的13脚FBP电路。开机瞬间检测此电压猛升至1.7V。此电压明显异常，正常应为1.07V，行逆程分压元件由R280、R282和D44组成，测R280开路，用15k电阻换上后试机正常。此故障为行激励失控造成高压失控而引起的保护。

3.5 长虹CN-5单片机心保护电路速修图解

长虹CN-5机心，总线系统主控电路微处理器先后采用MN1871274或CH06001、CHT0601、CHT0602、CHT0605、CHT0606等型号，总线系统被控电路有：小信号处理电路采用松下公司的 AN5195K 或 AN5095K，音频处理控制电路 TA8776N 等。

适用机型有：G2516、G2516N、G2588D、G2588E、N2516、N2916、N2918、N2918B、N2918N、N2918A、N2919、R2112N、R2112FN、R2113N、R2113FN、R2116N、R2118N、R2131FN、R2132FN、R2116FN、R2516、R2516N、R2516FN、R2518FN、2518FN、R2518N、2519FN、R2519N、R2916N、R2918N、R2918NA、PF21B8、25N16、25N18、29N16、29N18、29N19、2118FN、2131FN、2132FN、2516N、2516FN、2518FN、2916N、2916FN、2918N、2918FN、2919N、2919FN、C2516、C2588AV、C2588D、C2588DV、C2588K、C2588M、C2588Y、C2588ZR、C2588E 等单片系列彩电。

长虹 CN-5 机心开关电源采用以 TEA2261 和大功率开关管为核心的他激式、并联开关电源，副电源取自主电源，无待机模式，采用继电器式开关电源进行交流关机。

长虹 CN-5 机心依托 AN5195K 或 AN5095 单片电路的 55 脚保护功能，开发了 X 射线过高保护、场输出过电流保护电路，保护电路启动时采取切断行激励脉冲的保护方式；依托 20 脚的 ABL 自动调整功能，设置了束电流过大保护电路，保护电路启动时采取屏幕保护措施。本节以长虹 N2918 彩电为例，介绍 CN-5 机心的保护电路速修图解。

3.5.1 保护电路原理图解

长虹 CN-5 机心依托（N701）AN5195K 或 AN5095K 单片电路的 55 脚 X 射线保护和 20 脚自动亮度调整功能，开发了 X 射线过高保护、场输出过电流保护、束电流过大保护电路，如图 3-8 所示。保护电路分布在扫描板和控制小信号板两块电路板上，通过插排 XE02A/B 相连接。

AN5195K 或 AN5095K 单片电路的 55 脚为 X 射线检测与保护引脚。当此脚电压高于 0.8V 时，进入保护状态，切断 56 脚行振荡脉冲，行扫描电路 Q401、Q402 停止工作，达到保护的目的。

3.5.2 保护电路维修提示

该机单片 N701（AN5095K 或 AN5195K）设置的保护电路，对行激励脉冲和屏幕亮度进行控制，保护时无行激励脉冲输出或无 RGB 信号输出，引发的故障为行输出电路停止工作或黑屏幕。检修时通过观察故障现象、监测关键点电压的方法，判断故障部位。

1. 观察故障现象，判断故障范围

（1）开机后，自动关机，指示灯亮灭正常

如果开机的瞬间，有电视机启动和高压建立的声音，然后行输出电路停止工作，多为 N701 单片保护电路启动所致，特点是 N701 供电正常，55 脚电压升高到 0.8V 以上，56 脚无行激励脉冲输出。常见易发故障的原因；一是 X 射线过高保护电路的稳压管 D431 不良；二是场输出电路发生过电流、过电压故障。

（2）开机后，有伴音无光栅

此故障多为 N701 的束电流过大保护电路启动，采取黑屏幕保护措施。如果刚开机时有图像，紧接着出现水平亮线或电视机光栅暗淡的故障，请检查 ABL 电路和电阻 R423、R410A。

2. 测量关键点电压，判断是否保护

测量关键点电压可在三种状态下测量：一是在进入保护后测量；二是在开机后，进入保

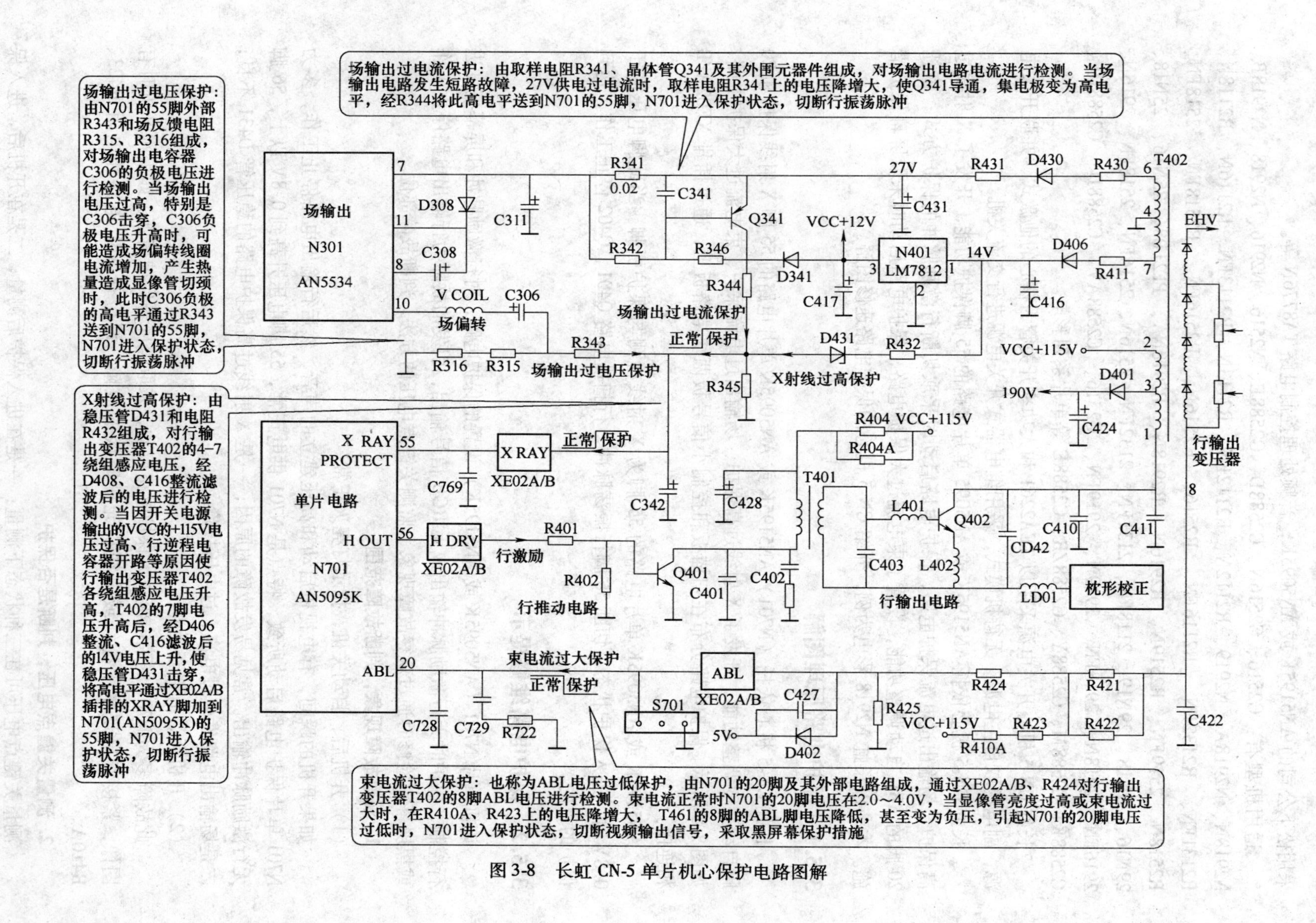

场输出过电流保护：由取样电阻R341、晶体管Q341及其外围元器件组成，对场输出电路电流进行检测。当场输出电路发生短路故障，27V供电过电流时，取样电阻R341上的电压降增大，使Q341导通，集电极变为高电平，经R344将此高电平送到N701的55脚，N701进入保护状态，切断行振荡脉冲
场输出过电压保护：由N701的55脚外部R343和场反馈电阻R315、R316组成，对场输出电容器C306的负极电压进行检测。当场输出电压过高，特别是C306击穿，C306负极电压升高时，可能造成场偏转线圈电流增加，产生热量造成显像管切颈时，此时C306负极的高电平通过R343送到N701的55脚，N701进入保护状态，切断行振荡脉冲
X射线过高保护：由稳压管D431和电阻R432组成，对行输出变压器T402的4−7绕组感应电压，经D408、C416整流滤波后的电压进行检测。当因开关电源输出的VCC的+115V电压过高、行逆程电容器开路等原因使行输出变压器T402各绕组感应电压升高，T402的7脚电压升高后，经D406整流、C416滤波后的14V电压上升，使稳压管D431击穿，将高电平通过XE02A/B插排的XRAY脚加到N701(AN5095K)的55脚，N701进入保护状态，切断行振荡脉冲
束电流过大保护：也称为ABL电压过低保护，由N701的20脚及其外部电路组成，通过XE02A/B、R424对行输出变压器T402的8脚ABL电压进行检测。束电流正常时N701的20脚电压在2.0～4.0V，当显像管亮度过高或束电流过大时，在R410A、R423上的电压降增大， T461的8脚的ABL脚电压降低，甚至变为负压，引起N701的20脚电压过低时，N701进入保护状态，切断视频输出信号，采取黑屏幕保护措施
场输出
N301
AN5534
场偏转
V COIL
场输出过电流保护
场输出过电压保护
X射线过高保护
正常 保护
N401
LM7812
VCC+12V
VCC+115V
190V
EHV
T402
行输出变压器
X RAY
PROTECT
单片电路
H OUT
N701
AN5095K
ABL
X RAY
XE02A/B
H DRV
行激励
行推动电路
行输出电路
枕形校正
束电流过大保护
S701
5V

图 3-8 长虹 CN-5 单片机心保护电路图解

护状态前的瞬间测量；三是在解除保护后测量。将三种测量结果比较，作为判断故障范围的依据。

在测量（N701）AN5195K 或 AN5095K 单片电路关键引脚电压之前，首先测量开关电源输出电压、N701 的供电引脚电压是否正常，然后再测量与保护相关的 55 脚 X RAY 电压、20 脚 ABL 电压和 56 脚的脉冲电压。

N701 的 55 脚 X RAY 电压正常时为 0V 左右；N701 的 20 脚 ABL 电压随显像管亮度变化在 2.0～4.0V 之间变化。如果 N701 的 55 脚电压为高电平 0.8V 以上，同时 56 脚无行激励脉冲输出，则是 X 射线过高保护电路启动；如果 20 脚电压过低 1V 以下，同时 15、16、17 脚 R、G、B 输出电压降低，则是束电流过大保护电路启动。

3. 暂短解除保护，确定故障部位

长虹 CN-5 机心的 N701 单片保护电路，保护措施主要通过集成电路内部执行，解除保护只能从检测电路采取措施。

（1）解除 X 射线保护

对于 X 射线保护电路，将 N701 的 55 脚电压拉低或对地短路，如果开机后不再保护，则是 55 脚 X 射线过高，保护电路启动。由于 55 脚外接三路保护检测电路，可逐个断开 55 脚外围的检测电路，X 射线过高保护电路断开 D431，场输出过电流保护电路断开 R344，场输出过电压保护电路断开 R343，每断开一路保护检测电路，进行一次开机试验，如果断开哪路保护检测电路后，不再保护，则是该保护检测电路引起的保护。

（2）解除 ABL 保护

对于束电流过大保护电路，一是将 N701 的 20 脚电压提高，在 20 脚与供电之间跨接 1k 电阻；二是断开 T402 的 8 脚改为接地，如果开机后不再保护，则是束电流过大保护电路启动。

3.5.3　保护电路维修实例

例 3-24：长虹 N2918 彩电，开机后三无。

分析与检修：开机监视 VCC 的 +115V 有电压输出，行输出电路启动后又停止，根据故障现象判断 N701 保护电路启动。查 N701（AN5195K）的 X 射线保护端 55 脚电压，为 0.8V（正常值当为 0V），说明保护电路已启动。断开 X 射线保护的稳压二极管 D431，N701 的 55 脚电压仍为 0.8V，说明是场输出电路过电流、过电压保护启动。查场输出电路，发现场输出集成块 N301（AN5534）已击穿短路，更换此集成块，电视机恢复正常。

例 3-25：长虹 N2918 彩电，开机后三无。

分析与检修：开机监视 VCC 的 +115V 正常，行输出电路启动后又停止，判断 N701 保护电路启动。查 N701（AN5195K）的 X 射线保护端 55 脚电压，为 0.8V（正常值当为 0V），说明保护电路已启动。逐个断开 55 脚外部检测电路 R343、R344 无效，当断开 X 射线保护的稳压二极管 D431 后，开机不再保护，屏幕上光栅和图像正常，怀疑 D431 漏电，用 15V 稳压管更换 D431 后，故障排除。

3.6　长虹 CN-9 单片机心保护电路速修图解

长虹 CN-9 机心，总线系统主控电路微处理器型号分为三种：第一种微处理器型号为 CHT0807；第二种微处理器型号为 CHT0819；第三种微处理器型号为 CHT0827，被控电路采用东芝电视单片小信号处理电路 TB1238 或 TB1231。

适用机型有：长虹 R2112T、R2113T、R2115T、R2115BT、R2116T、R2116BT、R2117T、R2117BT、R2118T、R2118BT、R2512、R2512T、R2513、R2513T、R2518BT、R2913、R2913T、2118FB、2126FB、2128FB、2131FB、2132FB、2136FB、2138FB、21B18、21B25、21B26、21B27、21B28、21B31、21B32、25B12、25B13、25B15、25B16、25B17、25B18、25B19、25B38、29B36、29B38、G1430、G1438、G2118、G2121、G2122、G2123、G2125、G2126、G2127、G2128、G2129、G2139、G2510、G2510B、G2521、G2523、G2526、G2526B、G2527、G2528、G2529、G2530、G2532、G2536、G2538、G2539、G2585B、G2923、G2923B、G2926、G2926B、G2929、G2985B、G29D3B、H21K55B、H21K56B、H21K58B、H21K59B、H21K65B、H21K66B、H21K68B、PF21B6、PF21B8、PF21B9、PF25B8、PF29B8 等机型。

长虹 CN-9 机心开关电源采用常见的三洋 A3 型由分立元件组成的开关电源，设有独立的副电源，副电源采用降压变压器和串联稳压电路供电，待机采用关闭主电源振荡的方式。

该机心设有微处理器保护专用端口，设计了开关电源输出失电压保护、场输出异常保护电路，当开关电源负载电路发生短路、过电流、失电压等故障时，均会进入待机保护状态。本节以第一种微处理器 CHT0807 为例，介绍其微处理器中断口保护电路速修图解。

3.6.1 保护电路原理图解

微处理器 N001（CHT0807）的 18 脚（PROTECT）为过电流保护检测引脚，34 脚为选项控制引脚，7 脚为待机控制引脚。该机心围绕 N001 的 18 脚开发了开关电源输出电压过电流、失电压保护电路，被检测电路发生失电压故障时，从待机控制端输出高电平待机控制电压，进入待机保护状态；围绕 N001 的 34 脚开发了场输出异常保护电路，当 34 脚输入的场脉冲信号丢失或异常时，采取黑屏幕保护措施，其保护电路如图 3-9 所示。

3.6.2 保护电路维修提示

该机开关电源发生过电压、过电流故障，或因负载短路或整流滤波电路故障无电压输出时，均会进入保护状态，再加上保护检测电路因元器件变质引起的误保护，造成开关电源无电压输出，易发生开机三无、开机困难、自动关机等疑难故障。检修时，首先要判断是否进入保护状态，然后查找引起保护故障的原因，顺藤摸瓜找到故障元器件。

1. 测量关键点电压，判断是否保护

（1）测量 N001 的 18 脚和 7 脚电压

微处理器 N001 进入保护状态时，保护端口 18 脚外部的检测二极管之一导通，将 18 脚电压拉低，N001 从待机控制端 7 脚输出高电平，V805 饱和导通，进入待机保护状态。保护时的故障特征是：开机的瞬间有行输出工作和高压建立的声音，然后三无；N001 的保护检测端口 18 脚电压低于 2.5V，开关机控制端口 7 脚电压经历高、低、高的变化；开机的瞬间开关电源有输出电压，然后降到 0V。其故障特征与行输出电路故障和微处理器控制电路引发的不开机故障相似，但也有不同之处，保护电路启动时伴有 N001 的检测端口 18 脚、开关机端口 7 脚电压变化，而行输出电路和微处理器控制电路引发的不开机故障，无上述电压变化。

电源失压保护：由微处理器N001的18脚及其外接D814、D815、D816三个检测二极管组成，对开关电源输出的+18V、+24V、+9V A三组电压进行检测。当开关电源输出的+18V、+24V、+9V−A三组电压负载电路发生短路故障将熔断电阻R824、R825和降压电阻R828烧断，或其整流滤波电路发生开路故障时，被检测的电压丢失，相应的检测二极管导通，将N001微处理器18脚的电压拉低，当18脚电压低于2.5V时，微处理器从待机控制端7脚输出高电平待机控制电压，进入待机保护状态

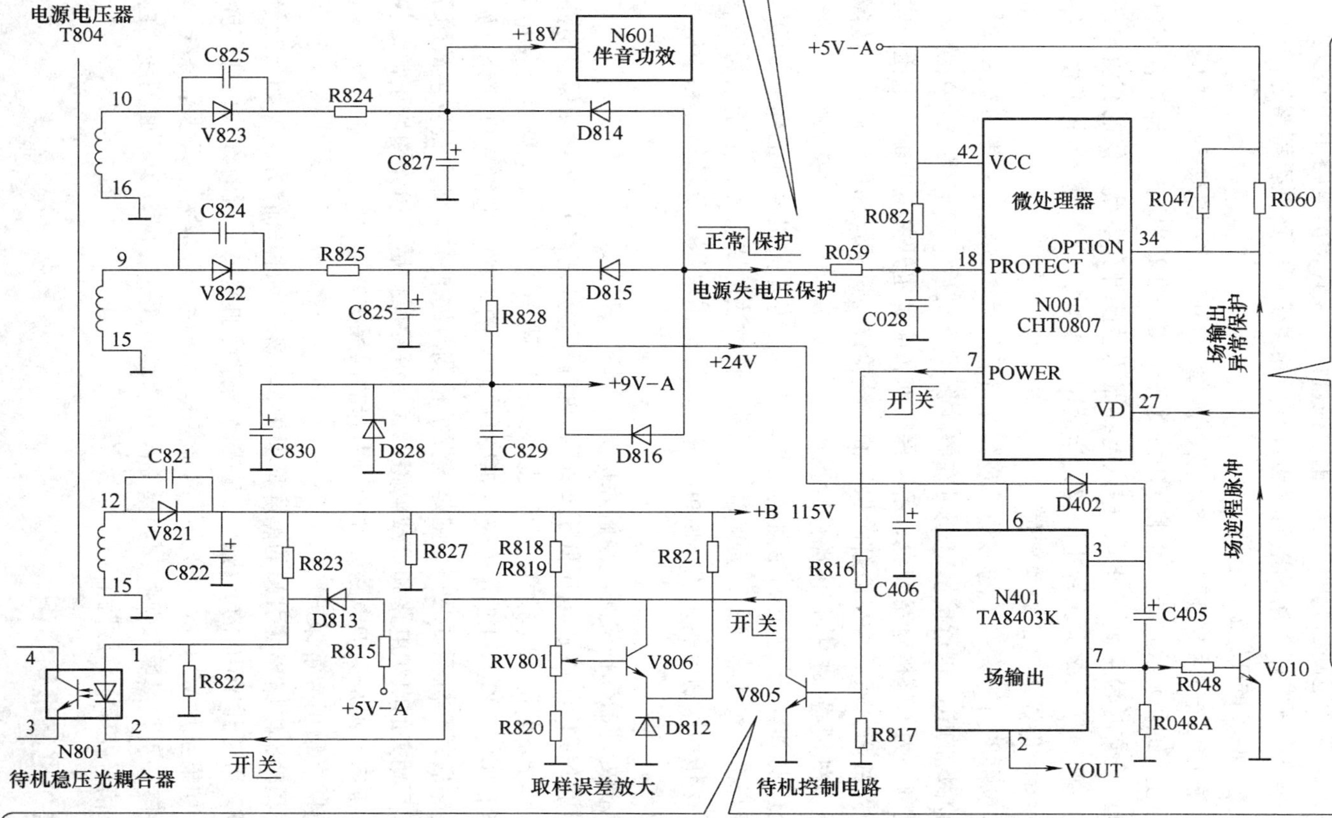

场输出异常保护：由微处理器N001的34脚及其外接晶体管V010组成，对输入到微处理器27脚的场逆程脉冲信号进行检测。场输出电路正常时，其7脚输出的场逆程脉冲信号经V010放大后送入N001的27脚，作为字符定位参考；同时27脚的场逆程脉冲还送入N001的34脚，便于微处理器对27脚的场逆程脉冲进行检测。当场输出电路发生故障，无场逆程脉冲信号送入N001的27、34脚或送入的脉冲信号异常时，微处理器采取黑屏幕保护措施

待机控制：正常收看状态时，N001的7脚输出低电平，V805截止对开关电源不产生影响，开关电源处于正常工作状态；当按遥控器上的“待机”键或保护电路启动时，N001的7脚输出高电平，V805饱和和导通，则N801导通，使开关电源一次侧的V802、V803饱和，将开关管V804的基极激励脉冲短路，强制V804截止而使振荡电路停振，从而实现遥控关机或保护待机功能

图 3-9　长虹 CN-9 单片机心中断口保护电路图解

检修时，在开机后，进入保护状态之前的瞬间，通过测量N001的检测端口18脚、开关机端口7脚和开关电源输出电压，判断微处理器是否进入保护状态。

（2）测量检测元器件正向电压

在确定是微处理器18脚保护电路引起的保护后，也可采用开机的瞬间，测量18脚外部的检测二极管D814、D815、D816两端正向电压、负极对地电压的方法，确定是哪路检测电路引起的保护。如果哪个检测二极管两端具有正向偏置电压，或检测二极管的负极对地无电压，则是该保护检测电路引起的保护，重点检查该二极管检测电路相关元器件，检查被检测电源的整流滤波稳压电路、熔断电阻是否开路、相关负载电路是否短路等。

（3）测量N001的27或34脚脉冲

对于场输出电路异常保护，可用示波器测量N001的27脚或34脚的场逆程脉冲信号，判断故障范围。如果无示波器，可用万用表测量N001的27脚或34脚的直流电压和交流电压，该脚电压正常时为4.5~4.8V，串入电容器测量该脚有零点几伏的交流电压。如果该脉冲异常或无交流电压，多为场输出电路发生故障，少数为V010放大电路故障引起误保护。

2. 暂时解除保护，确定故障部位

维修时也可采用解除保护的方法，观察开机后的故障现象，根据故障现象进一步判断故障范围，对相应的电路进行检修；还可在解除保护开机后，对与保护有关的电压进行测量，确定故障范围。为了整机电路安全，解除保护前，应确定开关电源输出电压正常，行输出电路无明显短路故障，然后再采取解除保护的方法检修，避免解除保护后造成故障扩大。

（1）从微处理器保护执行电路解除保护

从微处理器N001的开关机控制电路采取措施，将开关机控制晶体管V805的b极对地短路，强行开机观察故障现象，判断故障范围。该方法的缺点是：由于微处理器仍处于待机保护状态，操作和控制可能无效，但可对开关电源输出电压、行场扫描和小信号处理等相关电压进行测量。

（2）从微处理器保护检测电路解除保护

如果测量N001的18脚电压低于2.5V，可解除微处理器18脚检测保护电路，具体方法有两种：一是全部解除18脚的保护检测，断开18脚与外部检测电路的连接电阻R059；二是逐个断开D814、D815、D816二极管正极与R059的连接，进行开机试验。如果解除哪路保护检测电路后，开机不再保护，则是该保护检测电路或被检测电路发生故障引起的保护，重点检查与其相关的电源电路和负载电路；如果解除保护后，声光图均正常，各路电源电压也在正常范围内，则是保护电路元件变质引起的误保护。

（3）解除场输出异常保护

对于因场输出电路异常引起的黑屏幕保护，可采取两种解除方法：如果测量N010的34脚为低电平，可断开V010的b极；二是提高显像管加速极电压的方法，观察屏幕光栅判断故障范围。如果断开V010的b极或提高加速极电压后，屏幕为一条水平亮线，则是场输出电路发生故障，引起黑屏幕保护；如果提高加速极电压后，屏幕为有回扫线的白光栅或灰光栅，则是小信号处理电路故障。

3.6.3 保护电路维修实例

例3-26：长虹2118FB彩电，观看中突然黑屏，有伴音。

分析与检修：拆开电视机后盖，开机显像管灯丝点亮，测微处理器18脚为高电平，34

脚电压为0V。断开V010b极，开机出现一条水平亮线，判断场输出电路引起黑屏幕保护。测场输出电路N401的7脚电压为8.2V，正常应为1.0V左右。更换N401（TA8403K）后开机，机器工作正常，故障排除。

例3-27：长虹R2112T彩电，自动关机。

分析与检修：开机指示灯亮，按“频道”键能开机，屏幕刚亮便处于待机状态；再按“频道”键又能开机，屏幕刚亮又处于待机状态，初步判断故障在保护电路。拆开电视后盖测微处理器34脚电压为4.8V，18脚为1.8V且不稳定，正常应为4V以上。用吸锡器吸开待机晶体管V805的b极，开机光栅正常，但微处理器执行程序混乱，按遥控器“频道+/-”键待字符显示后，其他按键才起作用。接入电视信号有图无声，测伴音功放N601的1脚供电为1.2V左右，滤波电容C827两端电压为3V左右。断开限流电阻R824，故障依旧。测D823、C825没问题，证明开关变压器10~16绕组有短路现象或带载能力差。从行输出7脚D501负极（15.8V）接一导线到C827的正端，开机一切正常。更换开关变压器，故障排除。

例3-28：长虹R2113T彩电，接通总电源开关，电源指示灯亮，电视机无光栅无伴音。

分析与检修：通电后，电源指示灯亮，说明由V801、T803组成的副电源电路为微处理器N001提供的工作电压正常。二次开机测量开关电源输出端瞬间有电压输出，但随即降为0V，由此判断微处理器采取保护措施。采取解除保护的方法，断开V805，测量开关电源输出端电压+18V、+9V-A、+115V正常，+24V输出端无电压输出。检查+24V输出端整流滤波电路V822、C825、R825，发现R825烧黑开路。R825开路，说明流过R825的电流很大。测量场输出集成块（N401）TA8427的6脚地电阻很小，说明TA8427确实已击穿短路。更换TA8427和R825，通电试机电视机恢复正常。

例3-29：长虹R2113T彩电，电源指示灯亮，二次开机无光栅无伴音。

分析与检修：接通总电源开关，用遥控器二次开机，测量开关电源+115V输出端电压，发现瞬间有电压输出，但随后即降为0V，接着又上升到+5V。说明微处理器N001内部过电流保护电路已经启动。采取解除保护的方法，断开V805，测量开关电源输出端电压，发现+18V输出端无电压输出。检查R824开路，测量+18V输出端对地电阻很小，+18V电压是专为伴音功放电路供电的。断开伴音功放集成块（N601）TDA2611的1脚，测量+18V电压端对地电阻正常，由此判定该故障是由伴音功放块损坏引起保护。更换伴音功放集成块TDA2611，通电试机，电视机恢复正常。

例3-30：长虹R2112T彩电，电源指示灯亮，二次开机，无光栅无伴音。

分析与检修：开机测量待机控制电路V805的b极电压，二次开机瞬间能从高电位变为低电位，但又立即返回到高电位，说明微处理器N001内部的过电流保护电路已经启动。断开V805的c极，测量开关电源各输出端上的电压正常，说明开关电源上的负载电路无短路故障，估计是过电流保护电路启动。考虑到过电流检测信号来自微处理器的18脚，该脚电压由+5V电压经电阻R082提供。检查R082，发现电阻已开路。更换R082，故障排除。

3.7　长虹DT-1机心高清彩电保护电路速修图解

长虹DT-1机心飞利浦电路倍频彩电，总线系统主控电路微处理器采用P87C766，存储器型号为SAA4955或AT24C08；总线系统被控电路有：中频/扫描小信号处理电路采用飞利浦公司的 TDA9321，字符形成电路采用 PCA8516，音频信号切换与处理电路采用 TDA9429S，丽音解码电路采用 MSP3410，倍频行场/RGB 处理电路采用 TDA9332H，倍场扫描电路采用 SAA4977，倍场处理电路采用 SAA4991 等。

适用机型有：长虹 DT2000、DT2000A、DT2000D 等健康 100 系列彩电和长虹 PF29DT18、PF24T18B、PF34TD18 等锐驰系列彩电。

长虹 DT-1 机心，一是在开关电源的次级电路依托 HIC1015 内部的保护功能，设置了 +B过电流、过电压和软启动保护电路，保护时采取待机控制方式；二是在小信号处理电路围绕 TDA9332 还设有行脉冲检测保护、束电流过大保护、高压过高保护、暗电流检测保护等保护电路，保护时采取切断行输出激励脉冲和黑屏幕的保护措施，严重故障采取待机保护。本节以长虹 DT2000、DT2000A 彩电为例，介绍 DT-1 机心保护电路速修图解。

3.7.1 保护电路原理图解

长虹 DT-1 机心，开关电源初级电路采用厚膜电路 STR-S6709，稳压和保护电路采用集成电路 HIC1015，如图 3-10 所示。待机时一是通过光耦合器控制 STR-S6709 的 7 脚电压，经内部电路控制 STR-S6709 内部开关管的导通时间缩短，降低主电源输出电压；二是切断行振荡电路和数字板电路电源供电。

HIC1015 是新型混合式厚膜电路，内含误差取样放大电路、待机控制电路、保护电路。HIC1015 其引脚功能和在 DT-1 机心应用时的对地参数见表 3-1。

稳压取样电路设在开关变压器的次级，取自 +B115V。通过 R479 加到 HIC1015 的 1 脚，经 HIC1015 内部 Q1 取样及误差放大后，从 3 脚输出控制电压，通过 V803 和光耦合器 N804 控制流入 STR-S6709 的 7 脚的电流达到稳压的目的。

1. 开关机控制电路

（1）开机收看状态

开机或待机状态由开关机电路控制，该电路由数字电路板上的微处理器 N002 (P87C766) 的 13 脚、V201 和电源板上的 V806、N801 的 9 脚内部电路、稳压电路和行振荡电源控制电路 V807、数字电路板上的电源控制电路 N834 组成，数字电路板与电源板之间通过插排相连接，如图 3-10 所示。

遥控开机时，数字电路板上的微处理器 N002 的 13 脚输出低电平，V201 截止，c 极输出的高电平 POWER 电压，经连接器 BB805A/XP805B 输入到电源板，然后分两路：一路经射随放大器 V806 放大后，由其 e 极输出的控制电压经 R847 限流，从 HIC1015（N801）9 脚输入，使 N801 内的 Q3 导通。Q3 导通后 c 极变为低电平，6.2V 稳压管 ZD2 和 Q2 相继截止，使 N801 的 3 脚电位升高，促使 V803 导通程度下降，为光耦合器 N804 内的发光管提供的导通电流下降，发光管发光变弱，相应会引起 N804 内的光敏晶体管导通程度下降，由 N804 的 3 脚输出的电压下降，为电源厚膜电路 STR-S6709 的 7 脚提供的误差电压减小，经内部电路处理后，使 STR-S6709 内部开关管导通时间延长。开关电源输出电压上升到正常值，为负载电路供电；另一路经连接器 BB807A/XP807B 又将开关机控制的 ON/OFF 的高电平电平送回到数字板，控制受控稳压器 N834 输出 9V 电压，为数字电路板电路供电。

行振荡电源控制电路 V807 输出受控电压取决于 N801 的 12 脚内部 Q4 的工作状态。收看期间，由于 Q4 截止，所以 +25V 电压经 R838 限流在 VD850 两端建立基准电压，于是 V807 的 e 极输出行振荡电路工作电压。

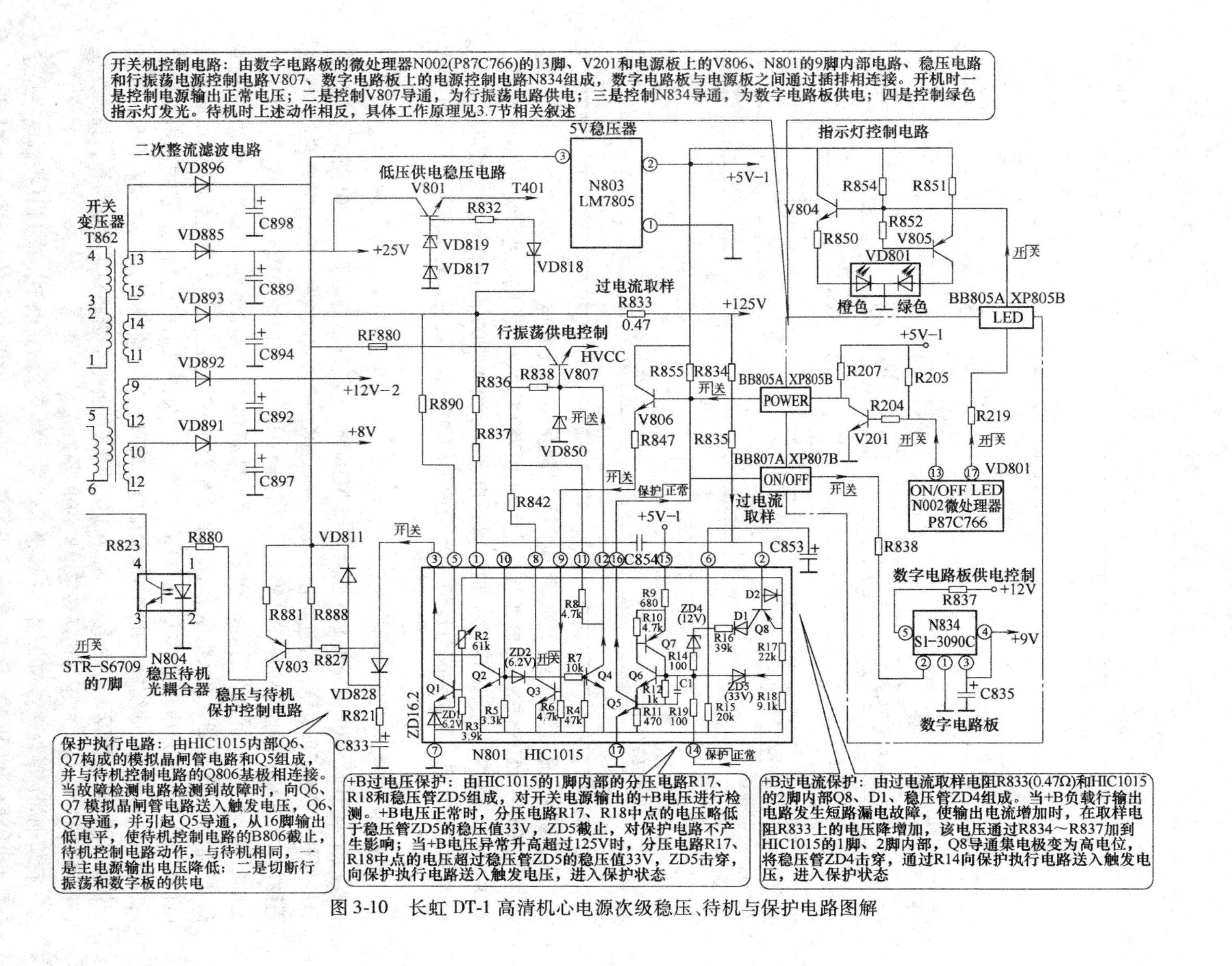

图 3-10　长虹 DT-1 高清机心电源次级稳压、待机与保护电路图解

表 3-1 HIC1015 各脚功能、对地电压和电阻

引 脚	功 能	对地电压/V		对地电阻/kΩ	
		开机	待机	红笔测	黑笔测
1	+B 电压取样输入	115.2	65.2	3.4	18.3
2	过电流保护检测输入	115.2	65.2	3.7	19.0
3	误差放大和待机控制输出	24.1	5.1	3.4	18.3
4	空脚	0	0	0	0
5	基准电压输入	6.2	6.2	7.5	51.2
6	过电流保护输入	0	0	9.6	20.4
7	接地	0	0	0	0
8	待机取样电压	0.1	6.6	7.0	10.2
9	开关机控制信号输入	0.6	0	5.0	5.6
10	空脚	—	—	—	—
11	空脚	10.1	0	6.1	13.2
12	行电源控制输出	—	—	—	—
13	接地	0	0	1.8	2.0
14	阈值输入	5.0	5.0	3.3	3.9
15	电源	4.6	0.3	6.6	10.2
16	保护控制信号输出	0	0	0	0
17	接地	0	0	0	0

收看期间，微处理器 N002 的 17 脚指示灯控制端子输出低电平，该 LED 控制电平经连接器 BB805A/XP805B 输入到电源板，并送到由 V804、V805 组成的指示灯控制电路，使 V804 截止、V805 导通。V804 截止时，双色电源指示灯 VD801 内的橙色发光管不能发光，V805 导通后从它 c 极输出的电压使 VD801 内的绿色发光管发光，表明该机工作在收看状态。

（2）待机状态

遥控关机时，数字电路板上的微处理器 N002 的 13 脚输出高电平，V201 导通，c 极输出的低电平 POWER 电压，经连接器 BB805A/XP805B 输入到电源板，然后分两路：一路使射随放大器 V806 截止，N801 的 9 脚无控制电压输入，N801 内的 Q3 截止，Q3 的 c 极上产生的电压不仅使 Q4 导通，还使 6.2V 稳压管 ZD2 和 Q2 相继导通。Q4 导通后，使 V807 的 b 极电压消失，V807 的 e 极无电压输出，行扫描等电路停止工作。Q2 导通后使 N801 的 3 脚电位急剧下降，通过 V803、N804 为 STR-S6709 的 7 脚提供的电流增大，经内部电路处理后，使开关管导通时间缩短，开关电源输出电压降低到正常值的 1/2 ~ 1/3 左右；另一路经连接器 BB807A/XP807B 又将开关机控制的 ON/OFF 的低电平送回到数字电路板，控制受控稳压器 N834 关闭 9V 电压，切断数字电路板电路供电。

待机期间，微处理器 N002 的 17 脚指示灯控制端子输出高电平，该 LED 控制电平经连接器 BB805A/XP805B 输入到电源板，并送到由 V804、V805 组成的指示灯控制电路，使 V804 导通、V805 截止。V805 截止时，电源指示灯 VD801 内的绿色发光管熄灭，V804 导通后由它的 e 极输出的电压使 VD801 内的橙色发光管发光，表明该机工作在待机状态。

2. +B过电流、过电压保护电路

长虹DT-1机心开关电源次级的保护执行电路由HIC1015内部Q6、Q7构成的模拟晶闸管电路和Q5组成，其输入端与+B过电流保护检测电路和过电压保护检测电路相连接，输出端与待机控制电路的Q806的b极相连接。当过电压、过电流检测电路检测到故障时，向Q6、Q7模拟晶闸管电路送入触发电压，Q6、Q7导通，并引起Q5导通，从16脚输出低电平，使待机控制电路的V806截止，待机控制电路动作，与待机相同，一是主电源输出电压降低；二是切断行振荡和数字板的供电。

3. TDA9332保护电路

长虹DT-1由TDA9332构成的保护电路分布在数字板、扫描板、视放板上，通过连接器相连接，设有高压过高保护、束电流过大保护、暗电流检测保护、行脉冲检测保护，如图3-11所示。

3.7.2　保护电路维修提示

由于以HIC1015为核心的次级保护电路与待机控制电路联动，保护时与待机状态相似，开关电源输出电压降到正常值的1/2左右；以TDA9332为核心的保护电路执行保护时，切断行激励脉冲。检修时，可通过观察故障现象，测量开关电源输出电压，测量保护电路关键点电压和解除保护的方法，判断故障范围。

1. 观察故障现象，配合电压测量，判断故障范围

（1）指示灯亮，开关电源输出电压上升后降到1/2

如果开机后开关电源无电压输出，故障在开关电源初级电路；如果指示灯亮，开关电源输出电压为正常值的1/2~1/3，则是处于待机状态，故障在控制系统和开关机控制电路。

如果开机后有高压建立的声音，输出电压上升后降到正常值的1/2，是以HIC1015为核心的次级保护电路执行保护。常见为行输出过电流、+B电压过电压保护等。

（2）指示灯亮，开关电源输出电压上升后不变

开机后输出电压上升后不变，行输出启动后又停止，是以TDA9332H为核心的保护电路执行保护。常见为高压过高、束电流过大保护电路、行脉冲保护电路启动。

（3）指示灯亮，有伴音、黑屏幕无图像

此故障多为TDA9332的暗电流检测电路采取黑屏幕保护措施，二是场输出电路发生故障。可通过调高加速极电压进行鉴别，如果调高加速极电压后屏幕为一条水平亮线是场输出电路发生故障，如果为灰屏幕或伴有回扫线，则是TDA9332保护电路启动或TDA9332技巧数字电路板发生故障。

2. 测量保关键点电压，判断故障范围

测量关键点电压可在三种状态下测量：一是在进入保护后测量；二是在开机后，进入保护状态前的瞬间测量；三是在解除保护后测量。将三种测量结果比较，作为判断故障范围的依据。

（1）测量HIC1015关键点电压

HIC1015的16脚和14脚电压，直接反映了保护电路是否启动，16脚电压正常时为高电平4.6V，14脚电压正常时为低电平0V。如果16脚变为低电平或14脚变为高电平，则是HIC1015保护电路启动。

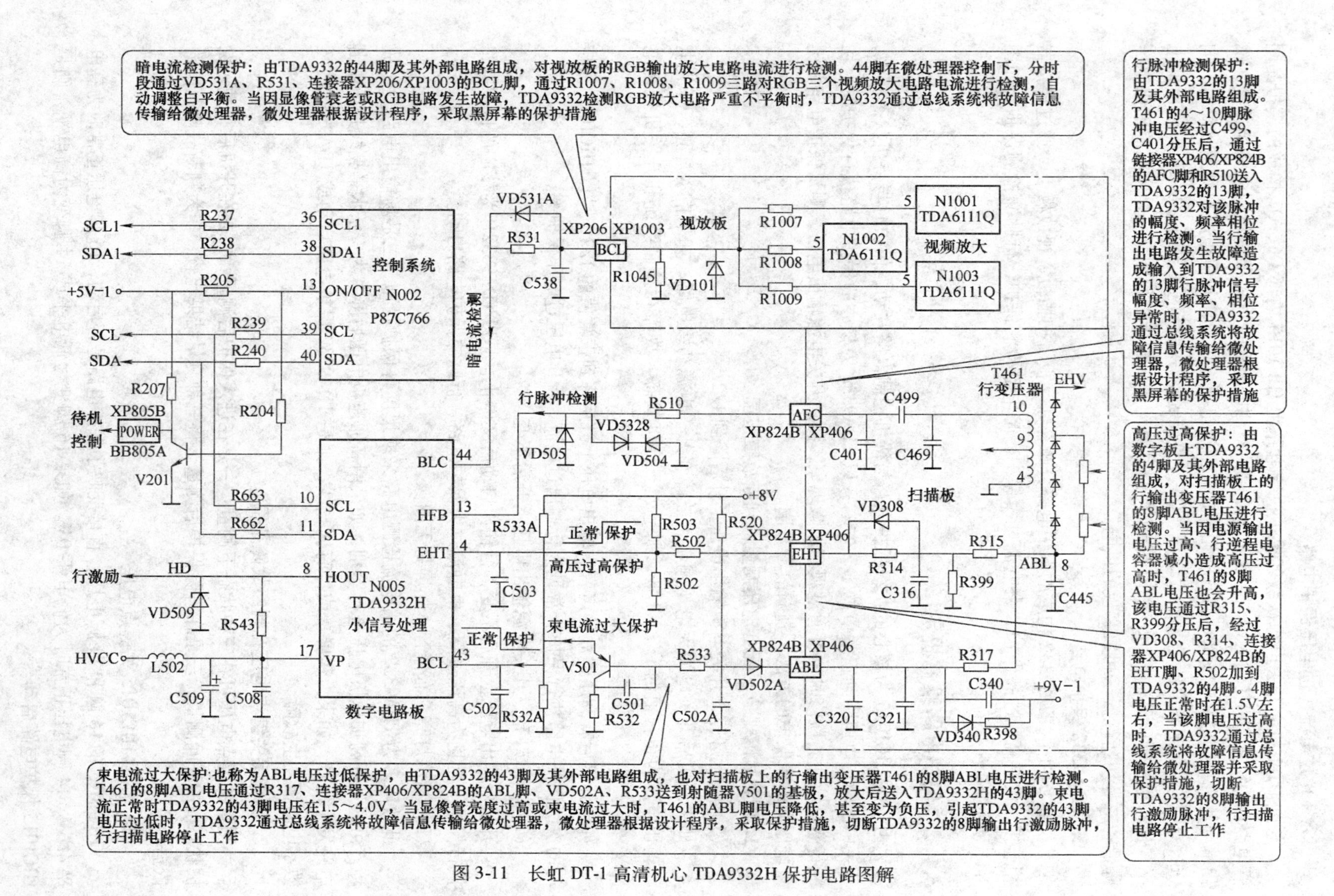

图 3-11 长虹 DT-1 高清机心 TDA9332H 保护电路图解

（2）测量TDA9332关键引脚电压

在测量TDA9332关键引脚电压之前，首先测量开关电源输出电压、TDA9332的供电引脚电压是否正常，然后再测量与保护相关的4脚EHT电压、43脚ABL电压、44脚BLKIN电压和13脚的脉冲电压。由于数字电路板立在主电路板上，空间狭窄，不便于直接测量数字电路板上的电压，可通过测量数字电路板与主板之间的连接器相关引脚电压，进行判断。

TDA9332的4脚EHT电压可测量连接器XP406/XP824B的EHT脚电压，正常时为1.5V左右；TDA9332的43脚ABL电压可测量连接器XP406/XP824B的ABL脚电压，该电压随显像管亮度变化在1.5～4.0V之间变化；TDA9332的44脚暗电流电压，可测量连接器XP1003/XP206的BCL脚电压，正常时为2V左右；TDA9332的13脚行脉冲电压可测量连接器XP406/XP824B的AFC脚脉冲电压。

如果TDA9332的4脚电压为高电平4V以上，则是EHT高压过高保护电路启动；如果43脚电压过低1V以下，则是束电流过大保护电路启动；如果显像管衰老，图像调亮或对比度加大时，图像拖尾然后发生黑屏幕故障，多为暗电流检测保护电路启动；如果13脚行脉冲电压异常，则是行输出电路发生故障引起的保护。

3. 暂时解除保护，确定故障范围

为了整机电路安全，解除保护前，应断开行输出电路，在+B输出端接假负载。由于以STR-S6709为核心的初级保护电路大多在厚膜电路内部，无法解除保护，只能对以HIC1015为核心的次级保护电路和以TDA9332H为核心的小信号处理保护电路采取解除保护的方法。

（1）解除HIC1015保护

具体解除保护的方法有两种：一是切断HIC1015的16脚与待机控制电路Q806的b极的连接；二是将HIC1015的14脚对地短路，将模拟晶闸管Q6的触发电压对地短路。

解除保护后，开机测量开关电源各路输出电压，重点测量+B电压，如果输出电压过高或过低，是稳压电路故障，重点检查稳压电路；如果+B电压正常，拆出假负载，恢复行输出电路，观察故障现象，如果电视机恢复正常，则是断开的故障检测、保护执行电路元器件变质引起的误保护，如果电视机存在光栅、图像、伴音故障，则是与其相关的电路引起的保护，重点检测相关的功能电路。

（2）解除TDA9332高压过高保护

对于高压过高保护电路，将TDA9332的4脚电压拉低或对地短路，如果开机后不再保护，则是4脚高压过高保护电路启动。

（3）解除束电流过大保护

对于束电流过大保护电路，将TDA9332的43脚电压提高，在43脚与+8V之间跨接1kΩ电阻，如果开机后不再保护，则是束电流过大保护电路启动。

（4）解除行脉冲异常保护

TDA9332的13脚引起的二次开机保护故障的判定和解除，不同的机心和软件设置有所不同，有的可将13脚对地短路来解除保护，判定二次开机保护是否由13脚输入的脉冲异常引起；有的机心和机型可将13脚断开，再将24脚输入行同步信号引入13脚，再次开机，故障现象若消失，表明该机行输出电路发生故障，引起TDA9332保护电路启动；有的机心则不行。

（5）解除暗电流检测保护

如果测量TDA9332的44脚电压异常或怀疑暗电流检测系统保护，如果视频放大电路采用TDA6111Q，可采取解除保护的方法：将三只视放块（TDA6111Q）黑电流反馈5脚从电路中逐一断开检测，当把RGB放大电路与TDA6111Q的5脚断开后，如果出现了缺某基色的图像，则是该缺少的基色放大电路发生故障，引起TDA9332电路启动黑屏幕保护。也可采用代换视频放大电路的方式，判断故障范围。

（6）解除待机保护

对于控制系统采取的待机保护故障，可将待机控制电路的V806的b极与连接器BB805A/XP805B的连接电路断开，使晶体管V806的b极保持开机高电平，强行进入开机状态。开机观察故障现象，测量开关电源和行输出电路、保护电路关键点电压，判断故障范围。

3.7.3 保护电路维修实例

例3-31：长虹DT2000A机心，开机三无。

分析与检修：开机，测开关电源各输出电压均为0V，说明开关电源未工作。断开行输出直流供电+125V，并将N801（HIC1015）的16脚焊开（即断开+125V过电流、过电压保护电路），在C894两端外接电压表进行监测，发现有约150V的瞬间跳变电压，故排除开关电源振荡电路可能存在的问题，应重点检查稳压控制电路。检查取样集成块N801和光耦合器N804正常，在路测R827、R828、R881、R880和R821的电阻均正常；再检查C833、V803相关元器件，发现V803的c极、e极已开路损坏，使稳压控制信号被中断，稳压控制电路失去作用，引起开关电源工作异常，从而导致STR-S6709内设的过热、过电压或过电流保护电路动作，致使STR-S6709停止工作。

例3-32：长虹DT2000A机心，开机后三无，待机指示灯亮。

分析与检修：检修时，测量开关电源输出电压上升到正常值后降到65V左右，进入待机状态，判断保护电路启动。断开行输出电路+125V直流供电，在C894两端接一只60W灯泡作假负载，开机观察灯泡亮度正常，说明问题出在其负载电路。查行输出管V404、行逆程电容C439、C440和C461均正常，进一步检查发现L401的一端虚焊。由于该机为防止行辐射干扰，在V404c极串接了电感L401，其一端虚焊，等效于行负载开路导致行输出电压升高，引起+125V电压保护电路动作，使整机处于待机状态。

例3-33：长虹DT2000A机心，开机三无。

分析与检修：开机，测开关电源各输出电压均为0V，说明开关电源未工作。采取解除保护的检修方法：断开行输出电路+125V直流供电，并将N801（HIC1015）的16脚焊开，即断开+125V过电流、过电压保护电路，在C894两端外接电压表进行监测，发现有约150V的瞬间跳变电压，故排除开关电源振荡电路可能存在的问题，应重点检查稳压控制电路。

检查取样集成块N801和光耦合器N804正常，在路测R827、R828、R881、R880和R821的电阻均正常；再检查C833、V803相关元器件，发现V803的c极与e极已开路损坏，使稳压控制信号被中断，稳压控制电路失去作用，引起开关电源工作异常，从而导致STR-S6709内设的过热、过电压或过电流保护电路动作，致使STR-S6709停止工作。更换V803后，故障排除。

3.8 长虹DT-5、CHD-5机心高清彩电保护电路速修图解

长虹DT-5、CHD-5机心高清彩电的，总线系统主控电路微处理器采用M37225ECSP或

其掩膜片 CH19T0502 或 CH19T05002/CH19T0501，存储器型号为 AT24C16，总线系统被控电路为电视小信号处理用集成电路，型号有 M52036SP、MSP3413G 或 MSP3410、TDA8601、TDA9178、TDA9332H、VPC3230D、NV320 等。

HD-5 与 DT-5 机心区别在于 DT-5 机心不能接收 HDTV 信号，故 CHD 变频组件可与 DT-5 机心替换，但 DT-5 不能与 CHD-5 机心替换。

长虹 DT-5 机心和 CHD-5 机心适用机型有：长虹 CHD2500、CHD2590、CHD2595、CHD2595M、CHD2990、CHD2983、CHD2995、CHD2989、CHD2915、CHD2918、CHD2919、CHD2988、CHD2992、CHD2992（A）、CHD2998、CHD3215、CHD3415、CHD3418、CHD3488、CHD3498、CHD3498A、CHD34100、CHD3489、CHD3490、CHD3495、CHD3615、DP2915、DP3415 等数字高清彩色电视机。

长虹 DT-5 机心和 CHD-5 机心开关电源采用以 STR-F6656 为核心的并联型开关电源，副电源取自主电源，待机控制采用降低主电源输出电压和切断行振荡、小信号处理电路供电的方式。

长虹 DT-5 机心和 CHD-5 机心围绕小信号处理电路 TDA9332 的行逆程脉冲输入、高压检测输入、ABL 输入、暗电流检测引脚，设计了高压过高、束电流过大、行脉冲异常保护电路，保护时 TDA9332 通过总线系统，将保护信息传输给微处理器，微处理器根据设计程序，采取切断行激励脉冲和黑屏幕的保护措施，故障严重时采取待机保护措施。

本节以 CHD2918、CHD2983 彩电为例，介绍长虹 DT-5、CHD-5 机心高清彩电的保护电路速修图解。

3.8.1 保护电路原理图解

1. 开关机控制电路

开关机电路分布在数字板、扫描板和电源板三块电路板上，如图 3-12 所示。数字板上的微处理器 UN11（M37227）的 29 脚 STB 为开关机控制端子，经连接器 JN01/XS11 的 36 脚与扫描板的控制电路 Q510、N502 相连接；再经过连接器 XP803/XS853 的 POW 脚与电源板上的控制电路相连接，对开关电源稳压电路和低压稳压器进行控制。

2. 以 TDA9332 为核心的保护电路

长虹 DT-5 机心数字板围绕小信号处理电路 TDA9332 和微处理器 M37227 设置了行场扫描保护电路，该保护电路属于总线控制型保护，如果微处理器通过总线系统，检测到被控电路发生故障或总线传输系统发生故障时，微处理器就会根据设计程序采取保护措施。常见的保护措施有三种：一是采取待机保护；二是采取切断行激励保护；三是采取黑屏幕保护。

长虹 DT-5 机心由 TDA9332 构成的保护电路分布在扫描板和数字板上，通过插排 XS12/JN02 和 XS11/JN01 相连接。

值得一提的是，该保护电路启动是该机心的常见故障，引起保护的原因有两种：一是行输出电路发生过电流、过电压故障，常见为行输出变压器或枕形校正电路发生短路故障，造成行输出电流增加，TDA9332 的 13 脚行脉冲信号幅度下降引起保护；行逆程电容器容量减小或开路，TDA9332 的 13 脚行脉冲信号幅度升高引起保护；开关电源输出电压升高，造成 TDA9332 的 13 脚行脉冲信号幅度升高引起保护；行振荡和分频电路发生故障，造成 TDA9332 的 13 脚行脉冲信号频率失常、相位偏移引起保护等。二是 TDA9332 的 13 脚外部电路元件变质、开路、漏电引起保护，常见为分压电容器 C422、C423 容量改变或漏电，造

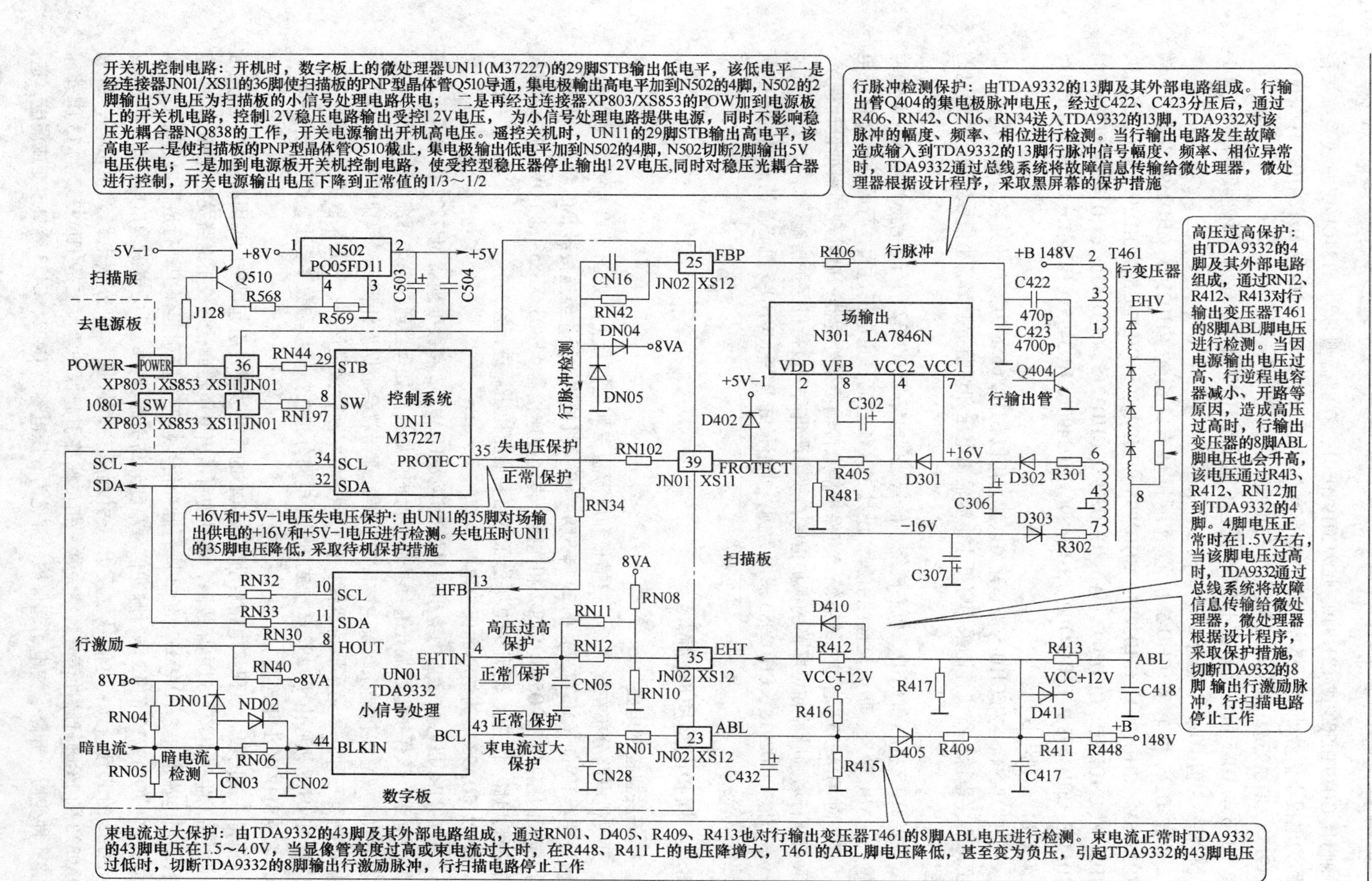

开关机控制电路：开机时，数字板上的微处理器UN11(M37227)的29脚STB输出低电平，该低电平一是经连接器JN01/XS11的36脚使扫描板的PNP型晶体管Q510导通，集电极输出高电平加到N502的4脚，N502的2脚输出5V电压为扫描板的小信号处理电路供电；二是再经过连接器XP803/XS853的POW加到电源板上的开关机电路，控制12V稳压电路输出受控12V电压，为小信号处理电路提供电源，同时不影响稳压光耦合器NQ838的工作，开关电源输出开机高电压。遥控关机时，UN11的29脚STB输出高电平，该高电平一是使扫描板的PNP型晶体管Q510截止，集电极输出低电平加到N502的4脚，N502切断2脚输出5V电压供电；二是加到电源板开关机控制电路，使受控型稳压器停止输出12V电压,同时对稳压光耦合器进行控制，开关电源输出电压下降到正常值的1/3～1/2
行脉冲检测保护：由TDA9332的13脚及其外部电路组成。行输出管Q404的集电极脉冲电压，经过C422、C423分压后，通过R406、RN42、CN16、RN34送入TDA9332的13脚，TDA9332对该脉冲的幅度、频率、相位进行检测。当行输出电路发生故障造成输入到TDA9332的13脚行脉冲信号幅度、频率、相位异常时，TDA9332通过总线系统将故障信息传输给微处理器，微处理器根据设计程序，采取黑屏幕的保护措施
高压过高保护：由TDA9332的4脚及其外部电路组成，通过RN12、R412、R413对行输出变压器T461的8脚ABL脚电压进行检测。当因电源输出电压过高、行逆程电容器减小、开路等原因，造成高压过高时，行输出变压器的8脚ABL脚电压也会升高，该电压通过R413、R412、RN12加到TDA9332的4脚。4脚电压正常时在1.5V左右，当该脚电压过高时，TDA9332通过总线系统将故障信息传输给微处理器，微处理器根据设计程序，采取保护措施，切断TDA9332的8脚输出行激励脉冲，行扫描电路停止工作
+16V和+5V−1电压失电压保护：由UN11的35脚对场输出供电的+16V和+5V−1电压进行检测。失电压时UN11的35脚电压降低，采取待机保护措施
束电流过大保护：由TDA9332的43脚及其外部电路组成，通过RN01、D405、R409、R413也对行输出变压器T461的8脚ABL电压进行检测。束电流正常时TDA9332的43脚电压在1.5～4.0V，当显像管亮度过高或束电流过大时，在R448、R411上的电压降增大，T461的ABL脚电压降低，甚至变为负压，引起TDA9332的43脚电压过低时，切断TDA9332的8脚输出行激励脉冲，行扫描电路停止工作
5V−1
+8V
N502
PQ05FD11
+5V
C503
C504
Q510
R568
R569
J128
扫描版
去电源板
POWER
XP803
XS853
XS11
JN01
1080I
SW
RN44
RN197
STB
控制系统
UN11
M37227
SCL
SDA
PROTECT
失电压保护
正常
保护
RN102
FROTECT
RN34
CN16
RN42
DN04
8VA
DN05
行脉冲检测
FBP
JN02
XS12
R406
行脉冲
+B 148V
T461
行变压器
C422
470p
C423
4700p
Q404
行输出管
EHV
场输出
N301
LA7846N
VDD
VFB
VCC2
VCC1
C302
+5V−1
D402
+16V
R405
R481
D301
D302
R301
C306
D303
R302
−16V
C307
扫描板
RN32
RN33
RN30
HFB
HOUT
行激励
RN40
UN01
TDA9332
小信号处理
EHTIN
高压过高
保护
RN11
RN12
RN08
RN10
CN05
EHT
D410
R412
VCC+12V
R417
R413
ABL
C418
D411
8VB
DN01
ND02
RN04
暗电流
RN05
暗电流
检测
RN06
CN03
CN02
BLKIN
BCL
束电流过大
保护
RN01
CN28
C432
R416
R415
D405
R409
C417
R411
R448
+B
148V
数字板

图 3-12　长虹 DT-5 高清机心 TDA9332 保护电路图解

成TDA9332的13脚行脉冲信号幅度过高或过低引起保护；电阻R406阻值变大或烧焦、开路造成TDA9332的13脚行脉冲信号幅度过低引起保护，13脚外部的保护二极管DN05、DN04击穿，造成TDA9332的13脚无行脉冲信号输入引起保护等。

3. 控制系统保护电路

长虹DT-5机心控制系统均设有PROTECT专用保护检测引脚，对场输出电路+16V供电和开关电源的+5V-1电压进行检测，当因负载短路或整流滤波、稳压电路发生开路故障，造成被检测电压失压或严重降低时，微处理器采取待机保护措施；另外控制系统还通过总线系统，对其他被控电路进行检测，检测到被控电路发生故障或总线传输系统发生故障时，微处理器就会根据设计程序，采取待机保护措施。

3.8.2　保护电路维修提示

该机开关电源初级设置的保护电路启动时，对开关电源进行控制，采取停止工作的方式，保护时无开关电源电压输出；总线系统TDA9332设置的保护电路，对行激励脉冲和屏幕亮度进行控制，保护时无行激励脉冲输出或无RGB信号输出，引发的故障为行输出电路停止工作或黑屏幕，控制系统UN11保护电路启动时，采取待机保护措施。检修时通过观察故障现象、监测关键点电压的方法，判断故障部位。

1. 观察故障现象，判断故障范围

（1）开机后，自动关机，指示灯亮灭正常

如果开机后，开关电源无电压输出，或开机的瞬间有电压输出，然后降为0V，多为开关电源板电路故障。

如果开机的瞬间，有电视机启动和高压建立的声音，然后行输出电路停止工作，多为TDA9332保护电路启动所致，特点是TDA9332供电正常，43脚电压降低或4脚电压升高，但8脚无行激励脉冲输出。

（2）开机后，有伴音无光栅

此故障多为TDA9332的暗电流检测电路采取黑屏幕保护措施，或是场输出电路发生故障。可通过调高加速极电压进行鉴别，如果调高加速极电压后，屏幕为一条水平亮线，则是场输出电路发生故障，如果为灰屏幕或伴有回扫线，则是TDA9332保护电路启动或TDA9332数字板电路发生故障。

2. 测量关键点电压，判断是否保护

测量关键点电压可在三种状态下测量：一是在进入保护后测量；二是在开机后，进入保护状态前的瞬间测量；三是在解除保护后测量。将三种测量结果比较，作为判断故障范围的依据。

（1）测量TDA9332关键引脚电压

在测量TDA9332关键引脚电压之前，首先测量开关电源输出电压、TDA9332的供电引脚电压是否正常，然后再测量与保护相关的4脚EHT电压、43脚ABL电压、44脚BLKIN电压和13脚的脉冲电压。由于数字板立在主电路板上，空间狭窄，不便于直接测量数字板上的电压，可通过测量数字板与主板之间的插排相关引脚电压，进行判断。

TDA9332的4脚EHT电压可测量插排XS12/JN02的35脚电压，正常时为1.4V左右；TDA9332的43脚ABL电压可测量插排XS12/JN02的23脚电压，该电压随显像管亮度变化在1.5～4.0V之间变化；TDA9332的44脚暗电流电压，可测量显像管尾板插排上的暗电流输出电压，正常时为2V左右；TDA9332的13脚行脉冲电压可测量插排XS12/JN02的25脚脉冲电压。

如果TDA9332的4脚电压为高电平4V以上，则是EHT高压过高保护电路启动；如果43脚电压过低1V以下，则是束电流过大保护电路启动；如果显像管衰老，图像调亮或对比度加大时，图像拖尾然后发生黑屏幕故障，多为暗电流检测保护电路启动；如果13脚行脉冲电压异常，则是行输出电路发生故障引起的保护。

（2）测量UN11的35脚电压

UN11的35脚PROTECT电压可测量插排XS11/JN01的39脚电压，正常时为2.6V左右，如果该电压过低（1V以下），则是该保护电路启动。可通过测量+16V电压和+5V-1电压是否正常，判断故障范围。常见为场输出电路发生短路故障，引起熔断电阻R301烧断，+16V电压失电压或降低。

3. 暂短解除保护，确定故障部位

长虹DT-5机心的TDA9332保护电路，保护措施主要通过集成电路内部执行，解除保护只能从检测电路采取措施。控制系统保护电路采取待机保护措施，可从待机控制电路采取措施解除保护。

（1）解除高压过高保护

对于高压过高保护电路，将与TDA9332的4脚相连接的连接器XS12/JN02的35脚电压拉低或对地短路，如果开机后不再保护，则是4脚高压过高保护电路启动。

（2）解除束电流过大保护

对于束电流过大保护电路，将与TDA9332的43脚电压提高，在与43脚相连接的连接器XS12/JN02的23脚与+8V之间跨接1k电阻；或将扫描板上的D405断开，如果开机后不再保护，则是束电流过大保护电路启动。

（3）解除行脉冲异常保护

TDA9332的13脚引起的二次开机保护故障的判定和解除，不同的机心和软件设置有所不同，有的可将13脚对地短路来解除保护，判定二次开机保护是否由13脚输入的脉冲异常引起；CHD-5机心可将13脚断开，再将24脚输入行同步信号引入13脚，再次开机，故障现象若消失，表明该机行输出电路发生故障，引起TDA9332保护电路启动；有的机心则不行。

（4）解除暗电流检测保护

如果测量TDA9332的44脚电压异常或怀疑暗电流检测系统保护，如果视频放大电路采用TDA6111Q，可采取解除保护的方法：将三只视放块（TDA6111Q）黑电流反馈5脚从电路中逐一断开检测，当把RGB放大电路与TDA6111Q的5脚断开后，如果出现了缺某基色的图像，则是该缺少的基色放大电路发生故障，引起TDA9332电路启动黑屏幕保护。也可采用代换视频放大电路的方式，判断故障范围。

3.8.3 保护电路维修实例

例3-34：长虹CHD2918彩电，开机后自动关机。

分析与检修：在二次开机有行启动、高压建立声，随后听到行停振声发出，此时测量开关电源输出电压正常，判断不是微处理器执行的关机，而是TDA9332保护电路启动，引起行保护的原因有：一是TDA9332的13脚送入行逆程脉冲过高，或行振荡电路热稳定性差，或总线负载有故障；二是 TDA9332 的 4 脚电压过高或 43 脚电压过低。

采取解除保护的方法，将 TDA9332 的 13 脚断开，再将 24 脚输入行同步信号引入 13 脚，再次开机，故障现象消失，表明 TDA9332 的行脉冲异常，引起保护。先检测 TDA9332 的 13 脚外部的检测电路，发现行脉冲分压电路的 C422 有裂纹变色痕迹，用 470pF 电容器更换 C422 后，开机恢复正常。

例 3-35：长虹 CHD2918 彩电，开机后自动关机。

分析与检修：在二次开机有行启动、高压建立声，随后听到行停振声发出，测量开关电源输出电压降低到正常值的 1/2 左右，且受控型稳压器 NQ831 无 12V 电源输出；判断是微处理器执行保护，多为微处理器 UN11 的 35 脚 PROTECT 保护检测到场输出电路的 +16V 失电压，而造成 +16V 失电压，多为场输出电路 N301 发生严重短路故障。

开机的瞬间测量与 UN11 的 35 脚相连接的连接器 XS11/JN01 的 39 脚电压，仅 0.5V，为低电平，进一步判断是该保护电路启动。对场输出电路 N301 进行检测，发现内部严重短路，且将整流滤波电路的 R301 熔断电阻烧焦。更换 N301 和 R301 后，故障排除。

例 3-36：长虹 CHD2983 彩电，开机后自动关机。

分析与检修：二次开机有高压启动声音，马上保护，用数字万用表检查 +B、+5V-1、+5V-2、+5V-3、+8V、+12V 等电压都正常，说明微处理器控制电路正常工作。行电路启动后又关闭，判断是保护电路启动。测量连接器 XS12/JN02 的 35 脚 EHT 电压和 23 脚 ABL 电压未见异常。

怀疑 13 脚的行 FBP 脉冲异常，采取解除保护的方法：试将 TDA9332 的 13 脚外接电阻 RN34 断开，再用短路线把 TDA9332 的 24 脚输出的行同步脉冲信号引入 13 脚，即接在 24 脚外接电阻 RN36 的另一端，开机屏幕上出现光栅。检查 TDA9332 的 13 脚外部电路，发现二极管 DN05 漏电，造成反馈到 13 脚的行 FBP 信号降低，引起保护电路启动。更换 DN05 后，故障排除。

例 3-37：长虹 CHD2983 彩电，开机后自动关机。

分析与检修：二次开机有高压启动声音，马上保护，用数字万用表检查 +B、+5V-1、+5V-2、+5V-3、+8V、+12V 等电压都正常，说明微处理器控制电路正常工作。行电路启动后又关闭，判断是保护电路启动。测行激励管 c 极电压为 0.2V，正常为 13V 左右。b 极电压 0.6V，说明行激励管导通，行电路保护，先更换 IPQ 板故障依旧。怀疑故障在行输出级部分、行电路保护与行逆程脉冲反馈电路，测 IPQ 板（FBP）行脉冲反馈电压为 0.2V 偏低。检查行逆程脉冲反馈电路，发现分压电容 C423（4700pF）漏电，造成送往 TDA9332 的 13 脚行脉冲幅度过低，保护电路启动，将行激励脉冲关闭。更换 C423 后机器恢复正常。

第4章 康佳数码、高清彩电保护电路速修图解

4.1 康佳AS系列高清彩电保护电路速修图解

康佳AS系列高清机心，采用的集成电路有：视频、音频数字和微处理器控制电路U301（MST5C26-LF），存储器U300（24C32）、U302（PS25LV020），行场信号处理电路U700（TDA8380），中频处理电路NM10（TDA9881TS），场输出电路N440（TDA8172A），伴音功放电路N201（TDA2616），AV/TV切换电路N202（TC4052）等。

适用机型：康佳P29AS390、P29AS566、P29AS217、P32AS520、P25AS529、P28AS566、P29AS520、P29AS281、P29AS286、P25AS390、P34AS386、P32AS391、P34AS390、P34AS216、P29AS528、P29AS529、P29AS216、P24AS319、P32AS319、P30AS319、P29AS319、P29AS566、P28AS520、P21AS529、P21AS636A、P21AS281等AS系列高清彩电。

本节以康佳P29AS390高清彩电为例，介绍AS系列高清彩电保护电路速修图解。该彩电开关电源初级电路采用厚膜电路FSCQ1265RT，微处理器的副电源取自主电源，待机采用降低主电源输出电压和切断行振荡电路等小信号处理电路供电的方式。

康佳P29AS390高清彩电，在电源次级和行输出电路，设有9V、13V失电压保护电路、X射线过高保护电路、束电流过大保护电路，保护电路启动时，将保护信息送往微处理器和数字处理电路U301（MST5C26-LF），U301据此执行待机动作，进入待机保护状态。

4.1.1 保护电路原理图解

康佳P29AS390高清彩电的保护电路，均通过微处理器进行故障检测和执行保护。数字板上的微处理器和数字处理电路U301（MST5C26-LF），一是通过I^2C总线系统对各个被控电路进行检测，当检测到被控电路发生故障或总线信息传输电路发生故障时，U301均会采取不开机或待机保护措施；二是U301还设有PROT专用检测引脚，如图4-1所示，通过连接器XS01的20脚与扫描板的保护检测电路相连接。PROT专用检测引脚正常时为高电平，当保护检测电路检测到故障时，将PROT专用检测引脚电压拉低，U301据此执行保护动作，从待机控制端发出高电平待机指令，通过连接器XS01的28脚送到电源板的待机控制电路，迫使待机控制电路动作，进入待机保护状态。

由于PROT外接的模拟晶闸管导通后，会保持导通状态不变，模拟晶闸管保护电路一旦启动，产生该机始终处于待机状态或启动后又进入待机状态的故障，需切断市电供电后才能解除保护，所以保护电路动作后不能遥控开机，属于保护性待机。

4.1.2 保护电路维修提示

1. 观察故障现象，判断故障范围

由于控制系统PROT保护电路启动，进入待机状态，开关电源输出电压降低，同时切断小信号处理电路的供电电源。检修时，可根据指示灯的变化和测量开关电源输出电压，判断

故障范围。

(1) 指示灯亮，开关电源始终处于待机状态

开机后无高压建立的声音，开关电源输出电压始终为低电平，同时无数字板小信号处理的受控的12V、9V、5V-1F电源输出，说明微处理器未进入开机状态，故障在以微处理器和数字处理电路U301为核心的控制电路和待机电路。常见为微处理器工作条件不具备，如无电压供电，复位、时钟振荡电路故障，导致微处理器未进入工作状态；另外当U301通过I^2C总线系统检测到被控电路发生故障或总线信息传输电路发生故障时，U301均会采取不开机或待机保护措施。

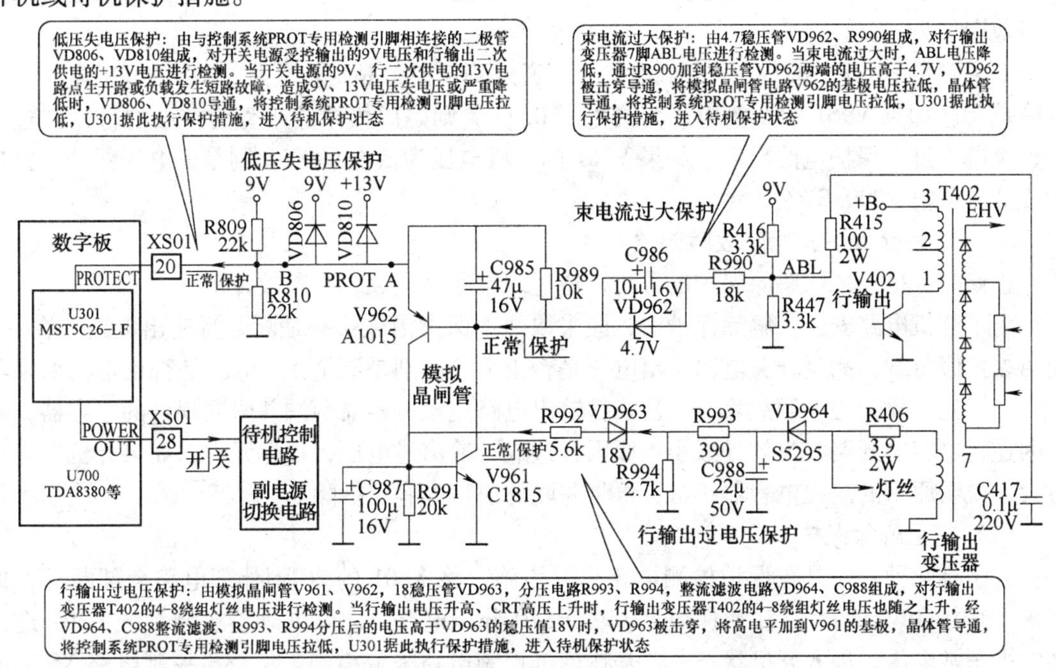

图4-1 康佳P29AS390高清彩电保护电路图解

(2) 指示灯亮，开关电源输出电压上升后降低

开机后有高压建立的声音，输出电压上升后降低，是微处理器PROT专用检测保护电路启动所致。重点检测PROTECT专用保护电路的模拟晶闸管检测电路和失电压保护检测电路。

2. 测量关键点电压，判断是否保护

康佳P29AS390高清彩电的保护电路，均通过微处理器进行故障检测和执行保护，保护时进入待机状态，与微处理器控制系统故障和待机控制电路故障现象相同，产生不开机和自动关机故障。检修时首先判断是否进入保护状态，然后查找引起保护的电路和元器件。

(1) 判断是否保护电路启动

开机后或自动关机时，测量连接器XS01与保护相关的20脚PROT保护检测电压和28脚POWER开关机控制电压。20脚PROT保护检测电压正常时为4V左右高电平，28脚POWER电压开机时为低电平0V，待机时为高电平5V。

如果不开机或自动关机时20脚的PROT保护检测电压为低电平2V以下，同时28脚POWER电压由开机时的低电平变为高电平，则是PROT保护电路启动；如果不开机或自动

关机时20脚的PROT保护检测电压为高电平4V以上，同时28脚POWER电压由开机时的低电平变为高电平，则是数字处理和微处理器电路U301电路故障或通过总线系统检测到被控电路或总线信息传输系统故障，执行的待机保护；如果不开机或自动关机时20脚的PROT保护检测电压为高电平4V以上，同时28脚POWER电压为开机低电平，则是电源板电路故障。

（2）判断是哪路检测电路引起的保护

通过测量连接器XS01与保护相关的20脚PROT保护检测电压为低电平，说明该保护电路启动，由于PROT保护检测电路有三路，可通过测量关键点电压和解除保护的方法，判断故障范围。

如果测量20脚PROT电压为低电平，可通过测量模拟晶闸管电路V961的b极电压判断故障范围。如果V961的b极电压为高电平0.7V，则是以模拟晶闸管为核心的行输出过电压、束电流过大保护电路启动；如果V961的b极电压为低电平0V，则是失电压保护电路启动或分压电阻R809开路。

3. 暂短解除保护，确定故障部位

检修时，也可采取解除保护的方法，通过观察故障现象，判断故障范围。

为了整机电路安全，解除保护前，应采取两项保护措施：一是断开行输出电路，在+B输出端接假负载，测量开关电源输出电压是否正常，特别是测量+B电压是否正常，如果不正常，首先排除开关电源故障；二是在行输出电路逆程电容器两端并联同规格的电容器，避免因逆程电容器开路、失效、减小等原因，造成行输出过电压，损坏元件，如果开机后光栅过大，说明原来的逆程电容器正常，再将并联的逆程电容器拆除。

（1）完全解除保护

方法有两种：一是在保护检测电路采取措施，将XS01的20脚外部电路全部断开，即将图4-1中的B点断开，注意保留R809、R810分压电路，向微处理器控制系统U301送入高电平正常电压，进入开机状态；二是在待机控制电路采取措施，将待机控制电路XS01的28脚对地短接，迫使待机控制电路进入开机状态。

（2）逐路解除保护

首先将图4-1中的A点断开，即断开模拟晶闸管电路V962与XS01的20脚连接，开机测量20脚电压。如果断开A点后，20脚电压恢复正常高电平4V以上，则是以模拟晶闸管为核心的行输出过电压或束电流过大保护电路启动；如果断开A点后，20脚电压仍为低电平2V以下，则是失电压检测电路引起的保护，可通过测量9V和+13V电压判断是哪路失电压引起的保护。

当判断模拟晶闸管保护电路启动时，将A点连接，分别将R990、R992断开，进行开机试验，如果断开R990后开机不再保护，则是束电流过大保护检测电路引起的保护；如果断开R992后，开机不再保护，则是行输出过电压保护检测电路引起的保护。

解除保护后，开机测量开关电源各路输出电压，重点测量+B电压，如果输出电压过高或过低，是稳压电路故障，重点检查稳压电路；如果+B电压正常，拆出假负载，恢复行输出电路，观察故障现象，如果电视机恢复正常，则是断开的故障检测、保护执行电路元件变质，引起的误保护，如果电视机存在光栅、图像、伴音故障，则是与其相关的电路引起的保护，重点检测相关的功能电路。

4.1.3　保护电路维修实例

例4-1：康佳P29AS390高清彩电，开机后自动关机，指示灯亮。

分析与检修： 自动关机时，测量开关电源输出电压降低，同时测量连接器XS01的20脚PROT保护检测电压为低电平0.7V，28脚POWER开关机控制电压为高电平，判断PROT保护电路启动。

采取解除保护的方法判断故障范围。首先断开行输出电路，接假负载，将XS01的28脚对地短接，开机测量开关电源输出电压正常。再拆除假负载，恢复行输出电路，并联6800pF逆程电容器，将图4-1的A点断开，开机后不再保护，光栅和图像恢复正常，特别是光栅的尺寸并未增大多少，说明原逆程电容器有开路、失效故障，造成行输出电压升高，引起行输出过电压保护电路启动而自动关机。对逆程电容器C401、C402、C403进行检测，发现C402（5600P）失效，更换C402，恢复保护电路后，故障排除。

例4-2：康佳P29AS390高清彩电，指示灯亮，整机三无。

分析与检修： 指示灯亮，说明开关电源已起振，测量开关电源输出电压，遥控开机后有上升的趋势和行扫描工作的声音，然后又降到低电平，此时测量XS01的20脚PROT电压为低电平，XS01的28脚POWER电压为高电平，测量模拟晶闸管V961的b极电压由开机瞬间的0V上升到0.7V，模拟晶闸管保护电路启动。

采用解除保护的方法，分别将R990、R992断开，进行开机试验。当断开R990后开机不再保护，判断束电流过大保护检测电路引起的保护。对束电流电路进行检测，发现电阻R416（3.3k）烧焦开路，更换R416恢复R990后，开机不再保护。但几天后，故障再次发生，经检查R416再次烧焦，经询问用户，发生故障时，曾经听到机内发出“啪啪”的打火声，说明行输出高压有漏电打火现象，造成束电流过大，将R416烧焦。经过检查，发现行输出变压器聚焦调整部位，有穿孔现象，用螺钉旋具接近时，有打火现象。将穿孔部位用一比一胶封闭后，故障未再出现。

4.2　康佳FG机心高清彩电保护电路速修图解

康佳FG高清机心，微处理器控制电路采用SDA555X，信号处理集成电路有：视频输出与扫描处理电路SDA9380、视频解码数字分量输出电路VPC3230D、格式转换与3D处理电路FLI2300、音频处理电路MSP3463G、模式转换电路MST9883B、快闪存储器KM432S2030C、电子开关电路P15V330A等。

适用机型：康佳P29FG058、P29FG108、P29FG188、P29FG188U、P29FG188U2、P29FG282、P29FG297、P28FG298（16∶9）、P32FG298（16∶9）、P32FG298U（16∶9）、P34FG218、P34FG218U、P34FG109、P34FG189、P34FG217等FG系列高清彩电。

康佳FG机心高清彩电，开关电源初级电路采用厚膜电路KA5Q1265RF，微处理器的副电源取自主电源，待机采用降低主电源输出电压和切断行振荡电路等小信号处理电路供电的方式。

康佳FG机心高清彩电，在行输出电路，设有以模拟晶闸管电路为核心的X射线过高保护电路、束电流过大保护电路，保护电路启动时，模拟晶闸管电路导通，迫使待机控制电路动作，将开关电源输出电压降低，行扫描电路因电压过低停止工作，达到保护的目的。本节以康佳P29FG188高清彩电为例，介绍康佳FG机心待机与保护电路速修图解。

4.2.1 保护电路原理图解

1. 待机控制电路

待机控制电路如图 4-2 所示，由三部分组成：一是由 V952、V953 组成的 8V、12V 供电电源控制电路，待机时切断小信号处理电路的 8V、12V 供电；二是由四端稳压器 N954（PQ05RD21）组成的 5V-1F 供电电源控制电路，待机时切断小信号处理电路的 5V-1F 供电；三是由 V954、VD961 组成的待机主电源降压控制电路，待机时降低开关电源输出电压。

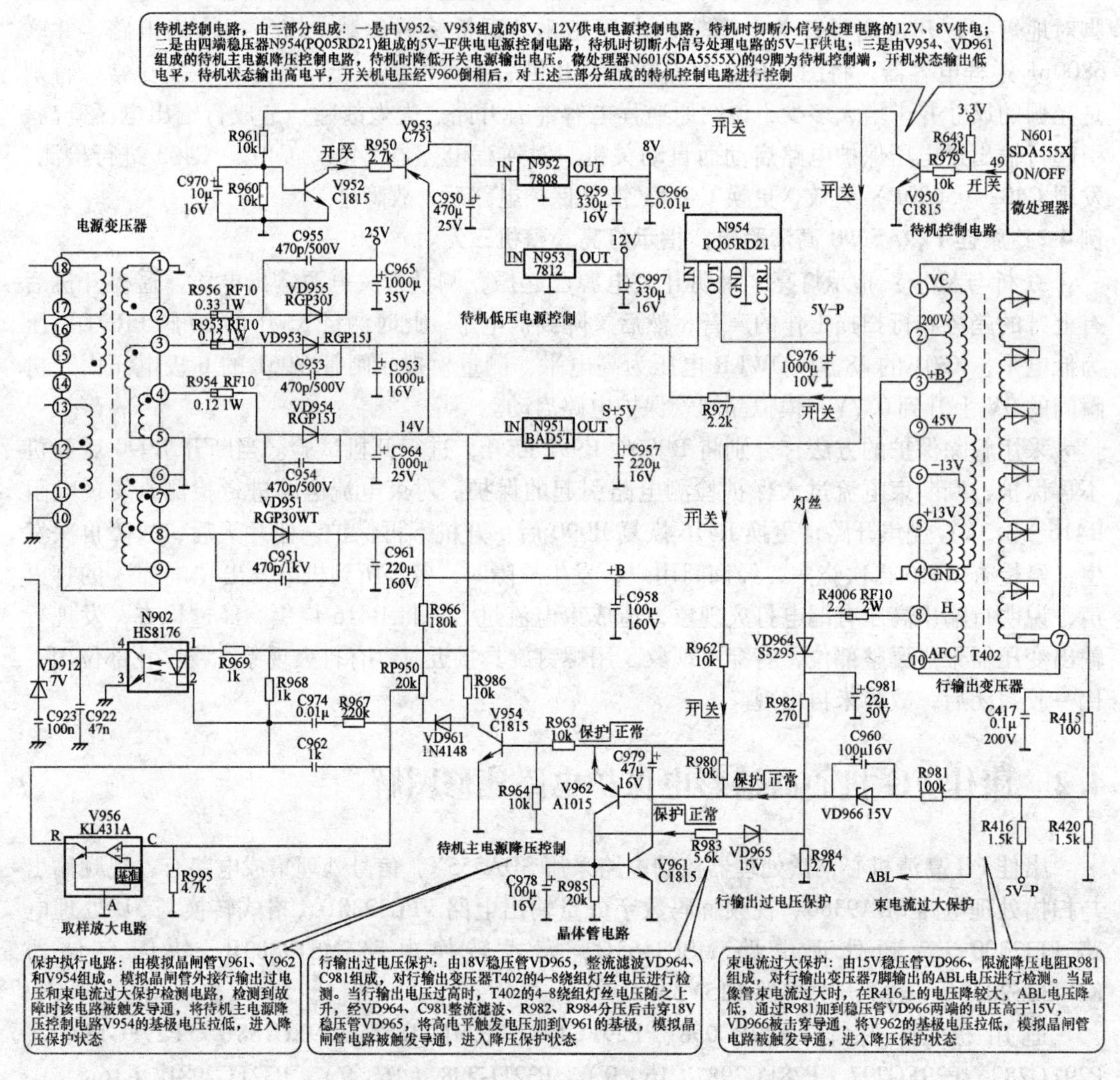

图 4-2 康佳 P29FG188 彩电电源与保护电路图解

微处理器 N601（SDA5555X）的 49 脚为待机控制端，开关机电压经 V960 倒相后，对上述三部分组成的待机控制电路进行控制。

（1）开机状态

遥控开机时，微处理器 N601 的 49 脚输出低电平开机电压，使 V960 截止，c 极输出高电平，该高电平分为三路：

第一路通过 R961 加到低压电源控制电路 V952 的 b 极，V952 导通，使 12V、8V 供电电源控制电路的V953导通，将14V电压加到8V稳压电路N952和12V稳压电路N953的输入端，向数字板和小信号处理电路提供8V、12V电源。

第二路直接将高电平加到四端稳压器N954（PQ05RD21）的CTRL控制端，使N954导通，向小信号处理电路提供5V-1F供电，数字板和小信号处理电路启动工作。

第三路经R962送到主电源降压控制电路V954的b极，使V954导通、VD961截止，对取样误差放大电路V956的C端取样电压不产生影响，开关电源由取样误差放大电路V956控制，输出高电压，向负载电路供电。

（2）待机状态

遥控关机时，微处理器N601的49脚输出高电平待机电压，使V960导通，c极输出低电平，该低电平分为三路：

第一路通过R961加到8V、12V供电电源控制电路的V952的b极，V952和V953截止，切断数字板和小信号处理电路的8V、12V供电。

第二路直接将低电平加到四端稳压器N954（PQ05RD21）的CTRL控制端，使N954截止，切断数字板和小信号处理电路5V-1F供电，数字板和小信号处理电路停止工作。

第三路经R962送到主电源降压控制电路V954的b极，使V954截止、其c极变为高电平，VD961导通，将开关电源输出的14V电压通过R986、VD961加到取样误差放大电路V956的C脚，使C脚电压升高，R脚电压降低，将光耦合器N902的2脚电压拉低，流过光耦合器N902的电流增加，内部发光二极管发光增强，光敏晶体管电流增加，将KA5Q1265RF的4脚电压拉低，激励脉冲脉宽变窄，开关管导通时间缩短，开关电源输出的各路电压降低，约为开机状态的二分之一左右，行输出电路因电压过低停止工作，整机进入待机状态。

2. 保护电路原理

康佳P29FG188高清彩电，依托待机主电源降压控制电路，设置了V961、V962模拟晶闸管电路为核心的保护电路，如图4-2所示。具有行输出过电压保护和束电流过大保护功能，发生故障时，模拟晶闸管V961、V962被触发导通，将待机主电源降压控制电路V954的b极电压拉低，VD961导通，与待机控制功能相同，将主电源输出电压降到开机状态的二分之一左右，行输出电路因电压过低停止工作，达到保护的目的。

康佳P29FG188高清彩电的模拟晶闸管保护电路，主要控制V962、V961“自锁”，使V954截止，使开关稳压电源降低电压输出，行扫描停振，从而达到保护的目的。而实际上出现保护后，行并未停振，屏上有不满幅的光栅，机内发出“吱吱”叫声。很显然，这样保护关机后，若用户不在现场未能及时手动关机，将会引起其他故障。经过对保护电路的测量，主要是低压电源控制电路在保护时，还在向数字板和小信号处理电路供电。

改进方案：将R962的阻值由原来的10kΩ改为100Ω，同时把R977的阻值改为10kΩ即可。此改进方法简单，效果良好，经试验，保护时V952的b极电压只有0.3V，处于截止状态，使N952、N953无输出，完全达到降压、行扫描停振的目的，真正地使整机处于降压保护状态。

4.2.2　保护电路维修提示

1. 观察故障现象，判断故障范围

由于以KA5Q1265RP为核心的初级保护电路执行保护时，一是使驱动电路停止工作。

二是进入间歇振荡状态，保护时出现开关电源无电压输出或输出电压降低的故障现象；模拟晶闸管保护电路启动，开关电源输出电压降低。检修时，可根据指示灯的变化和测量开关电源输出电压，判断故障范围。

（1）指示灯亮，开关电源始终处于待机状态

开机后无高压建立的声音，开关电源输出电压始终为低电平，同时无数字板小信号处理的受控的12V、8V、5V-1F电源输出，说明微处理器未进入开机状态，故障在以微处理器N601为核心的控制电路和待机电路。常见为微处理器工作条件不具备，如无电压供电，复位、时钟振荡电路故障，导致微处理器未进入工作状态；另外当N601通过I^2C总线系统检测到被控电路发生故障或总线信息传输电路发生故障时，N601均会采取不开机或待机保护措施。

（2）指示灯亮，开关电源输出电压上升后降低

开机后有高压建立的声音，输出电压上升后降低，是模拟晶闸管保护电路启动所致。重点检测模拟晶闸管外接的行输出过电压保护和束电流过大保护检测电路。

2. 测量关键点电压，判断是否保护

康佳P29FG188高清彩电的模拟晶闸管保护电路，通过主电源待机降压控制电路执行保护，保护时开关电源输出电压降低到开机状态的二分之一左右。与微处理器控制系统故障和待机控制电路故障现象相同，产生不开机和自动关机故障。检修时首先判断是否进入保护状态，然后查找引起保护的电路和元件。

（1）判断是否保护电路启动

开机后或自动关机时，测量模拟晶闸管电路V961的b极电压和微处理器待机控制端49脚电压。模拟晶闸管电路V961的b极电压正常时为低电平0V，微处理器待机控制端49脚电压开机状态为低电平0V，待机状态为高电平4V以上。

如果不开机或自动关机时模拟晶闸管电路V961的b极电压由低电平变为高电平0.7V，而微处理器的49脚为开机低电平，则是模拟晶闸管保护电路启动，进入降压保护状态；如果不开机或自动关机时模拟晶闸管电路V961的b极电压始终为开机低电平0V，而微处理器的49脚为待机高电平，则是微处理器控制系统故障或微处理器通过总线系统检测到被控电路发生故障，采取待机保护措施；如果不开机或自动关机时模拟晶闸管电路V961的b极电压始终为开机低电平0V，微处理器的49脚为开机低电平，则是电源板电路故障，可通过测量待机控制电路的V954的b极电压和开关电源输出电压判断故障范围。

如果开关电源输出电压为正常值的二分之一低电压，同时V954的b极电压为高电平0.7V，则是微处理器待机控制电路故障，重点检查微处理器49脚外部的开关机电压倒相电路V960；如果开关电源输出电压为正常值的二分之一低电压，V954的b极电压为低电平0V，则是电源初级电路或稳压环路故障，重点检查V956取样误差放大电路、光耦合器N902和开关电源初级电路N901；如果开关电源输出电压为正常值高电压，而数字板小信号电路受控电源无电压输出，则是受控低压电源故障，重点检查V952、V953、N954低压电源控制电路；如果开关电源输出电压为正常值高电压，数字板小信号电路受控电源也正常，电视机仍不开机，则是数字板小信号处理电路或行扫描电路故障。

（2）判断是哪路检测电路引起的保护

可在开机后保护前的瞬间或解除保护后，测量晶闸管保护检测电路稳压二极管的两端电压，行输出过电压保护电路测量VD965两端电压，如果高于其稳压值18V，则是该保护电

路引起的保护；束电流过大保护检测电路测量VD966两端电压，如果高于其稳压值15V，则是该保护检测电路引起的保护。

3. 暂短解除保护，确定故障部位

检修时，也可采取解除保护的方法，通过观察故障现象，判断故障范围。

为了整机电路安全，解除保护前，应采取两项保护措施：一是断开行输出电路，在+B输出端接假负载，测量开关电源输出电压是否正常，特别是测量+B电压是否正常，如果不正常，首先排除开关电源故障；二是在行输出电路逆程电容器两端并联同规格的电容器，避免因逆程电容器开路、失效、减小等原因，造成行输出过电压，损坏元件，如果开机后光栅过大，说明原来的逆程电容器正常，再将并联的逆程电容器拆除。

（1）完全解除保护

在保护执行电路模拟晶闸管电路采取措施，将V962的e极断开或将V962拆除，切断模拟晶闸管保护电路对待机主电源降压控制电路的影响。

（2）逐路解除保护

如果确定是模拟晶闸管保护电路启动，可恢复V962，逐个断开保护检测电路与晶闸管电路的连接，行输出过电压保护电路断开VD965，如果断开后开机不再保护，则是行输出过电压检测电路引起的保护；束电流过大保护电路断开VD966，如果断开后开机不再保护，则是束电流过大保护检测电路引起的保护。

解除保护后，开机测量开关电源各路输出电压，重点测量+B电压，如果输出电压过高或过低，是稳压电路故障，重点检查稳压电路；如果+B电压正常，拆出假负载，恢复行输出电路，观察故障现象，如果电视机恢复正常，则是断开的故障检测、保护执行电路元件变质，引起的误保护；如果电视机存在光栅、图像、伴音故障，则是与其相关的电路引起的保护，重点检测相关的功能电路。

4.2.3　保护电路维修实例

例4-3：康佳P29FG188高清彩电，光栅幅度较小，且机内发出“吱吱”声。

分析与检修：据用户称，出现此故障时，有时拍一下机壳又可正常工作。怀疑机内存在接触不良的地方，但检查了开关电源及行、场输出电路未发现虚焊点。故障时测得+B电压仅为+73V，+14V电压仅为7.8V，均为低电平，由此判断一是进入待机状态；二是保护电路启动。

如果是进入待机状态，但待机状态时不应有光栅。按动遥控器上的开/待机键，虽然光栅消失了，但+B电压仍为+73V，+14V电压仍为7.8V。此时测量模拟晶闸管电路V961的b极电压由低电平变为高电平0.7V，而微处理器的49脚为开机低电平，判断是模拟晶闸管保护电路启动，进入降压保护状态。

采取逐路解除保护的方法维修：当断开束电流过大保护电路VD966时，开机不再发生光栅幅度较小的故障，开关电源输出电压恢复正常，判断束电流过大保护电路有故障。对该保护电路元件进行检查，发现束电流ABL电路中的R416一端虚焊，补焊后故障排除。

过电流保护电路起控后，对于还有光栅的问题分析认为：当R416脱焊后，开机工作时T402的7脚电位下降，V962导通，V954因b极为低电平而截止，开关电源进入待机状态；由于R962的阻值较大。V962的c极的低电平并不能使V952、V953截止，从而出现+B电压大幅下降，但行、场仍在工作的怪现象。试着减小R962的阻值，当R962减至3.3kΩ时，若断开 R416，整机进入待机状态，不再有光栅出现，这说明上述分析正确。

提示：厂家根据该机保护电路的设计缺欠，提出了相应的技改方案：短接 R962，将 R977 的阻值改为 10kΩ，从而确保保护电路启动时，V962 导通，同时 V952、V953 截止，切断数字板和小信号处理电路供电，避免出现小光栅的故障。

例 4-4：康佳 P29FG188 高清彩电，指示灯亮，无图无声，光栅缩小。

分析与检修：指示灯亮，说明开关电源已起振，测量开关电源输出电压，遥控开机后有上升的趋势和行扫描工作的声音，然后又降到低电平，此时测量模拟晶闸管 V961 的 b 极电压由开机瞬间的 0V 上升到 0.7V，模拟晶闸管保护电路启动，与例 4-3 相同，造成光栅缩小故障。

采用解除保护的方法，分别将 VD965、VD966 断开，进行开机试验。当断开 VD966 后开机不再保护，判断束电流过大保护检测电路引起的保护。对束电流电路进行检测，发现电阻 R416（1.5k）烧焦开路，更换 R416 恢复 VD966 后，开机不再保护。并按照厂家技改方案，对保护电路进行如例 4-3 所示的技改。

例 4-5：康佳 P29FG188 高清彩电，开机后自动关机，指示灯亮。

分析与检修：自动关机时，测量开关电源输出电压降低，同时测量模拟晶闸管电路 V961 的 b 极电压为高电平 0.7V，而微处理器的 49 脚电压为开机低电平，判断模拟晶闸管保护电路启动。

采取解除保护的方法判断故障范围。首先断开行输出电路，接假负载，将模拟晶闸管电路 V962 拆除，开机测量开关电源输出电压正常。再拆除假负载，恢复行输出电路，并联 6800pF 逆程电容器，开机后不再保护，光栅和图像恢复正常，特别是光栅的尺寸并未增大多少，说明原逆程电容器有开路、失效故障，造成行输出电压升高，引起行输出过电压保护电路启动而自动关机。对逆程电容器 C401、C402、C403 进行检测，发现 C402（5600pF）失效，更换 C402，恢复保护电路后，故障排除。

4.3 康佳 I 系列变频彩电保护电路速修图解

康佳 I 系列变频彩电，是在 T 系列高清彩电之后，为适应多层次消费群体需要，开发设计的中低价位的数字变频彩电。总线系统主控电路微处理器采用 HOT98C02A 控制系统，存储器型号为 24C16；被控电路有：数字视频处理芯片 DPTV-MV6720（U1）、数字音频处理芯片 MSP3463G（N201）、视频信号放大电路 SID2500、行场扫描处理电路 SID2511 等，高中频处理电路优选了 CRT 彩电的成熟电路，具有图像细腻、伴音清晰、结构简洁、性价比高的特点。

适用机型：康佳 P2958I、P2902I、P2916I、P3460I 等 I 系列数字高清系列彩电。

康佳 P2958I 变频彩电，主电源采用以电源控制芯片 TDA16846 和大功率场效应晶体管 V901 为核心的并联型开关电源；副电源取自主电源，待机控制采用切断数字板和小信号处理电路供电的方式。

康佳 I 系列变频彩电，在待机控制电路设置了模拟晶闸管保护电路，具有行输出过电压保护，束电流过大保护功能，保护电路启动时，迫使待机控制电路动作，切断数字板和小信号处理电路供电达到保护的目的。

本节以康佳 P2958I 变频彩电为例，介绍康佳 I 系列变频彩电模拟晶闸管保护电路速修图解。

4.3.1　保护电路原理图解

康佳 P2958I 变频彩电，依托待机控制电路设置了以 V909、V948 模拟晶闸管为核心的保护电路，如图 4-3 所示。具有行输出过电压保护，束电流过大保护功能，保护电路启动时，迫使待机控制电路动作，切断数字板和小信号处理电路供电达到保护的目的。

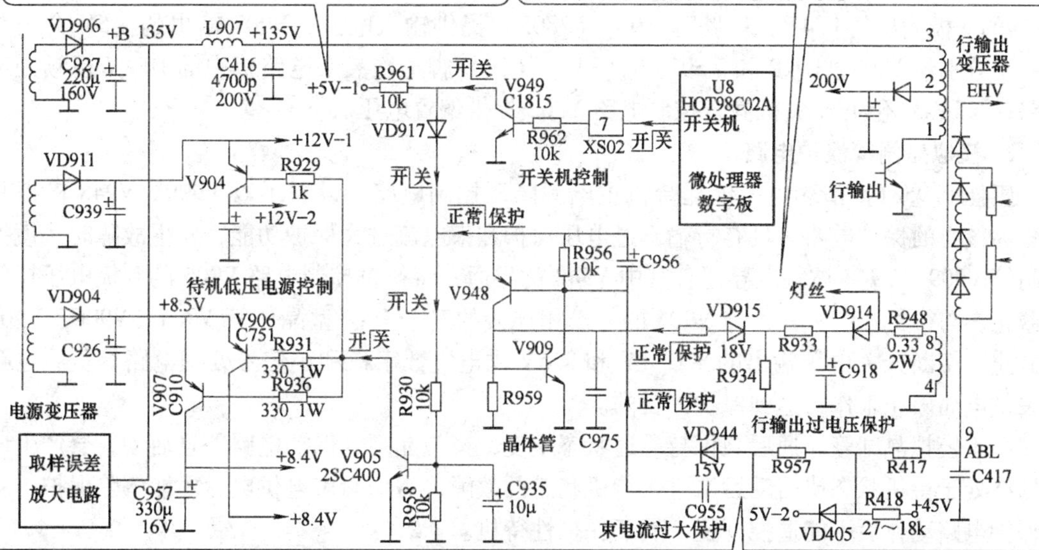

图 4-3　康佳 P2958I 彩电保护电路图解

1. 待机控制电路

康佳 P2958I 变频彩电的待机控制电路，由数字板上的微处理器 U8（HOT98C02A）的开关机控制端和电源扫描板上的 V949、V905、V904、V906、V907 组成，对数字板和小信号处理电路的低压供电进行控制。

康佳 P2958I 变频彩电信号处理电路的直流供电分别由 +5V-1、+5V-2、+5V-3、+9V、+12V-1、+12V-2、+12V-3 提供。其中 +5V-1、+12V-1 是直接由开关稳压电源输出，其余 +5V-2、+5V-3、+9V、+12V-2 均是受控稳压输出，当电视机处于待机和保护关机状态，仅仅只有 +5V-1 和 +12V-1 输出，以保证微处理器电路和遥控、按键电路正常工作。只有当行输出电路正常工作时，才有 +12V-3 稳压电源输出，以提供视频信号处理等电路的工作电源。

本机设有三组受控稳压输出电路，即由 V949、V905 控制 V904、V906、VC907 等元件组成的三路开关电路，决定 +12V-1 和 8. 5V 整流电源输往信号处理电路的通断。

受控开关管 V904 的 e 极接 +12V-1 电源，当 V904 处于“导通”状态时，V904 的 c 极输出的 +12V 命名为 +12V-2，此组电源分多路向后续信号处理电路提供电源，一路经 VD421、L406、R460，向行场扫描小信号处理电路 N302（SID2511）提供电源；一路经 N904（7809）稳压输出 +9V 为中放电路 V101、V104 以及伴音处理电路 N201（MSP3463G）提供电源，还分别为扫描速度调制电路和由 V903、V904 组成的枕校电路提供电源。

受控开关管 V906 的 e 极接 VD904 整流输出的 +8.5V，在 V906 导通状态时，V906 的 c 极输出约 8.4V，经 N905（7805）稳压后输出 +5V，为了与 N906 输出的 +5V 区别，将此组 +5V 命名为 +5V-2，为伴音处理集成电路 N201、中放电路 N101、V116、V114、V115 供电，同时经 L909 和 XS01 的（32）脚为数字信号处理电路供电。

受控开关管 V907 的 e 极也接整流二极管 VD904 输出的 8.5V，V907 处于导通状态时，V907 的 c 极输出约 8.4V，一路为 N907（7805）提供输入电源，N907 输出的 +5V 命名为 5V-3，分别经 L908、L910 和 XS01 的（14）、（19）脚送往数字电路板中的 DPTV 视频处理电路；+5V-3 还为开/关机静音控制电路 Y202 提供偏置电压。

2. 模拟晶闸管保护电路

康佳 P2958I 高清彩电，依托待机主电源降压控制电路，设置了以 V909、V948 模拟晶闸管为核心的保护电路。具有行输出过电压保护和束电流过大保护功能，发生故障时，模拟晶闸管 V909、V948 被触发导通，其中 V948 的导通，将待机控制电路 V905 的 b 极电压拉低而截止，与待机控制一样，与 V905 的 c 极相连接的三个 PNP 型晶体管 V904、V906、V907 均截止，切断开关电源输出的 +12-1V 和 8.5V 供电，数字板和小信号处理电路等负载电路失去供电而停止工作，达到保护的目的。

由于模拟晶闸管导通后会保持导通状态不变，模拟晶闸管保护电路一旦启动，会产生该机始终处于待机状态或启动后又进入待机状态的故障，需切断市电供电后才能解除保护，所以保护电路动作后不能遥控开机，属于保护性待机。

4.3.2 保护电路维修提示

以模拟晶闸管为核心的保护电路启动时，迫使待机电路动作，切断数字板和小信号处理电路的供电，进入待机保护状态；特点是：指示灯亮，开关电源输出电压正常，数字板和小信号处理电路失去供电，行扫描电路停止工作。检修时，可通过测量关键点电压和解除保护的方法，判断故障范围。首先判断是否进入保护状态，然后查找引起保护的电路和元件。

1. 测量关键点电压，判断是否保护

（1）判断是否保护电路启动

开机后或自动关机时，测量模拟晶闸管电路 V909 的 b 极电压和微处理器待机控制电路 V949 的 b 极电压。模拟晶闸管电路 V909 的 b 极电压正常时为低电平 0V，V949 的 b 极电压开机状态为低电平 0V，待机状态为高电平 4V 以上。

如果不开机或自动关机时模拟晶闸管电路 V909 的 b 极电压由低电平变为高电平 0.7V，而 V949 的 b 极电压为开机低电平，则是模拟晶闸管保护电路启动，进入降压保护状态；如果不开机或自动关机时模拟晶闸管电路 V909 的 b 极电压始终为低电平 0V，而 V949 的 b 极电压为待机高电平，则是微处理器控制系统故障或微处理器通过总线系统检测到被控电路发生故障，采取待机保护措施；如果不开机或自动关机时模拟晶闸管电路 V909 的 b 极电压始终为开机低电平 0V，V949 的 b 极电压为开机低电平，则是电源板电路故障。

（2）判断是哪路检测电路引起的保护

可在开机后保护前的瞬间或解除保护后，测量晶闸管保护检测电路稳压二极管的两端电压：行输出过电压保护电路测量 VD915 两端电压，如果高于其稳压值 18V，则是该保护电路引起的保护；束电流过大保护检测电路测量 VD944 两端电压，如果高于其稳压值 15V，则是该保护检测电路引起的保护。

2. 暂时解除保护，确定故障部位

检修时，也可采取解除保护的方法，通过观察故障现象，判断故障范围。

为了整机电路安全，解除保护前，应采取两项保护措施：一是断开行输出电路，在 +B 输出端接假负载，测量开关电源输出电压是否正常，特别是测量 +B 电压是否正常，如果不正常，首先排除开关电源故障；二是在行输出电路逆程电容器两端并联同规格的电容器，避免因逆程电容器开路、失效、减小等原因，造成行输出过电压，损坏元件，如果开机后光栅过大，说明原来的逆程电容器正常，再将并联的逆程电容器拆除。

（1）完全解除保护

在保护执行电路模拟晶闸管电路采取措施，将 V948 的 e 极断开或将 V948 拆除，切断模拟晶闸管保护电路对待机控制电路的影响。

（2）逐路解除保护

如果确定是模拟晶闸管保护电路启动，可恢复 V948，逐个断开保护检测电路与晶闸管电路的连接：行输出过电压保护电路断开 VD915，如果断开后开机不再保护，则是行输出过电压检测电路引起的保护；束电流过大保护电路断开 VD944，如果断开后开机不再保护，则是束电流过大保护检测电路引起的保护。

解除保护后，开机测量开关电源各路输出电压，重点测量 +B 电压，如果输出电压过高或过低，是稳压电路故障，重点检查稳压电路；如果 +B 电压正常，拆出假负载，恢复行输出电路，观察故障现象，如果电视机恢复正常，则是断开的故障检测、保护执行电路元件变质，引起的误保护；如果电视机存在光栅、图像、伴音故障，则是与其相关的电路引起的保护，重点检测相关的功能电路。

4.3.3　保护电路维修实例

例 4-6：康佳 P2958I 高清彩电，开机后，自动关机。

分析与检修：据用户称，出现此故障时，有时拍一下机壳又可正常工作。怀疑机内存在接触不良的地方，但检查了开关电源及行、场输出电路未发现虚焊点。故障时测得 +B 电压正常，此时测量模拟晶闸管电路 V909 的 b 极电压由低电平变为高电平 0.7V，而待机控制电路的 V949 的 b 极为开机低电平，判断是模拟晶闸管保护电路启动，进入保护状态。

采取逐路解除保护的方法维修：当断开束电流过大保护电路 VD944 时，开机不再发生自动关机故障，判断束电流过大保护电路有故障。对该保护电路元件进行检查，发现束电流 ABL 电路中的 R418 一端虚焊，补焊后故障排除。

例 4-7：康佳 P2958I 高清彩电，指示灯亮，自动关机。

分析与检修：指示灯亮，说明开关电源已起振，测量开关电源输出电压正常，自动关机时测量模拟晶闸管 V909 的 b 极电压由开机瞬间的 0V 上升到 0.7V，说明模拟晶闸管保护电路启动。

采用解除保护的方法，分别将 VD915、VD944 断开，进行开机试验。当断开 VD944 后开机不再保护，判断束电流过大保护检测电路引起的保护。对束电流电路进行在路检测，未见异常，考虑到稳压管的稳压值在路无法测量，试验更换15V稳压管VD944后，开机不再保护。

例4-8：康佳P2958I高清彩电，开机后自动关机，指示灯亮。

分析与检修：自动关机时，测量开关电源输出电压降低，同时测量模拟晶闸管电路V909的b极电压为高电平0.7V，而微处理器的49脚电压为开机低电平，判断模拟晶闸管保护电路启动。

采取解除保护的方法判断故障范围。首先断开行输出电路，接假负载，将模拟晶闸管电路V948拆除，开机测量开关电源输出电压正常。再拆除假负载，恢复行输出电路，并联6800pF逆程电容器，开机后不再保护，光栅和图像恢复正常，特别是光栅的尺寸并未增大多少，说明原逆程电容器有开路、失效故障，造成行输出电压升高，引起行输出过电压保护电路启动而自动关机。更换逆程电容后，故障排除。

例4-9：康佳P2902I高清彩电，开机后自动关机，黄色指示灯亮。

分析与检修：由于黄色指示灯亮，可确定电源和微处理器工作正常，应重点检查行输出过电压保护电路和束电流过大保护电路。自动关机时，测量模拟晶闸管电路V909的b极电压为0.7V高电平，判断该保护电路启动。

采取解除保护的方法，将V948拆除或断开V948与待机控制电路的V905b极的连接后，强行开机不再保护，测VD915负端直流电压为20V，不正常。VD915是18V稳压管，正常电压应不高于18V，确定该电压高于18V引起X射线保护电路动作而保护关机。此时，测量开关电源输出电压正常，且声光图正常，判断是行输出过电压保护电路元件变质，引起的误保护。对该保护检测电路元件进行测，发现分压电阻R934（3.3k）阻值已无穷大，将R934更换后再试机，VD915负端电压为15V左右，电视机不再保护关机。

4.4 康佳TG系列高清彩电保护电路速修图解

康佳TG高清机心，采用的集成电路有：视频、音频数字和微处理器控制电路N401（FLI8530）、视频和行场信号处理电路U501（TB1307）、中频处理电路N101（LA75520K）、场输出电路N440（STV8172A）、伴音功放电路N201（TDA2616）、音频切换电路N202（NJW1185）等。

适用机型：康佳TGP29TG383、P28TG529E、SP29TG529E、SP29TG636A、P29TG383、P29TG528、P32TG520、SP32TG529E、P34TG383等TG系列高清彩电。

康佳TG高清机心，开关电源初级电路采用厚膜电路FSCQ1265RT，微处理器的副电源取自主电源，待机采用降低主电源输出电压和切断行振荡电路等小信号处理电路供电的方式。

康佳TG高清机心，在电源次级和行输出电路，设有9V、5V-P、+27V、4V失电压保护电路、由模拟晶闸管电路组成的X射线过高保护电路、束电流过大保护电路，保护电路启动时，将保护信息送往数字处理电路的微处理器N401（FLI8530），N401据此执行待机动作，进入待机保护状态。本节以康佳P29TG383高清彩电为例，介绍康佳TG高清机心保护电路的速修图解。

4.4.1　保护电路原理图解

康佳 P29TG383 高清彩电的保护电路如图 4-4 所示。通过微处理器进行故障检测和执行保护。数字板上的微处理器和数字处理电路 N401（FLI8530），一是通过 I^2C 总线系统对各个被控电路进行检测，当检测到被控电路发生故障或总线信息传输电路发生故障时，N401 均会采取不开机或待机保护措施；二是 N401 还设有 PROT 专用检测引脚，通过连接器 XS01 的 20 脚与扫描板的模拟晶闸管保护和供电失电压保护检测电路相连接。PROT 专用检测引脚正常时为高电平，当保护检测电路检测到故障时，将 PROT 专用检测引脚电压拉低，N401 据此执行保护动作，从待机控制端 STANDBY 发出高电平待机指令，迫使待机控制电路动作，进入待机保护状态。

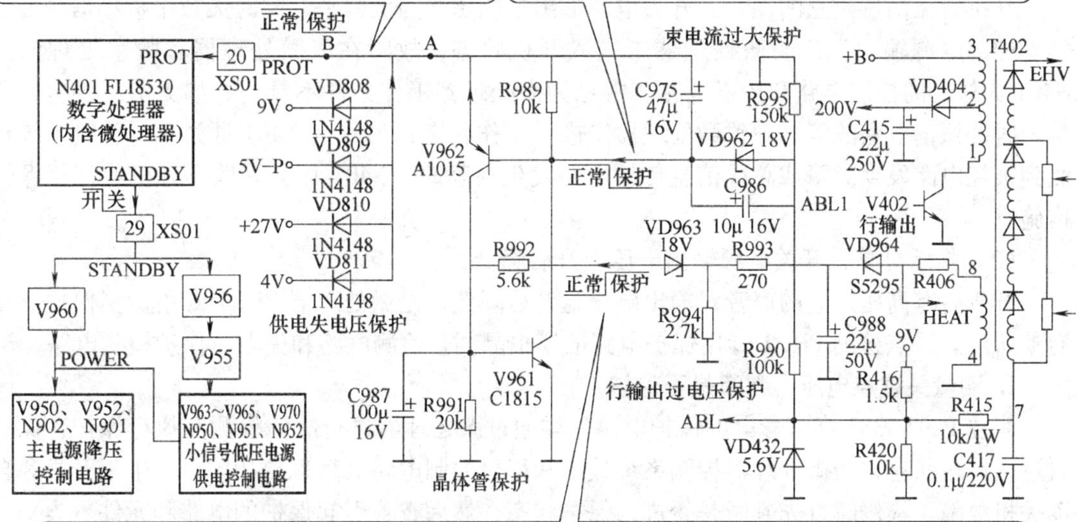

图 4-4　康佳 P29TG383 高清彩电保护电路图解

1. 模拟晶闸管保护电路

V961 和 V962 组成模拟晶闸管保护电路，其中 V961 的 b 极外接行输出过电压保护检测电路，V962 的 b 极外接显像管束电流过大保护电路。上述两路保护检测电路检测到故障时，触发模拟晶闸管电路触发导通，将微处理器的 PROT 保护引脚电压拉低，微处理器据此执行待机保护措施。

由于模拟晶闸管导通后会保持导通状态不变，模拟晶闸管保护电路一旦启动，会产生该机始终处于待机状态或启动后又进入待机状态的故障，需切断市电供电后才能解除保护，所以保护电路动作后不能遥控开机，属于保护性待机。

2. 供电失压保护

该电路由与控制系统PROT专用检测引脚相连接的二极管VD808、VD809、VD810、VD811组成，对为小信号处理电路和场输出电路供电的9V、5V-P、+27V、4V电压进行检测。当9V、5V-P、+27V、4V电压失电压或严重降低时，使相应检测二极管VD808、VD809、VD810、VD811导通，将控制系统PROT专用检测引脚电压拉低，N401据此执行保护措施，进入待机保护状态。

4.4.2 保护电路维修提示

1. 观察故障现象，判断故障范围

由于以FSCQ1265RT为核心的初级保护电路执行保护时，一是使驱动电路停止工作；二是进入间歇振荡状态，保护时出现开关电源无电压输出或输出电压降低的故障现象，控制系统PROT保护电路启动，进入待机状态，开关电源输出电压降低，同时切断小信号处理电路的供电电源。检修时，可根据指示灯的变化和测量开关电源输出电压，判断故障范围。

（1）指示灯亮，开关电源始终处于待机状态

开机后无高压建立的声音，开关电源输出电压始终为低电平，同时无数字板小信号处理的受控的电源输出，说明微处理器未进入开机状态，故障在以微处理器和数字处理电路N401为核心的控制电路和待机电路。常见为微处理器工作条件不具备，如无电压供电，复位、时钟振荡电路故障，导致微处理器未进入工作状态；另外当N401通过I^2C总线系统检测到被控电路发生故障或总线信息传输电路发生故障时，N401均会采取不开机或待机保护措施。

（2）指示灯亮，开关电源输出电压上升后降低

开机后有高压建立的声音，输出电压上升后降低，是微处理器PROT专用检测保护电路启动所致。重点检测PROT专用保护电路的模拟晶闸管检测电路和失电压保护检测电路。

2. 测量关键点电压，判断是否保护

康佳P29TG383高清彩电的保护电路，均通过微处理器进行故障检测和执行保护，保护时进入待机状态，与微处理器控制系统故障和待机控制电路故障现象相同，产生不开机和自动关机故障。检修时首先判断是否进入保护状态，然后查找引起保护的电路和元件。

（1）判断是否保护电路启动

开机后或自动关机时，测量连接器XS01与保护相关的20脚PROT保护检测电压和29脚STANDBY开关机控制电压。20脚PROT保护检测电压正常时为4V左右高电平，29脚STANDBY电压开机时为低电平0V，待机时为高电平5V。

如果不开机或自动关机时20脚的PROT保护检测电压为低电平2V以下，同时29脚STANDBY电压由开机时的低电平变为高电平，则是PROT保护电路启动；如果不开机或自动关机时20脚的PROT保护检测电压为高电平4V以上，同时29脚STANDBY电压由开机时的低电平变为高电平，则是数字处理和微处理器电路N401电路故障或通过总线系统检测到被控电路或总线信息传输系统故障，执行的待机保护；如果不开机或自动关机时20脚的PROT保护检测电压为高电平4V以上，同时29脚STANDBY电压为开机低电平，则是电源板电路故障，可通过测量待机控制电路的V950的b极电压和开关电源输出电压判断故障范围。

如果开关电源输出电压为正常值的二分之一低电压，同时V950的b极电压为高电平

0.7V，则是电源板待机控制电路故障，重点检查V952、V950电路；如果开关电源输出电压为正常值的二分之一低电压，V950的b极电压为低电平0V，则是电源初级电路或稳压电路故障，重点检查V951取样误差放大电路、光耦合器N902和开关电源初级电路N901；如果开关电源输出电压为正常值高电压，而数字板小信号电路受控电源无电压输出，则是受控低压电源故障，重点检查低压电源控制电路；如果开关电源输出电压为正常值高电压，数字板小信号电路受控电源也正常，电视机仍不开机，则是数字板小信号处理电路或行扫描电路故障。

（2）判断是哪路检测电路引起的保护

通过测量连接器XS01与保护相关的20脚PROT保护检测电压为低电平，说明该保护电路启动，由于PROT保护检测电路有三路，可通过测量关键点电压和解除保护的方法，判断故障范围。

如果测量20脚PROT电压为低电平，可通过测量模拟晶闸管电路V961的b极电压判断故障范围。如果V961的b极电压为高电平0.7V，则是以模拟晶闸管为核心的行输出过电压、束电流过大保护电路启动；如果V961的b极电压为低电平0V，则是VD808～VD811失电压保护电路启动。

3. 暂时解除保护，确定故障部位

检修时，也可采取解除保护的方法，通过观察故障现象，判断故障范围。

为了整机电路安全，解除保护前，应采取两项保护措施：一是断开行输出电路，在+B输出端接假负载，测量开关电源输出电压是否正常，特别是测量+B电压是否正常，如果不正常，首先排除开关电源故障；二是在行输出电路逆程电容器两端并联同规格的电容器，避免因逆程电容器开路、失效、减小等原因，造成行输出过电压，损坏元件，如果开机后光栅过大，说明原来的逆程电容器正常，再将并联的逆程电容器拆除。

（1）完全解除保护

方法有两种：一是在保护检测电路采取措施，将XS01的20脚外部电路全部断开，即将图4-4中的B点断开，切断保护检测电路对微处理器控制系统N401的PROT高电平的影响，进入开机状态；二是在待机控制电路采取措施，将待机控制电路XS01的29脚对地短接，迫使待机控制电路进入开机状态。

（2）逐路解除保护

首先将图4-4中的A点断开，即断开模拟晶闸管电路V962与XS01的20脚连接，开机测量20脚电压。如果断开A点后，20脚电压恢复正常高电平4V以上，则是以模拟晶闸管为核心的行输出过电压或束电流过大保护电路启动；如果断开A点后，20脚电压仍为低电平2V以下，则是失电压检测电路引起的保护，可通过测量9V、5V-P、+27V、4V电压判断是哪路失电压引起的保护。

当判断模拟晶闸管保护电路启动时，将A点连接，分别将R990、R992断开，进行开机试验，如果断开R990后开机不再保护，则是束电流过大保护检测电路引起的保护；如果断开R992后，开机不再保护，则是行输出过电压保护检测电路引起的保护。

解除保护后，开机测量开关电源各路输出电压，重点测量+B电压，如果输出电压过高或过低，是稳压电路故障，重点检查稳压电路；如果+B电压正常，拆出假负载，恢复行输出电路，观察故障现象，如果电视机恢复正常，则是断开的故障检测、保护执行电路元件变质，引起的误保护，如果电视机存在光栅、图像、伴音故障，则是与其相关的电路引起的保护，重点检测相关的功能电路。

4.4.3 保护电路维修实例

例 4-10：康佳 P29TG383 高清彩电，开机后自动关机，指示灯亮。

分析与检修：自动关机时，测量开关电源输出电压降低，同时测量连接器 XS01 的 20 脚 PROT 保护检测电压为低电平 0.7V，29 脚 STANDBY 开关机控制电压为高电平，判断 PROT 保护电路启动。

采取解除保护的方法判断故障范围。首先断开行输出电路，接假负载，将 XS01 的 29 脚对地短接，开机测量开关电源输出电压正常。再拆除假负载，恢复行输出电路，并联 6800pF 逆程电容器，将图 4-4 的 A 点断开，开机后不再保护，光栅和图像恢复正常，特别是光栅的尺寸并未增大多少，说明原逆程电容器有开路、失效故障，造成行输出电压升高，引起行输出过电压保护电路启动而自动关机。对逆程电容器 C401、C403 进行检测，发现 C403（5600pF）失效，更换 C403，恢复保护电路后，故障排除。

例 4-11：康佳 P29TG383 高清彩电，指示灯亮，整机三无。

分析与检修：指示灯亮，说明开关电源已起振，测量开关电源输出电压，遥控开机后有上升的趋势和行扫描工作的声音，然后又降到低电平，此时测量 XS01 的 20 脚 PROT 电压为低电平，XS01 的 29 脚 STANDBY 电压为高电平，测量模拟晶闸管 V961 的 b 极电压由开机瞬间的 0V 上升到 0.7V，模拟晶闸管保护电路启动。

采用解除保护的方法，分别将 R990、R992 断开，进行开机试验。当断开 R990 后开机不再保护，判断束电流过大保护检测电路引起的保护。对束电流电路进行检测，发现电阻 R416（1.5k）开路，更换 R416 恢复 R990 后，开机不再保护。

例 4-12：康佳 P29TG383 高清彩电，指示灯亮，整机三无。

分析与检修：指示灯亮，说明开关电源已起振，测量开关电源输出电压，遥控开机后有上升的趋势和行扫描工作的声音，然后又降到低电平，此时测量 XS01 的 20 脚 PROT 电压为低电平，XS01 的 29 脚 STANDBY 电压为高电平，测量模拟晶闸管 V961 的 b 极电压为 0V，说明不是模拟晶闸管电路引起的保护，怀疑供电失电压保护检测电路引起的保护。

先采取解除保护的方法，将图 4-4 中的 B 点断开，开机不再保护，但屏幕上显示一条水平亮线，说明场输出电路有故障。对场输出电路 N440（STV8172A）进行检测，IC 内部严重短路，检查为场输出电路供电的 27V 电源，发现限流电阻 R422 烧断，造成 27V 电压失电压，保护电路启动。同时更换 N440 和 R422 后，恢复保护电路，故障彻底排除。

4.5 康佳 TT 系列高清彩电保护电路速修图解

康佳 TT 系列高清机心，微处理器控制电路 I4 采用 T5BS4-9999，视频、音频数字 U1 采用 SVP-CX12，视频和行场信号处理电路 U9 采用 TB1307，中频处理电路 NM10 采用 TDA9881TS，场输出电路 N440 采用 STV8172A，伴音功放电路 N201 采用 TDA2616，音频切换电路 N202 采用 NJW1185 等。

适用机型：康佳 P28TT520、T29AT566、SP29TT520、SP32TT520 等 TT 系列高清彩电。

康佳 TT 高清机心，开关电源初级电路采用厚膜电路 FSCQ1265RT，微处理器的副电源取自主电源，待机采用降低主电源输出电压和切断行振荡电路等小信号处理电路供电的方式。

康佳TT高清机心，在微处理器控制电路，设有9V、5V-P、+27V失电压保护电路，保护电路启动时，将保护信息送往数字处理电路的微处理器U4（T5BS4-9999），U4据此执行待机动作，进入待机保护状态；依托待机控制电路，设有由模拟晶闸管电路组成的X射线过高保护电路、束电流过大保护电路，保护电路启动时，迫使待机控制电路动作，进入待机保护状态。本节以康佳SP29TT520高清彩电为例，介绍康佳TT高清机心待机与保护电路速修图解。

4.5.1　保护电路原理图解

康佳SP29TT520高清彩电的保护电路如图4-5所示。一是数字板上的微处理器U4，通过I^2C总线系统对各个被控电路进行检测，当检测到被控电路发生故障或总线信息传输电路发生故障时，U4均会采取不开机或待机保护措施；二是U4还设有专用检测引脚，通过连接器XS01的20脚与扫描板的供电失电压保护检测电路相连接，SW1（I/O）专用检测引脚正常时为高电平，当保护检测电路检测到故障时，将SW1（I/O）专用检测引脚电压拉低，U4据此执行保护动作，从待机控制端POWER发出高电平待机指令，迫使待机控制电路动作，进入待机保护状态；三是在待机控制电路，设有模拟晶闸管保护电路，外接行输出过电压保护和束电流过大保护电路，保护电路启动时，模拟晶闸管导通，向待机控制电路送入高电平待机控制电压，迫使待机控制电路动作，进入待机保护状态。

1. 待机控制电路

待机控制电路由两部分组成：一是由V964、V965、N954组成的9V和5V供电电源控制电路，待机时切断小信号处理电路的低压供电；二是由V952、V950、VD958组成的待机主电源降压控制电路，待机时降低开关电源输出电压。

数字板上的微处理器控制电路U4发出的开关机指令电压，通过连接器XS01的29脚送到电源板上的待机控制电路，对上述两部分组成的待机控制电路进行控制。

（1）开机状态

遥控开机时，微处理器发出开机指令时，通过连接器XS01的29脚送到电源板上的POWER电压为低电平，通过R983加到V960的b极，经V960倒相后c极输出高电平，该高电平分为三路：

第一路将高电平送到低压电源控制电路V964的b极，V964导通，使低压电源控制电路的V965导通，V965将14V电压加到由N952组成的9V稳压电路，向数字板和小信号处理电路提供9V电源。

第二路将高电平加到四端稳压器N954的CTAL控制端，N954导通，向数字饭和小信号处理电路提供5V电源，数字板和小信号处理电路启动工作。

第三路将高电平送到由V952、V950、VD958、N902组成待机主电源控制电路，使V952导通、V950截止，VD958截止，对光耦合器N902的2脚电压不产生影响，开关电源由取样误差放大电路V951控制，输出高电压，向负载电路供电。

（2）待机状态

遥控关机时，微处理器发出关机指令时，通过连接器XS01的29脚送到电源板上的POWER电压为高电平，通过R983加到V960的b极，经V960倒相后c极输出低电平，该低电平分为三路：

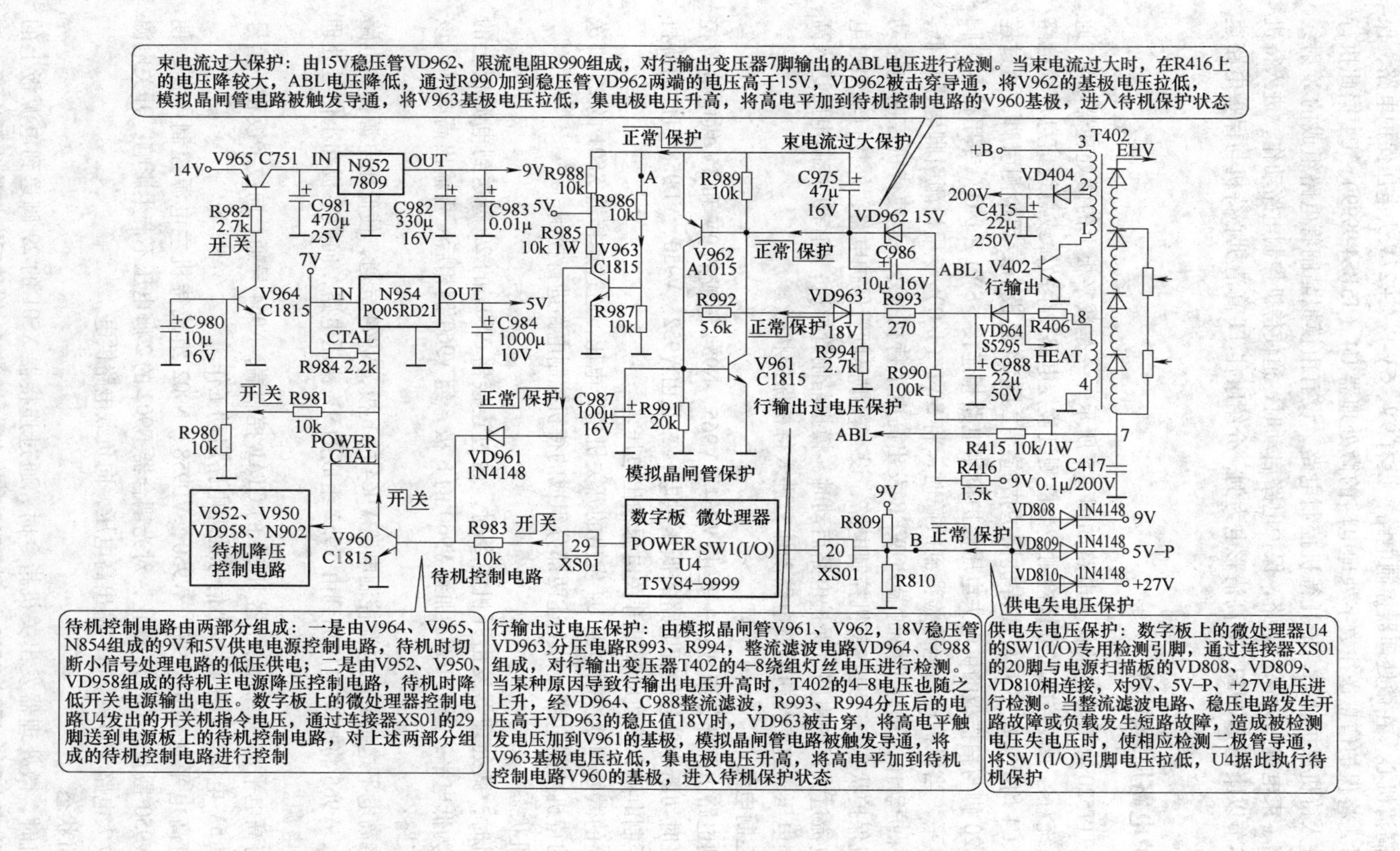
束电流过大保护：由15V稳压管VD962、限流电阻R990组成，对行输出变压器7脚输出的ABL电压进行检测。当束电流过大时，在R416上的电压降较大，ABL电压降低，通过R990加到稳压管VD962两端的电压高于15V，VD962被击穿导通，将V962的基极电压拉低，模拟晶闸管电路被触发导通，将V963基极电压拉低，集电极电压升高，将高电平加到待机控制电路的V960基极，进入待机保护状态
束电流过大保护
行输出过电压保护
模拟晶闸管保护
待机控制电路
供电失电压保护
V952、V950
VD958、N902
待机降压
控制电路
数字板 微处理器
POWER SW1(I/O)
U4
T5VS4−9999
待机控制电路由两部分组成：一是由V964、V965、N854组成的9V和5V供电电源控制电路，待机时切断小信号处理电路的低压供电；二是由V952、V950、VD958组成的待机主电源降压控制电路，待机时降低开关电源输出电压。数字板上的微处理器控制电路U4发出的开关机指令电压，通过连接器XS01的29脚送到电源板上的待机控制电路，对上述两部分组成的待机控制电路进行控制
行输出过电压保护：由模拟晶闸管V961、V962，18V稳压管VD963，分压电路R993、R994，整流滤波电路VD964、C988组成，对行输出变压器T402的4−8绕组灯丝电压进行检测。当某种原因导致行输出电压升高时，T402的4−8电压也随之上升，经VD964、C988整流滤波，R993、R994分压后的电压高于VD963的稳压值18V时，VD963被击穿，将高电平触发电压加到V961的基极，模拟晶闸管电路被触发导通，将V963基极电压拉低，集电极电压升高，将高电平加到待机控制电路V960的基极，进入待机保护状态
供电失电压保护：数字板上的微处理器U4的SW1(I/O)专用检测引脚，通过连接器XS01的20脚与电源扫描板的VD808、VD809、VD810相连接，对9V、5V−P、+27V电压进行检测。当整流滤波电路、稳压电路发生开路故障或负载发生短路故障，造成被检测电压失电压时，使相应检测二极管导通，将SW1(I/O)引脚电压拉低，U4据此执行待机保护

图 4-5　康佳 SP29TT520 高清彩电保护与待机电路图解

第一路将低电平送到低压电源控制电路 V964 的 b 极，V964 截止，使低压电源控制电路的 V965 截止，切断向数字板小信号处理电路的 9V 供电。

第二路将低电平加到四端稳压器 N954 的 CTAL 控制端，N954 截止，切断向数字饭和小信号处理电路提供 5V 电源，数字板和小信号处理电路停止工作。

第三路将低电平送到由 V952、V950、VD958、N902 组成待机主电源控制电路，使 V952 截止、V950 导通，通过 VD958 将光耦合器 N902 的 2 脚电压拉低，流过光耦合器 N902 的电流增加，内部发光二极管发光增强，光敏晶体管电流增加，将 FSCQ1265RT 的 4 脚电压拉低，激励脉冲宽度变窄，开关管导通时间缩短，开关电源输出的各路电压降低，约为开机状态的二分之一左右，整机进入待机状态。

2. 模拟晶闸管保护电路

V961 和 V962 组成模拟晶闸管保护电路，其中 V961 的 b 极外接行输出过电压保护检测电路，V962 的 b 极外接显像管束电流过大保护电路。V962 的 e 极与 V963 的 b 极相连接，V963 的 c 极通过 VD961 与待机控制电路 V960 的 b 极相连接。

行输出电路正常时，模拟晶闸管截止，V963 导通，c 极为低电平，VD961 截止，对待机控制电路的 V960b 极电压不产生影响，电视机正常开机工作；当模拟晶闸管外接的两路保护检测电路检测到故障时，触发模拟晶闸管电路触发导通，使 V963 截止，c 极变为高电平，使 VD961 导通，将高电平加到待机控制电路的 V960 的 b 极，使 V960 由开机状态的截止变为导通，待机控制电路动作，进入待机保护状态。

由于模拟晶闸管导通后会保持导通状态不变，模拟晶闸管保护电路一旦启动，会产生该机始终处于待机状态或启动后又进入待机状态的故障，需切断市电供电后才能解除保护，所以保护电路动作后不能遥控开机，属于保护性待机。

3. 供电失电压保护

该电路如图 4-5 下部所示，数字板上的微处理器 U4 的 SW1（I/O）专用检测引脚，通过连接器 XS01 的 20 脚与电源扫描板的二极管 VD808、VD809、VD810 相连接，对为小信号处理电路和场输出电路供电的 9V、5V-P、+27V 电压进行检测。当 9V、5V-P、+27V 电压失电压或严重降低时，使相应检测二极管导通，将控制系统 SW1（I/O）专用检测引脚电压拉低，U4 据此执行保护措施，进入待机保护状态。

4.5.2　保护电路维修提示

由于以 FSCQ1265RT 为核心的初级保护电路执行保护时，一是使驱动电路停止工作；二是进入间歇振荡状态，保护时出现开关电源无电压输出或输出电压降低的故障现象；模拟晶闸管保护电路启动时，或控制系统 U4 的 SW1（I/O）保护电路启动，进入待机状态，其故障现象是开关电源输出电压降低，同时切断小信号处理电路的供电电源。检修时，可根据指示灯的变化和测量开关电源输出电压，判断故障范围。

1. 测量关键点电压，判断是否保护

康佳 SP29TT520 高清彩电的保护电路，均通过微处理器进行故障检测和执行保护，保护时进入待机状态，与微处理器控制系统故障和待机控制电路故障现象相同，产生不开机和自动关机故障。检修时首先判断是否进入保护状态，然后查找引起保护的电路和元件。

（1）判断是否保护电路启动

开机后或自动关机时，测量连接器 XS01 与保护相关的 20 脚 SW1（I/O）保护检测电压、29 脚 POWER 开关机控制电压和模拟晶闸管电路 V961 的 b 极电压。20 脚 SW1（I/O）保护检测电压正常时为 4V 左右高电平，29 脚 POWER 电压开机时为低电平 0V，待机时为高电平 5V，模拟晶闸管电路 V961 的 b 极电压正常时为 0V。

如果不开机或自动关机时 20 脚的 SW1（I/O）保护检测电压为低电平 2V 以下，同时 29 脚 POWER 电压由开机时的低电平变为高电平，则是 SW1（I/O）供电失电压保护电路启动。

如果不开机或自动关机时 20 脚的 SW1（I/O）保护检测电压为高电平 4V 以上，同时 29 脚 POWER 电压由开机时的低电平变为高电平，则是数字处理和微处理器电路 U4 电路故障或通过总线系统检测到被控电路或总线信息传输系统故障，执行的待机保护；

如果不开机或自动关机时 20 脚的 SW1（I/O）保护检测电压为高电平 4V 以上，同时 29 脚 POWER 电压为开机低电平，模拟晶闸管电路 V961 的 b 极电压由 0V 变为高电平 0.7V，则是模拟晶闸管保护电路启动。

（2）判断是哪路检测电路引起的保护

通过测量连接器 XS01 与保护相关的 20 脚 SW1（I/O）保护检测电压为低电平，则是 VD808 ~ VD810 失电压保护电路启动。可通过测量 VD808 ~ VD810 两端电压和负极电压的方法，判断是哪路失电压保护。如果哪个检测二极管的两端有正向 0.7V 电压或负极无检测的电压，则是该失电压保护电路引起的保护。

如果测量 V961 的 b 极电压为高电平 0.7V，则是以模拟晶闸管为核心的行输出过电压、束电流过大保护电路启动；可逐个测量模拟晶闸管外接保护电路的稳压二极管 VD963、VD962 两端电压的方法，判断故障范围。所测电压超过或等于该二极管的稳压值，则是该保护检测电路引起的保护。

2. 暂短解除保护，确定故障部位

检修时，也可采取解除保护的方法，通过观察故障现象，判断故障范围。

为了整机电路安全，解除保护前，应采取两项保护措施：一是断开行输出电路，在 +B 输出端接假负载，测量开关电源输出电压是否正常，特别是测量 +B 电压是否正常，如果不正常，首先排除开关电源故障；二是在行输出电路逆程电容器两端并联同规格的电容器，避免因逆程电容器开路、失效、减小等原因，造成行输出过电压，损坏元件，如果开机后光栅过大，说明原来的逆程电容器正常，再将并联的逆程电容器拆除。

（1）解除供电失电压保护

将 XS01 的 20 脚外部电路全部断开，即将图 4-5 中的 B 点断开，切断供电失电压保护检测电路对微处理器控制系统 U4 的 SW1（I/O）高电平的影响，进入开机状态。

如果开机后不再保护，则是供电失电压保护电路引起的保护，可通过测量 9V、5V-P、+27V 电压判断是哪路失电压引起的保护。

（2）解除模拟晶闸管保护

将模拟晶闸管电路与 V963b 极之间的 A 点断开或将 VD961 拆除，断开模拟晶闸管保护电路与待机控制电路的连接。

如果开机后，不再保护则是模拟晶闸管电路引起的保护，可恢复 A 点连接，分别将 R990、R992 断开，进行开机试验，如果断开 R990 后开机不再保护，则是束电流过大保护检测电路引起的保护；如果断开 R992 后，开机不再保护，则是行输出过电压保护检测电路引起的保护。

解除保护后，开机测量开关电源各路输出电压，重点测量 +B 电压，如果输出电压过高或过低，是稳压电路故障，重点检查稳压电路；如果 +B 电压正常，拆出假负载，恢复行输出电路，观察故障现象，如果电视机恢复正常，则是断开的故障检测、保护执行电路元件变质，引起的误保护，如果电视机存在光栅、图像、伴音故障，则是与其相关的电路引起的保护，重点检测相关的功能电路。

4.5.3　保护电路维修实例

例 4-13：康佳 SP29TT520 高清彩电，开机后自动关机，指示灯亮。

分析与检修： 自动关机时，测量开关电源输出电压降低，同时测量连接器 XS01 的 20 脚 SW1（I/O）保护检测电压为高电平 4.5V，模拟晶闸管 V961 的 b 极电压为 0.7V，29 脚 POWER 开关机控制电压开机瞬间为低电平，后转为高电平，判断模拟晶闸管保护电路启动。

采取解除保护的方法判断故障范围。首先断开行输出电路，接假负载，将 XS01 的 29 脚对地短接，开机测量开关电源输出电压正常。再拆除假负载，恢复行输出电路，并联 6800pF 逆程电容器，将图 4-5 的 A 点断开，开机后不再保护，光栅和图像尺寸明显变大，说明原逆程电容器正常。拆除并联的 6800P 电容，开机声光图正常，判断行输出过电压保护电路检测元器件变质，对该保护电路元器件进行测量，发现 18V 稳压管 VD963 漏电，引起误保护。更换 VD963，恢复保护电路后，故障排除。

例 4-14：康佳 SP29TT520 高清彩电，指示灯亮，整机三无。

分析与检修： 指示灯亮，说明开关电源已起振，测量开关电源输出电压，遥控开机后有上升的趋势和行扫描工作的声音，然后又降到低电平，此时测量 XS01 的 20 脚 SW1（I/O）电压为高电平，测量模拟晶闸管 V961 的 b 极电压由开机瞬间的 0V 上升到 0.7V，模拟晶闸管保护电路启动。

采用解除保护的方法，分别将 R990、R992 断开，进行开机试验。当断开 R990 后开机不再保护，判断束电流过大保护检测电路引起的保护。对束电流电路进行检测，发现电阻 R416（1.5k）开路，更换 R416 恢复 R990 后，开机不再保护。

4.6　康佳 K 系列超级彩电保护电路速修图解

康佳 K 系列超级彩电，采用了将微处理器与小信号处理电路合二为一的超级芯片 TDA9383，康佳公司命名为 CKP1403S，环绕立体声处理电路 TDA7429T，丽音解码电路 TDA9874AN，存储器型号为 PCF8598 或 M24C08。

适用机型：康佳 P2562K、P2579K、P2928K、P2960K、P2961K、P2962K、P2962K1、P2998K、T2568K、T2568N、T2961K、T2968K、T2968N、T2975K、T2976K、P2979K、P2998K、P3460K、T3468K 等 K 系列大屏幕彩电和 T2168K、T2176K、P2162K、P2179K 等 K 系列小屏幕彩电。机型中第一个字母为“T”的表示该机采用超平黑底显像管，第一个字母为“P”的表示该机采用纯平镜面显像管，最后一个字母为“N”的表示该机具有全球丽音接收功能。

康佳 K 系列超级单片彩电，主电源采用以电源控制芯片 TDA16846 和大功率场效应晶体管 V901 为核心的并联型开关电源；副电源取自主电源，待机控制采用切断行振荡小信号处理电路供电的方式。

康佳 K 系列超级单片彩电设置了三种保护电路：一是在低压稳压电路内部具有保护功

能，保护电路启动时，切断低压电源输出；二是在超级微处理器与小信号处理电路TDA938X设有两个专用故障检测引脚，保护电路启动时，切断行激励脉冲或执行黑屏幕保护，同时将保护信息传输给微处理器，由微处理器执行待机保护措施。

本节以康佳T2568K单片彩电为例，介绍康佳K系列超级单片彩电低压稳压电路内部保护电路和小信号处理电路TDA938X的保护电路速修图解。

4.6.1 保护电路原理图解

康佳K系列彩电保护电路如图4-6所示，在稳压电路TDA8133、超级单片TDA938X、开关电源三个电路中设有四个保护电路。

1. 低压稳压保护电路

TDA8133是一种既能输出5.1V又能输出8V的双电源稳压电路，并配有复位和失效（禁止）功能，为超级单片电路TDA938X提供精确的工作电压，内部具有过热保护和过电流保护功能。

其1、2脚是12V电压输入端，经内部稳压后，从9脚输出不受控5V电压，通过V955、VD959再次稳压，为超级单片TDA938X内部微处理器电路供给3.3V的直流电压；从8脚输出受4脚控制的8V电压，为超级单片TDA938X内部小信号处理电路提供工作电压；4脚电位受TDA938X微处理器开关机1脚控制。开机时，TDA938X微处理器的1脚为低电平，V201截止，TDA8133的4脚为高电平，TDA8133的8脚有电压输出，TDA938X内部小信号处理电路进入工作状态；待机时，TDA938X微处理器的1脚高电平，V201饱和导通，TDA8133的4脚为低电平，TDA8133的8脚无电压输出，TDA938X内部小信号处理电路停止工作；同时与微处理器1脚相连接的V260也饱和导通，将TDA938X的33脚输出的行激励信号对地短路；微处理器1脚还通过二极管使伴音功放电路静音，进入待机状态。TDA8133的6脚是复位电压输出端，通过V959为微处理器60脚提供复位信号。

2. 超级单片保护电路

超级单片如图4-6所示，一是在TDA938X电路的49脚设有场失落和束电流失落保护电路，该脚电压正常时为2.2～3V，超过该范围微处理器就会进入保护状态；二是在TDA938X电路的36脚设有行过电压和束电流过电流保护电路，该脚电压正常时为1.7V，超过该电压微处理器就会从1脚输出高电平进入保护状态。

4.6.2 保护电路维修提示

该系列彩电发生保护故障时，其故障现象为有电源和行输出启动声然后三无，不能遥控开机。开关电源保护时，无+B和12V电压输出，副电源也会无5V电压输出，指示灯不亮；稳压电路TDA8133保护时切断5.1V或8V电压输出，并通过复位端6脚中断微处理器的工作；而单片TDA938X的保护是通过1脚控制TDA8133的4脚，将8V电压切断，进入保护待机状态的，稳压电路TDA8133和单片TDA938X的保护都是切断TDA8133的8脚输出的8V电压，其特点是指示灯亮，无8V电压输出，5V电压正常；TDA938X保护时其1脚为高电平。根据以上特点，发生故障时可通过如下方法区分故障范围：

1. 观察指示灯是否亮

指示灯不亮，则是电源电路引起的保护或电源电路发生故障；指示灯亮，说明开关电源基本正常，是TDA8133和TDA938X引起的保护或该电路发生故障。

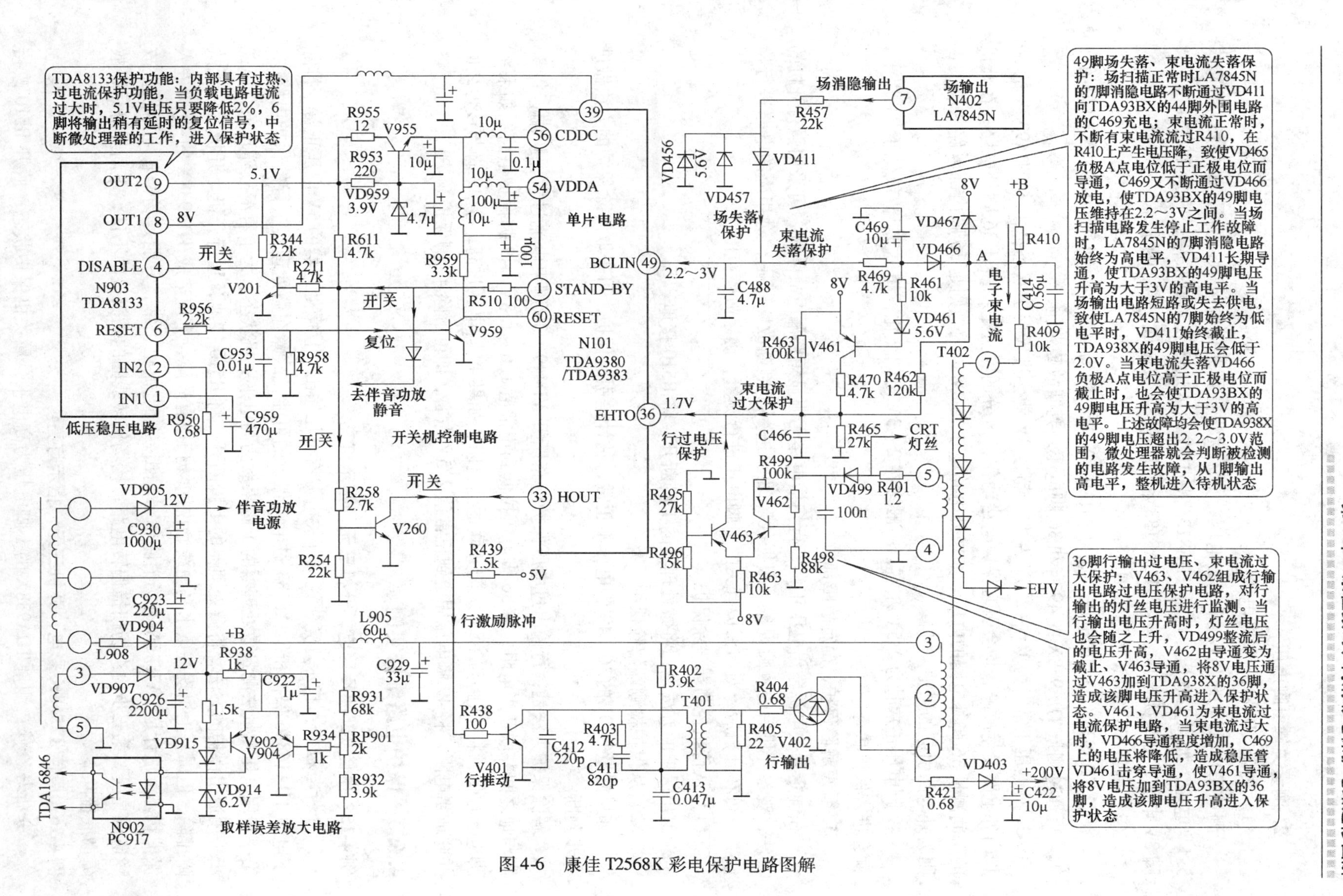

图4-6　康佳T2568K彩电保护电路图解

2. 测量关键引脚电压

（1）测量TDA8133引脚电压

测量TDA8133的1、2脚12V电压，如果无电压则是电源故障；测量TDA8133的9脚5.1V电压，如果无电压，则是TDA8133保护或TDA8133及负载故障；测量TDA8133的8脚8V电压，如果无电压，则是TDA8133和TDA938X故障或引起的保护。

（2）测量TDA938X关键引脚电压

测量TDA938X的1脚电压，如果TDA938X其1脚为高电平，则是TDA938X引起的保护。可通过测量TDA938X的49脚和36脚电压，判断故障范围。

36脚电压正常时为1.6~2.0V左右，超过2V就会进入保护状态；由于TDA938X的36脚内外电路发生故障，均会引起保护电路动作，区分的方法是：断开36脚外电路，在开机的瞬间测量36脚外电路的电压，如果外电路电压在2V以内，则是36脚内部电路故障，否则为外电路引起的保护。

49脚电压正常时为2.5V左右，一般多在2~3V之间变化，超过3.5V或低于2V以下，就会进入保护状态。

3. 暂短解除保护，确定故障部位

在确定开关电源输出电压正常，行扫描电路无明显短路漏电故障时，可采用强行开机的方法，观察开机后的故障现象，根据故障现象进一步判断故障范围，对相应的电路进行检修。也可在开机后，对与保护有关的引脚电压进行测量，确定故障范围。

（1）从待机控制端解除保护

退出保护的方法是：将微处理器的1脚断开，将R510接地。

（2）从保护检测端解除保护

如果测量N101的36、49脚电压不正常，估计是引起保护，可采取解除保护的方法做进一步判断。

解除保护方法是：行输出过电压保护电路断开VD449，36脚束电流过大保护端，将36脚与地之间并联适当电阻，将36脚电压拉低到正常值1.6~1.8V。49脚保护电路，如果49脚电压过低，将49脚与+8V之间并联适当电阻，如果49脚电压过高，在49脚与接地之间并联适当电阻，将49脚电压固定到正常值2.5V左右，即可解除49脚保护。

4.6.3 保护电路维修实例

例4-15：康佳T2568K彩电，开机三无，指示灯亮。

分析与检修：指示灯亮，说明开关电源有电压输出，且微处理器的5V电压正常。排除了电源TDA16846保护和TDA8133过电流保护的可能，故障在微处理器执行的保护电路中。第一步用电压测量法测量微处理器的1脚果然为高电平关机状态。为了看清故障现象，第二步采用退出保护的方法，将微处理器的1脚断开，将R510接地，强行开机。开机后三无故障排除，但屏幕上出现一条水平亮线，说明场扫描有故障，本应造成TDA938X的49脚进入保护状态，估计是LA7845N有场消隐信号输出，束电流也正常，只能是场偏转电路发生故障造成亮线。第三步检查场扫描偏转电路，接场偏转线圈的插头接触不良，重新焊好后，故障彻底排除。

例4-16：康佳T2568K彩电，开机三无，指示灯亮。

分析与检修：测量TDA938X的1脚电压为高电平，属关机保护状态；脱开R510改接地强行开机，仍然为三无；检查 TDA938X 小信号处理电路的 8V、5V 电源正常，测量 TDA938X 的 54、56、61 脚的 3.3V 电压也正常，说明微处理器具备工作条件；测量小信号处理电路 TDA938X 的 39、14 脚也有 8V 电压。按常规检查行扫描电路，发现行推动电路有脉冲输出，但行输出电路无脉冲，检查行输出电路，发现行推动变压器二次侧开焊，行输出电路不工作，造成场扫描电路和显像管不工作，引起 TDA938X 的 49 脚场扫描与束电流失落保护电路启动。将行推动变压器焊好后，行扫描电路恢复正常，恢复开关机电路后，不再进入保护状态，故障排除。

例 4-17：康佳 T2568K 彩电，开机三无，指示灯亮。

分析与检修：测量 TDA938X 的 1 脚电压为高电平，属关机保护状态；脱开 R510 改接地强行开机，出现光栅，但无图、无声，是微处理器未进入开机状态所致；测量 TDA938X 的 49、36 脚保护电路检测端电压，发现 36 脚电压偏高，检查 36 脚外围保护电路，发现 V462 的 b 极保护取样分压电阻 R498 阻值增大，由正常时的 68k 增大到 120k 左右，造成 V462 的 b 极电压升高，在行扫描输出电压正常的情况下截止，致使 V463 导通，TDA938X 的 36 脚电压升高，进入保护状态。更换 R498 后，TDA938X 的 36 脚电压恢复正常。恢复开关机电路后，故障排除。

例 4-18：康佳 T3468K 彩电，伴音正常，图像闪烁。

分析与检修：实测开关电源输出的各路电压正常且稳定，测量超级芯片 TDA9383（N101 掩膜型号为 CKP1403SA）的供电正常。怀疑 ABL 电路异常，测量行输出变压器的 7 脚外接 ABL 电路元件，未见异常。测量 N101 的 36 脚过电压，比正常值偏高，测量保护外部的行输出过电压保护电路元器件，未见异常，采取解除保护的方法，将 VD499 断开，开机图像不再闪烁，判断故障在行输出过电压保护电路。

首先检查和代换 VD499、V462、V463，故障依旧；逐一检查电阻和电容参数，发现 R498 的阻值，在图纸上标注为 68kΩ，拆下测量为 60k，但其色环标注为 24kΩ，判断是否色环标注有误。试着将 R498 更换为 24kΩ 后，开机图像恢复正常，由此可见本故障是 R498 阻值增大，致使 N101 的 36 脚电压提高，内部过电压保护电路误保护所致。

在康佳 K 系列彩电中，R498 是过电压检测电路的分压电阻，其阻值与 CRT 尺寸和型号有关，在小屏幕电视机中，R498 多为 33kΩ，在大屏幕电视机中，R498 多为 24kΩ。

例 4-19：康佳 T2976K 彩电，开机后自动关机。

分析与检修：在热机 2～3min 关机，甚至时间更长，也有时间短到 1min 左右。为了看清故障现象，采用退出保护的方法，将微处理器的 1 脚断开，将 R510 接地，强行开机，开机后测量 N101 与保护相关的电压，发现 36 脚电压偏离正常值，对 36 脚外部电路进行检测，未见严重损坏元器件，怀疑 VD411 二极管性能不良，更换新的 1N4148，故障排除。

测量这些二极管时发现损坏的二极管正向导通电阻比正常二极管的导通电阻要大，判断这是二极管的质量问题还是二极管自然损坏，后来发现很多例 T2976K 自动关机都是如此，而且是一个问题，换了二极管 VD411 即可修复。

4.7　康佳 SE 系列超级彩电保护电路速修图解

康佳 SE 系列小屏幕超级单片彩电，微处理器和小信号处理电路采用超级单片 TM-

PA8823或康佳公司掩膜后命名的CKP1303S，场输出电路采用LA7840，伴音功放电路采用TDA2614。

适用机型：康佳A21SE090、A14SE086、P21SE071、P21SE072、P21SE151、P21SE281、T21SE358等SE系列小屏幕超级单片彩电。

康佳SE系列小屏幕超级单片彩电，主电源采用以电源控制芯片TDA16846和大功率场效应晶体管V901为核心的并联型开关电源；副电源取自主电源，待机控制采用切断小信号处理电路供电的方式。

康佳SE系列小屏幕超级单片彩电，在行场扫描电路设置了模拟晶闸管保护电路，保护检测到故障时，将超级单片TMPA8823的59脚保护检测引脚电压拉低，超级单片内部微处理器据此采取保护措施，进入待机保护状态。本节以康佳P21SE072彩电为例，介绍康佳SE系列小屏幕超级单片彩电待机与保护电路速修图解。

4.7.1 保护电路原理图解

康佳P21SE072超级彩电待机与保护电路如图4-7所示。超级单片N906（TMPA8823）的59脚SAFE P50为保护检测专用引脚，外接以V472、V471模拟晶闸管为核心的保护电路和电源失电压保护电路。超级单片N906的59脚电压正常时为高电平4.5V以上，当外部的保护电路检测到故障时，将59脚电压拉低，N906据此判断被检测电路发生故障，采取保护措施，从开关机控制端56脚输出待机低电平，进入待机保护状态。

1. 待机控制电路

康佳P21SE072超级彩电的待机控制电路，由超级单片N906（TMPA8823）的微处理器部分56脚及其外部的V953、V954组成，对小信号处理电路的低压供电进行控制。

（1）开机状态

遥控开机时，超级单片N906的56脚输出高电平，V953导通，使低压电源供电控制电路的V954导通，一是输出12V电压；二是将12V电压加到9V稳压电路N952和5V-2稳压电路N110，向小信号处理电路提供12V、9V、5V-2电源，小信号处理电路启动工作，进入收看状态。

（2）待机状态

遥控关机时，超级单片N906的56脚输出低电平，V953截止，使低压电源供电控制电路的V954也截止，停止向小信号处理电路提供12V、9V、5V-2电源，小信号处理电路停止工作，整机进入待机状态。

2. 超级单片保护电路

康佳P21SE072超级彩电，超级单片N906（TMPA8823）的59脚SAFE P50为保护检测专用引脚，外接以V472、V471模拟晶闸管为核心的保护电路和电源失电压保护电路。

模拟晶闸管保护电路，具有行输出过电压保护、束电流过大保护、场输出异常保护功能，发生故障时，模拟晶闸管V472、V471被触发导通，其中V471的导通，将超级单片N906的59脚电压拉低，N906据此判断被检测电路发生故障，采取保护措施，从开关机控制端56脚输出待机低电平，进入待机保护状态。

由于模拟晶闸管导通后会保持导通状态不变，模拟晶闸管保护电路一旦启动，会产生该机始终处于待机状态或启动后又进入待机状态的故障，需切断市电供电后才能解除保护，所以保护电路动作后不能遥控开机，属于保护性待机。

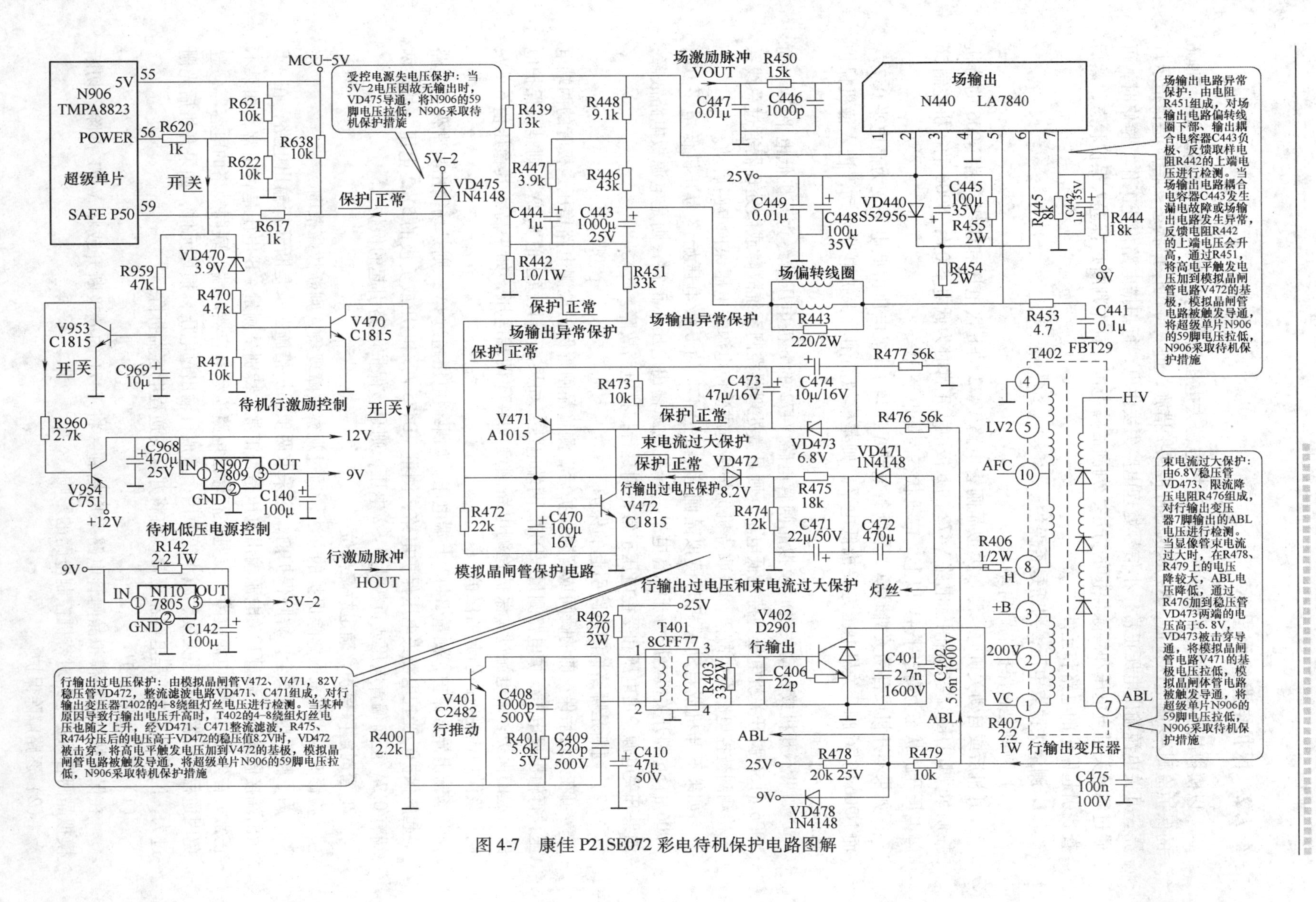

图 4-7　康佳 P21SE072 彩电待机保护电路图解

4.7.2 保护电路维修提示

以模拟晶闸管为核心的保护电路和受控电源失电压保护电路启动时，将超级单片 N906 的保护检测 49 脚电压拉低，N906 执行待机保护措施，进入待机保护状态；特点是：指示灯亮，开关电源输出电压正常，小信号处理电路失去供电，行扫描电路停止工作。检修时，可通过测量关键点电压和解除保护的方法，判断故障范围。首先判断是否进入保护状态，然后查找引起保护的电路和元件。

1. 测量关键点电压，判断是否保护

（1）判断是否保护电路启动

开机后或自动关机时，测量模拟晶闸管电路 V472 的 b 极电压和超级单片 N906 的待机控制 56 脚电压。模拟晶闸管电路 V472 的 b 极电压正常时为低电平 0V，N906 的待机控制 56 脚电压开机状态为高电平 4V 以上，待机状态为低电平 0V。

如果不开机或自动关机时模拟晶闸管电路 V472 的 b 极电压由低电平变为高电平 0.7V，而 N906 的 56 脚开关机电压为关机低电平，则是模拟晶闸管保护电路启动，进入待机保护状态。

如果不开机或自动关机时模拟晶闸管电路 V472 的 b 极电压始终为开机低电平 0V，而 N906 的 56 脚开关机电压为待机低电平，则是微处理器控制系统故障或微处理器通过总线系统检测到被控电路发生故障，采取待机保护措施或受控电源失电压保护电路启动。

如果不开机或自动关机时模拟晶闸管电路 V472 的 b 极电压始终为开机低电平 0V，N906 的 56 脚开关机电压为开机高电平，开关电源输出电压不正常，则是电源板电路故障；如果开关电源输出电压和受控电压正常，则是行扫描电路故障。

（2）判断是哪路检测电路引起的保护

可在开机后保护前的瞬间或解除保护后，测量晶闸管保护检测电路稳压二极管的两端电压：行输出过电压保护电路测量 VD472 两端电压，如果高于其稳压值 8.2V，则是该保护电路引起的保护；束电流过大保护检测电路测量 VD473 两端电压，如果高于其稳压值 6.8V，则是该保护检测电路引起的保护。

场输出异常保护，测量 R442 上端电压，如果该电压超过 1V，则是场输出异常保护电路引起的保护。受控电源失电压保护电路，测量 VD475 两端电压或负极的 5V-2 电压，如果两端有 0.7V 正向偏置电压或负极无 5V-2 电压，则是该保护电路引起的保护。

2. 暂时解除保护，确定故障部位

检修时，也可采取解除保护的方法，通过观察故障现象，判断故障范围。

为了整机电路安全，解除保护前，应采取两项保护措施：一是断开行输出电路，在 +B 输出端接假负载，测量开关电源输出电压是否正常，特别是测量 +B 电压是否正常，如果不正常，首先排除开关电源故障；二是在行输出电路逆程电容器两端并联同规格的电容器，避免因逆程电容器开路、失效、减小等原因，造成行输出过电压，损坏元件，如果开机后光栅过大，说明原来的逆程电容器正常，再将并联的逆程电容器拆除。

（1）完全解除保护

在保护执行电路模拟晶闸管电路采取措施，将 V471 的 e 极断开或将 V471 拆除，切断模拟晶闸管保护电路对待机控制电路的影响。

（2）逐路解除保护

如果确定是模拟晶闸管保护电路启动，可恢复 V471，逐个断开保护检测电路与晶闸管电路的连接：行输出过电压保护电路断开 VD472，如果断开后开机不再保护，则是行输出过电压检测电路引起的保护；束电流过大保护电路断开 VD473，如果断开后开机不再保护，则是束电流过大保护检测电路引起的保护。

场输出异常保护电路，断开电阻 R451，如果断开后开机不再保护，则是场输出异常引起的保护；受控电源失电压保护电路断开 VD475，如果断开后开机不再保护，则是 5V-2 失电压引起的保护。

解除保护后，开机测量开关电源各路输出电压，重点测量 +B 电压，如果输出电压过高或过低，是稳压电路故障，重点检查稳压电路；如果 +B 电压正常，拆出假负载，恢复行输出电路，观察故障现象，如果电视机恢复正常，则是断开的故障检测、保护执行电路元件变质，引起的误保护；如果电视机存在光栅、图像、伴音故障，则是与其相关的电路引起的保护，重点检测相关的功能电路。

4.7.3　保护电路维修实例

例 4-20：康佳 P21SE072 超级，开机后自动关机，指示灯亮。

分析与检修：自动关机时，测量开关电源输出电压降低，同时测量模拟晶闸管电路 V472 的 b 极电压为高电平 0.7V，判断模拟晶闸管保护电路启动。

采取解除保护的方法判断故障范围。首先断开行输出电路，接假负载，将模拟晶闸管电路 V471 拆除，开机测量开关电源输出电压正常。再拆除假负载，恢复行输出电路，并联 6800pF 逆程电容器，开机后不再保护，光栅和图像恢复正常，特别是光栅的尺寸并未增大多少，说明原逆程电容器有开路、失效故障，造成行输出电压升高，引起行输出过电压保护电路启动而自动关机。更换逆程电容后，故障排除。

例 4-21：康佳 P21SE072 超级，开机后，自动关机。

分析与检修：据用户称，出现此故障时，有时拍一下机壳又可正常工作。怀疑机内存在接触不良的地方，但检查了开关电源及行、场输出电路未发现虚焊点。故障时测得 +B 电压正常，此时测量模拟晶闸管电路 V472 的 b 极电压由低电平变为高电平 0.7V，且超级单片 N906 的 56 脚电压由高电平变为低电平，判断是模拟晶闸管保护电路启动，进入保护状态。

采取逐路解除保护的方法维修：当断开束电流过大保护电路 VD473 时，开机不再发生自动关机故障，判断束电流过大保护电路有故障。对该保护电路元件进行检查，发现束电流 ABL 电路中的 R478 阻值变大，更换 R478 并恢复 VD473 后，故障排除。

例 4-22：康佳 P21SE072 超级，开机后自动关机，指示灯亮。

分析与检修：自动关机时，测量开关电源输出电压降低，同时测量模拟晶闸管电路 V472 的 b 极电压为高电平 0.7V，判断模拟晶闸管保护电路启动。

采取解除保护的方法判断故障范围。首先断开行输出电路，接假负载，将模拟晶闸管电路 V471 拆除，开机测量开关电源输出电压正常，再拆除假负载，恢复行输出电路后，开机屏幕上垂直幅度不足，判断场输出电路发生故障，引起保护电路启动。

对场输出电路进行检测，场输出集成电路 LA7840 对地电阻和电压均正常，再检查场输出电路的外围元件，发现反馈取样电阻 R442 阻值变大，不但引起负反馈电压增大，造成场幅度不足，而且其上端的电压增加，造成晶闸管保护电路启动，引起自动关机故障。更换 R442、恢复 V471 后，故障排除。

例 4-23：康佳 P21SE072 超级，指示灯亮，自动关机。

分析与检修：指示灯亮，说明开关电源已起振，测量开关电源输出电压正常，自动关机时测量模拟晶闸管 V472 的 b 极电压由开机瞬间的 0V 上升到 0.7V，说明模拟晶闸管保护电路启动。

采用解除保护的方法，分别将 VD472、VD473 断开，进行开机试验。当断开 VD473 后开机不再保护，判断束电流过大保护检测电路引起的保护。对束电流电路进行在路检测，未见异常，考虑到稳压管的稳压值在路无法测量，试验更换 6.8V 稳压管 VD473 后，开机不再保护。

4.8　康佳 SK 系列超级彩电保护电路速修图解

康佳 SK 系列大屏幕超级单片彩电，该系列彩电微处理器和小信号处理电路采用 TDA9373 或 OM8373，部分机型采用康佳公司掩膜后命名的 CKP1417S，场输出电路采用 TDA8177，伴音功放电路采用 TDA2616 等。

适用机型：康佳 T34SK068、T34SK073、T34SK173、T29SK068、T29SK068V、T29SK076、T29SK178、T25SK120、T25SK068、T25SK068V、T25SK076、T25SK062、P29SK061、P29SK067、P29SK077、P29SK151、P29SK151V、P29SK282、P25SK151、P25SK071、P25SK062 等 SK 系列大屏幕超级单片彩电。

康佳 SK 系列小屏幕超级单片彩电，微处理器和小信号处理电路采用 TDA9370 或康佳公司掩膜后命名的 CKP1419S，场输出电路采用 TDA8177、伴音功放电路采用 TDA2614 等。

适用机型：康佳 T21SK022、T21SK026、T21SK068、T21SK076、T21SK078、P15SK107、P21SK056、P21SK056V、P21SK076、P21SK177 等 SK 系列小屏幕超级单片彩电。

康佳 SK 系列大屏幕超级单片彩电，开关电源初级电路采用厚膜电路 KA5Q1265RF，微处理器的副电源取自主电源，待机采用降低主电源输出电压和切断行振荡电路等小信号处理电路供电的方式。康佳 SK 系列小屏幕超级单片彩电，开关电源初级电路采用 TDA16846，微处理器的副电源取自主电源，待机采用切断行振荡电路等小信号处理电路供电的方式。

康佳 SK 系列大屏幕超级单片彩电，在超级单片 TDA937X 或 OM8373 等超级单片的 36、49、50 脚，设有行输出过电压、束电流过大、场输出异常和黑电平检测保护电路，当检测到故障时，超级单片微处理器控制电路采取待机保护措施。本节以康佳 P29SK061 彩电为例，介绍康佳 SK 系列大屏幕超级单片彩电待机与保护电路速修图解。

4.8.1　保护电路原理图解

1. 待机控制电路

康佳 P29SK061 彩电待机控制电路如图 4-8 所示，由两部分组成：一是由 V952、V953 组成的 +8V、+5V 低压供电电源控制电路，待机时切断小信号处理电路的 +8V、+5V 供电；二是由 V954、VD961 组成的待机主电源降压控制电路，待机时降低开关电源输出电压。

超级单片 N103（TDA9373）微处理器部分的 1 脚为开关机控制端，开关机电压分两路，对上述两部分组成的待机控制电路进行控制。

（1）开机状态

遥控开机时，超级单片 N103 微处理器部分的 1 脚输出高电平开机电压，该高电平分为两路：

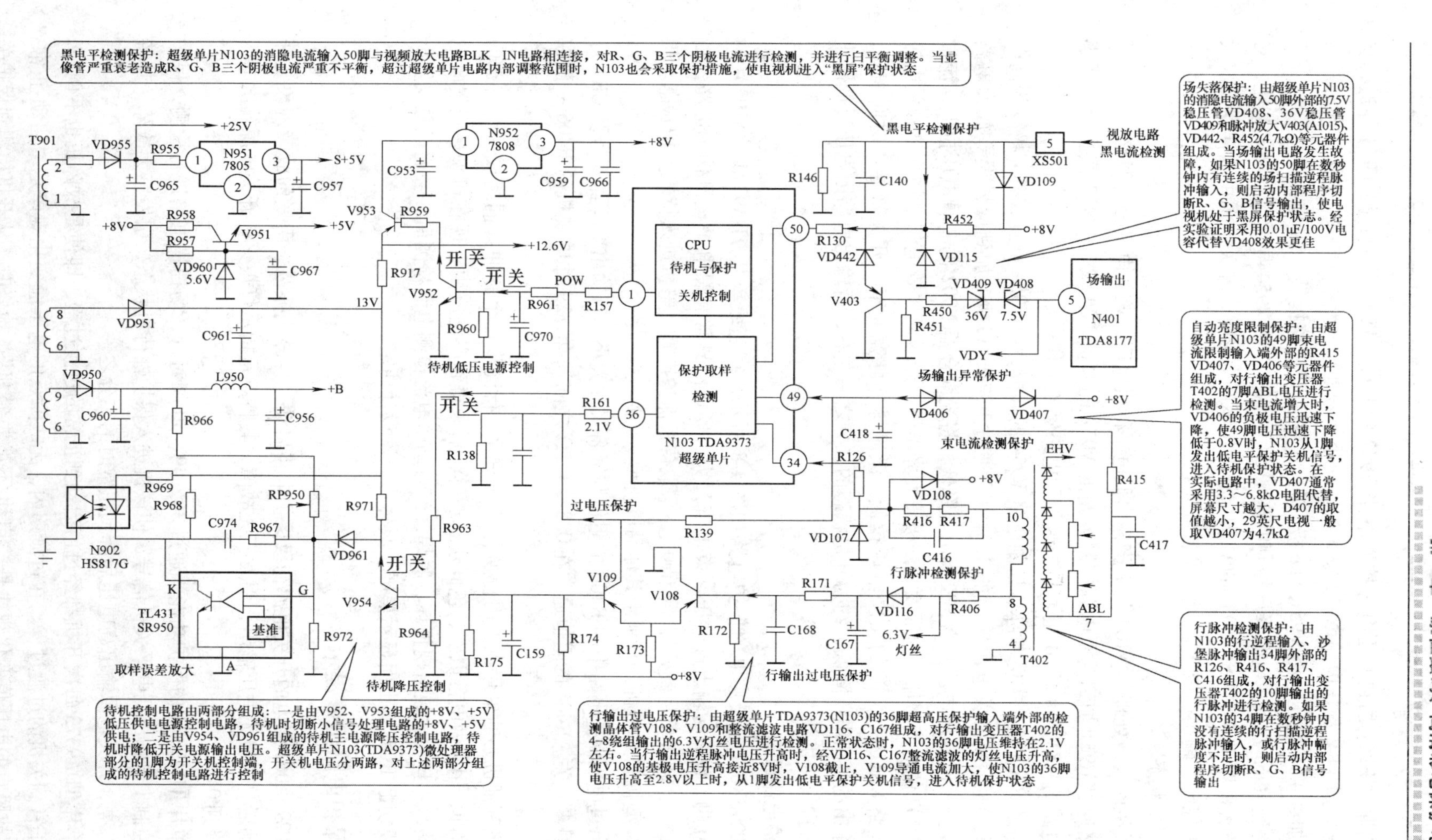

图 4-8　康佳 P29SK061 彩电待机与保护电路图解

第一路通过 R961 加到低压电源控制电路 V952 的 b 极，V952 导通，使 V953 导通，将 +13V 电压加到 +8V 稳压电路 N952 输入端，向小信号处理电路提供 +8V 电源，同时还将 +8V 电压加到 +5V 稳压电路 V951 的 c 极，向小信号处理电路提供 +5V 电源。

第二路经 R963 送到主电源降压控制电路 V954 的 b 极，使 V954 导通、VD961 截止，对取样误差放大电路 TL431（SR950）的 G 脚取样电压不产生影响，开关电源由取样误差放大电路 TL431 控制，输出高电压，向负载电路供电。

（2）待机状态

遥控关机时，微处理器 N103 的 1 脚输出低电平待机电压，该低电平分为两路：

第一路通过 R961 加到低压电源控制电路的 V952 的 b 极，V952 和 V953 截止，切断小信号处理电路的 +8V、+5V 供电，小信号处理电路停止工作。

第二路经 R963 送到主电源降压控制电路 V954 的 b 极，使 V954 截止，其 c 极变为高电平，VD961 导通，将开关电源输出的 13V 电压通过 R971、VD961 加到取样误差放大电路 TL431 的 G 脚，使 G 脚电压升高，K 脚电压降低，将光耦合器 N902 的 2 脚电压拉低，流过光耦合器 N902 的电流增加，内部发光二极管发光增强，光敏晶体管电流增加，将开关电源初级厚膜电路 KA5Q1265RF 的 4 脚电压拉低，激励脉冲脉宽变窄，开关管导通时间缩短，开关电源输出的各路电压降低，约为开机状态的二分之一左右，行输出电路因电压过低停止工作，整机进入待机状态。

2. 保护电路原理

康佳 P29SK061 超级彩电的保护电路如图 4-8 所示，在超级单片 TDA9373（N103）的 36、49、50 脚，设有行输出过电压、束电流过大、场输出异常和黑电平检测保护电路，当检测到故障时，超级单片微处理器控制电路采取待机保护措施，整机进入待机保护状态。相近的还有 C 型机和 K 型机，有别于其他品牌机型。

行输出过电压保护电路中的 R406 的阻值与屏幕尺寸大小、行输出变压器型号及 CRT 灯丝电压等因素有关。R406 的阻值通常在 0.8～3.3Ω 之间选择，29 寸电视机的 R406 一般取 1.8Ω/2W。

采用飞利浦机心的单片机，用行逆程、场逆程、行同步三个脉冲共同组成一个特殊的“沙堡”脉冲，用来做电台识别、色同步选通等，后来得到广泛应用。现在机型多设置暗电流检测电路，一旦视放级出现损坏、脱焊，经自动暗电流检测电路检测后，会通过总线发出待机指令或切断 RGB 输出而显示黑屏，具体由厂家设计而定。

4.8.2 保护电路维修提示

康佳 P29SK061 彩电的开关电源初级保护电路启动，会停止振荡，引发的故障现象是开关电源启动后，次级无电压输出，引发三无故障，其特点是指示灯熄灭，开关电源输出电压上升后又降到 0V。

超级单片 TDA9373 的保护功能，通过 36、49、50 脚对行、场扫描电路进行检测，保护时从待机控制 1 脚输出低电平关机信号，使该机进入保护性待机状态，引发三无故障，其特点是指示灯亮，开关电源输出高电压后降到正常时的二分之一。

超级单片 TDA9373 每次开机都经过由启动到正常的过渡过程，即使是故障机也不例外，也存在从正常到关机的过渡过程。在过渡期内，无故障点的电压值变化规律是“启动-正常-开机”；有故障点的电压值变化规律是“启动-不正常-待机”。检修时，从开机检测到保护关机的时间段，给我们一个检测、观察故障的有效时间，从而逐步缩小故障查找范围。

因此每次都需重新开机后开始检测，并在有效时间段内及时观察仪表测量值的变动范围，根据开机过渡期监测结果，分析确定故障电路和故障元件。

检修自动关机故障时，首先确定是否保护电路启动，然后判断是哪种保护电路启动，最后找到引发保护的检测电路和故障元件。检修时可采用测量关键点电压和解除保护的两种方法进行检修。

1. 测量关键点电压，区分哪路保护

通过测量保护电路关键元件电压，区分哪路保护电路启动进入保护状态，对相应的保护电路和被检测电路进行检修。测量电压可在开机后、保护前的瞬间测量，也可在解除保护后测量。

（1）测量开关电源输出电压

进入保护关机时，通过测量开关电源输出的 +B 电压，即可区分是电源保护，还是开关机电路保护。

如果测量开关电源输出 +B 电压为 0V，是电源初级电路进入保护状态，重点检查开关电源初级保护电路。一是稳压电路故障、厚膜电路启动和供电电路故障引发的过电压保护；二是由于负载或整流滤波电路严重短路或过电流检测元件变质引起的过电流保护。

如果测量开关电源输出 +B 电压为 60V 左右，同时无小信号处理供电输出，N103 的 1 脚为待机低电平，一是微处理器控制电路故障；二是超级单片保护电路启动。

（2）测量 TDA9373 关键引脚电压

测量 TDA9373 的 1 脚电压，如果 TDA9373 的开关机控制端 1 脚电压由开机状态高电平变为待机状态低电平，则是 TDA9373 引起的保护。可通过测量 TDA9373 的 36、49、50 脚电压判断故障范围。

TDA9373 的 36 脚为超高压保护输入端，该脚电压正常时在 1.5～2.2V 左右，因机型和电路设计不同略有差异，如果 36 脚电压变为 2.8V 以上，则是 36 脚外部的行脉冲过电压检测电路引起的保护。由于 TDA9373 的 36 脚内外电路发生故障，均会引起保护电路动作，区分的方法是：断开 36 脚外电路，在开机的瞬间测量 36 脚外电路的电压，如果外电路电压在 2V 以内，则是 36 脚内部电路故障，否则为外电路引起的保护。

TDA9373 的 49 脚为束电流限制输入端，该脚电压正常时为 2.5V 左右，随光栅亮度在 1～2.5V 之间变化，因机型和电路设计不同略有差异，如果 49 脚电压降低到 1V 以下或高于 3.6V 以上，则是 49 脚外部束电流过大保护电路引起的保护。

TDA9373 的 50 脚为消隐电流输入端，设有场输出异常保护电路。该脚电压正常时在 5～6V，因机型和电路设计不同略有差异，并伴有场消隐脉冲输入。如果 50 脚电压不正常或无场消隐脉冲，则是 50 脚外部的场失落保护电路引起的保护。重点检查容易损坏并引发保护的场输出电路 N401 和 N401 到 N103 的 50 脚之间的场失落保护电路元件。

TDA9373 的 34 脚为行逆程输入、沙堡脉冲输出端，该脚电压正常时在 0.3～1.0V，因机型和电路设计不同略有差异，并伴有行脉冲输入。如果 34 脚电压不正常或无行脉冲输入，则是 34 脚外部电路元件故障或行输出电路故障，造成无行脉冲信号输出或脉冲信号幅度不足。重点检查容易损坏并引发保护的行扫描电路和 34 脚外部电路元件。

如果测量行扫描电路已经工作，只是出现黑屏幕故障，可选择人为调高显像管加速极电压的方法，观察屏幕状态。如果出现一条水平亮线，则是场输出电路发生故障；如果出现白光栅回扫线，应检查视放电路和亮度通道，还应检查是否显像管衰老白平衡不良，引起50脚黑电平检测保护启动。

（3）测量控制系统电压

该机控制系统发生故障，也会引起自动关机保护故障。除了测量超级单片微处理器部分的供电、复位、晶振引脚电压外，还应测量1、2脚的SCL、SDA总线系统电压，正常时为4.9V左右，保护时下降到3.6V，并围绕3.6V跳变，表明控制系统在对被控电路进行检测，随后上升到4.9V；另外总线电压不正常，微处理器收不到被控电路的应答信息，也会采取保护措施。

2. 暂短解除保护，确定故障部位

在确定开关电源输出电压正常，行扫描电路无明显短路漏电故障时，可采用强行开机的方法，观察开机后的故障现象，根据故障现象进一步判断故障范围，对相应的电路进行检修。也可在开机后，对与保护有关的引脚电压进行测量，确定故障范围。

（1）从待机控制端解除保护

退出保护的方法是：将微处理器的1脚断开，将R157改接到5V电源，向待机控制电路送入高电平，进入强行开机状态。

该方法由于微处理器未进入开机状态，各种控制电压可能不正常，可能引发无图像无伴音故障，但可对开关电源输出电压和保护电路关键点电压进行测量。

（2）从保护检测端解除保护

如果测量N103的36、49、50脚电压不正常，估计是该脚外部电路引起保护，可采取解除保护的方法做进一步判断。

解除保护方法是：如果36脚行输出过电压保护电路引起的保护，可断开V109的c极，在36脚与8V电源之间并联适当电阻，将36脚电压置于到正常值1.6~1.8V。实测49脚束电流过大保护电路引起的保护，如果49脚电压过高，在49脚与接地之间并联适当电阻；如果49脚电压过低，将49脚与+8V之间并联适当电阻，将49脚电压固定到正常值2.5V左右，即可解除49脚保护。

解除保护后，开机测量开关电源各路输出电压，重点测量+B电压，如果输出电压过高或过低，是稳压电路故障，重点检查稳压电路；如果+B电压正常，电视机声光图正常，则是断开的故障检测、保护执行电路元件变质，引起的误保护，如果电视机存在光栅、图像、伴音故障，则是与其相关的电路引起的保护，重点检测相关的功能电路。

4.8.3 保护电路维修实例

例4-24：康佳P29SK061彩电，开机三无，指示灯亮。

分析与检修：指示灯亮，说明开关电源有电压输出，且微处理器的5V电压正常。排除了电源过电流保护的可能，故障在超级单片的保护电路中。第一步用电压测量法测量超级单片的1脚果然为低电平关机状态。为了看清故障现象，第二步采用退出保护的方法，将超级单片的1脚断开，将R157改接到5V供电端，强行开机。开机后有行输出启动的声音，但黑屏幕，调高加速极电压，屏幕上出现一条水平亮线，说明场扫描有故障，造成TDA9373的50脚场失落保护电路启动，进入保护状态。

检查场输出电路N401（TDA8177），发现内部损坏，更换N401后，恢复超级单片的1脚待机控制电路，开机声光图恢复正常，故障彻底排除。

例 4-25：康佳 P29SK061 彩电，开机三无，指示灯亮。

分析与检修：第一步测量电源输出电压由开机状态的高电平变为低电平，测量 TDA9373 的 1 脚开机电压由高电平变为低电平，属关机保护状态；第二步采用退出保护的方法，脱开 R157 改接 5V，强行开机观察故障现象开机后，仍然为三无；第三步再次采用电压测量法，检查 TDA9373 小信号处理电路的 8V、5V 电源正常，测量 TDA9373 的 54、56、61 脚的 3. 3V 电压也正常，说明微处理器具备工作条件；测量小信号处理电路 TDA9373 的 39、14 脚也有 8V 电压。

按常规检查行扫描电路，发现行推动电路有脉冲输出，但行输出电路无脉冲，检查行输出电路，发现行推动变压器二次侧开焊，行输出电路不工作，造成场扫描电路和显像管不工作，引起 TDA9373 的 50 脚场扫描失落与 49 脚束电流检测保护电路启动。将行推动变压器焊好后，行扫描电路恢复正常，恢复开关机电路后，不再进入保护状态，故障排除。

例 4-26：康佳 P29SK061 彩电，开机三无，指示灯亮。

分析与检修：测量电源输出电压为开机状态的二分之一，测量 TDA9373 的 1 脚电压为待机低电平，属关机保护状态。

边遥控开机，边测量 TDA9373 的 49、36 脚保护电路检测端电压，发现开机的瞬间 36 脚电压偏高，检查 36 脚外围保护电路，发现 V108 的 b 极保护取样分压电阻 R172 阻值增大，由正常时的 33k 增大到 100k 左右，造成 V108 的 b 极电压升高而趋于截止，V109 饱和导通，在行扫描输出电压正常的情况下截止，TDA9373 的 36 脚电压升高，进入保护状态。更换 R172 后，TDA9373 的 36 脚电压恢复正常。恢复开关机电路后，故障排除。

例 4-27：康佳 P29SK061 彩电，开机的瞬间有高压建立的声音，随后自动关机。

分析与检修：测 +B 电压由开机瞬间的 130V 降到待机状态的 60V 左右，测量超级单片 N103 的 1 脚电压由开机时的高电平变为低电平 0V，判断超级单片保护电路启动。

采取解除保护的方法，将 R157 的一端焊开，与 N101 的 1 脚脱开，改接 5V 电源，强行开机。屏幕无光，调高加速极电压，屏幕显示一条水平亮线，怀疑场输出电路故障。测量场输出块 N401（TDA8177）4 脚 $-V_{CC}$ 有 -12V，而 2 脚 $+V_{CC}$ 电压几乎为零，正常值应为 +12V，检查开关电源的 +12V 整流滤波电路未见异常，检查 N401 的 2 脚对地短路，更换 N401 后，故障排除。

例 4-28：康佳 P29SK061 彩电，有时能开机，正常收看中突然自动关机保护。有时开机就保护，有时能开机，可是图像不停地闪动。

分析与检修：根据故障现象分析，初步判断开关电源电压失控，电源电压升高，保护电路起作用而关机。首先用一根短线把行输出管 V402 的 b 极与 e 极短接，+B 电源上接 100W 灯泡，做假负载，开机观察，灯泡很亮，用数字式万用表测 +B 电源电压为 160V，比正常值高出为 20V。用一根短线把光耦合器 N902（HS817）的 3、4 脚短路，开机观察灯泡不亮，说明光耦合器以前的电路是正常的（热地板），重点检查光耦合器以后的电路。

试调稳压取样电位器 RP950 没有反应，更换精密取样块 SR950（TL431）还是如此。测光耦合器的 1 脚电压，遥控开机状态时为 14V，关机状态时为 5V，有变化。这说明光耦合器有故障或性能不良。刮掉光耦合器的 4 个脚上的热胶涂层，发现第 4 脚周围变黑，用数字式万用表检查有脱焊现象。补焊后故障彻底排除。

例 4-29：康佳 P25SK068 彩电，开机后黑屏幕，几秒钟后自动关机。

分析与检修：根据故障现象分析，测量开关电源输出电压由开机状态的高电压变为低电压70V左右，测量超级单片OM8373的开关机控制电压为待机单片，判断是超级单片保护电路启动。

测量OM8373的36脚的行输出过电压保护电路电压为2V不变，说明该保护电路正常；测量49脚的束电流过大保护电路，开机时由0V升到0.75V，稍停片刻继续升到1.6V，数秒钟后降到0.8V，保护电路动作，由此判断时是束电流过大保护电路启动。但检查束电流过大保护电路元件未见异常。后来考虑到行输出电路不正常，引起N103的34脚行脉冲异常，也会引起保护电路启动，对行输出电路进行检测，发现行推动晶体管漏电，更换行推动管后，故障排除。

4.9 康佳TE系列超级彩电保护电路速修图解

康佳TE系列大屏幕超级彩电，微处理器控制电路采用超级单片TMPA8879PSBNG，场输出电路采用TDA8177，伴音功放电路采用TDA2616等。

适用机型：康佳P25TE282、T25TE267、T25TE358、T25TE661、P29TE282、P29TE661、P25TE661等TE系列超级彩电。

康佳TE系列大屏幕超级彩电，开关电源初级电路采用新型厚膜电路STR-W6756或STR-W6754，微处理器的副电源取自主电源，待机采用降低主电源输出电压、切断小信号处理电路供电的方式。

康佳TE系列大屏幕超级彩电，在超级单片TMPA8879PSBNG电路，设有X射线过高保护电路、场输出异常保护和电源供电失电压保护电路，保护检测到故障时，将超级单片TMPA8879PSBNG的59脚保护检测引脚电压拉低，超级单片内部微处理器据此采取保护措施，进入待机保护状态；在待机控制电路，设有模拟晶闸管保护电路，具有束电流过大保护和电源过压保护功能，保护电路启动时，将待机控制电压拉低，进入待机保护状态。本节以康佳P25TE282超级彩电为例，介绍康佳TE系列大屏幕超级彩电开关电源和待机与保护电路维修图解。

4.9.1 保护电路原理图解

1. 超级单片保护电路

康佳P25TE282超级彩电保护电路如图4-9所示。超级单片N301（TMPA8879PSBNG）的59脚X-RAY为保护检测专用引脚，外接以V472为核心的行、场输出过电压保护电路和电源失电压保护电路。

超级单片N301的59脚X射线检测端电压正常时为高电平，当59脚外部保护检测电路检测到故障时，将超级单片N301的59脚电压拉低，N301据此判断被检测电路发生故障，采取保护措施，从开关机控制端56脚输出待机低电平，进入待机保护状态。

2. 模拟晶闸管保护电路

康佳P25TE282超级彩电，在待机控制电路中设置了V956、V958组成的模拟晶闸管保护电路，如图4-9右下侧所示。V958的b极外接束电流过大保护电路，V956的b极外接电源输出27V电压过高保护电路。保护电路启动时，将N301的56脚输出的开机高电平电压拉低，迫使待机控制电路动作，一是切断小信号处理电路的12V-1、9V、5V-2、8V供电；二是降低开关电源输出电压，进入待机保护状态。

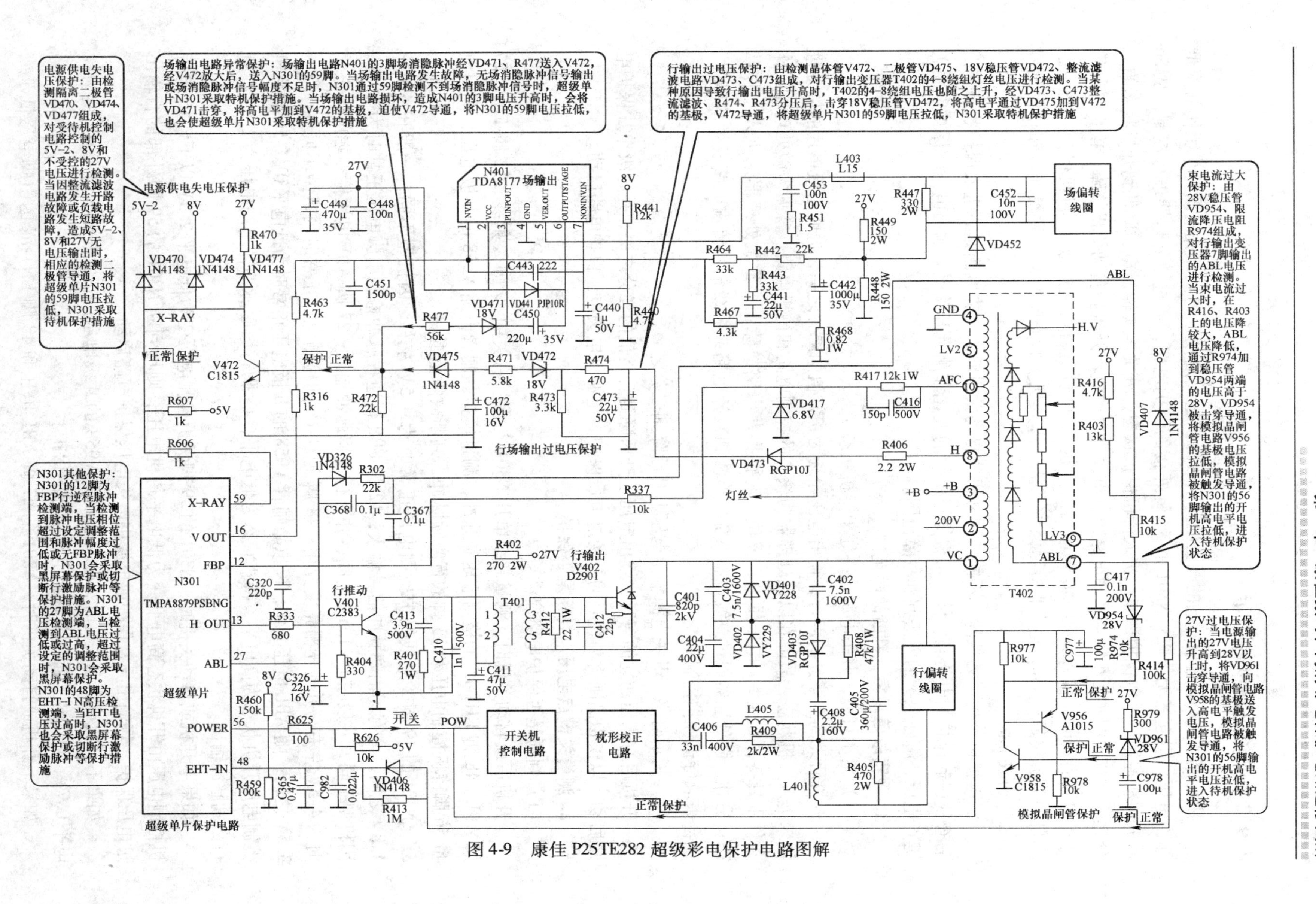

图 4-9　康佳 P25TE282 超级彩电保护电路图解

4.9.2 保护电路维修提示

康佳 P25TE282 超级彩电的开关电源初级保护电路启动，迫使开关电源停止工作或降低输出电压，引起三无故障；N301 的 59 脚外接的保护电路，通过微处理器进行控制，从 56 脚开关机控制端采取保护措施，进入待机保护状态，开关电源输出电压降低到开机状态的二分之一左右，同时无小信号处理电路的供电输出，产生不开机和自动关机故障；模拟晶闸管保护电路启动时，将 N301 的 56 脚输出的开机控制电压拉低，也会进入待机保护状态，引起自动关机故障；N301 的其他检测保护功能，进入保护状态时，会引发黑屏幕和行输出停止工作的故障。

当电视机产生三无故障，不能二次开机或自动关机时，首先判断是否进入保护状态，然后查找引起保护的电路和元件。可根据指示灯的变化和测量开关电源输出电压和保护电路关键点电压、解除保护的方法判断故障范围。

1. 观察故障现象，判断故障范围

（1）指示灯亮，开关电源始终处于待机状态

开机后无高压建立的声音，输出电压始终为正常值的二分之一，说明超级单片的微处理器未进入开机状态，故障在以微处理器为核心的控制电路和待机电路。常见为微处理器工作条件不具备，如无 5V 电压供电，复位、时钟振荡电路故障，导致微处理器未进入工作状态；另外，微处理器通过总线控制系统，检测到被控电路或总线信号传输电路发生故障时，也会采取待机保护控制。

（2）指示灯亮，开关电源输出电压上升后降到二分之一

开机后有高压建立的声音，输出电压上升后降到正常值的二分之一，是超级单片保护电路启动或以模拟晶闸管为核心的行场过电压保护、电源供电失电压保护电路启动。

2. 测量关键点电压，判断是否保护

（1）判断是否保护电路启动

开机后或自动关机时，测量超级单片 N301 与保护有关的 59 脚 X 射线、12 脚 FBP、27 脚 ABL、48 脚 EHT-IN 的检测电压和脉冲，测量模拟晶闸管电路 V958 的 b 极电压，同时测量 56 脚待机控制电压和 13 脚的行激励脉冲，判断故障范围。

N301 的 59 脚 X 射线保护检测电压正常时为 4.5V 左右，因机型不同，一般在 4.0 ~ 4.8V 之间，并有场消隐脉冲信号输入；12 脚 FBP 行逆程脉冲检测引脚电压正常时为 1.4V，因机型不同，一般在 1 ~ 1.5V 之间，并有行逆程脉冲输入；27 脚 ABL 电压检测端电压正常时为 4.5V 左右，并随光栅亮度变化；48 脚 EHT-IN 的检测电压正常时因机型不同在 1.3 ~ 3.5V 之间，随 ABL 电压变化；模拟晶闸管 V958 的 b 极电压正常时为低电平 0V。56 脚待机控制电压开机状态为高电平，待机状态为低电平，13 脚行激励脉冲输出端电压为 1.9V，有行激励脉冲输出。

如果不开机或自动关机时，N301 的 59 脚保护检测电压变为低电平 2.5V 以下，56 脚待机控制电压由开机状态高电平变为低电平待机电压，则可判断 N301 的 59 脚外部的行输出过电压保护、场输出异常保护或电源供电失电压保护电路启动。

如果不开机或自动关机时，模拟晶闸管 V958 的 b 极电压由正常时的低电平 0V 变为高电平 0.7V，则是模拟晶闸管保护电路引起的保护。

如果不开机或自动关机时，N301 的 27 脚 ABL 电压和 48 脚 EHT-IN 的引脚电压低于或

高于正常值，同时产生黑屏幕或 13 脚无行激励脉冲输出，则是 N301 的 ABL 电路或 EHT 电压超过正常值引起的保护。

如果不开机或自动关机时，N301 的 59 脚、27 脚、48 脚、12 脚电压均正常，且 59 脚有场消隐脉冲输入，但 56 脚待机控制电压却为低电平待机电压，则是微处理器控制系统故障或微处理器通过总线系统检测到被控电路发生故障，采取待机保护措施。

如果不开机或自动关机时，N301 的 56 脚待机控制电压为高电平开机电压，则是电源板电路故障，可通过测量待机控制电路的 V954 的 b 极电压和开关电源输出电压判断故障范围。

如果开关电源输出电压为正常值的二分之一低电压，V954 的 b 极电压为高电平 0.7V，则是电源初级电路或稳压电路故障，重点检查 TL431 取样误差放大电路、光耦合器 N902 和开关电源初级电路 N901；如果开关电源输出电压为正常值高电压，而小信号电路受控电源无电压输出，则是受控低压电源故障，重点检查 V952、V953 低压电源控制电路；如果开关电源输出电压为正常值高电压，小信号电路受控电源也正常，电视机仍不开机，则是超级单片小信号处理电路或行扫描电路故障。

（2）判断是哪路检测电路引起的保护

如果判断 N301 的 59 脚外部保护检测电路引起的保护，可通过测量各个保护检测支路关键点电压的方法，判断是哪路检测电路引起的 59 脚保护电路启动。可在开机后保护前的瞬间或解除保护后，通过测量行输出过电压保护电路 VD475 的正极电压和电源供电失电压保护电路 VD470、VD474、VD477 的两端电压进行判断。如果 VD475 的正极由正常时的低电平 0V 变为高电平 1.4V 以上，则是行输出过电压保护电路引起的保护，主要对行输出的供电、逆程电容器电路进行检测；如果 VD470、VD474、VD477 之一的两端电压有 0.7V 正向偏置电压，则是该二极管电源失电压保护电路引起的保护，重点检测相应电压的整流滤波电路和负载电路；如果场输出电路 N401 的 3 脚无场消隐脉冲输出，则是场输出异常引起的保护，重点检查场输出电路 N401。

如果判断模拟晶闸管保护电路启动引起的保护，可通过测量稳压管 VD954、VD961 两端电压判断故障范围。如果 VD954 两端电压等于或稍高于其稳压值 28V，则是束电流过大保护电路引起的保护；如果 VD961 两端电压等于或稍高于其稳压值 28V，则是 27V 过电压保护电路引起的保护。

3. 暂时解除保护，确定故障部位

检修时，也可采取解除保护的方法，通过观察故障现象，判断故障范围。

为了整机电路安全，解除保护前，应采取两项保护措施：一是断开行输出电路，在 +B 输出端接假负载，测量开关电源输出电压是否正常，特别是测量 +B 电压是否正常，如果不正常，首先排除开关电源故障；二是在行输出电路逆程电容器两端并联同规格的电容器，避免因逆程电容器开路、失效、减小等原因，造成行输出过电压，损坏元件，如果开机后光栅过大，说明原来的逆程电容器正常，再将并联的逆程电容器拆除。

（1）完全解除保护

在待机控制电路采取措施，N301 的 56 脚外接的 R625 断开，将 R625 接 56 脚的一端断开改接到 5V-1 的 55 脚；如果仍不能开机，再将模拟晶闸管保护电路的 V956 的 e 极断开或将 V956 拆除，确保向开关机控制电路输出高电平，强行进入开机状态。

此种方法由于微处理器未进入开机状态，可能无各种控制电压输出，造成无伴音或无图像现象，但可对开关电源输出的电压和保护电路的关键点电压进行检测。

（2）逐路解除保护

如果判断 N301 的 59 脚外部检测电路引起的保护，可采取逐路解除 59 脚外部检测支路的方法，判断故障范围：行输出过电压保护电路，可将 VD475 断开，如果断开后，开机不再发生关机故障，则是行输出过电压保护电路引起的保护；电源供电失电压保护电路，逐个断开检测二极管 VD470、VD474、VD477，每断开一路检测电路，进行一次开机实验，如果断开哪个检测二极管后，开机不再保护，则是该检测二极管检测的电压失电压引起的保护；如果断开 VD475、VD470、VD474、VD477 后，开机仍然保护，则是场输出异常保护电路引起的保护。

如果判断是模拟晶闸管电路引起的保护，可逐个断开模拟晶闸管外接的保护检测支路稳压管 VD954、VD961 判断故障范围。如果断开 VD954 后，开机不再保护，则是束电流过大保护电路引起的保护；如果断开 VD961 后开机不再保护，则是 27V 过电压保护电路引起的保护。

（3）解除 N301 保护

如果测量 N301 与保护相关的 59 脚、27 脚、48 脚电压不正常，引起黑屏幕或自动关机故障，可断开相关引脚与外部检测电路的连接，注意保留该引脚的偏置电阻，测量该脚的电压和进行开机试验，如果断开外部检测电路的连接后，该脚电压仍不正常，可在该脚外接上拉电阻或下拉电阻的方法，将该脚电压置于正常范围内，即可解除该脚的保护功能。

解除保护后，开机测量开关电源各路输出电压，重点测量 +B 电压，如果输出电压过高或过低，是稳压电路故障，重点检查稳压电路；如果 +B 电压正常，拆出假负载，恢复行输出电路，观察故障现象，如果电视机恢复正常，则是断开的故障检测、保护执行电路元件变质，引起的误保护；如果电视机存在光栅、图像、伴音故障，则是与其相关的电路引起的保护，重点检测相关的功能电路。

4.9.3 保护电路维修实例

例 4-30：康佳 P25TE282 超级彩电，开机后自动关机。

分析与检修：发生自动关机故障时测得 +B 电压为低电平，测量超级单片 N301 的 56 脚 POWER 电压变为低电平，测量 N301 的 59 脚 X 射线电压也为低电平，检测晶体管 V472 的 b 极为 0.7V 高电平，由此判断是 N301 的 59 脚外部保护检测电路引起的保护。

采取逐路解除保护的方法维修：当断开行输出过电压保护电路 VD475 时，开机不再发生自动关机故障，开关电源输出电压恢复正常，判断行输出过电压保护电路引起的保护。观察开机后的图像和光栅正常，判断是行输出过电压保护电路元件变质引起的误保护。对该保护电路元件进行在路检测，未见异常，考虑到稳压管的稳压值无法在路测量，试验更换一只 18V 稳压管代替 VD472 后，恢复 VD475，开机不再发生关机故障，故障排除。

例 4-31：康佳 P25TE282 超级彩电，刚开机时，时常自动关机，收看几十分钟后，不再自动关机。

分析与检修：开机能正常收看时，测量开关电源输出电压正常，且图像和光栅正常。自动关机时开关电源输出电压降低，测量超级单片 N301 的 56 脚 POWER 电压变为低电平，测量 N301 的 59 脚 X 射线电压也为低电平，检测晶体管 V472 的 b 极为 0.7V 高电平，由此判断是行输出过电压保护电路引起的保护。

观察开机后的图像和光栅正常，判断是行输出过电压保护电路元器件变质引起的误保护。对该保护电路元器件进行在路检测，未见异常，更换 18V 稳压管 VD472，故障依旧。最后检查灯丝整流滤波电路元器件时，发现 C473 容量减小，造成整流后的电压不稳定，引起行输出过压误保护；当开机一段时间，由于反复充放电，C473 的容量逐渐恢复，不再发生误保护故障。更换 C473 后，自动关机故障排除。

例 4-32：康佳 P25TE282 超级彩电，开机后自动关机，指示灯亮。

分析与检修：自动关机时，测量开关电源输出电压降低，同时测量 V472 的 b 极电压为 0.1V，而 N301 的 59 脚电压为低电平，判断是电源供电失电压保护电路启动，将 VD470、VD474、VD477 逐个断开，当断开 VD477 时，开机不再保护，但屏幕上出现一条水平亮线，判断场输出电路故障。

测量场输出电路 N401（TDA8177），严重击穿短路，检测其 27V 供电电源，熔断电阻 R953（0.12/1W）烧断，引发 27V 供电失电压保护。更换 N401 和 R953 后，故障排除。

例 4-33：康佳 P29TE282 超级彩电，开机听到高压建立声音，几秒钟后自动关机。

分析与检修：自动关机时，测量开关电源输出电压降低，测量 N301 的 56 脚开关机电压为低电平，测量 N301 的 59 脚保护检测端子电压是正常的 4.8V，测量模拟晶闸管电路 V958 的 b 极电压为 0.7V，判断模拟晶闸管保护电路启动。

采取逐路解除保护的方法判断故障范围，断开 VD954 后，开机不再保护，判断束电流过大保护电路引起的保护。对束电流检测和 ABL 电路进行检测，发现电阻 R403 阻值变大，表面烧焦，由正常时的 13k 增大到 100k 左右，致使 T402 的 7 脚电压降低，将 VD954 击穿，引起束电流过大保护电路启动。更换 R403 并恢复 VD954 后，故障排除。

第 5 章　TCL 数码高清彩电保护电路速修图解

5.1　TCL LA7681X 机心单片彩电保护电路速修图解

LA7681X 机心单片彩电，微处理器采用 LA86F3548A，小信号处理电路采用 LA7681X。

适用机型：TCL AT2175EB、AT2126E、AT2133E、AT2175E、AT2175EB、AT2518E 和 2513E、2518E、2518EW、2533E、2906E、2918EW、3418E 等三洋单片系列彩电。

本节以 TCL AT2175EB 彩电为例，介绍其保护电路速修图解，其他具有该保护功能的 TCL 的 LA7681X 系列三洋电路单片彩电可参照维修。TCL AT2175EB 彩电开关电源采用三洋分立元件组成的开关电源，副电源取自主电源，待机控制采用切断行振荡电路 H VCC 电源的方式。

TCL AT2175EB 彩电带有电网电压自动检测、保护功能，微处理器对开关电源输出电压进行检测，当开关电源输出的电压过高或过低时，进入待机保护状态。

5.1.1　保护电路原理图解

TCL AT2175EB 彩电的保护电路如图 5-1 所示。微处理器 IC001（LC86F3548A）的 12 脚为单独设立的市电电压检测引脚，通过外部电路对开关电源输出电压进行检测，当开关电源输出的电压过高或过低，超过软件程序设定的范围时，微处理器据此采取保护措施，从开关机控制端 31 脚输出待机控制电压，达到保护的目的。

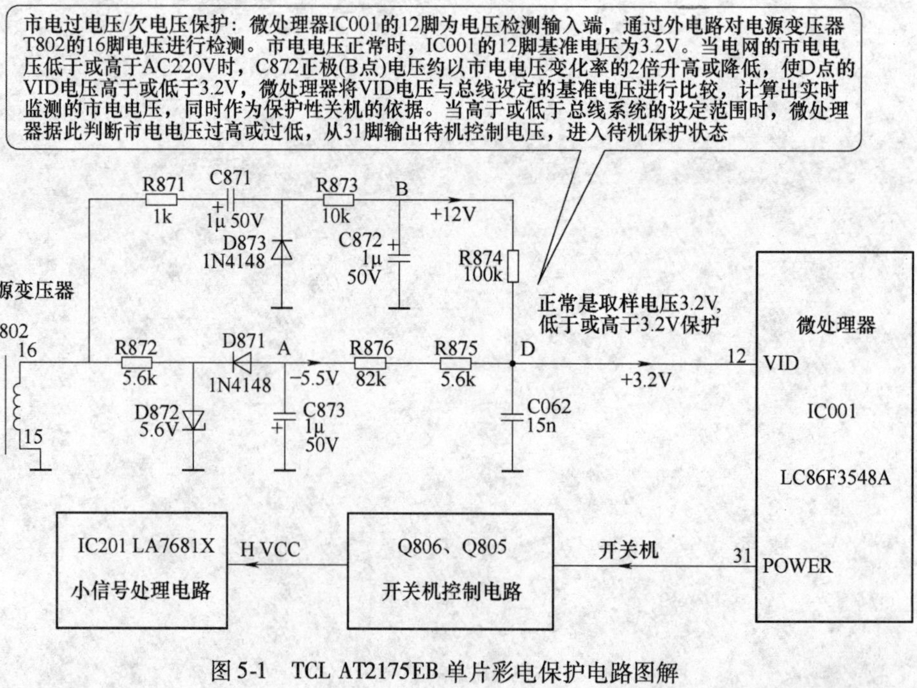

市电过电压/欠电压保护：微处理器IC001的12脚为电压检测输入端，通过外电路对电源变压器T802的16脚电压进行检测。市电电压正常时，IC001的12脚基准电压为3.2V。当电网的市电电压低于或高于AC220V时，C872正极(B点)电压约以市电电压变化率的2倍升高或降低，使D点的VID电压高于或低于3.2V，微处理器将VID电压与总线设定的基准电压进行比较，计算出实时监测的市电电压，同时作为保护性关机的依据。当高于或低于总线系统的设定范围时，微处理器据此判断市电电压过高或过低，从31脚输出待机控制电压，进入待机保护状态

图 5-1　TCL AT2175EB 单片彩电保护电路图解

从图5-1可以看出，从开关变压器16脚输出的脉冲电分两路，一路通过R872限流、D872稳压，D871箝位，使C873的负极（A点）电压稳定在-5.5V；另一路经R871、C871、D873倍压，使C872的正极（B点）电压在+12V左右，A点和B点之间的17V电压经R874、R875、R876分压后，在C062的上端（D点）形成VID检测电压，送入微处理器IC001（LC86F3548A）的12脚。

当电网的市电电压AC220V正常时，则在D点形成VID电压为+3.2V左右的基准电压，送至微处理器进行电压检测，微处理器据此判断市电电压正常，从31脚输出开机控制电压，电视机正常工作。

该类机型在正常使用时，按"显示"键可显示实时电网电压。当电网电压低于130V时会自动显示"电网电压低于130V，请关机"，同时在15s后自动关机。当电网电压高于270V时会显示"电网电压高于270V，请关机"，同样在15s后自动关机，从而对电视机进行有效的保护。

5.1.2　保护电路维修提示

实际应用中该类机型有时会出现电网电压显示过高、过低或保护关机的现象。造成自动关机的原因有三：一是市电电压过低或过高，二是市电电压正常，而保护检测电路元件发生变质，造成VID电压超标，引起误保护；三是与电压检测保护有关的软件数据出错，造成保护电路提前启动，引起误保护。检修时可通过测量保护电路关键点电压和I^2C总线调整软件数据的方式，排除自动关机保护故障。

1. 测量关键点电压，判断是否保护

当屏幕上显示"电网电压低于130V，请关机"，或"电网电压高于270V，请关机"，同样在15s后自动关机时，可通过测量市电电压和微处理器IC001的12脚电压判断故障范围。

如果市电电压低于130V或高于270V，则是市电电压不正常引起的自动关机，应对市电输入电路和供电电路进行检查，不是电视机的故障。

如果市电电压在130~270V之间，同时IC001的12脚电压偏离正常值3.2V过多，则是12脚外部的电压检测电路故障，应对电压过电压、欠电压检测电路进行检修。常见为稳压管D872变质漏电，分压电阻R874、R875、R876变质等。另外开关电源输出电压过高或过低，也会引发保护电路启动。

如果市电电压在130~270V之间正常，同时IC001的12脚电压也在3.2V上下的正常范围内，则是与电压检测保护相关的软件数据出错。可进入总线调整状态，对相关数据进行适当调整，调整到正常范围内。

2. 通过总线调整，排除保护故障

在测量电网电压正常的情况下，一般可通过内部菜单的调整，使电压显示的数值高低趋于正常，如通过调整仍不能调至正常时，则有可能是该电压检测电路出了故障。因机型不同，调整方法略有不同，主要有以下几种调整方法：

一是拆开遥控器，在电路板上标有"D-mode"的位置增加导电橡胶按键，按该键即可进入维修模式。调整后，遥控关机可退出维修模式，调整后的数据被自动存储。

二是对于型号为RC-C8T或RC-C10T的遥控器，拆开后找到上面数下来第三排左起第三个键盘点（即"游戏"键右边第二个）短路一下，即可进入总线调整状态，屏幕上显示调整菜单。

三是遥控器型号为 RC-C01T 的或左手最下方无“暂停”键的，可拆开遥控器短路左边最下面的键盘点，进入总线调整状态，屏幕上显示调整菜单。调整完毕后，按遥控器上“菜单”键退出内部菜单。

进入维修模式后，用菜单“上/下”或“频道加/减”键选择调整项目，按“频道加/减”键选择项目和改变项目数据。值得一提的是，因机型总线设置不同，与电压检测保护的项目所在的菜单也不同，有些机型只有将 MENU03 菜单中的“ENGINEER OPTION”项目设为 1 时，才能进入 MENU04 及其以后的菜单。

进入总线调整状态后，按“音量加”键找到设有电压检测保护的项目菜单，按菜单“上/下”或“频道加/减”键选择“POWER—LOW”电压过低显示和“POWER—HIGH”电压过高显示项目，将其数据调整到正常范围即可，正常时“POWER—LOW”电压过低显示数据在 1 ~ 4 之间，“POWER—HIGH”电压过高显示数据在 8 ~ 14 之间。可根据实际情况进行调整，200V 以上时调“POWER—HIGH”项，200V 以下时调“POWER—LOW”项。

5.1.3　保护电路维修实例

例 5-1：TCL AT2175E 彩电，画面显示“电网电压高于是 270V，请关机”字样，而后数秒自动关机。

分析与检修：先打开内部菜单，调到第 13 大项中的第 3、4 项目，即为“POWER LOW”及“POWER HIGH”两项，适当调整两项数据后无效（一般为“2、11”）。怀疑电压检测电路有问题，经检测发现 R875（100k）开路，更换后适当调整内部数据后显示 220V 正常。

例 5-2：TCL AT2536E 彩电，按遥控器上的“显示”键，无市电电压显示。

分析与检修：根据故障现象分析，此故障应是总线设置数据有误。进入总线调整状态，选择 MENU13 菜单，发现“OPT-POWER-OFF”项目数据为 0，将其改为 1 后，退出总线调整状态，按遥控器上的“显示”键，屏幕上恢复显示市电电压。

例 5-3：TCL AT2518E 彩电，电视机显示“电网电压高于 270V，请关机”字样，然后几秒钟后自动关机。

分析与检修：该机具有电网电压自动检测功能，电网电压过低、过高都会有字符提示，并适时自动关机。从该现象来看，有可能是内部菜单中有关电压检测的数据未调好，或机器中有关电压检测电路中有零件损坏。本着从简到繁的原则，先打开内部菜单调数据入手，按“音量”键找到 00 项主菜单页，再用“频道”键移至“POWER LOW”及“POWER HIGH”项，再用“音量”键分别调整为“4”和“14”时，按“菜单”键退出内部菜单后按“显示”键，显示“电网电压 220V”，机器正常。

例 5-4：TCL AT2133E 彩电，画面显示“电网电压低于是 130V，请关机”字样，而后数秒自动关机。

分析与检修：先打开内部菜单，调第 13 大项中的第 3、4 项目，即为“POWER LOW”及“POWER HIGH”两项，适当调整两项数据后无效（一般为“2”、“11”）。怀疑电压检测电路有问题（该机图纸上并未绘出这部分电路图）。经检测发现 R874（120k）开路，更换后显示正常。

5.2　TCL MS21 机心超级彩电保护电路速修图解

TCL 的 MS21 机心，采用飞利浦超级单片 TDA12063 和归一化行频处理芯片 MSTSC16A，后端显示处理采用飞利浦的 TDA9332H（部分机型采用 OM8380，两者可以直接代换）。

适用机型有：TCL HID29A61、29A2P、29A3P、29V88P、32E88、32V6P、34A3P、HD25181、HD28B031、HD29181、HD29208、HD29A41A、HD29A71、HD29A71I、HD29B03I、HD29B06、HD31181、HD31A41、HD32B03I、HD34181、HD34A41、HD34A61、HD34A71、HD34A71I、HD34B03、HD34B03I、HD34B06、HID29158HB、HID34158HB 等高清彩电。

本节以 TCL HID29A61 彩电为例，介绍其保护电路原理与速修图解，其他 MS21 机心彩电可参照维修。HID29A61 开关电源采用新型厚膜电路 KA5Q1265RF，副电源取自主电源，待机采用降低主电源输出电压和切断行振荡等小信号处理电路供电的方式。

TCL HID29A61 彩电在高清数字处理板，设有场输出异常保护，ABL 电压过高、过低保护和 EHT 高压过高保护电路，保护检测到故障时，数字板上的微处理器据此采取保护措施，进入待机保护状态。

5.2.1　保护电路原理图解

TCL HID29A61 彩电保护电路如图 5-2 所示，在主板行场扫描电路上设有场输出异常保护，ABL 电压过高、过低保护和 EHT 高压过高保护检测电路，检测到的保护信息通过连接器 S202 送到数字板进行识别，然后从微处理器待机控制电路执行待机保护措施。

5.2.2　保护电路维修提示

TCL HID29A61 彩电保护电路启动时，由微处理器执行待机保护措施，引发自动关机的故障，一是看不到真实的故障现象，二是引发的故障现象与开关电源故障和控制系统故障相同，给检修造成一定难度。检修时，可采取测量关键点电压和解除保护的方法，判断故障范围。

1. 测量关键点电压，判断是否保护

场输出异常保护电路启动，一是场输出电路发生故障，如正负电源供电电路发生故障，场输出集成电路内部击穿，场输出电路外围元件损坏等；二是场输出信号识别传输电路发生故障，造成无场输出识别信号送入微处理器也会引发自动关机保护。

由于保护电路从开关电源电压和行输出二次电压的建立，场输出信号和 ABL 电压的产生，保护识别信号的形成，都需要一段时间，往往在开机数十秒后，方能启动保护措施。维修时，可抓住开机后保护前的瞬间，测量关键点的电压。

（1）测量连接器相关引脚电压

保护电路主要依据送入数字板的 VFB 电压、EHT 电压和 ABL 电压，在开机后自动关机前，或在解除保护后，测量连接器 S202 的 23 脚的 ABL 电压、31 脚的 VFB 电压、35 脚的 EHT 电压。正常时 VFB 电压为低电平、EHT 电压为低电平、ABL 电压在小范围内变化。当 VFB 电压变为高电平、EHT 电压变为高电平和 ABL 电压超出设定的变化范围时，即可判断该保护电路启动，引起数字板控制系统采取保护措施。

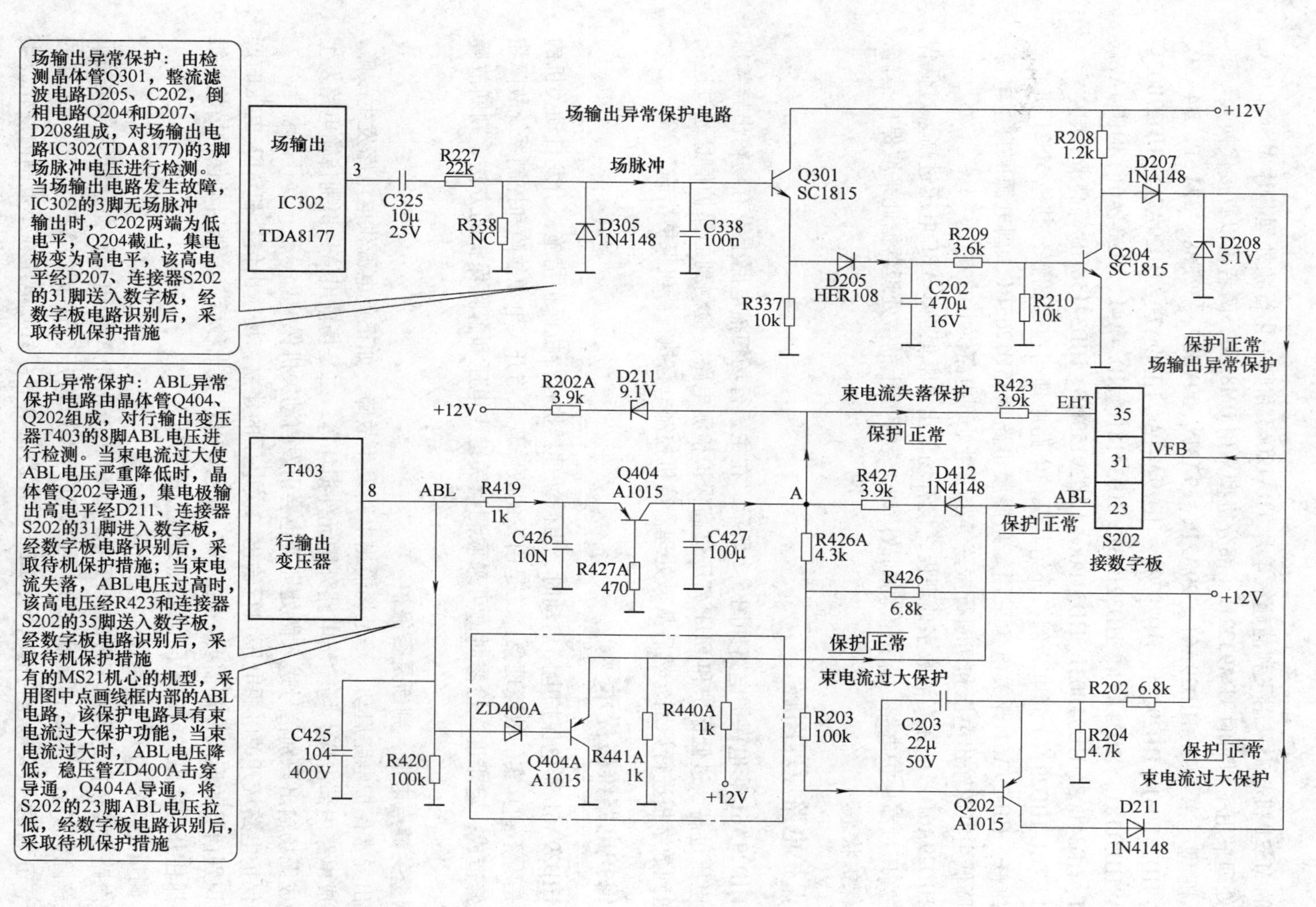

图 5-2 TCL HID29A61 超级彩电保护电路图解

（2）测量场输出电压

为了防止反复通电测量，造成显像管切径故障，找一个闲置的偏转线圈，将故障机的场偏转线圈接线断开，改接到闲置的偏转线圈上，进行电压测量。

一是测量TDA8177的2脚和4脚正负供电电压，由于保护电路的启动，可能正负供电还没有达到标准电压，就已经启动保护，但正负供电电压应基本相等。如果正负电压不相等，或缺少某个电压，则是该供电电路引发的保护。

二是测量场输出端电压，场输出电路发生故障时，大多会引起输出端电压改变。采用正负供电TDA8177场输出端5脚电压正常时直流电压为0V，如果该电压偏离0V，则是场输出电路发生故障，引发的自动关机故障。

三是测量场输出波形，如果有条件的话，可测量场输出电路TDA8177的波形，一是测量TDA8177的1脚的输入波形；二是测量TDA8177的5脚的输出端波形。如果TDA8177的1脚有场激励波形输入，5脚无场输出波形，则是场输出电路TDA8177发生故障；如果TDA8177的1脚和5脚波形均正常，但S202的31脚无识别信号输入，则是识别信号传输电路发生故障，引起保护电路启动。

2. 暂时解除保护，确定故障部位

为了保证解除保护后维修的安全，一是将场偏转线圈接线改接到闲置的偏转线圈上；二是接假负载测量开关电源输出电压是否正常，然后再采取解除保护的方法。

（1）从待机控制电路采取措施

解除保护可从待机控制端采取措施。该机的数字板的待机控制电压经连接器S201的4脚将STBY电压送入电源扫描板。开机时送入的STBY电压为高电平，待机时输入的STBY电压为低电平。解除保护时可将S201的4脚断开，注意保留上拉电阻R802，强行进入开机状态。

此种方法由于微处理器未进入开机状态，可能无各种控制电压输出，造成无伴音或无图像现象，但可对开关电源输出的电压和行、场输出电压以及保护电路的关键点电压进行检测。

（2）从S202相关引脚采取措施

当测量S202连接器的31脚VFB电压变为高电平，引起保护电路启动时，可将31脚直接对地短接，将保护高电平电压短路，解除保护；如果测量S202的35脚EHT电压变为高电平，引起保护电路启动时，可将35脚直接对地短接，将保护高电平电压短路，解除保护。

（3）逐路解除VFB保护

当检测到S202的31脚VFB电压为高电平，保护电路启动时，由于31脚外接两路保护检测电路，可采取逐路解除保护的方法，判断故障范围：场输出异常保护电路断开D207，束电流过大保护电路断开D211，每解除一路保护检测电路，进行一次开机试验，如果断开哪路保护检测电路与电压翻转电路的连接后，开机不再保护，则是该保护检测电路引起的保护。

引起保护的原因：一是被检测的电路发生故障，相关电压或电流变化，引起保护电路启动，重点检测被检测的功能电路；二是检测电路元件变质或电路故障引起的误保护，重点检测相关检测电路，特别是取样电路的元件参数是否改变。

5.2.3　保护电路维修实例

例5-5：TCL HID29A61彩电，指示灯亮，开机后自动停机。

分析与检修：测电源+B输出140V正常，开机的瞬间有行输出工作和高压建立的声音。但指示灯马上亮，电源保护，回到待机状态。

断开行输出电路，接100W灯泡假负载测量开关电源输出电压，输出140V很稳定。测试行输出部分无明显短路，基本排除过电压过电流保护。测量该机场保护脚VFB在主板到数字板接插件S202的31脚电压为高电平，判断该保护电路的启动。由于S202的31脚外接两路保护检测电路，采取解除保护的方法，以确认故障范围：先断开场输出异常保护的D207后，开机仍然保护，看来不是场输出异常保护，而是束电流过大保护检测电路引起的保护。重点检查Q202的外围元件，发现R203（100k）开路，使Q202因b极为低电平而饱和导通，12V电压经过R202、Q202的c、e极，D211到VFB脚引起保护。更换R203后一切正常。

例5-6：TCL HID29A61彩电，指示灯亮，二次开机又保护。

分析与检修：自动关机时，测量S202的23、31、35脚保护信息电压，发现31脚为高电平。

采取解除保护的方法，以确认故障范围：断开场输出异常保护的D207后，图声正常，说明是场保护，重点检查由C325、R327、D305、Q301及Q204外围元件组成的场保护电路，发现C202电容漏电。由于C202漏电，导致Q204的b极电压降低而截止，保护电路启动。更换C202后故障排除。

例5-7：TCL HID29A71I彩电，指示灯亮，二次开机又保护。

分析与检修：该机开机后，指示灯亮，二次开机后马上保护，自动关机时，测量S202的23、31、35脚保护信息电压，发现31脚为高电平。

采取解除保护的方法，以确认故障范围：断开场输出异常保护的D207后，图声正常，说明是场保护，重点检查场保护电路，发现C338（100n）电容漏电。由于C338漏电，导致Q301的b极电压降低而截止，无场脉冲输出，保护电路启动。更换C338后故障排除。

例5-8：TCL HID29A71I彩电，指示灯亮，收看中经常发生自动关机故障。

分析与检修：该机开机后，指示灯亮，自动关机时，测量S202的23、31、35脚保护信息电压，发现33脚为低电平，31脚为高电平。由此判断ABL电路发生故障，造成保护电路启动。

对ABL电路进行检测，发现R419与Q404之间开路，但测量R419正常，仔细观察二者之间的电路，发现靠近长IC附近的电路板有裂纹，造成铜箔线条中断，引起ABL反馈回路中断，当画面亮、暗变化非常大时，引起保护电路启动。

后来发现多台MS21、MV23机心，因电路板开裂引起ABL回路中断引发的自动关机故障。将开裂的部位用二合一胶粘牢，将中断的铜箔线条连接后，故障排除。

5.3 TCL MS22机心高清彩电保护电路速修图解

TCL MS22机心采用的集成电路有：视频、音频数字和微处理器控制电路U6（MST5C26）、行场信号处理电路U9（TB1306AFG）、中频处理电路U5（TDA9881）、场输出电路IC302（TDA8172A）、伴音功放电路IC601（TDA7496SSA）等。

适用机型：TCL HD29A71I、HD28H61、HD29276、HD29C06、HD28B03A等高清彩电。

本节以TCL HD29A71I高清彩电为例，介绍MS22机心保护电路速修图解，其他MS22机心彩电可参照维修。TCL HD29A71I开关电源初级电路采用厚膜电路FSCQ1265，微处理器的副电源取自主电源，待机采用降低主电源输出电压的方式。

TCL HD29A71I高清彩电在行、场输出电路设有场输出异常保护电路、X射线过高保护电路、束电流过大和失落保护电路、枕形校正异常保护电路，保护电路启动时，将保护信息送往数字处理和微处理器电路U6（MST5C26），U6据此执行待机动作，进入待机保护状态。

5.3.1 保护电路原理图解

TCL HD29A71I高清彩电的保护电路，均通过微处理器进行故障检测和执行保护。数字板上的微处理器和数字处理电路U6（MST5C26），一是通过I^2C总线系统对各个被控电路进行检测，当检测到被控电路发生故障或总线信息传输电路发生故障时，U6均会采取不开机或待机保护措施；二是U6还设有PROT专用检测引脚，如图5-3所示，通过连接器P202的1脚与扫描板的保护检测电路相连接。PROT专用检测引脚正常时为低电平，当保护检测电路检测到故障时，向PROT送入高电平，U6据此执行保护动作，从待机控制端发出待机指令，通过连接器P202的2脚，向电源行输出板送入ST低电平，迫使待机控制电路动作，进入待机保护状态。

1. 行输出检测保护电路

该机心在行输出电路中，设有行输出过电压保护、行输出降压保护、束电流异常保护电路，保护电路启动时，输出高电平PROT电压，经连接器P202的1脚送入数字板的U6，U6据此采取保护措施。

2. 场输出与枕校检测保护电路

该机心在场输出电路中，设有场输出与枕校检测保护电路，场输出和枕形校正电路发生故障时，输出高电平PROT电压，经连接器P202的1脚送入数字板的U6，U6据此采取保护措施。

5.3.2 保护电路维修提示

1. 观察故障现象，判断故障范围

由于以FSCQ1265为核心的初级保护电路执行保护时，一是使驱动电路停止工作；二是进入间歇振荡状态，保护时出现开关电源无电压输出或输出电压降低的故障现象；控制系统PROT保护电路启动，进入待机状态，开关电源输出电压降低，同时切断小信号处理电路的供电电源。检修时，可根据指示灯的变化和测量开关电源输出电压，判断故障范围。

（1）指示灯始终不亮，开关电源无电压输出

是开关电源未进入工作状态，故障在以FSCQ1265为核心的开关电源电路。常见为熔丝熔断，市电整流滤波电路故障，4脚外围的启动电路故障，FSCQ1265内部损坏等。可通过测量+300V电压和4脚启动电压判断故障范围。

开机后，主电压变压器次级各路整流滤波电路都无电压输出。首先检查C806两端是否有+300V电压。如无+300V电压，多为熔丝熔断，开关电源有严重电路故障，重点排除市电输入、整流滤波、IC801内部开关管等开关电源初级严重短路漏电故障；如有+300V电压，检查IC801的3脚是否有11V的启动电压，如无启动电压，检查R802、C816、D816、D815、D813启动电路是否有开路故障，如有启动电压，但主电源无电压输出，是正反馈支路元件R809、D804、C816、C813某一元件可能有故障，这时除查供电脚外，还需检查4脚外部的稳压电路，5脚外部的反馈保护电路等。

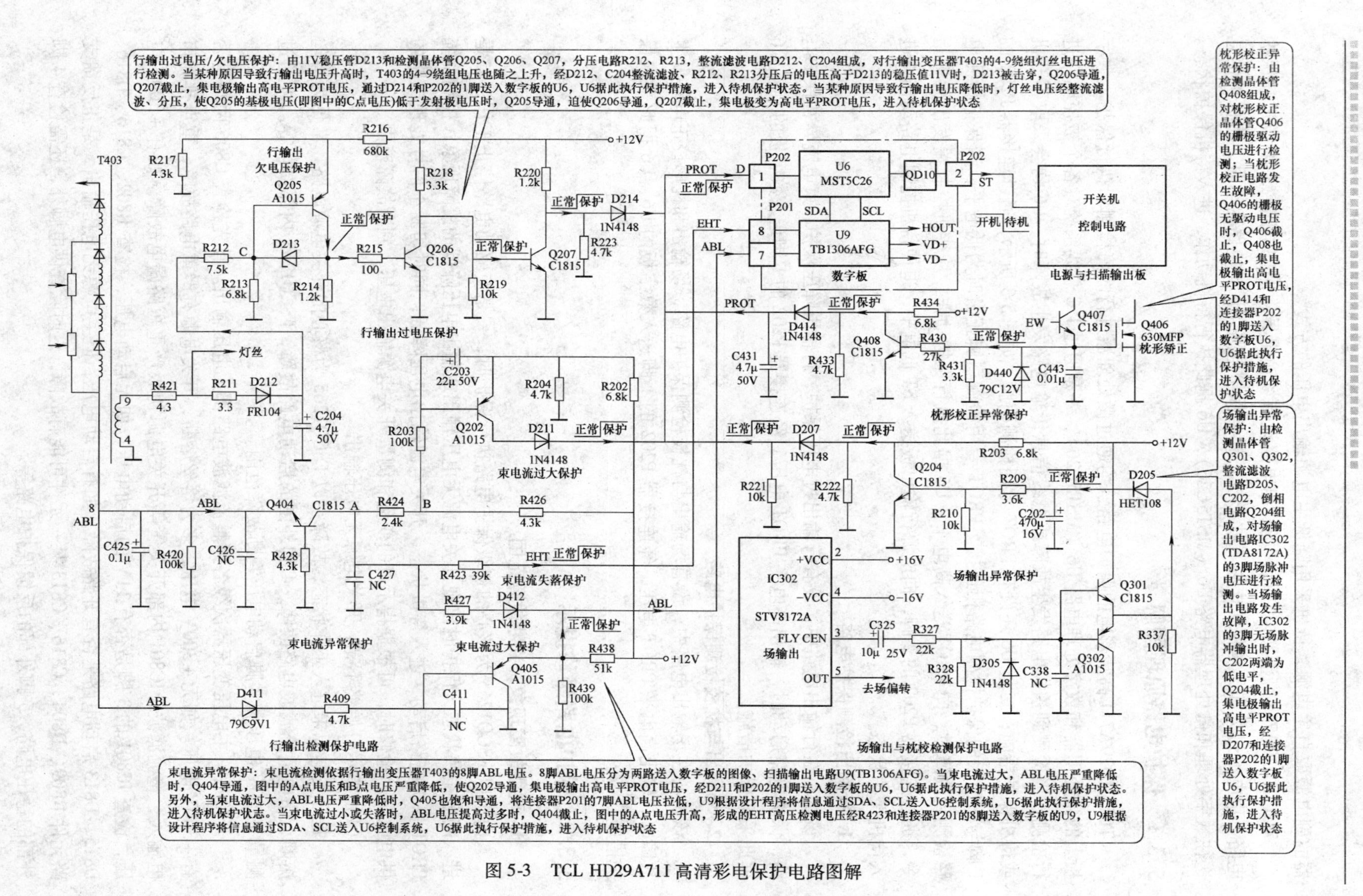

图 5-3 TCL HD29A71I 高清彩电保护电路图解

（2）指示灯亮后熄灭，开关电源输出电压上升后降低

是以 FSCQ1265 为核心的初级保护电路执行保护所致。常见为开关电源负载电路和整流滤波电路短路、漏电，稳压电路发生故障引起电源输出电压过高。

对于电源初级过电流保护启动，首先检查行输出电路和开关电源次级整流滤波电路是否发生短路故障，特别是检查行输出电路的行输出管、行输出变压器、偏转线圈、逆程电容器和阻尼二极管是否发生严重短路故障。

过电压保护启动，重点检查 FSCQ1265 的 4 脚外部的取样误差放大电路和 5 脚反馈保护电压输入脚。检查 4 脚电压是否超过 6V，5 脚电压是否超过 11V，当 4、5 脚电压超过设定值时，IC801 内部自动保护启动，致使开关电源停止工作。引起过电压保护的原因多为光耦合器 IC802 失效或取样误差放大电路 IC841 损坏。

（3）指示灯亮，开关电源始终处于待机状态

开机后无高压建立的声音，开关电源输出电压始终为低电平，说明微处理器未进入开机状态，故障在以微处理器和数字处理电路 U6 为核心的控制电路和待机电路。常见为微处理器工作条件不具备，如无电压供电，复位、时钟振荡电路故障，导致微处理器未进入工作状态；另外当 U6 通过 I^2C 总线系统检测到被控电路发生故障或总线信息传输电路发生故障时，U6 均会采取不开机或待机保护措施。

（4）指示灯亮，开关电源输出电压上升后降低

开机后有高压建立的声音，输出电压上升后降低，是微处理器 PROT 专用检测保护电路启动所致。重点检测 PROT 专用保护电路的模拟晶闸管检测电路和失电压保护检测电路。

2. 测量关键点电压，判断是否保护

TCL HD29A71I 高清彩电的保护电路，均通过微处理器进行故障检测和执行保护，保护时进入待机状态，与微处理器控制系统故障和待机控制电路故障现象相同，产生不开机和自动关机故障。检修时首先判断是否进入保护状态，然后查找引起保护的电路和元件。

（1）判断是否保护电路启动

开机后或自动关机时，测量连接器 P202 与保护相关的 1 脚 PROT 保护检测电压和 2 脚 ST 开关机控制电压。1 脚 PROT 保护检测电压正常时为低电平，2 脚 ST 电压开机时为高，待机时为低电平。

如果不开机或自动关机时连接器 P202 的 1 脚 PROT 保护检测电压为高电平 2.5V 以上，同时 2 脚 ST 电压由开机时的高电平变为低电平，则是 PROT 保护电路启动；如果不开机或自动关机时 1 脚的 PROT 保护检测电压为低电平，同时 2 脚 ST 电压由开机时的高电平变为低电平，则是数字处理和微处理器电路 U6 电路故障或通过 I^2C 总线系统检测到被控电路或总线信息传输系统故障，执行的待机保护；如果不开机或自动关机时 1 脚的 PROT 保护检测电压为低电平，同时 2 脚 ST 电压为开机高电平，则是电源板电路故障，可通过测量待机控制电路的 Q845 的 b 极电压和开关电源输出电压判断故障范围。

如果开关电源输出电压为正常值的二分之一低电压，同时 Q845 的 b 极电压为高电平 0.7V，则是电源板待机控制电路故障，重点检查 Q843、Q845 电路；如果开关电源输出电压为正常值的二分之一低电压，Q845 的 b 极电压为低电平 0V，则是电源初级电路或稳压电路故障，重点检查 IC841 取样误差放大电路、光耦合器 IC802 和开关电源初级电路 IC801；如果开关电源输出电压为正常值高电压，数字板小信号电路电源也正常，电视机仍不开机，则是数字板小信号处理电路或行扫描电路故障。

（2）判断是哪路检测电路引起的保护

通过测量连接器 P202 与保护相关的 1 脚 PROT 保护检测电压为高电平，说明该保护电路启动，由于 PROT 保护检测电路有 5 路，可通过测量关键点电压和解除保护的方法，判断故障范围。

在开机后保护前的瞬间或解除保护后，测量各路保护检测电路的隔离二极管 D214、D211、D207、D414 的正极电压或两端电压，如果哪个二极管的正极为高电平或二极管两端有 0.7V 正向电压，则是该保护检测电路引起的保护。

3. 暂时解除保护，确定故障部位

检修时，也可采取解除保护的方法，通过观察故障现象，判断故障范围。

为了整机电路安全，解除保护前，应采取两项保护措施：一是断开行输出电路，在 +B 输出端接假负载，测量开关电源输出电压是否正常，特别是测量 +B 电压是否正常，如果不正常，首先排除开关电源故障；二是在行输出电路逆程电容器两端并联同规格的电容器，避免因逆程电容器开路、失效、减小等原因，造成行输出过电压，损坏元件，如果开机后光栅过大，说明原来的逆程电容器正常，再将并联的逆程电容器拆除。

（1）完全解除保护

方法有两种：一是在保护检测电路采取措施，将 P202 的 1 脚外部电路全部断开，即将图 5-3 中的 D 点断开，向微处理器控制系统 U6 送入低电平正常电压，进入开机状态；二是在待机控制电路采取措施，将待机控制电路 Q843 的 b 极与 e 极之间短路，迫使待机控制电路进入开机状态。

（2）逐路解除保护

首先将图 5-3 中的各路检测电路的隔离二极管 D214、D211、D207、D414 逐个断开，每断开一个二极管，进行一次开机实验，如果断开哪个二极管后，开机不再保护，则是该二极管检测电路引起的保护。

如果断开检测电路的隔离二极管 D214、D211、D207、D414 仍然保护，请检查 ABL 电压、EHT 电压和相关的检测电路。

解除保护后，开机测量开关电源各路输出电压，重点测量 +B 电压，如果输出电压过高或过低，是稳压电路故障，重点检查稳压电路；如果 +B 电压正常，拆出假负载，恢复行输出电路，观察故障现象，如果电视机恢复正常，则是断开的故障检测、保护执行电路元件变质，引起的误保护，如果电视机存在光栅、图像、伴音故障，则是与其相关的电路引起的保护，重点检测相关的功能电路。

5.3.3 保护电路维修实例

例 5-9：TCL HD29A71I 高清彩电，开机后自动关机，指示灯亮。

分析与检修：自动关机时，测量开关电源输出电压降低，同时测量连接器 P202 的 1 脚 PROT 保护检测电压由开机瞬间的低电平变为高电平，2 脚 ST 开关机控制电压由开机瞬间的高电平变为低电平，判断 PROT 保护电路启动。

采取解除保护的方法判断故障范围。首先断开行输出电路，接假负载，将图 5-3 的 P202 的 1 脚外部 D 点断开，开机不再发生自动关机故障，测量开关电源输出电压正常。再拆除假负载，恢复行输出电路，并联 6800pF 逆程电容器，开机后光栅和图像恢复正常，特别是光栅的尺寸并未增大多少，说明原逆程电容器有开路、失效故障，造成行输出电压升高，引起行输出过电压保护电路启动而自动关机。对逆程电容器进行检测，发现 C411（6800pF）失效，更换 C411，恢复保护电路后，故障排除。

例 5-10：TCL HID29A71I 彩电，指示灯亮，二次开机又保护。

分析与检修：该机开机后，指示灯亮，二次开机后马上保护，自动关机时，测量 P202 的 1 脚保护脚 PROT 电压为高电平，判断保护电路启动。

采取解除保护的方法，以确认故障范围：接假负载后，断开图 5-3 中的 D 点，开机不再发生关机故障，测量开关电源输出电压也恢复正常；去掉假负载，恢复行输出电路，开机屏幕上显示一条水平亮线，判断场输出电路发生故障，引起保护电路启动。对 IC302（STV8172A）进行检测，发现输出端 5 脚与正供电端 2 脚之间短路，更换场输出电路 IC302 后，恢复保护电路的 D 点连接，开机不再发生自动关机故障，故障排除。

例 5-11：TCL HID29A71I 彩电，指示灯亮，收看中经常发生自动关机故障。

分析与检修：该机开机后，指示灯亮，自动关机时，测量 P202 的 1 脚保护信息 PROT 电压为高电平，判断保护电路启动，引起自动关机。测量各路保护检测隔离二极管的两端电压，发现 D211 的两端有 0.7V 电压，由此判断束电流过大保护电路引起的保护。

对 ABL 电路进行检测，发现 Q404 的 c 极 A 点电压和 B 点电压过低，检查造成 A、B 两点电压降低的原因，发现电阻 R426 的一端虚焊，接触不良，当发生开路时，引发 ABL 电路的 A、B 两点电压降低，造成束电流过大保护电路启动，引发自动关机故障。将 R426 焊好后，开机数小时，未再发生类似故障，故障彻底排除。

5.4　TCL S23 机心超级彩电保护电路速修图解

TCL S23 机心超级彩电，微处理器控制电路和小信号处理电路采用超级单片 TMPA8809，场输出电路采用 STV8172A，伴音功放电路采用 TDA7265SA。

适用机型：TCL NT25A71A、AT25288、N25B6JB、N25G6B、NT25C06、25G6B、NT25A71A、25A2B、25V1B、25V8B、AT25211、29G6B、29A2B、29V1B、AT29211、29V8B、AT29281 等超级彩电。

本节以 TCL NT25A71A 超级彩电为例，介绍 TCL S23 机心超级彩电保护电路速修图解。TCL S23 超级机心，开关电源初级电路采用新型厚膜电路 STR-W6854，微处理器的副电源取自主电源，待机采用降低主电源输出电压、短路行激励信号的方式。

TCL S23 超级机心，在超级单片 TMPA8809 电路，设有束电流异常保护，场输出异常保护，行脉冲异常保护电路，保护检测到故障时，超级单片内部微处理器据此采取保护措施，进入待机保护状态。

5.4.1　保护电路原理图解

1. 超级单片保护电路

TCL NT25A71A 超级彩电保护电路如图 5-4 所示。超级单片 IC201（TMPA8809）的 3 脚 VDEP 保护电压输入端、12 脚 FBP-IN 行逆程脉冲电压输入检测端、27 脚 ABCL-IN 电压输入端和 48 脚 EHT-IN 高压检测输入端，均具有电压和脉冲检测和保护功能。

当上述引脚输入的电压或脉冲信号异常或超出设定范围时，IC201 据此判断被检测电路发生故障，采取保护措施，从开关机控制端 64 脚输出待机高电平，进入待机保护状态。

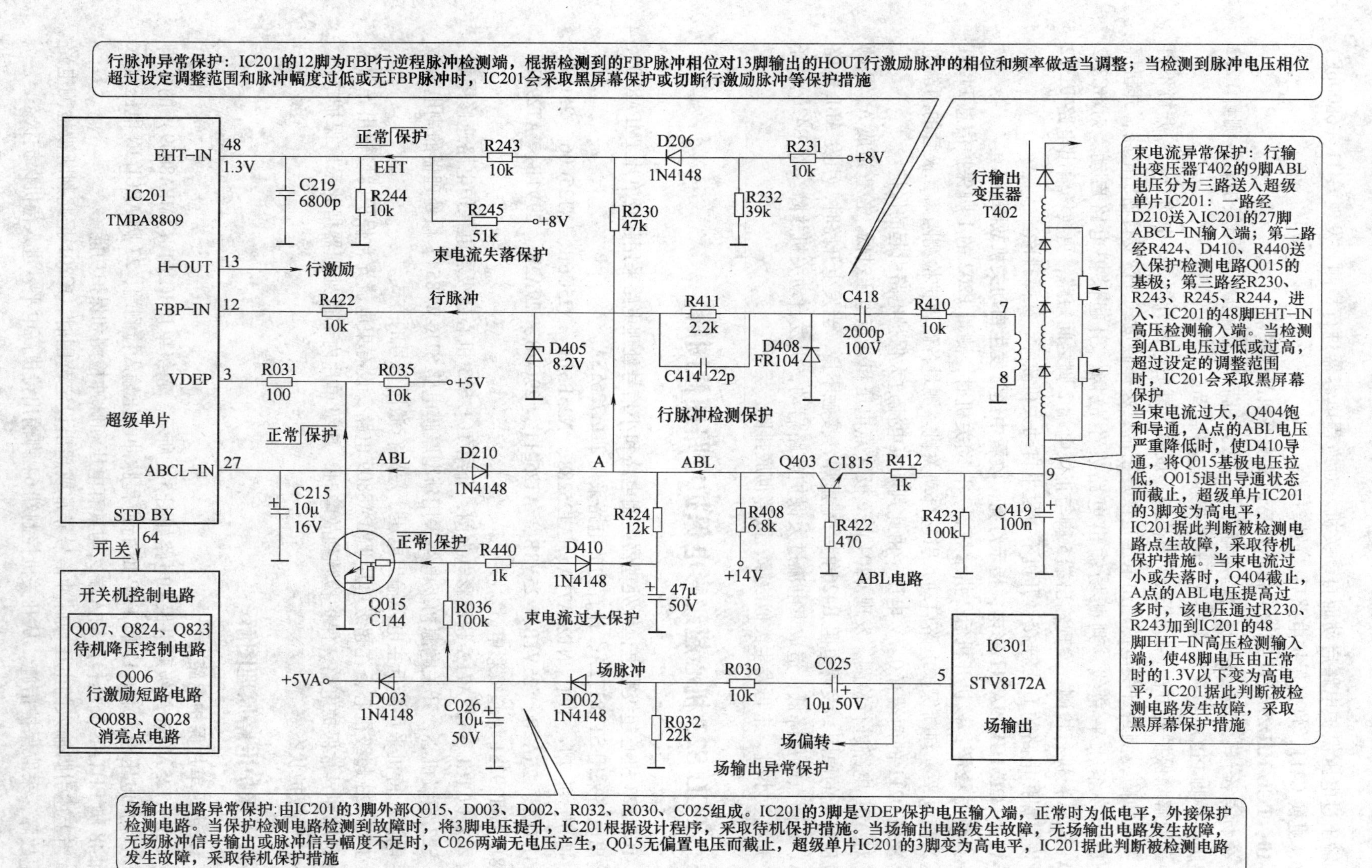

图 5-4　TCL NT25S71S 超级彩电保护电路图解

2. 待机控制电路

开关机控制由三部分组成：一是由 Q007、Q824、Q823 组成的待机主电源降压控制电路，待机时降低开关电源输出电压；二是由 Q006 组成的待机行激励脉冲短路电路，待机时将行激励脉冲对地短路，行扫描电路停止工作；三是由 Q0088、Q208 组成的待机消亮点电路。由超级单片 IC201（TMPA8809）的 STANDBY 开关机控制端 64 脚对上述三部分电路进行控制。

5.4.2　保护电路维修提示

TCL NT25A71A 彩电超级单片 IC201 的保护电路，通过内部微处理器进行控制，从 64 脚开关机控制端采取保护措施，进入待机保护状态，开关电源输出电压降低到开机状态的二分之一左右，同时无行激励脉冲输出，产生不开机和自动关机故障。

当电视机产生三无故障，不能二次开机或自动关机时，首先判断是否进入保护状态，然后查找引起保护的电路和元件。可根据指示灯的变化和测量开关电源输出电压和保护电路关键点电压、解除保护的方法判断故障范围。

1. 观察故障现象，判断故障范围

（1）指示灯亮，开关电源始终处于待机状态

开机后无高压建立的声音，输出电压始终为正常值的二分之一，说明超级单片的微处理器未进入开机状态，故障在以微处理器为核心的控制电路和待机电路。常见为微处理器工作条件不具备，如无 5V 电压供电，复位、时钟振荡电路故障，导致微处理器未进入工作状态；另外，微处理器通过 I^2C 总线控制系统，检测到被控电路或总线信号传输电路发生故障时，也会采取待机保护控制。

（2）指示灯亮，开关电源输出电压上升后降到二分之一

开机后有高压建立的声音，输出电压上升后降到正常值的二分之一，是超级单片保护电路启动。

2. 测量关键点电压，判断是否保护

（1）判断是否保护电路启动

开机后或自动关机时，测量超级单片 IC201 与保护有关的 3 脚 VDEP、12 脚 FBP-IN、27 脚 ABCL-IN、48 脚 EHT-IN 的检测电压和脉冲，同时测量 64 脚待机控制电压和 13 脚的行激励脉冲，判断故障范围。

IC201 的 3 脚 VDEP 保护检测电压正常时为低电平零点几伏，因机型不同而略有差异；12 脚 FBP-IN 行逆程脉冲检测引脚电压正常时为 1.4V，因机型不同，一般为 1~1.5V，并有行逆程脉冲输入；27 脚 ABL 电压检测端电压正常时为 4V 左右，并随光栅亮度变化；48 脚 EHT-IN 的检测电压正常时因机型不同为 1.3~3.5V，随 ABL 电压变化。64 脚待机控制电压开机状态为低电平，待机状态为高电平，13 脚行激励脉冲输出端电压为 1.9V 左右，有行激励脉冲输出。

如果不开机或自动关机时，IC201 的 3 脚保护检测电压变为高电平 2.5V 以上，64 脚待机控制电压由开机状态低电平变为高电平待机电压，则可判断 IC201 的 3 脚外部的束电流过大保护、场输出异常保护电路启动。

如果不开机或自动关机时，IC201 的 27 脚 ABL 电压和 48 脚 EHT-IN 的引脚电压低于或高于正常值，同时产生黑屏幕或 13 脚无行激励脉冲输出，则是 IC201 的 ABL 电路或 EHT 电

压超过正常值引起的保护。

如果不开机或自动关机时，IC201 的 3 脚、27 脚、48 脚、12 脚电压均正常，但 64 脚待机控制电压却为高电平待机电压，则是微处理器控制系统故障或微处理器通过 I^2C 总线系统检测到被控电路发生故障，采取待机保护措施。

如果不开机或自动关机时，IC201 的 64 脚待机控制电压为低电平开机电压，则是电源板电路故障，可通过测量待机控制电路的 Q824 的 b 极电压和开关电源输出电压判断故障范围。

如果开关电源输出电压为正常值的二分之一低电压，Q824 的 b 极电压为高电平 0.7V，则是电源初级电路或稳压电路故障，重点检查 Q822 取样误差放大电路、光耦合器 IC802 和开关电源初级电路 IC801；如果开关电源输出电压为正常值高电压，电视机仍不开机，则是超级单片小信号处理电路或行扫描电路故障。

（2）判断是哪路检测电路引起的保护

当检测到 IC201 的 3 脚为高电平引起的保护时，同时测量 Q015 的 b 极为低电平，这可判断以 Q015 为核心的保护电路启动，由于 Q015 的 b 极外接两路保护检测电路，可通过测量 b 极外部检测电路电压的方法判断故障范围。首先测量 C026 两端的电压，如果 C026 上端电压为高电平，说明场输出保护电路正常，是束电流过大保护电路引起的保护，重点检查 ABL 电路；如果测量 C026 上端无电压或电压很低，则是场输出保护电路引起的保护，重点检查场输出电路。

3. 暂时解除保护，确定故障部位

检修时，也可采取解除保护的方法，通过观察故障现象，判断故障范围。

为了整机电路安全，解除保护前，应采取两项保护措施：一是断开行输出电路，在 +B 输出端接假负载，测量开关电源输出电压是否正常，特别是测量 +B 电压是否正常，如果不正常，首先排除开关电源故障；二是在行输出电路逆程电容器两端并联同规格的电容器，避免因逆程电容器开路、失效、减小等原因，造成行输出过电压，损坏元件，如果开机后光栅过大，说明原来的逆程电容器正常，再将并联的逆程电容器拆除。

（1）完全解除保护

在待机控制电路采取措施，将 IC201 的 64 脚外部的 K 点断开，改接到接地端；确保向开关机控制电路输出低电平，强行进入开机状态。

此种方法由于微处理器未进入开机状态，可能无各种控制电压输出，造成无伴音或无图像现象，但可对开关电源输出的电压和保护电路的关键点电压进行检测。

（2）逐路解除保护

如果判断 IC201 的 3 脚外部检测电路引起的保护，可采取逐路解除 3 脚外部检测支路的方法，判断故障范围。方法是：将束电流过大保护电路的 R440 断开，如果断开后，开机退出保护状态，则是束电流过大电路引起的保护，否则是场输出异常保护电路引起的保护。

（3）解除 IC201 保护

如果测量 IC201 与保护相关的 3 脚、27 脚、48 脚电压不正常，引起黑屏幕或自动关机故障，可断开相关引脚与外部检测电路的连接，注意保留该引脚的偏置电阻，测量该脚的电压和进行开机试验，如果断开外部检测电路的连接后，该脚电压仍不正常，可在该脚外接上拉电阻或下拉电阻的方法，将该脚电压置于正常范围内，即可解除该脚的保护功能。

解除保护后，开机测量开关电源各路输出电压，重点测量 +B 电压，如果输出电压过高或过低，是稳压电路故障，重点检查稳压电路；如果+B电压正常，拆出假负载，恢复行输出电路，观察故障现象，如果电视机恢复正常，则是断开的故障检测、保护执行电路元件变质，引起的误保护；如果电视机存在光栅、图像、伴音故障，则是与其相关的电路引起的保护，重点检测相关的功能电路。

5.4.3　保护电路维修实例

例5-12：TCL NT25A71A超级彩电，开机后可正常收看，但时常自动关机。

分析与检修：发生自动关机故障时测得+B电压为低电平，测量超级单片IC201的64脚STD-BY电压变为待机高电平，测量IC201的3脚VDEP电压也变为高电平，检测晶体管Q015的b极变为低电平，由此判断是IC201的3脚外部保护检测电路引起的保护。

采取逐路解除保护的方法维修：当断开束电流过大保护电路的R440时，开机不再发生自动关机故障，开关电源输出电压恢复正常，判断束电流过大保护电路引起的保护。对ABL电路元件和电压进行检查，发现R408的一端开焊，将其焊好后，不再发生自动关机的故障。

例5-13：TCL NT25A71A超级彩电，刚开机时，时常自动关机，收看几十分钟后，不再自动关机。

分析与检修：开机能正常收看时，测量开关电源输出电压正常，且图像和光栅正常。自动关机时开关电源输出电压降低，测量超级单片IC201的64脚STD-BY电压变为高电平，测量IC201的3脚电压也为高电平，检测晶体管Q015的b极为低电平，由此判断Q015保护电路启动。

采取逐路解除保护的方法维修：当断开束电流过大保护电路的R440时，开机仍然发生自动关机故障，开机的瞬间测量C026上端电压为0V，由此判断场输出电路发生故障。对场输出电路进行检查，发现IC301（STV8172A）内部击穿，为场输出供电的熔断电阻R406、R407烧焦。更换IC301和R406、R407后，开机不再发生自动关机故障。

例5-14：TCL NT25A71A超级彩电，开机电源发出“叽叽”叫声，屏幕行场幅度缩小且不稳定。

分析与检修：测量开关电源输出的+B电压低于正常值，测量IC201的64脚开关机电压为低电平，说明不是IC201保护启动引起的开关电源输出电压降低，故障在开关电源初级电路或稳压电路。

多为过电流保护取样电阻R813、R814阻值增大、稳压电路元件变质、4脚供电低有关。对稳压电路的取样误差放大电路元件进行检查，未见异常；对IC801各脚电压进行测量，发现IC801的4脚电压较正常值18V电压低，经查系二次供电电阻R812开路，引起IC801工作于欠电压保护状态，造成开关电源输出电压过低。

例5-15：TCL NT25A71A超级彩电，开机瞬间机内有叫声，随开机时间增长，电视机能正常工作，且叫声消失。

分析与检修：测量开关电源输出的+B电压低于正常值，测量IC201的64脚开关机电压为低电平，说明不是IC201保护电路启动引起的开关电源输出电压降低，故障在开关电源初级电路或稳压电路。

仔细检查开关电源发现，STR-W6854的4脚电压为10V，较正常时的18V低。对STR-W6854的4脚启动电压和工作电压供电电路进行检查，发现滤波电容器C813（4.7μF/50V）

容量已下降，替换此元件后，故障现象消失。

5.5 TCL MS36 机心高清彩电保护电路速修图解

TCL MS36 高清机心，采用 MSTANDBYAR 公司的 CRT TV 变频处理方案，视频、音频数字处理以及行场扫描小信号电路和微处理器控制电路均由 UD1（MSTANDBY5C36）完成，大大降低了机心成本，场输出电路 IC302 采用 TDA8172A、伴音功放电路 IC601 采用 TDA7266S 等。

适用机型：TCL HD29H91S、29E64S 等高清彩电。

MS36 高清机心，开关电源初级电路采用厚膜电路 FSCQ1265，微处理器的副电源取自主电源，待机采用降低主电源输出电压的方式。

MS36 高清机心，在行、场输出电路，设有场输出异常保护电路、行输出过电压保护电路、束电流过大和失落保护电路、枕形校正异常保护电路和 16VD 失电压保护电路，保护电路启动时，将保护信息送往数字处理和微处理器电路 UD1（MSTANDBY5C36），UD1 据此执行待机动作，进入待机保护状态。

本节以 TCL HD29H91S 高清彩电为例，介绍 MS36 高清机心行、场输出保护电路速修图解。

5.5.1 保护电路原理图解

1. VPROT 保护电路

TCL HD29H91S 高清彩电的保护电路，通过微处理器进行故障检测和执行保护。数字板上的微处理器和数字处理电路 UD1（MSTANDBY5C36），一是通过 I^2C 总线系统对各个被控电路进行检测，当检测到被控电路发生故障或总线信息传输电路发生故障时，UD1 均会采取不开机或待机保护措施；二是 UD1 还设有 VVPROT 专用检测引脚，如图 5-5 所示，通过连接器 PD1 的 19 脚与扫描板的保护检测电路相连接。VPROT 专用检测引脚正常时为高电平，当保护检测电路检测到故障时，将 VPROT 电压拉低为低电平，UD1 据此执行保护动作，从待机控制端发出待机指令，通过连接器 PD1 的 21 脚，向电源行输出板送入 STANDBY 低电平，迫使待机控制电路动作，进入待机保护状态。

2. Q201、Q202 保护电路

该机的行输出失电压保护和束电流异常保护，均由检测电路 Q201、Q202 进行检测和执行保护。Q201 的 e 极由 12V 电压经 R229、R227 分压固定，b 极与灯丝整流滤波后的电压和 ABL 电压交汇点 C 点相连接。正常时 C 点为高电平，Q201 的 b 极电压高于 e 极电压而截止，当灯丝电压发生失电压或束电流过大、ABL 电压严重降低时，C 点电压和 Q201 的 b 极电压被拉低，Q201 和 Q202 均导通，其中 Q202 导通，将数字板的保护检测 VPROT 电压拉低，UD1 据此执行保护动作，进入待机保护状态。

5.5.2 保护电路维修提示

1. 测量关键点电压，判断是否保护

TCL HD29H91S 高清彩电的保护电路，均通过微处理器进行故障检测和执行保护，保护时进入待机状态，与微处理器控制系统故障和待机控制电路故障现象相同，产生不开机和自

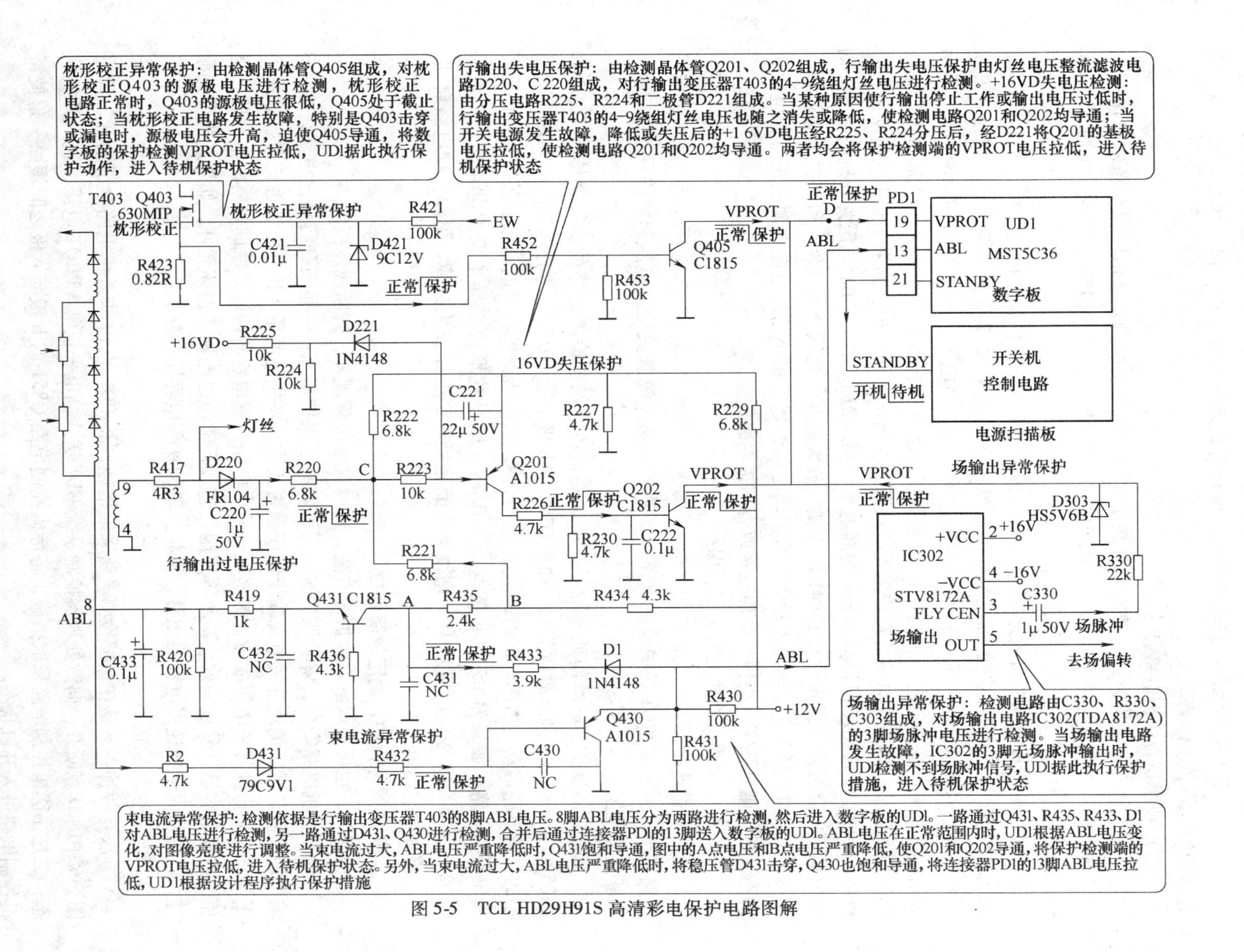

图 5-5　TCL HD29H91S 高清彩电保护电路图解

动关机故障。引发的故障特征是：开机后有高压建立的声音，输出电压上升后降低，是微处理器 VPROT 专用检测保护电路启动所致。检修时首先判断是否进入保护状态，然后查找引起保护的电路和元件。

（1）判断是否保护电路启动

开机后或自动关机时，测量连接器 PD1 与保护相关的 19 脚 VPROT 保护检测电压和 21 脚 STANDBY 开关机控制电压。19 脚 VPROT 保护检测电压正常时为高电平，21 脚 STANDBY 电压开机时为高，待机时为低电平。

如果不开机或自动关机时连接器 PD1 的 19 脚 VPROT 保护检测电压为低电平，同时 21 脚 STANDBY 电压由开机时的高电平变为低电平，则是 VPROT 保护电路启动；如果不开机或自动关机时 PD1 的 19 脚的 VPROT 保护检测电压为高电平，同时 21 脚 STANDBY 电压由开机时的高电平变为低电平，则是数字处理和微处理器电路 UD1 电路故障或通过 I^2C 总线系统检测到被控电路或总线信息传输系统故障，执行的待机保护；如果不开机或自动关机时 PD1 的 19 脚的 VPROT 保护检测电压为高电平，同时 21 脚 STANDBY 电压为开机高电平，则是电源板电路故障。重点检查 IC841 取样误差放大电路、光耦合器 IC802 和开关电源初级电路 IC801，如果开关电源输出电压为正常值高电压，数字板小信号电路电源也正常，电视机仍不开机，则是数字板小信号处理电路或行扫描电路故障。

（2）判断是哪路检测电路引起的保护

通过测量连接器 PD1 与保护相关的 19 脚 VPROT 保护检测电压为低电平，说明该保护电路启动，由于 VPROT 保护检测电路有 5 路，可通过测量关键点电压和解除保护的方法，判断故障范围。

在开机后保护前的瞬间或解除保护后，测量各路保护检测电路的执行晶体管 Q202 和 Q405 的 b 极电压，判断故障范围。如果 Q202 的 b 极电压为 0.7V，则是以 Q201、Q202 为核心的保护电路启动，引起的保护，重点检查行输出失电压保护、束电流异常保护和 +16V 的失压保护电路；如果 Q405 的 b 极电压为 0.7V，则是枕形校正异常保护电路启动；如果 Q202、Q405 的 b 极电压均为 0V，则很有可能是场输出电路发生故障，引起保护电路启动，重点检查场输出电路。

2. 暂短解除保护，确定故障部位

检修时，也可采取解除保护的方法，通过观察故障现象，判断故障范围。

为了整机电路安全，解除保护前，应采取两项保护措施：一是断开行输出电路，在 +B 输出端接假负载，测量开关电源输出电压是否正常，特别是测量 +B 电压是否正常，如果不正常，首先排除开关电源故障；二是在行输出电路逆程电容器两端并联同规格的电容器，避免因逆程电容器开路、失效、减小等原因，造成行输出过电压，损坏元件，如果开机后光栅过大，说明原来的逆程电容器正常，再将并联的逆程电容器拆除。

（1）完全解除保护

方法有两种：一是在保护检测电路采取措施，将 PD1 的 19 脚外部电路全部断开，即将图 5-5 中的 D 点断开，向微处理器控制系统 UD1 送入高电平正常 VPROT 电压，进入开机状态；二是在待机控制电路采取措施，将待机控制电路 Q851 的 b 极与 e 极之间短路，迫使待机控制电路进入开机状态。

（2）逐路解除保护

将图 5-5 中的各路保护执行电路晶体管 Q202、Q405 的 c 极断开。如果断开 Q202 的 c 极后，开机不再保护，则是以 Q201、Q202 为核心的保护电路启动，引起的保护；如果断开 Q405 的 c 极后，开机不再保护，则是枕形校正异常保护电路启动。

如果断开保护执行电路晶体管 Q202、Q405 的 c 极后，开机仍然保护，请检查 ABL 电压和场输出的相关检测电路，数字板控制电路等。

解除保护后，开机测量开关电源各路输出电压，重点测量 +B 电压，如果输出电压过高或过低，是稳压电路故障，重点检查稳压电路；如果 +B 电压正常，拆出假负载，恢复行输出电路，观察故障现象，如果电视机恢复正常，则是断开的故障检测、保护执行电路元件变质，引起的误保护，如果电视机存在光栅、图像、伴音故障，则是与其相关的电路引起的保护，重点检测相关的功能电路。

5.5.3　保护电路维修实例

例 5-16：TCL HD29H91S 高清彩电，开机后自动关机，指示灯亮。

分析与检修：自动关机时，测量开关电源输出电压降低，同时测量连接器 PD1 的 19 脚 VPROT 保护检测电压由开机瞬间的高电平变为低电平，21 脚 STANDBY 开关机控制电压由开机瞬间的高电平变为低电平，判断 VPROT 保护电路启动。

采取解除保护的方法判断故障范围。首先断开行输出电路，接假负载，将图 5-5 的 PD1 的 19 脚外部 D 点断开，开机不再发生自动关机故障，测量开关电源输出电压正常。再拆除假负载，恢复行输出电路，并联 6800pF 逆程电容器，开机后光栅和图像恢复正常，但光栅尺寸变大，说明原逆程电容器正常。拆除并联的 6800pF 电容器，开机声光图正常，由此判断保护检测电路发生故障，引起误保护。

测量保护执行电路晶体管 Q202、Q405 的 b 极电压，发现 Q202 的 b 极有 0.7V 正向偏置电压，说明 Q201、Q202 保护电路有故障。对该保护电路元件减小检测，发现 C 点为高电平正常，故障在 Q201 和 +16V 失电压保护电路，测量 +16V 电压正常，检查相关的保护检测电路，发现分压电阻 R225 开路，引起保护电路启动。更换 R225 后，恢复 D 点保护电路，开机不再发生自动关机故障。

例 5-17：TCL HD29H91S 高清彩电，指示灯亮，二次开机又保护。

分析与检修：该机开机后，指示灯亮，二次开机后马上保护，自动关机时，测量 PD1 的 19 脚保护脚 VPROT 电压为高电平，说明不是 Q202、Q405 导通引起的保护很可能是场输出电路发生故障。

采取解除保护的方法，以确认故障范围，断开图 5-5 中的 D 点，开机不再发生关机故障，测量开关电源输出电压也恢复正常，但屏幕上显示一条水平亮线，判断场输出电路发生故障，引起保护电路启动。对 IC302（STV8172A）进行检测，发现 5、4、2 脚之间内部电路短路，更换场输出电路 IC302 后，恢复保护电路的 D 点连接，开机不再发生自动关机故障，故障排除。

例 5-18：TCL HD29H91S 高清彩电，指示灯亮，收看中经常发生自动关机故障。

分析与检修：该机开机后，指示灯亮，自动关机时，测量 PD1 的 19 脚保护信息 VPROT 电压为低电平，判断保护电路启动，引起自动关机。测量各路保护执行电路 Q202、Q405 的 b 极电压，发现 Q405 的 b 极有 0.7V 电压，由此判断枕形校正异常保护电路的启动。

对枕形校正进行检查，发现 Q403 击穿，s 极电阻 R423 烧焦，阻值变大。更换 Q403 和

R423 后，开机 Q405 的 b 极电压恢复正常值 0V。将 D 点连接后，开机声光图正常，不再发生自动关机故障。

5.6 TCL MV22、MV23 机心高清彩电保护电路速修图解

TCL MV22 高清机心，数字处理部分视频解码变频处理格式变换采用泰鼎 DPTV3D/DPTV 方案，行场扫描采用受 I^2C 总线控制的偏转处理多路消隐控制器 STV6888，视频信号预放大及其控制电路采用 STV9211，微处理器控制电路采用 TMP93CS45/PS45F。

适用机型有：TCL HiD29128H、HiD2821H、HiD28A21H、HiD29A51H、HiD31181H、HiD34181H、HiD34286HB、HiD34A51H、HiD29181HB、HiD29208H、HiD29286HB 等高清彩电。

TCL MV23 高清机心，数字处理部分视频解码变频处理格式变换采用 SVP-EX，行场扫描采用受 I^2C 总线控制的偏转处理多路消隐控制器 STV6888，视频信号预放大及其控制采用 STV9211，微处理器控制电路采用 M30620SPGP。

适用机型有：TCL HD29189、HD29A41、HD34189、HD34276、HD34281、HD29128、HD29211、HiD29276、HiD34276PB、HiD34281H、HiD34A41HB、HiD29286HB、HiD29181HB、HiD29208HB、HiD29A21H、HiD29A51H、HiD29A41H、HiD29128H、HiD29211H、HiD25A61H、HiD31181HB、HiD34181HB、HiD34A51H、HiD34286HB、S24A1P 等高清彩电。

TCL MV22、MV23 高清机心，开关电源采用新型厚膜电路 KA5Q1265RF，副电源取自主电源，待机采用降低主电源输出电压和切断小信号处理电路、伴音功放电路供电的方式。

TCL MV22、MV23 高清机心，一是微处理器通过 I^2C 总线系统对被控电路进行控制和检测，当检测到被控电路发生故障或总线传输系统发生故障时，采取待机保护措施；二是在行场扫描的电路，设有场脉冲检测保护、行脉冲检测保护、ABL 电压检测保护电路，保护电路检测到上述电压和脉冲异常时，数字板上的微处理器据此采取保护措施，进入待机保护状态。

本节以 TCL HID29A51H 彩电为例，介绍 TCL MV22 高清机心总线系统和行场扫描系统保护电路速修图解，其他 MV22 机心彩电，可参照维修。MV23 机心的开关电源和扫描板电路与其完全相同，只是数字板不同，有关电源、扫描板的保护电路速修图解，也可参照本节内容检修。

5.6.1 保护电路原理图解

TCL HID29A51H 彩电保护电路如图 5-6 所示，数字板上的微处理器 U16（TMP93CS45/PS45F）一是通过 I^2C 总线系统对数字板和电源扫描板上的集成电路和存储器进行控制和检测，二是通过专用检测引脚，对电源、扫描板上的行、场脉冲和 ABL 电压进行检测，当检测到被控电路或脉冲、电压异常时，U16 依据程序采取待机保护措施，从 16 脚输出待机控制电压，经 Q2 倒相后，从连接器 S201/CON3 的 4 脚送入开关电源板上的开关机控制电路，一是通过 Q843、D847 组成的待机降压控制电路，使开关电源输出电压降低到正常时的二分之一左右，负载电路因电压过低而停止工作；二是通过 Q845、Q844、Q840 低压控制电路，切断行振荡和小信号处理电路的 +12V 供电；三是通过 Q602、Q603 切断音频功放电路的供电，整机进入待机状态。

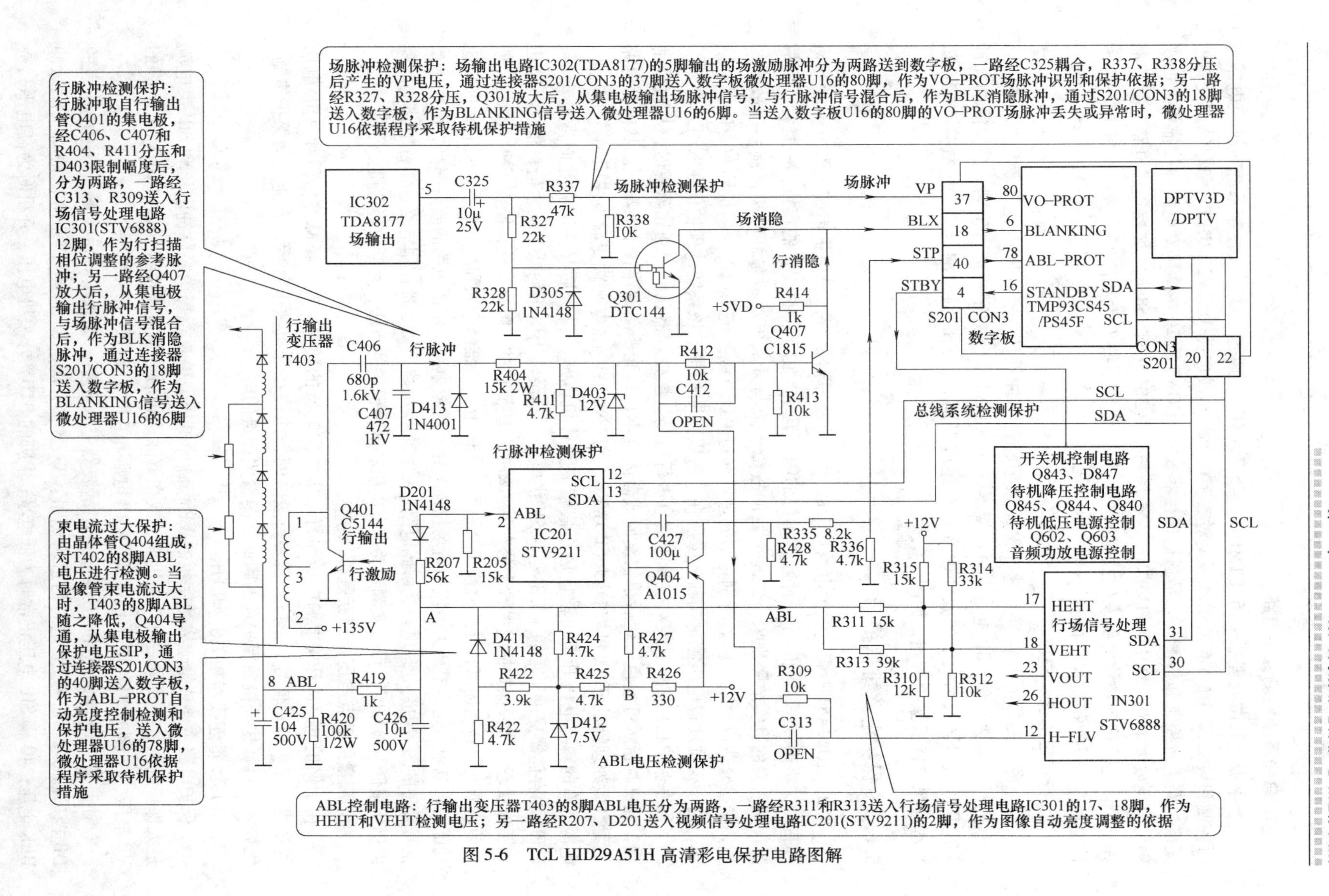

图 5-6　TCL HID29A51H 高清彩电保护电路图解

1. 总线系统检测保护电路

数字板上的微处理器 U16（TMP93CS45/PS45F），通过 I^2C 总线控制系统对被控电路进行控制和检测，如图 5-6 所示。一是对数字板上的集成电路 DPTV3D/DPTV 和存储器及其他集成电路进行控制和检测；二是通过连接器 S201/CON3 的 20、22 脚对电源和扫描板上的视频信号预放大电路 IC201（STV9211）、行场扫描 IC301（STV6888）被控集成电路进行控制和检测。当检测到被控电路发生故障或总线信号传输系统发生故障时，微处理器 U16 依据控制程序，采取待机保护措施。

2. 行场扫描保护电路

在电源和扫描板上设有场脉冲检测保护、行脉冲检测保护、ABL 电压检测保护电路，检测的行、场脉冲和 ABL 电压通过连接器 S201/CON3 送到数字板进行识别。当检测的脉冲和电压异常时，数字板上的微处理器 U16 经过识别后，判断被检测电路发生故障，U16 依据程序采取待机保护措施，如图 5-6 所示。

5.6.2 保护电路维修提示

TCL HID29A51H 彩电保护电路启动时，由微处理器执行待机保护措施，引发不能开机和自动关机的故障，同时往往伴随指示灯的闪烁显示。由于待机保护的实施，一是看不到故障部位引发的真实故障现象；二是引发的故障现象与开关电源故障和待机控制系统故障相似，给检修造成一定难度。特别是微处理器通过 I^2C 总线系统采取的控制检测和程序保护措施，由于很难通过电压测量判断故障所在，所以判断和排除该系统的保护仍在探讨之中。

程序保护利用 I^2C 总线对故障源信息进行检测。微处理器在检测到故障源时，从直观上看，开机时指示灯颜色转变后很快复原或者闪烁不止，光栅图像伴音不能显现。从内部电路上看，微处理器的开/关机控制脚（POWER、STANDBY）在电平跳变后很快回到待机电平，电源所有的输出电压升至正常值后很快转变为待机电压。保护后开关电源除向微处理器、E^2PROM存储器提供正常的 +3.3V、+5V 供电外，其余输出电压均低于正常值，整机不能进入工作状态。这种保护措施尽管十分有效，却把一些简单的故障复杂化，掩盖了事实真相，使故障本质变得扑朔迷离，导致检修无从下手。实际上，从维修记录和统计上看，具有程序待机功能的彩电依然是高电压大电流的行场扫描电路、枕校电路、电源电路的故障率高，而用于小信号处理的图像中频处理电路、解码电路、格式变换电路、微处理控制电路、伴音电路的故障率仍然很低。检修时，可采取测量关键点电压和解除保护的方法，判断故障范围。

1. 测量关键点电压，判断是否保护

由于保护电路从开关电源电压和行输出二次电压的建立，行、场脉冲信号和 ABL 电压的产生、保护识别信号的形成，需要一段时间，往往在开机数十秒后，方能启动保护措施。维修时，可抓住开机后保护前的瞬间，测量关键点的电压。

（1）测量连接器相关引脚电压

保护电路主要依据送入数字板的 VP 场脉冲电压、BLK 行场消隐脉冲电压和 SIP 束电流过大保护电压，在开机后自动关机前，或在解除保护后，测量连接器 S201/CON3 的 37 脚的 VP 电压、18 脚的 BLK 电压、40 脚的 SIP 电压和 4 脚的 STBY 开关机电压。

对于 37、18 脚的脉冲电压，最好用示波器进行观察。如果没有示波器，可用电压表的 DB 挡串联 0.2 ~ 0.47μF 电容器进行测量：37 脚应有场脉冲 VP 电压；18 脚应有消隐脉冲 BLK 电压；40 脚 SIP 电压正常时为低电平；4 脚的 STBY 开关机电压，开机时为高电平，待机时为低电平。

当 37 脚无场脉冲 VP 电压，同时 4 脚变为待机低电平时，则是场脉冲异常引起的保护电路启动；当 18 脚无消隐脉冲 BLK 电压，同时 4 脚变为待机低电平时，则是行场消隐脉冲异常引起的保护电路启动；当 40 脚 SIP 电压由正常时的低电平变为高电平，同时 4 脚变为待机低电平时，则是束电流过大保护电路启动。

（2）测量场输出电压

场输出异常保护电路启动是本机的常见故障，引发保护的原因：一是场输出电路发生故障，如正负电源供电电路发生故障，场输出集成电路内部击穿，场输出电路外围元件损坏等；二是场输出信号识别传输电路发生故障，造成无场输出识别信号送入微处理器，也会引发自动关机保护。

为了防止反复通电测量，造成显像管切径故障，找一个闲置的偏转线圈，将故障机的场偏转线圈接线断开，改接到闲置的偏转线圈上，进行电压测量。一是测量 TDA8177 的 2 脚和 4 脚正负供电电压，由于保护电路的启动，可能正负供电还没有达到标准电压，就已经启动保护，但正负供电电压应基本相等。如果正负电压不相等，或缺少某个电压，则是该供电电路引发的保护；二是测量场输出端电压，场输出电路发生故障时，大多会引起输出端电压改变。采用正负供电 TDA8177 场输出端 5 脚电压正常时直流电压为 0V，如果该电压偏离 0V，则是场输出电路发生故障，引发的自动关机故障；三是测量场输出波形，如果有条件的话，可测量场输出电路 TDA8177 的波形，一是测量 TDA8177 的 1 脚的输入波形；二是测量 TDA8177 的 5 脚的输出端波形。如果 TDA8177 的 1 脚有场激励波形输入，5 脚无场输出波形，则是场输出电路 TDA8177 发生故障；如果 TDA8177 的 1 脚和 5 脚波形均正常，但 S202 的 31 脚无识别信号输入，则是识别信号传输电路发生故障，引起保护电路启动。

（3）测量总线控制系统电压

微处理器和控制系统，是整机运行的指挥中心，一旦发生故障，就会引起不开机和自动关机故障。由于微处理器 U16 位于数字板，测量电压不方便。可通过间接测量的方法进行检测。一是测量电源、扫描板上的副电源电压；二是测量电源扫描板上的 SDA、SCL 总线电压；三是测量矩阵电压，四是通过遥控和面板操作，观察电视机相关动作是否正常，判断微处理器控制系统是否正常。如果通过上述测量仍不能确定控制系统的好坏，最好用软排线将连接器与数字板连接，便于测量。

如果通电的瞬间，电视机有开机的动作，然后自动关机或指示灯有闪烁显示，都说明微处理器基本正常。

（4）测量被控电路

当检测连接器相关引脚电压未见异常，怀疑总线系统检测到被控电路发生故障引起的保护时，可通过检查被控电路的电源、晶振、总线电压和关键引脚电压，判断被控电路是否正常，排除保护故障。

2. 暂时解除保护，确定故障部位

目前，要解决所有具有程序待机保护功能的彩电的故障维修问题确实存在一定难度，但也不是一点办法没有。通过长期大量的维修实践笔者认为，某些具有程序待机保护功能的彩电，可以采用强制开机法。即设法使电源处于开机状态，有正常的电压输出，来为整机创造必要的工作条件。

将开/关机电路由“关”状态转为“开”状态，使之失去对电源的控制，便能接假负载，对电源正常工作与否作出判断。如果电源工作正常，则故障现象的本质会在屏幕、机内某个部位或电路中某元件电压的变化上表现出来。如果行输出级有损坏，场输出级工作异常，故障本质会进一步显现；如果行输出变压器短路、显像管损坏等恶性故障，电源会在其完善的保护功能作用下进入二次保护状态，输出电压会在某个低电平范围内波动，甚至停止输出。强制开机法为排除某些具有程序待机保护功能彩电故障打开了第一扇门。强制开机后，通过 观察电路是否有变色、冒烟、异响、温度异常等，检查行场扫描电路、视放电路等是否进入工作状态，正常与否，显像管的发光条件是否具备等操作，发现故障所在。

为了保证解除保护后维修的安全，一是将场偏转线圈接线改接到闲置的偏转线圈上，二是接假负载测量开关电源输出电压是否正常，然后再采取解除保护的方法。

（1）从待机控制电路解除保护

解除保护可从待机控制端采取措施。该机的数字板的待机控制电压经连接器 S201/CON3 的 4 脚将 STANDBY 电压送入电源扫描板。开机时送入的 STANDBY 电压为高电平，待机时输入的 STANDBY 电压为低电平。解除保护时可将 S201/CON3 的 4 脚断开，通过 10k 电阻改接到 +5V 电源上，强行进入开机状态。也可只将待机降压控制电路的 Q843 的 e、c 极断开，开机测量开关电源输出电压。

此种方法由于微处理器未进入开机状态，可能无各种控制电压输出，造成无伴音或无图像现象，但可对开关电源输出的电压，行输出、场输出电压和保护电路的关键点电压进行检测。

（2）解除束电流过大保护

当测量 S202/CON3 连接器的 40 脚 SIP 电压变为高电平，引起保护电路启动时，可将 40 脚直接对地短接，将保护高电平电压短路，解除保护。

引起保护的原因：一是被检测的电路发生故障，相关电压或电流变化，引起保护电路启动，重点检测被检测的功能电路；二是检测电路元件变质或电路故障引起的误保护，重点检测相关检测电路，特别是取样电路的元件参数是否改变。

5.6.3　保护电路维修实例

例 5-19：TCL HID29A51H 彩电，指示灯亮，开机后自动停机。

分析与检修：开机的瞬间测电源 +B 输出 140V 正常，有行输出工作和高压建立的声音。但马上回到待机状态。

测试行输出部分无明显短路，基本排除过电压过电流保护。测量连接器 S201/CON3 的 40 脚电压为低电平，排除了束电流过大保护的可能，用 DB 挡测量连接器 S201/CON3 的 37 脚无交流电压，判断场脉冲检测保护电路引起保护。对场输出电路 IC302 进行检查，发现 IC302 内部击穿短路，同时为其供电的行输出 6、7 脚外接的熔断电阻 R415、R416 烧断。更换 IC302、R415、R416 后，根据维修经验，升压电容器年久特性变差，是造成场输出电路损坏的主要原因之一，遂将升压电容器 C323（100μ/35V）同时更换后，开机不再发生自动关机故障。

例 5-20：TCL HID29A51H 彩电，指示灯亮，二次开机又保护。

分析与检修：自动关机时，测量 S202/CON3 的 40 脚保护电压为高电平，由此判断束电流过大保护电路启动。

对束电流过大保护电路进行检查，发现电阻 R426 阻值变大，引起正常的束电流在 R426

两端的电压降增加，B 点电压降低，保护电路误启动。更换 R426 后，故障排除。

例 5-21：TCL HID29A51H 彩电，指示灯亮，二次开机又保护。

分析与检修：该机开机后，指示灯亮，二次开机后马上保护，自动关机时，测量连接器 S201/CON3 的 40 脚电压为低电平，排除了束电流过大保护的可能，用 DB 挡测量连接器 S201/CON3 的 37 脚有交流电压，判断场脉冲检测电路正常。最后怀疑 BLK 消隐脉冲信号异常，引起的保护。

用 DB 挡测量行脉冲电压，发现行脉冲电压过低，开机的瞬间，测量开关电源输出电压也过低，仅为 105V 左右。为了区分故障范围，采取解除保护的方法维修。首先断开行输出电路，接假负载，将连接器 S201/CON3 的 4 脚断开，改接到 +5V 电源上，开机测量开关电源输出电压恢复正常，由此判断行输出电路发生短路故障，造成行脉冲电压过低，保护电路的启动，产生自动关机故障。拆下行输出变压器 T403 后，用专用仪器测量，判断行输出变压器内部线圈短路。更换一只新的 T403 行输出变压器后，电视机不再发生自动关机故障。

5.7　TCL OM8838 机心单片彩电保护电路速修图解

TCL OM8838 机心单片彩电属于智能数码系列单片彩电，微处理器 IC001 采用 Z90231，小信号处理电路 IC201 采用 OM8838，场输出电路 IC301 采用 TDA8356，伴音功放电路 IC603 采用 TDA7057AQ 等。

适用机型：TCL 2510G、2536G、2502D、2910G、2927D、2911、2956D 等单片彩电。

本节以 TCL 2510G 彩电为例，介绍 OM8838 机心单片彩电保护电路速修图解。TCL 2510G 彩电开关电源初级电路采用厚膜电路 S6708A，微处理器的副电源取自主电源，待机采用降低主电源输出电压的方式。

TCL 2510G 彩电，小信号处理电路采用飞利浦单片小信号处理电路 OM8838，该小信号处理电路不但具有多种制式彩电小信号处理功能，还具有多重保护功能，OM8838 的 22 脚（BCLIN）为束电流限制/场输出保护端口，50 脚（EHT）为过电压检测端口，是厂家设计的专用保护检测端口；另外 41 脚的行逆程脉冲输入端口，当外部无信号输入或引脚电压发生故障时，也会进入保护状态。

5.7.1　保护电路原理图解

1. OM8838 保护电路

TCL 2510G 彩电的保护电路如图 5-7 所示，不但围绕 OM8838 的 50、22、41 脚设计了行脉冲检测保护、束电流检测保护、行输出过电压保护电路，还与微处理器保护电路联动。当这几个引脚的电压、脉冲发生变化，达到设计保护值时，OM8838 首先进入保护状态，令行扫描电路停止工作或切断亮度通道，同时还通过 I^2C 总线系统，向微处理器 IC001 发出保护信息，微处理器据此也进入保护状态，一般采用两种保护方法：一是保持行扫描切断亮度通道，但所有按键和遥控操作失控；二是从 38 脚输出待机指令，进入待机保护状态。

2. 微处理器联动保护电路

该机具有故障自动诊断功能，设计者除了赋予 OM8838 行扫描驱动级在某些特殊情况下自动进入软起动、慢停止程序外，还设计了所谓“状态标志字”，在 41、50、22 等有关端口处于正常状态时，赋予状态标志字为“0”，一旦有关端口电压或脉冲发生异常时，赋予状态标志字为“1”。由于总线控制系统具有双向通信功能，OM8838 将状态标志字传给微处理器，状态标志字为“0”时，微处理器判断 OM8838 正常，维持开关机控制端 38 脚低电平，开关电源输出开机高电压，其中 + B 电压达 135V，进入正常工作状态；状态标志字为“1”时，微处理器判断 OM8838 发生故障，采取保护措施，从开关机控制端 38 脚输出待机高电平，进入待机保护状态。

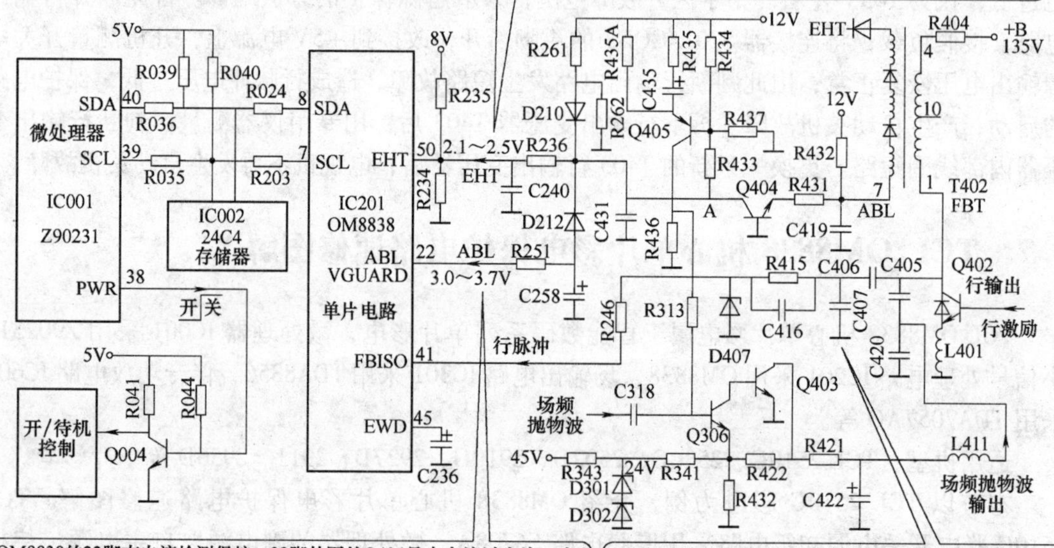

图 5-7　TCL 2510G 单片彩电保护电路图解

5.7.2　保护电路维修提示

该机的保护电路较多且复杂，发生保护故障时，其故障现象大约有两种：一是由微处理器执行联动保护，故障现象是：有电源和行输出启动声然后三无，不能遥控开机，其故障现象与开关电源、行扫描、微处理器电路引起的故障相似；二是由 OM8838 单独执行的保护，故障现象是无图无声、黑屏幕、操作失灵。检修时，可通过以下方法，进一步确定故障范围：

1. 测量关键点电压，判断是否保护

主要测量 OM8838 的故障检测脚和对确定故障范围有参考意义的关键部位电压进行测量，一是测量正常时的电压；二是测量保护后的电压；三是测量开机后，进入保护前的瞬间电压。在测量进入保护前的瞬间电压时，由于万用表指针反应迟钝，往往不能测量到真实的电压，但只要超出正常范围，即可判定该点电压异常。具体测量以下电压：

(1) 测量微处理器和总线电压

该机的保护大多由微处理器 IC001 执行，微处理器的工作状态直接影响保护电路的准确性，在检测保护电路故障前，应首先测量微处理器工作条件和总线系统是否正常。

（2）测量开关电源输出电压

测量开关电源输出电压，正常开机时，开关电源输出高电平，其中 +B 电压为 135V，伴音功放供电电压为 +24V；待机和保护时，开关电源输出电压降到正常时的三分之一左右。如果开机的瞬间开关电源输出电压趋于正常，然后降到待机低电压状态，多为微处理器联动保护电路的启动所致。

如果开关电源始终无输出电压，是开关电源初级电路故障，或负载严重短路，引起开关电源初级过电流保护电路启动而停止振荡。重点检查开关电源初级电路和行输出等负载电路。

（3）测量 OM8838 的故障检测脚电压

可在开机后，进入保护之前的瞬间，也可在解除保护后，测量 OM8838 的 41、50、22 脚各路保护电压，判断故障范围。OM8838 故障检测保护引脚的电压为：行逆程脉冲检测保护 41 脚，正常时该脚电压在 0.5 ~ 0.8V 左右，无行脉冲输入时为 0；过电压检测保护 50 脚，正常时大约在 2.1 ~ 2.5V 之间（因机型和电路设计不同略有差异），当该脚电压超过 2.6V 时进入保护状态；束电流检测保护 22 脚，正常时该脚电压在 3.0 ~3.7V 左右，当该脚电压低于 3.0V 或高于 3.7V 时，就会进入保护状态。

2. 暂时解除保护，确定故障部位

在确定开关电源输出电压正常，行扫描电路无明显短路漏电故障时，可采用解除保护的方法，观察开机后的故障现象，根据故障现象进一步判断故障范围，对相应的电路进行检修。也可在开机后，对与保护有关的引脚电压进行测量，确定故障范围。解除保护有两种方法：

（1）从保护执行电路解除保护

从微处理器 IC001 的开关机控制电路采取措施，将 IC001 开关机控制端 38 脚外部 Q004 的 c 极断开，或将 Q004 拆除，使待机控制电路的 Q825 导通、Q823 截止，对稳压电路不产生影响，强行开机。该方法的缺点是：由于微处理器仍处于待机保护状态，操作和控制可能无效，但可对小信号处理等相关电压进行测量。

（2）从保护检测电路解除保护

从 OM8838 的故障检测脚采取措施解除保护，具体方法是：过电压检测保护 50 脚，断开 R236，可切断行过电压检测保护。如果断开哪路保护电路后，开机退出保护状态，则是该保护电路引起的保护，可对该保护电路和其监测的电压进行检查，也可根据解除保护后的故障现象，对相关电路进行检修。此方法的优点是：微处理器也解除保护，进入开机状态，可进行相应的调整和操作。对 22 脚束电流检测脚，可断开 D212，采用适当的分压电阻，为 22 脚提供 3.0 ~3.7V 的正常电压，解除 22 脚的保护。对于 41 脚行脉冲检测保护，无法采取断开检测电路的措施，只能对外围元件和信号进行检测。

5.7.3　保护电路维修实例

例 5-22：TCL 2510G 彩电，开机后三无，指示灯亮。

分析与检修： 测量开关电源输出端的 +B 电压，在 120V 左右来回摆动；断开行输出供电，接假负载测量 +B 电压 130V 正常且稳定，判断开关电源基本正常，怀疑行输出电路有短路漏电引起的过电流故障。电阻测量行输出电路、枕形校正电路、偏转和 S 校正电路的主要元件，均未见短路漏电现象。测量微处理器 IC001 的 38 脚开关机控制电压，由开机时的低电平变为高电平，指示灯闪烁，判断是微处理器进入保护状态。

采用解除保护的方法检修，从微处理器保护执行端开关机控制电路采取措施，将 Q004 拆除，强行开机后，出现光栅和图像，但光栅较亮，估计是束电流保护电路引起的保护。检查 OM8838 的 22 脚，直流电压在 2.9～3.2V 之间，接近保护值，如果遇到高亮度图像，就会引起束电流过大，造成 OM8838 的 22 脚电压越过保护值进入保护状态。检查视频放大电路，发现供给电压 180V 偏低，仅 150V 左右。对视频放大供电电路进行检测，发现 180V 滤波电容器 C408（10UF/250V）容量减小，更换 C408 后，180V 电压恢复正常，图像亮度也进入正常状态，恢复保护电路，不再发生自动关机故障。

例 5-23：TCL 2510G 彩电，开机三无，指示灯闪烁。

分析与检修：根据指示灯闪烁，测量开关电源输出电压，降为待机低电平。测量微处理器 IC001 的 38 脚开关机控制电压，由开机时的低电平变为高电平，指示灯闪烁，判断是微处理器进入保护状态。

采用解除保护的方法，将 Q004 拆除，强行开机后，有行输出工作和高压建立的声音，然后三无。采用瞬间电压测量法，在开机后，保护前测量 OM8838 的 41、22、50 脚检测端电压，发现 50 脚电压在开机的瞬间超过 3.0V，判断是 50 脚检测到过电压故障，引起的保护。此时观察光栅和图像，发现光栅过亮，尺寸略有缩小。但测量电源的 135V 电压均正常，判断是行输出电路输出的脉冲电压过高引起的保护。对可能引起行输出过电压的行逆程电容器进行检查，发现逆程电容 C407 容量减小，引起行输出脉冲电压升高，造成过电压保护。更换 C407 后，开机不再出现三无保护故障。

5.8 TCL S13 机心超级彩电保护电路速修图解

TCL S13 机心超级彩电，微处理器控制电路和小信号处理电路 IC201 采用超级单片 TMPA8809，伴音功放电路 IC601 采用 TEA2025B，场输出电路 IC301 采用 STV9302。

S13 机心适用机型：TCL NT21A71A、NT21A71B 等超级彩电。

TCL S13 超级机心，开关电源初级电路由分立元件组成，微处理器的副电源取自主电源，待机采用切断行振荡、小信号处理电路供电和短路行、场激励信号的方式。

TCL S13 超级机心在超级单片 TMPA8809 电路，设有束电流异常保护，场输出异常保护，行脉冲异常保护电路，保护检测到故障时，超级单片内部微处理器据此采取保护措施，进入待机保护状态。

本节以 TCL NT21A71A 超级彩电为例，介绍 TCL S13 机心超级彩电电源与保护电路速修图解。

5.8.1 保护电路原理图解

1. S13 机心待机控制电路

S13 机心 NT21A71A 彩电的待机控制电路如图 5-8 所示，开关机控制由四部分组成：一是由 Q805、Q806、D837 组成的低压供电控制电路，待机时切断行振荡和小信号处理电路供电；二是由 Q006、Q009 组成的待机行、场激励脉冲短路电路；三是由 Q003、Q005 组成的待机消亮点电路；四是由 Q601、Q601B 组成的待机静音控制电路。由超级单片 IC201（TMPA8809）的 STAND BY 开关机控制端 64 脚对上述四部分电路进行控制。

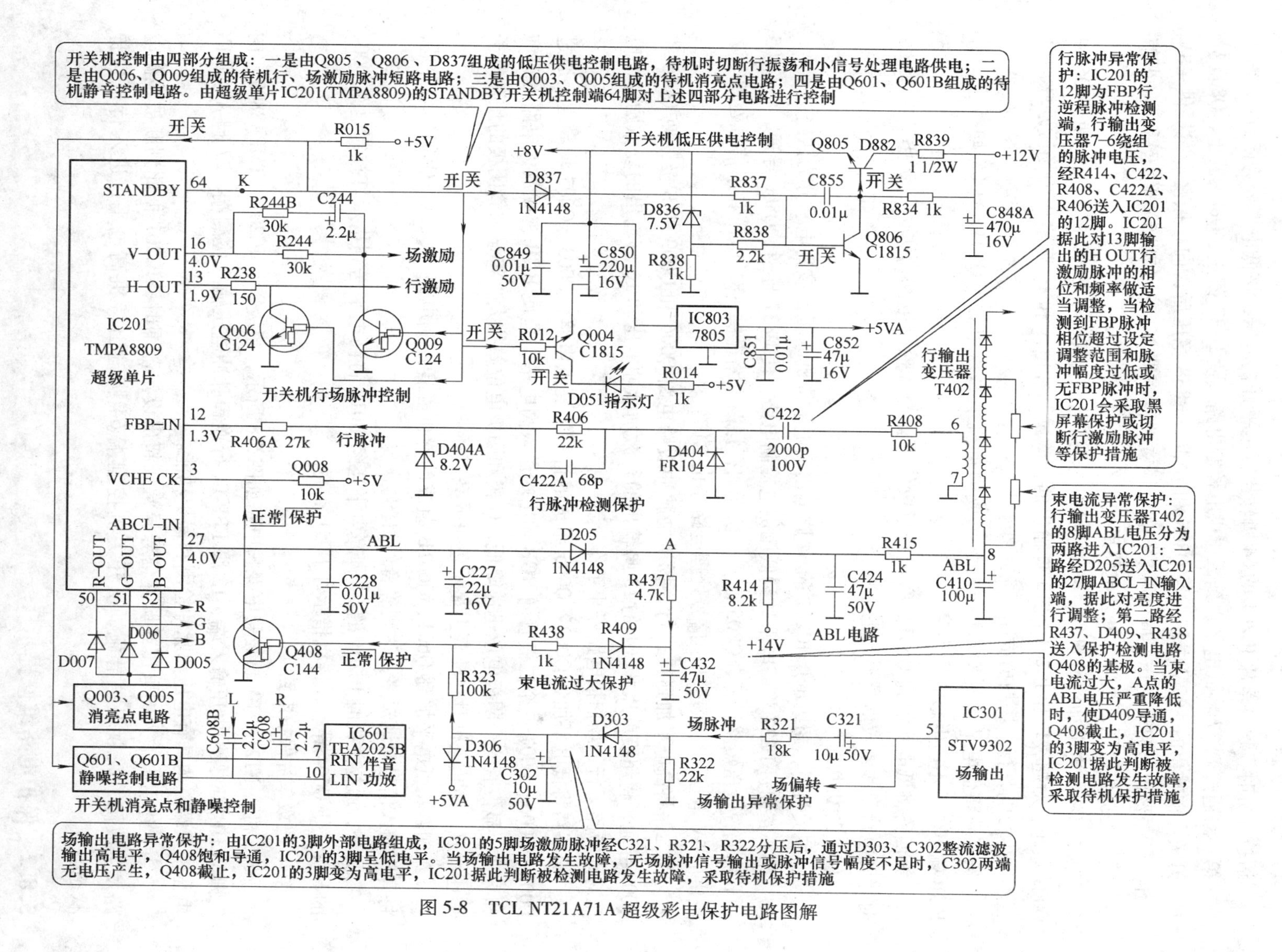

图5-8 TCL NT21A71A超级彩电保护电路图解

（1）开机状态

遥控开机时，超级单片 IC201 的 64 脚输出低电平开机电压，该低电平分为四路：

第一路通过 D837 将低电平送到低压供电控制电路，使 D837 截止、Q806 截止、Q805 导通，开关电源输出的 +12V 电压，经 Q805 和 D836、R838 稳压后，向行振荡电路提供 +8V 电压，行振荡电路启动工作；同时 +8V 电压经三端稳压器 IC803（7805）稳压后，向小信号处理电路提供电压，小信号处理电路启动工作。

第二路将低电平加到待机行、场激励脉冲短路电路 Q006 和 Q009 的 b 极，使 Q006 和 Q009 截止，对超级单片 IC201 的 13 脚输出的行激励脉冲电压和 16 脚输出的场激励脉冲电压不产生影响，行、场扫描电路正常工作。

第三路将低电平加到 Q003、Q005 组成的待机消亮点电路，Q003、Q005 均截止，对 RGB 输出信号不产生影响。

第四路将低电平加到 Q601、Q601B 组成的待机静音控制电路，Q601、Q601B 均截止，对伴音电路音频输入信号不产生影响。

（2）待机状态

遥控关机时，超级单片 IC201 的 64 脚输出高电平待机电压，该高电平分为四路：

第一路通过 D837 将高电平送到低压供电控制电路，使 D837 导通、Q806 导通、将 Q805 的 b 极偏置电压短路拉低，Q805 截止，切断向行振荡电路提供 +8V 电压和小信号处理电路提供的 5V 电压，行振荡和小信号处理电路停止工作。

第二路将高电平加到待机行、场激励脉冲短路电路 Q006 和 Q009 的 b 极，使 Q006 和 Q009 导通，将超级单片 IC201 的 13 脚输出的行激励脉冲电压和 16 脚输出的场激励脉冲电压对地短路，行、场扫描电路停止工作。

第三路将低电平加到 Q003、Q005 组成的待机消亮点电路，Q003、Q005 均导通，通过 D005、D006、D007 三个二极管向 RGB 输出端送入高电平，迫使 RGB 视频放大电路迅速饱和导通，显像管三个阴极电压迅速降低，G 极和阴极电位差拉大，将显像管阴极的预存电子迅速泄放，防止关机时，屏幕上显示色斑或亮点。

第四路将低电平加到 Q601、Q601B 组成的待机静音控制电路，Q601、Q601B 均导通，将音频输入信号对地短路，达到静音的目的。

另外，遥控关机时 IC201 的 64 脚高电平还经 R012 将高电平送到指示灯控制电路 Q004 的 b 极，使 Q004 导通，待机指示灯 D051 点亮。

2. 超级单片保护电路

S13 机心 NT21A71A 超级彩电保护电路如图 5-8 所示，超级单片 IC201（TMPA8809）的 3 脚 VCHE CK 保护电压输入端、12 脚 FBP-IN 行逆程脉冲电压输入检测端、27 脚 ABCL-IN 电压输入端，均具有电压和脉冲检测和保护功能。

当上述引脚输入的电压或脉冲信号异常或超出设定范围时，IC201 据此判断被检测电路发生故障，采取保护措施，从开关机控制端 64 脚输出待机高电平，进入待机保护状态。

5.8.2 保护电路维修提示

S13 机心超级单片 IC201 的保护电路，通过内部微处理器进行控制，从 64 脚开关机控制端采取保护措施，进入待机保护状态，产生不开机和自动关机故障。

当电视机产生三无故障，不能二次开机或自动关机时，首先判断是否进入保护状态，然后查找引起保护的电路和元件。可根据指示灯的变化和测量开关电源输出电压和保护电路关键点电压、解除保护的方法判断故障范围。

1. 观察故障现象，判断故障范围

（1）指示灯亮，开关电源始终处于待机状态

开机后无高压建立的声音，输出电压始终为正常值的1/2，说明超级单片的微处理器未进入开机状态，故障在以微处理器为核心的控制电路和待机电路。常见为微处理器工作条件不具备，如无5V电压供电，复位、时钟振荡电路故障，导致微处理器未进入工作状态；另外，微处理器通过I^2C总线控制系统，检测到被控电路或总线信号传输电路发生故障时，也会采取待机保护控制。

（2）指示灯亮，开关电源输出电压上升后降到1/2

开机后有高压建立的声音，输出电压上升后降到正常值的1/2，是超级单片保护电路启动。

2. 测量关键点电压，判断是否保护

（1）判断是否保护电路启动

开机后或自动关机时，测量超级单片IC201与保护有关的3脚VCHE CK、12脚FBP-IN、27脚ABCL-IN的检测电压和脉冲，同时测量64脚待机控制电压和13脚的行激励脉冲、15脚的场激励脉冲，判断故障范围。

IC201的3脚VCHE CK保护检测电压正常时为低电平零点几伏，因机型不同而略有差异；12脚FBP-IN行逆程脉冲检测引脚电压正常时为1.3V，因机型不同，一般在1~1.5V之间，并有行逆程脉冲输入；27脚ABL电压检测端电压正常时为4V左右，并随光栅亮度变化；64脚待机控制电压开机状态为低电平，待机状态为高电平；13脚行激励脉冲输出端电压为1.9V左右，有行激励脉冲输出；16脚场激励脉冲输出端电压为4.0V左右，有场激励脉冲输出。

如果不开机或自动关机时，IC201的3脚保护检测电压变为高电平，64脚待机控制电压由开机状态低电平变为待机状态高电平，则可判断IC201的3脚外部的束电流过大保护、场输出异常保护电路启动。

如果不开机或自动关机时，IC201的27脚ABL电压低于或高于正常值，同时产生黑屏幕或13脚无行激励脉冲输出，则是IC201的ABL电路电压超过正常值引起的保护。

如果不开机或自动关机时，IC201的3脚、27脚、12脚电压均正常，但64脚待机控制电压却为高电平待机电压，则是微处理器控制系统故障或微处理器通过I^2C总线系统检测到被控电路发生故障，采取待机保护措施。

如果不开机或自动关机时，IC201的64脚待机控制电压为低电平开机电压，则是电源板电路故障；如果开关电源输出电压为正常值高电压，且开关机电路工作于开机状态，电视机仍不开机，则是超级单片小信号处理电路或行扫描电路故障。

（2）判断是哪路检测电路引起的保护

当检测到IC201的3脚为高电平引起保护时，同时测量Q408的b极为低电平，这可判断以Q408为核心的保护电路启动，由于Q408的b极外接两路保护检测电路，可通过测量b极外部检测电路电压的方法判断故障范围。首先测量C302两端的电压，如果C302上端电压为高电平，说明场输出保护电路正常，是束电流过大保护电路引起的保护，重点检查

ABL 电路；如果测量 C302 上端无电压或电压很低，则是场输出保护电路引起的保护，重点检查场输出电路。

3. 暂时解除保护，确定故障部位

检修时，也可采取解除保护的方法，通过观察故障现象，判断故障范围。

为了整机电路安全，解除保护前，应采取两项保护措施：一是断开行输出电路，在 +B 输出端接假负载，测量开关电源输出电压是否正常，特别是测量 +B 电压是否正常，如果不正常，首先排除开关电源故障；二是在行输出电路逆程电容器两端并联同规格的电容器，避免因逆程电容器开路、失效、减小等原因，造成行输出过电压，损坏元件，如果开机后光栅过大，说明原来的逆程电容器正常，再将并联的逆程电容器拆除。

（1）完全解除保护

在待机控制电路采取措施，将 IC201 的 64 脚外部的 K 点断开，改接到接地端；确保向开关机控制电路输出低电平，强行进入开机状态。

此种方法由于微处理器未进入开机状态，可能无各种控制电压输出，造成无伴音或无图像现象，但可对开关电源输出的电压和保护电路的关键点电压进行检测。

（2）逐路解除保护

如果判断 IC201 的 3 脚外部检测电路引起的保护，可采取逐路解除 3 脚外部检测支路的方法，判断故障范围。方法是：将束电流过大保护电路的 R438 断开，如果断开后，开机退出保护状态，则是束电流过大电路引起的保护，否则是场输出异常保护电路引起的保护。

（3）解除 IC201 保护

如果测量 IC201 的 3 脚电压升高引起保护，可将 3 脚对地短路即可解除 3 脚的保护。

如果测量 IC201 的 27 脚电压不正常，引起黑屏幕或自动关机故障，可断开 27 引脚与外部检测电路的连接，注意保留该引脚的偏置电阻，大多可解除 27 脚的束电流保护；测量 27 脚的电压并进行开机试验，如果断开外部检测电路的连接后，该脚电压仍不正常，可在该脚外接上拉电阻或下拉电阻的方法，将该脚电压置于正常范围内，即可解除该脚的保护功能。

解除保护后，如果电视机恢复正常，则是断开的故障检测、保护执行电路元件变质，引起的误保护；如果电视机存在光栅、图像、伴音故障，则是与其相关的电路引起的保护，重点检测相关的功能电路。

5.8.3 保护电路维修实例

例 5-24：TCL NT21A71A 超级彩电，开机后可正常收看，时常自动关机。

分析与检修：发生自动关机故障时测得 +B 电压为低电平，测量超级单片 IC201 的 64 脚 STANDBY 电压变为待机高电平，测量 IC201 的 3 脚 VCHE CK 电压也变为高电平，检测晶体管 Q408 的 b 极变为低电平，由此判断是 IC201 的 3 脚外部保护检测电路引起的保护。

采取逐路解除保护的方法维修：当断开束电流过大保护电路的 R438 时，开机不再发生自动关机故障，开关电源输出电压恢复正常，判断束电流过大保护电路引起的保护。对 ABL 电路元件和电压进行检查，发现 R414 烧焦，阻值变大，更换 R414 后，开机 R414 冒烟再次烧焦，判断行输出变压器的束电流过大，将显像管插座拔下，开机 R414 不再冒烟，判断行输出变压器 T402 内部的故障，更换 T402 和 R414 后，不再发生自动关机的故障。

例 5-25：TCL NT21A71A 超级彩电，开机时自动关机。

分析与检修：开机测量开关电源输出电压正常，自动关机时测量超级单片 IC201 的 64 脚 STANDBY 电压变为高电平，测量 IC201 的 3 脚电压也为高电平，检测晶体管 Q408 的 b 极为低电平，由此判断 Q408 保护电路启动。

采取逐路解除保护的方法维修：当断开束电流过大保护电路的 R438 时，开机仍然发生自动关机故障，开机的瞬间测量 C302 上端电压为 0V，由此判断场输出电路发生故障，对场输出电路进行检查，发现 IC301（STV9302）内部击穿，为场输出供电的熔断电阻 R405、R405A 烧焦，更换 IC301、R405 和 R405A 后，开机不再发生自动关机故障。

5.9　TCL US21B 机心超级彩电保护电路速修图解

TCL 的 US21B 超级机心，微处理器和小信号处理电路采用飞利浦公司的第二代超级单片 OM8373，伴音功放电路采用飞利浦公司的 TDA7496SA，场输出电路采用新型集成电路 STV9380A。

适用机型：TCL 29H61、25H61 等超级彩电。

TCL 采用 TDA938X 或掩膜片 13-TDA938-0NP 超级单片的系列彩电，也可参照本节内容维修。

本节以 TCL29H61 彩电为例，介绍 TCL US21B 超级机心行场扫描保护电路速修图解。TCL 29H61 彩电开关电源采用新型厚膜电路 FSCQ1265RT，副电源取自主电源，待机采用降低主电源输出电压和静音、静噪的方式。

TCL 29H61 彩电，在超级微处理器与小信号处理电路 OM8373 设有专用保护检测引脚，保护电路启动时，切断行激励脉冲或执行黑屏幕保护，同时将保护信息传输给微处理器，由微处理器执行待机保护措施。

5.9.1　保护电路原理图解

TCL 29H61 彩电保护电路如图 5-9 所示，一是在 OM8373 电路的 49 脚设有束电流检测保护电路，该脚电压正常时为 2.2 ~ 3V，超过该范围微处理器就会进入保护状态；二是在 OM8373 电路的 36 脚设有过电压和束电流失落保护电路，该脚电压正常时为 2.0V，超过 2.6V 微处理器就会从 1 脚输出高电平进入保护状态；三是在 OM8373 电路的 34 脚设有行脉冲检测保护电路，当送入 34 脚的行脉冲异常时，微处理器会停止 33 脚输出的行激励脉冲；四是在 OM8373 电路的 50 脚设有黑电流检测保护电路，当显像管严重衰老，RGB 三枪电流不平衡时，采取黑屏幕保护措施。另外，在行输出电路设有行输出过电流保护电路，发生过电流故障时，微处理器采取待机保护措施。

5.9.2　保护电路维修提示

单片 OM8373 的保护检测电路，是通过微处理器执行保护措施，从开关机控制端 1 脚输出待机控制电压，进入保护待机状态，引发的故障现象为有电源和行输出启动声，然后三无，不能遥控开机。其特点是指示灯亮，开关电源输出电压降低，OM8373 保护时其 1 脚由开机低电平 0V 变为高电平。根据以上特点，发生故障时可通过如下方法区分故障范围。

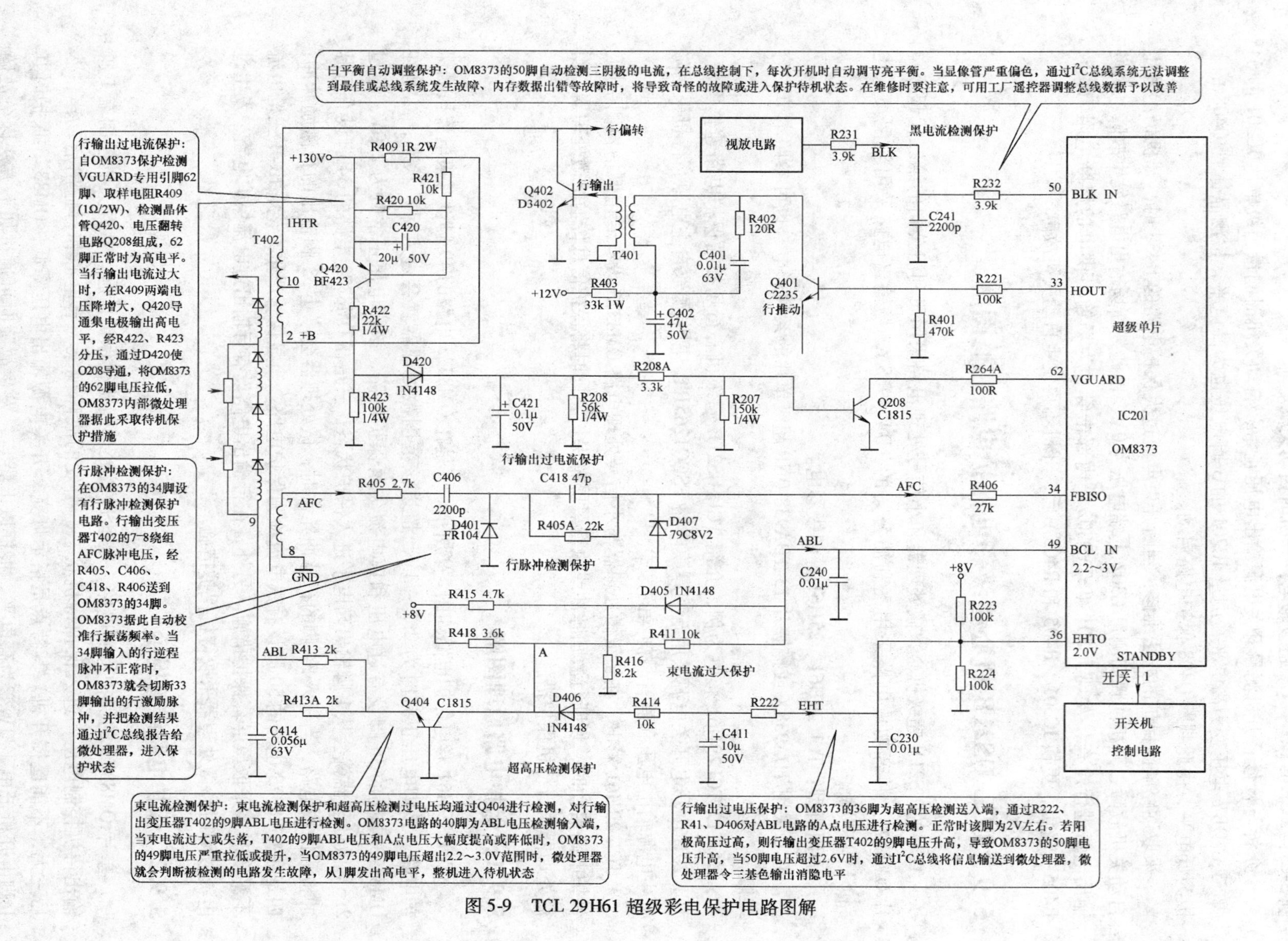

图 5-9 TCL 29H61 超级彩电保护电路图解

1. 测量关键引脚电压，判断是否保护

测量关键点电压，一是抓紧在开机后，自动关机前的瞬间进行测量；二是在解除保护后进行测量。

（1）测量开关电源输出电压

测量开关电源输出电压。开关电源开机正常收看时输出高电压，其中 +B 电压为 135V；待机和保护时变为低电压，约为开机状态的二分之一左右。如果开机的瞬间开关电源输出高电压，然后变为低电压，多为保护电路启动所致。

（2）测量 OM8373 关键引脚电压

测量 OM8373 的 1 脚电压，如果发生自动关机故障时，OM8373 其 1 脚为高电平，则是 OM8373 引起的保护。可通过测量 OM8373 的 49 脚、36 脚、34 脚和 50 脚、62 脚电压，判断故障范围。

36 脚电压正常时为 2.0V 左右，如果发生自动关机故障时，36 脚超过 2.6V，则是 36 脚超高压保护电路启动。由于 OM8373 的 36 脚内外电路发生故障，均会引起保护电路动作，区分的方法是：断开 36 脚外电路，在开机的瞬间测量 36 脚外电路的电压，如果外电路电压在 2V 以内，则是 36 脚内部电路故障，否则为外电路引起的保护。

49 脚电压正常时为 2.5V 左右，一般多在 2～3V 之间变化，如果发生自动关机故障时，49 脚超过 3.5V 或低于 2V 以下，则是 49 脚束电流异常保护电路启动。

34 脚电压在 0.5～0.8V 左右，并有行逆程脉冲送入，当 34 脚电压不正常或输入到 34 脚的行逆程脉冲幅度、相位、频率异常时，就会进入保护状态。

50 脚电压正常时为 6～8V 左右，当 50 脚电压异常或显像管严重衰老，三枪严重不平衡时，就会进入黑屏幕保护状态。

62 脚电压正常时为高电平，Q208 的 b 极正常时为低电平。如果发生自动关机故障时，Q208 的 b 极由低电平变为高电平，则是行输出过电流保护电路启动。

2. 暂短解除保护，确定故障部位

在确定开关电源输出电压正常，行扫描电路无明显短路漏电故障时，可采用强行开机的方法，观察开机后的故障现象，根据故障现象进一步判断故障范围，对相应的电路进行检修。也可在开机后，对与保护有关的引脚电压进行测量，确定故障范围。

（1）从待机控制端解除保护

退出保护的方法是：将微处理器的 1 脚断开，将外电路改为接地，强行向开关机控制电路送入低电平开机电压。该方法的缺点是：由于微处理器仍处于待机保护状态，操作和控制可能无效，但可对小信号处理等相关电压进行测量。

（2）从保护检测端解除保护

如果测量 OM8373 的 36、49 脚电压不正常，估计是引起保护，可采取解除保护的方法做进一步判断。解除保护方法是：

36 脚超高压检测保护端，将 36 脚与地之间并联适当电阻，将 36 脚电压拉低到正常值 2.0V。

49 脚保护电路，如果 49 脚电压过高，将 49 脚与 +8V 之间并联适当电阻，如果 49 脚电压过低，在 49 脚与接地之间并联适当电阻，将 49 脚电压固定到正常值 2.5V 左右，即可解除 49 脚保护。

如果解除保护后，开机声光图正常，则是保护检测电路元件变质引起的误保护；如果发生声光图方面的故障，可根据故障现象，对相关的单元电路进行检修。

5.9.3 保护电路维修实例

例 5-26：TCL 29H61 彩电，开机三无，指示灯亮。

分析与检修：指示灯亮，说明开关电源有电压输出，且微处理器的5V 电压正常。排除了电源故障的可能，故障在微处理器执行的保护电路中。开机测量开关电源输出电压和微处理器的1 脚电压，发现开机的瞬间开关电源输出高电压，然后降为低电压；微处理器 1 脚开机的瞬间为低电平，几秒钟后变为高电平，由此判断保护电路启动。测量 OM8373 与保护相关的引脚电压，发现 62 脚呈低电平，由此判断行输出过电流保护电路启动。

为了看清故障真相，采用退出保护的方法，将微处理器的1 脚断开，改为接地，强行开机。开机后光栅缩小且暗淡，测量开关电源输出电压低于正常值，其中 + B 的 130V 电压为110V 左右，几分钟后，发现机内冒烟。追踪冒烟的元件为行输出过电流检测电路的取样电阻 R409。对其进行检查，发现其阻值变大，表明烧焦，由此说明行输出电路确有过电流故障。对行输出电路元件进行在路测量，未见异常，怀疑行输出变压器 T402 内部短路。更换一只新的行输出变压器后，开机不再发生三无故障。

例 5-27：TCL 29H61 彩电，开机后自动关机，指示灯亮。

分析与检修：此机有时能正常开机，有时一开机就自动关机；在开机的瞬间有行输出工作和高压建立的声音，开关电源输出电压输出高电压后降到低电压，测量微处理器的开关机控制端 1 脚电压，由开机瞬间的低电平变为高电平，由此判断保护电路启动。

在出现自动关机时测 OM8373 的 36 脚电压正常，OM8373 的 49 脚电压不正常，但 OM8373 的 49 脚电压不正常不会出现一开机就自动关机，一般会有光栅或字符出现后才自动关机，其实 OM8373 的 49 脚电压形成有一个时间过程，现在是一开机就自动关机，说明不是 OM8373 的 49 脚电压不正常引起的；测量 OM8373 的 62 脚也为高电平。由此怀疑 34 脚是行逆程脉冲输入电压不正常，引起保护电路启动。

对 34 脚外部的行逆程脉冲传输电路进行检查，发现 8. 2V 稳压管 D407 漏电，稳压值不足 2V，更换 D407 后，一切正常，经长时间开机观察再无发现自动关机。

5.10 TCL TMPA8809 机心超级彩电保护电路速修图解

TCL 采用 TMPA8809 机心超级彩电，微处理器控制电路和小信号处理电路采用超级单片 TMPA8809，场输出电路采用 TDA8172A，伴音功放电路采用 TDA7266 和 TDA8945S。

适用机型：TCLAT25S135、AT29S168B、AT29281、AT29211、AT25288、AT25281、AT25230、AT25211、AT25207、AT25192、2911SD、2918AE、AT34106S、AT3488S、AT25228、AT29228、AT25266B、AT29266B 等超级彩电。

本节以 TCL AT29266B 超级彩电为例，介绍开关电源采用 MC44608 的 TMPA8809 机心的电源与保护电路速修图解。

TCL AT29266B 彩电，开关电源初级电路采用控制芯片 MC44608 和大功率场效应晶体管组成的并联型开关电源，微处理器的副电源取自主电源，待机采用降低主电源输出电压的方式。

TCL AT29266B 彩电，在超级单片 TMPA8809 电路，设有束电流检测保护、行输出过电压保护、行脉冲检测保护电路，保护检测到故障时，超级单片内部微处理器据此采取保护措施，进入待机保护状态。

5.10.1　保护电路原理图解

1. 开关机控制

TCL AT29266B 超级彩电开关机控制采用降低主电源输出电压的方式。由超级单片 IC101（TMPA8809）的开关机控制端 64 脚（P. ON/OFF）和 Q006、Q833、Q832 组成，通过光耦合器 IC802 对开关电源初级电路 IC801 的 3 脚电压进行控制，开机收看时，开关电源工作于高频状态，输出高电压；待机状态时，开关电源工作于低频状态，输出低电压，约为开机收看状态的 1/3 左右。

2. 超级单片保护电路

TCL AT29266B 超级彩电保护电路如图 5-10 所示。超级单片 IC101（TMPA8809）的 12 脚 FBP-IN 行逆程脉冲电压输入检测端、27 脚 ABCL-IN 电压输入端和 32 脚 EHT-IN 高压检测输入端，均具有电压和脉冲检测和保护功能。

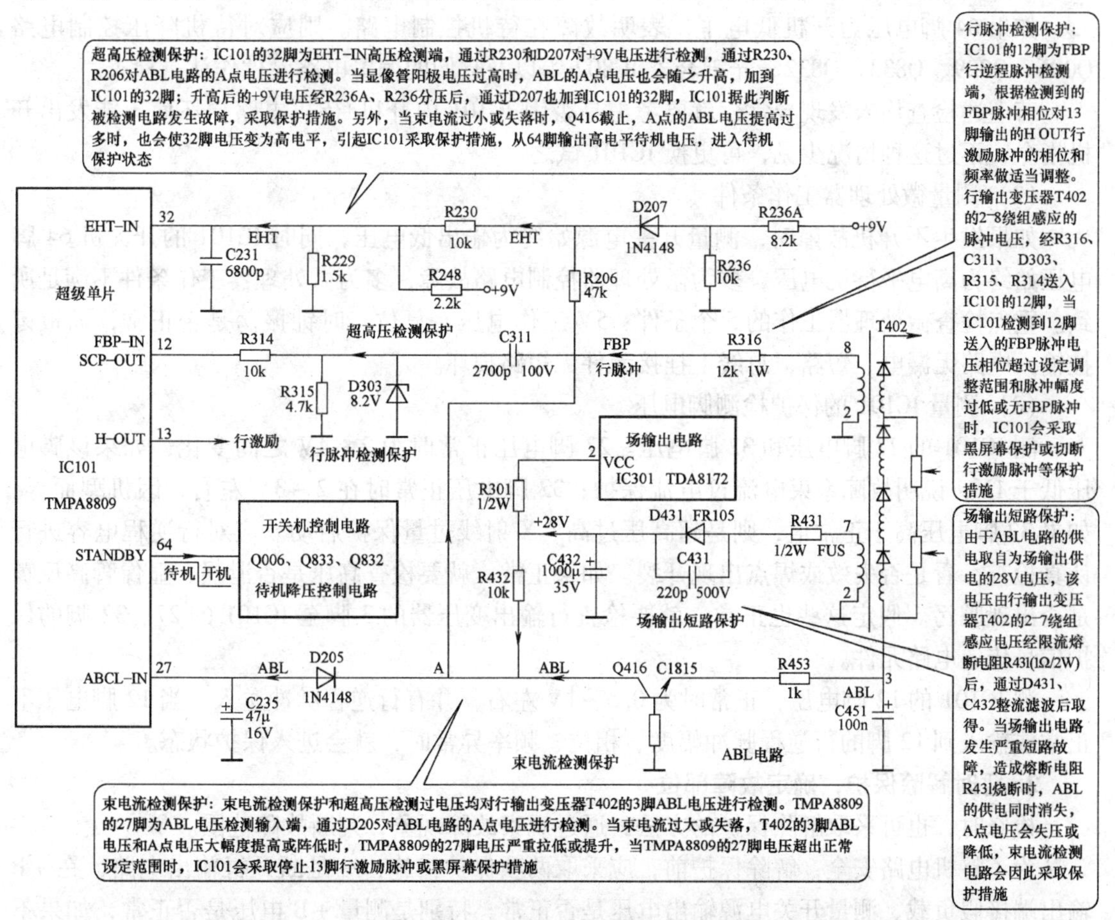

图 5-10　TCL AT29266B 超级彩电保护电路图解

当上述引脚输入的电压或脉冲信号异常或超出设定范围时，IC101 据此判断被检测电路发生故障，会采取相应的保护措施，一是采取切断 13 脚行激励脉冲；二是采取黑屏幕；三是从开关机控制端64脚输出待机高电平，进入待机保护状态。

5.10.2 保护电路维修提示

1. 测量关键点电压，判断是否保护

当发生不能开机或自动关机故障时，很可能是以TMPA8809为核心的保护电路启动，引起自动关机、行扫描电路停止工作或黑屏幕等故障。可通过测量关键点电压的方法，判断保护电路是否启动。测量关键点电压，一是在开机后保护前的瞬间测量；二是解除保护后测量。

（1）测量开关机电压

测量开关电源输出电压和IC101（TMPA8809）64脚开关机控制电压。开关电源输出+B电压开机状态为高电压140V，待机状态为开机状态的1/3左右；IC101的64脚开关机电压，开机状态为低电平，待机状态为高电平3V左右。

如果自动关机时，测量开关电源输出电压由高电压变为低电压，同时微处理器IC101的64脚开关机电压由开机状态的低电平变为高电平3V，则是IC101保护电路启动所致。

如果64脚电压为开机低电平，表明故障在待机控制电路。则应对待机降压控制电路Q006、Q009、Q833、Q832、光耦合器IC802等以及它们的偏置电路元件作认真检查。

若上述检查均未发现异常，就要考虑是否因IC101内开机/待机电路损坏而不能发出开机指令，不过这种情况少见，可更换IC101试之。

（2）测量微处理器工作条件

如果发生不开机故障时，测量开关电源始终为输出低电压，同时IC101的开关机64脚电压始终为高电平待机电压，多为微处理器控制电路故障，多为微处理器工作条件不满足所致。重点检查微处理器工作的5个条件：5V工作电压、复位、时钟振荡是否正常，面板键控输入电路无漏电、短路，总线上挂接元件无短路损坏。

（3）测量IC101的保护检测脚电压

测IC101的27脚电压和32脚电压。27脚电压正常时为2~4V之间变化，如果该脚电压低于1V，说明故障系束电流过电流保护；32脚电压正常时在2~3V左右，因机型而异，如果32脚电压高于正常值，则是超高压过高、X射线过量保护启动。应对行逆程电容进行认真检查，看是否失效或焊点出现开裂。如果正常，就要检查高压是否泄漏，显像管高压嘴是否出现脏污。假定这些也正常，就要检查行输出变压器的3脚至IC101的27、32脚的保护信号传递电路元件。

测IC101的12脚电压，正常时为0.5~1V左右，并有行逆程脉冲送入，当12脚电压不正常或输入到12脚的行逆程脉冲幅度、相位、频率异常时，就会进入保护状态。

2. 暂时解除保护，确定故障部位

检修时，也可采取解除保护的方法，通过观察故障现象，判断故障范围。

为了整机电路安全，解除保护前，应采取两项保护措施：一是断开行输出电路，在+B输出端接假负载，测量开关电源输出电压是否正常，特别是测量+B电压是否正常，如果不正常，首先排除开关电源故障；二是在行输出电路逆程电容器两端并联同规格的电容器，避免因逆程电容器开路、失效、减小等原因，造成行输出过电压，损坏元件，如果开机后光栅过大，说明原来的逆程电容器正常，再将并联的逆程电容器拆除。

（1）从开关机控制解除保护

在待机控制电路采取措施，将 IC201 的 64 脚的外部断开，改接到接地端，确保向开关机控制电路输出低电平，强行进入开机状态。

此种方法由于微处理器未进入开机状态，可能无各种控制电压输出，造成无伴音或无图像现象，但可对开关电源输出的电压和保护电路的关键点电压进行检测。

（2）解除 IC101 保护

如果测量 IC101 与保护相关的 27 脚、32 脚、12 脚电压不正常，引起黑屏幕或自动关机故障，可断开相关引脚与外部检测电路的连接，注意保留该引脚的偏置电阻，测量该脚的电压同时进行开机试验，如果断开外部检测电路的连接后，该脚电压仍不正常，可采用在该脚外接上拉电阻或下拉电阻的方法，将该脚电压置于正常范围内，即可解除该脚的保护功能。

解除保护后，开机测量开关电源各路输出电压，重点测量 +B 电压，如果输出电压过高或过低，是稳压电路故障，重点检查稳压电路；如果 +B 电压正常，拆出假负载，恢复行输出电路，观察故障现象，如果电视机恢复正常，则是断开的故障检测、保护执行电路元件变质，引起的误保护；如果电视机存在光栅、图像、伴音故障，则是与其相关的电路引起的保护，重点检测相关的功能电路。

5.10.3　保护电路维修实例

例 5-28：TCL AT29266B 超级彩电，出现不能二次开机故障。

分析与检修：开机测量开关电源输出电压为正常开机的 1/3，据此说明彩电处于待机状态，很可能是进入保护状态或微处理器工作条件不满足或开机/待机控制电路有问题。测量 IC101 的 64 开机/待机控制端输出的是高电平，显然彩电处于保护状态或微处理器工作条件不满足。

为了确定是否因显像管束电流过电流（X 射线过量）或高压泄漏而使保护电路动作，先重点检查微处理器的 5 个工作条件。经查，微处理器的 5V 工作电源、复位、时钟振荡均正常。断开 IC101 的 57、58 脚上挂接的存储块 IC001 和音频处理器 IC601，故障现象不变，最后断开面板按键与主板的连接插头 P001/P1005 后，用遥控器试机，电源顺利启动，显然是电压比较式键盘存在漏电。将键盘矩阵开关全部更换后，顺利开机，故障排除。

例 5-29：TCL AT2966B 超级彩电，开机后自动关机。

分析与检修：开机测量开关电源输出电压为正常开机的 1/3，测量 IC101 的 64 脚开关机电压，由开机瞬间的低电平，几秒钟后变为高电平，由此判断 IC101 保护电路启动。

采取解除保护的方法，将 IC101 的 64 脚断开，改为接地，断开行输出电路，接假负载，强行开机后，测量开关电源输出电压恢复高电压，行扫描电路的启动工作，但屏幕上出现一条水平亮线，判断场输出电路发生故障。检查场输出电路 IC301（TDA8172），发现内部击穿，更换 IC301 后，恢复开关机控制电路，开机仍然发生自动关机故障，说明还有故障存在，对场输出电路相关的供电电路进行检查，发现熔断电阻 R431（1Ω/2W）烧断，不但使场输出电路失去供电，也使 ABL 电路失去供电，造成 ABL 电压过低，束电流异常保护电路启动，引发自动关机故障。更换 R431 后，故障彻底排除。

第6章 创维数码、高清彩电保护电路速修图解

6.1 创维3N01机心单片彩电保护电路速修图解

创维3N01机心，微处理器采用MN152810，单片小信号处理电路采用松下AN5195K，场输出电路采用AN5534，伴音功放电路采用AN5265。

创维3N01机心适用机型：创维5000-1418、5000-1498、5000-2108、5000-8140、5000-8148等单片系列彩电。

创维3N01机心，围绕单片小信号处理电路AN5195K的55脚X射线保护功能，开发设计了X射线过高保护、行输出过电流保护电路，保护电路启动时采取切断行激励脉冲的保护方式。

6.1.1 保护电路原理图解

创维3N01机心依托（IC101）AN5195K单片电路的55脚X射线保护功能，开发的X射线过高保护、行输出过电流保护电路如图6-1所示。

AN5195K单片电路的55脚为X射线检测与保护引脚。当此脚电压高于0.8V时，进入保护状态，切断56脚行振荡脉冲，行推动Q301、行输出电路Q302停止工作，达到保护的目的。

6.1.2 保护电路维修提示

创维3N01机心单片小信号处理电路AN5195K的55脚X射线外部的X射线过高保护和行输出过电流保护电路启动时，采取切断行激励脉冲的保护方式，会引发自动关机故障，其特点是开关电源输出电压正常，行扫描电路启动后又停止工作，引发三无故障。检修时，可通过测量保护电路关键点电压和解除保护的方法，判断故障范围。

1. 测量关键点电压，判断是否保护

测量关键点电压可在三种状态下测量：一是在进入保护后测量；二是在开机后，进入保护状态前的瞬间测量；三是在解除保护后测量。将三种测量结果比较，作为判断故障范围的依据。

（1）测量开关电源电压

如果开机后有电压输出，发生自动关机故障时，输出电压一直正常，但行扫描电路工作后又停止，多是AN5195K的55脚保护电路启动，重点检查排除行输出电路的过电压、过电流故障；如果开关电源始终无电压输出，多为开关电源初级电路故障，先查看熔丝是否熔断，如果熔断则重点检测排除市电整流滤波电路、大功率开关管短路击穿故障；如果熔丝未断，重点检查初级电路的启动电路、反馈电路、稳压电路；如果开关电源有电压输出，但继电器RLY401不吸合，则重点检测微处理器IC001和11脚外部的待机控制电路Q606。

（2）保护检测引脚电压

主要测量（IC101）AN5195K 单片电路的 55 脚电压。在测量 IC101 单片电路关键引脚电压之前，首先测量开关电源输出电压、IC101 的供电引脚电压是否正常，然后再测量与保护相关的 55 脚 X 射线电压和 56 脚的脉冲电压。IC101 的 55 脚 X 射线电压正常时为 0V 左右，如果 IC101 的 55 脚电压为高电平 0.8V 以上，同时 56 脚无行激励脉冲输出，则是 X 射线过高保护电路启动。

行输出过电流保护：由取样电阻R439、晶体管Q405及其外围元器件组成，对行输出电路电流进行检测。当行输出电路过电流时，R439上电压降增大，使Q405导通，集电极变为高电平，经R432迫使13V稳压管ZD203击穿，向IC101的55脚送入高电平，IC101进入保护状态，切断56脚输出的行振荡脉冲

X射线过高保护：由稳压管ZD203和分压电路R214、R220，整流滤波电路D409、C431组成，对行输出变压器T302的5–6绕组灯丝电压进行检测。当T302输出电压过高时，T302的5脚电压升高，经D409整流，C431滤波，R214、R220分压后击穿13V稳压管ZD203，将高电平加到IC101的55脚，IC101进入保护状态，切断56脚输出的行振荡脉冲

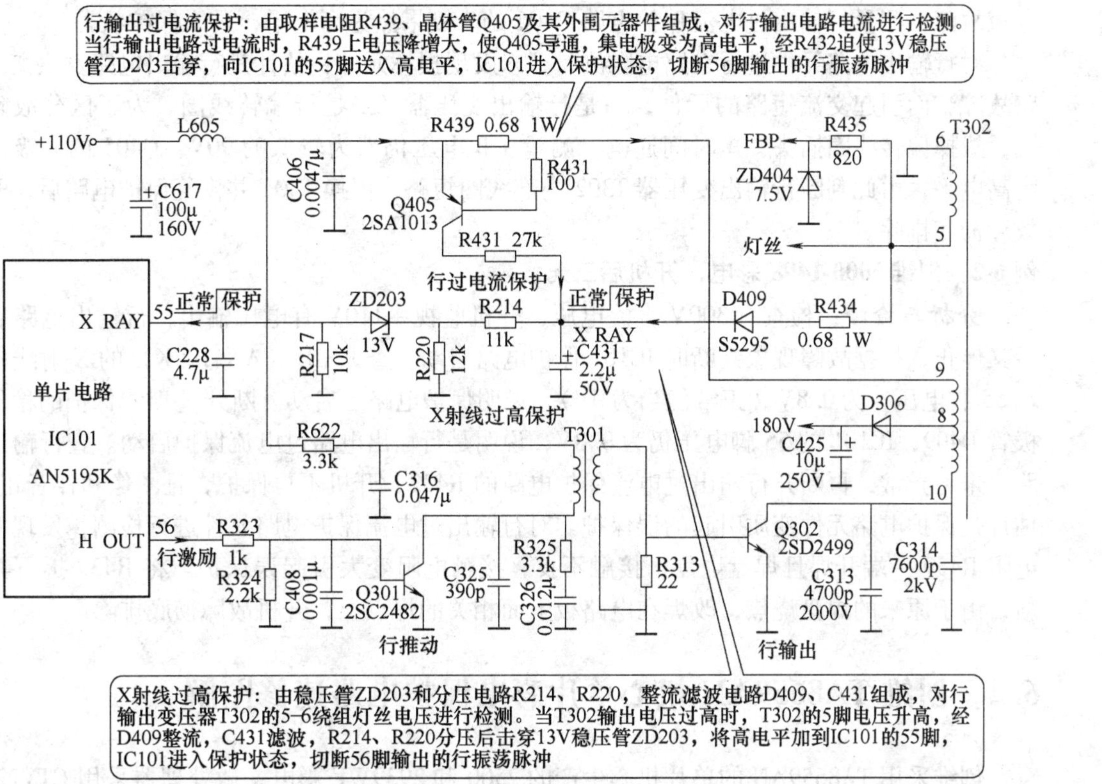

图 6-1　创维 3N01 机心单片彩电保护电路图解

2. 暂时解除保护，确定故障部位

创维 3N01 机心保护措施主要通过集成电路内部执行，解除保护只能从检测电路采取措施。

将 IC101 的 55 脚电压拉低或对地短路，如果开机后不再保护，则是 55 脚 X 射线过高保护电路启动。由于 55 脚外接两路保护检测电路，可逐个断开 55 脚外围的检测电路，X 射线过高保护电路断开 D409，行输出过电流保护电路断开 R432。每断开一路保护检测电路，进行一次开机试验，如果断开哪路保护检测电路后，不再保护，则是该保护检测电路引起的保护。

解除保护后，开机观察故障现象：如果声光图均正常，则是保护检测电路故障引起的误保护，重点检测保护检测电路的取样电路和稳压管，如果发生声光图方面的故障，对相关功能电路进行维修。

6.1.3　保护电路维修实例

例 6-1：创维 5000-1418 彩电，开机后自动关机。

分析与检修：检查有 300V 直流电压，开机监视 110V 也正常，测量行输出电路，没有

工作。但开机的瞬间有行输出工作后高压建立的声音，估计是保护电路启动。测量 IC101（AN5195K）的 55 脚电压由正常时的 0V 变为 1.1V，证明 55 脚外部检测电路引起保护，造成自动关机。

采取解除保护的方法检修：将行输出过电流保护检测电路的 R432 断开，开机不再保护，但屏幕上显示的图像缩小且暗淡，+B 电压下降到 90V 左右，由此判断行输出电路有过电流故障，测量行输出过电流保护电路 Q405 的 c 极果然为高电平，进入保护状态。

对行输出电路元件进行在路电阻测量，未发现损坏元件，估计是行输出电路发生交流短路故障，而引起交流短路的元件，一是行输出变压器；二是行偏转线圈。为了区分故障范围，拔掉偏转线圈插头，短时间通电，测量 +B 电压仍然为较低的 90V，Q405 的 c 极仍然为高电平，由此判断行输出变压器 T302 内部线圈短路。更换 T302 并恢复保护电路后，开机故障彻底排除。

例 6-2：创维 5000-1498 彩电，开机后三无。

分析与检修：检查有 300V 直流电压，开机监视 +110V 有电压输出，行输出电路启动后又停止，根据故障现象判断时 IC101 保护电路启动。查 IC101（AN5195K）的 X 射线保护端 55 脚电压，为 0.8V（正常值当为 0V），说明保护电路已启动。断开 X 射线保护的稳压二极管 D409，IC101 的 55 脚电压仍为 0.8V，说明是行输出电路过电流保护启动。查行输出电路，未见异常，再断开行输出过电流保护电路的 R432，开机不再保护，且图像和伴音正常，估计是保护电路元件变质引起的误保护。对行输出过电流保护电路元件进行检测，发现取样电阻 R439 一端开焊且焊盘烧焦，接触不良，接触电阻变大引起误保护。将 R439 拆下并换新，由于原来的焊盘烧焦，改焊在电路板下面相关的焊点上，开机故障彻底排除。

6.2 创维 TA8659AN 机心单片彩电保护电路速修图解

创维采用 TA8659AN 的单片机心生产的 2500 和 2939WF 彩电，微处理器采用 CTV222S-PRC，场输出电路采用 AN5521，伴音功放电路采用 TA8200AH。

创维 2500 和 2939WF 彩电，开关电源由分立元件组成，设有独立的变压器降压式副电源，待机采用继电器切断主电源 AC220V 供电的方式。

创维 2500 和 2939WF 彩电，一是在待机控制电路设有晶闸管保护电路，外接 +B 高压保护和市电电压过低保护监测电路，保护电路启动时，将开关机控制继电器释放，达到保护的目的；二是围绕视频/扫描小信号处理电路 TA8659AN 的 52 脚 X 射线保护功能，开发设计了 X 射线过高保护电路，保护电路启动时采取切断行激励脉冲的保护方式。本节主要介绍创维 2500 彩电的保护电路速修图解，创维 2939WF 的开关电源和保护电路与其基本相同，可参照维修。

6.2.1 保护电路原理图解

1. 晶闸管保护电路

创维 2500 彩电晶闸管保护电路如图 6-2 上部所示。晶闸管 D612 的阳极与开关机控制电路 Q607 的 b 极相连接，D612 的 G 极外接 +110V 过电压检测和市电欠电压检测电路，检测到故障时，向晶闸管 D612 的 G 极送入高电平触发电压，D612 导通，将开关机控制电路 Q607 的 b 极电压拉低，Q607 截止，继电器 RL601 释放，切断主电源的 AC220V 供电，达到保护的目的。

2. X 射线过高保护

创维 2500 彩电依托（IC201）TA8659AN 单片电路的 52 脚 X 射线保护功能，开发的 X 射线过高保护如图 6-2 下部所示。

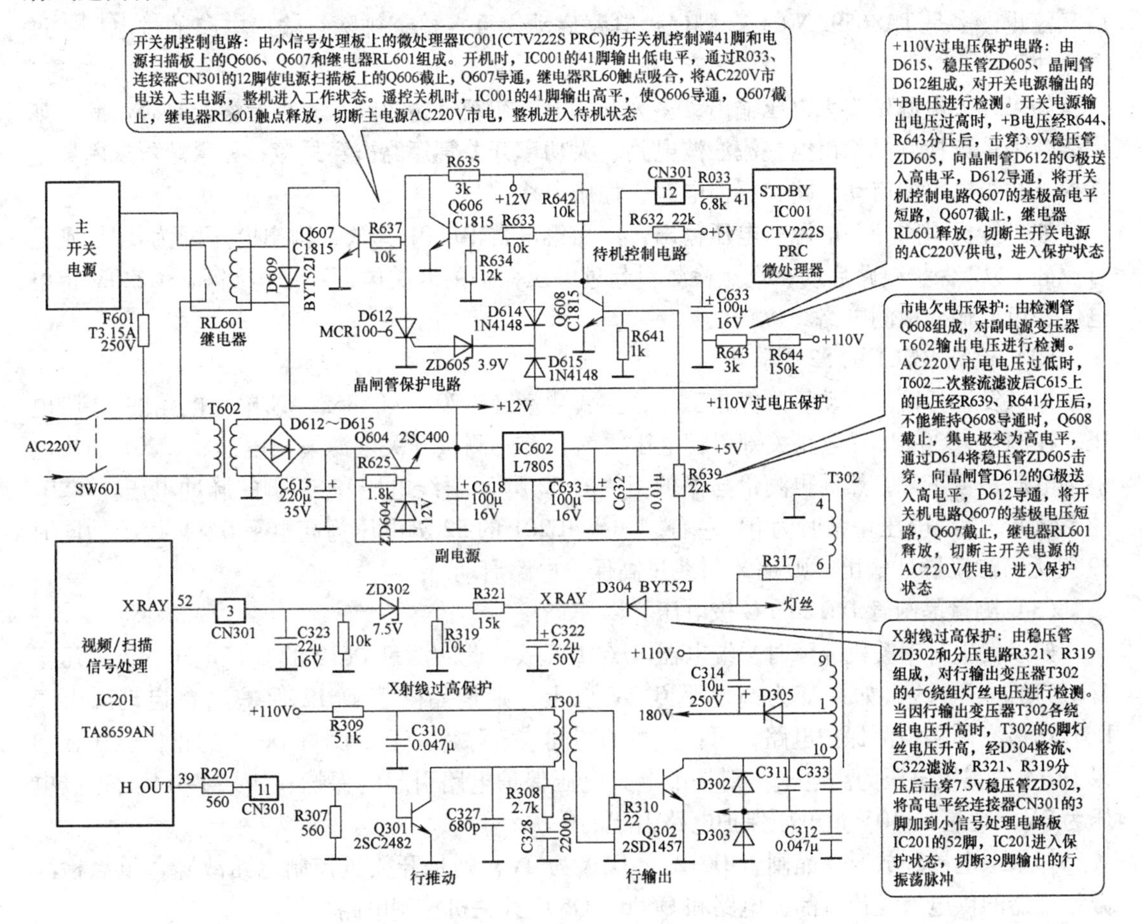

开关机控制电路：由小信号处理板上的微处理器IC001(CTV222S PRC)的开关机控制端41脚和电源扫描板上的Q606、Q607和继电器RL601组成。开机时，IC001的41脚输出低电平，通过R033、连接器CN301的12脚使电源扫描板上的Q606截止，Q607导通，继电器RL60触点吸合，将AC220V市电送入主电源，整机进入工作状态。遥控关机时，IC001的41脚输出高平，使Q606导通，Q607截止，继电器RL601触点释放，切断主电源AC220V市电，整机进入待机状态
+110V过电压保护电路：由D615、稳压管ZD605、晶闸管D612组成，对开关电源输出的+B电压进行检测。开关电源输出电压过高时，+B电压经R644、R643分压后，击穿3.9V稳压管ZD605，向晶闸管D612的G极送入高电平，D612导通，将开关机控制电路Q607的基极高电平短路，Q607截止，继电器RL601释放，切断主开关电源的AC220V供电，进入保护状态
市电欠电压保护：由检测管Q608组成，对副电源变压器T602输出电压进行检测。AC220V市电电压过低时，T602二次整流滤波后C615上的电压经R639、R641分压后，不能维持Q608导通时，Q608截止，集电极变为高电平，通过D614将稳压管ZD605击穿，向晶闸管D612的G极送入高电平，D612导通，将开关机电路Q607的基极电压短路，Q607截止，继电器RL601释放，切断主开关电源的AC220V供电，进入保护状态
X射线过高保护：由稳压管ZD302和分压电路R321、R319组成，对行输出变压器T302的4~6绕组灯丝电压进行检测。当因行输出变压器T302各绕组电压升高时，T302的6脚灯丝电压升高，经D304整流、C322滤波，R321、R319分压后击穿7.5V稳压管ZD302，将高电平经连接器CN301的3脚加到小信号处理电路板IC201的52脚，IC201进入保护状态，切断39脚输出的行振荡脉冲
主开关电源
F601 T3.15A 250V
RL601 继电器
D609 BYT52J
Q607 C1815
R637 10k
R635 3k
+12V
Q606 C1815
R633 10k
R634 12k
R642 10k
CN301 12
R033 6.8k 41
STDBY IC001 CTV222S PRC 微处理器
R632 22k
+5V
待机控制电路
D612 MCR100−6
D614 1N4148
Q608 C1815
C633 100μ 16V
R641 1k
ZD605 3.9V
D615 1N4148
R643 3k
R644 150k
+110V
晶闸管保护电路
+110V过电压保护
AC220V
SW601
T602
D612~D615
Q604 2SC400
R625 1.8k
ZD604 12V
C615 220μ 35V
C618 100μ 16V
IC602 L7805
C633 100μ 16V
C632 0.01μ
R639 22k
副电源
T302
R317
X RAY 52
CN301
视频/扫描信号处理 IC201 TA8659AN
ZD302 7.5V
R321 15k
X RAY
D304 BYT52J
灯丝
C323 22μ 16V
10k
R319 10k
C322 2.2μ 50V
X射线过高保护
+110V
C314 10μ 250V
D305
180V
R309 5.1k
C310 0.047μ
T301
H OUT 39
R207 560
CN301
R307 560
Q301 2SC2482
行推动
C327 680p
R308 2.7k
C328 2200p
R310 22
Q302 2SD1457
行输出
D302 C311 C333
D303 C312 0.047μ

图 6-2　创维 2500 单片彩电保护电路图解

TA8659AN 单片电路的 52 脚为 X 射线检测与保护引脚。当此脚电压高于 0.8V 时，进入保护状态，切断 39 脚行振荡脉冲，行推动 Q301、行输出电路 Q302 停止工作，达到保护的目的。

6.2.2　保护电路维修提示

创维 2500 彩电的晶闸管 D612 保护电路启动时，将主电源的 AC220V 供电切断，开关电源停止工作，引发自动关机的三无故障，其特点是开关电源无电压输出；小信号处理电路 TA8659AN 的 52 脚 X 射线外部的 X 射线过高保护电路启动时，采取切断行激励脉冲，也会引发自动关机故障，其特点是开关电源输出电压正常，行扫描电路启动后又停止工作。检修时，可通过测量保护电路关键点电压和解除保护的方法，判断故障范围。

1. 测量关键点电压，判断是否保护

测量关键点电压可在三种状态下测量：一是在进入保护后测量；二是在开机后，进入保

护状态前的瞬间测量；三是在解除保护后测量。将三种测量结果比较，作为判断故障范围的依据。

（1）测量开关电源电压

如果开机后有电压输出，发生自动关机故障时，输出电压一直正常，但行扫描电路工作后又停止，多是TA8659AN的52脚保护电路启动，重点检查排除行输出电路的过电压、过电流故障；

如果开关电源始终无电压输出，多为开关电源初级电路故障，先查看熔丝是否熔断，如果熔断则重点检测排除市电整流滤波电路、大功率开关管短路击穿故障；如果熔丝未断，重点检查初级电路的启动电路、反馈电路、稳压电路；

如果开机瞬间开关电源有电压输出，然后继电器RL601释放，输出电压降为0V，则是可控硅D612保护电路启动，重点检测引起过电压保护的开关电源稳压电路和AC220V市电电压和市电输入检测电路。

（2）检测IC201的52引脚电压

如果发生行输出启动后又停止工作，主要测量（IC201）TA8659AN单片电路的52脚电压。在测量IC201单片电路关键引脚电压之前，首先测量开关电源输出电压、IC201的供电引脚电压是否正常，然后再测量与保护相关的52脚X射线电压和39脚的脉冲电压。IC201的52脚X射线电压正常时为0V左右，如果IC201的52脚电压为高电平0.8V以上，同时39脚无行激励脉冲输出，则是X射线过高保护电路启动。

（3）测量晶闸管D612的G极电压

如果发生自动关机故障时，继电器RL601释放，此时测量D612的G极电压，该电压正常时为低电平0V，如果变为高电平0.7V以上，则是晶闸管D612保护电路启动。由于D612G极有两路检测保护电路，可在开机的瞬间或解除保护后，测量D614的正极电压，如果D614的正极电压为高电平，则是市电欠电压保护电路引起的保护；如果D614的正极电压为0V，则是+110V过电压保护电路引起的保护。

如果继电器释放时，晶闸管D612的G极为0V，则是开关机控制电路故障，重点检测微处理器的供电、复位、晶振电路和Q606、Q607开关机控制电路。

2. 暂短解除保护，确定故障部位

创维2500彩电保护措施，一是通过晶闸管导通，迫使待机控制继电器释放，切断主电源供电；二是通过集成电路内部执行切断行激励脉冲。可分别采取措施，解除保护，观察故障现象，测量关键点的电压。

为了确保解除保护后的安全，一是断开行输出电路，接假负载确定开关电源输出电压正常，再进行开机试验；二是解除保护时并联行逆程电容器，防止行逆程电容器开路失效引起行输出电压过高，损坏元件，开机后如果光栅尺寸过大，再将并联的逆程电容器拆除。

（1）解除晶闸管D612保护

方法有两种：一是用导线将晶闸管D612的G极与地短路，将保护触发电压短路；二是将D612的阳极断开或将D612拆除。如果开机后不再保护，则是晶闸管D612保护电路启动。

由于晶闸管D612的G极外接两路检测电路，可恢复D612的保护功能，逐路断开G极外接的保护检测电路二极管，逐路解除保护：+110V高压保护电路断开D615，市电欠电压保护电路断开D614，每断开一路保护检测电路，进行一次开机试验，如果断开哪路保护检测电路后，不再保护，则是该保护检测电路引起的保护。

（2）解除X射线过高保护

将IC201的52脚电压拉低或对地短路，如果开机后不再保护，则是52脚X射线过高保护电路启动。

解除保护后，如果声光图均正常，关键点电压在正常范围内，则是保护检测电路故障引起的误保护，重点检测保护检测电路的取样电路和稳压管，如果发生声光图方面的故障，或测量的电压不正常，对相关功能电路进行维修。

6.2.3 保护电路维修实例

例6-3：创维2500彩电，开机后自动关机，但指示灯亮。

分析与检修：指示灯亮，说明副电源正常，检查有300V直流电压，开机监视110V也正常，开机的瞬间有行输出工作后高压建立的声音，自动关机时测量行输出电路没有工作，但估计是X射线过高保护电路启动。测量IC201（TA8659AN）的52脚电压由正常时的0V变为1.2V，证明52脚外部检测电路引起保护，造成自动关机。

对行输出电路过电压保护电路元件进行在路电阻测量，未发现损坏元件，并联逆程电容器后，采取解除保护的方法，将IC201的52脚对地短路，开机后图像、光栅、伴音均正常，特别是图像的尺寸未见变大，说明原逆程电容器开路或容量减小。对逆程电容器进行检测，发现C311已经无容量，内部开路。更换C311后，恢复保护电路，故障排除。

例6-4：创维2500彩电，开机后自动关机，指示灯亮。

分析与检修：检查测量市电整流滤波后的300V直流电压和开关电源输出的+110V电压，开机的瞬间有电压输出，然后300V和110V均变为0V，继电器RL601发出释放的声音。此时测量微处理器开关机控制电压为开机低电平，测量晶闸管D612的G极电压为1.1V，说明自动关机是晶闸管保护电路启动所致。

采取解除保护的方法，将晶闸管D612的G极对地短接；断开行输出电路，接假负载测量开关电源输出电压高于正常值，+B电压高达140V，说明开关电源稳压电路发生故障，造成输出电压升高。调整取样电路的可变电位器VR601，输出电压有变化，但变化不平稳，说明VR601接触不良，更换VR601并将开关电源输出的+B电压调整到110V后，恢复行输出电路和保护电路，故障排除。

6.3 创维3P30机心超级彩电保护电路速修图解

创维3P30机心超级单片彩电，微处理器和小信号处理电路采用飞利浦单片TDA9370，场输出电路采用TDA4683，伴音功放电路采用TDA7057。

适用机型：创维25NI9000、25ND9000、25TH9000、25TP9000、29HI9000、25ND9000A、25NF8800A、25NF9000、29TI9000、29HD9000、34SD9000、34SG9000、34SI9000、34TI9000等超级单片彩电。

本节以创维29TI9000彩电为例，介绍其保护电路速修图解。创维29TI9000彩电，开关电源由分立元件组成，副电源取自主电源，待机采用切断行振荡和小信号处理电路供电的方式。

创维29TI9000超级彩电，超级单片TDA9370的36脚和49脚具有超高压检测和ABL电压检测功能，当上述电压异常，超过集成电路的设定值时，TDA9370 采取保护措施，切断 33 脚的行激励脉冲信号，达到保护的目的。

6.3.1 保护电路原理图解

创维 29TI9000 超级彩电保护电路如图 6-3 所示，在超级单片 TDA9370（IC201）的 36、49 脚，设有行输出过电压、束电流过大保护电路，当检测到故障时，超级单片微处理器控制电路采取保护措施。

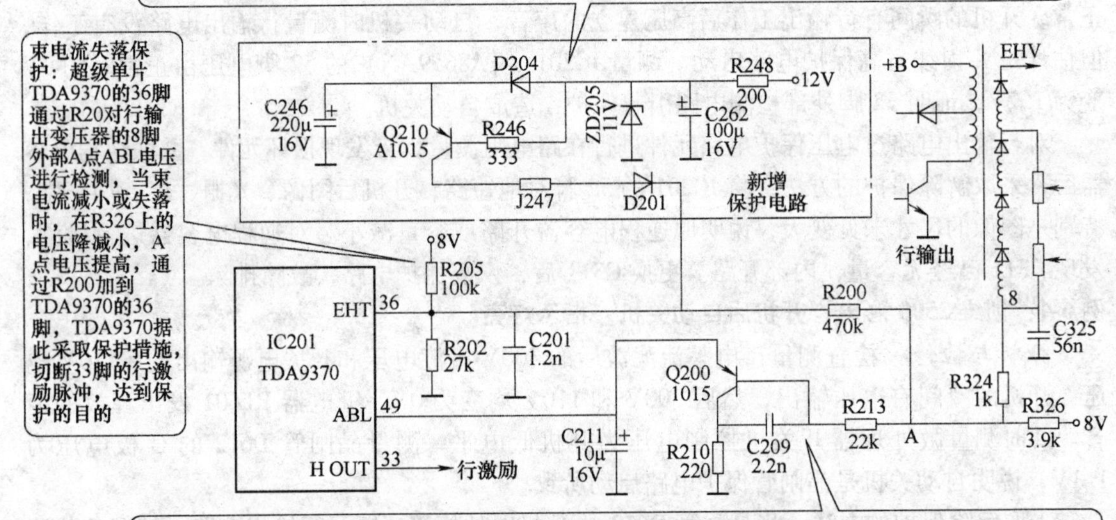

12V失电压保护：以晶体管Q210为核心组成，该电路图中没有绘出，提醒维修时注意。作者按照电路的实际元器件，绘制出图6-3点画线框内所示的的保护电路。开机后开关电源输出的12V电压通过R248和ZD205稳压到11V左右，一路通过二极管D204加到Q210的e极并向C246充电，另一路通过R246加到Q210的b极。正常工作时Q210的e极电压低于基极电压而截止。当电源故障或关机，12V电压突然降低时，C246上的电压不变，Q210的b极电压降低，Q210导通，C246上的电压通过Q210、D201向TDA9370的36脚送入高电平，TDA9370进入保护状态，切断33脚输出的行激励电压
束电流失落保护：超级单片TDA9370的36脚通过R20对行输出变压器的8脚外部A点ABL电压进行检测，当束电流减小或失落时，在R326上的电压降减小，A点电压提高，通过R200加到TDA9370的36脚，TDA9370据此采取保护措施，切断33脚的行激励脉冲，达到保护的目的
自动亮度限制保护：由超级单片TDA9370的49脚束电流限制输入端外部的Q200、R213组成，对A点ABL电压进行检测。当束电流过大时，在R326上的电压增大，A点电压降低，通过R221使PNP型晶体Q200饱和导通，将TDA9370的49脚电压拉低，TDA9370据此采取保护措施，切断33脚的行激励脉冲
D204
C246 220µ 16V
Q210 A1015
R246 333
ZD205 11V
R248 200
12V
C262 100µ 16V
J247
D201
新增保护电路
+B
EHV
行输出
8V
R205 100k
EHT 36
IC201 TDA9370
R202 27k
C201 1.2n
R200 470k
8
C325 56n
Q200 1015
R324 1k
ABL 49
R213 22k
A
R326 3.9k
8V
C211 10µ 16V
R210 220
C209 2.2n
H OUT 33
行激励

图 6-3 创维 29TI9000 超级彩电保护电路图解

6.3.2 保护电路维修提示

创维 29TI9000 超级彩电的超级单片 TDA9370 的保护功能，通过 36、49 脚对 ABL 电压和 12V 电压进行检测，保护时切断 33 脚的行激励脉冲并从 33 脚输出高电平，使行推动电路饱和导通，和扫描电路停止工作，引发三无故障，其特点是指示灯亮，开关电源输出电压正常。

检修自动关机故障时，首先确定是否保护电路启动，然后判断是哪种保护电路启动，最后找到引发保护的检测电路和故障元件。检修时可采用测量关键点电压和解除保护的两种方法进行检修。

1. 测量关键点电压，判断是否保护

通过测量保护电路关键元件电压，区分哪路保护电路启动进入保护状态，对相应的保护电路和被检测电路进行检修。测量电压可在开机后、保护前的瞬间测量，也可在解除保护后测量。

发生自动关机故障时，通过测量TDA9370的49脚ABL检测、36脚EHT检测和33脚HOUT引脚电压，判断是哪路检测电路引起的保护。

（1）测量TDA9370的49脚电压

TDA9370的49脚电压正常时2.5V左右，随光栅亮度在1～2.5V之间变化，因机型和电路设计不同略有差异。

如果自动关机时，TDA9370的49脚ABL检测引脚电压降低到1V以下，同时33脚HOUT引脚电压升高，则是49脚的自动亮度限制保护电路启动，重点检查49脚外部的ABL检测电路和行输出变压器8脚外部电路。

（2）测量TDA9370的36脚电压

TDA9370的36脚为超高压保护输入端，该脚电压正常时在1.5～2.2V左右，因机型和电路设计不同略有差异。

如果自动关机时，TDA9370的36脚EHT检测电压变为高电平2.8V以上，同时33脚HOUT引脚电压也变为高电平，则是36脚EHT外部保护检测电路引起的保护。

由于TDA9370的36脚外接两路保护检测电路，可通过测量D201的正极电压判断是哪路检测电路引起的保护。如果发生自动关机时，D201的正极电压为高电平，则是12V失落保护电路引起的保护，重点检测12V整流滤波电路是否发生开路工作和负载电路是否发生短路故障，造成12V电压降低或失落；如果D201的正极电压为低电平，则是束电流失落保护电路引起的保护。

2. 暂短解除保护，确定故障部位

如果测量N103的36、49脚电压不正常，估计是该脚外部电路引起保护，可采取解除保护的方法做进一步判断。

在确定开关电源输出电压正常，行扫描电路无明显短路漏电故障时，可采用解除保护的方法，强行开机观察故障现象，根据故障现象进一步判断故障范围，对相应的电路进行检修。也可在开机后，对与保护有关的引脚电压进行测量，确定故障范围。

（1）解除TDA9370的36脚保护

如果是36脚行输出过电压保护电路引起的保护，可断开D201或R200，开机观察工作现象。如果断开D201后，开机不再发生保护故障，则是12V失电压保护电路引起的保护；如果断开R200后，开机不再发生保护工作，则是束电流失落保护电路启动。

由于TDA9370的36脚内外电路发生故障，均会引起保护电路动作，区分的方法是：断开36脚外电路，在开机的瞬间测量36脚外电路的电压，如果外电路电压在2V以内，则是36脚内部电路故障，否则为外电路引起的保护。

（2）解除TDA9370的49脚保护

如果是49脚束电流过大保护电路引起的保护，测量49脚电压，如果49脚电压过高，在49脚与接地之间并联适当电阻；如果49脚电压过低，将49脚与+8V之间并联适当电阻，将49脚电压固定到正常值2.5V左右，即可解除49脚保护。

解除保护后，开机测量开关电源各路输出电压，重点测量+B电压，如果输出电压过高或过低，是稳压电路故障，重点检查稳压电路；如果+B电压正常，电视机声光图正常，则是断开的故障检测、保护执行电路元件变质，引起的误保护，如果电视机存在光栅、图像、伴音故障，则是与其相关的电路引起的保护，重点检测相关的功能电路。

6.3.3 保护电路维修实例

例 6-5：创维 29TI9000 超级彩电，开机时开关电源工作，但行输出不工作。

分析与检修：开机时测量开关电源有电压输出，但行输出不工作，无法进入开机状态，先后有二位人员维修未果。据用户介绍，前维修人员先后更换过行输出变压器、小信号处理电路 TDA9370、行推动管、行输出管等元器件，均未能排除故障。

由于该机无电路图，上网搜集的电路图和电路图集中的 29TI9000 的电路图与其该机的实际电路不符，就连电路元器件的编号也不相同，给维修造成困难，只能参照与其相似的创维彩电电路图进行维修。

开机状态测量电视机电压，开关电源输出的各路电压正常，行振荡启动和模拟电路的 8V 电压加到 TDA9370 的行处理电路的 14、29 脚，+B 的 140V 电压加到行输出级，由此判断电视机已经进入开机状态，且开关电源工作正常。测量行输出管未工作，用 10V 交流挡串联 0.1μF 电容测量行输出管 b 极无交流激励电压，用 50V 交流挡串联 0.1μF 电容测量行推动管 c 极无交流脉冲电压，测量行推动管 b 极直流电压为 0.7V，c 极电压接近 0V，判断行推动管饱和导通，故障原因在 TDA9370 的行扫描信号处理电路中。

开机的瞬间测量行推动管的 b 极为 0.2V，行推动管的 c 极直流电压为 50V 左右，且有 70V 左右的脉冲电压，行输出启动工作，行输出变压器的次级各绕组均有交流电压输出；几秒钟后，行推动管的 b 极电压变为 0.7V，行推动管的 c 极直流电压降低为 0V 左右，无脉冲电压，行输出停止工作。由此判断：开机的瞬间行输出启动进入工作状态，几秒钟后停止工作，估计是超级单片电路 TDA9370 因故进入保护状态，将行激励脉冲切断。

开机测量行输出变压器的 8 脚 ABL 控制电压在 2.0~2.8V，测量 TDA9370 的 49 脚 ABL 电压为 2.6~3.2V，均在正常范围内。但是测量 TDA9370 的 36 脚 EHT 电压，开机的瞬间为 2.5V 左右，几秒钟后上升到 4~5V，且上下波动，由此判断 TDA9370 保护是由 36 脚外部或内部电路引起的。

拆下 36 脚外部的分压电阻 R205（100kΩ）、R202（22kΩ）测量，其阻值准确无误，测量行输出变压器的 8 脚到 TDA9370 的 36 脚之间电阻 R200（470kΩ）阻值也正常，怀疑 TDA9370 的 36 脚内部损坏，断开 36 脚的外部电路，直接测量 36 脚的电压为 2V 左右正常。按照提供的电路，已经将 36 脚内外元件全部检测完毕，没有发现可疑元件，使检修陷入困境。

后来将 TDA9370 的 36 脚外部元件 R206、R2025、R200 全部断开，测量 36 脚的电压仍然高达 4~5V，仔细观察电路板上的 36 脚外部电路，发现有一条细铜箔支路，外接一组原始电路图 6-3 中没有的以晶体管 Q210 为核心的电路，如图 6-3 虚线框内所示的新增加的保护电路。

根据该电路的保护原理，试将 D201 断开，电视机开机恢复正常，测量 D201 的正极电压，在 4~5V 之间波动，看来不开机确实是该保护电路引发的。关机测量该保护电路的元件，均未见异常，用 R×10kΩ 挡测量 Q210（A1015）的 e 极和 c 极也未发现有漏电现象，还是怀疑内部漏电，只是漏电不严重，用普通万用表测量不出来，试更换一只 A1015 后，开机测量 D201 的正极电压为 0V，进一步证明是 A1015 漏电，连接上 D201 后，开机不再发生保护现象。开机恢复正常，故障彻底修复。

该机前两位维修人员维修未果和笔者维修遇到的困难，主要原因是该机的电路图与实际电路图不符，对该电视机电路改进后增加的 36 脚外部保护电路不了解，茫然更换电路元件，致使检修走弯路。一是希望电视机厂家能为用户维修着想，提供准确无误的电路图；二是希望维修人员提高维修水平，从通用电路中找出特设电路，分析电路原理，依理维修，不要盲目更换元件，造成经济损失，避免检修走弯路。

例 6-6：创维 29TI9000 超级彩电，开机三无，指示灯亮。

分析与检修：测量电源输出电压为开机状态的二分之一，测量 TDA9370 的开关机控制电压为待机电压。边遥控开机，边测量 TDA9370 的 49、36 脚保护电路检测端电压，发现开机的瞬间 36 脚电压偏高，检查 36 脚外围保护电路，D201 的正极为低电平，判断束电流失落保护电路启动。对行输出变压器的 8 脚外部 ABL 电路检测，发现电阻 R324 开路，造成束电流失落，A 点电压升高引发保护。焊好 R324 引脚后，故障排除。

6.4　创维 6P30 机心高清彩电保护电路速修图解

创维 6P30 高清机心，采用的数字处理和小信号处理集成电路有：FLI2300、1S42S32200B-6T、FLI8125、TDA9333H、AD9880KST，伴音功放电路为 TDA2616，场输出电路为 STV9379 等。

适用机型：创维 29T81HT、29T98HT、34T98HT 等高清系列彩电。

创维 6P30 高清机心系列彩电，开关电源初级电路采用厚膜电路 KA5Q1265RFF，微处理器的副电源取自主电源，待机采用降低主电源输出电压和切断行振荡电路等小信号处理电路供电的方式。

6.4.1　保护电路原理图解

创维 6P30 高清机心系列彩电开关电源和待机、保护电路如图 6-4 所示。主电源采用了新型电源厚膜电路 KA5Q1265RF 为核心构成的并联型开关电源，向整机提供 +25V、+16V、+9V、+140V 直流稳压电源。创维 6P30 高清机心系列彩电，在开关电源的初级围绕 KA5Q1265RF 内部的保护功能，设有有过电流、过电压、过热保护电路，当开关电源或负载电路发生故障时，开关电源停止工作，进入保护状态；在行输出电路，依托待机控制电路，设有模拟晶闸管保护电路，具有 X 射线过高保护电路、束电流过大保护功能，保护电路启动时，迫使开关机控制电路动作，进入待机保护状态。

1. 电源初级保护电路

创维 6P30 高清机心系列彩电，在开关电源的初级围绕 KA5Q1265RF 内部的保护功能，设有过电流、过电压、过热保护电路，当开关电源或负载电路发生故障时，开关电源停止工作，进入保护状态。

2. 模拟晶闸管保护

在行输出电路，依托待机控制电路，设有 V961、V962 组成的模拟晶闸管保护电路，外接 X 射线过高保护检测电路、束电流过大保护检测电路，检测到故障时，向模拟晶闸管电路送入触发电压，模拟晶闸管电路导通，将待机控制电路中的 V954 的 b 极开机状态的高电平拉低，迫使 V954 导通，如同待机控制一样，使开关电源输出电压降低到正常开机时的三分之一，进入待机保护状态。

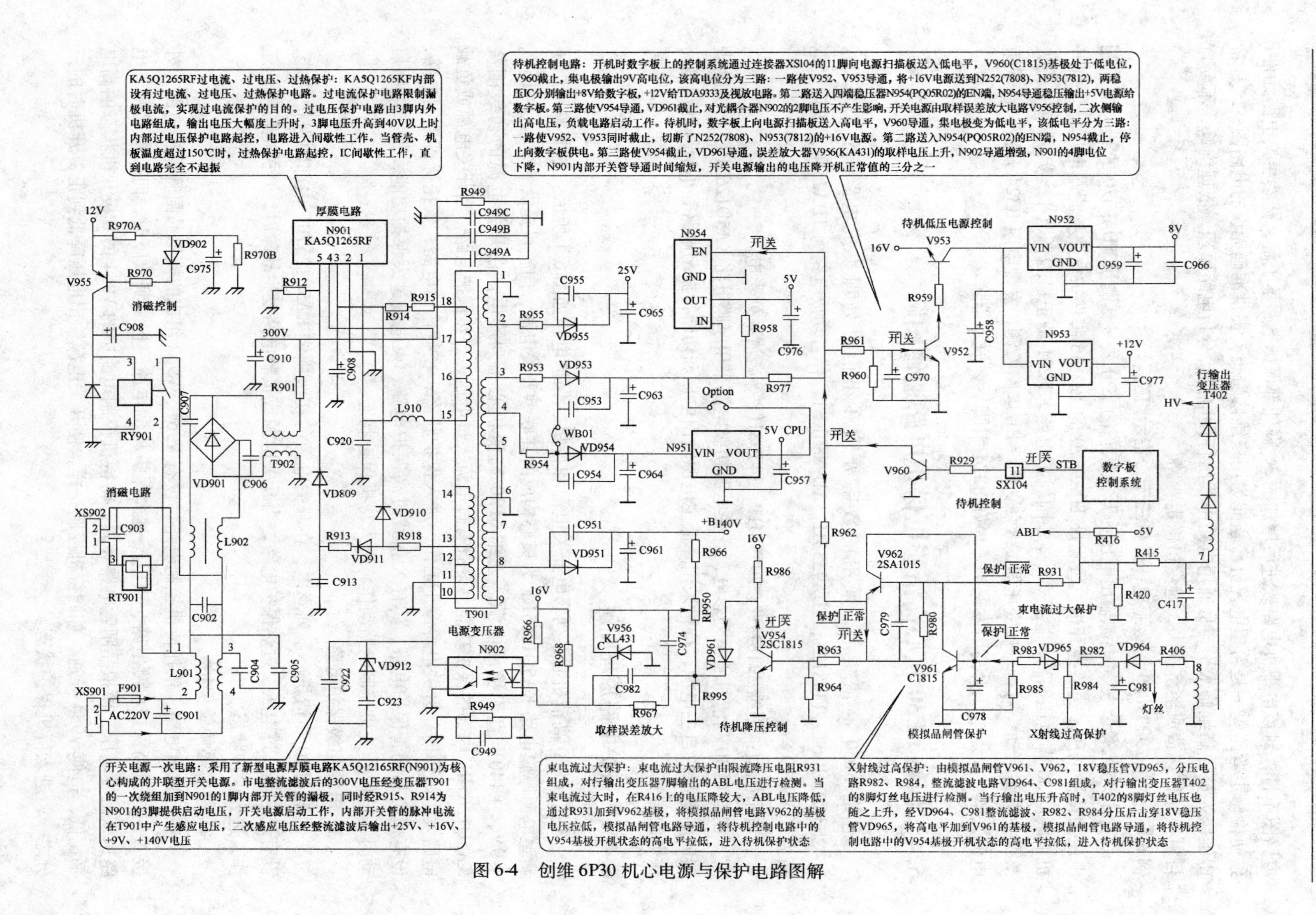

图6-4　创维6P30机心电源与保护电路图解

3. 次级供电与开关机控制

开关电源次级形成的 +25V 电源提供给伴音功放，+140V 提供给行扫描。开关变压器次级所输出的 +16V 电源通过 N951（7805）稳压后供给微处理器作为 +5V 电源。数字板的 +8V 电源、TDA9333 与视放级的 +12V 电源、数字板的 +5V 电源也由 +16V 通过降压和稳压后提供。当 N951 稳压形成 5V 电压输送给数字板上的 U201（FLI8125）微处理器后，微处理器开始工作，从 41 脚输出开机电压，Q207（C1815）导通，通过连接器 XS104 的 11 脚向电源扫描板送入开关机控制电压，如图 6-4 所示。

特别提醒：N954 损坏后会出现有伴音无光栅，但灯丝亮的故障。此时面板与遥控器的控制都是正常的，主要是因数字板无 +5V 供电，RGB 三基色输出无直流偏置，引起三阴极都截止的现象。因 +8V 与 +12V 的电源是正常的，TDA9333 是工作的行扫描电路，工作正常。所以灯丝与高中压电路工作是正常的。

6.4.2 保护电路维修提示

1. 观察故障现象，判断故障范围

由于以 KA5Q1265RF 为核心的初级保护电路执行保护时，一是使驱动电路停止工作；二是进入间歇振荡状态，保护时出现开关电源无电压输出或输出电压降低的故障现象，模拟晶闸管保护电路启动，开关电源输出电压降低。检修时，可根据指示灯的变化和测量开关电源输出电压，判断故障范围。

（1）指示灯始终不亮，开关电源无电压输出

是开关电源未进入工作状态，开机后，主电源无 +140V、+25V、+16V、+9V 都无输出。故障在以 KA5Q1265RF 为核心开关电源电路。

首先检查 C910 两端是否有 300V 电压。如无 +300V 电压．检查 R901 过电流保护电阻是否开路；如有 +300V 电压，检查 N901 的 3 脚是否有 11V 的启动电压，如无启动电压，R914 与 R915 两只启动电阻是否有一只开路，如有启动电压，但主电源无 +140V 输出，是正反馈支路元件 R916、VD910、C908 某一元件可能有故障，这时除查供电脚外，还需检查 4 脚反馈，5 脚保护电路等。

（2）指示灯亮后熄灭，开关电源输出电压上升后降到 0

开机测 +140V 只有瞬时输出，立即保护。是以 KA5Q1265RF 为核心的初级保护电路执行保护所致。常见为开关电源负载电路和整流滤波电路短路、漏电，稳压电路发生故障引起电源输出电压过高。

过电压保护启动，重点检查 KA5Q1265RF 的 3 脚电压在开机瞬间是否超过 35V，4 脚电压是否超过 6V，当超过该两个值时 N901 内部自动保护启动，致使 IC 停止工作。引起过电压保护的原因多为光耦合器 N902 失效或取样误差放大电路 V956 损坏。

对于电源初级过电流保护启动，首先检查行输出电路和开关电源次级整流滤波电路是否发生短路故障，特别是检查行输出电路的行输出管、行输出变压器、偏转线圈、逆程电容器和阻尼二极管是否发生严重短路故障。

此外，+16V 电源负载元器件有故障时，+16V 电压会降低，N902 发光二极管正端无电源，取样误差放大电路 V956 正常，但 N902 不能将误差信号传输给 N901 的 4 脚，使 N901 失控而自动保护。

（3）指示灯亮，开关电源始终处于待机状态

开机后无高压建立的声音，开关电源输出电压始终为低电平，同时无数字板小信号处理的受控的12V、8V、5V电源输出，说明微处理器未进入开机状态，故障在数字板上的微处理器控制电路和待机电路。常见为微处理器工作条件不具备，如无电压供电，复位、时钟振荡电路故障，导致微处理器未进入工作状态；另外当控制系统通过I^2C总线系统检测到被控电路发生故障或总线信息传输电路发生故障时，控制系统会采取不开机或待机保护措施。

(4) 指示灯亮，开关电源输出电压上升后降低

开机后开关电源输出高电压，有高压建立的声音，数秒钟后输出电压降低，是模拟晶闸管保护电路启动所致。重点检测模拟晶闸管外接的行输出过电压保护和束电流过大保护检测电路。

(5) 开机+140V电压正常，无光栅有伴音

开机，主电路工作正常，并且灯丝也亮，行电路工作正常，判断故障为数字处理板无+5V电源。数字板有三路电源输入，只要缺少任何一路都会无光栅。

+5V电源由N954稳压电源提供，+8V电源由N952提供、+12V由N953提供，三路稳压电源都受控于微处理器（U201）的41脚。微处理器发出开机指令后，U201的41脚输出高电位，Q207（C1815）导通，V960处于截止状态，N954的EN为高电位，输出+5V至数字板。N952、N953还受V952、V953控制，上述元器件不良会使这三端电压无法正常输出。N954损坏后可用带受控的7805四端稳压器代替，但注意需加大散热器面积。

2. 测量关键点电压，判断是否保护

创维6P30高清机心系列彩电的模拟晶闸管保护电路，通过主电源待机降压控制电路执行保护，保护时开关电源输出电压降低到开机状态的二分之一左右。与微处理器控制系统故障和待机控制电路故障现象相同，产生不开机和自动关机故障。检修时首先判断是否进入保护状态，然后查找引起保护的电路和元件。

(1) 判断是否保护电路启动

开机后或自动关机时，测量模拟晶闸管电路V961的b极电压和连接器XS104的11脚开关机电压。模拟晶闸管电路V961的b极电压正常时为低电平0V，连接器XS104的11脚开关机电压开机状态为低电平0V，待机状态为高电平4V以上。

如果不开机或自动关机时模拟晶闸管电路V961的b极电压由低电平变为高电平0.7V，而连接器XS104的11脚为开机低电平，则是模拟晶闸管保护电路启动，进入降压保护状态。

如果不开机或自动关机时模拟晶闸管电路V961的b极电压始终为开机低电平0V，而连接器XS104的11脚为待机高电平，则是微处理器控制系统故障或微处理器通过总线系统检测到被控电路发生故障，采取待机保护措施。

如果不开机或自动关机时模拟晶闸管电路V961的b极电压始终为开机低电平0V，连接器XS104的11脚为开机低电平，则是电源板电路故障，可通过测量待机控制电路的V954的b极电压和开关电源输出电压判断故障范围。

如果开关电源输出电压为正常值的二分之一低电压，同时V954的b极电压为高电平0.7V，则是微处理器待机控制电路故障，重点检查连接器XS104的11脚外部的开关机电压倒相电路V960。

如果开关电源输出电压为正常值的二分之一低电压，V954的b极电压为低电平0V，则是电源初级电路或稳压电路故障，重点检查V956取样误差放大电路、光耦合器N902和开

关电源初级电路 N901。

如果开关电源输出电压为正常值高电压，而数字板小信号电路受控电源无电压输出，则是受控低压电源故障，重点检查 V952、V953、N954 低压电源控制电路。

如果开关电源输出电压为正常值高电压，数字板小信号电路受控电源也正常，电视机仍不开机，则是数字板小信号处理电路或行扫描电路故障。

（2）判断是哪路检测电路引起的保护

如果确定是模拟晶闸管保护电路启动，由于该保护电路具有两种保护功能，为了区分是哪路保护检测电路引起的保护，可在开机后保护前的瞬间或解除保护后，测量晶闸管保护检测电路稳压二极管的两端电压：行输出过电压保护电路测量 VD965 两端电压，如果高于其稳压值 18V，则是该保护电路引起的保护；否则是束电流过大保护检测电路引起的保护。

3. 暂短解除保护，确定故障部位

检修时，也可采取解除保护的方法，通过观察故障现象，判断故障范围。

为了整机电路安全，解除保护前，应采取两项保护措施：一是断开行输出电路，在 +B 输出端接假负载，测量开关电源输出电压是否正常，特别是测量 +B 电压是否正常，如果不正常，首先排除开关电源故障；二是在行输出电路逆程电容器两端并联同规格的电容器，避免因逆程电容器开路、失效、减小等原因，造成行输出过电压，损坏元件，如果开机后光栅过大，说明原来的逆程电容器正常，再将并联的逆程电容器拆除。

（1）完全解除保护

在保护执行电路模拟晶闸管电路采取措施，将 V962 的 e 极断开或将 VD962 拆除，切断模拟晶闸管保护电路对待机主电源降压控制电路的影响。

（2）逐路解除保护

如果确定时模拟晶闸管保护电路启动，可恢复 V962，逐个断开保护检测电路与晶闸管电路的连接：行输出过电压保护电路断开 VD965，如果断开后开机不再保护，则是行输出过电压检测电路引起的保护；束电流过大保护电路断开 R9312，如果断开后开机不再保护，则是束电流过大保护检测电路引起的保护。

解除保护后，开机测量开关电源各路输出电压，重点测量 +B 电压，如果输出电压过高或过低，是稳压电路故障，重点检查稳压电路；如果 +B 电压正常，拆出假负载，恢复行输出电路，观察故障现象，如果电视机恢复正常，则是断开的故障检测、保护执行电路元件变质，引起的误保护；如果电视机存在光栅、图像、伴音故障，则是与其相关的电路引起的保护，重点检测相关的功能电路。

6.4.3　保护电路维修实例

例 6-7：创维 29T81HP 高清彩电，开机时，指示灯亮后即灭，整机三无。

分析与检修：指示灯亮，说明开关电源已起振，亮后即灭，很可能是 KA5Q1265RF 进入保护状态所致。断开电源板与负载电路的连接线，接 100W 灯泡做假负载，开机测量开关电源输出电压，+B 电压开机瞬间突升为 160V 左右，然后降为 0。正常时，遥控开机后，也不过 140V，说明稳压电路存在开路失控的故障。根据该电源电路图，开关机电路与取样电路并联，待机时电压正常，说明待机电路和光耦合器至 KA5Q1265RF 稳压电路正常，故障在取样电路。

对取样电路进行检测时，发现 RP950 落满灰尘，怀疑其接触不良，造成开关电源输出电压不稳定，引发保护电路启动。更换 RP950 并进行电压调整后，故障排除。

例 6-8：创维 29T81HP 高清彩电，指示灯亮，无图无声。

分析与检修：指示灯亮，说明开关电源已起振，测量开关电源输出电压，遥控开机后有上升的趋势和行扫描工作的声音，然后又降到低电平，此时测量模拟晶闸管 V961 的 b 极电压由开机瞬间的 0V 上升到 0.7V，模拟晶闸管保护电路启动。

采用解除保护的方法，分别将 VD965、R931 断开，进行开机试验。当断开 R931 后开机不再保护，判断束电流过大保护检测电路引起的保护。对束电流电路进行检测，发现电阻 R416 阻值变大，造成 ABL 电压降低，导致束电流过大保护电路启动。更换 R416 恢复 R931 后，开机不再保护。

例 6-9：创维 29T81HP 高清彩电，开机后自动关机，指示灯亮。

分析与检修：自动关机时，测量开关电源输出电压降低，同时测量模拟晶闸管电路 V961 的 b 极电压为高电平 0.7V，而连接器 XS104 的 11 脚电压为开机低电平，判断模拟晶闸管保护电路启动。

采取解除保护的方法判断故障范围。首先断开行输出电路，接假负载，将模拟晶闸管电路 V962 拆除，开机测量开关电源输出电压正常。再拆除假负载，恢复行输出电路，并联 6800pF 逆程电容器，开机后不再保护，但光栅尺寸变大，说明原逆程电容器正常。拆除并联的 6800pF 逆程，光栅幅度恢复正常，且声光图均正常，判断行输出过电压保护电路元件变质引起误保护。对该保护电路元件进行检测，发现 18V 稳压管 VD965 漏电，更换 18V 稳压管后，故障排除。

第7章　海尔数码、高清彩电保护电路速修图解

7.1　海尔AN5195机心单片彩电保护电路速修图解

海尔AN5195机心单片彩电分为大屏幕和小屏幕两种，小屏幕彩电代表机型为海尔H-2116，微处理器采用MN152810，单片小信号处理电路采用松下AN5195K，场输出电路为AN5534，伴音功放电路采用AN5265；大屏幕彩电适用机型为海尔H-2916、H-2516，微处理器采用TMS73C167，单片小信号处理电路采用松下AN5195K，场输出电路采用LA7838，伴音功放电路采用AN5274音频处理电路采用TA8776N。

海尔AN5195机心单片彩电，小屏幕彩电海尔H-2116开关电源由分立元件组成，与三洋80P开关电源相似，没有独立的副电源，副电源取自主电源，待机采用继电器切断+B供电的方式；大屏幕彩电海尔H-2516、H-2916的开关电源采用厚膜电路SMR62000，待机控制一是降低开关电源输出电压的方式；二是采用三极管切断单片小信号处理电路AN5195K的51脚行振荡电路6.3V供电电源的方式。

7.1.1　保护电路原理图解

海尔H-2116彩电围绕单片小信号处理电路AN5195K的55脚X射线保护功能，开发设计了X射线过高保护和行输出过电流保护电路，保护电路启动时采取切断行激励脉冲的保护方式；海尔H-2516、H-2916彩电的微处理器专门设有X射线保护检测引脚，依据该脚的保护功能，设计了行输出过电流保护、X射线过高保护、场输出过电流保护电路，保护电路启动时采取自动关机的保护方式。

1. 海尔H-2116彩电保护电路

海尔H-2116彩电依托（IC301）AN5195K单片电路的55脚X射线保护功能，开发的X射线过高保护、行输出过电流保护电路如图7-1所示。

AN5195K单片电路的55脚为X射线检测与保护引脚。当此脚电压高于0.8V时，进入保护状态，切断56脚行振荡脉冲，行推动Q401、行输出Q402停止工作，达到保护的目的。

2. 海尔H-2516、H-2916彩电保护电路

海尔H-2516、H-2916彩电的保护电路如图7-2所示，微处理器IC601（TMS73C167）的31脚是X射线专用检测引脚，外接行输出过电流保护、X射线过高保护、场输出过电流保护电路。IC601的31脚正常时为低电平0V，当该机变为高电平2V以上时，微处理器采取保护措施，从待机控制端10脚输出待机控制电压，进入待机保护状态。

7.1.2　保护电路维修提示

海尔H-2116彩电单片小信号处理电路AN5195K的55脚X射线外部的X射线过高保护和行输出过电流保护电路启动时，采取切断行激励脉冲的保护方式，会引发自动关机故障，其特点是开关电源输出电压正常，行扫描电路启动后又停止工作；海尔H-2516、H-2916彩

行输出过电流保护：由取样电阻R439、晶体管Q406组成，对行输出电路电流进行检测。当行输出电流过大时，R439上电压降增大，使Q406导通，集电极变为高电平，经R432迫使ZD301击穿，向IC301的55脚送入高电平，IC301进入保护状态，切断56脚输出的行振荡脉冲

X射线过高保护：由稳压管ZD301和分压电路R339、R240组成，对行输出变压器T402的4-5绕组感应电压进行检测。当行输出电压过高时，T402的5脚电压升高，经D409整流、C431滤波后的电压上升，经R339、R340分压后击穿13V稳压管ZD301，将高电平加到IC301的55脚，IC301进入保护状态，切断56脚输出的行振荡脉冲

+110V L401 R439 0.68 2W D406 R428 25V RU2 0.68 1W 6 4 5
C403 100μ 160V C406 0.0047μ Q406 2SA1013 R431 100 C427 100μ 160V
R432 47 行过电流保护 FBP R435 820 T402 行输出变压器
X RAY PROTECT 55 ZD301 13V +20V X RAY D409 S5295 R434 0.68 1W
C343 4.7μ R338 10k R339 10k R340 12k 正常 保护 C431 2.2μ 50V
单片电路 IC301 AN5195K X射线过高保护 9 D408 8 180V C425 10μ 250V
R407 3.3k C407 0.047μ T401 10
H OUT 56 R408 1k 行激励 R409 2.2k C408 0.001μ Q401 2SC2482 C409 390p R410 3.3k C410 0.012μ R441 22 Q402 2SD1555 C412 1500p 2000V C414 6800p 2kV
行推动 行输出

图7-1　海尔 H-2116 单片彩电保护电路图解

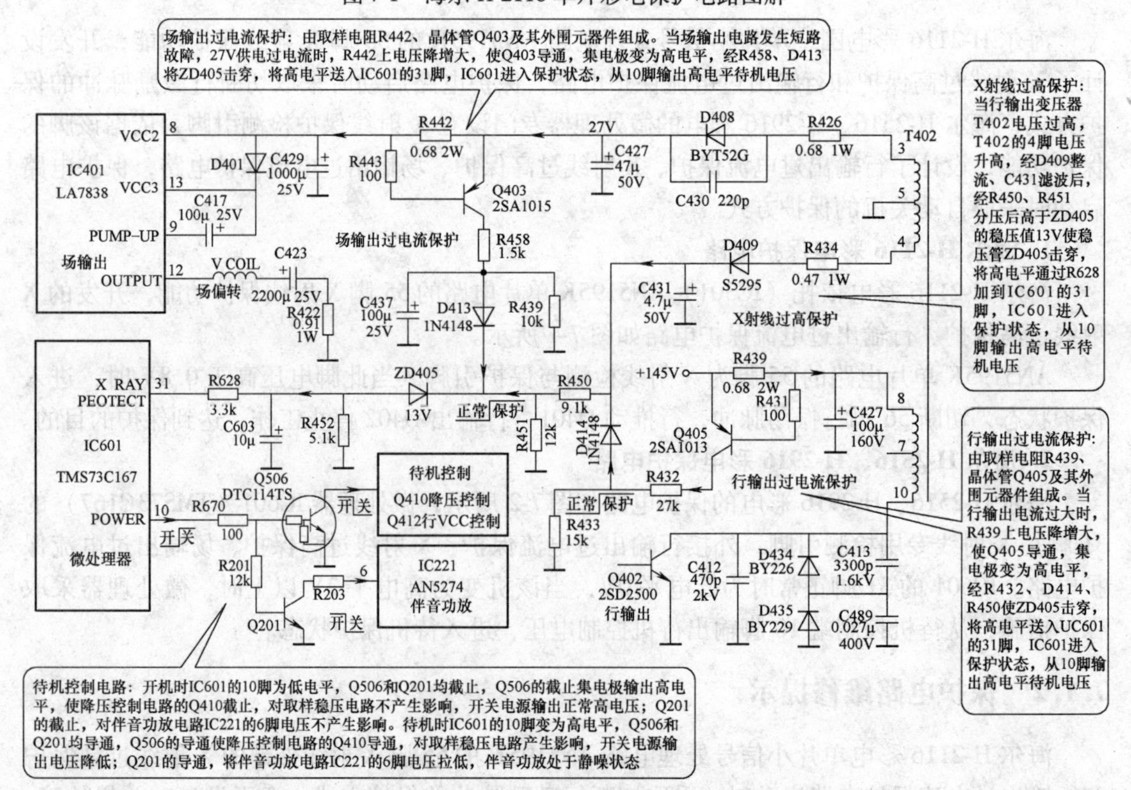

场输出过电流保护：由取样电阻R442、晶体管Q403及其外围元器件组成。当场输出电路发生短路故障，27V供电过电流时，R442上电压降增大，使Q403导通，集电极变为高电平，经R458、D413将ZD405击穿，将高电平送入IC601的31脚，IC601进入保护状态，从10脚输出高电平待机电压
X射线过高保护：当行输出变压器T402电压过高，T402的4脚电压升高，经D409整流、C431滤波后，经R450、R451分压后高于ZD405的稳压值13V使稳压管ZD405击穿，将高电平通过R628加到IC601的31脚，IC601进入保护状态，从10脚输出高电平待机电压
行输出过电流保护：由取样电阻R439、晶体管Q405及其外围元器件组成。当行输出电流过大时，R439上电压降增大，使Q405导通，集电极变为高电平，经R432、D414、R450使ZD405击穿，将高电平送入UC601的31脚，IC601进入保护状态，从10脚输出高电平待机电压
待机控制电路：开机时IC601的10脚为低电平，Q506和Q201均截止，Q506的截止集电极输出高电平，使降压控制电路的Q410截止，对取样稳压电路不产生影响，开关电源输出正常高电压；Q201的截止，对伴音功放电路IC221的6脚电压不产生影响。待机时IC601的10脚变为高电平，Q506和Q201均导通，Q506的导通使降压控制电路的Q410导通，对取样稳压电路产生影响，开关电源输出电压降低；Q201的导通，将伴音功放电路IC221的6脚电压拉低，伴音功放处于静噪状态
IC401 LA7838 VCC2 8 VCC3 13 PUMP-UP 9 场输出 OUTPUT 12
D401 C429 1000μ 25V C417 100μ 25V C423 2200μ 25V V COIL 场偏转 R422 0.91 1W
R443 100 R442 0.68 2W 27V C427 47μ 50V D408 BYT52G R426 0.68 1W T402 3 5
C430 220p Q403 2SA1015 场输出过电流保护 R458 1.5k
C437 100μ 25V D413 1N4148 R439 10k D409 S5295 R434 0.47 1W C431 4.7μ 50V X射线过高保护
X RAY PEOTECT 31 R628 3.3k ZD405 13V R450 9.1k 正常 保护 C603 10μ R452 5.1k R451 12k D414 1N4148
IC601 TMS73C167 +145V R439 0.68 2W R431 100 C427 100μ 160V Q405 2SA1013 8 7
Q506 DTC114TS 待机控制 Q410降压控制 Q412行VCC控制 开关 R432 27k 行输出过电流保护 10
POWER 10 R670 100 开关 微处理器 R433 15k
R201 12k R203 6 IC221 AN5274 伴音功放 Q201 开关
Q402 2SD2500 行输出 C412 470p 2kV D434 BY226 D435 BY229 C413 3300p 1.6kV C489 0.027μ 400V

图7-2　海尔 H-2516、2916 单片彩电保护电路图解

电微处理器 31 脚外部的行输出过电流保护、X 射线过高保护、场输出过电流保护电路启动时，采取自动关机的保护方式，也会引发自动关机故障，其特点是开关电源输出电压降低，整机进入开机状态后，又回到待机状态。检修时，可通过测量保护电路关键点电压和解除保护的方法，判断故障范围。

1. 测量关键点电压，判断是否保护

测量关键点电压可在三种状态下测量：一是在进入保护后测量；二是在开机后，进入保护状态前的瞬间测量；三是在解除保护后测量。将三种测量结果比较，作为判断故障范围的依据。

（1）测量开关电源电压

海尔 H-2116 彩电如果开机后有电压输出，发生自动关机故障时，输出电压一直正常，但行扫描电路工作后又停止，多是 AN5195K 的 55 脚保护电路启动，重点检查排除行输出电路的过电压、过电流故障；如果开关电源始终无电压输出，多为开关电源初级电路故障，先查看熔断器 F901 是否熔断，如果熔断则重点检测排除市电整流滤波电路 BR901、C908、大功率开关管 Q904 短路击穿故障；如果熔断器 F901 未断，重点检查初级电路的启动电路 R913，反馈电路 D902、C912、R912、D903，稳压电路 Q901、Q902、Q903，如果开关电源有电压输出，但继电器 RLY401 不吸合，则重点检测微处理器 IC601 和 11 脚外部的待机控制电路 Q906。

海尔 H-2516、H-2916 彩电如果开机后有正常高电输出，自动关机时输出电压降低，同时切断行振荡电路的 H VCC 电压，多为 IC601 微处理器保护电路启动，重点检查排除行输出电路的过电压、过电流和场输出电路的过电流故障；如果开关电源始终无电压输出，多为开关电源初级电路故障，先查看熔断器 F901 是否熔断，如果熔断重点检测排除市电整流滤波电路 BR901、C908 和电源厚膜电路 IC901（SMR6200）短路击穿故障；如果熔断器 F901 未断，重点检查初级厚膜电路 IC901 技巧外围电路；如果开关电源输出电压始终为低电平，遥控开机无变化，多为微处理器或待机控制电路故障。

（2）保护检测引脚电压

海尔 H-2116 彩电，主要测量（IC301）AN5195K 单片电路的 55 脚电压。在测量 IC301 单片电路关键引脚电压之前，首先测量开关电源输出电压、IC301 的供电引脚电压是否正常，然后再测量与保护相关的 55 脚 X 射线电压和 56 脚的脉冲电压。IC301 的 55 脚 X 射线电压正常时为 0V 左右，如果 IC301 的 55 脚电压为高电平 0. 8V 以上，同时 56 脚无行激励脉冲输出，则是 X 射线过高保护电路启动。

海尔 H-2516、H-2916 彩电，主要测量微处理器 IC601（TMS73C167）的 31 脚 X 射线电压。首先测量开关电源输出电压，IC601 的供电、晶振、复位和矩阵引脚电压是否正常，然后再测量 31 脚电压。IC601 的 31 脚 X 射线电压正常时为 0V 左右，如果 IC601 的 31 脚电压为高电平，同时 10 脚输出高电平待机控制电路，则是微处理器保护电路启动。

2. 暂时解除保护，确定故障部位

（1）解除海尔 H-2116 彩电保护

海尔 H-2116 彩电单片保护电路，保护措施主要通过集成电路内部执行，解除保护只能从检测电路采取措施。

将 IC301 的 55 脚电压拉低或对地短路，如果开机后不再保护，则是 55 脚 X 射线过高保护电路启动。由于 55 脚外接两路保护检测电路，可逐个断开 55 脚外围的检测电路，X 射线过高保护电路断开 D409，行输出过电流保护电路断开 R432。每断开一路保护检测电路，进行一次开机试验，如果断开哪路保护检测电路后，不再保护，则是该保护检测电路引起的保护。

（2）解除海尔 H-2516、2916 彩电保护

海尔 H-2516、2916 彩电微处理器保护电路，保护措施通过待机控制电路完成，解除保护可从保护检测电路和保护执行待机电路分别采取措施。

从保护检测电路解除保护，将微处理器 IC601 的 31 脚电压拉低或对地短路，如果开机后不再保护，则是 31 脚的 X 射线过高保护电路启动。由于 31 脚外接三路保护检测电路，可逐个断开 31 脚外围的检测电路，X 射线过高保护电路断开 D409，行输出过电流保护电路断开 D414，场输出过电流保护电路断开 D413。每断开一路保护检测电路，进行一次开机试验，如果断开哪路保护检测电路后，不再保护，则是该保护检测电路引起的保护。

从保护执行待机电路解除保护，可将 Q506 的 b 极对地短路，迫使 Q506 和 Q201 截止，强行进入开机状态，观察故障现象，判断故障范围。此时，由于微处理器没有进入待机状态，各项控制电压可能不能达到开机要求，但可对开关电源输出电压和行扫描电路进行检测。

7.1.3 保护电路维修实例

例 7-1：海尔 H-2916 彩电，开机后自动关机。

分析与检修：检查有 300V 直流电压，开机监视 145V，开机瞬间发现指针向右摆，很快指针回到低电平，说明电源电路启振了，可能是保护电路启动造成的故障。测微处理器的 31 脚 X 射线电压开机的瞬间变为高电平，进一步判断保护电路启动。

采取解除保护的方法检修：先断开行输出电路，接假负载测量开关电源输出电压正常。再恢复行输出电路，将 IC601 的 31 脚对地短接，开机不再保护，但屏幕上显示一条水平亮线，对场输出电路 IC401（LA7838）进行检测，发现 13 脚与 12 脚之间击穿，更换 IC401 后开机仍然保护，说明行场电路还有故障，考虑到场输出电路击穿时，可能造成保护检测电路和整流滤波供电电路损坏，对相关电路进行检测，发现场输出过电流保护电路的取样电阻 R442 烧焦，阻值变大。更换 R442 后，故障排除。

例 7-2：海尔 H-2516 彩电，开机后自动关机。

开机测量开关电源输出电压，由开机时的高电平变为低电平，测量微处理器的 31 脚开机后瞬间由低电平变为高电平，同时 10 脚由开机低电平变为关机高电平，由此判断微处理器保护电路启动。

采取解除保护的方法检修：先断开行输出电路接假负载测量开关电源输出电压正常。再恢复行输出电路，将 IC601 的 31 脚对地短接，开机不再保护，但屏幕上显示的图像缩小且暗淡，+B 电压下降到 120V 左右，由此判断行输出电路有过电流故障，测量行输出过电流保护电路 Q405 的 c 极果然为高电平，进入保护状态。

对行输出电路元件进行在路电阻测量，未发现损坏元件，估计是行输出电路发生交流短路故障，而引起交流短路的元件，一是行输出变压器；二是行偏转线圈。为了区分故障范围，拔掉偏转线圈插头，短时间通电，测量 +B 电压仍然为较低的 120V，Q405 的 c 极仍然为高电平，由此判断行输出变压器 T402 内部线圈短路。更换 T402 并恢复保护电路后，开机故障彻底排除。

例7-3：海尔H-2116彩电，开机后三无。

分析与检修：检查有300V直流电压，开机监视+110V有电压输出，行输出电路启动后又停止，根据故障现象判断是IC301保护电路启动。查IC301（AN5195K）的X射线保护端55脚电压，为0.8V（正常值当为0V），说明保护电路已启动。断开X射线保护的稳压二极管D409，IC301的55脚电压仍为0.8V，说明是行输出电路过电流保护启动。查行输出电路，未见异常，再断开行输出过电流保护电路的R432，开机不再保护，且图像和伴音正常，估计是保护电路元件变质引起的误保护。对行输出过电流保护电路元件进行检测，发现取样电阻R439一端开焊且焊盘烧焦，接触不良，接触电阻变大引起误保护。将R439拆下并换新，由于原来的焊盘烧焦，改焊在电路板下面相关的焊点上，开机故障彻底排除。

7.2 海尔GENESIS机心高清彩电保护电路速修图解

海尔GENESIS机心，采用的集成电路有：U401（TB1306）、U301（FLI2300或FLI8120）、U302（86 PNI TSOP 1S42S32200B-6T）等。

适用机型：海尔D32FA9-AKM、D34FA9-AK、D29FA9-AK、D32FA9-AK、D28FA11-AK、D29FA11-AKM、D29FA9-AKM、D32FA11-AKM、D32FA9-AKM、D34FV6-AK等高清大屏幕彩电。

海尔GENESIS机心高清大屏幕彩电，开关电源初级电路采用厚膜电路5Q1265RF，微处理器的副电源取自主电源，待机采用降低主电源输出电压和切断行振荡电路等小信号处理电路供电的方式。

海尔GENESIS机心高清大屏幕彩电，在行输出电路设有X射线过高保护电路，保护电路启动时，迫使待机控制电路动作，进入待机保护状态。本节以海尔D32FA9-AKM彩电为例，介绍海尔GENESIS高清机心保护电路速修图解。

7.2.1 保护电路原理图解

海尔GENESIS机心高清大屏幕彩电开关电源采用以新型厚膜电路5Q1265RF组成的并联型开关电源。开关变压器二次侧所输出的+16V电源通过N805（7805）稳压后供给微处理器作为+5V电源；数字板的12V和9V电源也由16V电压经过N806、N803两个三端稳压器供给，并受待机控制电路的控制；数字板的5V电源由15V电压经过N804稳压后供给，并通过R802受微处理器电源的5V电压控制。电源中形成的+22V电源提供给伴音功放；+140V提供给行扫描，33V供给高频调谐电压。

海尔GENESIS机心依托待机控制电路，设有X射线过高保护电路，如图7-3所示。当电视机发生显像管电压过高，X射线可能对人体造成危害时，保护电路启动，使电视机进入待机保护状态。

7.2.2 保护电路维修提示

1. 观察故障现象，配合电压测量确定故障部位

由于以5Q1265RF为核心的初级保护电路执行保护时，一是使驱动电路停止工作；二是进入间歇振荡状态，保护时出现开关电源无电压输出或输出电压降低的故障现象；开关电源次级保护电路与待机控制电路联动，保护时与待机状态相似，开关电源输出电压降低，同时切断小信号处理电路的供电电源。检修时，可根据指示灯的变化和测量开关电源输出电压，判断故障范围。

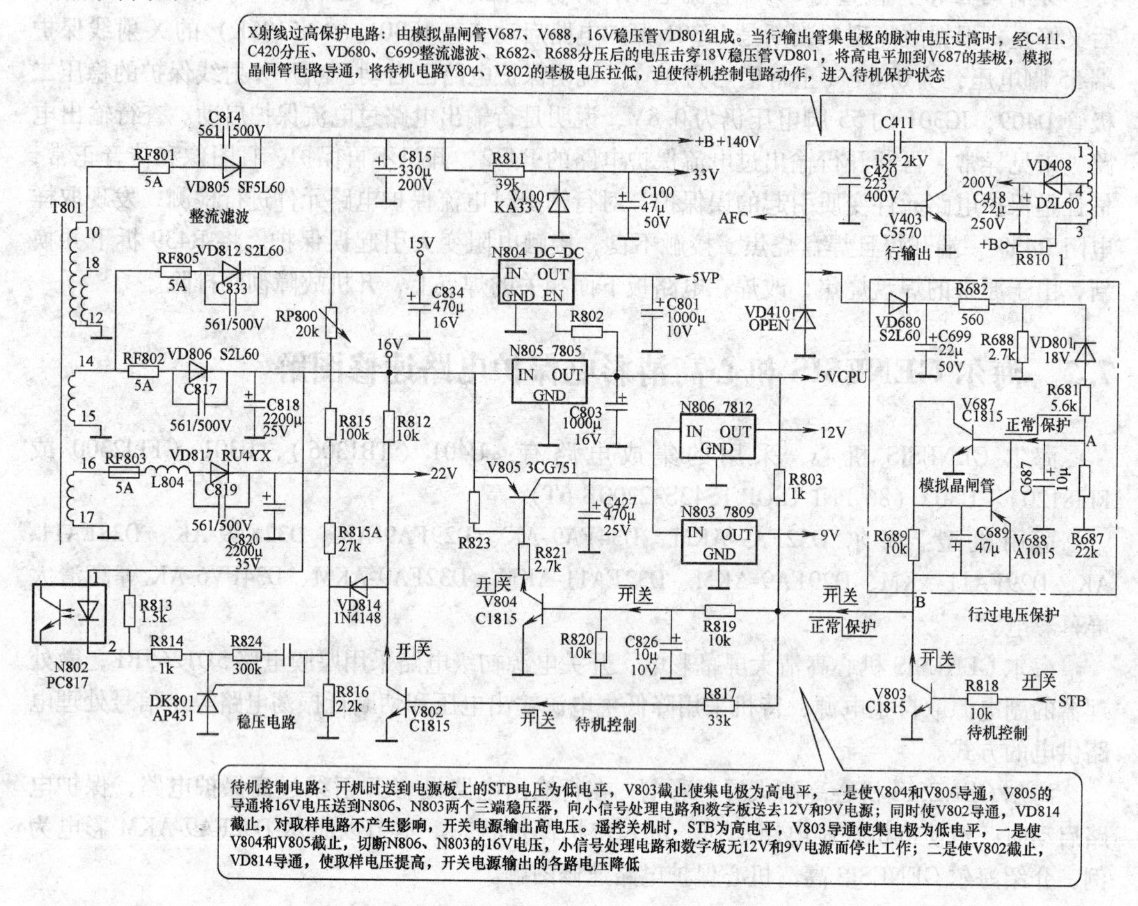

图 7-3　海尔 D32FA9-AKM 高清彩电保护电路图解

（1）指示灯始终不亮，开关电源无电压输出

是开关电源未进入工作状态，故障在以 5Q1265RF 为核心开关电源电路。常见为熔丝熔断，市电整流滤波电路故障，4 脚外围的启动电路故障，5Q1265RF 内部损坏等。可通过测量 +300V 电压和 4 脚启动电压判断故障范围。

开机后，主电压无 +140V、+22V、+16V、+15V 都无输出。首先检查 C806 两端是否有 300V 电压。如无 +300V 电压，多为熔丝熔断，开关电源有严重短路故障，重点排除市电输入、整流滤波、大功率开关管等开关电源初级严重短路漏电故障；如有 +300V 电压，检查 N801 的 3 脚是否有 11V 的启动电压，如无启动电压，检查 R02、R03、VD01 启动电路是否有开路故障，如有启动电压，但主电源无 +140V 输出，是正反馈支路元器件 R800、D803、C808 某一元器件可能有故障，这时除查供电脚外，还需检查 4 脚反馈，5 脚保护电路等。

（2）指示灯亮后熄灭，开关电源输出电压上升后降低

是以 5Q1265RF 为核心的初级保护电路执行保护所致。常见为开关电源负载电路和整流滤波电路短路、漏电，稳压电路发生故障引起电源输出电压过高。

对于电源初级过电流保护启动，首先检查行输出电路和开关电源次级整流滤波电路是否

发生短路故障，特别是检查行输出电路的行输出管、行输出变压器、偏转线圈、逆程电容器和阻尼二极管是否发生严重短路故障。

过电压保护启动，重点检查5Q1265RF的3脚供电电路和4脚外部的取样误差放大电路。检查N801的3脚电压在开机瞬间是否超过35V，4脚电压是否超过6V，当超过这两个值时N801内部自动保护启动，致使开关电源停止工作。超过这两个值的原因多为光耦合器N802失效或取样误差放大电路DK801损坏。

此外，+16V电源负载元件有故障时，+16V电压会降低，N802发光二极管正端无电源，取样误差放大电路DK801正常，但N802不能将误差信号传输给N801的4脚，使N801失控而自动保护。

（3）指示灯亮而不灭，开关电源始终处于待机状态

开机后无高压建立的声音，开关电源输出电压始终为低电平，同时无小信号处理的12V、9V电源输出，说明微处理器未进入开机状态，故障在以微处理器为核心的控制电路和待机电路。常见为微处理器工作条件不具备，如无5V电压供电，复位、时钟振荡电路故障，导致微处理器未进入工作状态，待机控制电路故障，始终处于待机控制状态。

（4）指示灯亮而不灭，开关电源输出电压上升后降低

开机后有高压建立的声音，输出电压上升后降低，是X射线过高保护电路启动所致。可通过测量模拟晶闸管V687的b极电压确定是否该保护电路启动，如果V687的b极由正常时的0V，变为高电平0.7V，则是X射线过高保护电路启动。

（5）无光栅、有伴音

开机+140V电压正常，并且灯丝也亮，行电路工作正常，判断故障为数字处理板无+5V电源。数字板有三路电源输入，只要缺少任何一路都会无光栅。+5V电源由N804稳压电源提供，+9V电源由N803提供、+12V由N806提供，三路稳压电源都受控于微处理器。当上述三端、四端稳压器或待机控制电路发生故障，造成小信号处理电路或数字板供电失电压时，均会引起无光栅故障。

2. 暂时解除保护，确定故障部位

为了整机电路安全，解除保护前，应采取两项保护措施：一是断开行输出电路，在+B输出端接假负载，测量开关电源输出电压是否正常，特别是测量+B电压是否正常，如果不正常，首先排除开关电源故障；二是在行输出电路逆程电容器两端并联同规格的电容器，避免因逆程电容器开路、失效、减小等原因，造成行输出过电压，损坏元件，如果开机后光栅过大，说明原来的逆程电容器正常，再将并联的逆程电容器拆除。

由于以5Q1265RF为核心的初级保护电路大多在厚膜电路内部，无法解除保护，只能对X射线过高保护电路采取解除保护的方法。具体解除保护的方法有二：一是将图7-3中的A点对地短路，即将模拟晶闸管电路的触发电压对地短路，迫使晶闸管截止，退出保护状态；二是将图7-3中的B点断开，切断保护电路对待机控制电路的影响。

解除保护后，开机测量开关电源各路输出电压，重点测量+B电压，如果输出电压过高或过低，是稳压电路故障，重点检查稳压电路；如果+B电压正常，拆出假负载，恢复行输出电路，观察故障现象，如果电视机恢复正常，则是断开的故障检测、保护执行电路元件变质，引起的误保护，如果电视机存在光栅、图像、伴音故障，则是与其相关的电路引起的保护，重点检测相关的功能电路。

7.2.3 保护电路维修实例

例 7-4：海尔 D32FA9-AKM 彩电，图像和伴音正常，半小时后自动关机。

分析与检修：在正常收看时测量开关电源输出电压正常，自动关机时，测量开关电源输出电压降低，同时测量模拟晶闸管电路 V687 的 b 极（图 7-3 中的 A 点电压）为高电平 0.7V，判断 X 射线过高保护电路启动。

对 X 射线过高保护电路进行在路检测，未见异常，考虑到稳压管的稳压值无法在路测量，试验用一只 18V 的稳压管更换 VD801 后，开机收看数小时，未再发生自动关机故障，看来确实是 VD801 性能不良，稳压值不稳定引起的误保护。

例 7-5：海尔 D32FA9-AKM 彩电，开机时，指示灯亮后即灭，整机三无。

分析与检修：指示灯亮，说明开关电源已起振，亮后即灭，很可能是 5Q1265RF 进入保护状态所致。断开电源板与负载电路的连接线，接 100W 灯泡作假负载，开机测量开关电源输出电压，+B 电压开机瞬间突升为 160V 左右，然后降为 0。正常时，遥控开机后，也不过 140V，说明稳压电路存在开路失控的故障。根据该电源电路图，开关机电路与取样电路并联，待机时电压正常，说明待机电路和光耦合器至 5Q1265RF 稳压电路正常，故障在取样电路。

对取样电路 RP600、R815、R815A、R816 进行检测时，发现 RP800 落满灰尘，怀疑其接触不良，造成开关电源输出电压不稳定，引发保护电路启动。更换 RP800 并进行电压调整后，故障排除。

例 7-6：海尔 D29FA9-AK 彩电，指示灯亮，整机三无。

分析与检修：指示灯亮，说明开关电源已起振，测量开关电源输出电压，遥控开机后有上升的趋势和行扫描工作的声音，然后又降到低电平，此时测量保护电路的模拟晶闸管 V687 的 b 极电压由开机瞬间的 0V 上升到 0.7V，判断是 X 射线过高保护电路执行保护所致。采用解除保护的方法，断开行输出电路和保护电路的 B 点，接假负载，测量开关电源输出电压正常；再恢复行输出电路，并联行逆程电容器 C414 后，开机光栅和图像出现，当光栅尺寸基本正常，估计是原来的行逆程电容器失效。更换行逆程电容器 C414 后，开机仍然保护，更换 C415 后，开机不再保护，电视机恢复正常。

7.3 海尔 A6 机心单片彩电保护电路速修图解

海尔 A6 机心单片彩电，微处理器 N801 采用 LC864512V-5D18 或 LC864516V-5G15，单片小信号处理电路 N201 采用 LA7687A-A，N501 场输出电路采用 LA7838，N001 伴音功放电路采用 TDA7263M。

适用机型有：海尔 HS-2528、HS-2528D、HS-2529、HS-2558D、HS-2579D、HS-2580、HS-2918D、HS-2919、HS-2928、HS-2929、HS-2968D、HS-2980、HS-2998、HS-2996 等单片系列彩电。

开关电源采用三洋 A3 传统的分立元件组成，设有独立的变压器降压副电源，待机采用关闭主电源振荡电路的方式。

海尔 A6 机心单片彩电，保护检测采取 I^2C 故障检测和中断口故障检测双重保护检测电路。其一，微处理器通过 I^2C 总线系统对被控集成电路进行检测，微处理器根据被控集成电路的应答信号和总线上的通信情况，对被控电路的工作状态进行检测，并提供自检信息，必要时实施保护；其二，在微处理器单独设立故障检测引脚，外接各路保护检测电路，对总线检测不到的电源和行场扫描电路进行检测，使保护电路更加完善。保护执行采用待机保护措施，并伴有指示灯故障显示功能。本文以海尔 HS-2558D 彩电为例，介绍保护电路速修图解。

7.3.1　保护电路原理图解

1. 总线系统故障检测电路

海尔 HS-2558D 彩电保护电路如图 7-4 所示。微处理器 N801 是保护电路的指挥控制中心，通过 23 脚 DATA 数据线和 24 脚 ADOR 时钟线与被控单片小信号处理电路 N201（LA7687A-A）的 18、19 脚相连接，进行调整与控制；微处理器还通过 2 脚 SDA 数据线和 3 脚 SCL 时钟线与 N802 存储器进行数据存取交换。微处理器向被控集成电路发出控制信号，被控集成电路还向微处理器发送应答信号，微处理器根据被控集成电路的应答信号和总线上的通信情况，对整机的工作状态进行检测。当微处理器检测到被控电路传来故障信息或总线传输电路发生障碍时，根据设计程序，微处理器从 7 脚输出保护指令，执行待机保护措施。

2. 中断口故障检测电路

微处理器通过 41 脚中断口外部的故障检测电路输入检测电压，进行分析和判断，正常时 41 脚电压在上拉电阻的作用下为高电平 4V 以上，当故障检测电路检测到故障时，将 41 脚电压拉低，当 41 脚电压低于 2.5V 以下时，微处理器据此判断被检测电路发生故障，执行保护措施。微处理器的 41 脚中断口外接电源失电压检测、行输出失电压检测、场输出故障检测电路。对电源和行场扫描电路进行检测，发生故障时，从待机控制的 7 脚输出控制电压，实施待机保护。

3. 保护执行电路

该机的保护执行电路与待机电路共用。微处理器判断电路发生故障，采取保护措施时，从待机控制端 7 脚输出待机电压，进入待机保护状态。V662、V661 和光耦合器 N615 组成待机控制电路，开机状态微处理器的 7 脚输出高电平，V662 导通，c 极变为低电平，V661 截止，光耦合器 N615 截止，对开关电源稳压电路不产生影响；待机或保护时微处理器的 7 脚输出低电平，V662 截止，c 极变为高电平，V661 导通，光耦合器 N615 导通，迫使开关电源的振荡电路停振，无电压输出。

7.3.2　保护电路维修提示

根据以上原理，由于该机的保护执行电路与开关机电路相连接，其保护被控电路是主电源，保护时与待机状态相似。如果开机后有开机的声音和反应，未进行遥控待机操作，电视机自动关机，进入待机状态，同时指示灯由暗变亮，即可判断是保护电路工作，进入保护状态。

1. 测量关键点电压，判断是否保护

由于保护时采取关断主电源的方法，如果开机的瞬间有 +B 电压输出，然后降为 0，即可确定是进入保护状态；同时测量微处理器中断口 41 脚电压和待机控制脚 7 脚电压，如果 41 脚电压由正常时的高电平 4V 以上，变为低电平 2.5V 以下，同时 7 脚电压由开机时的高电平变为低电平，即可判断是进入保护状态。

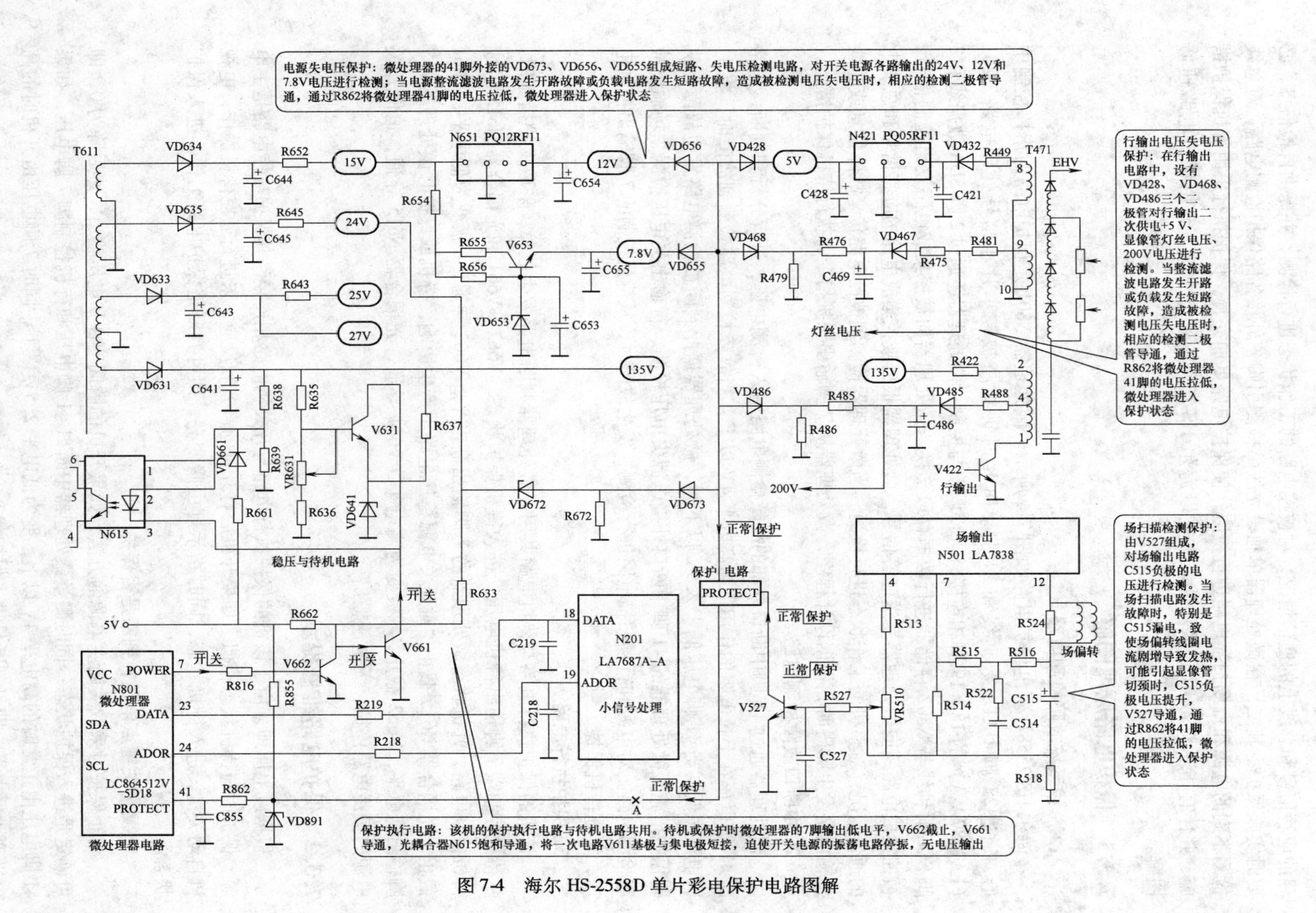

电源失电压保护：微处理器的41脚外接的VD673、VD656、VD655组成短路、失电压检测电路，对开关电源各路输出的24V、12V和7.8V电压进行检测；当电源整流滤波电路发生开路故障或负载电路发生短路故障，造成被检测电压失电压时，相应的检测二极管导通，通过R862将微处理器41脚的电压拉低，微处理器进入保护状态
行输出电压失电压保护：在行输出电路中，设有VD428、VD468、VD486三个二极管对行输出二次供电+5 V、显像管灯丝电压、200V电压进行检测。当整流滤波电路发生开路或负载发生短路故障，造成被检测电压失电压时，相应的检测二极管导通，通过R862将微处理器41脚的电压拉低，微处理器进入保护状态
场扫描检测保护：由V527组成，对场输出电路C515负极的电压进行检测。当场扫描电路发生故障时，特别是C515漏电，致使场偏转线圈电流剧增导致发热，可能引起显像管切颈时，C515负极电压提升，V527导通，通过R862将41脚的电压拉低，微处理器进入保护状态
保护执行电路：该机的保护执行电路与待机电路共用。待机或保护时微处理器的7脚输出低电平，V662截止，V661导通，光耦合器N615饱和导通，将一次电路V611基极与集电极短接，迫使开关电源的振荡电路停振，无电压输出
T611
N651 PQ12RF11
N421 PQ05RF11
T471
EHV
15V
12V
5V
24V
7.8V
25V
27V
135V
200V
灯丝电压
行输出
稳压与待机电路
N615
开关
5V
VCC
POWER
N801
微处理器
DATA
SDA
ADOR
SCL
LC864512V
-5D18
PROTECT
微处理器电路
N201
LA7687A-A
小信号处理
保护 电路
正常 保护
场输出
N501 LA7838
场偏转
V527
V661
V662
V631
V653
V422

图 7-4　海尔 HS-2558D 单片彩电保护电路图解

在开机后进入保护前的瞬间，测量图中各路失电压检测二极管VD655、VD656、VD672、VD428、VD466、VD486的负极电压，或测量上述二极管的正向电压，如果哪个二极管负极开机瞬间无电压或二极管有正向电压，即可判断是该路故障检测电路引起的保护。也可在解除保护后测量上述二极管电压，哪个二极管负极开机无电压或二极管有正向电压，则是该路故障检测电路引起的保护。

2. 暂短解除保护，确定故障部位

（1）从微处理器中断口采取措施，解除保护状态

可采用两种方法：一是逐个断开各路故障检测电路与中断口的连接连接，即逐个断开检测二极管VD655、VD656、VD672、VD428、VD468、VD486的正极和V527的c极，并重新启动电视机试之。如果断开那个保护电路与中断口的连接后，开关退出保护状态，则是该故障检测电路引起的保护。二是直接断开中断口与外部故障检测电路的连接，重新启动电视机试之，如果开机后退出保护状态，声光图均正常，即是故障检测电路元器件变质、损坏引起的保护；如果开机后出现声光图方面的故障，则是单元电路故障引起的保护；如果开机后，仍处于待机状态，则是微处理器或开关电源电路故障。

（2）从微处理器保护执行电路采取措施，解除保护状态

可采用两种方法：一是将V662的b极电阻R662接微处理器的7脚的一端断开，接+5V电源上，迫使V662导通，V661截止；二是直接将V661 b极对地短接。退出保护状态后，开机观察电视机的故障现象，此时，由于微处理器仍处于保护状态，只是开关电源进入开机状态，可能出现无图、无声现象，但可对电源和行输出相关电压进行检测。如果开关电源仍无电压输出，属开关电源故障。

7.3.3 保护电路维修实例

例7-7：海尔HS-2558D彩电，开机时指示灯由红色变为黄色，几秒钟后变为红色。

分析与检修：开机测量电源+B电压，开机的瞬间有+B电压输出，然后降为0，测量微处理器中断口41脚电压和待机控制脚7脚电压，41脚电压由开机瞬间的高电平5V，变为低电平2.0V，同时7脚电压由开机时的高电平变为低电平，进一步确定是进入保护状态。采用解除保护的方法进行维修，断开R862开机试之，光栅特别亮，无雪花无图像。检测电源，故障检测二极管VD673、VD656、VD655均反偏，未进入保护状态；测量场扫描检测晶体管V527也截止；最后测量行二次供电检测电路，检查VD468、VD428均反偏截止，当检查VD486时，正偏导通，说明行输出二次供电的+180V电路有故障。检测180V电源发现R488烧焦断路，整流管VD485漏电。更换R488、VD485后，光栅亮度恢复正常，图像出现，恢复微处理器的41脚电路也不再保护。

例7-8：海尔HS-2558D彩电，有时正常收看，有时自动关机，指示灯由黄色变为红色。

分析与检修：开机测量电源+B电压，正常时有+B电压输出且正常，自动关机时降为0。关机时测量微处理器中断口41脚电压仅2.2V，判断是中断口检测电路进入保护状态。采用解除保护方法，断开R862后，仍未能开机，判断故障在微处理器或开关电源。检查微处理器各脚电压，工作条件正常，但41脚电压仍为2.2V，说明故障在41脚内外电路，检查微处理器的41脚外围元件R855、R862和稳压二极管VD866均未见异常，拆除电容C855，41脚电压恢复高电平。测量C855有漏电现象，更换C855后，故障排除。

例 7-9：海尔 HS-2558D 彩电，开机有高压建立的声音，然后三无，指示灯亮。

分析与检修：开机测量电源 +B 电压，开机的瞬间有 +B 电压输出，然后降为 0，测量微处理器中断口 41 脚电压和待机控制脚 7 脚电压，41 脚电压由开机瞬间的高电平 5V，变为低电平 2.0V，同时 7 脚电压由开机时的高电平变为低电平，进一步确定是进入保护状态。再采用解除保护的方法进行维修，断开 R862，开机试之，开机后不再保护，但屏幕上出现一条水平横亮线，判断故障在场扫描电路。对场扫描电路进行检修，发现场输出电路 N501（LA7838）多脚有开焊迹象，将 N501 引脚补焊后，恢复保护电路，不再发生保护故障。

例 7-10：海尔 HS-2929 彩电，时常发生自动关机故障。

分析与检修：故障可能出在电源部位或保护电路动作。当故障出现时，用万用表检测得微处理器 N801（LC864516V）的 7 脚遥控开关机脚电压为 0，机器处于待机状态；41 过电流保护脚为 1.2V（正常 5V），说明保护电路动作，为了使故障直观出现，采用解除保护的方法维修，将待机控制电路的 V661 的 b 极对地短路后试机。一段时间后电视机出现有伴音、黑屏现象。观察显像管灯丝不亮，其余工作电压正常，说明灯丝回路有故障。查行输出变压器 T471 的 9 脚有一圈裂缝，补焊后正常。当 9 脚开路时，灯丝绕组无回路，行输出失电压保护电路的 VD468 导通，引起保护电路动作，产生自动关机。

例 7-11：海尔 HS-2980 彩电，电源指示灯亮，无光栅、无伴音。

分析与检修：测量开关电源输出电压全部正常，测量微处理器 N801 的 7 脚待机控制端电压为待机状态，判断故障在待机控制电路或保护电路中。测量微处理器 41 脚保护检测电压为低电平，说明 N801 的确输入了保护触发电压。

采取解除保护的方法，逐个断开检测二极管 VD655、VD656、VD672、VD428、VD468、VD486 的正极和 V527 的 c 极，并重新启动电视机试之；当断开 VD486 后，开机不再保护，说明视频放大供电电源失电压检测电路引起误保护，对该检测电路元件进行检测，发现取样电阻 R485 开路，更换后，故障排除。

7.4 海尔 A12 机心单片彩电保护电路速修图解

海尔 A12 机心，微处理器采用 LC863348、LC863320A、LC86F3348A-8G3B、LC86F3320-5R78、LC863532、LC86F3538A 等，单片小信号处理电路采用三洋 LA76810、LA76818、LA76828、LA76832 系列电路。

适用机型：海尔 HS-2596、HS-2588、HS-2588B、HS-2599B、HS-2560、HS-2980T、HS-2160、HS-2189/G、HS-2198、HS-2199D/G 等三洋单片系列彩电。

海尔 A12 系列单片彩电开关电源电路有两种：一种初级电路采用厚膜电路 5Q1265RF；另一种初级电路采用仿三洋 A3 开关电源，由分立元件组成。应用两种开关电源的三洋 LA 系列彩电，微处理器的副电源均取自主电源，待机采用降低主电源输出电压和切断行振荡电路等小信号处理电路供电的方式。

海尔 A12 系列单片彩电，部分型号的彩电在行输出电路设有行输出过电压和行输出失电压保护电路，保护电路启动时，迫使待机控制电路动作，进入待机保护状态。本节以海尔 HS-2596 彩电为例，介绍海尔 A12 系列单片彩电保护电路速修图解。

7.4.1 保护电路原理图解

海尔 HS-2596 彩电开关电源由分立元件组成，采用三洋式开关电源电路，取样电路 V631（C1815）设置在开关电源的次级，如图 7-5 中的下部所示，通过光耦合器 YD615（PC817B）对初级振荡电路进行控制，达到稳压的目的。

微处理器具有故障检测和保护功能，保护与待机控制电路如图 7-5 所示。该机开关电源采用仿三洋 A3 电源，但无独立的副电源，副电源取自主电源，待机和保护采用控制行振荡和小信号处理电路供电和降低开关电源输出电压的方式。

1. 待机控制电路

待机控制电路由 V682、V683、V684 的低压电源控制和 V671、V672 主电源降压控制两部分组成。

开机后，开关电源工作，在开关电源变压器的二次侧产生各路输出电压，其中 +15V 电压经 R866 降压，VD806、C833、C834 稳压滤波，产生副电源 +5V，为微处理器 N801 控制电路供电，同时指示灯 VD802（RM11C）经 R809 获电点亮。

2. 保护电路原理

微处理器 N801 的 31 脚 SAFTY 为保护检测输入端，外接过电压、失电压保护电路。电视机正常时 31 脚的电压为高电平，保护检测电路检测到故障时，将 31 脚的电压拉低，微处理器据此判断被检测电路发生故障，采取保护措施，从开关机控制端 7 脚输出低电平，进入待机保护状态。

7.4.2 保护电路维修提示

该保护电路核心部件是微处理器，保护时由微处理器执行待机保护措施，引发的故障现象是不能开机或自动关机，其故障现象与电源电路和微处理器控制电路相同。检修时，可通过测量关键点电压判断是否保护和解除保护的方法，判断故障范围。

1. 测量关键点电压，判断是否保护

判断上述保护电路是否进入保护状态，可通过测量保护电路的关键点电压进行判断。微处理器的保护检测端 31 脚是保护检测电路的关键点，此脚为高电平时电视机正常工作，此脚为低电平时，电视机进入保护状态，但维修实践证明，不能测量 N801 的 31 脚电压，由于 31 脚的上拉电阻 R851 阻值较大，当用指针式万用表测量 31 脚电压时，由于电压表内阻的分压作用，会将 N801 的 31 脚电压拉低，测量时微处理器马上执行待机保护，只能通过测量保护检测电路的另外两个关键点电压进行判断：一是测量 A 点电压；二是测量 V449 的 b 极电压。当测量 A 点电压高于 7.1V 时，V449 的 b 极电压为 0.3V 以上时，是过电压保护电路启动；当测量 A 点电压低于 2.0V，V449 的 b 极电压为 0V 时，是失电压保护电路启动；如果测量 A 点电压在 7.1V 以下，6.8V 以上，说明灯丝电压及其整流、滤波、分压电路正常，但 V449 的 b 极仍为高电平 0.3V 以上，则是稳压管 VD448 稳压值下降，引起误保护。

当电视机发生保护故障时，重点检测开关电源稳压电路，行输出逆程电容器，灯丝电压整流、滤波、分压电路等。

2. 暂短解除保护，确定故障部位

为了整机电路安全，解除保护前，应采取两项保护措施：一是断开行输出电路，在 +B 输出端接假负载，测量开关电源输出电压是否正常，特别是测量 +B 电压是否正常，如果不

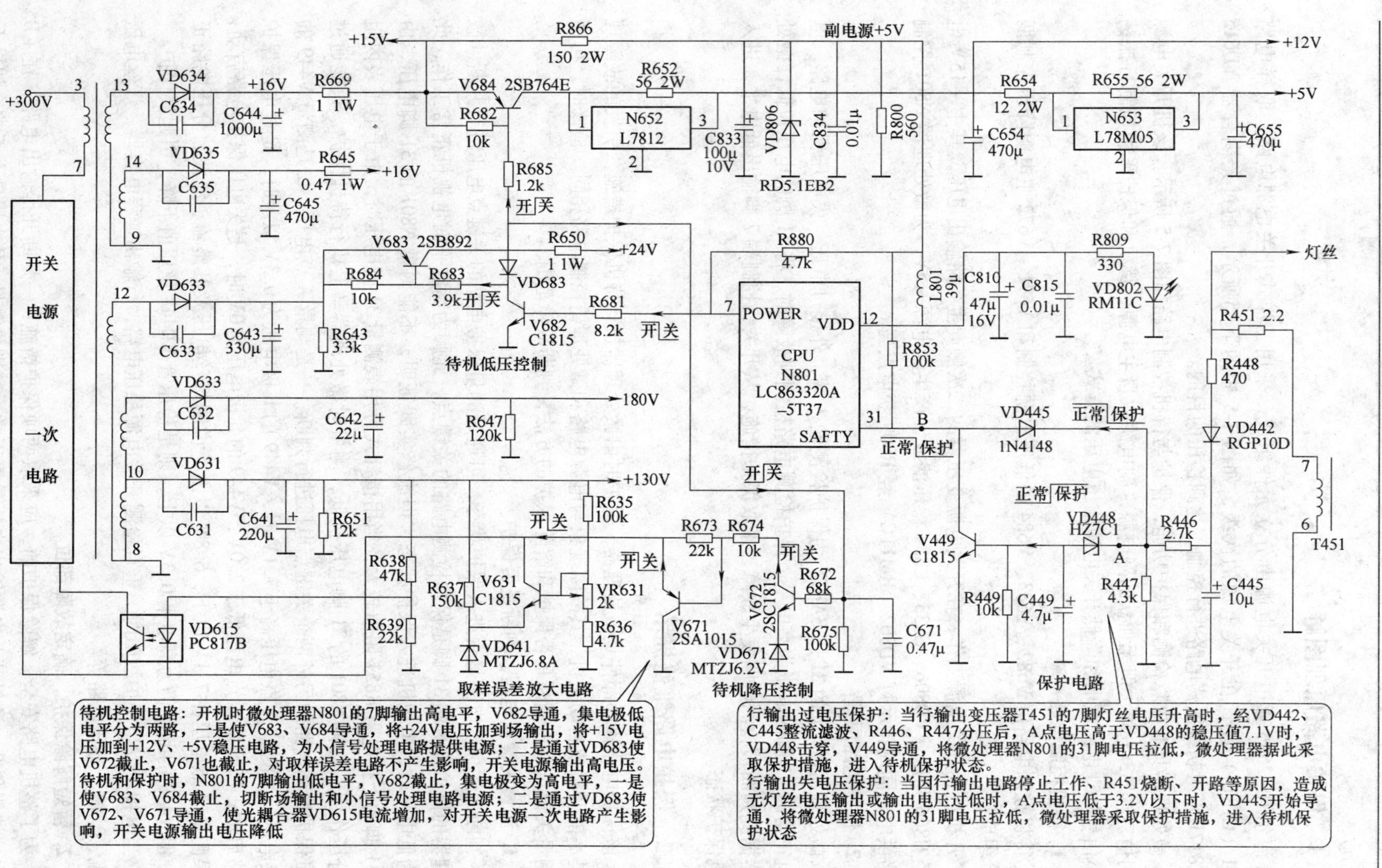

图 7-5 海尔 HS-2596 单片彩电待机与保护电路图解

正常，首先排除开关电源故障；二是在行输出电路逆程电容器两端并联同规格的电容器，避免因逆程电容器开路、失效、减小等原因，造成行输出过电压，损坏元件，如果开机后光栅过大，说明原来的逆程电容器正常，再将并联的逆程电容器拆除。

解除保护方法有二：一是全部解除保护，将图 7-5 中的 B 点断开，中断保护检测电路与微处理器 31 脚之间的连接；二是逐个解除行输出过电压和行输出失电压保护，行输出过电压保护电路将 V449 的 c 极断开或将 b 极与 e 极短接；行输出失电压保护电路，将 VD445 拆除。

解除保护后，开机测量开关电源各路输出电压，重点测量 +B 电压，如果输出电压过高或过低，是稳压电路故障，重点检查稳压电路；如果 +B 电压正常，拆出假负载，恢复行输出电路，观察故障现象，如果电视机恢复正常，则是断开的故障检测、保护执行电路元件变质，引起的误保护，如果电视机存在光栅、图像故障，则是与其相关的电路引起的保护，重点检测相关的功能电路。

7.4.3　保护电路维修实例

例 7-12：海尔 HS-2596 彩电，收看途中时常发生自动关机故障。

分析与检修：本故障测量 A 点电压为 7.2V，V449 的 b 极开机的瞬间为 0V，然后逐渐上升，当上升到 0.3V 左右时，电视机自动关机，确定过电压保护电路启动。测量开关电源输出 +B 电压为低电平，且 VD683、VD684 截止，无 24V 和 15V 电压输出，测量微处理器的 7 脚由开机时的高电平变为低电平，由此判断是电源输出电压升高引发的过电压保护。

对开关电源稳压电路进行检测，未见明显损坏器件，试调整取样电路可调电阻 VR631（2kΩ），开关电源输出电压随之变化，但调整到可调电阻的一端，开关电源输出电压只降到 135V 左右，此时电视机不再发生关机保护故障，由此判断取样电路中的元件发生变质故障，引发开关电源输出电压升高。检查取样电路的分压元件 R635（100k）、R636（4.7k）、VR631，发现分压电阻 R635 阻值变大，由正常时的 100kΩ 增加到 130kΩ 以上，且阻值不稳定，更换 VR635 后，未再发生过电压保护和启动困难故障。

例 7-13：海尔 HS-2596 彩电，无规律发生自动关机故障。

分析与检修：用遥控器反复开机，电视机反复自动关机，在开机后自动关机前测量保护检测电路电压，发现开机后 A 点无电压，而行输出已经工作，由此判断灯丝整流、滤波、分压电路故障，引起行输出失电压保护电路启动。测量行输出变压器 7 脚有灯丝电压，但 R451 的与 R488 连接处无灯丝电压，测量 R451 完好，故障部位在 R451 连接 T451 的 7 脚焊点。该焊点受下面塑料支架的遮挡，将塑料支架全部拆除后，发现该焊点有一黑圈，果然开焊，补焊并将引脚压倒后，恢复电视机后壳，故障不再出现。

造成海尔 HS-2596 系列彩电易发自动关机的原因，主要是电路设计上的缺欠：一是电源取样误差放大电路元件稳定性差，分压电阻功率较小，容易发生变质故障，引起开关电源输出电压不稳定；二是行输出过电压保护电路过于灵敏，过电压检测电路的稳压管 VD448 的稳压值为 7.1V，而 +B 电压正常时测量 VD448 的负极电压接近 7.1V，电源电压稍有波动，就会引发过电压保护电路启动；三是灯丝限流电阻 R451 接 T451 的 6 脚引脚焊点设置不当，该焊点下部是塑料支架，将 R451 的引脚向上托起，而该焊点附近又设计一个螺钉，将电路板向下拧紧，二者合力将 R451 的引脚顶起，产生接触不良的故障，而维修时，由于该焊点受塑料支架的遮挡，根本看不见该焊点，也是造成多次维修未果的原因之一。

针对该系列彩电的上述设计缺欠，在维修时可采取如下改进，彻底根除易发自动关机故障：一是适当加大电源取样误差放大电路分压电阻的功率，并采用稳定性好的精密电阻；二是在灯丝电压分压电阻 R447（4.3k）两端并联一个 62k 的电阻，将 A 点电压降到 6.8 ~ 7.0V 左右；三是用导线直接将 T451 的 6 脚与 R451 的引脚相连接。

7.5 海尔 NDSP 机心高清彩电保护电路速修图解

海尔 NDSP 机心，微处理器采用 M37281 或 M37225，小信号处理电路采用系列电路 TDA9332、PW1230、VPC3230D、TDA9808，伴音功放电路采用 TDA7057AQ 和 TDA7056B，场输出电路采用 LA7846N 等。

适用机型：海尔 29F8A-N、29F9D-PY、32F3A-N、36F9K-ND 等高清系列彩电。

海尔 NDSP 高清机心，开关电源采用以控制电路 MC44608 和大功率开关管 V901 组成的并联型开关电源。微处理器的副电源均取自主电源，待机采用降低主电源输出电压和切断行振荡电路等小信号处理电路供电的方式。

海尔 NDSP 高清机心，在行输出电路设有行输出过电流、行输出过电压和 ABL 电压过低保护电路，保护电路启动时，迫使待机控制电路的低压电源控制电路动作，切断行振荡和小信号处理电路的供电。本节以海尔 29F8A-N 彩电为例，介绍海尔 NDSP 高清机心保护电路速修图解。

7.5.1 保护电路原理图解

海尔 29F8A-N 彩电在行输出电路中，设置了行输出过电流保护、过电压保护、ABL 电压过低保护电路，如图 7-6 所示。保护电路启动时，迫使待机控制电路中低压电源控制电路动作，将小信号处理电路和数字板的供电切断，达到保护的目的。

7.5.2 保护电路维修提示

电源始终处于待机状态而不能“二次”开机。这种现象说明电源待机控制电路有故障或晶闸管保护电路启动，也有可能是微处理器工作条件不满足所致。可按下述步骤予以确定：

1. 测量关键点电压，判断是否保护

（1）检测微处理器待机控制电路

检测微处理器 N601 的 26 脚开关机控制电压是否为开机低电平，如果始终为高电平待机状态，则是微处理器工作条件不满足所致。查微处理器工作的 5 个条件（5V 工作电压、复位、时钟振荡、面板键控输入电路无漏电短路、总线上挂接元件无短路损坏）是否满足。

（2）测量晶闸管触发电压

测晶闸管 V412 的 G 极电压。若由正常时的低电平 0V，变为高电平 0.7V 以上，说明行输出电路发生故障，引起晶闸管保护电路启动。应检测开关电源输出电压是否正常、行逆程电容是否失效或焊点出现开裂，如果正常，就要检查高压是否泄漏（显像管高压嘴是否出现脏污）。假定也正常，就要检查保护检测电路元件是否变质或开路，引起误保护。

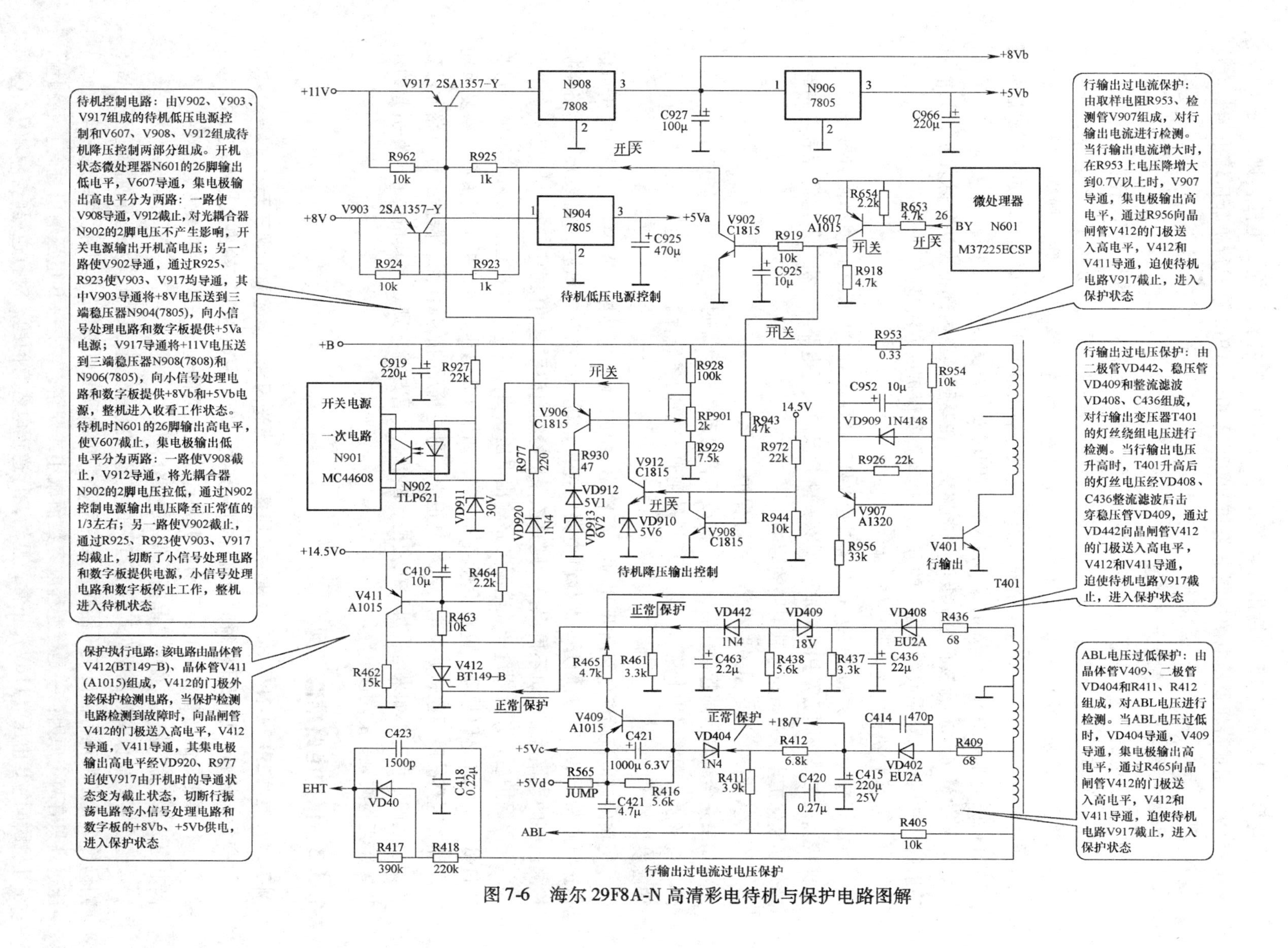

图7-6　海尔29F8A-N高清彩电待机与保护电路图解

（3）检查待机控制电路

若查得微处理器的 26 脚输出开机低电平，表明故障在待机控制电路。则应对 V902、V903、V917 组成待机低压电源控制电路和 V607、V908、V912 组成待机降压输出控制电路进行检测。

2. 暂短解除保护，确定故障部位

为了整机电路安全，解除保护前，应采取两项保护措施：一是断开行输出电路，在 +B 输出端接假负载，测量开关电源输出电压是否正常，特别是测量 +B 电压是否正常，如果不正常，首先排除开关电源故障；二是在行输出电路逆程电容器两端并联同规格的电容器，避免因逆程电容器开路、失效、减小等原因，造成行输出过电压，损坏元件，如果开机后光栅过大，说明原来的逆程电容器正常，再将并联的逆程电容器拆除。

由于以 MC44608 为核心的初级保护电路大多在厚膜电路内部，无法解除保护，只能对 X 射线过高保护电路采取解除保护的方法。具体解除保护的方法是：

（1）从保护执行电路采取措施，解除保护

方法有两种：一是将图 7-7 中的晶闸管 V412 的 G 极对地短路，迫使晶闸管截止，退出保护状态；二是将图 7-7 中的 VD920 拆除，断开保护执行电路与待机低压电源控制电路的连接，切断保护电路对待机控制电路的影响。

（2）从故障检测电路采取措施，解除保护

如果完全解除晶闸管保护后，能开机或不再自动关机，说明是晶闸管保护电路引起的保护，可恢复晶闸管保护电路后，逐路断开晶闸管 G 极的各路保护检测电路的连接，斩断保护触发信号。

行输出过电流检测电路断开 R956，行输出过电压检测电路断开 VD442，ABL 电压过低保护电路断开 R465。每断开一路检测电路的连接，进行一次开机试验，如果断开哪路保护检测电路的连接后，开机不再保护，则是该保护检测电路引起的保护。

解除保护后，开机测量开关电源各路输出电压，重点测量 +B 电压，如果输出电压过高或过低，是稳压电路故障，重点检查稳压电路；如果 +B 电压正常，拆出假负载，恢复行输出电路，观察故障现象，如果电视机恢复正常，则是断开的故障检测、保护执行电路元件变质，引起的误保护，如果电视机存在光栅、图像、伴音故障，则是与其相关的电路引起的保护，重点检测相关的功能电路。

7.5.3 保护电路维修实例

例 7-14：海尔 29F8A-N 彩电，开机瞬间显像管有亮光闪现，但随即出现三无。

分析与检修：由于开机瞬间荧屏四周有亮光闪现，说明电源有输出且已有高压加至显像管，很可能是晶闸管保护电路启动。引起自动关机故障造成三无。测量晶闸管 V412 的 G 极电压为 0.7V，进一步说明是晶闸管保护电路启动。

经观察，显像管高压帽对玻壳有打火的痕迹。经清洗后，试机，发现开机瞬间不仅高压帽仍打火，还发现行输出变压器线包外壳对磁芯也出现放电现象，据此说明高压过高。而高压过高只有两个原因：一是行逆程电容数值减小或开路；二是 +B 电压输出过高。经测量，在开机瞬间 +B 电压（116V）正常，显然，行逆程电容有问题。对行逆程电容 C407、C408 进行检查，发现 C407（7500pF/1.6 kV）已基本失效。经换新后试机，故障排除。

例7-15：海尔29F8A-N彩电，出现不能二次开机故障。

分析与检修：开机的瞬间有行输出工作和高压建立的声音，然后三无。经查，电源有正常输出电压，测量晶闸管保护电路V412的G极电压为0.7V高电平，判断保护电路启动。由于开关电源输出电压正常，在行逆程电容并联7.5kp电容器后，采取逐路解除保护的方法，逐个断开V412G极的保护检测电路，行输出过流检测电路断开R956，行输出过电压检测电路断开VD442，ABL电压过低保护电路断开R465。每断开一路检测电路的连接，进行一次开机试验。

当断开行输出过电压检测电路断开VD442时，开机不再发生保护故障，但光栅幅度过大，图像暗淡，说明原来的逆程电容器正常，拆除并联的7500pF电容器后，图像和光栅恢复正常，说明行输出过电压检测电路故障，引起误保护。对行输出过电压检测电路元件进行检查，发现R437电阻一端开焊，造成稳压管VD409负极电压升高，引起误保护。补焊R437后，故障排除。

7.6　海尔TB1240机心单片彩电保护电路速修图解

海尔TB1240机心大屏幕彩电，微处理器采用TMP87CS38N、TMP87CS38N-774、TMP87CS38N-3D27、TMP87CS38N-3C76、海尔874-V0.1等，单片小信号处理电路采用TB1240/AN，AV/TV切换电路采用TA1218，Y/C分离电路采用TC90A49P，伴音处理电路采用TA1216AN，音频功放电路采用TA8256H，场输出电路采用TA8427K等。

适用机型：海尔29FAH、29F58、29F6B-T、29T6B-TH、29F8A-T、29F8A-TA、29T6B-T、29T6B-TH、HP2988A、34F99、34F8A-T、34F8A-TA、34F9H-T、34F9B-TF、34P9B-T、34T8A-T、34T9B-TH、HT-3499、RGBTV-29FAH等单片系列大屏幕彩电。

海尔TB1240机心大屏幕彩电，开关电源初级电路采用厚膜电路STR-S6709，稳压和保护电路采用集成电路HIC1015，待机采用降低主电源输出电压和切断行振荡电路电源供电的方式。

海尔TB1240机心大屏幕彩电，在开关电源的初级和次级电路，具有完善的过电流、过电压保护功能，当开关电源或负载电路发生故障时，大多进入保护状态。本节以海尔29FAH彩电为例，介绍海尔TB1240机心大屏幕彩电开关电源次级以HIC1015为核心的待机与保护电路速修图解，海尔29F58、34F99等彩电电源和保护电路完全相同，均可参照维修。

7.6.1　保护电路原理图解

海尔29FAH彩电电源主要由厚膜电路STR-S6709（Q801）和稳压、待机、保护电路HIC1015（Z801）构成，以HIC1015为核心的待机与保护电路如图7-7所示。HIC1015是新型混合式厚膜电路，内含误差取样放大电路、待机控制电路、保护电路。

1. 待机控制电路

待机控制电路由开关电源输出降压控制和行振荡小信号HVCC电源控制两部分组成。一是对开关电源稳压电路进行控制，开机时输出高电平，待机时输出低电平；二是对行振荡电路的HVCC电压进行控制，开机时输出HVCC电压，待机时切断HVCC电压。

主要由小信号处理板上的微处理器QA01（TMP87CS38N）的7脚和电源扫描板上的Q830和Z801（HIC1015）的9脚内部的Q2、Q3、Q4电路，12脚外部Q814、Q421、D820、D420

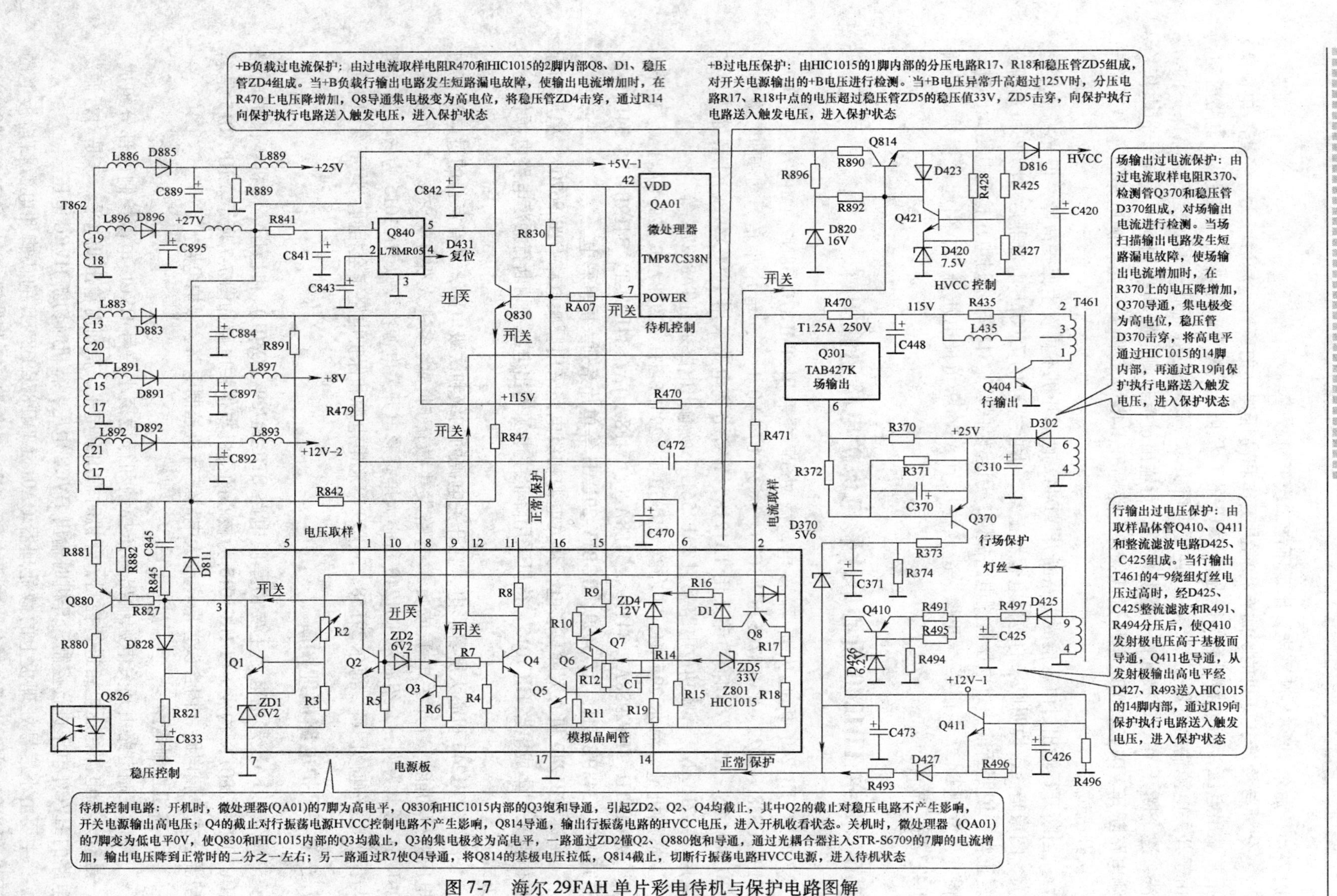

图 7-7　海尔 29FAH 单片彩电待机与保护电路图解

组成。其中9脚内部的Q2、Q3组成开关电源输出降压控制电路，Q814、Q421、D820、D420组成HVCC控制电路，其中R896、D820组成12V稳压电路，通过R892、Q421、D420偏置电路向Q814的b极提供正向偏置电压，从Q814的e极经D816输出HVCC电压。

2. 以HIC1015为核心保护电路

海尔29FAH彩电围绕HIC1015内部电路的保护功能，开发了+B过电流保护、+B过电压保护、行输出过电压保护、场输出过电流保护电路，保护电路启动时，迫使待机电路动作，进入待机状态。

开关电源次级的保护执行电路由HIC1015内部Q6、Q7构成的模拟晶闸管电路和Q5组成，并与待机控制电路的Q830的b极相连接。当故障检测电路检测到故障时，向Q6、Q7模拟晶闸管电路送入触发电压，Q6、Q7导通，并引起Q5导通，待机控制电路的Q830也导通，使待机控制电路动作，进入保护状态。

HIC1015的3脚外接C833是软启动电容。开机的瞬间，C833充电使Q880的导通程度由强逐渐到正常，经光耦合器Q826使开关电源初级STR-S6709的7脚输入电压由大逐渐下降到正常，使内部开关管导通时间由小逐渐增大，避免开机瞬间稳压控制电路未及时工作，可能造成开关电源损坏。

7.6.2　保护电路维修提示

1. 观察故障现象，配合电压测量确定故障部位

海尔29FAH彩电以HIC1015为核心的次级保护电路与待机控制电路联动，保护时与待机状态相似，开关电源输出电压降到正常值的1/2左右。检修时，可根据指示灯的变化和测量开关电源输出电压，判断故障范围。

（1）指示灯亮而不灭，开关电源始终处于待机状态

开机后无高压建立的声音，输出电压为正常值的1/2，说明微处理器未进入开机状态，故障在以微处理器为核心的控制电路和待机电路。常见为微处理器工作条件不具备，如无5V电压供电，复位、时钟振荡电路故障，导致微处理器未进入工作状态，待机控制电路故障，始终处于待机控制状态。

（2）指示灯亮而不灭，开关电源输出电压上升后降到1/2

开机后有高压建立的声音，输出电压上升后降到正常值的1/2，是以HIC1015为核心的次级保护电路执行保护。常见为+B负载过电流保护、+B电压过电压保护、场输出过电流保护、行输出过电压保护等，可通过测量HIC1015的14脚电压和D427正极电压、D370的负极电压确定是哪路保护电路启动，如果14脚电压为高电平，而D427的正极电压和D370的负极电压为低电平，则是行输出过电流或+B电压过电压保护电路启动，如果D427的正极电压为高电平，则是行输出过电压保护电路启动；如果D370的负极电压高于其稳压值5.6V，则是场输出过电流保护电路启动。

2. 暂短解除保护，确定故障部位

为了整机电路安全，解除保护前，应断开行输出电路，在+B输出端接假负载。由于以STR-S6709为核心的初级保护电路大多在厚膜电路内部，无法解除保护，只能对以HIC1015为核心的次级保护电路采取解除保护的方法。具体解除保护的方法是：

（1）从保护执行电路采取措施，解除保护

方法有两种：一是切断HIC1015的16脚与待机控制电路Q830的b极的连接；二是将

HIC1015 的 14 脚对地短路，将模拟晶闸管 Q6 的触发电压对地短路。

（2）从故障检测电路采取措施，解除保护

方法是逐个断开故障检测电路与保护执行电路的连接，斩断保护触发信号。+B 负载过电流检测电路短路 R470，场输出过电流保护电路断开稳压管 D370，行输出过电压保护电路断开 D427。

解除保护后，开机测量开关电源各路输出电压，重点测量 +B 电压，如果输出电压过高或过低，是稳压电路故障，重点检查稳压电路；如果 +B 电压正常，拆出假负载，恢复行输出电路，观察故障现象，如果电视机恢复正常，则是断开的故障检测、保护执行电路元件变质，引起的误保护；如果电视机存在光栅、图像、伴音故障，则是与其相关的电路引起的保护，重点检测相关的功能电路。

7.6.3 保护电路维修实例

例 7-16：海尔 29FAH 彩电，开机图像和伴音正常，半小时后自动关机。

分析与检修：在电视机由正常状态返回到待机状态的过程中，观察图像同步正常，判断不是由行频变化引起的。开机正常收看时测量开关电源输出电压正常，自动关机时，测量开关电源输出电压降到正常值的二分之一左右，同时测量 HIC1015 的 14 脚电压为高电平，判断是 HIC1015 保护电路启动。测量保护电路的 D427 正极电压，也为高电平，看来是行输出过电压保护电路启动。对行输出过电压检测电路进行检测，发现 D426 的 b 极电压低于正常值 6.2V，怀疑稳压管 D426 稳压值下降或漏电，用一支 6.2V 稳压管代换 D426 后，开机观察数小时，不再发生自动关机故障。

例 7-17：海尔 29FAH 彩电，开机三无，指示灯亮后即灭。

分析与检修：查开关电源无电压输出，测量 300V 电压正常，STR-S6709 的 9 脚有 7.5V 的启动电压，4 脚、5 脚电压为 0V，6 脚对 2 脚有 -0.15V 的电压，说明 STR-S6709 进入过电流保护状态。可能是负载电路存在短路故障，电阻测量行输出管等元件未见击穿短路故障，怀疑行输出变压器内部短路，更换行输出变压器 T461 后，开机有高压建立的声音，几秒钟后再次关机，关机后测量开关电源输出电压为正常值的二分之一左右，测量 HIC1015 的 14 脚电压为高电平，判断是 HIC1015 保护电路启动。测量行输出过电压保护电路的 D427 正极电压，开机的瞬间始终为低电平，测量场输出过电流保护电路的 D370 负极电压低于 D370 的稳压值 5.6V，判断是行输出过电流或 +B 电压过电压保护电路启动。对行输出过电流保护电路元件进行检测，发现取样电阻 R470 阻值变大，更换后电视机恢复正常。

例 7-18：海尔 34F99 彩电，指示灯亮，整机三无。

分析与检修：指示灯亮，说明开关电源已起振，测量开关电源输出电压为 65V 左右，遥控开机后有上升的趋势和行扫描工作的声音，然后又降到 65V。判断是 HIC1015 执行保护所致。为了区分故障范围，采用解除保护的方法，逐个断开各路故障检测电路的触发电压。当断开 HIC1015 的 14 脚外部的 D370 时，开机不再保护，但屏幕上出现一条水平亮线。对场输出电路 Q301（TA8427K）进行检测，场输出电路 TA8427K 内部短路，引起场输出过电流保护。更换场输出电路 TA8427K，恢复保护电路后，开机不再保护，故障排除。

7.7 海尔 TDA8843 机心单片彩电保护电路速修图解

海尔 TDA8843 机心单片彩电，微处理器 N901 采用 WUHA2000、WH2000A、WH2000C，单片小信号处理电路 N201 采用 TDA8843 或 OM8838，有的机型采用 TDA8844，场输出电路采用 TDA8351，图像增强电路 N1004、N1005 采用 SAA4961、TDA9178，音频处理电路 N701 采用 TDA9860，立体声伴音功放电路 N601 采用 TDA7297，重低音放大电路采用 VA4558N，重低音功放电路 N1202、N1203 采用 TDA2030 两只。

适用机型：海尔 25F08、25F99、25F99Q、29F18、29F1A-P、29FA、29TA、HP-2590、HP-2999、HP-2905、HP-2999A、HP-2969、29F96、29F9A-P、29F9A-PF、29F9B-PF、29T9B-P、29F9D-P、29T2A-P 等单片系列彩电，部分机型属于海尔美高美系列彩电。

海尔 TDA8843 机心单片彩电，开关电源采用以新型厚膜电路 KA3S0680R 为核心的并联型开关电源，副电源取自主电源，待机采用切断小信号电路供电的方式。

海尔 TDA8843 机心单片彩电，微处理器通过 I^2C 总线系统对被控集成电路进行检测，微处理器根据被控集成电路的应答信号和总线上的通信情况，对被控电路的工作状态进行检测，并提供自检信息，必要时实施保护。本文以海尔 29FA 彩电为例，介绍其保护电路速修图解。

7.7.1 保护电路原理图解

1. 小信号测量保护电路

海尔 29FA 彩电小信号处理电路采用飞利浦单片小信号处理电路 TDA8843，该小信号处理电路不但具有多种制式彩电小信号处理功能，还具有多重保护功能，TDA884X 系列电路的 22 脚（BCLIN）为束电流限制/场输出保护端口，50 脚（EHT）为过电压检测端口，是厂家设计的专用保护检测端口；另外 41 脚的行逆程脉冲输入端口、18 脚的白平衡自动调整取样电流输入端口，当外部无信号输入或引脚电压发生故障时，也会进入保护状态。

海尔 29FA 彩电围绕 N201（TDA8843）的 22 脚、50 脚和 41 脚、18 脚，开发了束电流过电流保护、行输出过电压保护、行脉冲异常保护和暗电流失衡保护电路，如图 7-8 所示。

2. 微处理器联动保护电路

上述保护电路还与微处理器保护电路联动，当这几个引脚电压、脉冲发生变化，达到设计保护值时，TDA8843 首先进入保护状态，令行扫描电路停止工作或切断亮度通道，同时还通过总线系统，向微处理器 N901（WUHAN2000C）发出保护信息，微处理器据此也进入保护状态，一般采用两种保护方法：一是保持行扫描切断亮度通道，但所有按键和遥控操作失控；二是从 20 脚输出待机指令，进入待机保护状态。

7.7.2 保护电路维修提示

该机的保护电路较多且复杂，发生保护故障时，其故障现象大约有两种：一是由总线系统微处理器执行的联动保护，故障现象包括有电源和行输出启动声，然后进入待机状态，其故障现象与开关电源、行扫描、微处理器电路引起的故障相似；二是由 TDA8843 单独执行的保护，故障现象是：无图无声，黑屏幕，操作失灵，指示灯亮但不闪烁。其开关电源和保护电路检修方法如下：

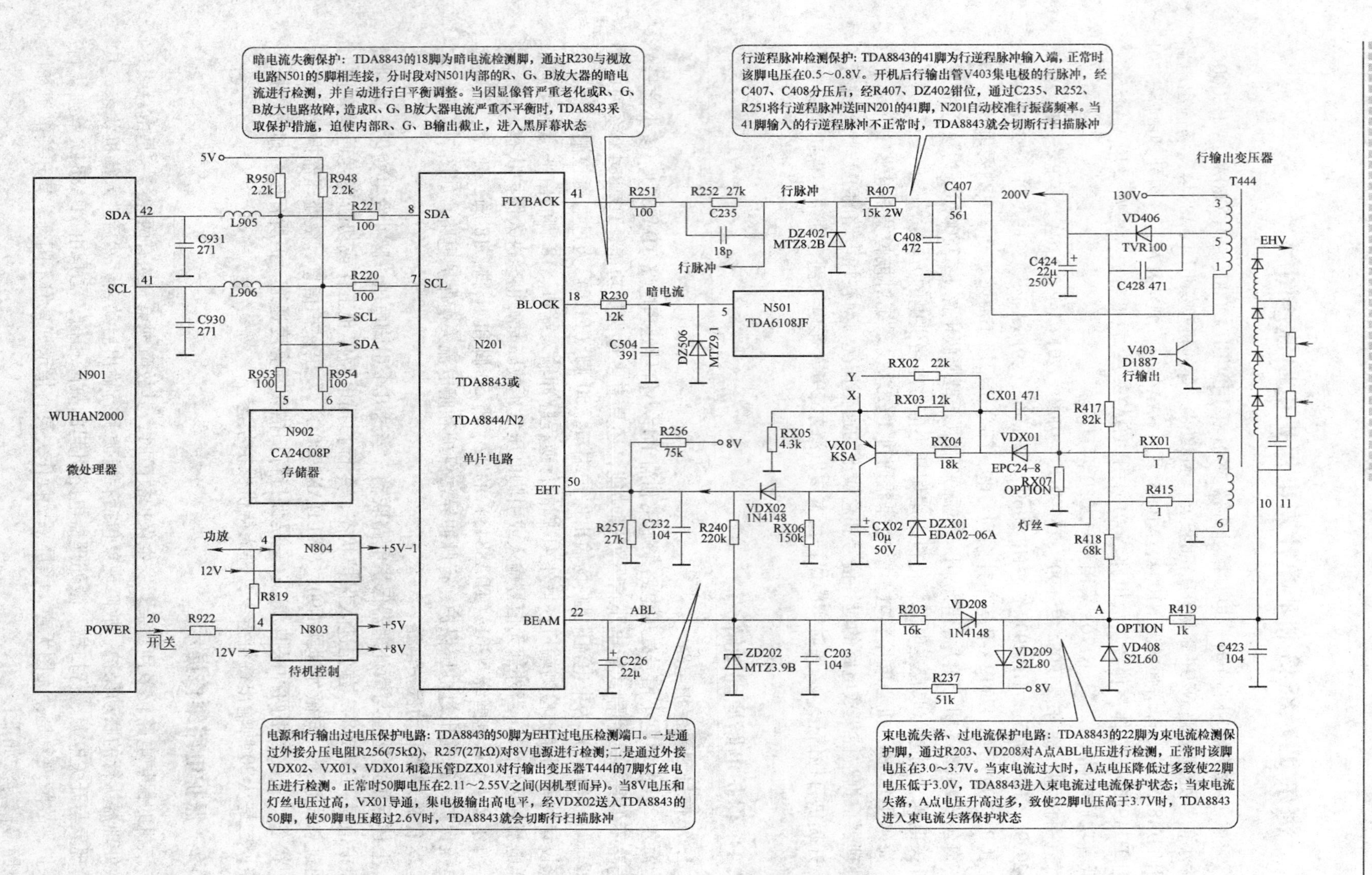

图 7-8　海尔 8843 单片机心总线系统保护电路图解

1. 测量关键点电压，判断是否保护

主要测量TDA8843的故障检测脚和对确定故障范围有参考意义的关键部位电压进行测量，一是测量正常时的电压；二是测量保护后的电压；三是测量开机后，进入保护前的瞬间电压。在测量进入保护前的瞬间电压时，由于万用表指针反应迟钝，往往不能测量到真实的电压，但只要超出正常范围，即可判定该点电压异常。具体测量以下电压：

（1）测量微处理器关键引脚电压

该机的保护大多由微处理器N901执行，微处理器的工作状态直接影响保护电路的准确性，在检测保护电路故障前，应首先测量微处理器工作条件和总线系统是否正常。

如果开机后发生自动关机故障，41脚电压由开机状态的高电平变为低电平时，则是总线系统保护电路引起微处理器联动保护。

（2）测量电源电压

测量开关电源输出的各路电压，如果开机的瞬间有电压输出，然后降为0V，多为开关电源初级保护电路启动所致。如果开关电源开机后始终无电压输出，则是开关电源初级电路故障；如果开关电源输出电压正常，只是待机控制的8V和5V无电压输出，则是微处理器执行的保护。

（3）测量TDA8843的故障检测脚电压

可在开机后，进入保护之前的瞬间，也可在解除保护后，测量TDA8843的41、50、22脚各路保护电压，判断故障范围。TDA8843故障检测保护引脚的电压为：行逆程脉冲检测保护41脚，正常时该脚电压在0.5~0.8V，无行脉冲输入时为0；过电压检测保护50脚，正常时在2.1~2.5V（因机型和电路设计不同略有差异），当该脚电压超过2.6V时进入保护状态；束电流检测保护22脚，正常时该脚电压在3.0~3.7V，当该脚电压低于3.0V或高于3.7V时，就会进入保护状态。

2. 暂时解除保护，确定故障部位

在确定开关电源输出电压正常，行扫描电路无明显短路漏电故障时，可采用解除保护的方法，观察开机后的故障现象，根据故障现象进一步判断故障范围，对相应的电路进行检修。也可在开机后，对与保护有关的引脚电压进行测量，确定故障范围。该机解除保护有两种方法：

（1）从保护执行电路解除保护

从微处理器N901的开关机控制电路采取措施，一是将N901的外部的R922接20脚一端焊开，改接+5V电源，并将静音控制电路的R923断开，为受控的N803、N804的4脚提供开机高电平，强行开机，观察故障现象。该方法的缺点是：由于微处理器仍处于待机保护状态，操作和控制可能无效，但可对小信号处理等相关电压进行测量。

（2）解除TDA8843各种保护

由于TDA8843的41、22、18脚保护检测电压，是连续变化的脉冲和电压，保护时从集成电路内部执行，无法采取解除保护的方法，只能对外部保护检测电路元件进行检测，对引起被检测脉冲和电压失常的电源、行输出电路进行维修。50脚的过电压保护电路，可断开VD912，切断行过电压检测保护。

如果断开哪路保护电路后，开机退出保护状态，则是该保护电路引起的保护，可对该保护电路和其监测的电压进行检查，也可根据解除保护后的故障现象，对相关电路检修。此方法的优点是：微处理器也解除保护，进入开机状态，可进行相应的调整和操作。

7.7.3 保护电路维修实例

例 7-19：海尔 29FA 彩电，多数时间能正常收看，收看中途偶尔发生自动关机故障。

分析与检修： 由于有时能正常收看，说明开关电源和行输出电路基本正常，偶尔发生自动关机故障，可能是保护电路误入保护状态所致。自动关机时，测量 KA7630 的 4 脚由开机时的高电平变为低电平，进一步判断是微处理器进入保护状态。

采用解除保护强行开机的方法进行检修：将 KA7630 和 KA78R05 的 4 脚外部接待机控制电路的连线断开，接 5V 电源。强行开机后出现光栅和图像，但光栅较亮，估计是束电流保护电路引起的保护。检查 TDA8843 的 22 脚，直流电压在 2.9 ~ 3.2V，接近保护值，如果遇到高亮度图像，就会引起束电流过大，造成 TDA8843 的 22 脚电压越过保护值进入保护状态。检查视频放大电路，发现供给电压 200V 偏低，仅 150V 左右。对视频放大供电电路进行检测，发现 180V 滤波电容器 C916（10μF/25V）容量减小，更换 C916 后，200V 电压恢复正常，图像亮度也进入正常状态，恢复保护电路，不再发生自动关机故障。

例 7-20：海尔 29FA 彩电，开机三无。

分析与检修： 测量 KA7630 和 KA78R05 的 4 脚为低电平，无 8V 和 5V 受控电压输出。采用解除保护的方法：将 KA7630 和 KA78R05 的 4 脚外部接待机控制电路的连线断开，接 5V 电源，为 4 脚送入高电平后，有行输出工作和高压建立的声音，然后三无。采用瞬间电压测量法，在开机后，保护前测量 TDA8843 的 41、22、50 脚检测端电压，发现 50 脚电压在开机的瞬间超过 3.0V，判断是 50 脚检测到过电压故障，引起的保护。但测量 8V 电压和电源的 130V 电压均正常，判断行输出电路输出的脉冲电压过高引起的保护。测量行输出过电压检测电路 QX01 的 c 极开机的瞬间为高电平，进一步确定行输出过电压保护，对可能引起行输出过电压的行逆程电容器 C414、C415 进行检查，发现逆程电容 C414 一端开焊，使逆程电容容量减少一半，引起行输出脉冲电压升高，造成过电压保护。将 C414 焊好后，开机不再出现三无保护故障。

例 7-21：海尔 29FA 彩电，多数时间能正常收看，收看中途偶尔发生三无故障。

分析与检修： 检查电路板上的焊点，未见开焊现象；测量单片小信号处理电路 50 脚和 22 脚电压，均偏高，采用逐个解除 TDA8843 保护的方法，当断开 50 脚外部行输出过电压保护电路的 VDX02 后，不再发生三无故障，判断是行输出过电压保护电路元件变质引起的误保护。对该保护电路的元件进行检测，未发现异常，怀疑稳压管 DZX01 的稳压值不稳定，代换稳压管 DZX01 后，开机不再发生三无故障。

7.8 海尔 TDA9808T 机心高清彩电保护电路速修图解

海尔 TDA9808T 高清机心，微处理器采用 TMP87CK36N，总线系统被控电路有 TDA9808T、MSP3410、TDA4687、TDA9160 等。

适用机型：海尔 HG-2560V、HG-2569N、HG-2569PN、HG-2948、HG-2988N、HG-2988P、HG-2988PN 等 100Hz 倍场高清系列彩电。

海尔 TDA9808T 高清机心，开关电源初级电路采用厚膜电路 STR-S6709，副电源取自主电源，待机采用降低主电源输出电压和切断行振荡电路电源供电的方式。

海尔 TDA9808T 高清机心在开关电源次级的待机控制电路，设有电源和行输出供电失电压保护电路，发生失电压故障时，迫使待机控制电路动作，进入待机保护状态。本节以海尔 HG-2560V 彩电为例，主要介绍海尔 TDA9808T 高清机心的待机与保护电路速修图解。

7.8.1　保护电路原理图解

海尔 HG-2560V 彩电的待机与保护电路见图 7-9 所示。依托待机控制电路，设置了开关电源输出电压失电压保护和行输出二次供电失电压保护电路，电源和行输出电路发生失电压故障时，保护电路启动，迫使待机控制电路动作，进入待机状态，达到保护的目的。

1. 待机控制电路

该机的开关电源初级电路 N801 采用厚膜电路 STR-S6709，稳压电路由三端取样误差放大电路 N803（SE125）和光耦合器 N802（PC817）组成，对 N801 的 7 脚进行控制，保持开机时的输出电压稳定，其中 +B 电压为 125V。

待机电路由两部分组成：一是由 V804、V803、VD826 组成的降压控制电路，通过光耦合器 N802 对 STR-S6709 的 7 脚进行控制，待机时控制 STR-S6709 工作于间歇振荡状态，输出电压降低到正常时的四分之一左右；二是由四端稳压器 N805（PQ12RF21）组成的 12V 电源控制电路，待机时切断行振荡和小信号处理电路的 12V 供电。

该机的副电源由开关电源次级 VD823、C825 整流滤波后的 16V 电压提供，并由主板上的 N104（KIA7805）稳压后供给微处理器控制电路。由于待机时，开关电源输出电压普遍降低到四分之一左右，VD823、C825 整流滤波后的电压降到 4V 左右，不能满足副电源稳压电路 N104 的需求，为此该机设置了副电源供电切换电路，待机时将 VD824、C821 整流滤波后的 16V 电压送给副电源。

该电路由 V802、R819 组成，受待机降压电路的控制。开机时，待机降压控制电路的 V803 的 c 极为高电平，V802 截止，副电源由 C825 两端的 16V 电源供电；待机时降压控制电路的 V803 的 c 极为低电平，V802 导通，将 VD824、C821 整流滤波后的 16V 电压送到 C825 的上端，向副电源供电。

2. 失电压保护电路

该机在待机控制电路 V804 的 b 极的 R818、R821 之间的 A 点，外接 7 路检测二极管，对开关电源各路输出电压和行输出为场输出电路供电的电压进行检测，当因负载短路或供电整流滤波电路开路，造成被检测电压严重降低或失电压时，相应的检测二极管导通，将待机控制电路的 A 点电压拉低，迫使待机控制电路的 V804 由开机导通状态变为截止状态，V803 和 VD826 导通，迫使开关电源输出电压降低，进入保护状态。

7.8.2　保护电路维修提示

由于该机的保护执行电路与开关机电路相连接，其保护被控电路是主电源，保护时与待机状态相似。如果开机后有开机的声音和反应，未进行遥控待机操作，电视机自动关机，进入待机状态，即可判断是失电压保护电路工作，进入保护状态。

1. 测量关键点电压，判断是否保护

由于保护时采取降低主电源输出电压的方法，如果开机的瞬间有 +B 电压输出，然后降为正常时的四分之一左右，同时测量微处理器送入电源板上的 ON/OFF 电压仍为开机时的高电平，即可判断是进入保护状态。

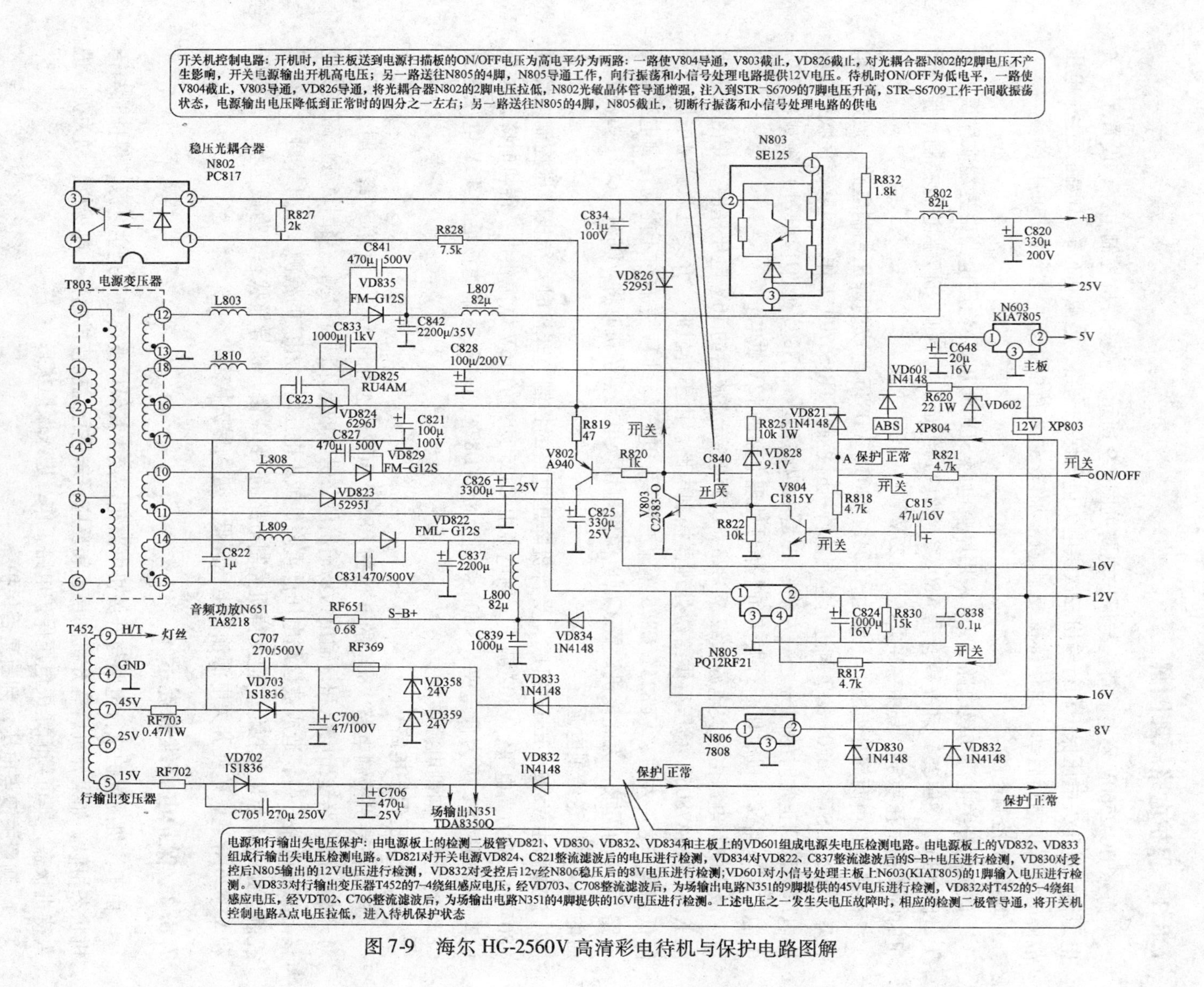

图 7-9 海尔 HG-2560V 高清彩电待机与保护电路图解

在开机后进入保护前的瞬间，测量图7-9中电源失电压检测二极管VD821、VD830、VD832、VD834、VD601和行输出失电压检测二极管VD832、VD833的负极电压，或测量上述二极管的正向电压，如果哪个二极管负极开机瞬间无电压或二极管有正向电压，即可判断是该路故障检测电路引起的保护。也可在解除保护后测量上述二极管电压，哪个二极管负极开机无电压或二极管有正向电压，则是哪路故障检测电路引起的保护。

2. 暂时解除保护，确定故障部位

（1）从A点采取措施，解除保护状态

将待机控制电路与保护检测电路的连接A点断开，切断保护电路与待机控制电路的连接，解除保护，开机观察故障现象。

（2）从失电压检测电路，解除保护

逐个断开各路故障检测电路与待机控制电路的连接，即逐个断开电源失电压检测二极管VD821、VD830、VD832、VD834、VD601和行输出失电压检测二极管VD832、VD833的正极，并重新启动电视机试之。如果断开那个保护电路与中断口的连接后，开机退出保护状态，则是该故障检测电路引起的保护。

开机后退出保护状态，一是观察电视机退出保护状态的光栅、图像、伴音状态，如果开机后出现声光图方面的故障，则是发生故障的单元电路发生故障，引起保护，对相关电路进行维修；二是测量开关电源各路被检测的输出电压，对失电压的电源供电和负载电路进行维修。

7.8.3　保护电路维修实例

例7-22：海尔HG-2560V彩电，时常发生自动关机故障。

分析与检修：据用户介绍：关机前有时发生水平亮线和图像缩小故障，根据维修经验，估计是场输出电路发生故障，引起行输出二次供电电压失电压，进入保护状态发生自动关机故障。由于该机多数时间可正常收看，偶尔发生自动关机故障，估计是电路接触不良。对为场输出N351电路供电的电源进行检测，发现行输出变压器T452的7脚外接熔断电阻RF703（0.47/1W）引脚有一个黑圈，接触不良，补焊后，开机不再发生自动关机故障。

例7-23：海尔HG-2560V彩电，开机时自动关机。

分析与检修：开机的瞬间，有高压建立的声音，同时测量开关电源输出电压，+B电压上升后，又降低到正常时的四分之一，但测量微处理器送入电源板的ON/OFF电压为高电平，判断失电压保护电路启动。

开机的瞬间，对各路失电压检测二极管负极的被检测电压进行测量，发现VD834的负极电压很低，该电压为伴音功放电路供电，断开功放电路外部的熔断电阻RF651后，开机VD834的负极电压恢复正常，出现光栅和图像，只是无伴音。判断伴音功放电路发生短路故障，造成S-B+电压降低，引起失电压保护电路启动，自动关机。对伴音功放电路N651（TA8218）进行检测，9脚与13脚之间短路，更换TA8218后，故障排除。

例7-24：海尔HG-2988N彩电，开机时自动关机。

分析与检修：该机与HG-2560V电路相同。开机的瞬间，有高压建立的声音，同时测量开关电源输出电压，+B电压上升后，又降低到正常时的四分之一，但测量微处理器送入电源板的ON/OFF电压为高电平，判断失电压保护电路启动。

开机的瞬间，对电源板的各路失电压检测二极管负极的被检测电压进行测量，未发现异常，再对行输出失电压检测电路的二极管负极电压进行检测，也未见异常。最后采取解除保护的方法，将图 7-9 中的 A 点断开，开机后不再保护，但无伴音，估计故障在小信号处理电路，而造成小信号处理电路引起保护和无伴音的，只有失电压检测电路的 VD601。对 VD601 的负极电压进行测量，无电压。检查相关电路，发现电阻 R620 断路，烧焦，估计 N603（KIA7805）或其负载电路 N601（MSP3410/00）有短路故障，测量 N603 的 1、3 脚之间电阻很小，怀疑 N603 内部短路，更换 N603 和 R620 后，开机不再保护，声光图出现，故障排除。

第二部分　平板彩电保护电路速修图解

第 8 章　海信平板彩电保护电路速修图解

8.1　海信 TLM3233H 液晶彩电电源板保护电路速修图解

海信 TLM3233H 等液晶彩电用 1032 电源板，采用 NCP1217 + NCP1217A 组合方案，由两部分组成：一是由驱动控制电路 NCP1217 和 MOSFET 开关管组成的副电源，产生 +5V - S/1A 电压，为主电路板控制系统供电；二是 NCP1217 和 MOSFET 开关管组成的主电源，产生 +12V/3.5A 和 24V/6A 电压，为主电路板和背光灯板电路供电。

海信 TLM3233H 等液晶彩电用 1032 电源板，依托待机控制电路设有过压、失压保护电路，当开关电源发生过压故障或负载电路发生短路故障，造成输出电压过电压或失电压时，保护电路启动，进入待机保护状态。

8.1.1　保护电路原理图解

海信 TLM3233H 液晶彩电用 1032 电源板在主电源的次级设有以 V809、V810 模拟晶闸管为核心的保护电路，具有过电压、过电流保护功能。如图 8-1 所示，V810 的 b 极外接过电压、过电流保护检测电路，V809 的 e 极与待机控制电路光耦合器 N806 的 1 脚相连接。当 V810 的 b 极外接的保护检测电路检测到故障时，向 V810 的 b 极送入高电平触发电压，模拟晶闸管导通，V809 的导通，将 N806 的 1 脚电压短路，N806 截止，待机控制电路 V803 截止，切断驱动控制电路 N801 的 6 脚 VCC 供电，主电源停止工作。

8.1.2　保护电路维修提示

海信 TLM3233H 液晶彩电用 1032 电源板设有完善的保护电路，当开关电源发生过电压、过电流故障时，多会引起保护电路启动，进入保护状态，开关电源停止工作，看不到真实的故障现象，给维修造成困难。维修时，可采取测量关键点的电压，判断是否保护和解除保护，观察故障现象的方法进行维修。

1. 根据故障现象，判断是否保护

如果指示灯亮，开机的瞬间，主电源启动，并在主电源变压器的二次侧有电压输出，几秒钟后主电源停止工作，输出电压降到 0V，多为模拟晶闸管保护电路启动所致。

2. 测量关键点电压，判断哪路保护

在开机的瞬间，测量保护电路的模拟晶闸管 V810 的 b 极电压，该电压正常时为低电平 0V。如果开机时或发生故障时，V810 的 b 极电压变为高电平 0.7V 以上，则是以模拟晶闸管为核心的保护电路启动。

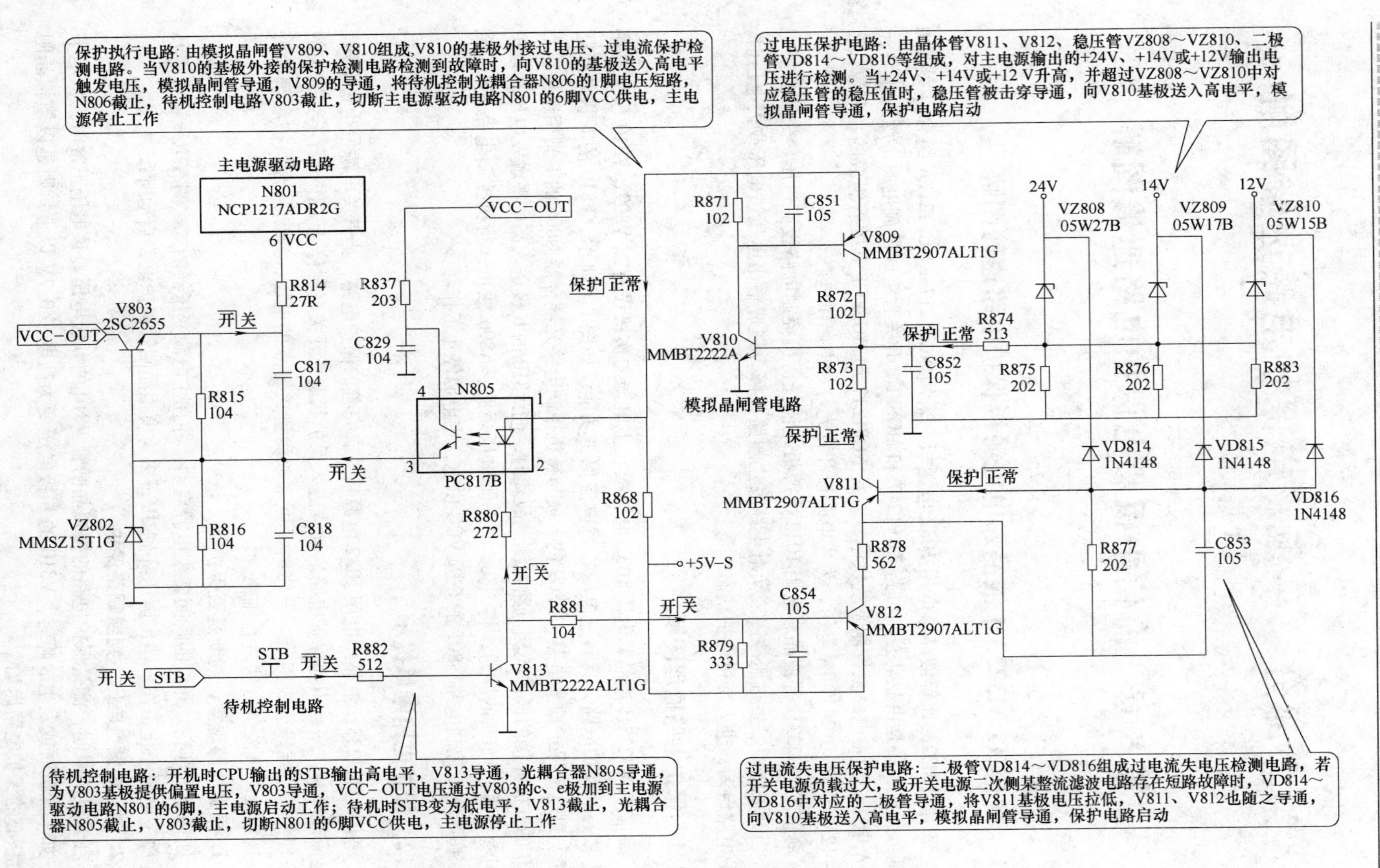
保护执行电路：由模拟晶闸管V809、V810组成,V810的基极外接过电压、过电流保护检测电路。当V810的基极外接的保护检测电路检测到故障时，向V810的基极送入高电平触发电压，模拟晶闸管导通，V809的导通，将待机控制光耦合器N806的1脚电压短路，N806截止，待机控制电路V803截止，切断主电源驱动电路N801的6脚VCC供电，主电源停止工作
过电压保护电路：由晶体管V811、V812、稳压管VZ808～VZ810、二极管VD814～VD816等组成，对主电源输出的+24V、+14V或+12V输出电压进行检测。当+24V、+14V或+12 V升高，并超过VZ808～VZ810中对应稳压管的稳压值时，稳压管被击穿导通，向V810基极送入高电平，模拟晶闸管导通，保护电路启动
主电源驱动电路
N801
NCP1217ADR2G
6 VCC
VCC-OUT
V803
2SC2655
VZ802
MMSZ15T1G
R814 27R
R815 104
R816 104
C817 104
C818 104
R837 203
C829 104
N805
PC817B
R880 272
R882 512
STB
待机控制电路
V813
MMBT2222ALT1G
R881 104
R868 102
+5V-S
R879 333
C854 105
V812
MMBT2907ALT1G
R878 562
V811
MMBT2907ALT1G
V810
MMBT2222A
模拟晶闸管电路
R871 102
C851 105
V809
MMBT2907ALT1G
R872 102
R873 102
C852 105
R874 513
R875 202
R876 202
R877 202
R883 202
C853 105
VD814 1N4148
VD815 1N4148
VD816 1N4148
VZ808 05W27B
VZ809 05W17B
VZ810 05W15B
24V
14V
12V
保护
正常
开关
待机控制电路：开机时CPU输出的STB输出高电平，V813导通，光耦合器N805导通，为V803基极提供偏置电压，V803导通，VCC-OUT电压通过V803的c、e极加到主电源驱动电路N801的6脚，主电源启动工作；待机时STB变为低电平，V813截止，光耦合器N805截止，V803截止，切断N801的6脚VCC供电，主电源停止工作
过电流失电压保护电路：二极管VD814～VD816组成过电流失电压检测电路，若开关电源负载过大，或开关电源二次侧某整流滤波电路存在短路故障时，VD814～VD816中对应的二极管导通，将V811基极电压拉低，V811、V812也随之导通，向V810基极送入高电平，模拟晶闸管导通，保护电路启动
图 8-1 海信 TLM3233H 液晶彩电电源板保护电路图解

由于V810的b极电压外接三路过电压保护和三路过电流保护两种保护检测电路，为了确定是哪路检测电路引起的保护，可在自动关机前的瞬间通过测量V811的发射结e-b电压，该电压正常时为0V，如果为0.7V，则是过电流、欠电压保护电路启动，否则是过电压保护电路启动。

如果过电压保护电路启动，应对可能引起开关电源输出电压升高的稳压控制环路的N803、N806、R856、R859等元件进行检测。

如果是过电流保护电路的启动，可拔掉电源板与负载电路的连接器，将连接器的开关机控制端接+5V，模拟开机高电平，再接假负载对开关电源电路进行检修，判断故障在负载还是在开关电源板。

3. 暂时解除保护，确定故障部位

确定保护之后，可采取解除保护的方法，开机测量开关电源输出电压和负载电流，观察故障现象，确定故障部位。为防止开关电源输出电压过高，引起负载电路损坏，建议先接假负载测量开关电源输出电压，在输出电压正常时，再连接负载电路。

全部解除保护：将模拟晶闸管V810的b极对地短路，也可将模拟晶闸管V809的e极与光耦合器N805的1脚之间的连接断开，解除保护，开机观察故障现象。

二分之一分割解除保护：由于模拟晶闸管V810的b极外接过电压、过电流两路保护电路，可断开过电流保护检测电路的V811的c极和R873后开机测试，如果开机不再保护，则是过电流保护电路引起的保护；否则是过电压检测电路引起的保护。

逐路解除保护：对于+24V过电压保护电路断开VZ808；+14V过电压保护电路断开VZ809；+12V过电压保护电路断开VZ810；+24V过电流保护电路断开VD814；+14V过电流保护电路断开VD815；+12V过电流保护电路断开VD816。每解除一路保护检测电路，进行一次开机实验，如果断开哪路保护检测电路后，开机不再保护，则是该电压过高引起的保护。

注意：断开二极管后不可长时间通电，以免引起元器件损坏。

8.1.3　保护电路维修实例

例8-1：开机黑屏幕，指示灯亮。

分析与检修：指示灯亮，说明+5V副开关电源正常，按下“POWER”键开机，测量主电源无+24V、+12V电压输出，测量N801驱动控制电路的6脚无VCC供电，对VCC供电电路进行检查，发现V803的c极有电压，但e极无电压，检查V803的b极的待机控制电路未见异常。根据电路图分析，V803的b极外接以V804为核心的市电过低保护电路，检查该保护电路，发现V804导通，对其b极外部的市电分压检测电路进行检测，发现分压电阻R819烧断，更换R819后，故障排除。

8.2　海信TLM3237D液晶彩电电源板保护电路速修图解

海信TLM3237D液晶彩电电源板，集成电路采用NCP1207+NCP1653+NCP1217A组合方案，为主电路板和背光灯逆变器电路提供5V、24V、12V、28V电源。

海信TLM3237D液晶彩电电源板电路组成分为三部分：一是以厚膜电路NCP1207和大功率MOSFET开关管V809为核心组成的副开关电源，为主板上微处理器控制系统提供+5V

-S、5V-M 供电，同时为功率因数校正（Power Factor Correction，简称 PFC）电路和主电源驱动控制电路提供 VCC 工作电压；二是以驱动控制电路 NCP1653 和大功率 MOSFET 开关管 V801 为核心组成的 PFC 电路，校正后为主电源提供约 375V 的 +BPFC 工作电压；三是以驱动控制电路 NCP1217，推动电路 V820、V821、T804 和大功率 MOSFET 开关管 V805、V806 为核心组成的主电源，为负载电路提供 +24V、+28V、+12V/3.5A 的电压。待机采用切断主电源 VCC 供电的方式，主电源停止工作。

海信 TLM3237D 液晶彩电电源板在电源次级电路依托待机控制电路设有以模拟晶闸管为核心组成的过电压、失电压保护电路，当开关电源发生过电压故障或负载电路发生短路故障，造成输出电压过电压或失电压时，保护电路启动，迫使待机控制电路动作，进入待机保护状态；在开关电源的初级电路设有市电欠电压保护和 375V 过电压保护电路，发生欠电压或过电压故障时，迫使待机 VCC 控制电路动作，进入保护状态。

8.2.1 保护电路原理图解

海信 TLM3237D 液晶彩电电源板依托待机控制电路，设有模拟晶闸管 V810、V811 组成的过电压保护电路、失电压保护电路和 220V 欠电压保护电路、375V 过电压保护电路，保护电路原理如图 8-2 所示。保护电路启动时，迫使开关机电路动作，进入待机保护状态，PFC 电路和 PWM 主电源停止工作。

8.2.2 保护电路维修提示

如果指示灯亮，开机的瞬间，主电源启动，并在主电源变压器的二次侧有电压输出，几秒钟后主电源停止工作，输出电压降到 0V，多为模拟晶闸管保护电路启动所致。

1. 测量关键点电压，判断哪路保护

检修时，可在开机的瞬间，测量保护电路的模拟晶闸管 V811 的 b 极电压，该电压正常时为低电平 0V。如果开机时或发生故障时，V811 的 b 极电压变为高电平 0.7V 以上，则是以模拟晶闸管为核心的保护电路启动。

由于 V811 的 b 极电压外接三路过电压保护和三路欠电压保护两种保护检测电路，为了确定是哪路检测电路引起的保护，可在自动关机前的瞬间通过测量 V823 的发射结 e-b 电压，该电压正常时为 0V，如果为 0.7V，则是过电流、欠电压保护电路启动，否则是过电压保护电路启动。

如果过电压保护电路的启动，应对可能引起开关电源输出电压升高的稳压控制电路的元件进行检测。如果是过电流保护电路的启动，可拔掉电源板与负载电路的连接器，将连接器的开关机 STB 控制端接 +5V，模拟开机高电平，再接假负载对开关电源电路进行检修，判断故障在负载还是开关电源板。

2. 暂时解除保护，确定故障部位

确定保护之后，可采解除保护的方法，开机测量开关电源输出电压和负载电流，观察故障现象，确定故障部位。为了防止开关电源输出电压过高，引起负载电路损坏，建议先接假负载测量开关电源输出电压，在输出电压正常时，再连接负载电路。

全部解除模拟晶闸管保护：将模拟晶闸管 V811 的 b 极对地短路，也可将模拟晶闸管 V810 的 e 极与光耦合器 N805 的 1 脚之间的连接断开，解除保护，开机观察故障现象。

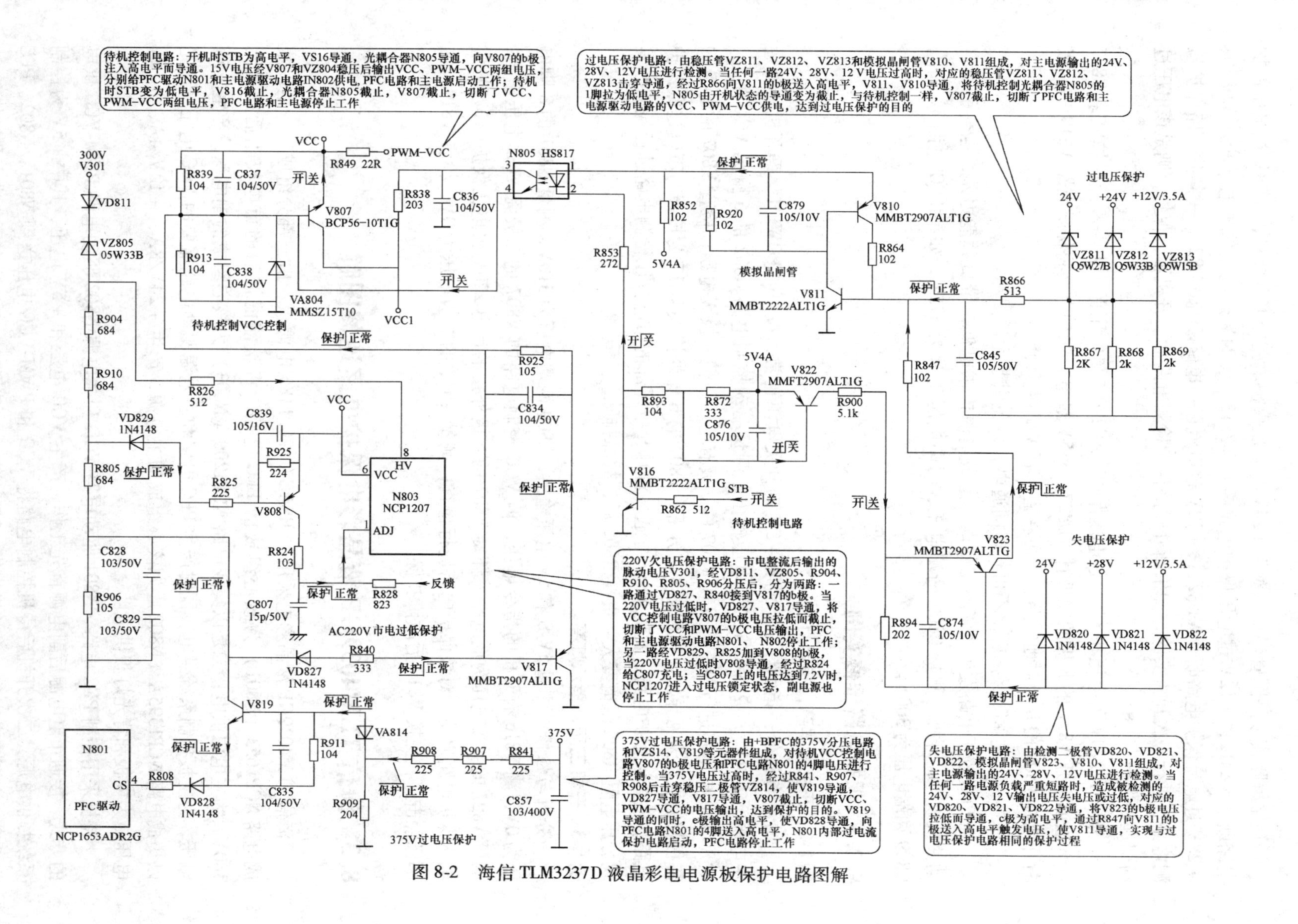

图 8-2　海信 TLM3237D 液晶彩电电源板保护电路图解

逐路解除模拟晶闸管保护：对于+24V过电压保护电路断开VZ811；+28V过电压保护电路断开VZ812；+12V过电压保护电路断开VZ813；+24V过电流保护电路断开VD820；+28V过电流保护电路断开VD821；+12V过电流保护电路断开VD822。每解除一路保护检测电路，进行一次开机实验，如果断开哪路保护检测电路后，开机不再保护，则是该电压过高引起的保护。

解除AC220V欠电压和375V过电压保护：AC220V欠电压保护电路断开保护电路V817的e极或断开V817的b极的二极管VD827。375V过电压保护电路将保护电路V819的c极断开或将V809的b极对地短路，也可将稳压管VZ814断开。

注意：上述解除保护后，不可长时间通电，以免引起元件损坏。

当PFC校正电路发生故障不工作时，造成电源板供电低，带负载能力差，也会引发自动关机故障，开机时测量C809两端电压，两端电压正常为375V，如果PFC电路不工作，C809两端电压为300V。

8.2.3 保护电路维修实例

例8-2：开机黑屏幕，指示灯亮。

分析与检修：指示灯亮，说明+5V副开关电源正常，按下“POWER”键开机，测量主电源无+24V、+28V、+12V电压输出，测量驱动控制电路N802的6脚无VCC供电，对VCC供电电路进行检查，发现V807的c极有电压，但e极无电压，检查V807的b极的待机控制电路未见异常。根据图8-2分析，V807的b极外接以V817为核心的市电过低保护电路，检查该保护电路，发现V817导通，对其b极外部的市电分压检测电路进行检测，发现分压电阻R805阻值变大，更换R805后，故障排除。

例8-3：开机三无，指示灯亮。

分析与检修：测量5V-S有5V电压输出，C809两端电压为310V，测量N801的8脚电压为0V，测V816有开机的指令电压，但VCC控制电路的V807的e极无VCC电压输出，测量V807的b极电压为低电平。怀疑V807的b极外接的市电220V欠电压保护或375V过电压保护电路启动。对该保护电路进行检查，测量V817的b极电压为0V，检查V817，内部已经击穿，更换V817后故障排除。

8.3 海信TLM4039GP液晶彩电保护电路速修图解

海信TLM4039GP液晶彩电采用的RSAG7.820.1185电源板，由三部分组成：一是以集成电路NCP1653（N801）为核心组成的PFC电路，将整流滤波后的市电校正后提升到380V，为主电源供电；二是以集成电路NCP1200（N803）为核心组成的副电源，产生+5V电压，为主板控制系统供电，同时产生PFC电路和主电源驱动电路需要的VCC电压；三是以集成电路NCP1395A（N802）为核心组成的主电源，产生+24V/8A、+12V/4A、+16V电压，为主板和背光灯板供电。

待机采用控制PFC电路、N801驱动电路VCC和主电源N802驱动电路PWM-VCC供电的方式。接通市电电源后副电源首先工作，产生VCC电压和+5V电压，其中+5V为控制系统提供电源，二次开机后待机控制电路将VCC和PWM-VCC电压送到N801、N802，PFC电路和主电源启动工作，为整机提供+24V/8A、+12V/4A、+16V电压，进入开机状态。

8.3.1　保护电路原理图解

海信 TLM4039GP 液晶彩电电源板在主电源的次级设有以 V811、V810 模拟晶闸管为核心的保护电路，具有过电压、欠电压保护功能。如图 8-3 所示，V811 的 b 极外接过电压保护检测电路，V810 的 b 极外接欠电压保护检测电路，V810 的 e 极与待机控制电路光耦合器 N805 的 1 脚相连接。当 V811 的 b 极外接过电压保护检测电路检测到故障时，向 V811 的 b 极送入高电平触发电压，模拟晶闸管导通；当 V810 的 b 极外接欠电压保护电路检测到欠电压故障时，将 V810 的 b 极电压拉低，模拟晶闸管电路导通。模拟晶闸管导通时将 N805 的 1 脚电压短路，N805 截止，待机控制电路 V807 截止，切断 PFC 电路和主电源驱动控制电路 VCC、PWM-VCC 供电，PFC 电路和主电源停止工作。

8.3.2　保护电路维修提示

该开关电源还设有以模拟晶闸管 V810、V811 为核心组成的过电压检测和失电压检测保护电路，保护电路启动时，将开关机控制电路 ON/OFF 高电平拉低，进入待机保护状态。引发的故障现象是指示灯亮，遥控开机后主电源启动工作，由于存在过电压和过电流故障，保护电路启动，引发自动关机故障，但指示灯亮。

1. 测量关键点电压，判断哪路保护

如果测主电源开机的瞬间有 24V、12V、16V 电压输出，然后自动关机，测量保护电路的 V811 的 b 极电压变为高电平 0.7V 以上，则是以模拟晶闸管为核心的过电压、欠电压保护电路启动。

2. 暂时解除保护，确定故障部位

可采解除保护的方法，全部解除保护：将 V811 的 b 极对地短路，逐路解除保护，过电压保护电路，逐个断开 VZ811、VZ816、VZ817，失电压保护电路逐个断开 VD819、VD820、VD828。

8.3.3　保护电路维修实例

例 8-4：开机后自动关机，指示灯亮。

分析与检修：指示灯亮，说明 +5V 副开关电源正常，按下“POWER”键开机，测量主电源无 +24V、+16V、+12V 电压输出，测量开关机控制电路 V807 的 e 极无 VCC 电压输出，但测量开关机控制电压 ON/OFF 为开机高电平；测量模拟开关管保护电路 V811 的 b 极电压为 0.7V 高电平，判断保护电路启动。拆下电源板，单独对电源板进行维修，将 ON/OFF 开关机控制端接 5V 电压，解除保护将 V810 的 e 极与待机控制光耦合器 N805 的 1 脚之间断开，通电测量电源板输出电压基本正常，判断保护检测电路发生故障，对 V811、V810 的 b 极外接保护电路进行在路测量，未见异常。考虑到稳压管在路测量无法准确判断稳压值，逐个代换稳压管 VZ811、VZ816、VZ817，当更换 VZ817 后，故障排除。

例 8-5：开机后自动关机，指示灯亮。

分析与检修：按下“POWER”键开机，测量主电源无 +24V、+16V、+12V 电压输出，测量主电源驱动控制电路 N802 的 6 脚无 VCC 供电，对 VCC 供电电路进行检查，发现 V807 的 c 极有电压，但 e 极无电压，检查 V807 的 b 极的待机控制电路未见异常。根据图8-3

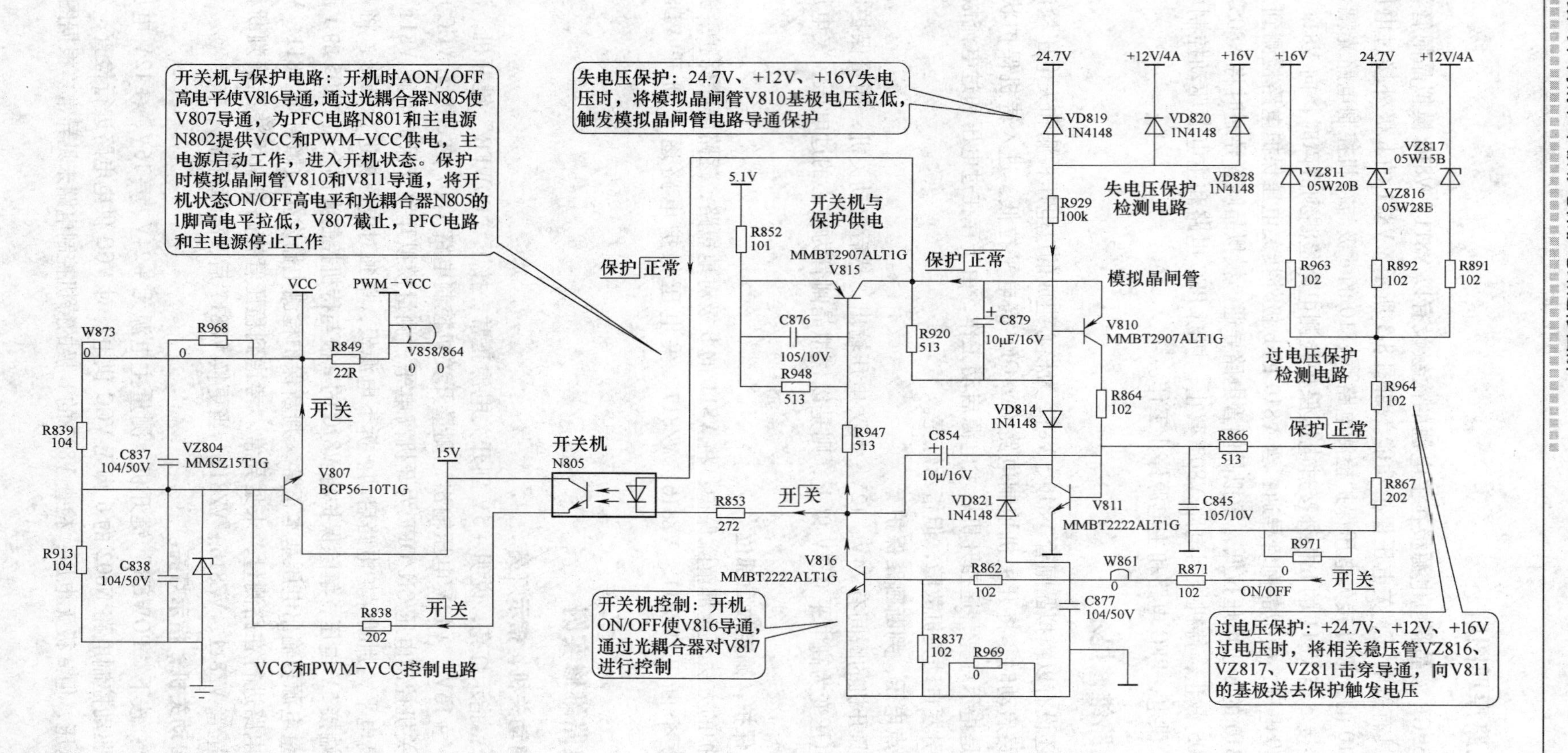

图 8-3　海信 TLM4039GP 液晶彩电电源板保护电路图解

分析，V807 的 b 极外接以 V817 为核心的市电过低保护电路，检查该保护电路，发现 V817 导通，对其 b 极外部的市电分压检测电路进行检测，发现分压电阻 R805 阻值变大，更换 R805 后，故障排除。

8.4　海信 TLM42T69GP 液晶彩电电源板保护电路速修图解

海信 TLM42T69GP 等大屏幕液晶彩电采用的 1535 型电源板，型号全称为 RSAG7.820.1535。集成电路采用 MC33262 + NCP1207 + NCP1396 组合方案，输出 +24V/8A、+12V/4A、16V、+5.1V 电压。应用于海信 TLM42T69GP、TLM42T08GP、TLM47T08GP 等大屏幕液晶彩电中。

该电源板由三部分组成：一是以集成电路 NPC33262（N801）为核心组成的 PFC 电路，将整流滤波后的市电校正后提升到 +380V，为主、副电源供电；二是以集成电路 NPC1207（N803）和开关管 V809 为核心组成的副电源，产生 +5.1V 电压和两组 VCC 电压，+5.1V 为主板控制系统供电，一组 VCC 电压为副电源 N803 供电，另一种 VCC 电压经开关机电路控制后为 PFC 驱动电路 N801 和主电源驱动电路 N802 供电；三是以集成电路 NCP1396（N802）为核心组成的主电源，产生 +24V/8A、+12V/4A、16V 电压，为主板和背光灯板供电。

开关机由 V816、光耦合器 N805、晶体管 V807 和 MOSFET V813 组成，采用控制 PFC 电路 N801、主电源驱动电路 N802 的 VCC 供电和小信号处理电路 M5V/4A 供电的方式。

8.4.1　保护电路原理图解

该开关电源一是设有以模拟晶闸管 V810、V811 为核心组成的失电压检测、过电压检测保护电路，见图 8-4 所示。保护电路启动时，模拟晶闸管 V810、V811 导通，将开关机控制电路光耦 N805 的 1 脚电压拉低，开关机控制电路 N805、V807 截止，切断 N801、N802 的 VCC 和 PWM-VCC 供电，PFC 电路和主电源停止工作。

8.4.2　保护电路维修提示

发生自动关机故障，指示灯仍然维持点亮，则是以 V810、V811 模拟晶闸管保护电路启动；可通过测量关键点电压，判断是否保护和解除保护的方法维修。

1. 测量关键点电压，判断是否保护

判断方法是：在开机的瞬间，测量保护电路的模拟晶闸管 V811 的 b 极电压，如果由正常时低电平 0V 变为高电平 0.7V 以上，则是以模拟晶闸管为核心的保护电路启动。

2. 暂短解除保护，确定故障部位

全部解除晶闸管保护的方法是将模拟晶闸管 V811 的 b 极对地短路，逐路解除保护的方法是：过电压保护电路断开 R964；失电压保护电路断开 R929。如果断开哪路保护检测电路后，开机不再保护，则是该电压过高引起的保护。

8.4.3　保护电路维修实例

例 8-6：开机三无，指示灯亮，主电源无电压输出。

分析与检修：开机测试，PFC 电路的输出电压在 300V 左右，说明 PFC 电路未工作；测

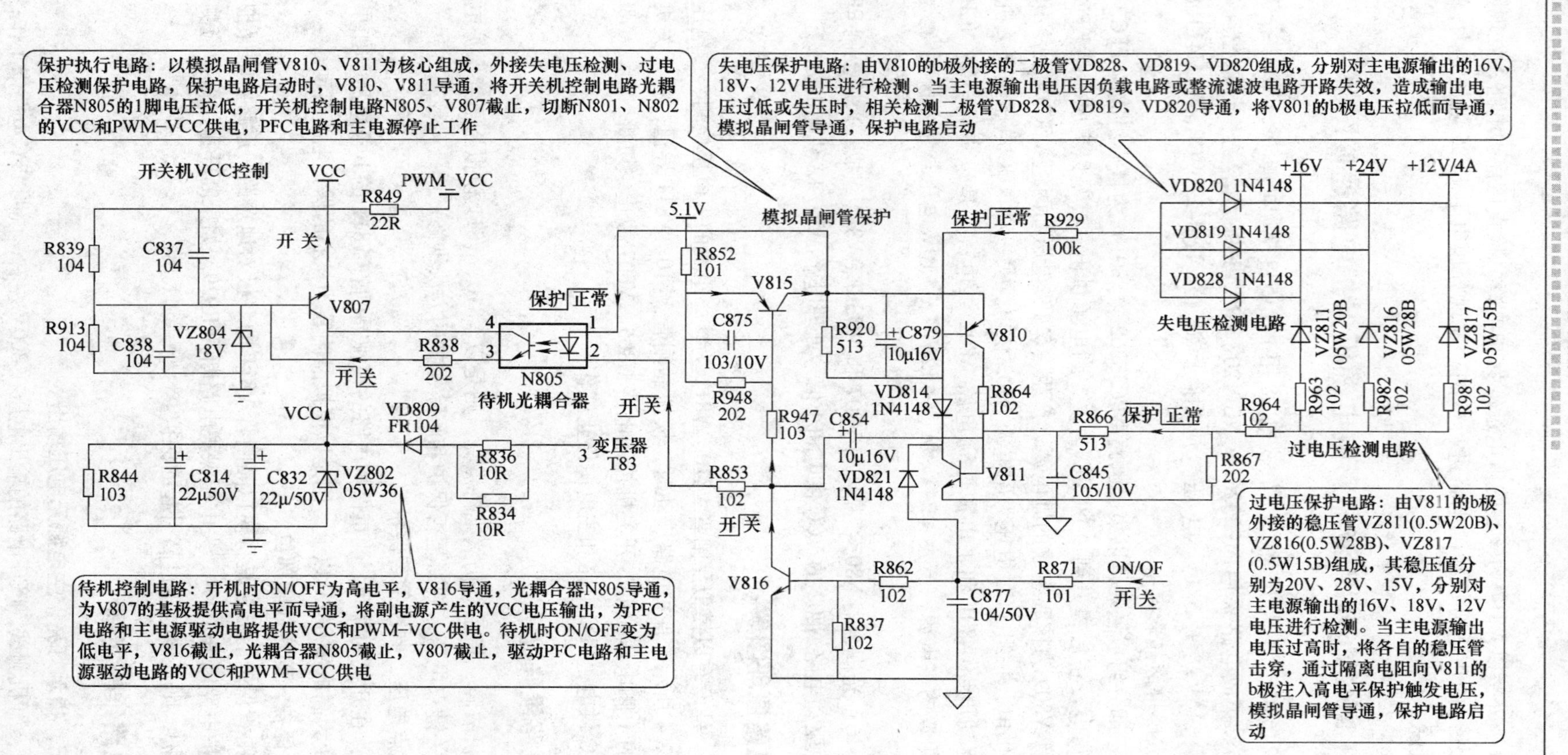

图 8-4 海信 TLM42T69GP 液晶彩电电源板保护电路图解

量PFC校正电路N801的8脚无启动电压，检查8脚外部开关机和VCC供电电路。测量连接器的开关机ON/OFF电压为高电平开机状态，但测量待机光耦合器N805的1脚电压仅为0.5V，测量1脚供电电路V815截止，测量开关机控制V816的b极为低电平，判断模拟晶闸管保护电路启动，测量V811的b极电压为0.7V高电平，进一步判断保护电路启动。

采取脱板维修方法，在12V输出端接12V灯泡做假负载，将连接器的ON/OFF端接5.1V输出端，断开V811的b极R964后，通电测量电源板输出电压正常，判断过电压保护电路元件变质引起误保护。恢复R964、逐个断开稳压管与R964的连接，进行通电试验，发现断开稳压管VZ816时，通电电源板不再发生保护现象。怀疑VZ816漏电，用27V稳压管代换VZ816后，故障排除。

8.5 海信TPW4211等离子彩电电源板保护电路速修图解

海信TPW4211等离子彩电电源板，集成电路采用ICE2A280Z + ML4824 + IR2109 + KA1M0880 + KA1L0380组合方案，输出STD-5、VS、VA、VSET、VE、VSCAN、12V AMP、VT33V、VG 15V、A12V、D12V、D6V、A6V、D3.4V等多种电压，为主板和等离子屏电路供电。

电源板由六部分组成：一是以集成电路ML4824的1/2（IC1）和开关管Q1、Q2为核心组成的PFC电路，将整流滤波后的市电校正后提升到380V，为VS、VA、低压供电电压形成电路供电；二是以集成电路ICE2A280Z（IC2）为核心组成的待机STD-5V电压形成电路，产生+5V的STD-5V电压，为主板控制系统和保护电路供电；三是以集成电路ML4824的1/2（IC1）、IR2109（IC30）和半桥式推挽输出电路为核心组成的VS电压形成电路，产生VS电压，为等离子屏供电的同时，还为VSET、VE、VSCAN电压形成电路供电；四是以集成电路KA1M0880（IC7）为核心组成的低压供电形成电路，产生12V AMP、VT33V、VG 15V、A12V、D12V、D6V、A6V、D3.4V电压，为主板和等离子屏小信号处理电路供电；五是以集成电路KA1M0880（IC35）为核心组成的VA电压形成电路，产生VA电压，为等离子屏电路供电；六是以集成电路KA1L0380（IC16、IC17、IC18）为核心组成的VSET、VE、VSCAN形成电路，为等离子屏电路供电。

8.5.1 保护电路原理图解

该电源板设有以模拟晶闸管Q19、Q20为核心组成的过电压检测保护电路，过电流保护检测电路，过热保护检测电路，欠电压保护检测电路。发生过电压、过电流、过热、欠电压故障时，上述保护检测电路向模拟晶闸管Q19、Q20输入高电平保护触发电压，保护电路启动，一是通过光耦合器PC13S去控制开关机控制电路，迫使开关机控制电路的光耦合器PC9S截止、Q14截止，切断VD-S-R供电电压，相关电压形成电路停止工作；将各个电压形成电路的保护检测引脚M-S、VC-A-OF、VEAO-PFC、SS-PFC、SS-DC电压拉低，上述引脚相关联的保护电路启动。保护电路工作原理如图8-5所示。

8.5.2 保护电路维修提示

发生自动关机故障，指示灯仍然维持点亮，可能是以模拟晶闸管Q19、Q20保护电路启动，可通过测量关键点电压判断是否保护和解除保护的方法维修。

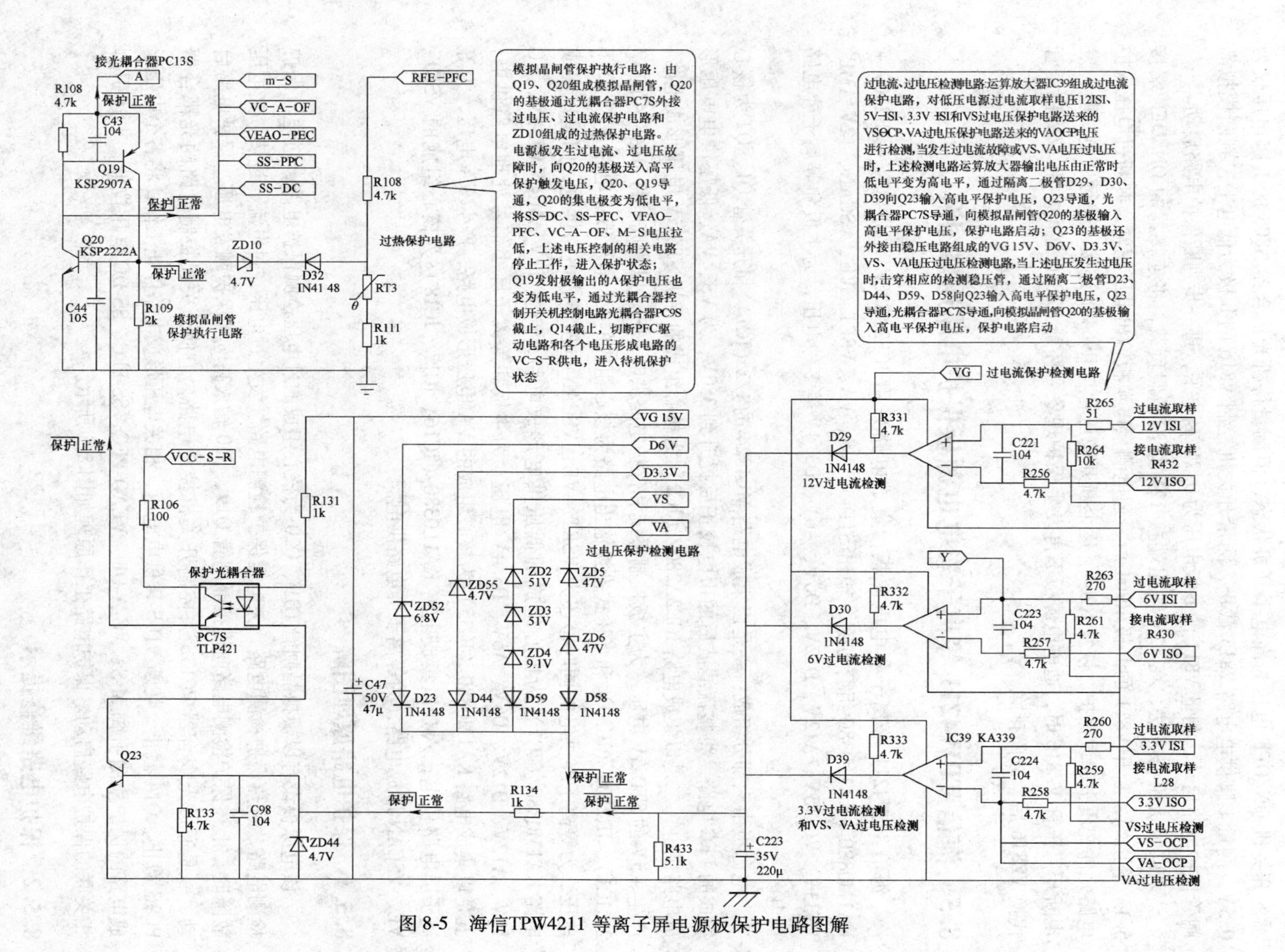

图 8-5　海信TPW4211 等离子屏电源板保护电路图解

1. 测量关键点电压，判断哪路保护

判断方法是：在开机的瞬间，测量保护电路的模拟晶闸管 Q20 的 b 极电压，如果由正常时低电平 0V，变为高电平 0.7V 以上，则是以模拟晶闸管为核心的保护电路启动。

过电流、过电压保护检测电路测量 Q23 的 b 极电压，该电压正常时为低电平 0V，如果变为高电平 0.7V 以上，则是过电流、过电压检测电路引起的保护。

由于 Q23 的 b 极外接 3 路过电流、4 路过电压两种保护电路，为了区分是哪种检测电路引起的保护，可测量各种检测电路的隔离二极管 D23、D44、D59、D58、D29、D30、D39 的正极电压，哪个二极管的正极为高电平，则是该路检测电路引起的保护。

2. 暂短解除保护，确定故障部位

全部解除晶闸管保护的方法是将模拟晶闸管 Q20 的 b 极对地短路；也可将模拟晶闸管保护输出端 A 点与光耦合器 PC13S 之间的连接断开。

逐路解除保护的方法是：解除过电流、过电压保护将 Q23 的 b 极对地短路或将光耦合器 PC7S 的 1、2 脚短接，逐路解除过电压保护电路断开隔离二极管 D29、D30、D39，逐路解除过电流保护电路断开隔离二极管 D23、D44、D59、D58。解除过热保护将 ZD10 断开或经 RT3 短接。

为了电路板和电视机的安全，建议将电源板拆下单独维修。每解除一路保护检测电路，进行一次通电试验，当解除哪路保护检测电路后，通电试机不再发生保护故障，则是该检测电路引起的保护，对相关保护检测电路和被检测电路进行检测。

8.5.3　保护电路维修实例

例 8-7：开机后自动关机，指示灯亮。

分析与检修：指示灯亮，说明 +5V 副开关电源正常，按下“POWER”键开机，测量各个电压形成电路输出电压，刚开机时有电压输出，然后降为 0V，测量模拟开关管保护电路 Q20 的 b 极电压为 0.7V 高电平，判断保护电路启动。

拆下电源板，单独对电源板进行维修，将 PS-ON 开关机控制端接 5V 电压，解除保护将 Q19 的 e 极与控制光耦合器 PC13S 的 1 脚之间的 A 点断开，通电测量电源板输出电压基本正常，判断保护检测电路发生故障，对模拟晶闸管外接保护电路进行在路测量，发现 12V 过电流检测电路 D29 的正极电压为高电平，判断是 12V 过电流检测电路引起的保护，对该电路进行检测，发现过电流保护取样电阻 R432 的一个引脚虚焊烧焦，造成接触不良，引起保护。将 R432 的引脚焊牢后，故障排除。

第 9 章 长虹平板彩电保护电路速修图解

9.1 长虹液晶彩电 FSP205-4E01C 电源板保护电路速修图解

长虹液晶彩电采用的 FSP205-3E01 或 FSP205-4E01C 型电源板，采用 L6599D + NCP1013AP06 + UCC28051 组合方案电源，其开关电源板由中国台湾全汉公司生产，该开关电源可与长虹自制开关电源 GP09 互换。

该电源板由三部分组成：一是以集成电路 UCC28051（U1）为核心组成的 PFC 电路，将整流滤波后的市电校正后提升到 380V 为主电源供电；二是以集成电路 NCP1013AP06（U4）为核心组成的副开关电源，产生 +5VS 电压，为主板控制系统供电；三是以集成电路 L6599D（IC1）为核心组成的主电源，产生 +24V、+12V 电压，为主板和背光灯板供电；其中 +12V 电压经以集成电路 UC3843（U2）为核心组成的电路，产生 +5V 电压，为主板小信号处理电路供电。

适用机型：长虹 LS12 机心 LT32600、LT3219P（L04）；LS15 机心 LT3212（L01）、LT26700、LT32700 等液晶彩电。

长虹 FSP205-4E01C 液晶彩电电源板，在副电源和主电源均设有完善的保护电路，具有开关管过电流保护、输出电压过电压保护、负载过电流保护功能，保护电路启动时，迫使开关电源停止工作。本节以长虹 LT32600 液晶彩电采用的 FSP205-4E01E 电源为例，介绍保护电路速修图解。

9.1.1 保护电路原理图解

长虹 FSP205-4E01E 电源板中主电源的过电流、过电压和过热保护电路如图 9-1 所示，主要由 Q13 和光耦合器 PC4 组成，Q13 的 b 极外接运算放大器 ICS1（LM324）组成的过电流检测电路和 ZD2、D25 组成的过电压检测电路，检测到发生过电流、过电压故障时，向 Q13 的 b 极注入高电平，Q13、PC4 导通，光耦合器 PC4 初级、次级的电流增大，主电源中的集成块 IC1 的 8 脚注入电流增大。8 脚为中断控制信号输入端。当 8 脚增大的电流超过其设定的门限值时，集成块内部的保护电路就会启动。关闭内部的激励脉冲驱动电路，主电源就会停止工作。

9.1.2 保护电路维修提示

长虹 FSP205-4E01C 液晶彩电电源设有完善的保护电路，当开关电源发生过电压、过电流故障时，多会引起保护电路启动，进入保护状态，开关电源停止工作，看不到真实的故障现象，给维修造成困难。

二次开机后，IC1 的 8 脚电压应为 0V。若 24V、+5V、+5VSB 中任何一路发生过电流、失电压故障无电压输出时，该路对应的过电流保护运放输出高电平，将稳压管 D15 击穿，Q13 导通，PC4 内二极管发光增强，PC4 导通，VCC1 电压就通过 R12、PC4B 加到主电

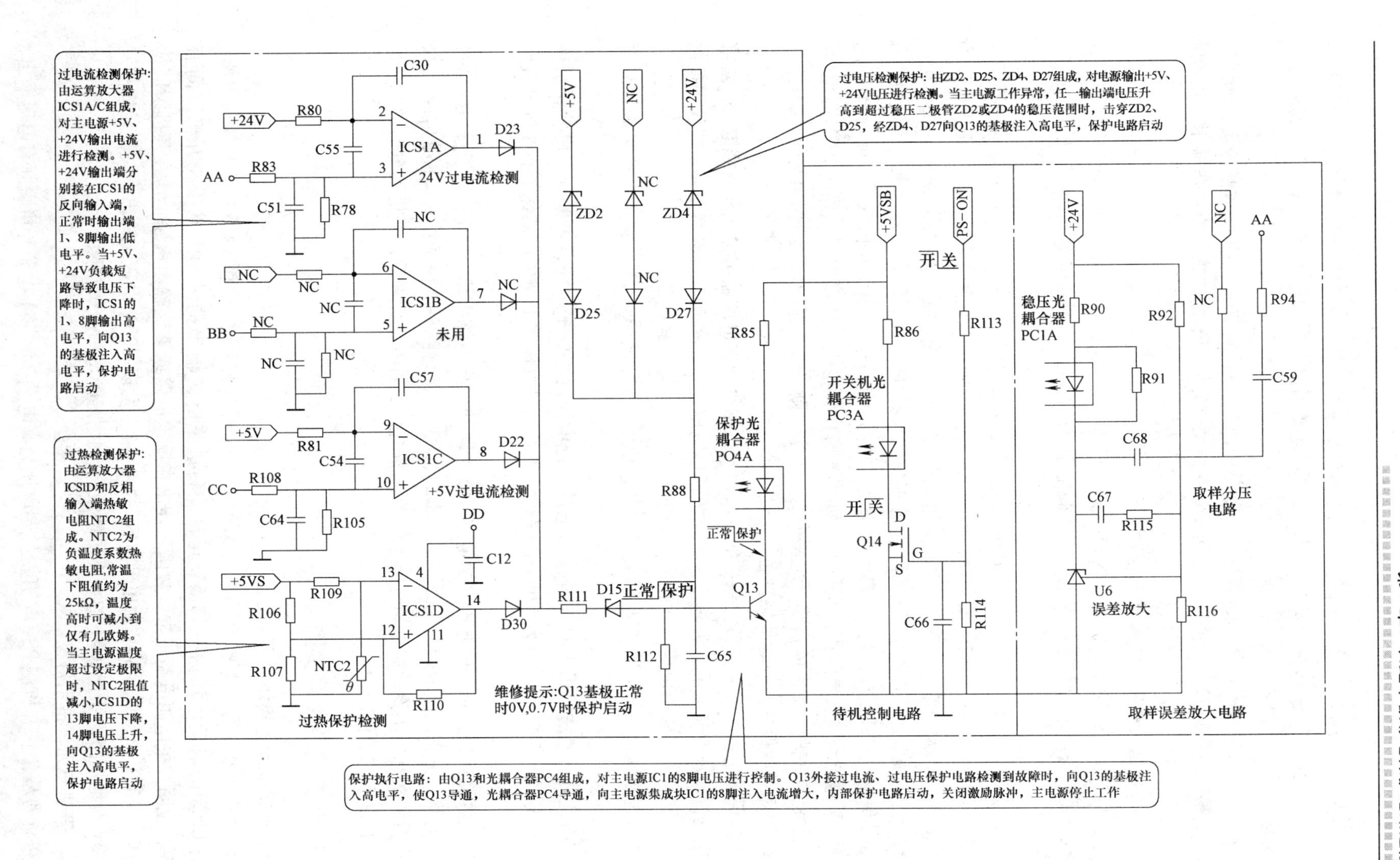

图 9-1 长虹液晶彩电 FSP205-4E01 电源板保护电路图解

源驱动电路IC1的8脚，使IC1停振；当主电源输出的+5V、+24V电压过高时，将稳压管ZD2、ZD4击穿，通过D25、D27向Q13提供高电平偏置电压，Q13导通，也会造成主电源IC1停振。

维修时，可采取测量关键的电压，判断是否保护和解除保护，观察故障现象的方法进行维修。如果开机的瞬间，开关电源启动，并在开关电源变压器的二次侧有电压输出，几秒钟后开关电源停止工作，输出电压降到0V，多为保护电路启动所致。

1. 测量关键点电压，判断哪路保护

在开机的瞬间，测量保护电路的Q13的b极电压，该电压正常时为低电平0V。如果开机时或发生故障时，Q13的G极电压变为高电平0.7V以上，则是以Q13为核心的保护电路启动。

由于Q13的b极外接过电压保护和过电流保护两种保护检测电路，为了确定是哪路检测电路引起的保护，可通过测量D25、D27的正极电压确定。如果D25、D27的正极电压为高电平，则是相关的过电压检测电路引起的保护，否则是过电流保护检测电路引起的保护。

对于过电流、过热保护检测电路，可分别测量ICS1的1、8、14脚电压判断是哪路检测电路引起的保护。ICS1的1、8、14脚电压正常时均为低电平，如果1脚由低电平变为高电平，则是+24V过电流、失电压引起的保护；如果8脚由低电平变为高电平，则是+5V过电流、失电压引起的保护；如果14脚由低电平变为高电平，则是过热保护检测电路引起的保护。

2. 暂短解除保护，确定故障部位

确定保护之后，可采取解除保护的方法，开机测量开关电源输出电压和负载电流，观察故障现象，确定故障部位。为防止开关电源输出电压过高，引起负载电路损坏，建议先接假负载测量开关电源输出电压，在输出电压正常时，再连接负载电路。

全部解除保护：将Q13的b极对地短路，也可将Q13拆除，解除保护，开机观察故障现象。

二分之一分割法：由于Q13外接过电压、过电流两路保护电路，可断开过电流保护检测电路的D15。如果断开D15开机不再保护，则是过电流保护电路引起的保护；否则是过电压检测电路引起的保护。

逐路解除保护：对于过电压保护电路，逐个断开取样电路D25、D27；对于过电流、过热保护电路，分别断开ICS1外部的D23、D22、D30。每解除一路保护检测电路的隔离二极管，进行一次开机实验，如果断开哪路保护检测电路的隔离二极管后，开机不再保护，则是该电压过高引起的保护。

9.1.3 保护电路维修实例

例9-1：开机三无，指示灯亮。

分析与检修：开机测控制系统送来的PS-ON开机控制电压为+4.5V正常的高电平，IC1的12脚的启动电压为+13.5V正常，测量主电源输出的+24V电压在开机瞬间有+24V，说明开关电源电路正常，故障可能出在反馈电路或整流输出电路上。在开机瞬间检测+5V、+30V电压（+30V输出到ICS1的4脚）。发现+30V电压无输出，关机后检测发现+30V对地短路，经查ICS1的4脚对地短路，代换ISC1后故障排除。

例9-2：开机三无，指示灯亮。

分析与检修：开机测PS-ON开机控制电压为高电平，测量主电源开机瞬间有电压输出，然后降为0V，判断保护电路启动。测量Q13的b极电压为0.7V高电平，判断主电源保护电路启动。逐个测量Q13的b极保护检测电路隔离二极管正极电压，区分是哪个检测电路引起的保护，发现D27的正极电压为高电平，判断+24V过电压保护。引起+24V过电压保护一是主电源稳压控制电路发生故障，造成主电源输出电压过高；二是+24V过电压检测电路中稳压管ZD4漏电。本章以从简到繁的顺序，用27V稳压管先更换ZD4，开机后不再保护，测量主电源输出电压为23.5V，接近正常范围，故障排除，说明是由ZD4漏电引起的保护。

9.2　长虹液晶彩电HS210-4N10电源板保护电路速修图解

长虹液晶彩电采用到HS210-4N10电源板，采用了安森美半导体公司专为液晶彩电开发的电源管理方案，集成电路采用NCP1014 + TDA4863G + NCP1395A + NCP5181组合方案，由三部分组成：一是由NCP1014和变压器T1组成的副电源，为微处理器控制系统提供+5VS电压；二是由TDA4863G和线圈T3组成的PFC电路，为主电源提供+400V电压；三是由NCP1395A、NCP5181和变压器T2组成的主电源，向负载主板和背光灯板电路提供24V、12V和5V电压。待机采用控制PFC电路和主电源的VCC1供电的方式，待机状态下PFC电路和主开关电源停止工作，只有副电源工作，维持微处理器控制系统供电。

该开关电源板可直接代换长虹GP09、FSP205-3E01C电源板，对+12V输出电路稍加改动，可以代换GP02、FSP205-4E01C、FSP179-4F01电源板。

适用机型有：长虹LDTV32866、LT26700、LT3212、LT3212（L01）、LT3212A、LT3218、LT3219P、LT32600、LT32700、LT32866、LT32900等液晶彩电。

长虹液晶彩电HS210-4N10电源板在主电源输出端设有过电压保护电路，保护电路启动时，迫使副电源和主电源停止工作。

9.2.1　保护电路原理图解

长虹液晶彩电HS210-4N10电源板在主电源彩电次级，设置了过电压保护电路，如图9-2所示。由检测晶体管QS3、光耦合器N09组成，对主电源输出的12V-1、24V-1、5V-1三组电压进行监测，对副电源厚膜电路NCP1014的1脚电压进行控制。保护时送到NCP1014的1脚电压升高，内部保护电路启动，关断NCP1014振荡电路，副电源停止工作，主电源无副电源提供的VCC1工作电压也停止工作，整机进入保护状态。

9.2.2　保护电路维修提示

长虹液晶彩电HS210-4N10电源板设有完善的保护电路，当开关电源发生过电压、过电流故障时，多会引起保护电路启动，进入保护状态，开关电源停止工作，看不到真实的故障现象，给维修造成困难。维修时，可采取测量关键点的电压，判断是否保护和解除保护，观察故障现象的方法进行维修。

1. 根据故障现象，判断是否保护

如果开机的瞬间，开关电源启动，并在开关电源变压器的次级有电压输出，几秒钟后开关电源停止工作，输出电压降到0V，多为保护电路启动所致。

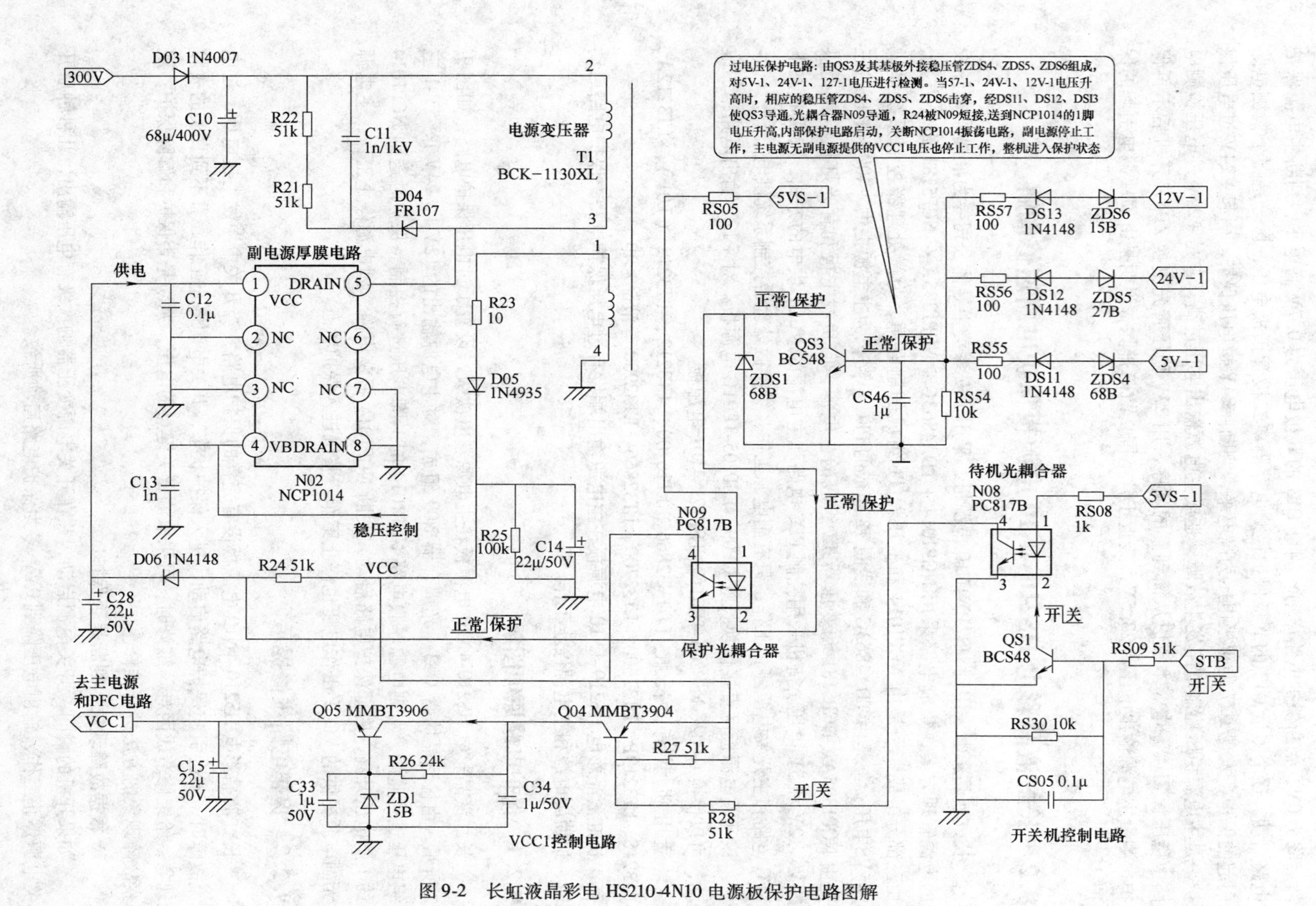

图 9-2 长虹液晶彩电 HS210-4N10 电源板保护电路图解

如果发生自动关机故障时指示灯维持点亮，是主电源初级保护电路启动，重点检查初级保护电路；如果发生自动关机故障时指示灯同时熄灭，是依托副电源的主电源次级保护电路启动，重点检测主电源次级过电压保护电路。

对于过电压保护电路和欠电压保护电路启动，重点检查主电源的稳压电路和过电压保护检测电路元件是否发生参数改变故障。对于过电流保护电路，重点检查负载电路和次级的整流滤波电路是否发生短路漏电故障。

2. 测量关键点电压，判断哪路保护

在开机的瞬间，测量保护电路的 QS3 的 b 极电压，该电压正常时为低电平 0V。如果开机时或发生故障时，QS3 的 G 极电压变为高电平 0.7V 以上，则是以 QS3 为核心的过电压保护电路启动。

由于 QS3 的外接三路过电压保护检测电路，为了确定是哪路检测电路引起的保护，可通过测量 DS11、DS12、DS13 的正极电压确定。哪个二极管的正极在自动关机前的瞬间有高电平，则是该检测电路引起的保护。

3. 暂时解除保护，确定故障部位

确定主电源次级过电压保护之后，也可采解除保护的方法，开机测量开关电源输出电压，观察故障现象，确定故障部位。为防止开关电源输出电压过高，引起负载电路损坏，建议先接假负载测量开关电源输出电压。

全部解除保护：将 QS3 的 b 极对地短路，也可将 QS3 拆除，解除保护，开机观察故障现象。

逐路解除保护：对于过电压保护电路，逐个断开取样电路 DS11、DS12、DS13。每解除一路保护检测电路的隔离二极管，进行一次开机实验，如果断开哪路保护检测电路的隔离二极管后，开机不再保护，则是该电压过高引起的保护。

9.2.3 保护电路维修实例

例 9-3：开机三无黑屏幕，指示灯亮后熄灭。

分析与检修：通电先测副电源输出电压，开机的瞬间有 5VS 电压输出，几秒钟后输出电压降到 0V，判断过电压保护电路启动。

采取解除保护的方法维修，拔掉与主电路板的连接器，将 STB 接 5VB 电压输出端，在主电源 12V 输出端接一个摩托车的 12V 灯泡做假负载，再将保护电路 QS3 的 b 极对地短路，解除保护，开机测量主电源输出电压，发现 12V 电压高达 16V，说明主电源确实存在过电压故障。对主电源稳压电路进行检查，在光耦合器 N06 的 3、4 脚并联 1k 电阻后，开机测量主电源输出电压降低，说明故障在 N06 和 QS3 过电压检测电路。对相关元件进行检测，发现光耦合器 N06 内部开路失效。更换 N06 后，测量主电源输出电压恢复正常。恢复保护电路和与主电路板的连接器后，故障彻底排除。

9.3 长虹液晶彩电 VLC8200 2.50 电源板保护电路速修图解

长虹液晶彩电采用的 VLC8200 2.50 电源板，是将开关电源和背光灯二合一的 IP 板。采用 TEA1532 + IEC2PCS02 + OZ964 组合方案电源，由三部分组成：一是以 IEC2PCS02 为核心组成的 PFC 电路，输出 +410V 电压；二是以 TEA1532 为核心组成的主电源电路，为主电路板提供5V-STB、5V-DC、24V电压，其中24V电压经主板转接后输出再送回至电源板，提供给逆变部分使用；三是以OZ964为核心组成的背光灯逆变器电路，输出8组高压分别提供给液晶屏内部8根灯管，灯管被点亮。待机采用控制次级的24V、5V电压输出的方式，在待机状态下，副电源正常输出+5VSTB，维持控制系统供电。

适用机型：长虹LS20A机心LT42710FHD等液晶彩电，适用于奇美V420H1-LN1高清液晶屏，该高清液晶屏内含8根背光灯管。

长虹VLC82002.50电源板在主电源设有过电流保护、电源过载保护、过电压保护电路，保护电路启动时，主电源停止工作；在背光灯逆变器电路设有过电压保护、灯管电流平衡保护、欠电压保护电路，保护电路启动时背光灯电路停止工作。

9.3.1 保护电路原理图解

长虹VLC82002.50二合一电源板在开关电源的次级设有以晶闸管U704和检测电路运算放大器U705（LM324）、误差放大电路U703为核心的过载、过电压、过热保护电路。一是通过光耦合器PC703对主电源驱动电路TEA1532的3脚保护输入电压进行控制，保护时注入TEA1532的3脚高电平，TEA1532内部保护电路启动，主电源停止工作；二是对开关机控制电路Q701输出的+24VD-ON电压和VCC-PFC控制电路光耦合器PC702进行控制，保护时将Q701输出高电平拉低，开关机电路动作，一方面是使开关电源停止输出+24V和+5V供电，另一方面是停止输出VCC-PFC供电，PFC电路停止工作。

TEA1532的3脚为专用保护检测引脚，该脚电压正常时为低电平。保护电路启动时，晶闸管U704被触发导通，通过光耦合器PC703向驱动控制电路TEA1532的3脚送入高电平，TEA1532内部保护电路启动，切断7脚的输出脉冲，主电源停止工作，实现保护。保护电路工作原理详见图9-3所示。

9.3.2 保护电路维修提示

长虹VLC82002.50二合一电源板设有完善的保护电路，当开关电源发生过电压、过电流故障时，多会引起保护电路启动，进入保护状态，开关电源停止工作，看不到真实的故障现象，给维修造成困难。维修时，可采取测量关键的电压，判断是否保护和解除保护，观察故障现象的方法进行维修。

1. 观察故障现象，判断故障范围

如果开机的瞬间，开关电源启动，并在开关电源变压器的二次侧有电压输出，指示灯点亮；几秒钟后开关电源停止工作，输出电压降到0V，或指示灯熄灭，多为电源部分保护电路启动所致。

2. 测量关键点电压，判断是否保护

电源部分过载保护和过电压保护电路主要由晶闸管U704执行保护，在开机的瞬间，测量保护电路的U704的G极电压，该电压正常时为低电平0V。如果开机时或发生故障时，U704的G极电压变为高电平0.7V以上，则是以U704为核心的保护电路启动。

由于U704的G极外接过电压保护和过载保护两种保护检测电路，为了确定是哪路检测电路引起的保护，可通过测量D706正极电压和Q703的c极电压确定。如果D706的正极电压为高电平，则是过载检测电路引起的保护，如果Q703的c极电压为高电平，则是过电压保护检测电路引起的保护。

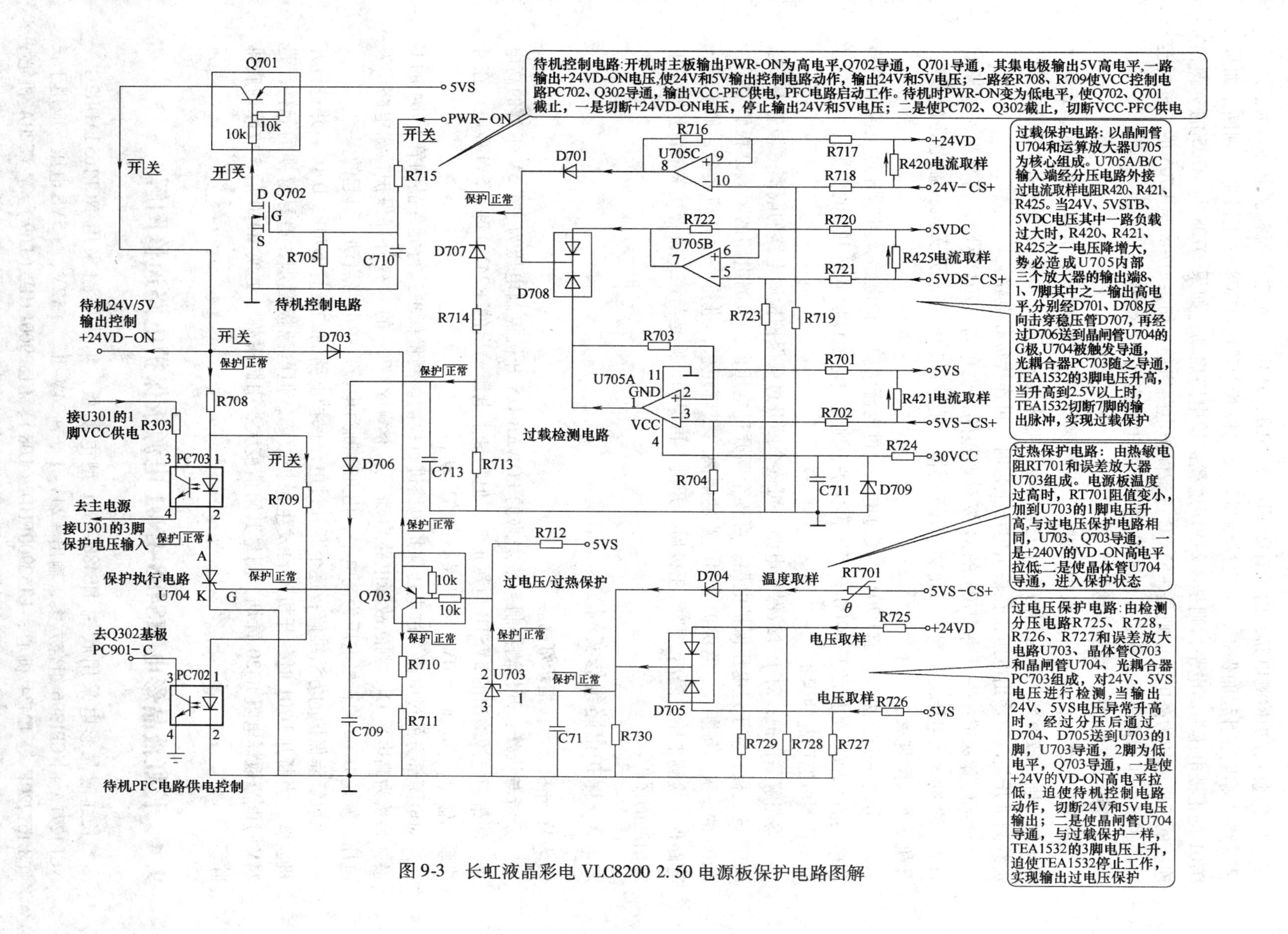

图 9-3　长虹液晶彩电 VLC8200 2. 50 电源板保护电路图解

对于过载保护检测电路，由于有24VD、5VSTB、5VDC三组过电流检测电路，为了区分是哪路检测电路引起的保护，可通过测量隔离二极管D701、D708的正极电压判断，如果D701的正极电压为高电平，则是+24VD过载保护电路启动；如果D708与U705的7脚相连接的正极电压为高电平，则是+5VDC过载保护电路启动；如果D708与U705的1脚相连接的正极电压为高电平，则是+5VSTB过载保护电路启动。

3. 暂时解除保护，确定故障部位

确定保护之后，可采解除保护的方法，开机测量开关电源输出电压和负载电流，观察故障现象，确定故障部位。为例防止开关电源输出电压过高，引起负载电路损坏，建议先接假负载测量开关电源输出电压，在输出电压正常时，再连接负载电路。

全部解除保护：一是将U704的G极对地短路，也可将U704拆除，解除保护电路对TEA1532的3脚电压的影响；二是将D703拆除，解除保护电路对开关机控制电路的影响，开机观察故障现象。

二分之一分割法：由于U704外接过电压、过电流两路保护电路，可断开过电流保护检测电路的D706。如果断开D706开机不再保护，则是过电流保护电路引起的保护；否则是过电压检测电路引起的保护。

逐路解除保护：对于过载保护电路，可逐个断开过载保护检测电路的隔离二极管D701、D708的正极；对于过电压保护电路，可逐个断开过电压保护检测电路的隔离二极管D704、D705的正极。每断开一路保护检测电路的隔离二极管正极，进行一次开机实验，如果断开哪路保护检测电路的隔离二极管正极后，开机不再保护，则是与该二极管相关的保护检测电路引起的保护。

9.3.3 保护电路维修实例

例9-4：开机三无，指示灯亮。

分析与检修：开机测控制系统送来的POWER-ON开机控制电压为+4.5V正常的高电平，测量副电源输出的5VSTB电压正常，但测量主电源输出的+24VD和+5VDC电压在开机瞬间输出，然后降到0V。判断保护电路启动。

对电源部分的过电流、过电压保护电路进行检测。测量保护执行元件晶闸管U704的G极，果然为高电平1V，判断故障电路启动。逐个测量U704的G极外部保护检测电路出发电压，发现D706的正极电压为高电平，由此判断过电流保护电路启动，引起的保护。

采取解除保护的方法维修；逐个断开过电流保护电路的二极管D701、D708，并进行开机实验，当断开D701时，开机不再发生保护故障，但电源板冒烟，追寻冒烟的元件，是24V过电流取样电阻R420冒烟，测量其阻值变大，引脚虚焊。更换R420后，故障彻底排除。

9.4 长虹液晶彩电HS488-4N01电源板保护电路速修图解

长虹液晶彩电采用欣锐HS488-4N01型电源板，集成电路采用NCP1653ADR2G+NCP1271A+NCP1396组合方案，输出+24V-Ⅰ、+24V-Ⅱ、+12V、+5VS电压，应用于长虹LT52720F等LM24机心；LT52900FHD（L08）、LT52900FHD（L09）等LS20A机心；ITV55820D、IVT55820D（L14）等LS20A+IT02机心等大屏幕液晶彩色电视机中。

该电源板由三部分组成：一是以集成电路 NCP1653ADR2G（U2）为核心组成的 PFC 电路，将整流滤波后的市电校正后提升到 400V 为主电源供电；二是以集成电路 NCP1271A（U1）为核心组成的副电源，产生 +5VS 电压和 VCC，为主板控制系统供电和 PFC 驱动电路、主电源驱动电路供电，其中 +5VS 电压经 Q3 控制后，产生 5V 电压，为主板小信号处理电路供电；三是以集成电路 NCP1396（U3）为核心组成的主电源，产生两组 +24V-Ⅰ、+24V-Ⅱ、+12V 三组电压，为主板和背光灯板供电。

9.4.1　保护电路原理图解

长虹 HS488-4N01 型电源板在开关电源的次级设有以晶闸管 N4 为核心的过电压、过电流保护电路，N4 的 G 极外接过电流、过电压保护检测电路，发生过电压、过电流故障时，保护检测电路向 N4 的 G 极送入高电平触发电压，N4 导通，将开关机控制电路光耦合器 N3 的 1 脚电压拉低，N3 截止，Q4 截止，切断 PFC 驱动电路 U2 电路和主电源驱动电路 U3 的 VCC2 供电，PFC 和主电源停止工作。保护电路工作原理如图 9-4 所示。

9.4.2　保护电路维修提示

长虹 HS488-4N01 型电源板设有完善的保护电路，当开关电源发生过电压、过电流故障时，多会引起保护电路启动，进入保护状态，开关电源停止工作，看不到真实的故障现象，给维修造成困难。

维修时，可采取测量关键点的电压，判断是否保护和解除保护，观察故障现象的方法进行维修。

1. 根据故障现象，判断故障范围

如果发生通电后指示灯亮，遥控开机的瞬间，主电源启动，并在开关电源变压器的二次侧有电压输出，几秒钟后 PFC 电路和主电源停止工作，输出电压降到 0V，多为保护电路启动所致。

2. 测量关键点电压，判断哪路保护

在开机的瞬间，测量保护电路的 N4 的 G 极电压，该电压正常时为低电平 0V。如果开机或发生故障时，N4 的 G 极电压变为高电平 0.7V 以上，则是以 N4 为核心的保护电路启动。

由于 N4 的 b 极外接过电压保护和过电流保护两种保护检测电路，为了确定是哪路检测电路引起的保护，可通过测量 D36、D37、D38 的正极电压确定。如果 D36、D37、D38 的正极电压为高电平，则是相关的过电压检测电路引起的保护，否则是过电流保护检测电路引起的保护。

对于过电流保护检测电路，可分别测量 D25、D34 的正极判断是哪路检测电路引起的保护。如果 D25 的正极电压由正常时的低电平变为高电平，则是 +24V 过电流保护启动；如果 D34 的正极电压由正常时低电平变为高电平，则是 +12V 过电流保护启动。

3. 暂时解除保护，确定故障部位

确定保护之后，可采取解除保护的方法，开机测量开关电源输出电压和负载电流，观察故障现象，确定故障部位。为了防止开关电源输出电压过高，引起负载电路损坏，建议先接假负载测量开关电源输出电压，在输出电压正常时，再连接负载电路。

全部解除保护：将 N4 的 G 极对地短路，也可将 N4 拆除，解除保护，开机观察故障现象。

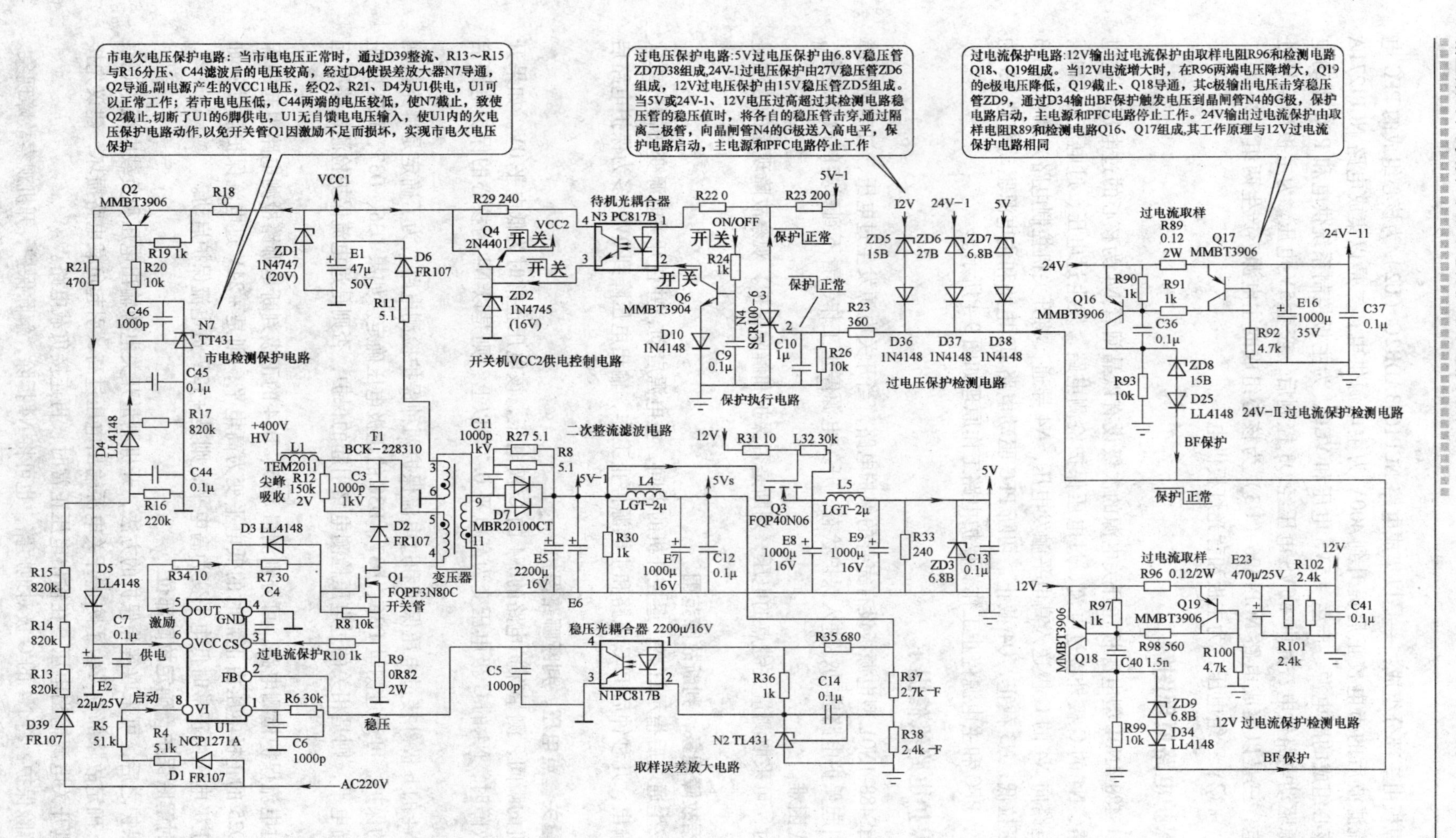

图 9-4　长虹液晶彩电 HS488-4N01 电源板保护电路图解

逐路解除保护：对于过电压保护电路，逐个断开取样电路隔离二极管D36、D37、D38；对于过电流保护电路，分别断开隔离二极管D25、D34。每解除一路保护检测电路的隔离二极管，进行一次开机实验，如果断开哪路保护检测电路的隔离二极管后，开机不再保护，则是该电压过高引起的保护。

9.4.3　保护电路维修实例

例9-5：开机指示灯亮，二次开机后自动关机。

分析与检修：通电，测副电源有5VS电压输出，二次开机瞬间测量主电源有电压输出，几秒钟降为0V。判断保护电路启动，测量保护电路晶闸管N4的G极电压由正常时的0V上升到0.7V以上，进一步确认保护电路启动。为了确保电路安全，采取脱板维修的方法，将输出连接器CNS3的开关机控制端1脚POWER-ON/OFF与6脚5VS输出端相连接，为待机控制电路提供开机高电平，在24V输出端接24V灯泡做假负载。将N4的G极对地短路，解除保护，通电开机测量电源板输出电压基本正常，排除过电压保护的可能，估计是过电流保护或保护取样电路元件变质引起的误保护。测量保护检测电路各个隔离二极管D36、D37、D38、D25、D34的正极电压，发现D37的正极呈高电平，检查24V输出电压为24.2V，正常，怀疑稳压管ZD6漏电，用27V稳压管更换ZD6后，恢复保护电路，通电测量不再发生保护故障，将电源板装复后，故障排除。

9.5　长虹液晶彩电FSP242-4F01电源板保护电路速修图解

FSP242-4F01电源板应用在长虹LT3788等液晶彩电中，采用TEA1532＋UCC28051＋L6598D集成电路组合方案。该电源电路共输出四路工作电压，为后级电路提供工作条件，主要为：5VSB（1A）为控制系统提供待机电压，＋5V（4A）为主板小信号处理电路供电，＋12V（3A）为伴音功放电路供电，＋24V（7.5A）为背光灯逆变器板供电。

FSP242-4F01电源板由三部分组成：一是以UCC28051为核心组成的PFC电路，输出＋380V电压；二是以L6598D为核心组成的主电源，为主板负载电路提供＋24V、＋12V电压；三是以TEA1532为核心组成的副电源电路，不但为主板控制系统提供＋5V电压，还为驱动电路UCC28051和L6598提供12V工作电压，待机采用控制PFC电路UCC28051和主电源L6598驱动电路供电的方式。

9.5.1　保护电路原理图解

FSP242-4F01电源板设有过电流、过电压和过热保护电路，如图9-5所示，主要由过电流检测电路ICS1（AN358）、过电压检测电路ZDS2、ZDS3和保护执行电路QS2、光耦合器IC4组成，对副电源驱动电路IC2的3脚电压进行控制，保护电路启动时，副电源停止工作。

TEA1532的3脚为专用保护检测引脚，该脚电压正常时为低电平。保护电路启动时，QS2被触发导通，通过光耦合器IC4向驱动控制电路TEA1532的3脚送入高电平，TEA1532内部保护电路启动，切断7脚的输出脉冲，副开关电源停止工作，实现保护。保护电路工作原理见图9-5相关文字说明。

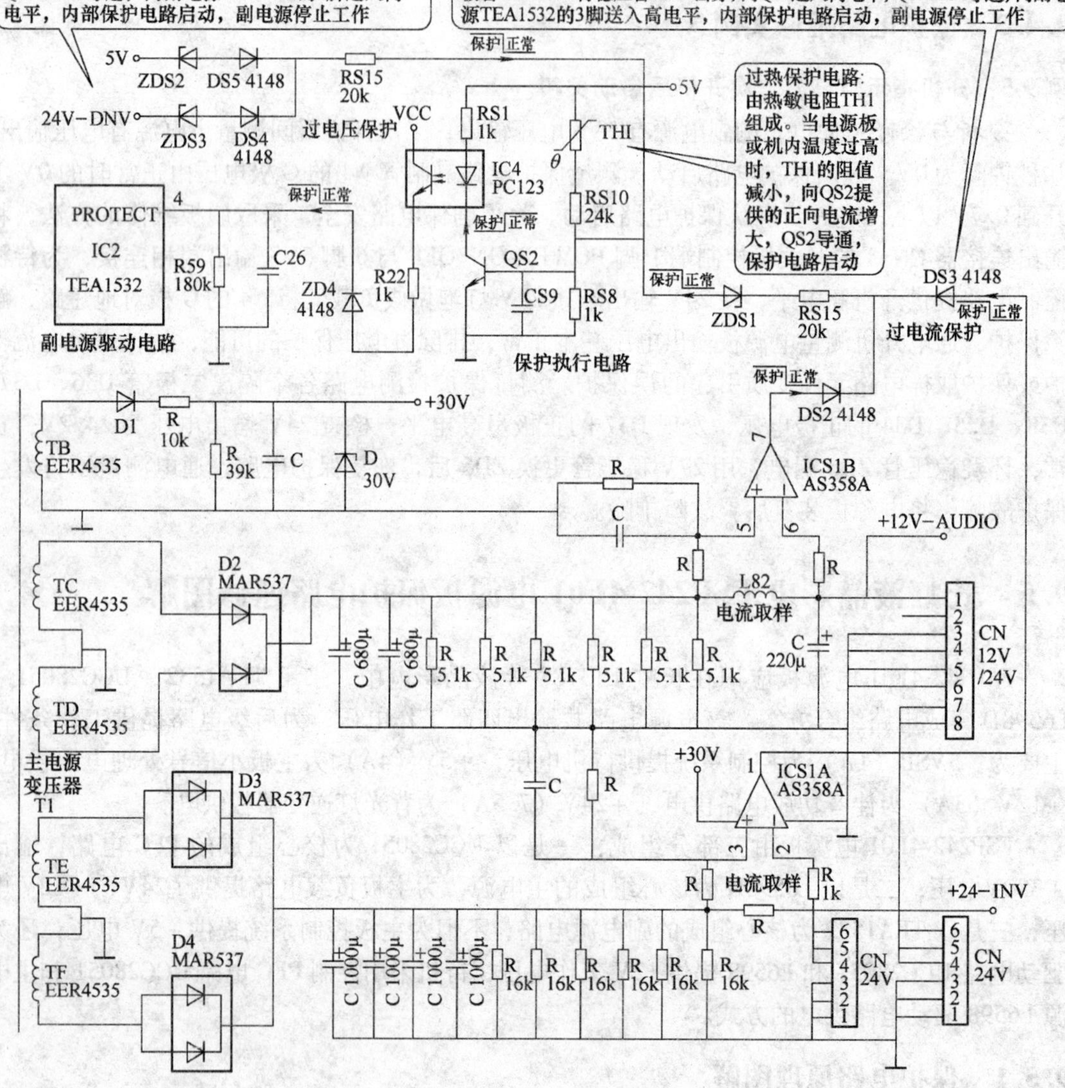

过电压保护电路：5V过电压保护由稳压管ZDS2和隔离二极管DS5组成，24V-DNV过电压保护由稳压管ZDS3和隔离二极管DS4组成。当5V或24V-DNV电压过高时，将各自的稳压管ZDS2、ZDS3击穿，通过隔离二极管DS5、DS4，向QS2送入高电平，QS2、IC4导通，向副电源TEA1532的3脚送入高电平，内部保护电路启动，副电源停止工作
过电流保护电路：双运放ICS1A(AS358)的正负输入端3、2脚通过电阻与+24V-INV的电流取样电阻R相连接；双运放ICS1B的正负输入端5、6脚通过电阻与+12V-AUDIO的电流取样电感L82相连接。当+24V-INV或+12V-AUDIO负载发生短路漏电故障，电流过大时，在取样电阻或电感两端的电压降增大，ICSA/B的输入端电位差增大，输出端1、7脚电压变为高电平，经各自的隔离二极管DS2、DS3将稳压管ZDS1击穿，向QS2送入高电平，QS2、IC4导通，向副电源TEA1532的3脚送入高电平，内部保护电路启动，副电源停止工作
过热保护电路：由热敏电阻TH1组成。当电源板或机内温度过高时，TH1的阻值减小，向QS2提供的正向电流增大，QS2导通，保护电路启动
过电压保护
过电流保护
保护执行电路
副电源驱动电路
主电源变压器
电流取样

图 9-5　长虹液晶彩电 FSP242-4F01 电源板保护电路图解

9.5.2　保护电路维修提示

开机后自动关机引发的黑屏幕故障，主要是保护电路启动：一是电源板保护电路启动；二是主板保护电路启动所致。

1. 测量关键点电压，判断是否保护

对于自动关机故障的检修，先判断保护电路是否启动，方法是测量保护执行电路 QS2 的 b 极电压，正常时为 0V 低电平，如果变为高电平 0.7V，则是保护电路启动。由于 QS2

的b极外接两路过电流检测电路和两路过电压检测电路，可通过测量各路检测隔离二极管正极电压的方法判断故障范围，哪个隔离二极管的正极电压为高电平，则是该路保护电路引起的保护。

2. 暂时解除保护，确定故障部位

维修保护电路，也可采用解除保护的方法判断故障范围，为防止解除保护后电源电压不正常引发负载电路损坏，可采用下面介绍的脱机维修的方法。

全部解除保护：将保护执行电路QS2的b极与地短路。

逐路解除保护：逐个断开QS2的b极外部的隔离二极管DS2、DA3、DS4、DS5，每断开一路二极管进行一次开机试验，如果断开哪个二极管后，开机不再保护，则是该故障检测电路引起的保护。

维修电源板可采用脱机维修的方法：拔掉电源板与负载电路的连接器，在24V或12V输出端接24V或12V灯泡作假负载，将待机控制电路STANDBY电压接副电源+5V输出端，模拟开机控制，单独对电源板进行维修。

9.5.3　保护电路维修实例

例9-6：开机指示灯亮，二次开机启动后又关机。

分析与检修：开机后又关机，估计保护电路启动，测量保护执行电路QS2的b极电压果然为高电平0.7V。采用逐个解除保护的方法维修，当断开QS2的b极外部的隔离二极管DS4时，开机不再保护，此时测量主电源输出电压正常，特别是24V-DNV电压正常，说明过电压保护检测电路稳压二极管ZDS3不良，用27V稳压管更换ZDS3后，故障排除。

9.6　长虹液晶彩电FSP306-4F01电源板保护电路速修图解

长虹液晶彩电采用FSP306-4F01型的电源板，是永胜宏FSP系列中适用于32～42英寸液晶彩电的开关电源，集成电路采用NCP1606+NCP1230+NCP1396组合方案，输出+5VS、+24Va、+24Vi电压，应用于长虹LTDV32876、LT37710、LDTV40876F、LT42900FHD、LDTV42866U、LDTV42700FHD、LDTV42876F、LDTV42810FU等液晶彩色电视机中。

该电源板由三部分组成：一是以集成电路NCP1606（U601）为核心组成的PFC电路，将整流滤波后的市电校正后提升到400V，为主电源供电；二是以集成电路NCP1230（U501）为核心组成的副电源，产生+5VS和VC电压，其中+5VS一是为主板控制系统供电；二是经待机电路Q202～Q204控制后，为主板小信号处理电路供电；VC电压经待机电路控制后产生VCC电压，为PFC和主电源驱动电路U601、U101供电；三是以集成电路NCP1396（U101）为核心组成的主电源，产生+24Va、+24Vi两组电压，为主板和背光灯板供电。

FSP306-4F01型电源板设有副电源输出过电压保护和市电过低保护、+5VS和+24Va输出电压过高保护、过热保护电路。副电源输出过电压时迫使副电源停止工作；市电过低时副电源停止工作、+5VS和+24Va输出电压过高保护、过热保护时开关机控制待机进入待机状态，PFC和主电源均停止工作。

9.6.1 保护电路原理图解

该开关电源一是在副电源设有ZD504、Q504为核心的过电压保护电路，保护时向U501的过电流保护输入端送去高电平，副电源停止工作，指示灯熄灭；二是在主电源次级设有以模拟晶闸管Q202、Q206为核心的过电压、过热保护电路，发生过电压、过热故障保护时，模拟晶闸管导通，将待机控制电路光耦PC501的1脚供电拉低，PC501和Q101截止，切断PFC和主电源的VCC供电，开关电源停止工作。保护电路工作原理如图9-6所示。

9.6.2 保护电路维修提示

1. 输出电压过高保护电路维修

如果发生开机后主电源有电压输出，然后降为0V，多为电源次级过电压保护电路启动，判断该保护电路是否启动的方法是：开机瞬间测量模拟晶闸管Q206的b极电压，如果由正常时的0V上升到0.7V，则是该保护电路启动。维修时主要检查主、副电源稳压电路和过电压保护电路。常见为主、副电源稳压电路取样电阻变质，过电压保护电路稳压管ZD201、ZD202漏电等。

解除保护的方法：一是将保护执行电路模拟晶闸管的Q206的b极与e极短路；二是拆除保护电路与待机控制电路之间的连接线J202。要确定是哪里保护检测电路引起的保护，可测量隔离二极管D206、D207，如果断开哪个二极管后开机不再保护，则是该检测电路引起的保护。

2. 市电过低保护电路维修

该保护电路易发取样分压电阻R113、R114、R115变质，阻值变大故障，造成取样电压降低，引发保护电路启动，副电源无法启动工作。判断该保护电路是否启动的方法是：测量Q105的G极电压，如果由正常时的低电平0V，变为0.7V以上高电平，则是该保护电路启动。如果测量市电输入电压是否正常，则是该保护电路元件变质引起的误保护。

解除市电过低保护的方法是：将Q105的G极对地短路，如果解除保护后，副电源恢复正常启动，则是该保护电路引起的故障。

3. 副电源过电压保护维修

如果发生指示灯亮后熄灭故障，多为副电源过电压保护电路启动，检查副电源稳压和过电压保护电路。解除保护的方法是断开稳压管ZD504。

9.6.3 保护电路维修实例

例9-7：指示灯亮，二次开机后自动关机

分析与检修：测量待机电压5VS/1.0A正常，二次开机瞬间测量主电源有电压输出，数秒钟后降为0V，判断主电源过电压保护电路启动。测量保护电路模拟晶闸管Q206的b极电压，由正常时的低电平0V，上升到0.7V。拆下电源板单独维修，用1kΩ电阻跨接于连接器P201的6脚+5VS和1脚PS-ON之间，为开关机控制电路提供开机高电平，在24V输出端接24V灯泡作假负载，将Q206的b极对地短接，解除保护后通电试机，测量主电源输出的两组+24V电压正常，判断保护电路元件变质引起误启动。怀疑稳压管ZD202漏电，用27V稳压管代换后，恢复保护电路，通电试机开机不再保护，故障排除。

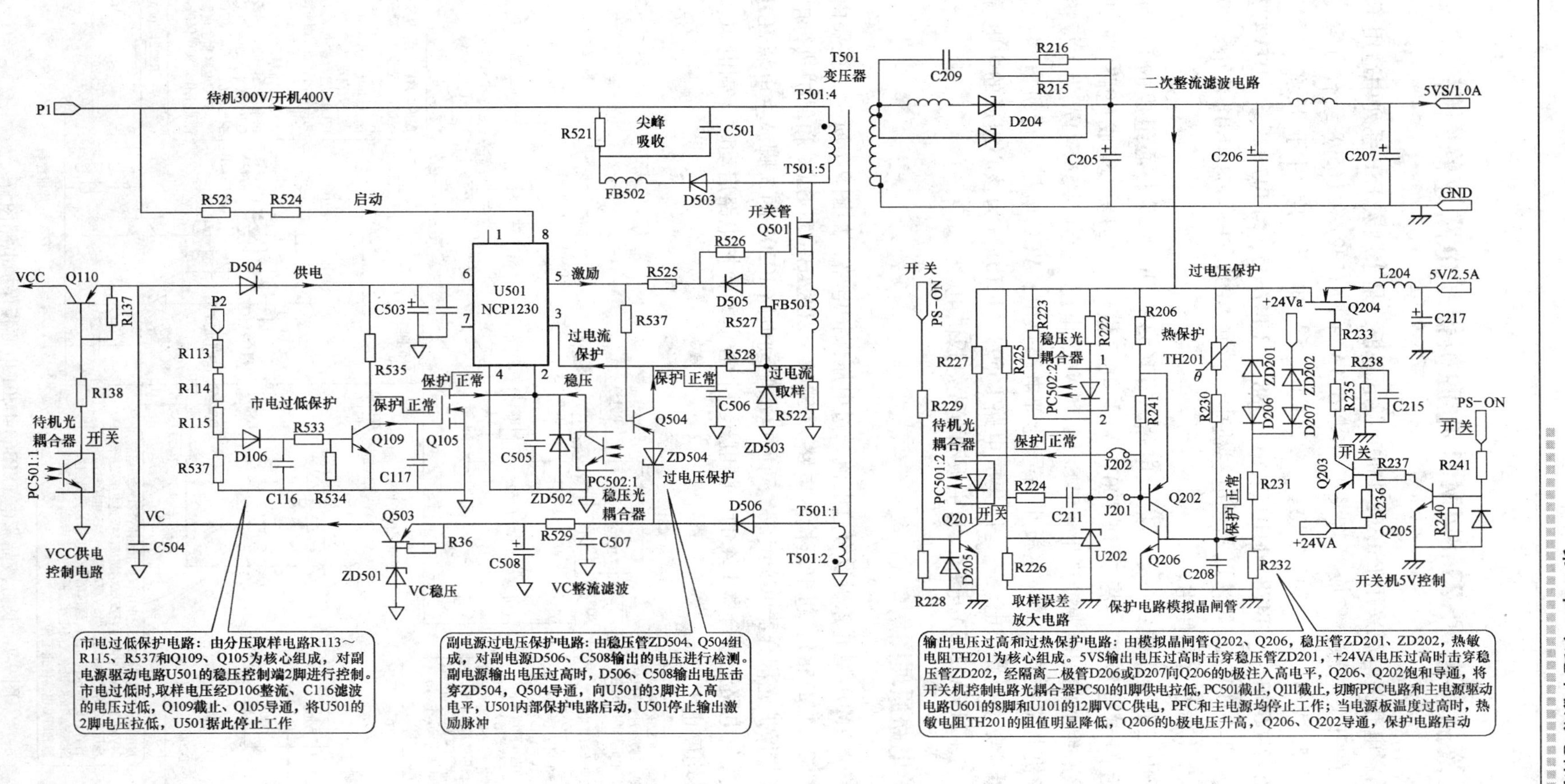

图9-6 长虹液晶彩电 FSP306-4F01 电源板保护电路图解

9.7 长虹液晶彩电 FSP368-4M01 电源板保护电路速修图解

长虹液晶彩电开关电源采用 FSP368-4M01 型电源板，是永胜宏 FSP 系列中适用于 46 ~ 47in 液晶彩电的开关电源，集成电路采用 NCP1653A + EA1532A + L6598 组合方案，输出 +5VS/1A、+5.2V/3A、+24V/12A、+24VA/2.5A 电压，应用于长虹 LT4619P、LT47588、LT47866DR、LT47866FHD、LT47588、LT47600、LT47700、LDTV47700C、LDTV47700U、LT47710FHD 等液晶彩色电视机中。长虹 GP08、HS-368-4N01 型电源板可与 FSP368-4M01 型电源板代换使用。

该电源板由三部分组成：一是以集成电路 NCP1653A（IC5）为核心组成的 PFC 电路，将整流滤波后的市电校正后提升到 390V 为主电源供电。二是以集成电路 TEA1532A（IC201）为核心组成的副电源，产生 +5VS/1A 和 VCC 电压，其中 +5VS/1A 为主板控制系统供电，经待机电路控制后，为主板小信号处理电路供电；VCC 电压经待机电路控制后，为主电源和 PFC 驱动电路供电。三是以集成电路 L6598（IC101）为核心组成的主电源，产生 +24V/12A、+24VA/2.5A 电压，为主板和背光灯板供电。

9.7.1 保护电路原理图解

长虹 FSP368-4M01 型电源板设有过电流、过电压保护电路，如图 9-7 所示，主要由过电流检测电路 ICS2（LM358），过电压检测电路 ZDS202、ZDS203、ZDS204 和保护执行电路晶闸管 SCRS201，保护光耦合器 IC3 组成，对副电源驱动电路 IC201 的 3 脚、主电源 IC101 的 8 脚电压和开关机电路光耦合器 IC4 的 1 脚电压进行控制，保护电路启动时，副电源、主电源、PFC 电路均停止工作。

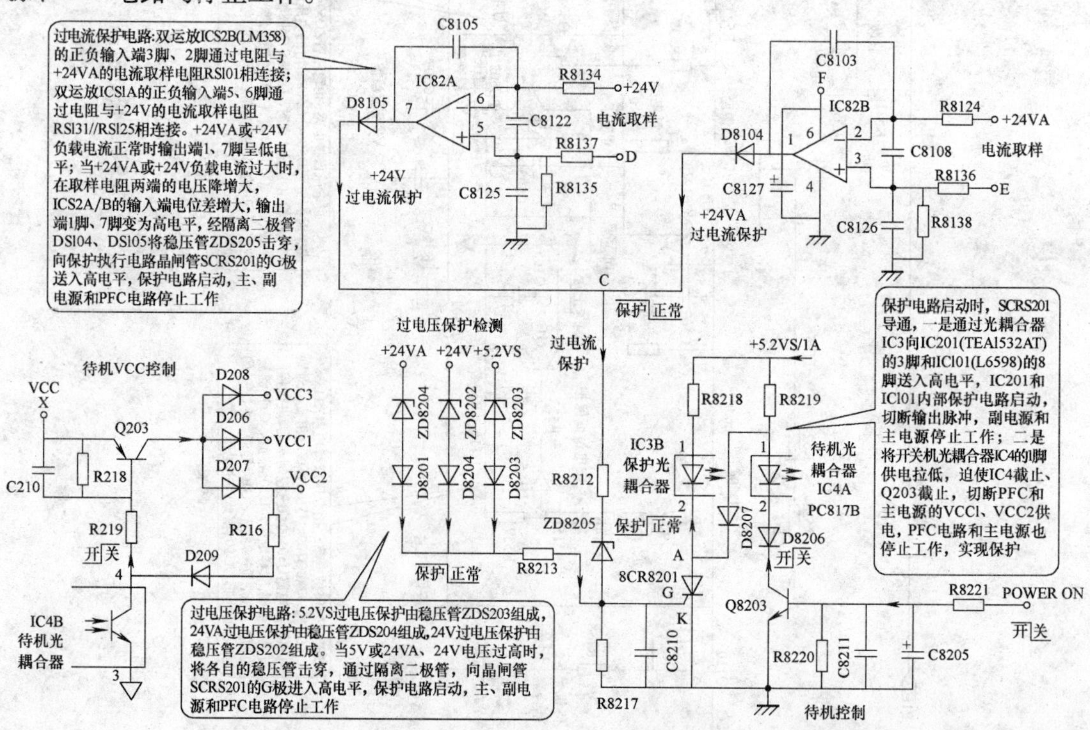

图 9-7 长虹液晶彩电 FSP368-4M01 电源板保护电路图解

IC201（TEA1532AT）的3脚和IC101（L6598）的8脚为专用保护检测引脚，该脚电压正常时为低电平。保护电路启动时，晶闸管SCRS201被触发导通，通过光耦合器IC3向驱动控制电路IC201（TEA1532AT）的3脚和IC101（L6598）的8脚送入高电平，IC201和IC101内部保护电路启动，切断输出脉冲，副电源和主电源停止工作；同时晶闸管SCRS201导通，还将开关机光耦合器IC4的1脚供电拉低，迫使开关机电路IC4截止、Q203截止，切断PFC电路和主电源的VCC1、VCC2供电，PFC电路和主电源也停止工作，实现保护。

9.7.2　保护电路维修提示

长虹FSP368-4M01型电源板设有完善的保护电路，当开关电源发生过电压、过电流故障时，多会引起保护电路启动，进入保护状态，开关电源停止工作，看不到真实的故障现象，给维修造成困难。如果发生指示灯亮后熄灭故障，多为保护电路启动，检查主、副电源稳压和过电流、过电压保护电路。维修时，可采取测量关键的电压，判断是否保护和解除保护，观察故障现象的方法进行维修。

1. 根据故障现象，判断故障范围

如果开机的瞬间，开关电源启动，指示灯亮，二次开机后主电源变压器的二次侧有电压输出，几秒钟后开关电源停止工作，输出电压降到0V，且指示灯写明，多为以晶闸管SCRS201为核心的保护电路启动所致。

2. 测量关键点电压，判断哪路保护

在开机的瞬间，测量保护电路的SCRS201的G极电压，该电压正常时为低电平0V。如果开机时或发生故障时，SCRS201的G极电压变为高电平0.7V以上，则是以SCRS201为核心的保护电路启动。

由于SCRS201的b极外接过电压保护和过电流保护两种保护检测电路，为了确定是哪路检测电路引起的保护，可通过测量过电流保护电路隔离二极管DS104、DS105和过电压保护电路隔离二极管DS201、DS203、DS204的正极电压确定。如果DS104、DS105的正极电压为高电平，则是相关的过电流检测电路引起的保护；如果DS201、DS203、DS204的正极电压为高电平，则是相关的过电压检测电路引起的保护。

3. 暂时解除保护，确定故障部位

确定保护之后，可采取解除保护的方法，开机测量开关电源输出电压和负载电流，观察故障现象，确定故障部位。为了防止开关电源输出电压过高，引起负载电路损坏，建议先接假负载测量开关电源输出电压，在输出电压正常时，再连接负载电路。

全部解除保护：将SCRS201的G极对地短路，也可将SCRS201拆除，解除保护，开机观察故障现象。

逐路解除保护：对于过电压保护电路，逐个断开取样电路隔离二极管DS201、DS203、DS204；对于过电流保护电路，分别断开隔离二极管DS104、DS105。每解除一路保护检测电路的隔离二极管，进行一次开机实验，如果断开哪路保护检测电路的隔离二极管后，开机不再保护，则是该电压过高引起的保护。

9.7.3　保护电路维修实例

例9-8：指示灯亮，输出24V电压后保护

分析与检修：测量副电源输出的5.2VS电压正常。拆下电源板单独维修，短接待机电压5.2VS与POWER-ON和接入假负载，然后通电检测，发现刚开机时有+24V电压输出，而后降至0V，说明应电源板保护电路起控。测量晶闸管SCRS201的G极果然为高电平1V左右。测量G机外接保护电路隔离二极管正极电压，在检测保护电路中的电压比较器ICS2的7脚DS105的正极电压时，发现有7.3V电压（正常0V），此电压通过DS105隔离，致使稳压二极管ZDS205击穿，SCRS201饱和导通，光耦合器IC3初级发光二极管发光增强，次级光敏晶体管导通增大，3脚电压升高，分别送至IC201（TEA1532A）的3脚和IC101（L6598）的8脚，使它们的电压也升高，通过内部电压比较器进行比较和逻辑控制输出，致使驱动电路停止工作而保护。检查ICS2过电流检测电路，发现贴片电容CS105漏电，更换之，24V电压输出正常，故障排除。

9.8 长虹PT4209等离子彩电电源板保护电路速修图解

长虹PT4209等离子彩电，采用三星V4屏，其电源电路由PFC电路和5VSB电压形成电路，VS电压形成电路，VA、VT电压形成电路，VG、D3V3、A12V、D5A电压形成电路，VSET电压形成电路，VE电压形成电路，VSCON电压形成电路等多种电压形成电路组成，承担了整个屏电路的扫描板、维持扫描板、逻辑处理板、地址驱动板及主板工作的所有电路供电任务，其开关电源各输出电压间有着严格的时序关系，因此其电源电路较复杂。

长虹PT4209等离子彩电电源板，在各个单元供电形成电路中，设有过电流、过电压、过热保护等多种保护电路，保护电路启动时，电源板进入待机保护状态。

9.8.1 保护电路原理图解

1. 交流电压输入过低保护电路

长虹PT4209等离子彩电电源板设有交流电压输入过低保护电路，如图9-8上部所示，对AC220V电压进行检测，对待机5VSB副电源稳压电路和待机控制电路进行控制。发生欠电压故障时，一是使5VSB电压通过送入IC103误差取样端，使5VSB电压下降；同时使AC.DET电压为低电平，待机控制电路启动，切断了PFE和各路电压形成电路IC的供电，整机停止工作。

2. 待机控制电路

待机控制与模拟晶闸管保护电路如图9-8下部所示，由Q714、Q715、Q155、光耦合器PC131S（P421）、Q131、Q132、Q134、Q135组成，对待机副电源输出的VAUXS电压进行控制，达到控制PFC电路IC290和VS部分的稳压电路供电的目的，从而控制主电源的工作与停止。控制原理见图9-8待机控制电路相关说明。

开机时，Q131、Q132导通。其中Q131输出的PFC-VCC电压，一路通过连接器CN8100的12脚输入到副板上，给PFC脚下的IC103和IC104（KA358）供电，并且通过IC202（KA7815）稳压成15V电压给VS形成电路IC203（IR2109）供电；另一路PFC-VCC经R201给继电器RL201S供电，继电器吸合，AC220V经RL201S的常开触点、RT201S送入BD201、BD202组成的两组桥式整流电路作PFC校正处理。

Q132的c极输出17.75V的VA-VCC电压和MULTI-VCC电压。VA-VCC通过R316限流后送到VA形成电路的开关电源模块IC301（1M0880）的3脚，使IC301得电工作。MULTI-VCC经过R402限流后，送到VG形成电路的开关电源模块IC401（1M0880）的3脚，使

IC401 得电工作。

T101 的热接地端 12-13 绕组上感应电压经 D103、C106 整流滤波，由 IC102 稳压产生约 18V 左右的 VAUXP 电压，经待机电路控制后，为电源板的 PFC 驱动控制电路提供 PFC-VCC 电压，为各种电压形成电路驱动控制电路提供 VA-VCC 工作电压。18V 的 VAUXP 电压接 Q131、Q132 的 e 极，并给 IC202（KA7815）供电。

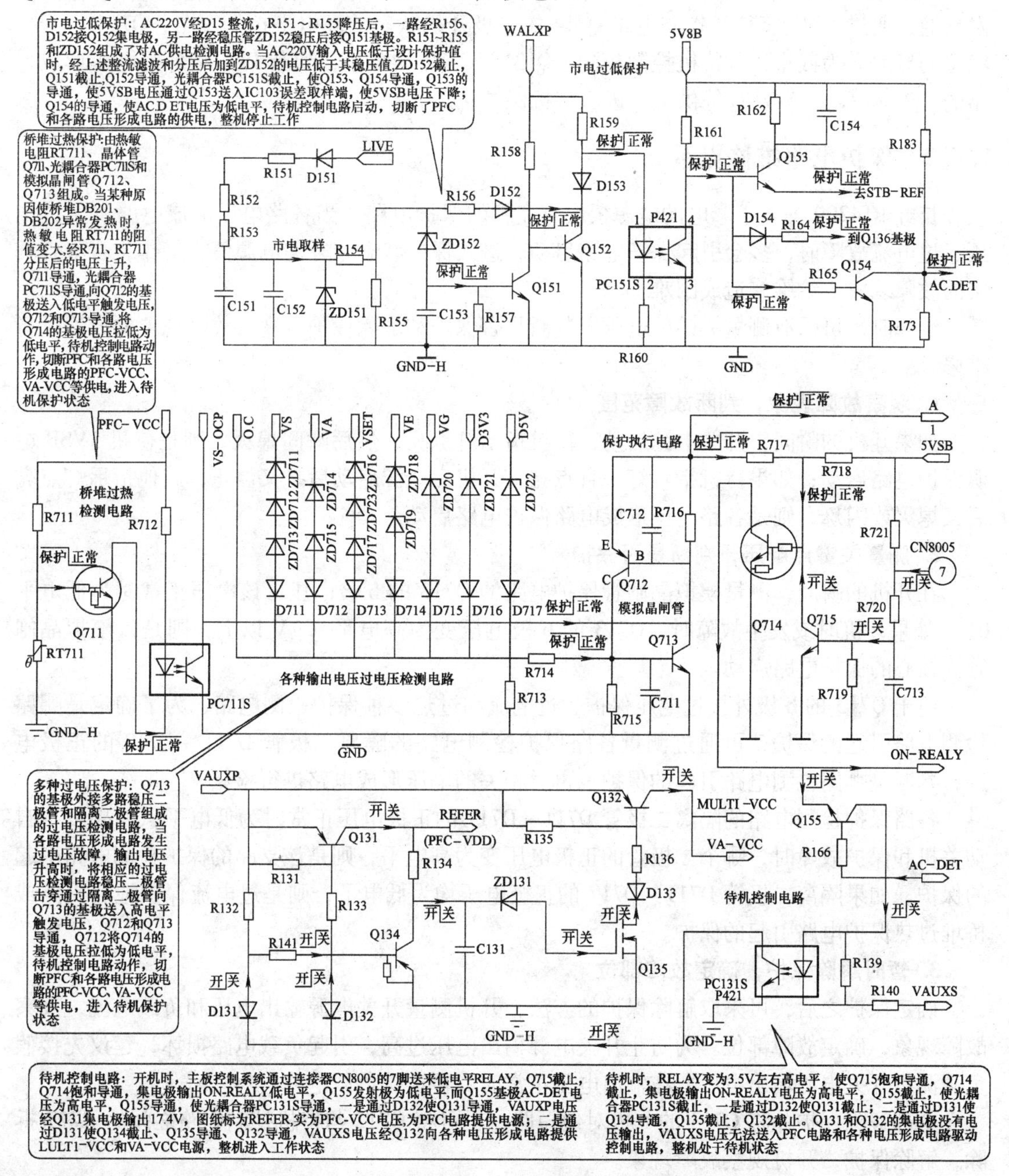

图 9-8　长虹 PT4209 等离子彩电保护与待机电路图解

3. 模拟晶闸管保护电路

该开关电源板依托待机控制电路，设置了以模拟晶闸管为核心的保护电路，如图 9-8 中部所示。

PNP 型晶体管 Q712 和 NPN 型晶体管 Q713 组成模拟晶闸管电路，Q713 的 b 极外接多路过电压检测电路，Q712 的 b 极外接过热检测电路，Q712 的 e 极与待机控制电路 Q714 的 b 极相连接。当过电压检测电路检测到故障时，向 Q713 的 b 极送入高电平触发电压，过热检测电路检测到故障时，向 Q712 的 b 极送入低电平触发电压，模拟晶闸管 Q713、Q712 被触发导通，通过 R817 将待机控制电路 Q714 的 b 极开机状态的高电平拉低短路，Q714 由开机状态的导通变为截止，与待机控制相同，Q131、Q132 均截止，切断 PFC 和各路电压形成电路的 PFC-VCC、VA-VCC 等供电，进入待机保护状态。

9.8.2 保护电路维修提示

长虹 PT4209 等离子彩电的电源板设有完善的保护电路，当各路电压形成电路发生过电压、过电流故障时，多会引起保护电路启动，进入保护状态，开关电源停止工作，看不到真实的故障现象，给维修造成困难。

维修时，可采取测量关键的电压，判断是否保护和解除保护，观察故障现象的方法进行维修。

1. 观察故障现象，判断故障范围

如果开机的瞬间，开关电源启动，待机指示灯点亮，然后瞬间熄灭，则是待机 5VSB 电源保护电路启动；如果待机指示灯一直点亮，开机后电源启动后，又停止，其他指示灯点亮后又熄灭或闪烁，则是各路电压形成电路保护电路启动。

2. 测量关键点电压，判断是否保护

在开机的瞬间，测量模拟晶闸管保护电路的 Q713 的 b 极电压，该电压正常时为低电平 0V。如果开机时或发生故障时，Q713 的 b 极电压变为高电平 0.7V 以上，则是以模拟晶闸管为核心的保护电路启动。

由于 Q713 的 b 极外接过电压保护、过电流和过热多种保护检测电路，为了确定是哪路检测电路引起的保护，可通过测量各路保护检测电路的隔离二极管 D711 ~ D717 的正极电压，判断是哪路检测电路引起的保护，再对相关的电压形成电路进行检修。

各路保护检测电路的隔离二极管 D711 ~ D717 的正极电压正常时为低电平，如果发生自动关机和保护故障时，哪个二极管的正极电压变为高电平，则是该支路的保护检测电路引起的保护。如果隔离二极管 D711 ~ D717 的正极电压均为低电平，则是过电流保护检测支路或桥堆过热保护电路引起的保护。

3. 暂时解除保护，确定故障部位

确定保护之后，可采取解除保护的方法，开机测量开关电源输出电压和负载电流，观察故障现象，确定故障部位。为防止开关电源输出电压过高，引起负载电路损坏，建议先接假负载测量开关电源输出电压，在输出电压正常时，再连接负载电路。

全部解除保护：将 Q713 的 b 极对地短路，也可将 Q712 与待机控制电路之间的 R717 拆除，解除保护，开机观察故障现象。

二分之一分割法：由于 Q713 外接过电压保护电路，Q712 的 b 极外接过电流和过热两种保护电路。可断开 Q713 的 b 极的 R714，将过电压保护检测电路断开。如果断开仍然保护，则是 Q712 的 b 极外接的过电流、过热保护电路引起的保护。

逐路解除保护：对于过电压保护电路，逐个断开取样电路 D711 ~ D717；对于过电流保护电路，VS 电压形成过电流保护电路断开与保护执行电路之间的隔离二极管 D223，VA 电压形成过电流保护电路断开与保护执行电路之间的隔离二极管 D305、D3V3 电压形成过电流保护电路断开与保护执行电路之间的隔离二极管 D407，VSCON 电压形成负压过高保护电路断开与保护执行电路之间的隔离二极管 D565；过热保护电路光耦合器 PC711S 的 4 脚。每解除一路保护检测电路的隔离二极管，进行一次开机实验，如果断开哪路保护检测电路的隔离二极管后，开机不再保护，则是该保护检测电路引起的保护。

9.8.3 保护电路维修实例

例 9-9：开机指示灯亮，有启动的声音，然后三无。

分析与检修：一般 V4 屏电源板保护，都是因为某路电压输出异常，具体表现为某路电压缺失或某路电压过高或过低等，而造成保护电路动作。在通电情况下，测量模拟晶闸管保护电路 Q713 的 b 极为 0.7V 高电平，判断过电压保护电路启动。

拆下电源板单独维修，将 Q713 的 b 极对地短路解除保护，通电测量电源板各路输出电压，发现 VS 电压为 240 V 左右，正常应为 208V 左右，明显偏高，说明导致电源板保护的原因是 VS 电路过电压，应重点检查 VS 电路中的稳压及取样反馈电路。对 VS 稳压及取样反馈电路进行检查，结果发现取样电阻 R249 已开路损坏，更换该电阻后，通电试机，VS 电压恢复正常，电源板也不再保护，故障排除。

第 10 章　康佳平板彩电保护电路速修图解

10.1　康佳 LCES2630 液晶彩电保护电路速修图解

康佳 LCES2630 液晶彩电电源电路采用 FAN7529 + TEA1532 组合方案，该电源由两部分组成：一是以 FAN7529 为核心组成的有源功率因数校正（Active Power Factor Correction，简称 APFC）电路；二是以 TEA1532 为核心组成的开关电源电路，待机采用切断负载主板 +12VD供电的方式。

康佳 LCES2630 液晶彩电电源板，设有完善的保护电路，具有开关管过电流保护、欠电压保护、去磁控制保护、输出电压过电压保护、负载过电流保护功能，保护电路启动时，迫使开关电源停止工作。

10.1.1　保护电路原理图解

康佳 LCES2630 液晶彩电电源板设有由光耦合器 PC303、晶闸管 SCR1 和误差放大器 U201、R204 为核心组成的过电压、过电流保护电路。保护电路启动时，晶闸管 SCR1 导通，光耦合器 PC303 内发光二极管发光，使 PC303 内的光敏晶体管电流增大，内阻减小，开关电源驱动电路 TEA1532 的 3 脚电位上升，当上升到 2.5V 以上时，7 脚停止输出脉冲，开关管 Q303 截止，开关电源停止工作。保护电路工作原理如图 10-1 所示。

10.1.2　保护电路维修提示

FAN7529 + TEA1532 组合方案电源电路设有完善的保护电路，当开关电源发生过电压、过电流故障时，多会引起保护电路启动，进入保护状态，开关电源停止工作，看不到真实的故障现象，给维修造成困难。维修时，可采取测量关键的电压，判断是否保护和解除保护，观察故障现象的方法进行维修。

1. 根据故障现象，判断是否保护

如果开机的瞬间，开关电源启动，并在开关电源变压器的二次侧有电压输出，几秒钟后开关电源停止工作，输出电压降到 0V，多为保护电路启动所致。

2. 测量关键点电压，判断哪路保护

在开机的瞬间，测量保护电路的晶闸管 SCR1 的 G 极电压，该电压正常时为低电平 0V。如果开机时或发生故障时，SCR1 的 G 极电压变为高电平 0.7V 以上，则是以晶闸管 SCR1 为核心的保护电路启动。

由于 SCR1 的 G 极外接过电压保护和过电流保护两种保护检测电路，为了确定是哪路检测电路引起的保护，可通过测量 D202 的正极电压确定。如果 D202 的正极电压为高电平，则是负载过电流保护检测电路引起的保护，否则是过电压保护检测电路引起的保护。

3. 暂时解除保护，确定故障部位

确定保护之后，可采解除保护的方法，开机测量开关电源输出电压和负载电流，观察故

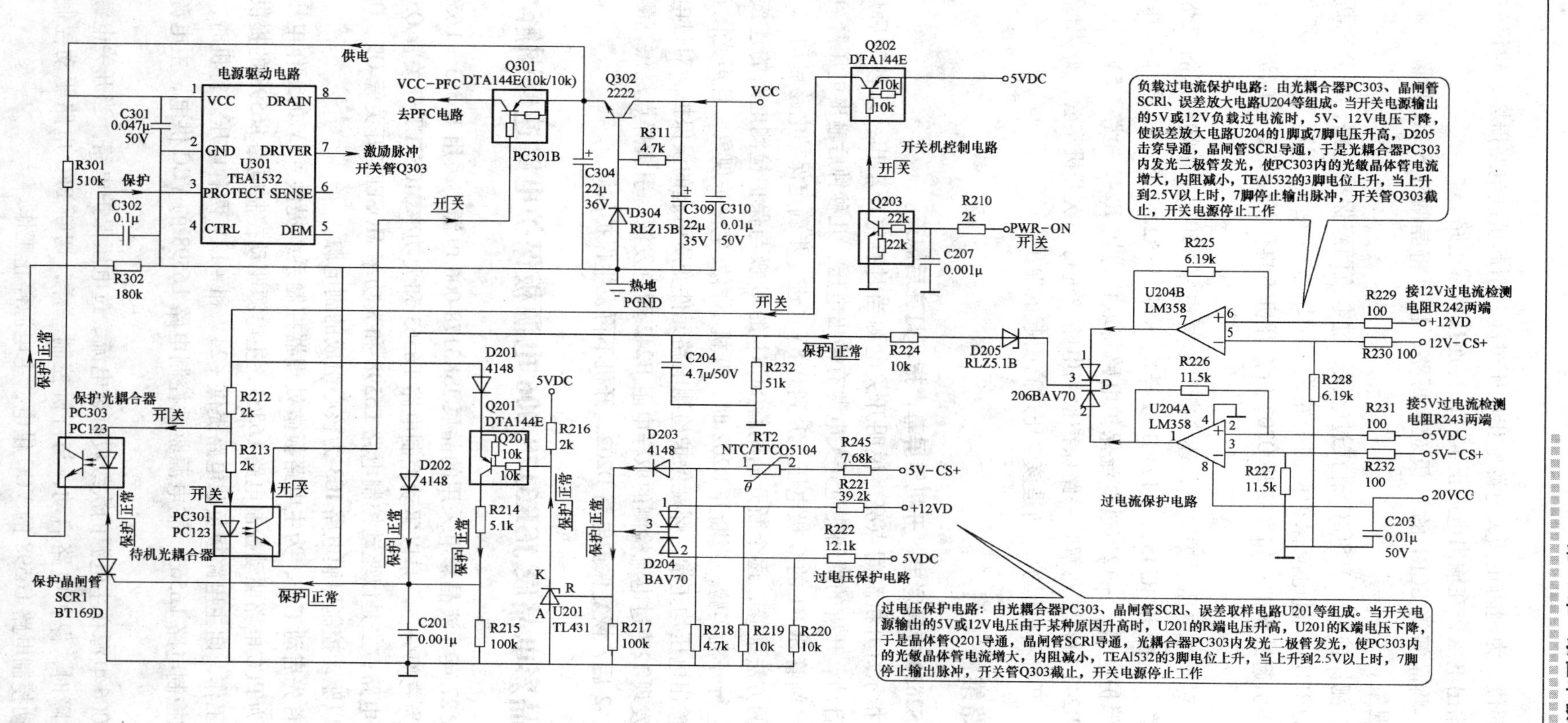

图10-1 康佳LCES2630液晶彩电电源板保护电路图解

障现象，确定故障部位。为例防止开关电源输出电压过高，引起负载电路损坏，建议先接假负载测量开关电源输出电压，在输出电压正常时，再连接负载电路。

全部解除保护：将晶闸管 SCR1 的 G 极对地短路，也可将晶闸管 SCR1 拆除，解除保护，开机观察故障现象。

二分之一分割检测保护：由于 SCR1 外接过电压、过电流两路保护电路，可分别断开过电压保护检测电路的 R214，过电流保护检测电路的 D202。如果断开 R214 开机不再保护，则是过电压保护电路引起的保护；如果断开 D202 后，开机不再保护，则是过电流检测电路引起的保护。

逐路解除保护：对于过电压保护电路，逐个断开取样电路 U201 的 R 端外部的三路取样电压，5V-CS + 取样电压断开 R245，+12VD 取样电压断开 R221，5VDC 取样电压断开 R222；对于过电流保护电路，+12V 过电流保护电路将取样电阻 R242 短路，5V 过电流保护电路将取样电阻 R243 短路。每解除一路保护检测电路，进行一次开机实验，如果断开哪路保护检测电路后，开机不再保护，则是该电压过高引起的保护。

10.1.3 保护电路维修实例

例 10-1：康佳 LCES2630 液晶彩电，开机黑屏幕，指示灯亮后熄灭。

分析与检修：指示灯开机瞬间点亮，说明开关电源当时有电压输出，几秒钟后熄灭，很可能是保护电路启动。开机的瞬间测量开关电源有输出电压，几秒钟后输出电压降到 0V，此时测量保护电路晶闸管 SCR1 的 G 极电压上升到 0.8V，进一步确定保护电路启动。

采取解除保护的方法维修，逐个断开晶闸管 SCR1 的 G 极与保护检测电路的连接元件 D202 和 R214，并进行开机实验，当断开 D202 时，开机不再发生保护现象，且声光图正常，此时测量开关电源输出电压均正常，怀疑保护检测电路元件变质引起的误保护。对过电流保护电路进行检测，发现 12V 过电流检测的取样电阻 R242 颜色发深，引脚焊点烧焦，测量其阻值变大。更换 R242 后，恢复保护电路 D202，开机不再发生保护故障。

10.2 康佳液晶彩电晶辰 JSK3178-006 电源板保护电路速修图解

康佳 26 英寸或 27 英寸液晶彩电采用的晶辰 JSK3178-006 电源，采用 L6563 + L6598 组合方案。该电源分为三部分：一是以驱动控制电路 L6563 和大功率 MOSFET 开关管 Q5、Q6 为核心组成的 PFC 电路；二是以驱动控制电路 L6598 和大功率 MOSFET 开关管 Q9、Q10 组成的主电源；三是以驱动控制厚膜电路 IC3 为核心组成的副电源。

通电后副电源首先启动工作，为主电路板微处理器控制系统提供 +5V 的工作电压，遥控开机后，副电源为 PFC 电路驱动控制电路 L6563、主电源驱动控制电路 L6598 的提供 VCC 供电，主电源启动工作，向主电路板负载电路提供 +24V 和 +12V 两种电压。待机时，采用切断 PFC 电路驱动控制电路 L6563、主电源驱动控制电路 L6598 的 VCC 供电，主电源停止工作。

晶辰 JSK3178-006 电源在主电源的次级设有过电流、过电压保护电路，当开关电源发生过电流、过电压故障时，保护电路启动，与待机控制一样，切断 PFC 电路驱动控制电路 L6563 和主电源驱动控制电路 L6598 的 VCC 供电，主电源停止工作。

10.2.1　保护电路原理图解

晶辰 JSK3178-006 电源在主电源设置了以模拟晶闸管电路 QS1 和 QS2 组成的过电压、过电流保护电路，如图 10-2 所示，保护电路启动时将 PCB 的 VCC 电压切断，主电源停止工作，与待机控制相似。

由于模拟晶闸管保护电路一旦触发启动，就会维持导通保护状态，即使保护后主电源停止工作，无电压输出，无电流产生，但模拟晶闸管仍然维持保护状态不变。除非断电，PFC 端电压等于零，+5V 端电压等于零后再开机，方能退出保护状态，进行再次开机。

10.2.2　保护电路维修提示

晶辰 JSK3178-006 电源设有完善的保护电路，当开关电源发生过电压、过电流故障时，多会引起保护电路启动，进入保护状态，开关电源停止工作，看不到真实的故障现象，给维修造成困难。维修时，可采取测量关键的电压，判断是否保护和解除保护，观察故障现象的方法进行维修。

1. 根据故障现象，判断是否保护

如果开机的瞬间，开关电源启动，并在开关电源变压器的二次侧有电压输出，几秒钟后开关电源停止工作，输出电压降到 0V，多为保护电路启动所致。

2. 测量关键点电压，判断哪路保护

在开机的瞬间，测量保护电路的模拟晶闸管 QS2 的 b 极电压，该电压正常时为低电平 0V。如果开机时或发生故障时，QS2 的 b 极电压变为高电平 0.7V 以上，则是以模拟晶闸管为核心的保护电路启动。

由于 QS2 的 b 极电压外接两路过电压保护和两路过电流保护两种保护检测电路，为了确定是哪路检测电路引起的保护，可在自动关机前的瞬间通过测量 DS9、DS10、DS8、DS6 的正极电压确定。

如果 DS9 的正极电压为高电平，则是 +24V 过电压保护电路的启动，如果 DS10 的正极电压为高电平，则是 +12V 过电压保护电路的启动；应对可能引起开关电源输出电压升高的稳压控制环路的 RS12、RS13、ICS1、IC4 元件进行检测。如果 DS8 的正极电压为高电平，则是 +24V 过电流保护电路的启动；如果 DS6 的正极电压为高电平，则是 +12V 过电流保护电路的启动；应检查 +24V 或 +12V 负载电路是否发生短路漏电故障，可拔掉连接器 CN1，将其 2 脚开关机控制端接 1 脚，模拟开机高电平，再接假负载对开关电源电路进行检修，判断故障在负载还是开关电源板。

3. 暂时解除保护，确定故障部位

确定保护之后，可采解除保护的方法，开机测量开关电源输出电压和负载电流，观察故障现象，确定故障部位。为例防止开关电源输出电压过高，引起负载电路损坏，建议先接假负载测量开关电源输出电压，在输出电压正常时，再连接负载电路。

全部解除保护：将模拟晶闸管 QS2 的 b 极对地短路，也可将模拟晶闸管 QS1 的 e 极与 RS62 之间的连接断开，解除保护，开机观察故障现象。

二分之一分割检测保护：由于模拟晶闸管 QS2 的 b 极外接过电压、过电流两路保护电路，可断开过电流保护检测电路的 RS55 后开机测试，如果断开 RS55 开机不再保护，则是过电流保护电路引起的保护；否则是过电压检测电路引起的保护。

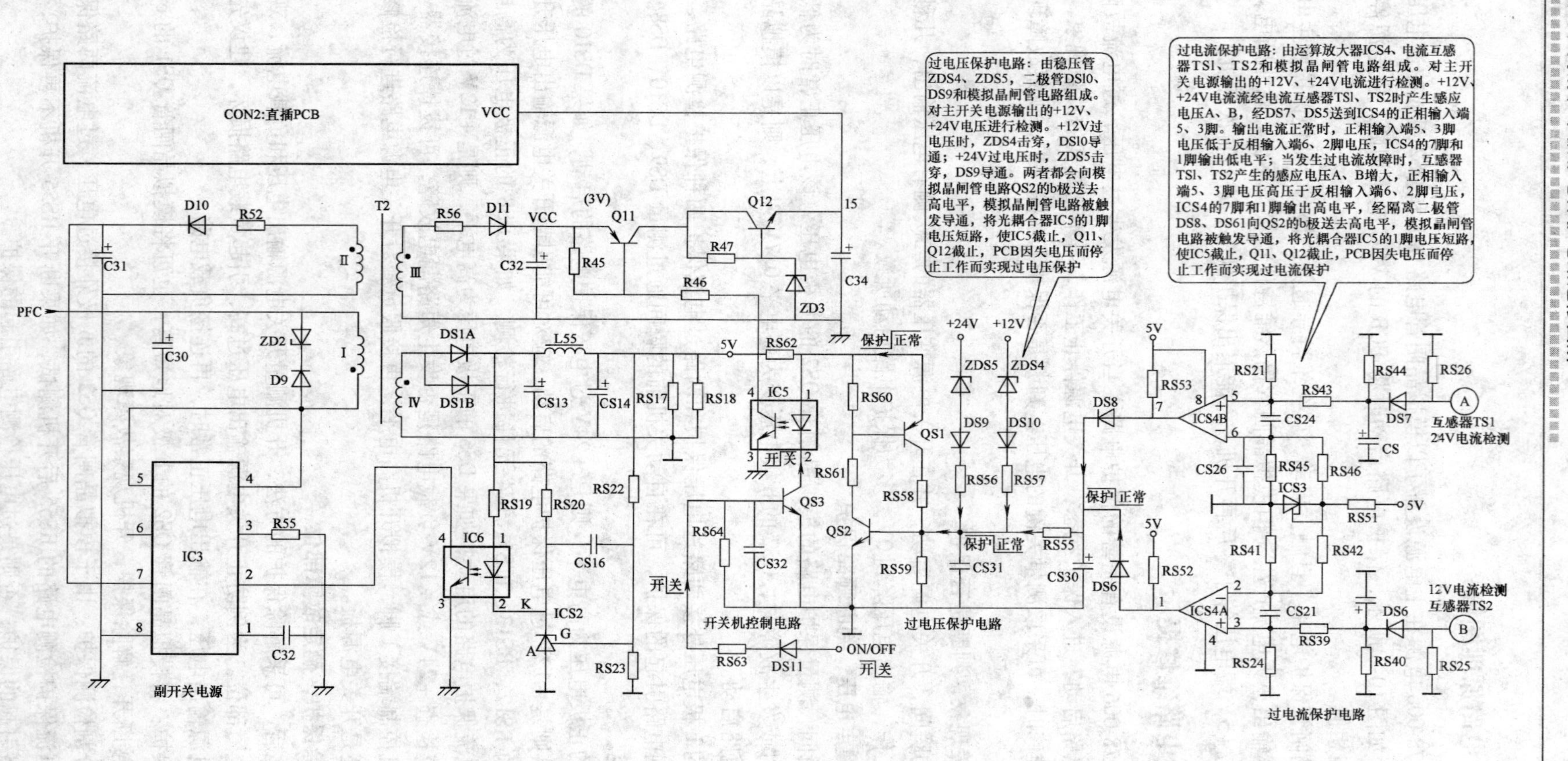

图10-2　康佳液晶彩电晶辰JSK3178-006电源板保护电路图解

逐路解除保护：对于+24V过电压保护电路断开DS9；+12V过电压保护电路断开DS10；+24V过电流保护电路断开DS8；+12V过电流保护电路断开DS6。每解除一路保护检测电路，进行一次开机实验，如果断开哪路保护检测电路后，开机不再保护，则是该电压过高引起的保护。

10.2.3　保护电路维修实例

例10-2：开机黑屏幕，指示灯亮。

分析与检修：指示灯亮，说明副电源正常，故障在PFC电路或主电源。测量主电源开机的瞬间有电压输出，然后转为0V，由此说明主电源保护电路启动。测量模拟晶闸管电路QS2的b极电压果然为0.7V，进入保护状态。

采用解除保护的方法维修，将电源板与主电路的连接器CN1拔掉，在+24V端接假负载，将CN1的1、2脚短接，为开关机控制电路送入高电平，开机后仍然发生自动关机故障，看来故障在电源板。将QS2的b极对地短路，逐个测量保护检测电路DS9、DS10、DS8、DS6的正极电压，发现DS9的正极电压为高电平，是+24V过电压保护电路的启动，但测量开关电源输出的+24V电压正常，怀疑过电压保护电路稳压管ZDS5变质引起的误保护，更换ZDS5后，测量DS9的正极电压不再是高电平，恢复保护电路并连接CN1后，开机故障排除。

10.3　康佳LC-TM3719液晶彩电电源板保护电路速修图解

康佳LC-TM3719液晶彩电电源板采用UC3843+TDA16888组合方案，属于盛泰STA200TV电源，该电源分为三部分：一是以驱动控制电路UC3843和大功率MOSFET开关管为核心组成的副电源，为主板上的微处理器控制系统提供+5V SB和+30V SB两组电压，同时为主电源驱动控制电路TDA16888提供VCC1工作电压；二是以驱动控制电路TDA16888的1/2和大功率MOSFET开关管为核心组成的PFC电路；三是以驱动控制电路TDA16888的1/2和大功率MOSFET开关管为核心组成的主电源，为负载电路提供+24V和+12V的电压；待机采用切断主电源VCC1工作电压的方式，主电源停止工作。

康佳LC-TM3719液晶彩电电源板在主电源的次级设有以模拟晶闸管电路为核心的过电流、过电压保护电路。上述保护电路启动时，开关电源停止工作。

10.3.1　保护电路原理图解

康佳LC-TM3719液晶彩电电源在主电源的次级，设计了以Q8、Q7组成的模拟晶闸管保护电路，通过待机控制电路的光耦合器U5和晶体管Q5对主电源驱动控制电路TDA16888的9脚VCC1电压进行控制。保护电路工作原理如图10-3所示。

模拟晶闸管电路Q8的b极外接由运算放大器U7A、U7B、U8B组成的+12V和+24V过电压、过电流保护检测电路，正常时Q8的b极为低电平0V，当过电流、过电压保护检测电路检测到故障时，向模拟晶闸管电路Q8的b极送入高电平触发电压，模拟晶闸管电路被触发导通，将待机控制电路光耦合器U5的1脚电压拉低，与待机控制相同，光耦合器U5的发光二极管不能发光，光敏晶体管不导通，进而控制Q5截止，切断了TDA16888的9脚VCC1电压，PFC电路和主电源停止工作，整机进入待机保护状态。

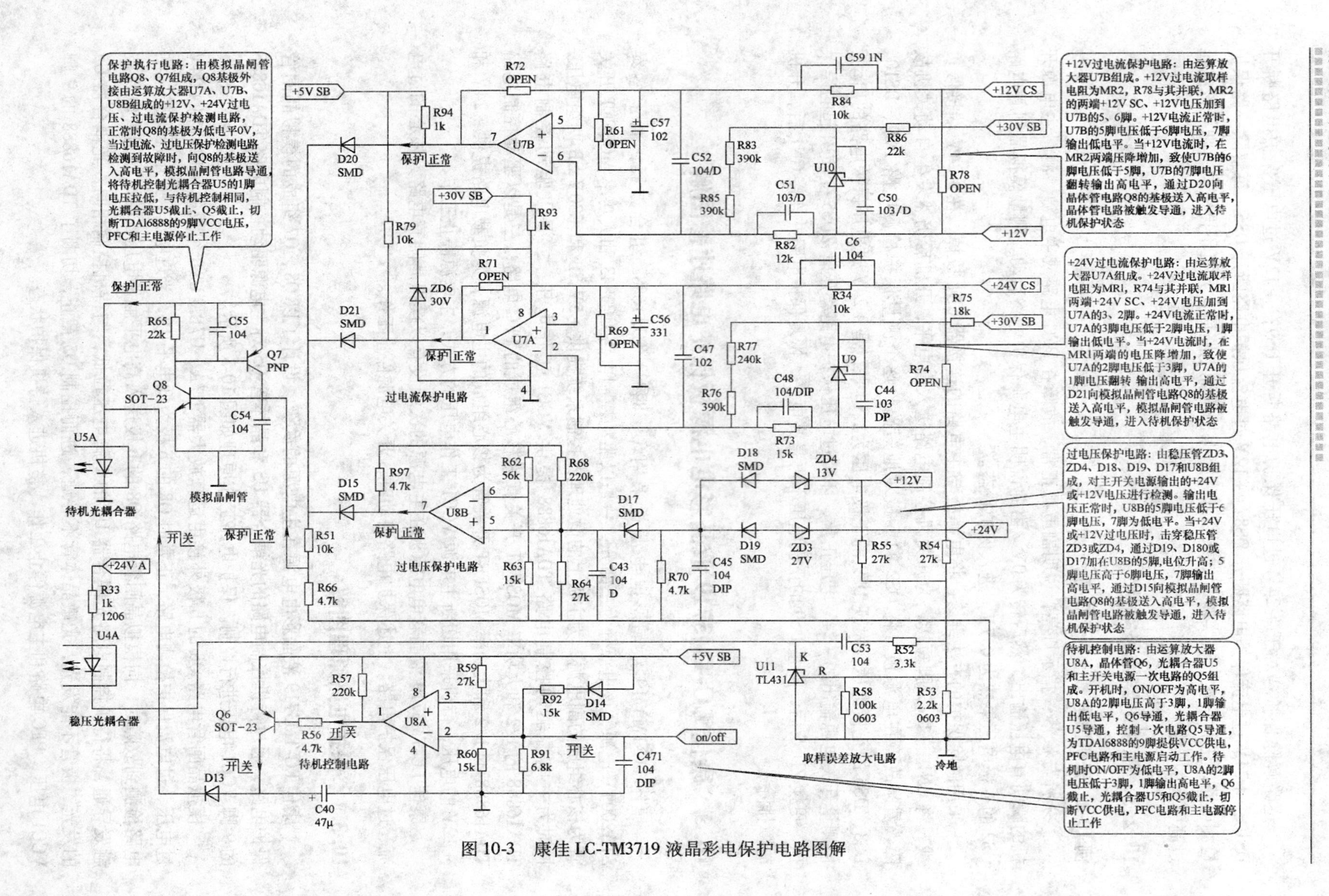

图 10-3　康佳 LC-TM3719 液晶彩电保护电路图解

由于模拟晶闸管电路一旦触发导通，具有自锁功能，要想解除保护再次开机，必须关掉电视机电源，待副电源的 5V 电压泄放后，方能再次开机。

10.3.2　保护电路维修提示

康佳 LC-TM3719 液晶彩电电源板设有完善的保护电路，当开关电源发生过电压、过电流故障时，多会引起保护电路启动，进入保护状态，PFC 电路和主电源停止工作。维修时，可采取测量关键的电压，判断是否保护和解除保护，观察故障现象的方法进行维修。

1. 测量关键点电压，判断是否保护

对于模拟晶闸管保护电路维修在开机的瞬间，测量保护电路的 Q8 的 b 极电压，该电压正常时为低电平 0V。如果开机时或发生故障时，Q8 的 b 极电压变为高电平 0.7V 以上，则是以模拟晶闸管为核心的保护电路启动。

由于 Q8 的 b 极外接过电压保护和过电流保护三路保护检测电路，为了确定是哪路检测电路引起的保护，可在开机后和保护前的瞬间通过测量 D15、D21、D20 的正极电压，判断是哪路保护检测电路引起的保护。如果 D15 的正极电压为高电平，则是 +12V、+24V 过电压保护检测电路引起的保护，重点检查可能引起过电压保护的稳压控制电路的取样电路 R54、R53，误差放大电路 U11，光耦合器 U4，如果输出的 +12V、+24V 电压正常，则检查过电压保护检测电路。如果 D20 的正极电压为高电平，则是 +12V 过电流保护检测电路引起的保护，重点检查 +12V 负载电路或其过电流检测电路；如果 D21 的正极电压为高电平，则是 +24V 过电流保护检测电路引起的保护，重点检查 +24V 负载电路或其过电流检测电路。

2. 暂时解除保护，确定故障部位

确定保护之后，可采取解除保护的方法，开机测量开关电源输出电压和负载电流，观察故障现象，确定故障部位。为防止开关电源输出电压过高，引起负载电路损坏，建议先接假负载测量开关电源输出电压，在输出电压正常时，再连接负载电路。

全部解除保护：将模拟晶闸管 Q8 的 b 极对地短路，也可将模拟晶闸管电路与光耦合器 U5 的 1 脚之间断开，解除保护，开机观察故障现象。

逐路解除保护：逐个断开取样电路模拟晶闸管电路 Q8 的 b 极之间的连接隔离二极管 D15、D20、D21。每解除一路保护检测电路，进行一次开机实验，如果断开哪路保护检测电路的隔离二极管后，开机不再保护，则是该电压过高引起的保护。

10.3.3　保护电路维修实例

例 10-3：开机三无，指示灯亮

分析与检修：首先测量副电源输出电压正常，但主电源无电压输出。测量滤波电容 C1 正端电压为 300V 电压，测量主电源开关变压器 T2 的二次侧整流滤波电路也无短路击穿故障，测得 TDA16888 的 9 脚开机的瞬间有电压，然后电压丢失，判断模拟晶闸管保护电路启动。

测量模拟晶闸管保护电路 Q8 的 b 极电压为 0.7V，进一步判断该保护电路启动。采取解除保护的方法维修，断开与负载电路的连接，接假负载，短路 Q6 后，逐个断开保护检测电路隔离二极管 D15、D21、D20，进行开机实验。当断开 D15 后，开机不再发生保护故障，此时测量开关电源输出电压过高，其中 24V 电压高达 28V。对可能引起过电压保护的稳压控制电路进行检测，发现分压取样电阻 R54 阻值变大，造成误差放大电路 U11 的 R 极电压降低，输出电压升高。更换 R54 后，开机输出电压恢复正常，连接负载电路和保护电路 D15 后，也不再发生自动关机故障。

10.4 康佳液晶彩电泰达电源板保护电路速修图解

康佳液晶彩电用泰达电源由三部分组成：一是由驱动控制电路 IC1 和大功率 MOSFET 开关管 Q9、Q1 和储能电感 L3 为核心组成的 PFC 电路，校正后为主电源提供约 400V 的工作电压；二是以 PWM 驱动控制电路 IC3 和桥式推挽输出大功率 MOSFET 开关管 Q3、Q4 和开关变压器 T1 为核心组成的主电源，为液晶电视主电路板提供 +24V、+12V 电源；三是以驱动控制厚膜电路 IC901 和开关变压器 T901 为核心组成的副电源，主要为主板上的微处理器控制电路提供 5VSB 电源，同时为 PFC 电路 IC1 和 PWM 主电源驱动控制电路 IC3 提供 14.8V 的 VA 工作电压。待机控制采用切断 VA 工作电压的方式，待机时仅有副电源工作，保持 5VSB 输出。

康佳液晶彩电用泰达电源在开关电源的次级冷接地端设置了以晶闸管 Q603 为核心的过电压、过电流、过热保护电路，保护电路启动时，开关电源停止工作。

10.4.1 保护电路原理图解

康佳液晶彩电用泰达电源在主开关电源的次级。设计了以晶闸管 Q603 和运算放大器 IC601 为核心的过电流、过电压保护电路，如图 10-4 所示。晶闸管 Q603 的阳极与待机控制电路光耦合器 IC903 的供电电路 D602 的正极相连接，通过光耦合器 IC903 和晶体管 Q902 对 PFC 电路 IC1 和 PWM 主开关电源驱动控制电路 IC3 的 VA 供电进行控制。D602 的正极电压开机状态为高电平，待机状态为低电平。

晶闸管 Q603 的 G 极外接主电源过电压、过电流等保护检测电路，当保护检测电路检测到过电压、过电流故障时，向晶闸管 Q603 的 G 极送入高电平触发电压，Q603 被触发导通，将开关机控制电路 D602 的正极高电平拉低，光耦合器 IC903 截止，与待机控制相同，Q902 截止，切断了 VA 供电，PFC 电路和 PWM 主电源停止工作，整机进入待机保护状态。

由于晶闸管电路一旦触发导通，具有自锁功能，要想解除保护再次开机，必须关掉电视机电源，待副电源的 5V 电压泄放后，方能再次开机。

10.4.2 保护电路维修提示

1. 测量关键点电压，判断是否保护

对于晶闸管保护电路维修时，在开机的瞬间，测量保护电路的 Q603 的 G 极电压，该电压正常时为低电平 0V。如果开机时或发生故障时，Q603 的 G 极电压变为高电平 0.7V 以上，则是以晶闸管为核心的保护电路启动。

由于 Q603 的 G 极外接过电压保护、过电流保护、过热保护三种保护检测电路，为了确定是哪路检测电路引起的保护，可在开机后、保护前的瞬间通过测量隔离二极管 D603、D605-1、D605-2、D608 的正极电压，判断是哪路保护检测电路引起的保护。

如果 D603 的正极电压为高电平，则是 +12V、+24V 过电压保护检测电路引起的保护，重点检查可能引起过电压保护的稳压控制电路的取样电路误差放大电路，光耦合器 IC502，

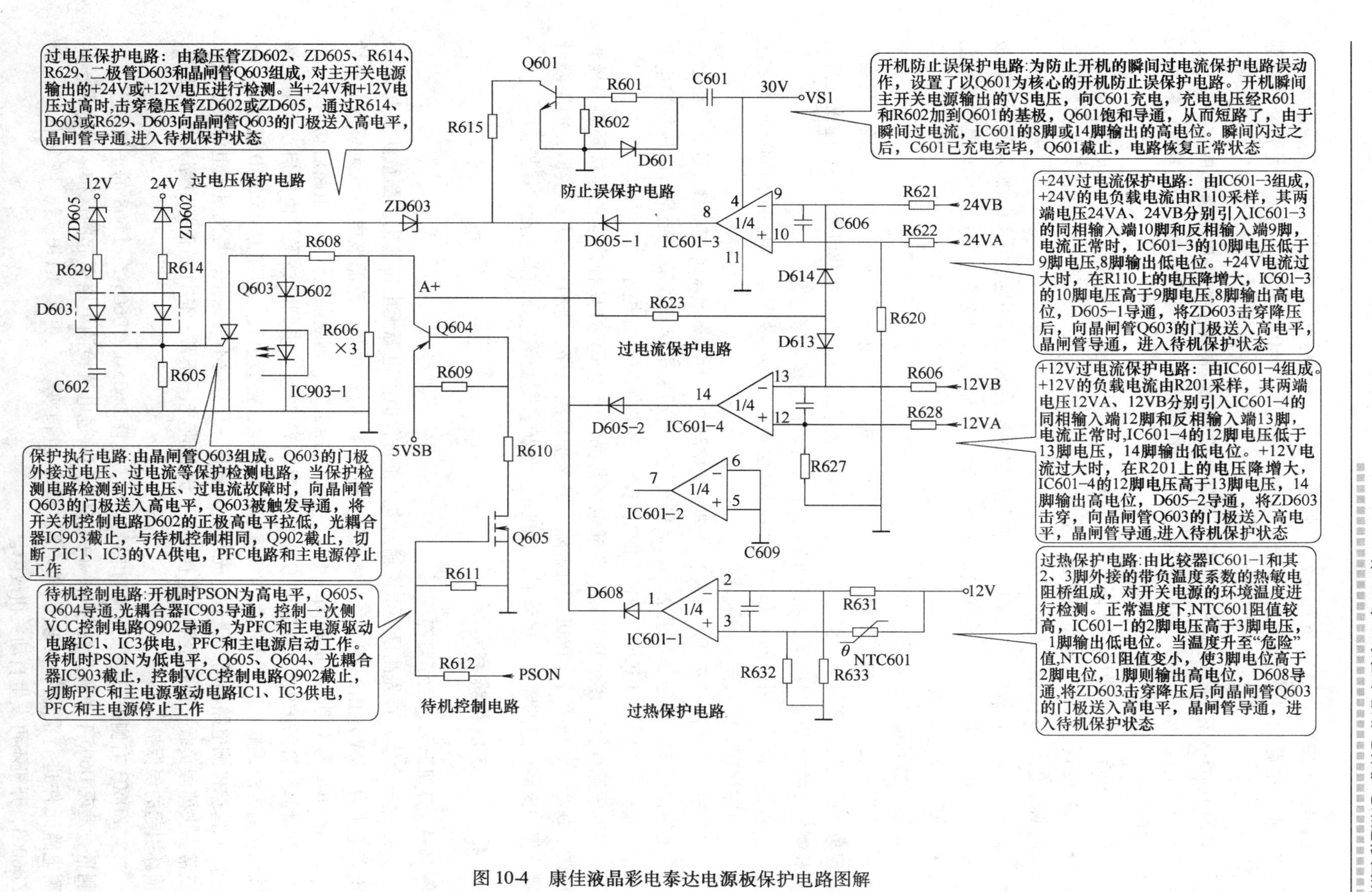

过电压保护电路：由稳压管ZD602、ZD605、R614、R629、二极管D603和晶闸管Q603组成，对主开关电源输出的+24V或+12V电压进行检测。当+24V和+12V电压过高时,击穿稳压管ZD602或ZD605，通过R614、D603或R629、D603向晶闸管Q603的门极送入高电平，晶闸管导通,进入待机保护状态
开机防止误保护电路:为防止开机的瞬间过电流保护电路误动作，设置了以Q601为核心的开机防止误保护电路。开机瞬间主开关电源输出的VS电压，向C601充电，充电电压经R601和R602加到Q601的基极，Q601饱和导通，从而短路了，由于瞬间过电流，IC601的8脚或14脚输出的高电位。瞬间闪过之后，C601已充电完毕，Q601截止，电路恢复正常状态
+24V过电流保护电路：由IC601−3组成，+24V的电负载电流由R110采样，其两端电压24VA、24VB分别引入IC601−3的同相输入端10脚和反相输入端9脚，电流正常时，IC601−3的10脚电压低于9脚电压,8脚输出低电位。+24V电流过大时，在R110上的电压降增大，IC601−3的10脚电压高于9脚电压,8脚输出高电位，D605−1导通，将ZD603击穿降压后，向晶闸管Q603的门极送入高电平，晶闸管导通，进入待机保护状态
+12V过电流保护电路：由IC601−4组成。+12V的负载电流由R201采样，其两端电压12VA、12VB分别引入IC601−4的同相输入端12脚和反相输入端13脚，电流正常时,IC601−4的12脚电压低于13脚电压，14脚输出低电位。+12V电流过大时，在R201上的电压降增大，IC601−4的12脚电压高于13脚电压，14脚输出高电位，D605−2导通，将ZD603击穿，向晶闸管Q603的门极送入高电平，晶闸管导通,进入待机保护状态
保护执行电路:由晶闸管Q603组成。Q603的门极外接过电压、过电流等保护检测电路，当保护检测电路检测到过电压、过电流故障时，向晶闸管Q603的门极送入高电平，Q603被触发导通，将开关机控制电路D602的正极高电平拉低，光耦合器IC903截止，与待机控制相同，Q902截止，切断了IC1、IC3的VA供电，PFC电路和主电源停止工作
待机控制电路:开机时PSON为高电平，Q605、Q604导通,光耦合器IC903导通，控制一次侧VCC控制电路Q902导通，为PFC和主电源驱动电路IC1、IC3供电，PFC和主电源启动工作。待机时PSON为低电平，Q605、Q604、光耦合器IC903截止，控制VCC控制电路Q902截止，切断PFC和主电源驱动电路IC1、IC3供电，PFC和主电源停止工作
过热保护电路:由比较器IC601−1和其2、3脚外接的带负温度系数的热敏电阻桥组成，对开关电源的环境温度进行检测。正常温度下,NTC601阻值较高，IC601−1的2脚电压高于3脚电压，1脚输出低电位。当温度升至"危险"值,NTC601阻值变小，使3脚电位高于2脚电位，1脚则输出高电位，D608导通,将ZD603击穿降压后,向晶闸管Q603的门极送入高电平，晶闸管导通，进入待机保护状态
过电压保护电路
防止误保护电路
过电流保护电路
待机控制电路
过热保护电路
Q601
R601
C601
30V
VS1
R615
R602
D601
12V
24V
ZD605
ZD602
ZD603
R629
R614
D603
R608
Q603
D602
A+
R606 ×3
Q604
IC903−1
C602
R605
5VSB
R609
R610
Q605
R611
R612
PSON
IC601−3
D605−1
R621
24VB
R622
24VA
C606
D614
R623
R620
D613
IC601−4
D605−2
R606
12VB
R628
12VA
R627
IC601−2
C609
D608
IC601−1
R631
12V
NTC601
R632
R633

图10-4 康佳液晶彩电泰达电源板保护电路图解

如果输出的+12V、+24V电压正常，则是过电压保护电路引起的误保护，重点检查过电压保护检测电路元器件参数是否变质，特别是稳压管ZD602、ZD605稳压值是否降低或漏电。

如果D605-2的正极电压为高电平，则是+12V过电流保护检测电路引起的保护，重点检查+12V负载电路是否发生短路漏电故障，过电流检测电路元器件是否变质损坏，特别是过电流取样电阻R201阻值是否变大。

如果D605-1的正极电压为高电平，则是+24V过电流保护检测电路引起的保护，重点检查+24V负载电路是否发生短路漏电故障，过电流检测电路元器件是否变质损坏，特别是过电流取样电阻R110阻值是否变大。

如果D608的正极电压为高电平，则是过热保护检测电路引起的保护，如果测量电源板和液晶电视内部温度正常，重点检查IC601-1的温度检测保护电路，特别是检查温度检测电阻NTC601是否参数改变。

2. 暂时解除保护，确定故障范围

确定保护之后，可采解除保护的方法，开机测量开关电源输出电压和负载电流，观察故障现象，确定故障部位。为例防止开关电源输出电压过高，引起负载电路损坏，建议先接假负载测量开关电源输出电压，在输出电压正常时，再连接负载电路。

全部解除保护：将晶闸管Q603的G极对地短路，也可将晶闸管电路与D602正极之间断开，解除保护，开机观察故障现象。

二分之一分割法：断开过电流、过热保护检测电路的隔离稳压管ZD603，重新开机测量主电源输出的24V电压是否正常，如果仍然发生自动关机保护故障，则是过电压保护电路引起的保护，否则是以IC601为核心的过电流、过热保护检测电路引起的保护。

逐路解除保护：逐个断开保护取样电路与晶闸管Q603的G极之间的连接隔离二极管D603、D605-1、D605-2、D608。每解除一路保护检测电路，进行一次开机实验，如果断开哪路保护检测电路的隔离二极管后，开机不再保护，则是该电压过高引起的保护。

10.4.3 保护电路维修实例

例10-4：开机三无，指示灯亮

分析与检修：首先测量副电源输出电压正常，但主电源无电压输出。测量滤波电容C3正端电压为300V电压，测量主电源开关变压器T1的二次侧整流滤波电路也无短路击穿故障，测得IC2的8脚开机的瞬间有电压，然后电压丢失，判断晶闸管保护电路启动。

测量晶闸管保护电路Q603的G极电压为0.7V，进一步判断该保护电路启动。采取解除保护的方法维修，断开主电源与负载电路的连接，接假负载，短路Q605的D极到地，逐个断开保护检测电路隔离二极管，先断开ZD603，开机后不再保护，且测量主电源输出电压正常。去掉假负载，连接上液晶电视主板，开机声光图正常，估计是保护电路元器件变质、损坏引起的误保护。

对ZD603右侧的三路保护检测电路隔离二极管D605-1、D605-2、D608的正极电压进行测量，发现D605-1正极为高电平，说明是+24V过电流检测电路引起的保护。对该保护检测电路元件进行测量，发现取样电阻R110阻值变大。更换R110后，恢复保护电路ZD6003，开机不再发生自动关机故障。

10.5　康佳液晶彩电力信电源板保护电路速修图解

康佳液晶彩电用力信电源由三部分组成：一是由驱动控制电路 IC1 和大功率 MOSFET 开关管 Q1 和储能电感 L1 为核心组成的 PFC 电路，校正后为主电源提供约 390V 的工作电压；二是以 PWM 驱动控制电路 IC2 和桥式推挽输出大功率 MOSFET 开关管 Q2、Q18 和开关变压器 T2 为核心组成的主电源，为液晶电视主电路板提供 +24V（V3）、+12V（V2）电源；三是以驱动控制厚膜电路 IC3 和开关变压器 T1 为核心组成的副电源，主要为主板上的微处理器控制电路提供 5V 的 V1SB 电源，同时为 PFC 电路 IC1 和 PWM 主电源驱动控制电路 IC2 提供 VA 工作电压。待机控制采用切断 VA 工作电压的方式，待机时仅有副电源工作，保持 5V 的 V1SB 输出，以维持主机 CPU 工作。

康佳液晶彩电用力信电源板在开关电源的次级冷接地端设置了以光耦合器 IC11 和集成电路 IC4、IC6 为核心的过电压、过电流保护电路，保护电路启动时，开关电源停止工作。

10.5.1　保护电路原理图解

康佳液晶彩电用力信电源在主电源的次级。设计了以光耦合器 IC11 和集成电路 IC4 和 IC6 为核心的过电压、过电流保护电路，如图 10-5 所示。光耦合器 IC11 的发光二极管部分 2 脚与过电压、过电流保护检测电路相连接，IC11 的光敏晶体管的 4 脚接 VCC 电源，3 脚接主电源驱动控制电路 IC2 的 8 脚。

IC2 的 8 脚内接保护电路，8 脚电压正常时为低电平，当 8 脚电压升高时，内部保护电路启动，开关电源停止工作。当过电压、过电流保护检测电路检测到故障时，将光耦合器 IC11 的发光二极管部分 2 脚电压拉低，光耦合器 IC11 的发光二极管发光，光敏晶体管导通，将 VCC 电压经 R55 送到 IC2 的 8 脚，内部保护电路启动，主电源停止工作，进入保护状态。

10.5.2　保护电路维修提示

1. 测量关键点电压，判断是否保护

对于以 IC11 为核心的保护电路维修时，在开机的瞬间，测量主电源驱动控制电路 IC2 的 8 脚电压，判断该保护电路是否启动。IC2 的 8 脚电压正常时为低电平 0V，如果开机时或发生故障时，IC2 的 8 脚电压变为高电平，则是以 IC11 为核心的保护电路启动。

由于 IC11 的 2 脚外接过电压保护、过电流保护、过热保护三种保护检测电路，为了确定是哪路检测电路引起的保护，可在开机后、保护前的瞬间通过测量 Q9 的 b 极电压和 IC4 或 IC6 的 4 脚电压判断是哪路保护检测电路引起的保护。

如果 Q9 的 b 极电压由正常时的低电平 0V，变为 0.7V，则是过电压、过热保护电路引起的保护，一是重点检查可能引起 V2（+12V）、V3（+24V）过电压保护的稳压控制电路的取样电路误差放大电路，光耦合器 IC8；二是检查可能引起副电源输出的 V1SB（5V）过电压保护的稳压控制电路的取样电路误差放大电路，光耦合器 IC9。如果输出的 +5V、+24V电压正常，则是过电压保护电路引起的误保护，重点检查过电压保护检测电路元器件参数是否变质，特别是稳压管 Z9、Z8 稳压值是否降低或漏电；三是检查温度检测电路负温度系数热敏电阻 TR3 是否变质。

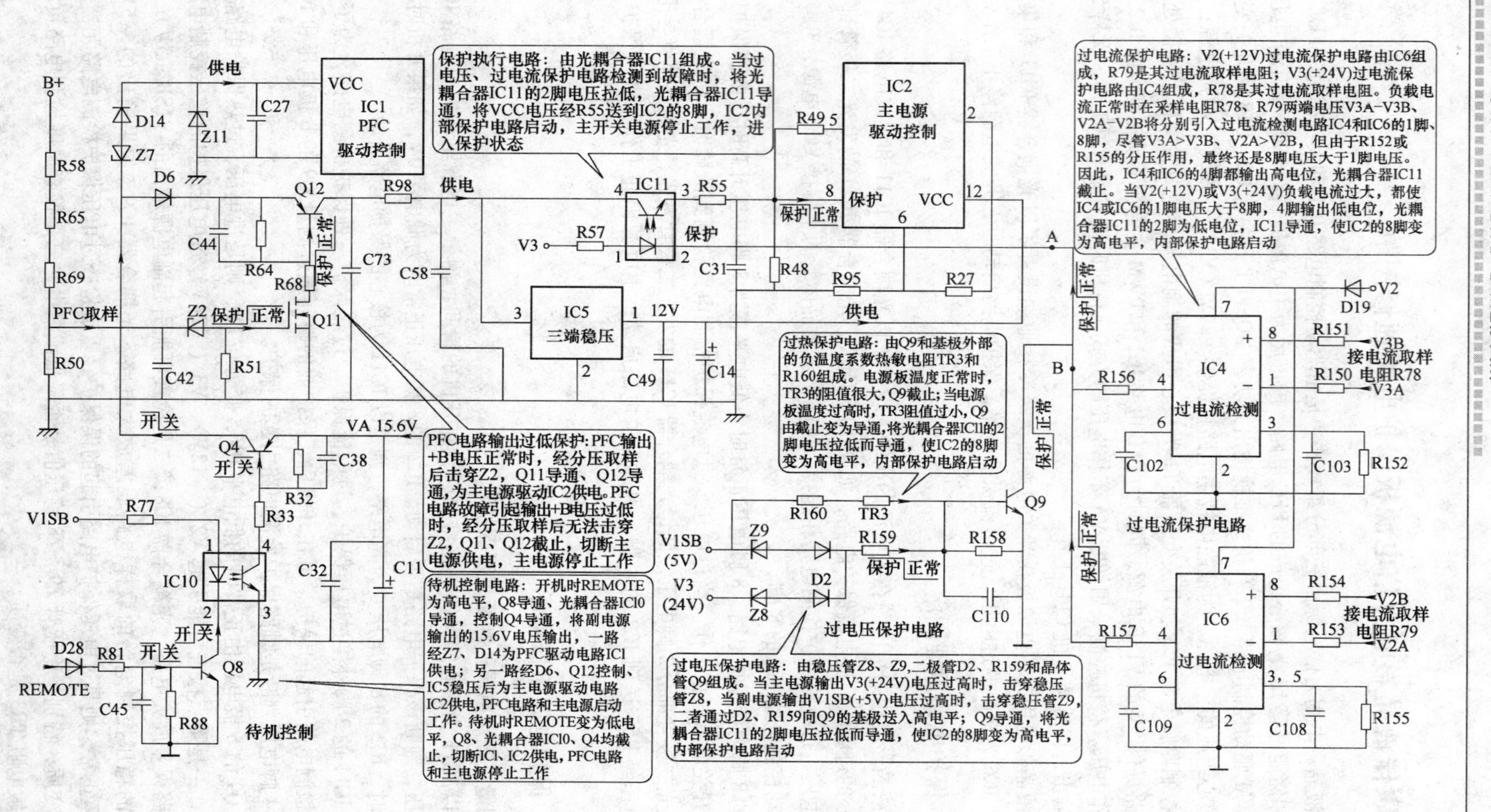

保护执行电路：由光耦合器IC11组成。当过电压、过电流保护电路检测到故障时，将光耦合器IC11的2脚电压拉低，光耦合器IC11导通，将VCC电压经R55送到IC2的8脚，IC2内部保护电路启动，主开关电源停止工作，进入保护状态
过电流保护电路：V2(+12V)过电流保护电路由IC6组成，R79是其过电流取样电阻；V3(+24V)过电流保护电路由IC4组成，R78是其过电流取样电阻。负载电流正常时在采样电阻R78、R79两端电压V3A−V3B、V2A−V2B将分别引入过电流检测电路IC4和IC6的1脚、8脚，尽管V3A>V3B、V2A>V2B，但由于R152或R155的分压作用，最终还是8脚电压大于1脚电压。因此，IC4和IC6的4脚都输出高电位，光耦合器IC11截止。当V2(+12V)或V3(+24V)负载电流过大，都使IC4或IC6的1脚电压大于8脚，4脚输出低电位，光耦合器IC11的2脚为低电位，IC11导通，使IC2的8脚变为高电平，内部保护电路启动
过热保护电路：由Q9和基极外部的负温度系数热敏电阻TR3和R160组成。电源板温度正常时，TR3的阻值很大，Q9截止；当电源板温度过高时，TR3阻值过小，Q9由截止变为导通，将光耦合器IC11的2脚电压拉低而导通，使IC2的8脚变为高电平，内部保护电路启动
PFC电路输出过低保护：PFC输出+B电压正常时，经分压取样后击穿Z2，Q11导通、Q12导通，为主电源驱动IC2供电。PFC电路故障引起输出+B电压过低时，经分压取样后无法击穿Z2，Q11、Q12截止，切断主电源供电，主电源停止工作
待机控制电路：开机时REMOTE为高电平，Q8导通、光耦合器IC10导通，控制Q4导通，将副电源输出的15.6V电压输出，一路经Z7、D14为PFC驱动电路IC1供电；另一路经D6、Q12控制、IC5稳压后为主电源驱动电路IC2供电，PFC电路和主电源启动工作。待机时REMOTE变为低电平，Q8、光耦合器IC10、Q4均截止，切断IC1、IC2供电，PFC电路和主电源停止工作
过电压保护电路：由稳压管Z8、Z9，二极管D2、R159和晶体管Q9组成。当主电源输出V3(+24V)电压过高时，击穿稳压管Z8，当副电源输出V1SB(+5V)电压过高时，击穿稳压管Z9，二者通过D2、R159向Q9的基极送入高电平；Q9导通，将光耦合器IC11的2脚电压拉低而导通，使IC2的8脚变为高电平，内部保护电路启动
B+
供电
VCC
IC1
PFC
驱动控制
IC2
主电源
驱动控制
保护
VCC
IC4
过电流检测
IC6
过电流检测
过电流保护电路
IC5
三端稳压
IC10
IC11
12V
VA 15.6V
V3
V1SB
V1SB (5V)
V3 (24V)
REMOTE
PFC取样
待机控制
过电压保护电路
接电流取样电阻R78
接电流取样电阻R79
V2
V3B
V3A
V2B
V2A
保护 正常
开 关

图 10-5 康佳液晶彩电力信电源板保护电路图解

如果 IC4 或 IC6 的 4 脚电压为高电平，则是过电流保护电路引起的保护。则是 +12V、+24V 过电流保护检测电路引起的保护，重点检查 +12V、+24V 负载电路是否发生短路漏电故障，过电流检测电路元器件是否变质损坏，特别是过电流取样电阻 R79、R78 阻值是否变大。

2. 暂时解除保护，确定故障部位

确定保护之后，可采取解除保护的方法，开机测量开关电源输出电压和负载电流，观察故障现象，确定故障部位。为防止开关电源输出电压过高，引起负载电路损坏，建议先接假负载测量开关电源输出电压，在输出电压正常时，再连接负载电路。

全部解除保护：如图 10-5 所示，将光耦合器 IC11 的 2 脚与保护检测电路 Q9、IC4、IC6 之间的 A 点断开，解除保护，开机观察故障现象。

二分之一分割法：断开过电流与过电压、过热保护电路之间的 B 点，重新开机测量主电源输出的 24V 电压是否正常，如果仍然发生自动关机保护故障，则是过电压、过热保护电路引起的保护，否则是以 IC4、IC6 为核心的过电流保护检测电路引起的保护。

逐路解除保护：逐个断开保护取样电路与保护执行电路之间的连接元件。过电压、过热保护电路分别断开 TR3、R159；过电流保护电路分别断开 R156、R157。每解除一路保护检测电路，进行一次开机实验，如果断开哪路保护检测电路的连接元件后，开机不再保护，则是该电压过高引起的保护。

10.5.3　保护电路维修实例

例 10-5：开机三无，指示灯亮

分析与检修：首先测量副电源输出电压正常，但主电源无电压输出。测量滤波电容 C6、C7 正端电压为 390V，说明 PFC 电路已经启动工作，测量主电源开关变压器 T2 的二次侧整流滤波电路也无短路击穿故障，测得 IC2 的 8 脚开机的瞬间有高电压，判断以 IC11 为核心的保护电路启动。

测量过电压、过热保护检测电路 Q9 的 b 极电压为 0.7V，判断该保护电路启动。采取解除保护的方法维修，断开主电源与负载电路的连接，接假负载，短路 Q8 的 c 极到地，模拟开关机控制。先断开 Q9 的 b 极的 TR3，开机后仍然保护，再断开 R159 后，开机不再发生关机故障，且测量主电源输出的 24V 电压和副开关电源输出的 5V 电压均正常，怀疑稳压管 Z8、Z9 漏电或稳压值降低。恢复连接 R159，逐个更换 Z8、Z9 开机试之，当更换 Z8 后，开机测量 Q9 的 b 极为低电平 0V，去掉假负载，连接液晶彩电主板，声光图出现，故障彻底排除。

10.6　康佳液晶彩电盛泰电源板保护电路速修图解

康佳液晶彩电用盛泰电源采用双核驱动控制电路 TDA16888 组合方案，该电源分为三部分：一是以驱动控制电路 U2 和大功率 MOSFET 开关管为核心组成的副开关电源，为主板上的微处理器控制系统提供 +5V SB 电压，同时为保护电路提供 +30V SB 电压，为主开关电源驱动控制电路 TDA16888 提供约 13.5V 的 VCC1 工作电压；二是以驱动控制电路 TDA16888 的 1/2 和大功率 MOSFET 开关管为核心组成的 PFC 电路，校正后输出约 380V 的直流电压，为主开关电源提供电源；三是以驱动控制电路 TDA16888 的 1/2 和桥式推挽大功率 MOSFET 开关管为核心组成的主电源，为显示屏驱动电路和背光灯电路提供 +24V 和 +12V的电压；待机采用切断主电源 VCC1 工作电压的方式，主电源停止工作。

康佳液晶彩电用盛泰电源，一是在开关电源初级电路，围绕驱动控制电路的保护功能，设有过电压、欠电压、过电流保护电路；二是在主电源的次级设有以模拟晶闸管电路为核心的过电流、过电压保护电路。上述保护电路启动时，开关电源停止工作。

10.6.1 保护电路原理图解

康佳液晶彩电用盛泰电源在主电源的次级，设计了以 Q10、Q14 组成的模拟晶闸管保护电路，通过待机控制电路的光耦合器 U5 和晶体管 Q5 对主电源驱动控制电路 TDA16888 的 9 脚 VCC 电压进行控制。保护电路工作原理如图 10-6 所示。

模拟晶闸管电路 Q10 的 b 极外接由运算放大器 U13B、U12、U12B 组成的 +12V、+24V过电压、过电流保护检测电路，正常时 Q10 的 b 极为低电平 0V，当过电流、过电压保护检测电路检测到故障时，向模拟晶闸管电路 Q10 的 b 极送入高电平触发电压，模拟晶闸管电路被触发导通，将待机控制电路光耦合器 U5 的 1 脚电压拉低，与待机控制相同，光耦合器 U5 的发光二极管不能发光，光敏晶体管不导通，进而控制 Q5 截止，切断了 TDA16888 的 9 脚 VCC 电压，PFC 电路和主电源停止工作，整机进入待机保护状态。

由于模拟晶闸管电路一旦触发导通，具有自锁功能，要想解除保护再次开机，必须关掉电视机电源，待副电源的 5V 电压泄放后，方能再次开机。

10.6.2 保护电路维修提示

1. 测量关键点电压，判断是否保护

对于模拟晶闸管保护电路维修在开机的瞬间，测量保护电路的 Q10 的 b 极电压，该电压正常时为低电平 0V。如果开机时或发生故障时，Q10 的 b 极电压变为高电平 0.7V 以上，则是以模拟晶闸管为核心的保护电路启动。

由于 Q10 的 b 极外接过电压保护和过电流保护三路保护检测电路，为了确定是哪路检测电路引起的保护，可在开机后、保护前的瞬间通过测量 D16、D21、D14 的正极电压，判断是哪路保护检测电路引起的保护。

如果 D16 的正极电压为高电平，则是 +12V、+24V 过电压保护检测电路引起的保护，重点检查可能引起过电压保护的稳压控制电路的取样电路 R54、R53、R55，误差放大电路 U10，光耦合器 U4，如果输出的 +12V、+24V 电压正常，则检查过电压保护检测电路元件参数，特别是稳压管 ZD3、ZD4 是否漏电或稳压值降低。

如果 D21 的正极电压为高电平，则是 +12V 过电流保护检测电路引起的保护，重点检查 +12V 负载电路或其过电流检测电路；如果 D14 的正极电压为高电平，则是 +24V 过电流保护检测电路引起的保护，重点检查 +24V 负载电路或其过电流检测电路。

2. 解除模拟晶闸管保护，确定故障部位

确定保护之后，可采取解除保护的方法，开机测量开关电源输出电压和负载电流，观察故障现象，确定故障部位。为防止开关电源输出电压过高，引起负载电路损坏，建议先接假负载测量开关电源输出电压，在输出电压正常时，再连接负载电路。

全部解除保护：将模拟晶闸管 Q10 的 b 极对地短路，也可将模拟晶闸管电路 Q14 和 Q10 拆除，解除保护，开机观察故障现象。

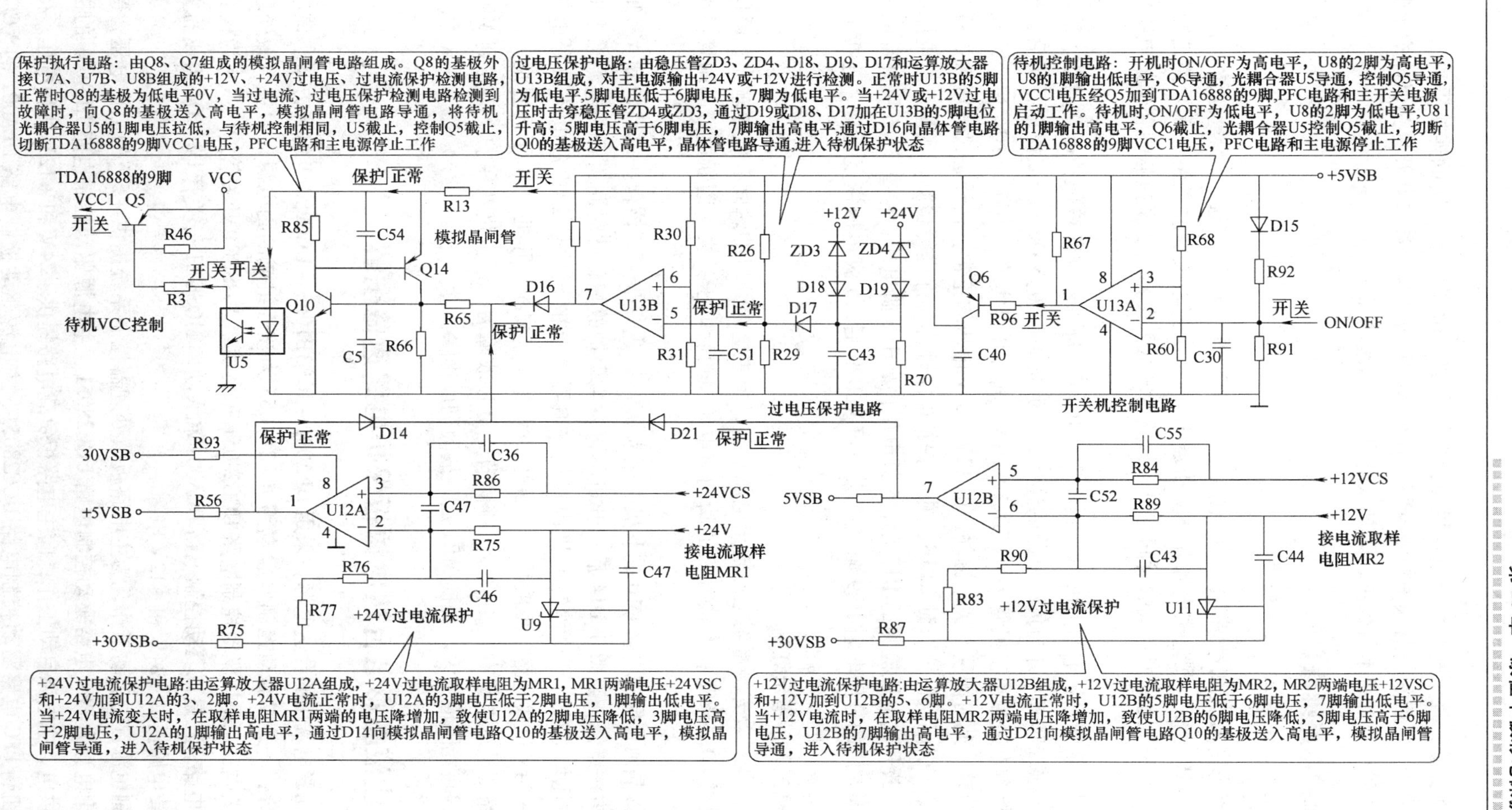

图 10-6　康佳液晶彩电盛泰电源板保护电路图解

逐路解除保护：逐个断开取样电路模拟晶闸管电路Q10的b极之间的连接隔离二极管D16、D20、D14。每解除一路保护检测电路，进行一次开机实验，如果断开哪路保护检测电路的隔离二极管后，开机不再保护，则是该电压过高引起的保护。

10.6.3 保护电路维修实例

例10-6：开机三无，指示灯亮

分析与检修：首先测量副电源输出电压正常，但主电源无电压输出。测量滤波电容C1正端电压为300V电压，测量主电源开关变压器T2的二次侧整流滤波电路也无短路击穿故障，测得TDA16888的9脚开机的瞬间有电压，然后电压丢失，判断模拟晶闸管保护电路启动。

测量模拟晶闸管保护电路Q10的b极电压为0.7V，进一步判断该保护电路启动。采取解除保护的方法维修，断开与负载电路的连接，接假负载，短路Q6的e-c模拟开机后，逐个断开保护检测电路隔离二极管D16、D21、D14，进行开机实验。当断开D16后，开机不再发生保护故障，此时测量开关电源输出的12V、24V电压均正常，估计是过电压保护检测电路发生故障，引起误保护。对U13B过电压保护电路外部元件进行检测，测量5脚电压高于6脚电压，断开过电压检测的D17后，5脚电压仍高于6脚电压，检查5、6脚外部的分压电阻，发现5脚的分压电阻R29阻值变大。更换R29后，5脚电压恢复正常，连接D16后，也不再发生保护故障。

例10-7：开机三无，指示灯亮

分析与检修：首先测量副电源输出电压正常，但主电源开机的瞬间有电压输出，瞬间变为0V。测得TDA16888的9脚开机的瞬间有电压，然后电压丢失，判断模拟晶闸管保护电路启动。

测量模拟晶闸管保护电路Q10的b极电压为0.7V，进一步判断该保护电路启动。采取解除保护的方法维修，当断开D14后，开机不再发生保护故障，此时测量开关电源输出的12V、24V电压均正常，但几秒钟后机内冒烟，追寻冒烟的元件是24V过电流取样电阻MR1，说明+24V负载电路有短路故障，断开24V输出连接线，开机MR1不再冒烟。检查24V负载电路背光灯电路有短路故障，排除背光灯板故障后，开机仍然保护。考虑到MR1曾经冒烟，很可能阻值变大，更换MR1后，故障彻底排除。

10.7 康佳液晶彩电台达电源板保护电路速修图解

康佳液晶彩电常用的台达电源，采用DLA001+ICE3B1065+UCC28051组合方案。该电源分为三部分：一是以驱动控制厚膜电路ICE3B1065为核心组成的副电源，为主板微处理器控制系统供电；二是以驱动控制电路UCC28051和大功率MOSFET开关管Q1、Q9为核心组成的PFC电路；三是以驱动控制电路DLA001和大功率MOSGET开关管Q3、Q4组成的主电源，向负载电路提供+24V和+12V电源。

通电后副电源首先启动工作，为主电路板微处理器控制系统提供+5V的工作电压，遥控开机后，副电源为PFC电路驱动控制电路UCC28051、主电源驱动控制电路DLA001的提供VCC-ON供电，主电源启动工作，向主电路板负载电路提供+24V和+12V两种电压。待机时，采用切断PFC电路驱动控制电路UCC28051、主电源驱动控制电路DLA001的VCC-

ON 供电，主电源停止工作。

康佳液晶彩电用台达电源板，设有以晶闸管为核心的过电流、过电压保护电路，当开关电源发生过电流、过电压故障时，晶闸管被触发导通，保护电路启动，与待机控制一样，切断 PFC 电路驱动控制电路 UCC28051、主电源驱动控制电路 DLA001 的 VCC-ON 供电，主电源停止工作。

10.7.1　保护电路原理图解

康佳液晶彩电用台达电源板依托待机控制电路，设计了以晶闸管 Q603 为核心的保护电路，具有过电压、过电流、机内过热和开机瞬态防误四种保护功能。Q603 的 G 极外接过电流、过电压、过热保护检测电路，Q603 的阳极与待机控制电路光耦合器 IC903 的 1 脚供电控制电路 D602 的正极相连接。保护电路工作原理如图 10-7 所示。

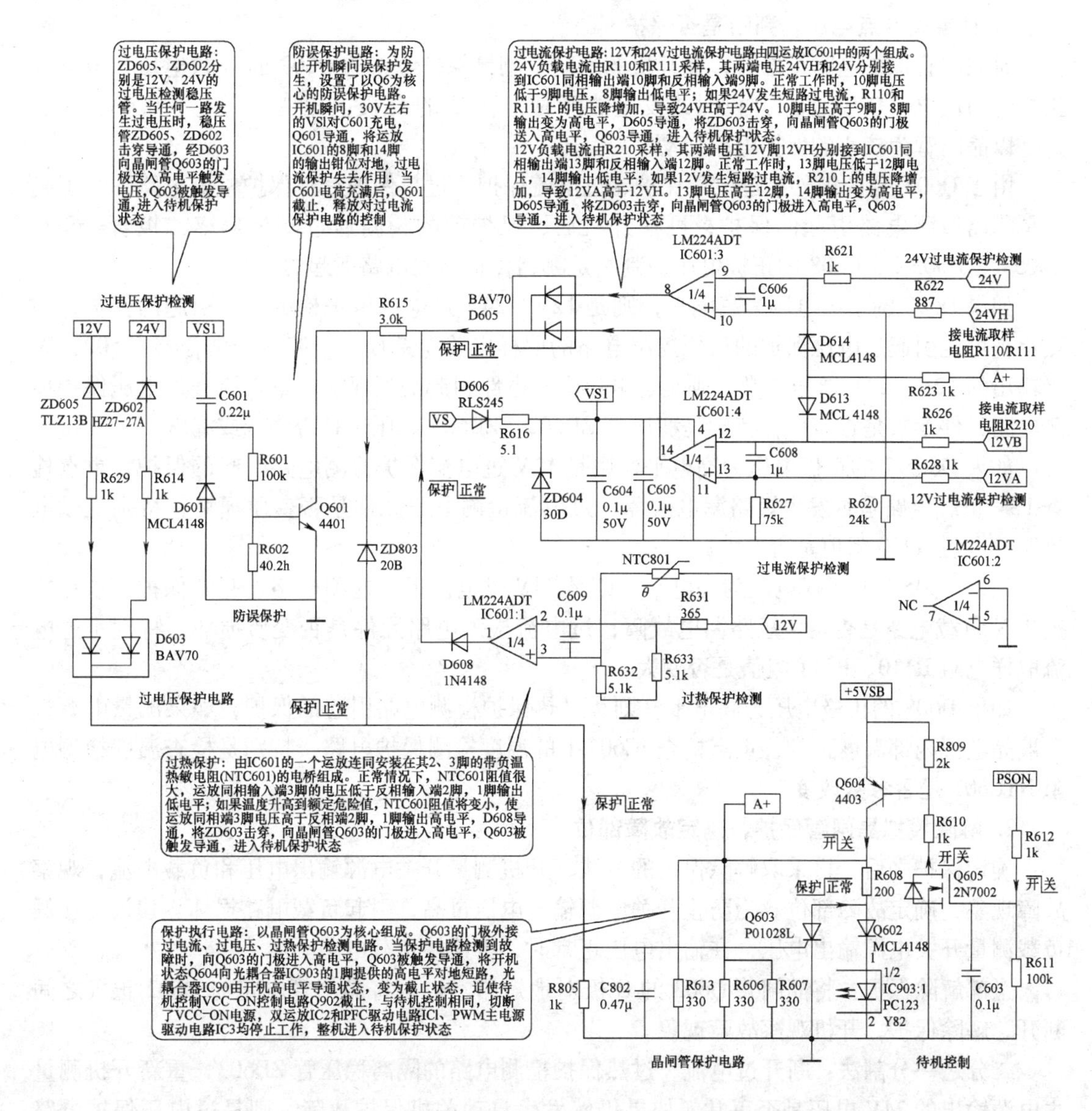

图 10-7　康佳液晶彩电台达电源板保护电路图解

当晶闸管 Q603 的 G 极外接的保护电路检测到故障时，向 Q603 的 G 极送入高电平触发电压，Q603 被触发导通，将开机状态 Q604 向光耦合器 IC903 的 1 脚提供的高电平对地短路，光耦合器 IC903 由开机高电平导通状态，变为截止状态，迫使待机控制 VCC-ON 控制电路 Q902 截止，与待机控制相同，切断了 VCC-ON 电源，双运放 IC2 和 PFC 驱动电路 IC1、PWM 主电源驱动电路 IC3 均停止工作，整机进入待机保护状态。

过电压、过电流、机内过热三种保护都具有锁定功能。保护发生后。除非切断交流电重新开机。否则，开关电源将锁定在待机状态。

10.7.2 保护电路维修提示

如果电源板开机的瞬间有 24V、12V 电压输出，然后输出电压降为 0V，说明主电源保护电路启动，重点检查以晶闸管 Q603 为核心的保护电路。

1. 测量关键点电压，判断是否保护

对晶闸管保护电路维修时，在开机的瞬间，测量保护电路的 Q603 的 G 极电压，该电压正常时为低电平 0V。如果开机时或发生故障时，Q603 的 G 极电压变为高电平 0.7V 以上，则是以晶闸管为核心的保护电路启动。

由于 Q603 的 G 极外接过电压保护、过电流保护、过热保护三种保护检测电路，为了确定是哪路检测电路引起的保护，可在开机后、保护前的瞬间通过测量隔离二极管 D603、D605-1、D605-2、D608 的正极电压，判断是哪路保护检测电路引起的保护。

如果 D603 的正极电压为高电平，则是 12V、24V 过电压保护检测电路引起的保护，重点检查可能引起过电压保护的稳压控制电路的取样电路误差放大电路，光耦合器 IC502，如果输出的 12V、24V 电压正常，则是过电压保护电路引起的误保护，重点检查过电压保护检测电路元件参数是否变质，特别是稳压管 ZD602、ZD605 稳压值是否降低或漏电。

如果 D605-2 的正极电压为高电平，则是 12V 过电流保护检测电路引起的保护，重点检查 12V 负载电路是否发生短路漏电故障，过电流检测电路元件是否变质损坏，特别是过电流取样电阻 R210 阻值是否变大。

如果 D605-1 的正极电压为高电平，则是 24V 过电流保护检测电路引起的保护，重点检查 24V 负载电路是否发生短路漏电故障，过电流检测电路元件是否变质损坏，特别是过电流取样电阻 R110、R111 阻值是否变大。

如果 D608 的正极电压为高电平，则是过热保护检测电路引起的保护，如果测量电源板和液晶电视内部温度正常，重点检查 IC601-1 的温度检测保护电路，特别是检查温度检测电阻 NTC601 是否参数改变。

2. 解除模拟晶闸管保护，确定故障部位

确定保护之后，可采取解除保护的方法，开机测量开关电源输出电压和负载电流，观察故障现象，确定故障部位。为防止开关电源输出电压过高，引起负载电路损坏，建议先接假负载测量开关电源输出电压，在输出电压正常时，再连接负载电路。

全部解除保护：将晶闸管 Q603 的 G 极对地短路，也可将晶闸管电路与 D602 正极之间断开，解除保护，开机观察故障现象。

二分之一分割法：断开过电流、过热保护检测电路的隔离稳压管 ZD603，重新开机测量主电源输出的 24V 电压是否正常，如果仍然发生自动关机保护故障，则是过电压保护电路引起的保护，否则是以 IC601 为核心的过电流、过热保护检测电路引起的保护。

逐路解除保护：逐个断开保护取样电路与晶闸管 Q603 的 G 极之间的连接隔离二极管 D603、D605-1、D605-2、D608。每解除一路保护检测电路，进行一次开机实验，如果断开哪路保护检测电路的隔离二极管后，开机不再保护，则是该电压过高引起的保护。

10.7.3　保护电路维修实例

例 10-8：开机三无，指示灯亮

分析与检修：首先测量副电源输出电压正常，但主电源无电压输出。测量滤波电容 C3 正端电压为 300V 电压，测量主电源开关变压器 T1 的二次侧整流滤波电路也无短路击穿故障，测得 IC2 的 8 脚开机的瞬间有电压，然后电压丢失，判断晶闸管保护电路启动。

测量晶闸管保护电路 Q603 的 G 极电压为 0.7V，进一步判断该保护电路启动。采取解除保护的方法维修，断开主电源与负载电路的连接，接假负载，短路 Q605 的 D 极到地，模拟开机控制。逐个断开保护检测电路隔离二极管，先断开 ZD603，开机后仍然保护，判断故障在过电压保护电路。

开机的瞬间测量过电压保护电路 D603 两个正极电压均为高电平，造成 24V 和 12V 过电压保护的原因，很可能是主电源稳压控制电路。对主电源取样误差放大电路进行检测，在路电阻测量未见异常。当把光耦合器 IC502 的 3-4 脚之间并联 1kΩ 电阻后，开机不再保护，且主电源输出电压降低，说明故障在光耦合器 IC502 的 1-2 脚及其取样误差放大电路，更换 IC502 后，故障彻底排除。

10.8　康佳 PDP4218 等离子彩电电源板保护电路速修图解

康佳 PDP4218 等离子彩电，采用三星 V3 显示屏，其电源电路由大、小两块电源板组成，其中大电源板包括待机 VSB（5V）副电源、PFC 电路、VA 电压形成电路、VS 电压形成电路、VSET 电压形成电路、VSCAN 电压形成电路、VE 电压形成电路，产生的输出电压主要为 PDP 显示屏的 X 维持电路、Y 扫描电路、寻址电路、逻辑控制电路供电；小电源板输出的电压主要为整机模拟板和数字板电路供电。其开关电源各输出电压受待机控制、显示屏电源继电器控制和逻辑控制电路的控制，各个电源之间有着严格的时序关系，因此其电源电路较复杂。

康佳 PDP4218 等离子彩电电源板，设有以检测电路 HIC8002 和晶闸管 Q8017 的专用保护电路，对各个单元供电形成的电压进行检测，当发生过电流、过电压故障时，保护电路启动时，电源板停止工作。

10.8.1　保护电路原理图解

康佳 PDP4218 等离子彩电电源板设有如图 10-8 所示的以 HIC8002 和晶闸管 Q8017 为核心构成保护电路。HIC8002 为保护检测电路，外接各种电压、电流检测电路；晶闸管 Q8017 为保护执行电路，与继电器控制电路 Q8006 的 b 极相连接。

当 HIC8002 检测到故障时，从 4 脚输出高电平，经 D8020 触发晶闸管 Q8017 导通，光耦合器 IC8010（PC817）内的发光二极管发光，其光敏晶体管导通，将继电器控制电路的 Q8006 的 b 极拉为低电平，Q8006 截止，继电器 RLY8001 的线圈供电回路中断，继电器释放，RLY8001 内的开关断开，切断了 PFC 校正电路的 AC220V 供电，除待机副电源外，所

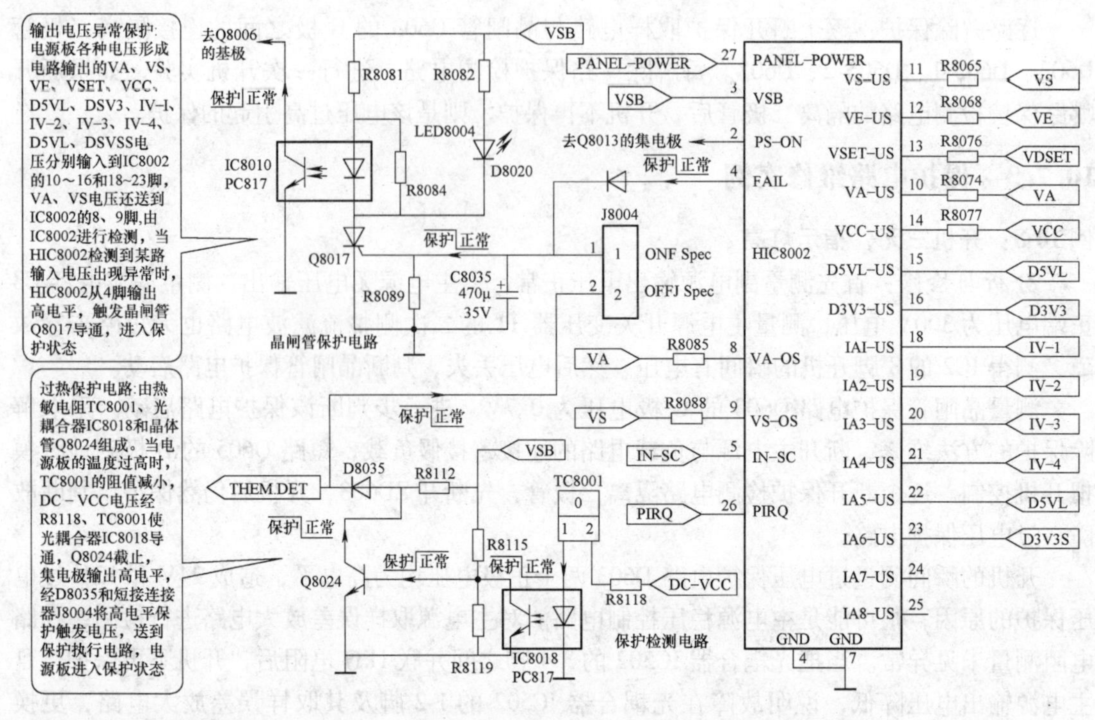

图 10-8　康佳 PDP4218 彩电电源板保护电路图解

有电压形成电路停止工作。

10.8.2　保护电路维修提示

康佳 PDP4218 等离子彩电的电源板设有完善的保护电路，当各路电压形成电路发生过电压、过电流故障时，多会引起保护电路启动，进入保护状态，开关电源停止工作，看不到真实的故障现象，给维修造成困难。

维修时，可采取测量关键的电压，判断是否保护和解除保护，观察故障现象的方法进行维修。

1. 根据故障现象，判断是否保护

如果开机的瞬间，开关电源启动，待机指示灯一直点亮，说明副电源正常；如果开机后电源启动后，又停止，其他指示灯点亮后又熄灭或闪烁，则是各路电压形成电路保护电路启动。

2. 测量关键点电压，判断哪路保护

在开机的瞬间，测量晶闸管保护电路的 Q817 的 G 极电压，该电压正常时为低电平 0V。如果开机时或发生故障时，Q817 的 G 极电压变为高电平 0.7V 以上，则是以晶闸管为核心的保护电路启动。

由于 Q817 的 b 极外接输出电压异常保护和过热两种保护检测电路，为了确定是哪路检测电路引起的保护，可通过测量各路保护检测电路的隔离二极管 D8020、D8035 的正极电压，如果发生自动关机和保护故障时，哪个二极管的正极电压变为高电平，则是该支路的保护检测电路引起的保护。

如果测量 D8020 的正极为高电平，判断是以 HIC8002 为核心的电压异常检测电路引起的保护，断开与负载电路的连接器插头，再采用解除保护的方法维修，开机测量各种输出电压的高低，进一步判断故障范围。

3. 暂时解除保护，确定故障部位

确定保护之后，可采解除保护的方法，开机测量开关电源输出电压，确定故障部位。为防止开关电源输出电压过高，引起负载电路损坏，建议先接假负载测量开关电源输出电压，在输出电压正常时，再连接负载电路。

全部解除保护：将 Q8017 的 G 极对地短路，解除保护，开机观察故障现象。

逐路解除保护：对于电压异常检测保护电路，断开隔离二极管 D8020；对于过热保护电路断开 D8035。每解除一路保护检测电路的隔离二极管，进行一次开机实验，如果断开哪路保护检测电路的隔离二极管后，开机不再保护，则是该保护检测电路引起的保护。

10.8.3　保护电路维修实例

例 10-9：DC-VCG 及 PFC 电路电压正常，VSB 电压也正常，但其他电压为 0V，5s 后电源保护，红色 LED8004 发亮。

分析与检修：测量保护电路晶闸管 Q8017 的 G 极电压为高电平，判断失电压保护电路启动。一般情况下，DC-VCC 及 PFC 电路电压正常时，则 VS 和 VA 电压就能正常输出，并由 VS 电压转换出 VSCAN 电压、VSET 电压、VE 电压；由 VA 转换出 15V 电压、3.3V 电压、5V 电压。当 VS、VA、VSCAN、VSET、VE、15V、3.3V、5V 电压都不正常时，不是这几路电压产生电路都有问题，而是它们的共同部分出了问题，由于这几个电压都是由 VS 电压和 VA 电压转换得到的，因此应检查 VS 和 VA 电压两者共同的电路。

VS 和 VA 电压两者都共用 PFC 电路的电压，并共同经过 F8003，后面的电路就分成了两路，测量 F8003 完好，有正常的 PFC 电压。由此说明，PFC 电压已输入到 VS、VA 电压产生电路。

经分析，该电源板的 VS 电压产生电路和 VA 电压产生电路，除了共用 PFC 电路的电压外，同时还共用 VCC-S 和 F/B-VCC 两路电压。测量这两路电压，发现 F/B-VCC 电压为 0V，而正常时应为 4.3V 左右，F/B-VCC 电压是由 VSB 电压经 D8015 得到的。测量 D8015，一端 VSB 电压为 5.2V，正常，而另一端电压为 0V，怀疑 D8015 开路，拆下测量，果然开路，将其更换后，故障排除。

例 10-10：通电后，电源板上的 LED8001、LED8002、LED8003 指示灯都能亮，但 5s 后 LE08001、LED8002 指示灯熄灭，电源保护红色灯 LED8004 发亮，继电器断开保护。

分析与检修：从故障现象可以看出是电源保护引起，测量保护电路晶闸管 Q8017 的 G 极电压为高电平，判断电压检测保护电路启动，说明各电压输出支路可能异常。在电源板开始通电前，把万用表的表笔事先在准备测量的电路上接好，如果在测量中电源保护了，则断电后再启动，再逐一测量电源板输出的各支路的电压是否正常。

测量发现，VE 电压只有 3.4V，而正常应为 161V 左右。VE 电压是由 VS 电压经 IC8027（KA1M0680R）开关电源转换得到的。VS 电压同时也提供给 IC8019（KA5M0380R）产生 VSCAN 电压。现在 VSCAN 电压正常，则可以认定 VS 电压是正常的，故障应在 VE 电压产生电路。

测量发现，D8048 的正、反向电阻都为 120Ω 左右，不正常；吸空 D8048 的一只引脚后，测量 D8048 的正、反向电阻，正常。再测量安装 D8048 的 PCB，阻值还是 120Ω。进一步检查，发现 IC8027（KA1M0680R）3 脚对地击穿。更换 IC8027（KA1M0680R）后，恢复吸空的 D8048，试机，故障排除。

例 10-11：电源板上所有电压都正常，但 5s 后电源保护，红色 IED8004 亮。

分析与检修：该机电源板有完善的保护电路，当各个电压形成电路发生故障，造成输出电压异常时，HIC8002 保护电路启动，开关电源停止工作。

开机的瞬间测量保护电路 Q8017 晶闸管的 G 极电压为 1V 高电平，判断保护电路启动。采取逐路解除保护的方法维修，当断开电压异常保护电路 D8020 后，开机不再保护，且电视机的声光图均正常，测量电源板的各种输出电压也都正常，怀疑电压异常保护检测电路 HIC8002 不良而误动作。更换 HIC8002 后，试机，故障排除。

第11章　TCL平板彩电保护电路速修图解

11.1　TCL液晶彩电PWL37C电源板保护电路速修图解

TCL液晶彩电用PWL37C电源板采用VIPer22A + L6563 + L6599组合方案，该电源板分为PWL37C01、PWL37C02、PWL37C03三种，其电路和工作原理相同，只是输出插座不同，其中，PWL37C01的电源输出插座为一种大插座，PWL37C02和PWL37C03的电源输出插座为小插座。该电源分为三部分：一是以厚膜电路VIPer22A为核心组成的副电源，为主板上微处理器控制系统提供+5V供电，同时为PFC电路和主电源驱动控制PWM电路提供20V左右的VC工作电压；二是以驱动控制电路L6563和大功率MOSFET开关管QF5、QF6为核心组成的PFC电路，矫正后为主电源提供约380V的工作电压；三是以驱动控制电路L6599和大功率MOSFET开关管QW09、QW10为核心组成的主电源，为负载电路提供+12V、+24V的电压，待机采用切断主电源VC供电的方式，主电源停止工作。

适用机型：TCL LCD27K73、L26M61、L32M61R、L32E9V、L32M61B、L32M71R、L32E77F、L37M61B、L37M61F、L37M61、L37M71F、L37M71、L32E77、L37E77、L40E77、L40E9FR、L40E9、L40M9FR、L42E77、L42E9FR、L42E9、SL32M7A、LCD32K73、LCD37K73等26～42英寸液晶电视。

TCL液晶彩电用PWL37C电源板在开关电源次级设有以QS1、QS2模拟晶闸管电路和运算放大器IC4为核心组成的过电压、过电流保护电路。上述保护电路启动时，开关电源停止工作。

11.1.1　保护电路原理图解

TCL液晶彩电用PWL37C电源板在主电源的次级，设计了如图11-1所示的以QS1、QS2组成的模拟晶闸管保护电路，通过待机控制电路的光耦合器IC6和晶体管Q11对主电源驱动控制电路L6599的12脚VCC1和PFC电路L6563的14脚VCC2电压进行控制。模拟晶闸管电路QS2的b极外接两种保护检测电路：一是由ZS4、DS8和ZS5、DS7组成的+12V、+24V过电压保护检测电路；二是由运算放大器IC4（LM393）组成的+12V、+24V过电流保护检测电路。正常时QS2的b极为低电平0V，当过电流、过电压保护检测电路检测到故障时，向模拟晶闸管电路QS2的b极送入高电平触发电压，模拟晶闸管电路被触发导通，将待机控制电路光耦合器IC6的1脚电压拉低，与待机控制相同，光耦合器IC6的发光二极管不能发光，光敏晶体管不导通，进而控制Q11截止，切断了VCC1和VCC2的供电电压，PFC电路和主电源停止工作，整机进入待机保护状态。

由于模拟晶闸管电路一旦触发导通，具有自锁功能，要想解除保护再次开机，必须关掉电视机电源，待副电源的5VSB/1A电压泄放后，方能再次开机。

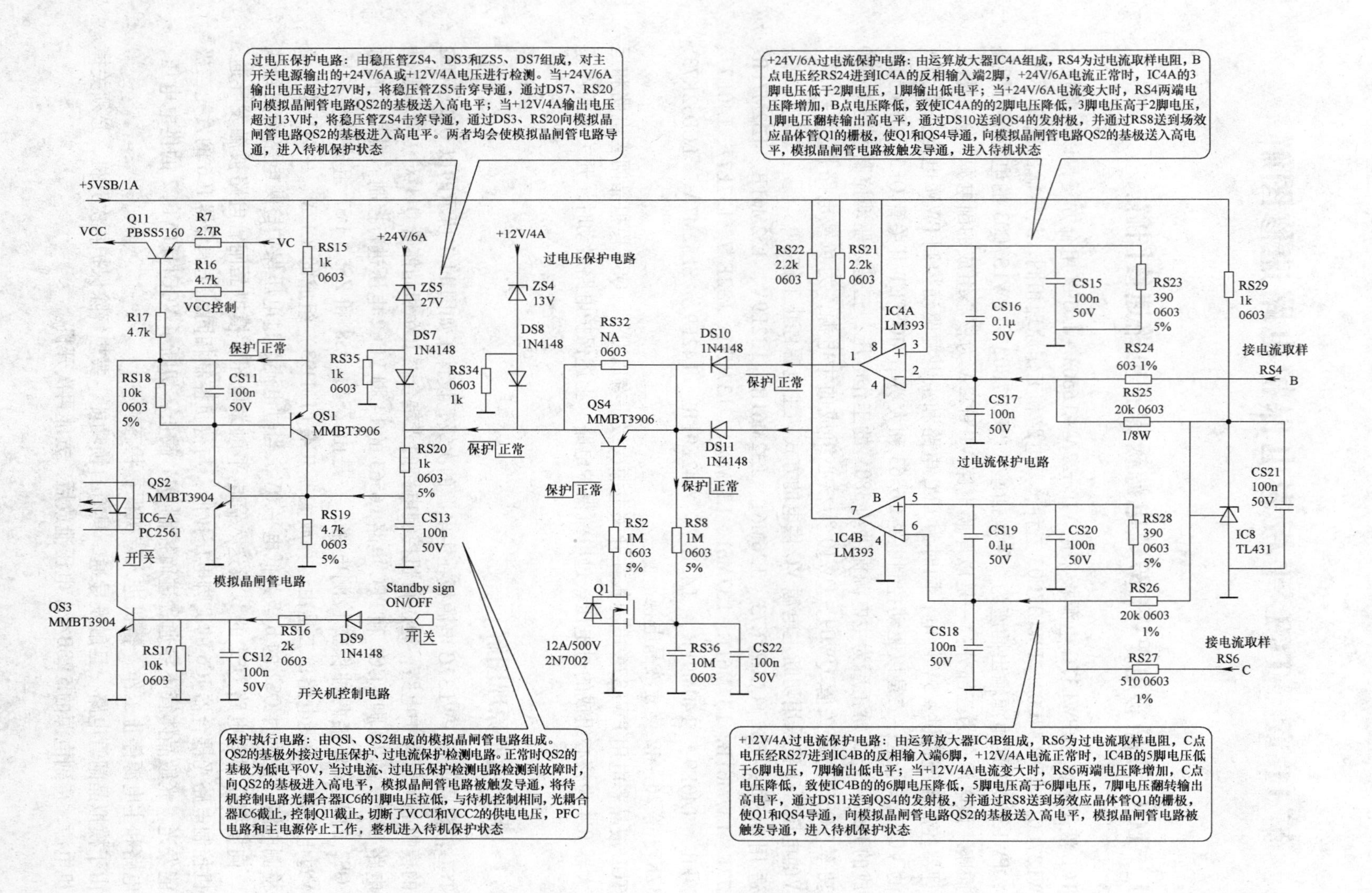

图 11-1　TCL 液晶彩电 PWL37C 电源板保护电路图解

11.1.2　保护电路维修提示

TCL 液晶彩电用 PWL37C 电源板设有完善的保护电路，当开关电源发生过电压、过电流故障时，多会引起保护电路启动，进入保护状态，开关电源停止工作，看不到真实的故障现象，给维修造成困难。维修时，可采取测量关键点的电压，判断是否保护和解除保护，观察故障现象的方法进行维修。

1. 根据故障现象，判断是否保护

如果开机的瞬间，开关电源启动，并在开关电源变压器的二次侧有电压输出，几秒钟后开关电源停止工作，输出电压降到 0V，多为保护电路启动所致。

2. 测量关键点电压，判断哪路保护

在开机的瞬间，测量保护电路的模拟晶闸管 QS2 的 b 极电压，该电压正常时为低电平 0V。如果开机时或发生故障时，QS2 的 b 极电压变为高电平 0.7V 以上，则是以模拟晶闸管为核心的保护电路启动。

由于 QS2 的 b 极电压外接两路过电压保护和两路过电流保护两种保护检测电路，为了确定是哪路检测电路引起的保护，可在自动关机前的瞬间通过测量 DS7、DS8、DS10、DS11 的正极电压确定。

如果 DS7 的正极电压为高电平，则是 +24V 过电压保护电路的启动。如果 DS8 的正极电压为高电平，则是 +12V 过电压保护电路的启动。应对可能引起开关电源输出电压升高的稳压控制电路的 RS12、RS13、RS14、IC7、IC5 元件进行检测。

如果 DS10 的正极电压为高电平，则是 +24V 过电流保护电路的启动。如果 DS11 的正极电压为高电平，则是 +12V 过电流保护电路的启动。应检查 +24V 或 +12V 负载电路是否发生短路漏电故障，可拔掉连接器 P2，将其 1 脚开关机控制端接 +5V，模拟开机高电平，再接假负载对开关电源电路进行检修，判断故障在负载还是开关电源板。

3. 暂时解除保护，确定故障部位

确定保护之后，可采解除保护的方法，开机测量开关电源输出电压和负载电流，观察故障现象，确定故障部位。为例防止开关电源输出电压过高，引起负载电路损坏，建议先接假负载测量开关电源输出电压，在输出电压正常时，再连接负载电路。

全部解除保护：将模拟晶闸管 QS2 的 b 极对地短路，也可将模拟晶闸管 QS1 的 e 极与光耦合器 IC6 的 1 脚之间的连接断开，解除保护，开机观察故障现象。

二分之一分割解除保护：由于模拟晶闸管 QS2 的 b 极外接过电压、过电流两路保护电路，可断开过电流保护检测电路的 QS4 的 c 极和 RS32 后开机测试，如果断开 QS4 的 c 极和 RS32 开机不再保护，则是过电流保护电路引起的保护；否则是过电压检测电路引起的保护。

逐路解除保护：对于 +24V 过电压保护电路断开 DS7； +12V 过电压保护电路断开 DS8； +24V 过电流保护电路断开 DS10； +12V 过电流保护电路断开 DS11。每解除一路保护检测电路，进行一次开机实验，如果断开哪路保护检测电路后，开机不再保护，则是该电压过高引起的保护。

注意：断开二极管后不可长时间通电，以免引起元件损坏。

如果是过电压而保护，断开二极管后输出电压偏高，应检查电压取样反馈回路 IC7（TL431）及其周围元器件是否有损坏；如果输出正常，则是保护电路本身损坏，如过电压保护稳压管及二极管有损坏。如果是过电流而保护，应检查输出端是否有短路，过电流保护比较器 IC4（LM393）及外围元器件是否有损坏而引起误保护。

11.1.3　保护电路维修实例

例 11-1：开机三无，指示灯亮，开机瞬间有 +12V、+24V 输出。然后下降为 0V。

分析与检修：根据故障现象，判断保护电路启动。开机的瞬间测量模拟晶闸管 QS2 的 b 极电压果然为高电平 0.7V。把电源板所有的负载断开，然后把 +5V 接到开/待机的控制脚强制开机，开机故障依旧，判断故障在电源板。采取解除保护的方法维修，逐个断开 QS2 的 b 极各路保护电路的隔离二极管，试着断开过电流保护二极管 DS10、DS11，当断开二极管 DS10 后故障不再现出现，测 +12V、+24V 有稳定的输出，说明 +24V 过电流保护电路本身损坏。查比较器 LM393 外围元器件无损坏，怀疑 LM393 内部损坏，更换 LM393 后故障排除。

11.2　TCL 液晶彩电 JSK3220 电源板保护电路速修图解

TCL 液晶彩电用 JSK3220 电源板采用 LD7550-B + TDA16888 组合方案，该电源分为三部分：一是以驱动控制电路 LD7550-B 和大功率 MOSFET 开关管为核心组成的副电源，为主板上的微处理器控制系统提供 +5V SB 电压，同时为主电源驱动控制电路 TDA16888 提供 VCC 工作电压；二是以驱动控制电路 TDA16888 的 1/2 和两只大功率 MOSFET 开关管为核心组成的 PFC 电路；三是以驱动控制电路 TDA16888 的 1/2 和两只大功率 MOSFET 开关管为核心组成的主电源，为负载电路提供 +24V 和 +12V 的电压。待机采用切断主电源 VCC 工作电压的方式，主电源停止工作。

TCL 液晶彩电用 JSK3220 电源板在主电源的次级设有以模拟晶闸管电路为核心的过电流、过电压保护电路。上述保护电路启动时，开关电源停止工作。

11.2.1　保护电路原理图解

TCL 液晶彩电用 JSK3220 电源板在主电源的次级，设计了如图 11-2 所示的以 QS3、QS2 组成的模拟晶闸管保护电路，通过开关机控制电路的光耦合器 IC2 和晶体管 Q1 对主电源驱动控制电路 TDA16888 的 9 脚 VCC 电压进行控制。模拟晶闸管电路 QS3 的 b 极外接由运算放大器 IC17A、IC17B、IC11B 组成的 +12V、+24V 过电压和过电流保护检测电路，正常时 QS3 的 b 极为低电平 0V，当过电流、过电压保护检测电路检测到故障时，向模拟晶闸管电路 QS3 的 b 极送入高电平触发电压，模拟晶闸管电路被触发导通，将开关机控制电路光电耦合器 IC2 的 1 脚电压拉低，与开关机控制相同，光耦合器 IC2 的发光二极管不能发光，光敏晶体管不导通，进而控制 Q1 截止，切断了 TDA16888 的 9 脚 VCC 电压，PFC 电路和主电源停止工作，整机进入待机保护状态。

由于模拟晶闸管电路一旦触发导通，具有自锁功能，要想解除保护再次开机，必须关掉电视机电源，待副电源的 5V 电压泄放后，方能再次开机。

11.2.2　保护电路维修提示

1. 测量关键点电压，判断是否保护

对于模拟晶闸管保护电路维修在开机的瞬间，测量保护电路的 QS3 的 b 极电压，该电压正常时为低电平 0V。如果开机时或发生故障时，QS3 的 b 极电压变为高电平 0.7V 以上，则是以模拟晶闸管为核心的保护电路启动。

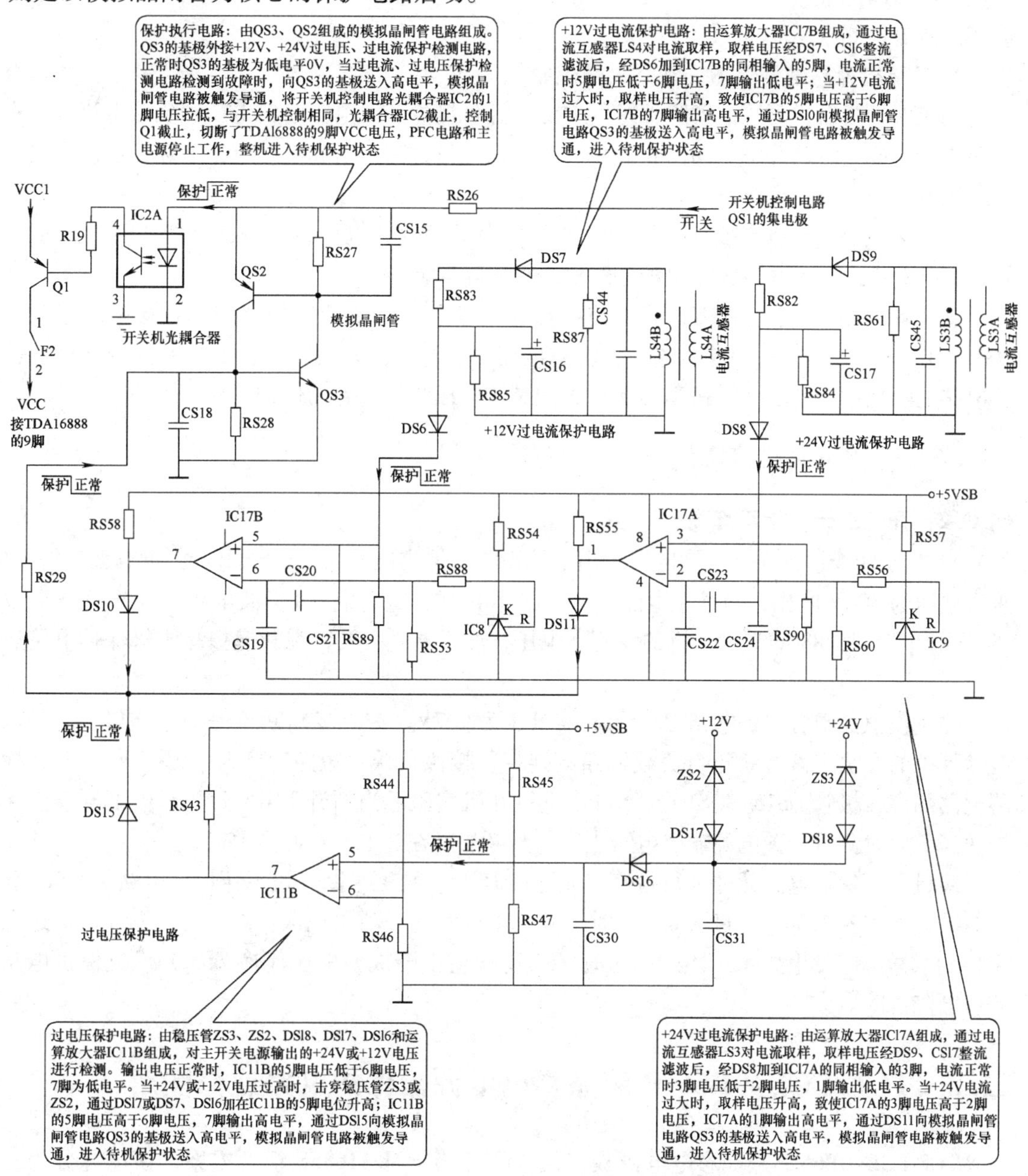

图 11-2　TCL 液晶彩电 JSK3220 电源板保护电路图解

由于 QS3 的 b 极外接过电压保护和过电流保护三路保护检测电路，为了确定是哪路检测电路引起的保护，可在开机后、保护前的瞬间通过测量 DS15、DS10、DS11 的正极电压，判断是哪路保护检测电路引起的保护。如果 DS 15 的正极电压为高电平，则是 +12V、+24V过电压保护检测电路引起的保护，重点检查可能引起过电压保护的稳压控制电路的取样电路 RS14、RS19、RS18，误差放大电路 IC10，光耦合器 IC3，如果输出的 +12V、+24V 电压正常，则检查过电压保护检测电路；如果 DS10 的正极电压为高电平，则是 +12V 过电流保护检测电路引起的保护，重点检查+12V负载电路或其过电流检测电路；如果DS11的正极电压为高电平，则是+24V过电流保护检测电路引起的保护，重点检查+24V负载电路或其过电流检测电路。

2. 解除模拟晶闸管保护，观察故障现象

确定保护之后，可采取解除保护的方法，开机测量开关电源输出电压和负载电流，观察故障现象，确定故障部位。为防止开关电源输出电压过高，引起负载电路损坏，建议先接假负载测量开关电源输出电压，在输出电压正常时，再连接负载电路。

全部解除保护：将模拟晶闸管QS3的b极对地短路，也可将模拟晶闸管电路与光耦合器IC2的1脚之间断开，解除保护，开机观察故障现象。

逐路解除保护：逐个断开取样电路模拟晶闸管电路QS3的b极之间的连接隔离二极管DS15、DS10、DS11。每解除一路保护检测电路，进行一次开机实验，如果断开哪路保护检测电路的隔离二极管后，开机不再保护，则是该电压过高引起的保护。

11.2.3 保护电路维修实例

例11-2：开机三无，指示灯亮

分析与检修：首先测量副电源输出电压正常，但主电源无电压输出。测量滤波电容C3正端电压为300V电压，测量主电源开关变压器T1的二次侧整流滤波电路也无短路击穿故障，测得TDA16888的9脚开机的瞬间有电压，然后电压丢失，判断模拟晶闸管保护电路启动。

测量模拟晶闸管保护电路QS3的b极电压为0.7V，进一步判断该保护电路启动。采取解除保护的方法维修，断开与负载电路的连接，接假负载，短路QS1后，逐个断开保护检测电路隔离二极管DS15、DS10、DS11，进行开机实验。当断开DS15后，开机不再发生保护故障，此时测量开关电源输出电压正常，判断故障在过电压检测电路。

对过电压保护电路元件进行检修，先连接DS15，再逐个断开过电压取样电路的DS17和DS18，进行开机实验，当断开DS18时，开机不再发生自动关机保护故障，判断+24V过电压检测取样电路发生故障，怀疑稳压管ZS3稳压值下降或漏电，代换ZS3并恢复保护电路后，故障排除。

11.3 TCL LCD40B66-P 液晶彩电电源板保护电路速修图解

TCL LCD40B66-P液晶彩电电源板采用NCP1200+TDA16888组合方案，该电源分为三部分：一是以驱动控制电路NCP1200和大功率MOSFET开关管为核心组成的副电源，为主板上的微处理器控制系统提供+5V SB电压，同时为主电源驱动控制电路TDA16888提供VCC工作电压；二是以驱动控制电路TDA16888的1/2和两只大功率MOSFET开关管为核心组成的PFC电路；三是以驱动控制电路TDA16888的1/2和两只大功率MOSFET开关管为核心组成的主电源，为负载电路提供+120V、+18V和+12V的电压；待机采用切断主电源VCC工作电压的方式，主电源停止工作。

TCL LCD40B66-P液晶彩电电源板在主电源的次级设有以模拟晶闸管电路为核心的过电流、过电压保护电路。上述保护电路启动时，开关电源停止工作。

11.3.1 保护电路原理图解

TCL LCD40B66-P 液晶彩电电源板在主电源的次级，设计了如图 11-3 所示的以 QS3、

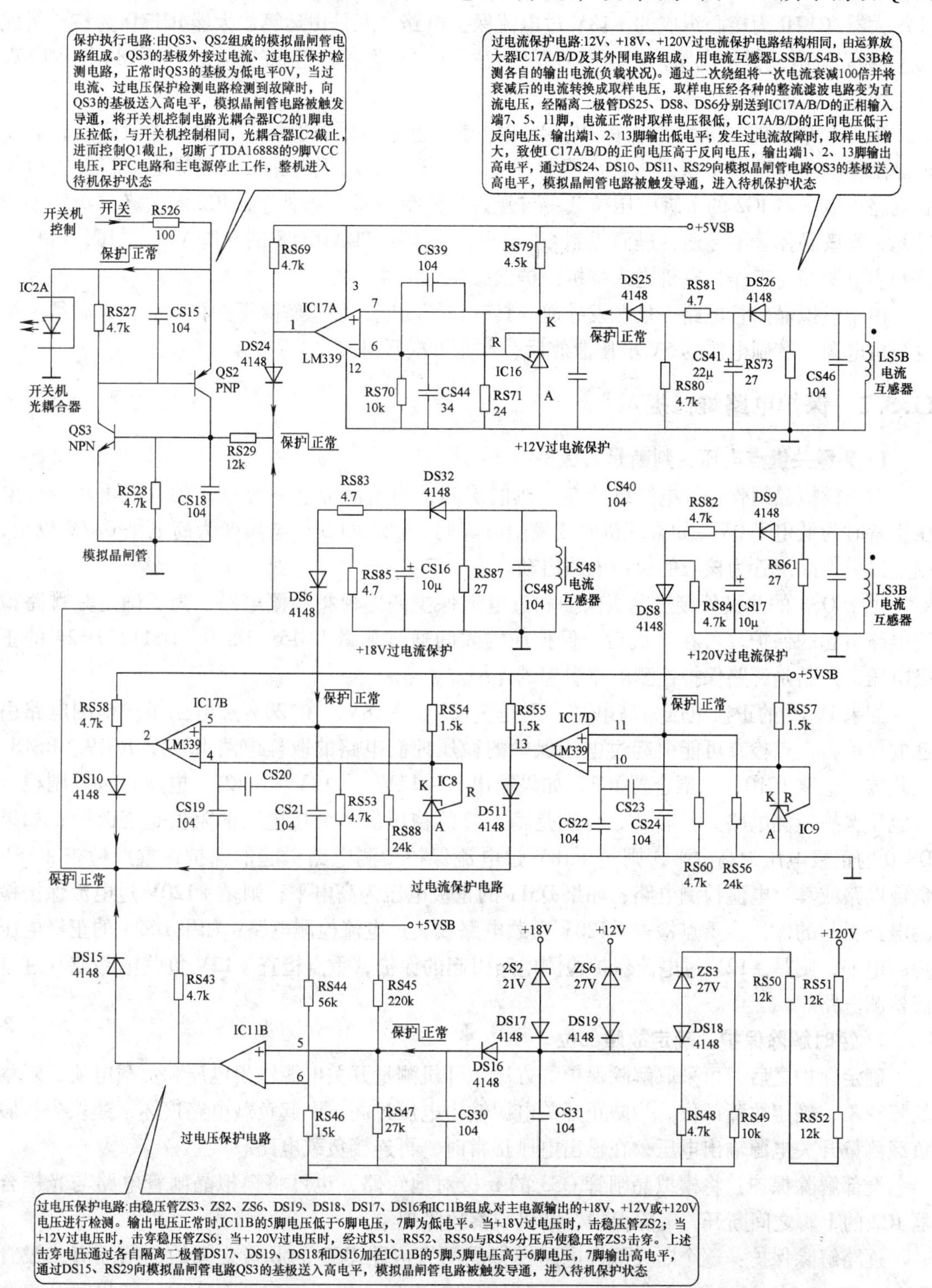

图 11-3 TCL LCD40B66-P 液晶彩电电源板保护电路图解

QS2 组成的模拟晶闸管保护电路，通过开关机控制电路的光耦合器 IC2 和晶体管 Q1 对主电源驱动控制电路 TDA16888 的 9 脚 VCC 电压进行控制。模拟晶闸管电路 QS3 的 b 极外接四路保护检测电路：一是由运算放大器 IC17A 为核心组成的 +12V 过电流保护电路；二是由运算放大器 IC17B 为核心组成的 +18V 过电流保护电路；三是由运算放大器 IC17D 为核心组成的 +120V 过电流保护电路；四是由运算放大器 IC11B 为核心组成的 +12V、+18V、+120V 过电压保护电路。

正常时 QS3 的 b 极为低电平 0V，当过电流、过电压保护检测电路检测到故障时，向模拟晶闸管电路 QS3 的 b 极送入高电平触发电压，模拟晶闸管电路被触发导通，将开关机控制电路光耦合器 IC2 的 1 脚电压拉低，与开关机控制相同，光耦合器 IC2 的发光二极管不能发光，光敏晶体管不导通，进而控制 Q1 截止，切断了 TDA16888 的 9 脚 VCC 电压，PFC 电路和主电源停止工作，整机进入待机保护状态。

由于模拟晶闸管电路一旦触发导通，具有自锁功能，要想解除保护再次开机，必须关掉电视机电源，待副电源的 5V 电压泄放后，方能再次开机。

11.3.2 保护电路维修提示

1. 测量关键点电压，判断是否保护

对于模拟晶闸管保护电路维修在开机的瞬间，测量保护电路的 QS3 的 b 极电压，该电压正常时为低电平 0V。如果开机时或发生故障时，QS3 的 b 极电压变为高电平 0.7V 以上，则是以模拟晶闸管为核心的保护电路启动。

由于 QS3 的 b 极外接过电压保护和过电流保护四路保护检测电路，为了确定是哪路检测电路引起的保护，可在开机后、保护前的瞬间通过测量 DS15、DS10、DS11、DS24 的正极电压，判断是哪路保护检测电路引起的保护。

如果 DS15 的正极电压为高电平，则是 +12V、+18V、+120V 过电压保护检测电路引起的保护，重点检查可能引起过电压保护的稳压控制电路的取样电路 RS14、RS19、RS18，误差放大电路 IC10，光耦合器 IC3，如果输出的 +12V、+18V、+120V 电压正常，则检查过电压保护检测电路元件参数，特别是稳压管的稳压值和分压电阻的阻值是否改变；如果 DS10 的正极电压为高电平，则是 +18V 过电流保护检测电路引起的保护，重点检查 +18V 负载电路或其过电流检测电路；如果 DS11 的正极电压为高电平，则是 +120V 过电流保护检测电路引起的保护，重点检查 +120V 负载电路或其过电流检测电路；如果 DS24 的正极电压为高电平，则是 +12V 过电流保护检测电路引起的保护，重点检查 +12V 负载电路或其过电流检测电路。

2. 暂时解除保护，确定故障部位

确定保护之后，可采取解除保护的方法，开机测量开关电源输出电压和负载电流，观察故障现象，确定故障部位。为防止开关电源输出电压过高，引起负载电路损坏，建议先接假负载测量开关电源输出电压，在输出电压正常时，再连接负载电路。

全部解除保护：将模拟晶闸管 QS3 的 b 极对地短路，也可将模拟晶闸管电路与光耦合器 IC2 的 1 脚之间断开，解除保护，开机观察故障现象。

逐路解除保护：逐个断开取样电路模拟晶闸管电路 QS3 的 b 极之间的连接隔离二极管 DS15、DS10、DS11、DS24。每解除一路保护检测电路，进行一次开机实验，如果断开哪路保护检测电路的隔离二极管后，开机不再保护，则是该电压过高引起的保护。

11.3.3 保护电路维修实例

例 11-3：开机三无，指示灯亮

分析与检修：首先测量副电源输出电压正常，但主电源无电压输出。测量滤波电容 C3、C49 正端电压为 300V 电压，测量主电源开关变压器 T1 的二次侧整流滤波电路也无短路击穿故障，测得 TDA16888 的 9 脚开机的瞬间有电压，然后电压丢失，判断模拟晶闸管保护电路启动。

测量模拟晶闸管保护电路 QS3 的 b 极电压为 0.7V，进一步判断该保护电路启动。采取解除保护的方法维修，断开与负载电路的连接，接假负载，短路 QS1 后，逐个断开保护检测电路隔离二极管 DS15、DS10、DS11、DS24，进行开机实验。当断开 DS11 和 DS10 后，开机不再发生保护故障，此时测量开关电源输出电压正常，且图像和亮度正常，判断是过电流保护电路引起的误保护。

对过电流保护电路元件进行检修，测量过电流取样电路 DS6、DS8 的正极电压均为正常值，说明运算放大器 IC17 发生故障，试更换 IC17 后，测量 IC17 的 2 脚和 13 脚输出恢复低电平。故障彻底排除。

例 11-4：开机三无，指示灯亮

分析与检修：测量主电源开机的瞬间有电压，然后电压丢失，判断模拟晶闸管保护电路启动。

测量模拟晶闸管保护电路 QS3 的 b 极电压为 0.7V，进一步判断该保护电路启动。采取解除保护的方法维修，逐个断开保护检测电路隔离二极管 DS15、DS10、DS11、DS24，进行开机实验。当断开 DS15 后，开机不再发生保护故障，此时测量开关电源输出电压正常，判断是过电压保护电路引起的误保护。

对过电压保护电路元件进行检修，逐个断开 +12V、+18V、+120V 过电压保护检测电路的稳压二极管 ZS6、ZS2、ZS3，并开机测量 IC11B 的输出端 DS15 的正极电压，当断开 ZS3 时，DS15 的正极电压消失，说明是 +120V 过电压保护检测电路引起的保护。对该保护检测电路元器件进行检测，发现分压电阻 RS49 阻值变大，造成加到 ZS3 的负极电压升高，更换 RS49 后，故障排除。

11.4 TCL 液晶彩电 ON37A 电源板保护电路速修图解

TCL 自主研发的 ON37A 液晶彩电电源板，采用 VIPer22A + NCP1653 + NCP1377 组合方案，该电源分为三部分：一是以厚膜电路 VIPer22A 为核心组成的副电源，为主板上的微处理器控制系统提供 +5V-STB 电压，同时为 PFC 电路 NCP1653 和主电源驱动控制电路 NCP1377 提供 VCC1、VCC2 工作电压；二是以驱动控制电路 NCP1653 和大功率 MOSFET 开关管为核心组成的 PFC 电路；三是以驱动控制电路 NCP1377 和两只大功率 MOSFET 开关管为核心组成的主电源，为负载电路提供 +24V 和 +12V 的电压。待机采用切断主电源 VCC 工作电压的方式，主开关电源停止工作。

适用机型：TCL L19E72、L20E72、LCD26E64、LCD32E64、LCD20B66、LCD26B67、LCD32B67、LCD27K73、LCD32K73、LCD37K73、LCD40K73、LCD42K73、LCD32E64、LCD37E64、LCD40E64、L26M61 等液晶彩电。

TCL液晶彩电用ON37A电源板，在次级设有以Q810、Q812模拟晶闸管电路和运算放大器U7为核心组成的过电压、过电流保护电路。上述保护电路启动时，开关电源停止工作。

11.4.1 保护电路原理图解

TCL液晶彩电用ON37A电源板在主电源的次级，设计了如图11-4所示的以Q810、Q812组成的模拟晶闸管保护电路，通过待机控制电路对PFC电路VCC1和主电源驱动控制电路的VCC2电压进行控制。模拟晶闸管电路Q812的b极外接两种保护检测电路：一是由D809、D804、D806组成的+12V、+24V过电压保护检测电路；二是由Q1001、D1002\D1004和Q1002组成的+12V、+24V失电压保护检测电路；Q810的b极外接由运算放大器U7（LM393）组成的+12V过电流保护检测电路。

正常时Q812的b极为低电平0V，Q810的b极电压为高电平5V，模拟晶闸管电路截止。当+12V、+24V过电压、失电压保护检测电路检测到故障时，向模拟晶闸管电路Q812的b极送入高电平触发电压，模拟晶闸管电路被触发导通；当+12V过电流保护检测电路检测到故障时，向模拟晶闸管Q810的b极送入低电平触发电压，模拟晶闸管电路被触发导通。模拟晶闸管电路导通后，经D820将待机控制电路送来的VCC-ON高电平对地短路变为低电平，致使开关机控制电路的Q808截止，与遥控关机动作相同，光耦合器U2截止，进而控制Q807截止，切断了VCC1和VCC2的供电电压，PFC电路和主电源停止工作，整机进入待机保护状态。

由于模拟晶闸管电路一旦触发导通，具有自锁功能，要想解除保护再次开机，必须关掉电视机电源，待副电源的5V-STB电压泄放后，方能再次开机。

11.4.2 保护电路维修提示

TCL液晶彩电用ON37A电源板设有完善的保护电路，当开关电源发生过电压、过电流故障时，多会引起保护电路启动，进入保护状态，开关电源停止工作，看不到真实的故障现象，给维修造成困难。

1. 根据故障现象，判断是否保护

如果开机的瞬间，开关电源启动，并在开关电源变压器的二次侧有电压输出，几秒钟后开关电源停止工作，输出电压降到0V，多为保护电路启动所致。

2. 测量关键点电压，判断哪路保护

在开机的瞬间，测量保护电路的模拟晶闸管Q812的b极电压，该电压正常时为低电平0V。如果开机时或发生故障时，Q812的b极电压变为高电平0.7V以上，则是以模拟晶闸管为核心的保护电路启动。

由于模拟晶闸管电路Q812的b极外接两种保护检测电路：一是由D809、D804、D806组成的+12V、+24V过电压保护检测电路；二是由Q1001、D1002\D1004和Q1002组成的+12V、+24V失电压保护检测电路。Q810的b极外接由运算放大器U7（LM393）组成的+12V过电流保护检测电路。为了确定是哪路检测电路引起的保护，可在自动关机前的瞬间通过测量D1001、D809正极电压和U7的1、7脚电压确定。

如果D809的正极电压为高电平，则是+24V、+12V过电压保护电路的启动，应对可能引起开关电源输出电压升高的稳压控制电路的R808、R806、R811与R821、R822、Q804、U1元器件进行检测。

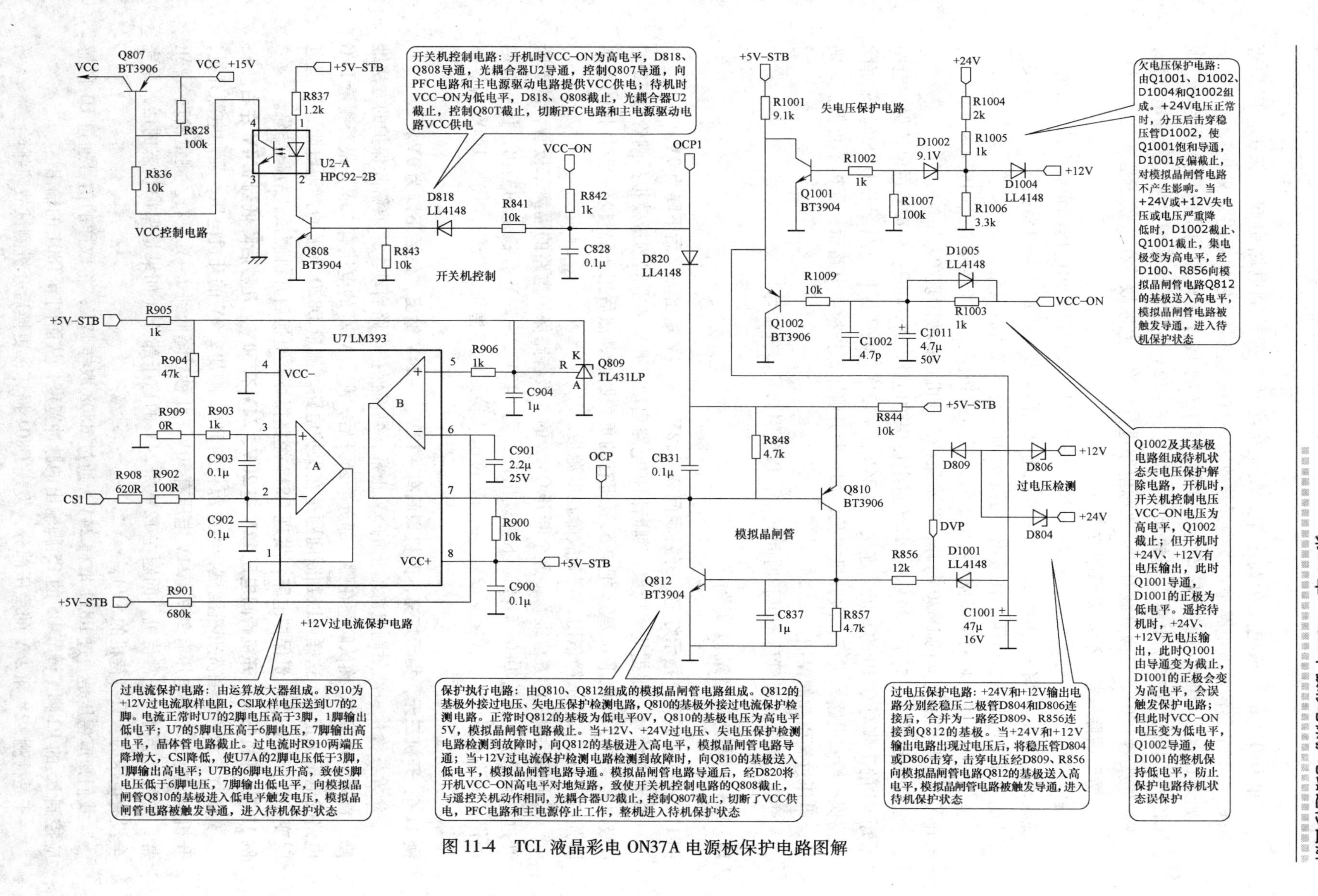

图 11-4　TCL 液晶彩电 ON37A 电源板保护电路图解

如果 D1001 的正极电压为高电平，则是失电压保护检测电路引起的保护；应检查 +24V、+12V 整流滤波电路是否发生开路故障，负载电路是否发生短路、漏电工作。

如果 D1001、D809 正极电压均为低电平，而 U7 的 1、7 脚电压输出电压产生翻转，则是 +12V 过电流保护检测电路引起的保护。应检查 +12V 负载电路是否发生短路漏电故障，可拔掉连接器 P803，接假负载对开关电源电路进行检修，判断故障在负载还是开关电源板。

3. 暂时解除保护，确定故障部位

确定保护之后，可采解除保护的方法，开机测量开关电源输出电压和负载电流，观察故障现象，确定故障部位。为例防止开关电源输出电压过高，引起负载电路损坏，建议先接假负载测量开关电源输出电压，在输出电压正常时，再连接负载电路。

全部解除保护：将模拟晶闸管 Q812 的 b 极对地短路，也可将模拟晶闸管 Q810 的 e 极与开关机控制电路之间的 D820 断开，解除保护，开机观察故障现象。

逐路解除保护：对于 +24V、+12V 过电压保护电路断开 D809；+12V 过电流保护电路断开 U7 的 7 脚与 Q810 的 b 极的连接；+24V、+12V 失电压保护电路断开 D1001。每解除一路保护检测电路，进行一次开机实验，如果断开哪路保护检测电路后，开机不再保护，则是该电压过高引起的保护。

注意：断开二极管后不可长时间通电，以免引起元器件损坏。

11.4.3 保护电路维修实例

例 11-5：开机三无，指示灯亮，开机瞬间有 +12V、+24V 输出。然后下降为 0V。

分析与检修：根据故障现象，判断保护电路启动。开机的瞬间测量模拟晶闸管 Q812 的 b 极电压果然为高电平 0.7V。把电源板所有的负载断开，然后把 +5V 接到开/待机的控制脚强制开机，开机故障依旧，判断故障在电源板。

采取解除保护的方法维修，逐个断开 Q812 的 b 极各路保护电路的隔离二极管，试着断开过电流保护二极管 D809 后故障不再现出现，测 +12V、+24V 有稳定的输出，说明过电流保护电路本身损坏。代换 +12V、+24V 过电压检测电路稳压二极管，代换 D806 后故障排除。

例 11-6：开机三无，指示灯亮，开机瞬间有 +12V、+24V 输出，然后下降为 0V。

分析与检修：测量副电源输出的 5V 正常，判断保护电路启动。采取解除保护的方法维修，首先断开 D820 确认问题在哪个部分。断开后，测量 VCC 的电压有 13V，跟着测量 PFC 电路的电压也正常，这样可以判断问题是在保护电路。测量 D820 负极的接地电阻，发现电阻变小，于是依次测量保护电路，发现 Q812 短路损坏。更换后开机测试，故障排除。

例 11-7：开机三无，开机瞬间电压 12V 有 20V、24V 有 30V，几秒后降低到 0.4V 左右。

分析与检修：首先开机测试，给电源板的 P802 脚加 2.2V 的开机电压，强制电源开机，开机瞬间电压 12V 电压有 20V，24V 电压有 30V，几秒后降低到 0.4V 左右。测量发现 5V 正常，说明机器可以正常待机，问题在 12V 和 24V 的稳压部分（如果是保护状态的话，是完全没有电压的，只有待机的 5V)。

我们知道稳压是通过 R811 取样 24V，通过 R808 取样 12V，将取样的信号通过 U1 的感应控制 U5 的 P2 脚，调节 U5 的 P5 脚输出的脉冲宽度，从而调节 T801 的输出。

于是检测 12V 和 24V 的稳压部分，发现 Q804 损坏，更换后开机测试故障排除。

11.5　TCL LCD32K72 液晶彩电电源板保护电路速修图解

TCL LCD32K72 液晶彩电采用的冠捷电源板采用 TDA4863 + TOP246Y + L6565 组合方案电源，适用于 23in 以上的液晶彩电。该电源分为三部分：一是以驱动控制电路 TDA4863 与外围元器件组成 APFC 电路；二是以驱动控制电路 TOP246Y 与外围电路组成 +12V、+5V 开关电源；三是以驱动控制电路 L6565 与外围电路组成 +24V 开关电源。电源系统的特点是在 +24V 开关电源二次侧采用了 Q945- Q946、Q947-Q948、Q942-Q943 和 T952 构成的同步整流电路。待机采用迫使 +24V 开关电源驱动电路停止工作的方式。

TCL LCD32K72 液晶彩电电源电路中，设有完善的保护电路，具有开关管过电流保护，+24V 过电流保护，+24V、+12V 过电压保护功能，保护电路启动时，迫使开关电源停止工作。

11.5.1　保护电路原理图解

TCL LCD32K72 液晶彩电采用的冠捷电源板在 +12V、+24V 开关电源输出端，设置了以晶闸管 Q926、光耦合器 IC925 为核心组成的保护电路，IC925 的 2 脚外接 12V、20V 过电压和 24V 过电压、过电流保护检测电路，检测到故障时，将光耦合器 IC925 的 2 脚电压拉低，IC925 饱和导通，向晶闸管 Q926 的 G 极送入高电平保护触发电压，Q926 饱和导通，将 IC981 的 1 脚电压拉低，IC981 停止工作，进入保护状态。保护电路工作原理如图 11-5 所示。

11.5.2　保护电路维修提示

TCL LCD32K72 液晶彩电采用的冠捷电源板，依托 12V 开关电源设有完善的保护电路，当开关电源发生过电压、过电流故障时，多会引起保护电路启动，进入保护状态，开关电源停止工作，看不到真实的故障现象，给维修造成困难。维修时，可采取测量关键的电压，判断是否保护和解除保护，观察故障现象的方法进行维修。

1. 根据故障现象，判断是否保护

如果开机的瞬间，开关电源启动，待机指示灯点亮，并在开关电源变压器的二次侧有电压输出，几秒钟后开关电源停止工作，输出电压降到 0V，待机指示灯熄灭，多为保护电路启动所致。

2. 测量关键点电压，判断哪路保护

在开机的瞬间，测量保护电路的晶闸管 Q926 的 G 极电压，该电压正常时为低电平 0V。如果开机时或发生故障时，Q926 的 G 极电压变为高电平 0.7V 以上，则是以晶闸管为核心的保护电路启动。

由于 Q926 的 G 极通过光耦合器 IC925 的 2 脚外接三路过电压保护和一路过电流保护检测电路，为了确定是哪路检测电路引起的保护，可在自动关机前的瞬间通过测量隔离二极管 D926、D925 正极电压、ZD946 的正极电压和过电流检测电路 IC927 的 4 脚电压确定故障范围。

如果 D926 的正极电压为高电平，则是 +12V 过电压保护电路的启动，如果 D925 的正极电压为高电平，则是 +20V 过电压保护电路的启动，如果 ZD946 的正极电压为高电平，则

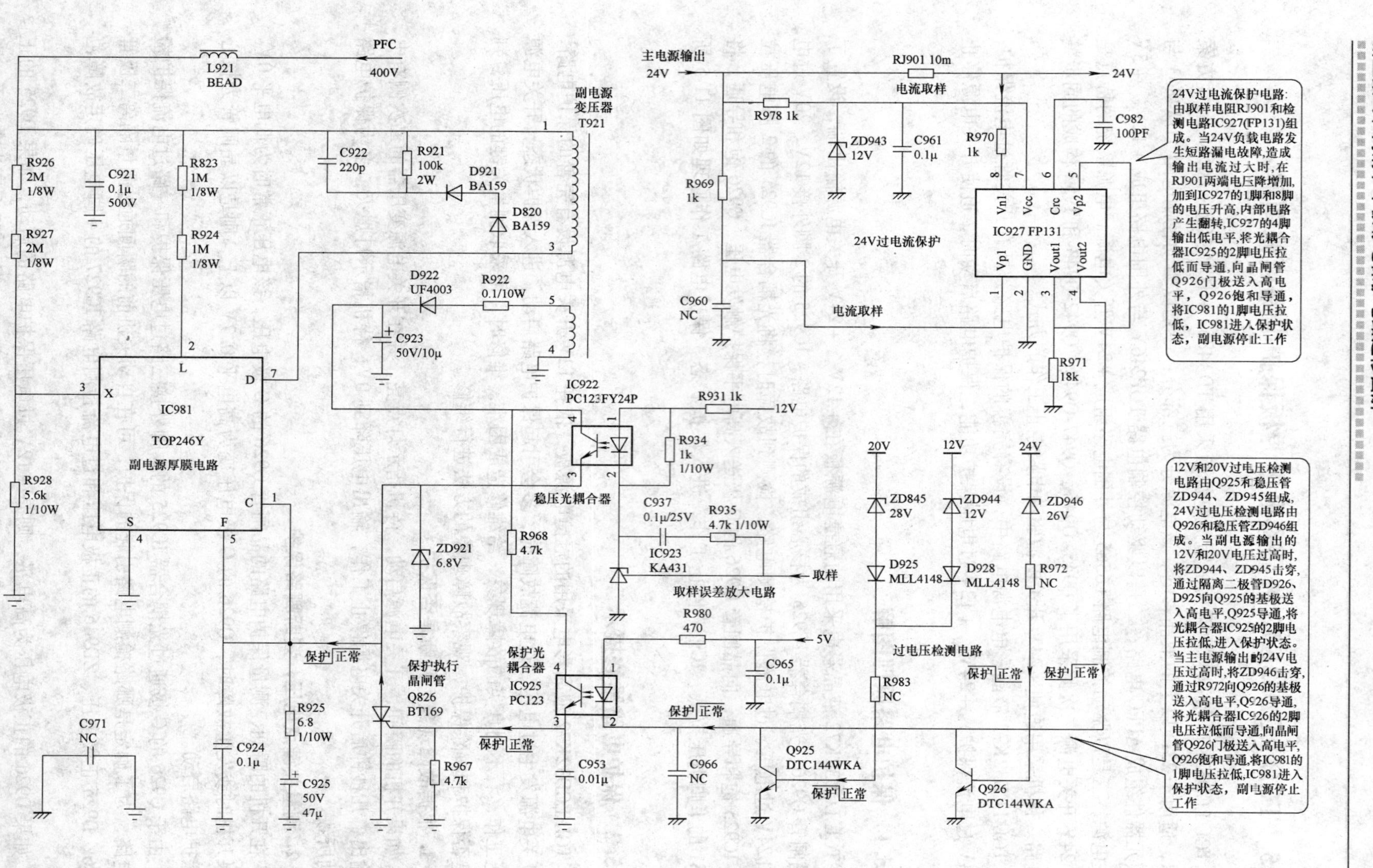

图 11-5　TCL LCD32K72 液晶彩电电源板保护电路图解

是 +24V 过电压保护电路的启动。应对可能引起开关电源输出电压升高的稳压控制电路的元件进行检测。如果 IC927 的 4 脚电压为低电平，则是 +24V 过电流保护电路启动，应检查 +24V负载电路是否发生短路漏电故障，可拔掉连接器 CN951，再接假负载对开关电源电路进行检修，判断故障在负载还是开关电源板。

3. 暂时解除保护，确定故障范围

确定保护之后，可采取解除保护的方法，开机测量开关电源输出电压和负载电流，观察故障现象，确定故障部位。为防止开关电源输出电压过高，引起负载电路损坏，建议先接假负载测量开关电源输出电压，在输出电压正常时，再连接负载电路。

全部解除保护：将晶闸管 Q926 的 G 极对地短路，也可将光耦合器 IC925 的 1 脚电阻 R980 断开，解除保护，开机观察故障现象。

逐路解除保护：对于 +24V 过电压保护电路断开 R972；+12V 过电压保护电路断开 D926；+20V 过电压保护电路断开 D925；+24V 过电流保护电路断开 IC927 的 4 脚。每解除一路保护检测电路，进行一次开机实验，如果断开哪路保护检测电路后，开机不再保护，则是该电压过高引起的保护。

注意：断开二极管后不可长时间通电，开机后快速测量关键点电压，以免引起元件损坏。

如果是过电压而保护，断开过电压保护电路隔离二极管或隔离电阻后输出电压偏高，应检查电压取样反馈回路及其周围元件是否有损坏；如果输出正常，则是保护电路本身损坏，如过电压保护稳压管漏电。如果是过电流而保护，应检查输出端是否有短路，过电流保护取样电阻 RJ9801、检测电路 IC927 及外围元件是否有损坏而引起误保护。

11.5.3　保护电路维修实例

例 11-8：开机三无，指示灯闪烁，不能遥控开机。

分析与检修：测量 12V 开关电源输出电压在 6V 左右波动，拔掉连接器 CN931 的连接线，去掉负载电路，测量输出电压故障依旧，说明故障在 12V 开关电源电路部分。对稳压控制电路的 IC922、IC923 进行测量，未见异常，检查 12V 开关电源 IC981 的 1 脚电压低于正常值，怀疑保护电路晶闸管 Q926 启动，将 Q926 的 G 极对地短路解除保护，故障依旧。检查 1 脚外部电路稳压二极管 ZD921（6.8V），发现是 ZD921 漏电，造成输出电压降低且不稳定。更换 ZD921 后故障排除。

例 11-9：开机三无，指示灯亮，开机瞬间有 +12V、+24V 输出。然后下降为 0V。

分析与检修：根据故障现象，判断保护电路启动。开机的瞬间测量晶闸管 Q926 的 G 极电压果然为高电平 0.7V。把电源板所有的负载断开，然后把 +5V 接到开/待机的控制脚强制开机，开机故障依旧，判断故障在电源板。采取解除保护的方法维修，逐个断开 IC925 的 2 脚各路保护电路的隔离二极管 D926、D925、ZD946 和 IC927 的 4 脚，当断开 ZD946 后故障不再现出现，测 +24V 有稳定的输出，说明 +24V 过电压保护电路本身损坏。怀疑 ZD946 漏电，更换 ZD946 后故障排除。

11.6　TCL 液晶彩电 PWL37C 电源板保护电路速修图解

TCL 液晶彩电用 PWL37C 电源板，集成电路采用 VIPer22A + L6563 + L6599 组合方案，

该电源板分为 PWL37C01、PWL37C02、PWL37C03 三种，其电路和工作原理相同，只是输出插座不同，其中，PWL37C01 的电源输出插座为一种大插座，PWL37C02 和 PWL37C03 的电源输出插座为小插座。

应用于 TCL L32M61R、L32M71R、L37E77F、L37M61BL37M61F、L37M61、L37M71F/MS89、L37M71、LCD37K73B、L32E77、L37E77、L40E77、L40E9FR、L40E9、L40M9FR、L40M9、L42E77、L42E9FR、L42E9、SL32M7A、L32E9V、L32M61B 等 26～42 英寸的液晶电视中。

TCL 液晶彩电用 PWL37C 电源板分为三部分：一是以厚膜电路 VIPer22A 为核心组成的副电源，为主板上微处理器控制系统提供 +5V 供电，同时为 PFC 电路和主电源驱动控制 PWM 电路提供 20V 左右的 VC 工作电压；二是以驱动控制电路 L6563 和大功率 MOSFET 开关管 QF5、QF6 为核心组成的 PFC 电路，校正后为主电源提供约 380V 的工作电压；三是以驱动控制电路 L6599 和大功率 MOSFET 开关管 QW09、QW10 为核心组成的主开关电源，为负载电路提供 +12V、 +24V 的电压。待机采用切断主电源 VC 供电的方式，主电源停止工作。

11.6.1 保护电路原理图解

TCL 液晶彩电用 PWL37C 电源板在主电源的次级，设计了如图 11-6 所示的由 QS1、QS2 组成的模拟晶闸管保护电路，通过待机控制电路的光耦合器 IC6 和晶体管 Q11 对主电源驱动控制电路 IC3 的 12 脚 VCC1 和 PFC 电路 IC2 的 14 脚 VCC2 电压进行控制。

由于模拟晶闸管电路一旦触发导通，具有自锁功能，要想解除保护再次开机，必须关掉电视机电源，待副电源的 5VSB/1A 电压泄放后，方能再次开机。

11.6.2 保护电路维修提示

TCL 液晶彩电用 PWL37C 电源板设有完善的保护电路，当开关电源发生过电压、过电流故障时，多会引起保护电路启动，进入保护状态，开关电源停止工作，看不到真实的故障现象，给维修造成困难。维修时，可采取测量关键点的电压，判断是否保护和解除保护，通过观察故障现象的方法进行维修。

1. 测量关键点电压，判断哪路保护

如果开机的瞬间，开关电源启动，并在开关电源变压器的二次侧有电压输出，几秒钟后开关电源停止工作，输出电压降到 0V，多为保护电路启动所致。

在开机的瞬间，测量保护电路的模拟晶闸管 QS2 的 b 极电压，该电压正常时为低电平 0V。如果开机时或发生故障时，QS2 的 b 极电压变为高电平 0.7V 以上，则是以模拟晶闸管为核心的保护电路启动。

由于 QS2 的 b 极电压外接两路过电压保护和两路过电流保护两种保护检测电路，为了确定是哪路检测电路引起的保护，可在自动关机前的瞬间通过测量 DS7、DS8、DS10、DS11 的正极电压确定。

如果 DS7 的正极电压为高电平，则是 +24V 过电压保护电路的启动，如果 DS8 的正极电压为高电平，则是 +12V 过电压保护电路的启动；应对可能引起开关电源输出电压升高的稳压控制电路的 RS12、RS13、RS14、IC7、IC5 元件进行检测。

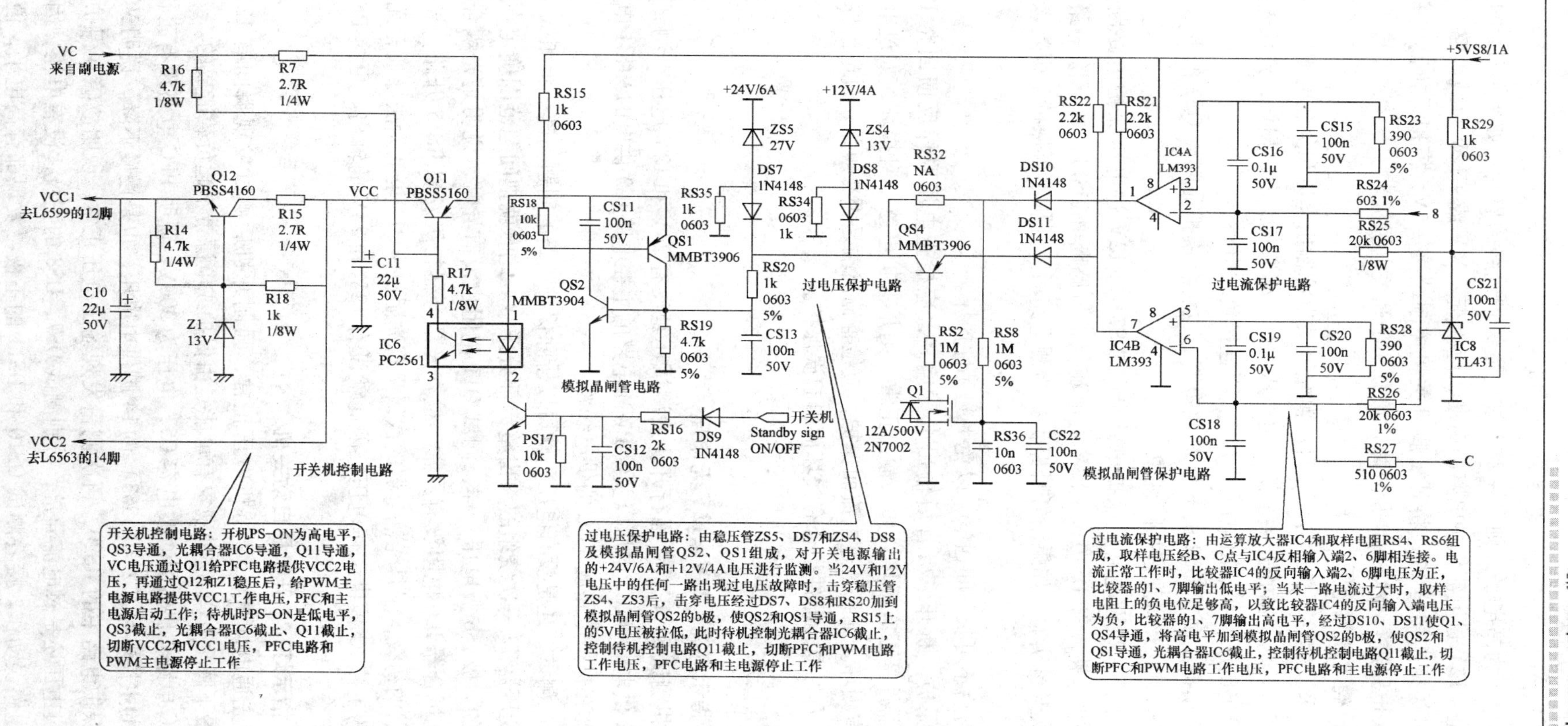

图 11-6　TCL 液晶彩电 PWL37C 电源板保护电路图解

如果DS10的正极电压为高电平，则是+24V过电流保护电路的启动；如果DS11的正极电压为高电平，则是+12V过电流保护电路的启动，应检查+24V或+12V负载电路是否发生短路漏电故障，可拔掉连接器P2，将其1脚开关机控制端接+5V，模拟开机高电平，再接假负载对开关电源电路进行检修，判断故障在负载还是开关电源板。

2. 暂时解除保护，确定故障范围

确定保护之后，可采取解除保护的方法，开机测量开关电源输出电压和负载电流，观察故障现象，确定故障部位。为了防止开关电源输出电压过高，引起负载电路损坏，建议先接假负载测量开关电源输出电压，在输出电压正常时，再连接负载电路。

全部解除保护：将模拟晶闸管QS2的b极对地短路，也可将模拟晶闸管QS2的b极外接的RS20断开，解除保护，开机观察故障现象。

逐路解除保护：对于+24V过电压保护电路断开DS7；+12V过电压保护电路断开DS8；+24V过电流保护电路断开DS10；+12V过电流保护电路断开DS11。每解除一路保护检测电路，进行一次开机实验，如果断开哪路保护检测电路后，开机不再保护，则是该电压过高引起的保护。

注意：断开二极管后不可长时间通电，以免引起元件损坏。

如果是过电压而保护，断开二极管后输出电压偏高，应检查电压取样反馈回路IC7（TL431）及其周围元器件是否有损坏。如果输出正常，则是保护电路本身损坏，如过电压保护稳压管及二极管有损坏。如果是过电流而保护，应检查输出端是否有短路，过电流保护比较器IC4（LM393）及外围元器件是否有损坏而引起误保护。

11.6.3 保护电路维修实例

例11-10：开机三无，指示灯亮，24V、12V无电压

分析与检修：开机测试5V正常，强行开机后测试还是没有24V和12V电压。测试给PFC电路主控电路IC2供电的VCC2电压以及给PWM电路的主控电路IC3供电的VCC1电压都没有，说明问题可能在保护电路或VCC的供电线路。

先断开RS20，再次测试，还是没有电压，就可以排除保护电路的问题。进一步测试VC电压，有19V，说明变压器T2一次绕组的输出整流部分正常。此时就把问题范围确定在开机电路上，测试Q11的e极、b极电压一样，测试Q11电阻也没有异常，说明是光耦合器IC6控制异常。检查光耦合器IC6电阻没有异常，检查光耦合器初级发现RS15开路，导致没有电流流过光耦合器的初级，于是光耦合器的次级呈现高阻抗，Q11也就无法导通，无法为PFC和PWM电路的主控IC提供工作电压，因此就没有12V和24V的输出。更换RS15后，故障排除。

例11-11：开机三无，指示灯亮，开机后自动关机

分析与检修：首先通电测试，5V待机电压正常，强制开机后测试发现瞬间有12V、24V电压，然后就慢慢下降至0V。这种现象有可能是由保护或电源带不起负载造成的。

于是首先测试PFC电路输出端的滤波电容C5，电压为300V，说明PFC电路没有工作。进一步测试PFC电路的主控电路IC2（L6563）的14脚供电电压，也是慢慢下降，说明VCC供电电路异常。断开保护电路中的RS20，再次测量发现输出电压正常，说明故障在保护电路。为进一步确认是过电压还是过电流异常，分别测试DS7、DS8的正极，没有电压，因此可以排除过电压保护电路误动作。接着测试DS10和DS11的正极，发现都有高电平，说明是过电流保护电路动作，但是此时机器没有带负载。经进一步检查测量，发现是 IC4（LM393）电流比较器损坏，从而造成误动作。更换 IC4 后故障排除。

11.7　TCL 液晶彩电 PWL4201C 电源板保护电路速修图解

TCL 液晶彩电用 PWL4201C 电源板，是一款超薄 42in 液晶彩电的电源，集成电路采用 VIPer22A + NCP1653AD + NCP1377B + F9222 组合方案，输出 +5VSB、+12V（AUDIO）、+12V、+24V 四种电压，应用于 TCL L46E77、L46M61F、LCD47K73、L42H78F、L42E64、L46H78F 等 42 ~ 46in 液晶彩电中。

TCL 液晶彩电用 PWL4201C 电源板分为四部分：一是以厚膜电路 VIPer22A 为核心组成的副开关电源，为主板上微处理器控制系统提供 +5VSB 供电，同时为 PFC 电路和主电源驱动控制 PWM 电路提供 +20VAUX 的 VCC 工作电压；二是以驱动控制电路 NCP1653AD 和大功率 MOSFET 开关管为核心组成的 PFC 电路，校正后为主电源提供约 380V 的 HV + 工作电压；三是以驱动控制电路 NCP1377B 和大功率 MOSFET 开关管为核心组成的 12V 主电源，为负载电路提供 +12V（AUDIO）、+12V 的电压；四是以厚膜电路 F9222 为核心组成的 24V 主电源，为负载电路提供 +24V 的电压。待机采用切断主电源 VCC 供电的方式，主电源停止工作。

11.7.1　保护电路原理图解

1. 保护电路图解

TCL 液晶彩电用 PWL4201C 电源板依托开关机控制电路，设有取样电路 ZD206、ZD204 和晶体管 VT202 组成的过电压保护电路，由 ZD208、VT203、VT204、VT210 组成的欠电压保护电路和由运算放大器 IC203 ~ IC205 组成的过电流保护电路，保护电路启动时，迫使开关机电路动作，进入待机保护状态，PFC 电路和 12V、24V 主电源停止工作。保护电路工作原理如图 11-7 和图 11-8 所示。

2. 开关机控制电路

TCL 液晶彩电用 PWL4201C 电源板的开关机控制电路如图 11-7 右侧所示，由五部分组成：一是由 IC207-E、D220、VT206 组成的开机缓冲电路；二是由 VT207、VT205 组成的开关机控制电路；三是由 P101、VT105、VT106 组成的开关机 PFC-VCC 控制电路；四是由 IC207-A、IC207-B、IC207-C、P102、VT303、BT304、VT305 组成的开关机 24V-VCC 和 PWM-VCC 控制电路；五是由继电器组成的市电输入限流电阻 TH101 控制电路。

主板送来的 PS-ON/OFF 开关机电压和开机缓冲电路对开关机控制电路 VT207、VT205 进行控制，在 VT207、VT205 的 c 极产生开机高电平和待机低电平的控制电压，该控制电压对开关机 PFC-VCC 控制电路、开关机 24V-VCC 和 PWM-VCC 控制电路、市电输入限流电阻 TH101 控制电路三部分电路进行控制。

（1）开机缓冲电路

开机的时候 5VSB 电压通过 R247 给 C237 充电，此时 IC207-E 的 11 脚是低电平，10 脚是高电平，这个高电平经过 D220、R262 加到 VT206 的 b 极，使其饱和导通，将开机信号拉低。当 C237 充满电后，IC207-E 的 11 脚为高电平，10 脚为低电平，VT206 进入截止状态。

（2）开机状态

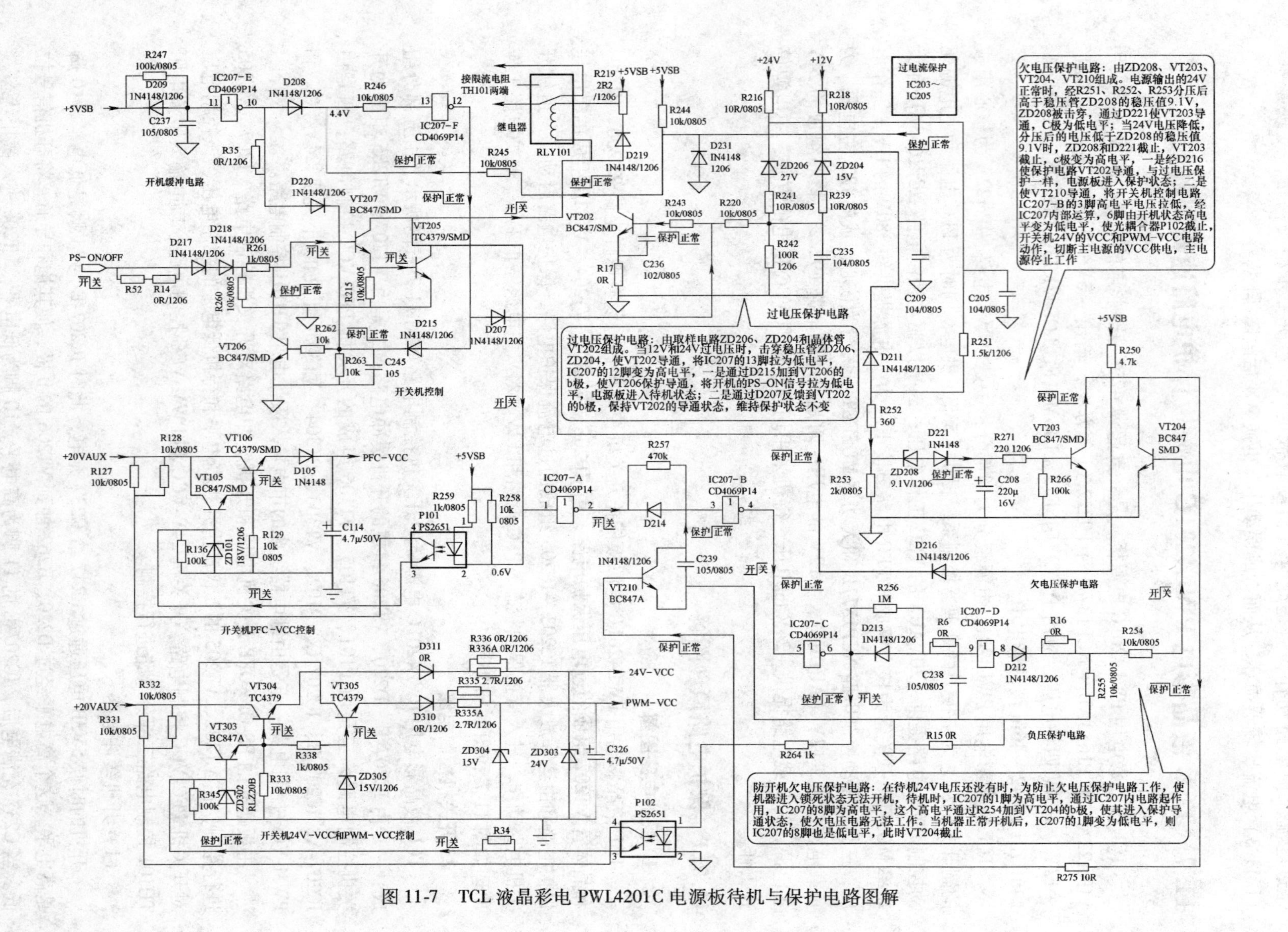

图 11-7 TCL 液晶彩电 PWL4201C 电源板待机与保护电路图解

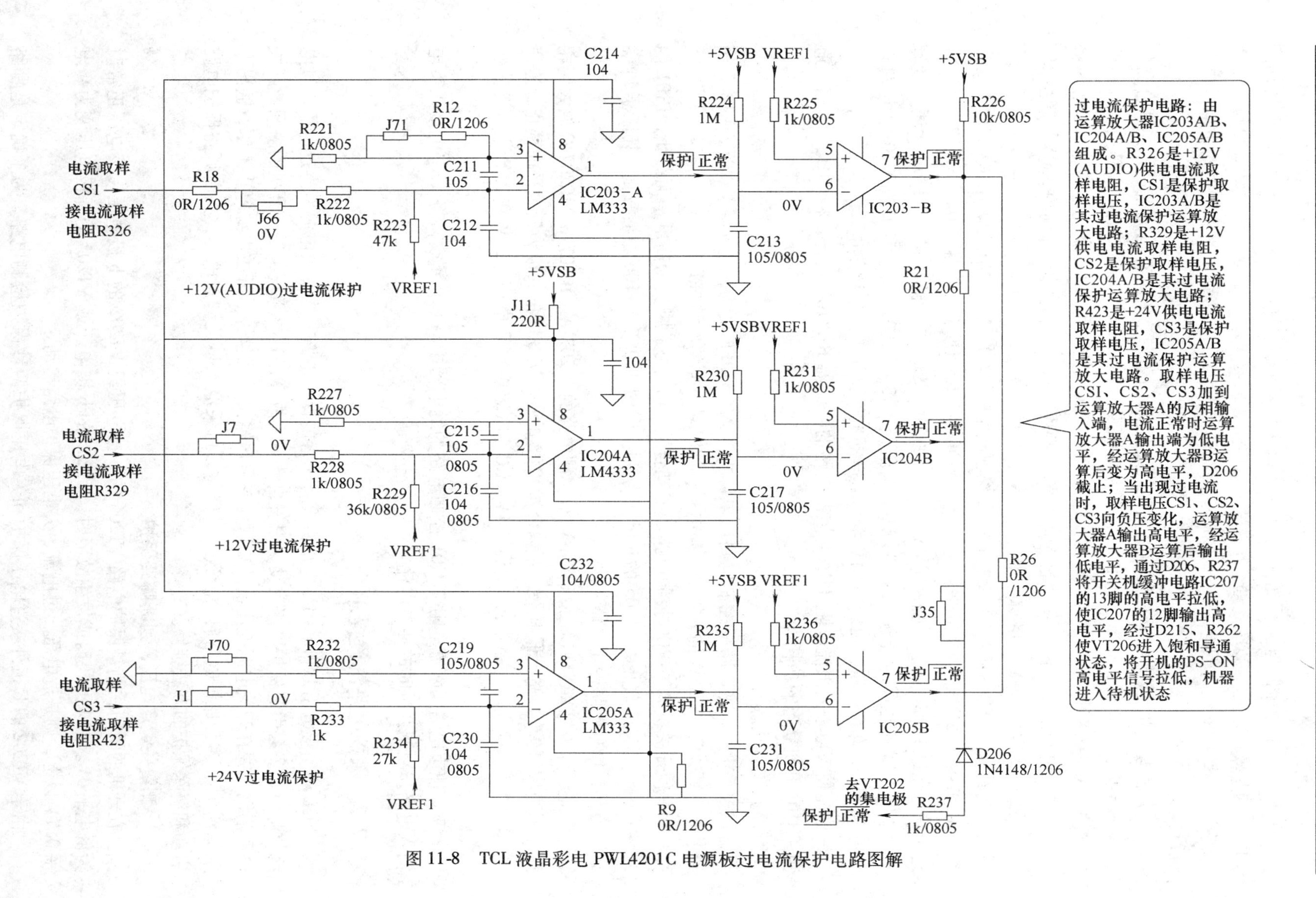

图 11-8　TCL 液晶彩电 PWL4201C 电源板过电流保护电路图解

开机时主电路板向电源板送入 PS-ON 高电平，其一路经过 D217、D218、R261 后加到 VT207 的 b 极，这时 VT207 导通，c 极变为低电平，同时 VT207 的导通将 VT205 也拉入导通状态，VT205 的 c 极为低电平。开机状态 VT207、VT205 的 c 极低电平，同时对下面的电路进行控制。

一是使开关机 PFC-VCC 控制电路的光耦合器 P101 的 1、2 脚有电流流过，光耦合器的 3、4 脚感应到变化后，VT105 的 b 极电压为高电平，VT105 导通后 VT106 也导通，副电源输出的 +20VAUX 电压经 VT106、D105 输出 PFC-VCC 电压，向 PFC 驱动电路 IC101 的 8 脚供电，PFC 电路启动工作，将市电整流滤波后 300V 脉动直流电压提升到约 380V，产生 HV+电压，为 12V 和 24V 主电源供电。

二是经开关机 24V-VCC 和 PWM-VCC 控制电路的 IC207-A、IC207-B、IC207-C 放大倒相后，IC207-C 的 6 脚输出高电平，这个高电平通过 R264 使光耦合器 P102 的 1、2 脚导通，这个信号通过 P102 感应控制将 20VAUX 电压加到 VT303 的 b 极，此时 VT303 导通，接着 VT304 和 VT305 也同时导通，+20VAUX 电压经 VT304、D311 和 VT305、D310 输出 24V-VCC 和 PWM-VCC 电压，12V 和 24V 主电源启动工作，向负载电路供电。

三是使市电输入限流电阻 TH101 控制电路的继电器 RLY101 吸合，将 TH101 短路，避免 TH101 开机状态的功耗。

（3）关机状态

遥控关机时，主电路板控制电路向电源板送入 PS-OFF 变为低电平，VT207、VT205 相继截止，VT207、VT205 的 c 极变为高电平，同时对下面的电路进行控制。

一是使开关机 PFC-VCC 控制电路的光耦合器 P101 的 1 脚变为高电平而截止，P101 的 3、4 脚光敏晶体管截止，VT105 的 b 极变为低电平，VT105、VT106 相继截止，切断了 PFC-VCC 电压，PFC 电路停止工作。

二是经开关机 24V-VCC 和 PWM-VCC 控制电路的 IC207-A、IC207-B、IC207-C 放大倒相后，IC207-C 的 6 脚输出低电平，光耦合器 P102 截止，VT303 的 b 极为低电平而截止，迫使 VT304 和 VT305 也同时截止，切断了 24V-VCC 和 PWM-VCC 电压，12V 和 24V 主电源停止工作。

三是使市电输入限流电阻 TH101 控制电路的继电器 RLY101 释放，将 TH101 接入市电输入电路，限制开机时的冲击电流。

11.7.2 保护电路维修提示

TCL 液晶彩电用 PWL4201C 电源板设有完善的保护电路，当开关电源发生过电压、过电流故障时，多会引起保护电路启动，引发自动关机故障，其故障现象是：开机的瞬间，开关电源启动，并在开关电源变压器的二次侧有电压输出，几秒钟后开关电源停止工作，输出电压降到 0V，多为保护电路启动所致。维修时，可采取测量关键点电压，判断哪路保护电路启动和解除保护的方法维修。

1. 测量关键点电压，判断哪路保护

在开机的瞬间，测量保护电路 VT206 的 b 极电压或 VT202 的 b 极电压，该电压正常时为低电平 0V。如果开机时或发生故障时，VT206 的 b 极电压或 VT202 的 b 极电压变为高电平 0.7V 以上，则是过电压、过电流、欠电压保护电路启动。

由于 VT202 的 b 极外接过电压保护和欠电压保护两种保护检测电路，为了确定是哪路检测电路引起的保护，可在自动关机前的瞬间通过测量 D216 正极电压确定是哪种保护电路启动。如果 D216 的正极电压为高电平，则是欠电压保护电路启动，应检查 +24V、+12V 整流滤波电路是否发生开路故障，负载电路是否发生短路、漏电故障；否则是过电压保护电路启动，对可能引起开关电源输出电压升高的稳压控制电路的元件进行检测。

对于过电流保护电路，可测量 D206 的负极电压判断保护电路是否启动。D206 的负极电压正常时为高电平，如果开机后保护前的瞬间 D206 的负极电压为低电平，则是过电流保护电路启动，应检查负载电路是否发生短路漏电故障，可拔掉连接器 CN301，接假负载对开关电源电路进行检修，判断故障在负载还是开关电源板。

2. 暂时解除保护，确定故障范围

确定保护之后，可采解除保护的方法，开机测量开关电源输出电压和负载电流，观察故障现象，确定故障部位。为了防止开关电源输出电压过高，引起负载电路损坏，建议先接假负载测量开关电源输出电压，在输出电压正常时，再连接负载电路。

全部解除保护：一是将 VT206 的 b 极的 D215 断开或将 VT206 的 b 极与 e 极短接；二是将 VT210 的 b 极的 R275 断开或将 VT210 的 b 极与 e 极短路。解除保护，开机观察故障现象。

逐路解除保护：对于 +24V、+12V 过电压保护电路断开 R220 或分别断开 ZD206、ZD204；过电流保护电路断开 D206；欠电压保护电路断开 D216 和 R275。每解除一路保护检测电路，进行一次开机实验，如果断开哪路保护检测电路后，开机不再保护，则是该电压过高引起的保护。

注意：断开各路保护电路隔离二极管后，不可长时间通电，以免引起元器件损坏。

11.7.3　保护电路维修实例

例 11-12：开机后自动关机，指示灯亮，没有 12V、24V 电压输出。

分析与检修：首先开机测试，发现只有 5V 待机电压正常。于是强制给一个 5V 的 PS-ON 信号再次测试，发现没有 12V、24V 电压输出。根据故障检修流程，测试 VCC 的电压也没有，怀疑保护电路启动。测量 D215 的正极电压为高电平，确定保护电路启动。采取解除保护的方法，断开 D215 后再次开机测试，测量电源板输出的 12V 和 24V 电压正常，说明稳压电路没问题，怀疑过电流保护电路启动。接通 D215 后，再断开 D206，再次测试，但是没有电压输出，说明问题不在过电流保护电路。再断开欠电压保护电路 D216，开机故障依旧。

估计是过电压保护电路引起的误保护，对 12V、24V 过电压保护电路元件进行检测，发现 24V 过电压保护电路 ZD206 短路，在电压没有超过稳压值时就导通，造成保护电路工作，代换 DZ206 后开机测试，故障排除。

例 11-13：开机三无，指示灯亮，没有 12V、24V 电压。

分析与检修：首先开机测试，发现 5V 的待机电压正常，没有 12V、24V 电压。将连接器的 CN301 的 1 脚接 5V 电压，强制开机，但是还是没有 12V、24V 电压输出。根据故障检修流程，首先测试 PFC 电路的输出电压，为 300V，说明 PFC 电路没有工作。检测 PFC 电路的 VCC 电压也没有，说明问题在开机控制电路或过电压以及过电流保护电路。

采取解除保护的方法维修，首先断开 D215 后再次测试，发现 12V、24V 电压立即恢复正常，说明故障问题点在保护电路。因为断开保护电路后测试 12V、24V 的电压正常，不存在过电压问题，先检测过电流保护电路。于是恢复 D215，断开 D206 后再次测试，电压正常，确认故障是在过电流保护电路。测试 IC203、IC204、IC205 的各引脚电压，发现给 IC

提供的基准参考电压为0V，正常应是2.4V。代换IC205后基准电压恢复正常，故障排除。

11.8 TCL液晶彩电PWL42C电源板保护电路速修图解

TCL液晶彩电PWL42C电源板，集成电路采用NCP1013 + NCP1653 + NCP1217组合方案。为主板控制系统提供5V工作电压，为主电路信号处理电路和背光灯电路提供+12V、+18V、+24V的三组电压。

TCL液晶彩电采用的OPL42C电源板电路与PWL42C电源板基本相同，应用于TCL L46E64、LCD47K73等大屏幕液晶彩电中。可参照本节内容维修。

TCL液晶彩电PWL42C电源板分为三部分：一是以厚膜电路NCP1013为核心组成的副电源，为主板上微处理器控制系统提供+5VSTB供电，同时为PFC电路提供PFC-VCC电压，为主电源驱动控制PWM电路提供PWM-VCC工作电压；二是以驱动控制电路NCP1653和大功率MOSFET开关管VT1、VT4为核心组成的PFC电路，校正后为主电源提供约380V的工作电压；三是以驱动控制电路NCP1217和大功率MOSFET开关管VT2、VT3为核心组成的主电源，为负载电路提供+12V、+18V、+24V的电压。待机采用切断PFC-VCC和PWM-VCC供电的方式，PFC电路和PWM主电源停止工作。

11.8.1 保护电路原理图解

TCL液晶彩电用PWL42C电源板依托开关机控制电路，设有完善的过电压、过电流、欠电压保护电路，如图11-9所示。过电流保护电路由运算放大器IC10A、IC10B、IC10C为核心组成，过电压保护电路由稳压管ZD3、ZD4、ZD5为核心组成，欠电压保护电路由二极管D34、D35、稳压管ZD8和Q10为核心组成。保护电路启动时，迫使开关机电路动作，进入待机保护状态，PFC电路和PWM主电源停止工作。

11.8.2 保护电路维修提示

如果开机的瞬间，开关电源启动，并在开关电源变压器的二次侧有电压输出，几秒钟后开关电源停止工作，输出电压降到0V，多为保护电路启动所致。维修时先确定是哪路保护电路启动，再顺藤摸瓜找到引发保护的故障元件。

1. 测量关键点电压，判断哪路保护

在开机的瞬间，测量保护电路中的A点电压，该电压正常时为低电平。如果开机时或发生故障时，A点电压变为高电平，则是保护电路启动。

由于A点外接过电流、过电压、欠电压三路保护检测电路，为了确定是哪路检测电路引起的保护，可在自动关机前的瞬间通过测量隔离二极管D20、D14、D22、D17、D15的正极电压确定。

如果D17的正极电压为高电平，则是+12V、+18V、+24V过电压保护电路的启动，应对可能引起开关电源输出电压升高的稳压控制电路的元件进行检测。

如果D20、D14、D22的正极电压为高电平，则是+12V、+18V、+24V过电流保护电路启动；应检查+12V、+18V、+24V负载电路是否发生短路漏电故障，可拔掉电源板输出连接器，将ON/OFF开关机控制端接+5V，模拟开机高电平，再接假负载对开关电源电路进行检修，判断故障在负载还是开关电源板。

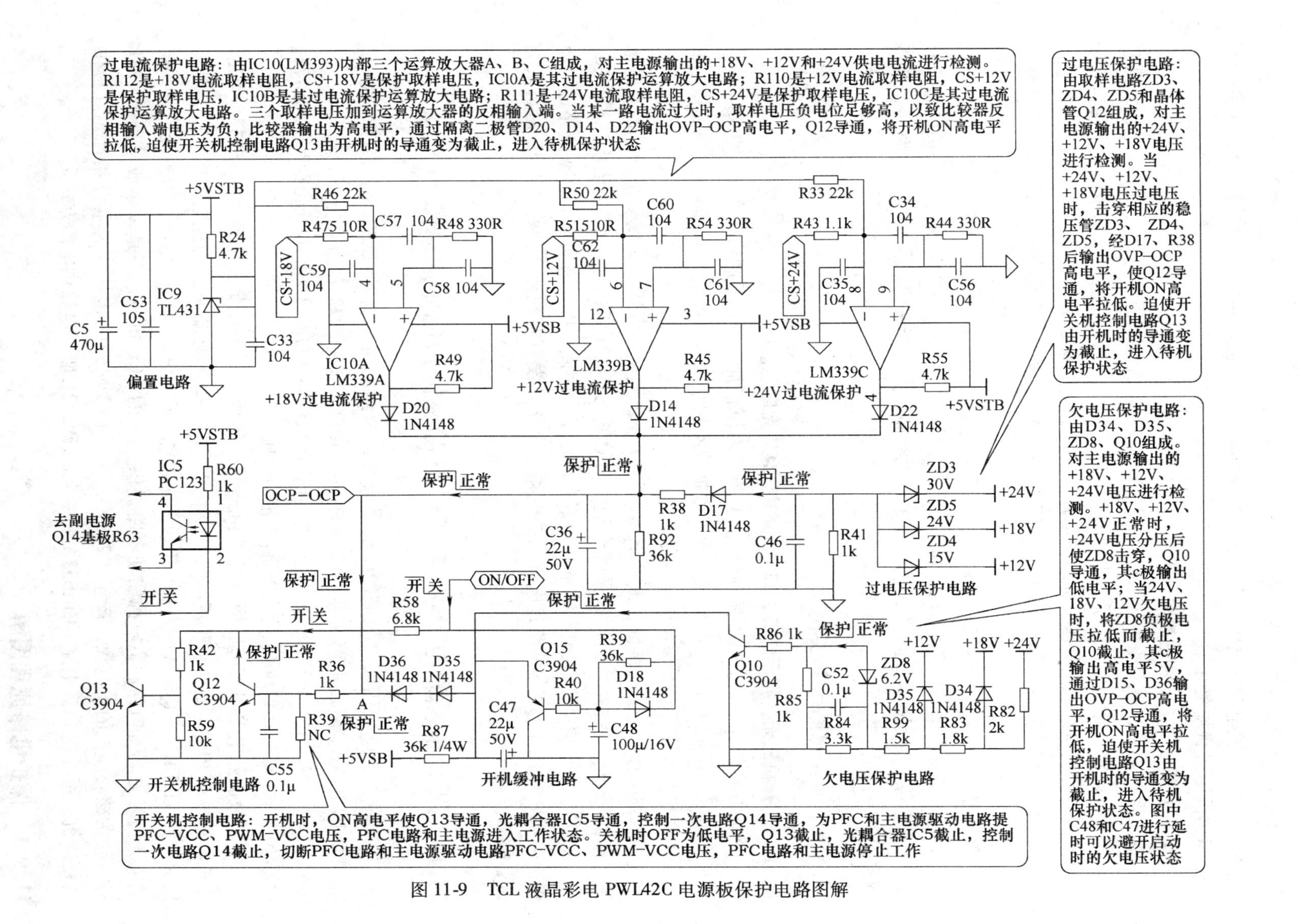
过电流保护电路：由IC10(LM393)内部三个运算放大器A、B、C组成，对主电源输出的+18V、+12V和+24V供电电流进行检测。R112是+18V电流取样电阻，CS+18V是保护取样电压，IC10A是其过电流保护运算放大电路；R110是+12V电流取样电阻，CS+12V是保护取样电压，IC10B是其过电流保护运算放大电路；R111是+24V电流取样电阻，CS+24V是保护取样电压，IC10C是其过电流保护运算放大电路。三个取样电压加到运算放大器的反相输入端。当某一路电流过大时，取样电压负电位足够高，以致比较器反相输入端电压为负，比较器输出为高电平，通过隔离二极管D20、D14、D22输出OVP-OCP高电平，Q12导通，将开机ON高电平拉低，迫使开关机控制电路Q13由开机时的导通变为截止，进入待机保护状态
过电压保护电路：由取样电路ZD3、ZD4、ZD5和晶体管Q12组成，对主电源输出的+24V、+12V、+18V电压进行检测。当+24V、+12V、+18V电压过电压时，击穿相应的稳压管ZD3、ZD4、ZD5，经D17、R38后输出OVP-OCP高电平，使Q12导通，将开机ON高电平拉低。迫使开关机控制电路Q13由开机时的导通变为截止，进入待机保护状态
欠电压保护电路：由D34、D35、ZD8、Q10组成。对主电源输出的+18V、+12V、+24V电压进行检测。+18V、+12V、+24V正常时，+24V电压分压后使ZD8击穿，Q10导通，其c极输出低电平；当24V、18V、12V欠电压时，将ZD8负极电压拉低而截止，Q10截止，其c极输出高电平5V，通过D15、D36输出OVP-OCP高电平，Q12导通，将开机ON高电平拉低，迫使开关机控制电路Q13由开机时的导通变为截止，进入待机保护状态。图中C48和C47进行延时可以避开启动时的欠电压状态
开关机控制电路：开机时，ON高电平使Q13导通，光耦合器IC5导通，控制一次电路Q14导通，为PFC和主电源驱动电路提PFC-VCC、PWM-VCC电压，PFC电路和主电源进入工作状态。关机时OFF为低电平，Q13截止，光耦合器IC5截止，控制一次电路Q14截止，切断PFC电路和主电源驱动电路PFC-VCC、PWM-VCC电压，PFC电路和主电源停止工作
+5VSTB
R24 4.7k
C5 470μ
C53 105
IC9 TL431
C33 104
偏置电路
R46 22k
R475 10R
C57 104
R48 330R
CS+18V
C59 104
C58 104
IC10A LM339A
R49 4.7k
+18V过电流保护
D20 1N4148
+5VSB
R50 22k
R51510R
C60 104
R54 330R
CS+12V
C62 104
C61 104
LM339B
R45 4.7k
+12V过电流保护
D14 1N4148
R33 22k
R43 1.1k
C34 104
R44 330R
CS+24V
C35 104
C56 104
LM339C
R55 4.7k
+24V过电流保护
D22 1N4148
+5VSTB
IC5 PC123
R60 1k
去副电源 Q14基极R63
OCP-OCP
保护 正常
R38 1k
D17 1N4148
C36 22μ 50V
R92 36k
C46 0.1μ
R41 1k
ZD3 30V
ZD5 24V
ZD4 15V
+24V
+18V
+12V
过电压保护电路
开关
ON/OFF
R58 6.8k
R42 1k
Q13 C3904
Q12 C3904
R59 10k
R36 1k
D36 1N4148
D35 1N4148
R39 NC
C55 0.1μ
开关机控制电路
Q15 C3904
R39 36k
R40 10k
D18 1N4148
C47 22μ 50V
C48 100μ/16V
R87 36k 1/4W
+5VSB
开机缓冲电路
Q10 C3904
R86 1k
R85 1k
C52 0.1μ
R84 3.3k
ZD8 6.2V
D35 1N4148
D34 1N4148
R99 1.5k
R83 1.8k
R82 2k
欠电压保护电路

图 11-9　TCL 液晶彩电 PWL42C 电源板保护电路图解

如果 D15 的正极电压为高电平，则是 +12V、+18V、+24V 欠电压保护电路的启动，应对可能引起开关电源输出电压失电压、欠电压的整流滤波电路，限流电阻，负载电路的开路、短路故障进行检测和排除。

2. 暂时解除保护，确定故障范围

确定保护之后，可采取解除保护的方法，开机测量开关电源输出电压和负载电流，观察故障现象，确定故障部位。为了防止开关电源输出电压过高，引起负载电路损坏，建议先接假负载测量开关电源输出电压，在输出电压正常时，再连接负载电路。

全部解除保护：将 R36 断开或将 Q12 的 b 极对地短路，解除保护，开机观察故障现象。

逐路解除保护：对于 +12V、+18V、+24V 过电压保护电路断开 D17；+12V、+18V、+24V 过电流保护电路断开 D20、D14、D22；+12V、+18V、+24V 欠电压保护电路断开 D15。每解除一路保护检测电路，进行一次开机实验，如果断开哪路保护检测电路后，开机不再保护，则是该电压过高引起的保护。

11.8.3 保护电路维修实例

例 11-14：开机三无，指示灯亮，12V、18V、24V 无电压。

分析与检修：开机测试，发现只有 5V 待机电压正常。于是强制给一个 5V 的 PS-ON 信号再次测试，还是没有 12V、18V、24V。根据故障检修流程，测试 PFC 和 PWM 电路供电的 VCC 电压也没有，怀疑是保护电路异常。

采取解除保护的方法维修，断开 R36 后再次开机测试，电压立即恢复正常，说明是保护电路的问题，关键是如何判断是哪个地方异常造成保护电路工作。于是依次测试 D36、D17、D14、D20、D22，发现 D14 的两端都有高电平，因此可以判断问题是 D14 这路过电流保护电压异常。对比其他两路过电流保护电路的电压，没有发现异常。代换 IC10 后再次测试，故障排除。

11.9 TCL 液晶彩电 PWL4202C 电源板保护电路速修图解

TCL 液晶彩电采用的 PWL4202C 型电源板，详细的命名为 40-L4202C-PWJ1XG 或 40-PL4202-PWB1XG。集成电路采用 NCP1653A + VIPER22A + F9222L 组合方案，输出 +5V/0.6A、+24V/7.5A、+12V/2.0A 电压，应用于 TCLLCD40K73B、L40E64、L40E77、L40E77F、L42M61、L42E77、L42M61F 等大屏幕液晶彩电中。

TCL 液晶彩电 PWL4202C 型电源板由三部分组成：一是以集成电路 NCP1653A（IC1）为核心组成的 PFC 电路，将整流滤波后的市电校正后提升到 380V，为主电源供电；二是以集成电路 VIPER22A（IC3A）为核心组成的副电源，产生 +5V/0.6A 电压，为主板控制系统供电，同时为 PFC 电路和主电源驱动电路提供 19V 的 VCC 供电；三是以集成电路 F9222L（IC7）为核心组成的主电源，产生 +24V/7.5A、+12V/2.0A 电压，为主板和背光灯板供电；待机采用控制 PFC 电路 NCP1653A 和主电源 F9222L 驱动电路供电的方式。

11.9.1 保护电路原理图解

TCL 液晶彩电 PWL4202C 型电源板依托开关机控制电路，设有完善的过电压、过电流保护电路，如图 11-10 所示。保护电路启动时，迫使开关机电路动作，进入待机保护状态，PFC 电路和主电源停止工作。

保护执行电路由模拟晶闸管 QS1、QS2 为核心组成，对开关机控制电路光耦合器 IC5 的 1 脚供电进行控制。QS2 的 b 极外接过电流、过电压保护检测电路，发生过电流、过电压故障时，保护检测电路向 QS2 的 b 极注入高电平保护触发电压，QS1、QS2 被触发导通，将开关机控制电路光耦合器 IC5 的 1 脚供电拉低，IC5 截止，开关机 VCC 控制电路 Q11 也截止，切断 PFC 电路 IC1 和主电源厚膜电路 IC7 的 VCC1、VCC2 供电，PFC 电路和主电源均停止工作。

11.9.2　保护电路维修提示

TCL 液晶彩电 PWL4202C 型电源板设有完善的保护电路，当开关电源发生过电压、过电流故障时，多会引起保护电路启动，引发自动关机故障，其故障现象是：开机的瞬间，开关电源启动，并在开关电源变压器的二次侧有电压输出，几秒钟后开关电源停止工作，输出电压降到 0V，多为保护电路启动所致。维修时，可采取测量关键点电压，判断哪路保护电路启动和解除保护的方法维修。

为了排除负载电路对电源板的影响，检修时可脱开电源输出连接器，在 +12V 或 +24V 输出端接 12V 灯泡和 24V 灯泡作假负载，将连接器 CON1 的 9 脚 ON/OFF 开关机控制端用 1kΩ 电阻跨接于 CON2 的 3//4 脚 +5V/0.6V 输出端，模拟开机状态，单独检修电源板。

1. 测量关键点电压，判断哪路保护

在开机的瞬间，测量保护电路 QS2 的 b 极电压，该电压正常时为低电平 0V。如果开机时或发生故障时，QS2 的 b 极电压变为高电平 0.7V 以上，则是过电压、过电流保护电路启动。

由于 QS2 的 b 极外接过电压保护和欠电压保护两种保护检测电路，为了确定是哪路检测电路引起的保护，可在自动关机前的瞬间通过测量 QS2 的 b 极外部隔离二极管的正极电压，判断是哪个检测电路引起的保护。如果 DS7、DS8 的正极电压为高电平，则是过电压保护检测电路引起的保护，对可能引起开关电源输出电压升高的稳压控制电路的元器件进行检测；如果 DS11、DS12 的正极电压为高电平，则是过电流保护电路引起的保护，应检查负载电路是否发生短路漏电故障，可拔掉连接器，接假负载对开关电源电路进行检修，判断故障在负载还是开关电源板。

2. 暂时解除保护，确定故障部位

确定保护之后，可采取解除保护的方法，开机测量开关电源输出电压和负载电流，观察故障现象，确定故障部位。为了防止开关电源输出电压过高，引起负载电路损坏，建议先接假负载测量开关电源输出电压，在输出电压正常时，再连接负载电路。

全部解除保护：将 QS2 的 b 极对地短接；逐路解除保护。对于 +24V、+12V 过电压保护电路断开 DS7、DS8；过电流保护电路断开 DS11、DS12。每解除一路保护检测电路，进行一次开机实验，如果断开哪路保护检测电路后，开机不再保护，则是该电压过高引起的保护。

注意：断开各路保护电路隔离二极管后，不可长时间通电，以免引起元器件损坏。

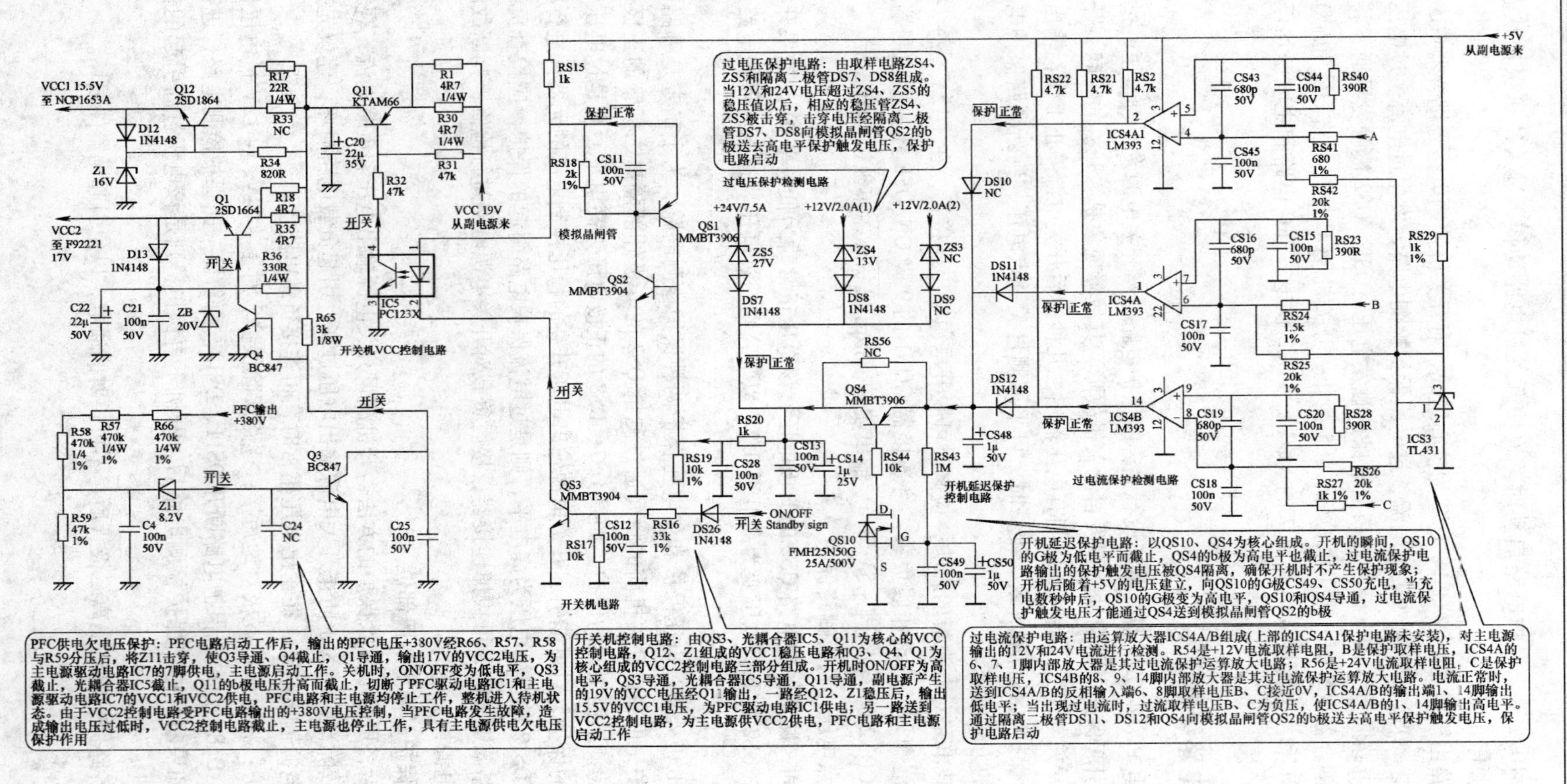

图11-10　TCL液晶彩电PWL4202C电源板保护电路图解

11.9.3　保护电路维修实例

例 11-15：开机后自动关机，指示灯亮，没有 12V、24V 电压输出。

分析与检修：首先开机测试，发现只有 5V 待机电压正常。于是强制给一个 5V 的 ON/OFF 信号再次测试，发现没有 12V、24V 电压输出。根据故障检修流程，测试 VCC 的电压也没有，怀疑保护电路启动。测量 QW2 的 b 极电压为高电平，确定保护电路启动。采取解除保护的方法，断开过电压保护检测电路隔离二极管 DS7、DS8 后，再次开机测试，仍无 12V 和 24V 电压输出；再在开机的瞬间测量过电流保护电路的隔离二极管 DS11、DS12 的正极电压，发现 DS12 的正极开机瞬间有高电平，说明 24V 过电流保护检测电路引起的保护。对 24V 过电流检测电路进行检查，发现过电流取样电阻 RS6 引脚颜色发暗，怀疑引脚焊点接触不良，将 RS6 补焊后，开机不再发生保护故障，故障排除。

例 11-16：开机三无，指示灯亮，没有 12V、24V 电压。

分析与检修：首先开机测试，发现 5V 的待机电压正常，没有 12V、24V 电压。于是强制给一个 5V 的 ON/OFF 信号再次测试，还是没有 12V、24V 电压输出。测试 PFC 电路的输出电压，为 380V 正常；测量主电源 IC7 的 7 脚无 VCC2 供电。检查 VCC2 控制电路，发现 Q3 截止，Q4 导通，Q1 截止，判断 PFC 检测电路 Q3 发生故障，检查 Q3 的外部 PFC 取样分压电路，发现 R66 阻值变大，接近开路。用 470kΩ 电阻更换 R66 后，VCC2 恢复正常，主电源输出电压正常，故障排除。

第12章　创维平板彩电保护电路速修图解

12.1　创维液晶彩电JSK3250电源板保护电路速修图解

创维液晶彩电采用的电源板，是晶辰公司的开发的JSK3250TCL电源板，该电源板采用NCP1200+TDA16888组合方案，电源电路分为三部分：一是以驱动控制电路NCP1200和大功率MOSFET开关管为核心组成的副开关电源，不但为主板上的微处理器控制系统提供+5VSB/0.5A电压，为电源板保护电路提供+30V的供电，同时为PFC电路和PWM主电源驱动控制电路TDA16888提供VCC工作电压；二是以驱动控制电路TDA16888的1/2和两只大功率MOSFET开关管为核心组成的PFC电路；三是以驱动控制电路TDA16888的1/2和两只大功率MOSFET开关管为核心组成的主电源，为负载电路提供+24V/8A和+12V/3A的电压；待机采用切断PFC电路和PWM主电源驱动控制电路TDA16888的VCC工作电压的方式，主电源停止工作。

应用JSK3250TCL电源板的创维8TT3机心的机型有：17LDATW、17LDADW、26LCATW、26LCAIW、32LCAIW、32LBAIW、32LBATW、32LHAIW、37LBAIW、40LBAIW等；创维8TT9机心的机型有：26LDAPW、26LDADW、26L98PW、32LCAIW、32LBAIW、32LBAPW、32LCAPW、37LBAIW、37L98PW、37L99PW、37LBAPW、40LBAPW、42LBAPW、42LDAPW等。

创维JSK3250TCL电源板在主电源的次级设有以模拟晶闸管电路为核心的过电流、过电压保护电路。上述保护电路启动时，开关电源停止工作。

12.1.1　保护电路原理图解

创维液晶彩电采用的JSK3250TCL电源板在主电源的次级，设计了如图12-1所示的以QS3、QS2组成的模拟晶闸管保护电路，通过开关机控制电路的光耦合器IC2和晶体管Q1对主电源驱动控制电路VCC电压进行控制。模拟晶闸管电路QS3的b极外接三路保护检测电路：一是由运算放大器IC11D为核心组成的+12V过电流保护电路；二是由运算放大器IC11C为核心组成的+24V过电流保护电路；三是由运算放大器IC11B为核心组成的+12V、+24V过电压保护电路。

正常时QS3的b极为低电平0V，当过电流、过电压保护检测电路检测到故障时，向模拟晶闸管电路QS3的b极送入高电平触发电压，模拟晶闸管电路被触发导通，将开关机控制电路光耦合器IC2的1脚电压拉低，与开关机控制相同，光耦合器IC2的发光二极管不能发光，光敏晶体管不导通，进而控制Q1截止，切断了PFC电路和PWM主电源驱动控制电路的VCC电压，PFC电路和PWM主电源停止工作，整机进入待机保护状态。

由于模拟晶闸管电路一旦触发导通，具有自锁功能，要想解除保护再次开机，必须关掉电视机电源，待副电源的5V电压泄放后，方能再次开机。

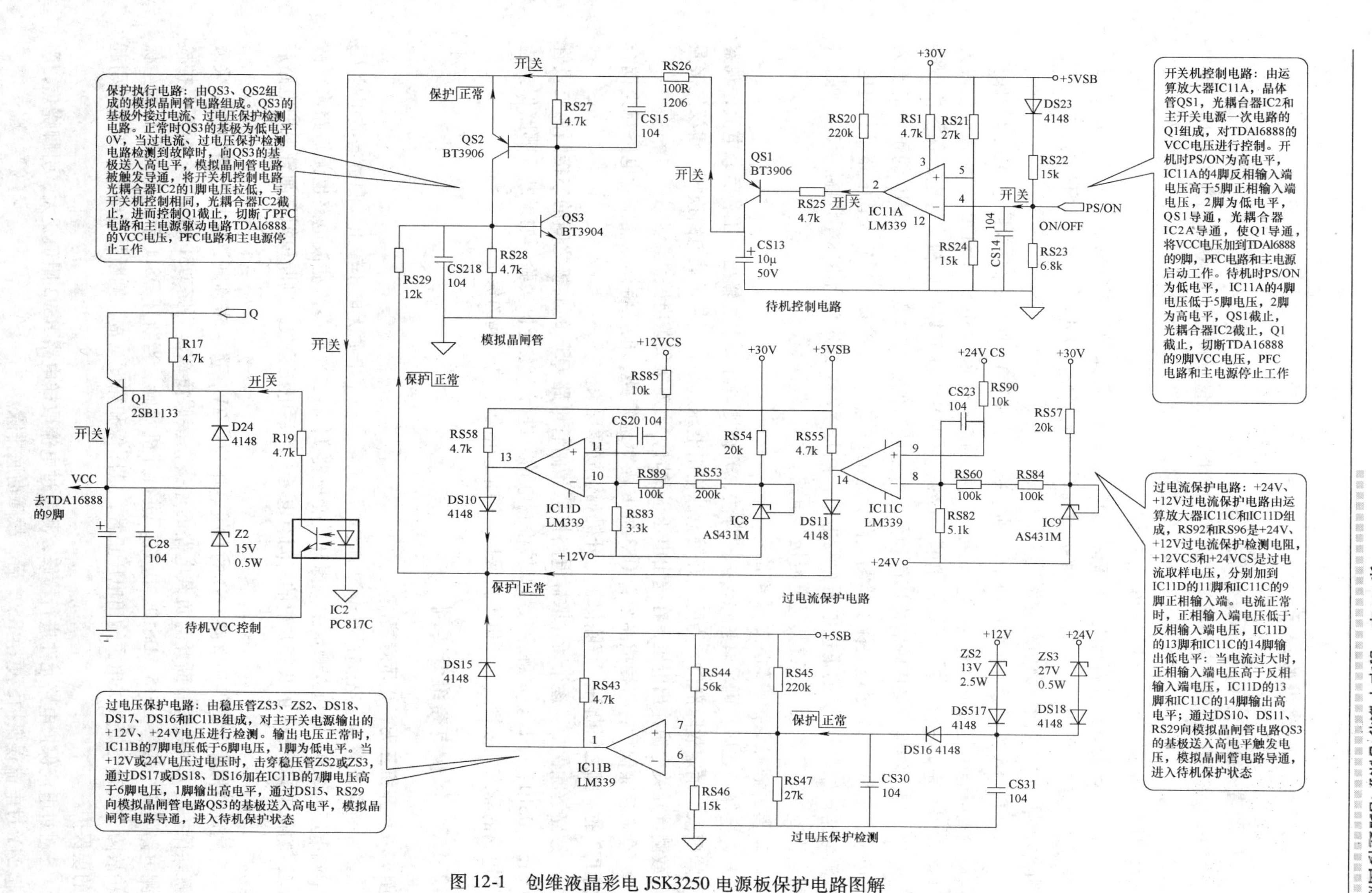

图 12-1　创维液晶彩电 JSK3250 电源板保护电路图解

12.1.2 保护电路维修提示

1. 测量关键点电压，判断是否保护

对于模拟晶闸管保护电路维修在开机的瞬间，测量保护电路的 QS3 的 b 极电压，该电压正常时为低电平 0V。如果开机时或发生故障时，QS3 的 b 极电压变为高电平 0.7V 以上，则是以模拟晶闸管为核心的保护电路启动。

由于 QS3 的 b 极外接过电压保护和过电流保护四路保护检测电路，为了确定是哪路检测电路引起的保护，可在开机后、保护前的瞬间通过测量 DS15、DS10、DS11 的正极电压，判断是哪路保护检测电路引起的保护。

如果 DS 15 的正极电压为高电平，则是 +12V、+24V 过电压保护检测电路引起的保护，重点检查可能引起过电压保护的稳压控制电路的取样电路 RS105、RS120、RS8，误差放大电路 IC10，光耦合器 IC3，如果输出的 +12V、+24V 电压正常，则检查过电压保护检测电路元件参数，特别是稳压管的稳压值和分压电阻的阻值是否改变；如果 DS10 的正极电压为高电平，则是 +12V 过电流保护检测电路引起的保护，重点检查 +12V 负载电路或其过电流检测电路；如果 DS11 的正极电压为高电平，则是 +24V 过电流保护检测电路引起的保护，重点检查 +24V 负载电路或其过电流检测电路。

2. 暂时解除保护，确定故障部位

确定保护之后，可采取解除保护的方法，开机测量开关电源输出电压和负载电流，观察故障现象，确定故障部位。为防止开关电源输出电压过高，引起负载电路损坏，建议先接假负载测量开关电源输出电压，在输出电压正常时，再连接负载电路。

全部解除保护：将模拟晶闸管 QS3 的 b 极对地短路，也可将模拟晶闸管电路与光耦合器 IC2 的 1 脚之间断开，解除保护，开机观察故障现象。

逐路解除保护：逐个断开取样电路模拟晶闸管电路 QS3 的 b 极之间的连接隔离二极管 DS15、DS10、DS11。每解除一路保护检测电路，进行一次开机实验，如果断开哪路保护检测电路的隔离二极管后，开机不再保护，则是该电压过高引起的保护。

12.1.3 保护电路维修实例

例 12-1：开机三无，指示灯亮。

分析与检修：首先测量副电源输出电压正常，但主电源无电压输出。测量滤波电容 C3 正端电压为 300V 电压，测量主电源开关变压器 T1 的二次侧整流滤波电路也无短路击穿故障，测得 TDA16888 的 9 脚开机的瞬间有电压，然后电压丢失，判断模拟晶闸管保护电路启动。

测量模拟晶闸管保护电路 QS3 的 b 极电压为 0.7V，进一步判断该保护电路启动。采取解除保护的方法维修，断开与负载电路的连接，接假负载，短路 QS1 后，逐个断开保护检测电路隔离二极管 DS15、DS10、DS11，进行开机实验。当断开 DS11 后，开机不再发生保护故障，此时测量开关电源输出电压正常，且图像和亮度正常，判断是过电流保护电路引起的误保护。

对过电流保护电路元件进行检修，测量过电流取样电路 RS92 阻值变大，引脚烧焦，引起 24V 过电流误保护，更换 RS92 后，故障彻底排除。

例12-2：开机三无，指示灯亮。

分析与检修：测量主电源开机的瞬间有电压，然后电压丢失，判断模拟晶闸管保护电路启动。

测量模拟晶闸管保护电路QS3的b极电压为0.7V，进一步判断该保护电路启动。采取解除保护的方法维修，逐个断开保护检测电路隔离二极管DS15、DS10、DS11，进行开机实验。当断开DS15后，开机不再发生保护故障，此时测量开关电源输出电压正常，判断是过电压保护电路引起的误保护。

对过电压保护电路元件进行检修，逐个断开+12V、+24V过电压保护检测电路的稳压二极管ZS2、ZS3，并开机测量IC11B的输出端DS15的正极电压，当断开ZS3时，DS15的正极电压消失，说明是+24V过电压保护检测电路引起的保护。对该保护检测电路元件进行在路检测，未见异常，估计时稳压管ZS3漏电，用27V稳压管更换ZS3后，故障排除。

12.2　创维液晶彩电P26TQI电源板保护电路速修图解

创维液晶彩电P26TQI电源板，集成电路采用ICE2A165+FQSC1565组合方案，为主板和背光灯板提供5V、12V和24V三组供电。

创维液晶彩电P26TQI电源板由两部分组成：一是以ICE2A165为核心组成副开关电源电路，为主板控制系统提供+5V电源；二是以FQSC1565为核心组成的主电源电路，向主板和背光灯板电路提供+12V电压；待机采用控制主电源驱动电路FQSC1565的稳压控制电路电压的方式，在待机状态下，主电源停止振荡，副电源正常工作保持微处理器控制系统供电。该电源板的特点是无PFC电路，直接由市电整流滤波后提供电源。

接通电源后，AC220V输入电压经整流滤波，产生约300V的直流电压，副电源首先工作，为主板控制系统提供+5V电压，为主电源提供VCC工作电压，主电源启动工作，为主电路板和背光灯板提供+12V电源，整机进入开机收看状态。待机控制采用短路主电源稳压控制引脚电压的方式，主电源停止振荡。

12.2.1　保护电路原理图解

该电源板在开关电源输出端设有模拟晶闸管Q605、Q604保护电路，Q605的b极外接24V过电压保护检测电路，Q605的e极外接12V过电流保护检测电路。当12V供电发生过电流故障或24V输出发生过电压故障时，模拟晶闸管电路导通，将待机控制电路光耦合器IC611的1脚高电平拉低，光耦合器IC611截止，待机控制电路Q602导通，将主电源厚膜电路IC603的4脚电压拉低，主电源停止工作，进入待机保护状态。你保护电路工作原理如图12-2所示。

12.2.2　保护电路维修提示

保护电路启动时，会引发开机后自动关机的故障，由于模拟晶闸管具有自保的作用，保护后，需关掉AC220V电源供电，停止数分钟副电源次级5V供电放电完毕，方能进行二次开机。

1. 测量关键点电压，判断是否保护

怀疑保护电路启动时，可在开机后保护前的瞬间，测量模拟晶闸管Q605的b极电压。

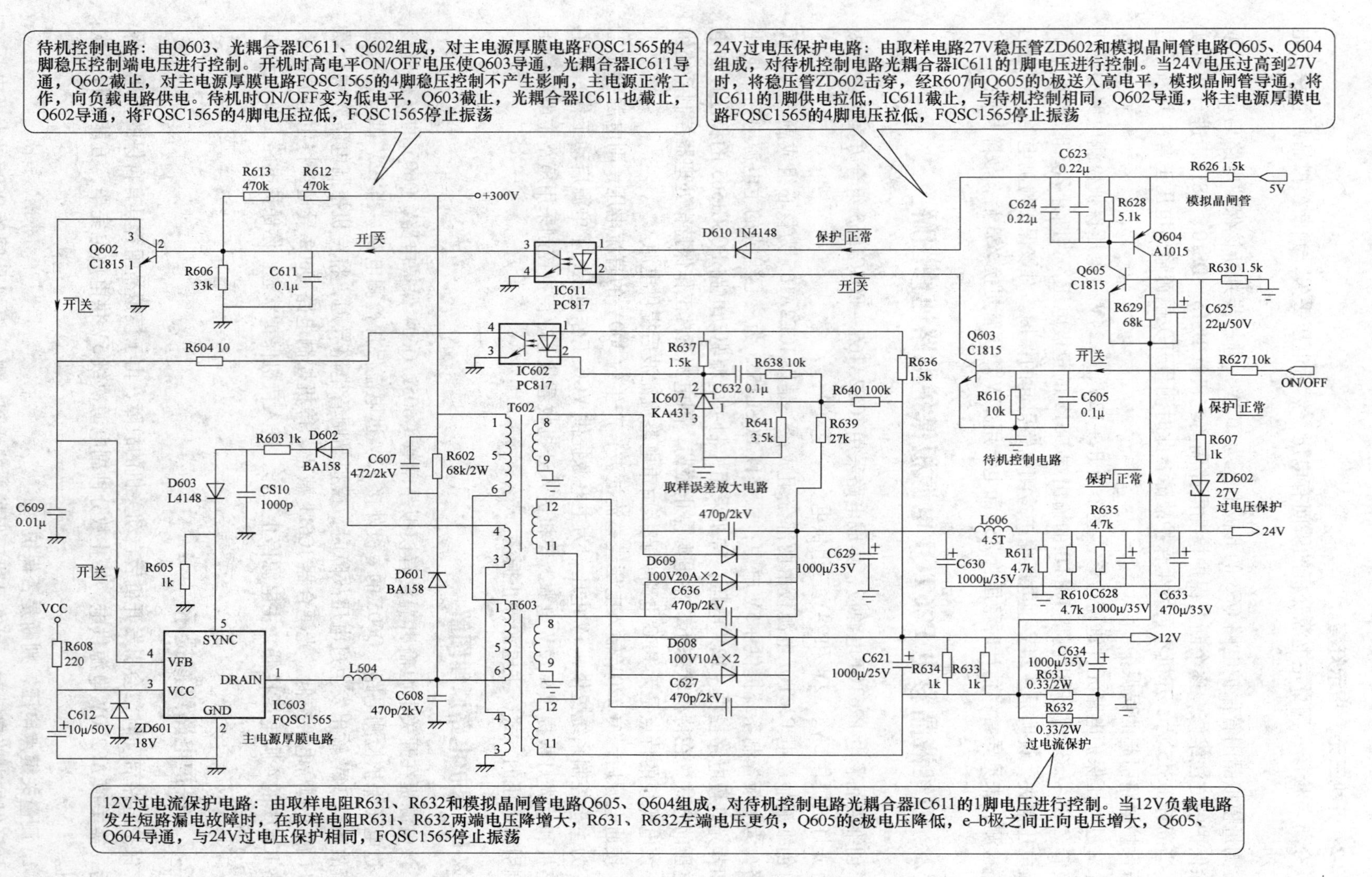

图 12-2 创维液晶彩电 P26TQ1 电源板保护电路图解

该电压正常时为低电平0V，如果Q605的b极电压变为高电平0.7V以上，则是模拟晶闸管保护电路启动。

2. 暂时解除保护，确定故障部位

对保护电路可采用解除保护的方法维修。为了区分是负载电路故障还是电源电路故障，拆下电源板与主电源的连接，接假负载对电源板进行单独维修，将开关机控制电路Q603的c-e极短接，模拟开机动作，为主电源送去启动工作电压。

全部解除晶闸管保护的方法是：将Q605的b极对地短路。逐路解除保护的方法是：24V过电压保护将27V稳压管ZD602断开，12V过电流保护将R631、R632短接。解除过电压保护后，如果输出电压过高，是稳压控制电路故障，输出电压正常，则是保护检测电路ZD602漏电；解除过电流保护后，12V电流正常，则是过电流取样电阻R631、R632阻值变大。

12.2.3 保护电路维修实例

例12-3：开机三无，指示灯亮，开关电源无输出。

分析与检修：指示灯亮，遥控开机后三无，则故障多为主电源发生故障。测量FQSC1565的1脚内部MOSFET开关管的D极是否有300V电压，测量FQSC1565的3脚有16V左右的VCC电压。

开机的瞬间测量主电源有电压输出，瞬间降为0V，判断保护电路启动。测量模拟晶闸管Q605的b极电压果然为0.7V。采取解除保护的方法维修，断开稳压管ZD602开机测量输出电压，发现输出电压正常，看来故障在ZD602本身漏电。实验用27V稳压管更换ZD602后，故障排除。

12.3 创维液晶彩电P40T0S电源板保护电路速修图解

创维液晶彩电采用的P40T0S型电源板，详细命名为534L-0940T0-01、168P-P40T0S-00、5800-P40T0S-00。集成电路采用L6563 + L6599 + A6159H组合方案，输出 +5V/0.5A、+24V、+12V电压，应用于创维42L98SW、42L16HR、42L28RM、4216HC等8M10机心大屏幕液晶彩电中。

创维P40T0S型电源板由三部分组成：一是以集成电路L6563（IC601）为核心组成的PFC电路，将整流滤波后的市电校正后提升到+380V为主电源供电；二是以集成电路A6159H（IC608）为核心组成的副电源，产生+5V电压和VCC电压，+5V为主板控制系统供电，VCC电压经开关机电路控制后，为主电源驱动电路供电；三是以集成电路L6599（IC607）为核心组成的主电源，产生+24V、+12V电压，为主板和背光灯板供电。

12.3.1 保护电路原理图解

创维P40T0S型电源板设有以模拟晶闸管Q605、Q606为核心组成的保护电路，外接集成电路LM393（IC600）为核心组成的过电流检测电路和D637、ZD601、ZD611组成的过电压检测电路，发生过电流、过电压故障时，保护检测电路向Q606的b极送入高电平，保护电路启动，将待机光耦合器IC603的1脚电压拉低，开关机电路IC603、Q609截止，切断PFC电路和主电源的VCC供电，PFC电路和主电源停止工作。保护电路工作原理如图12-3所示。

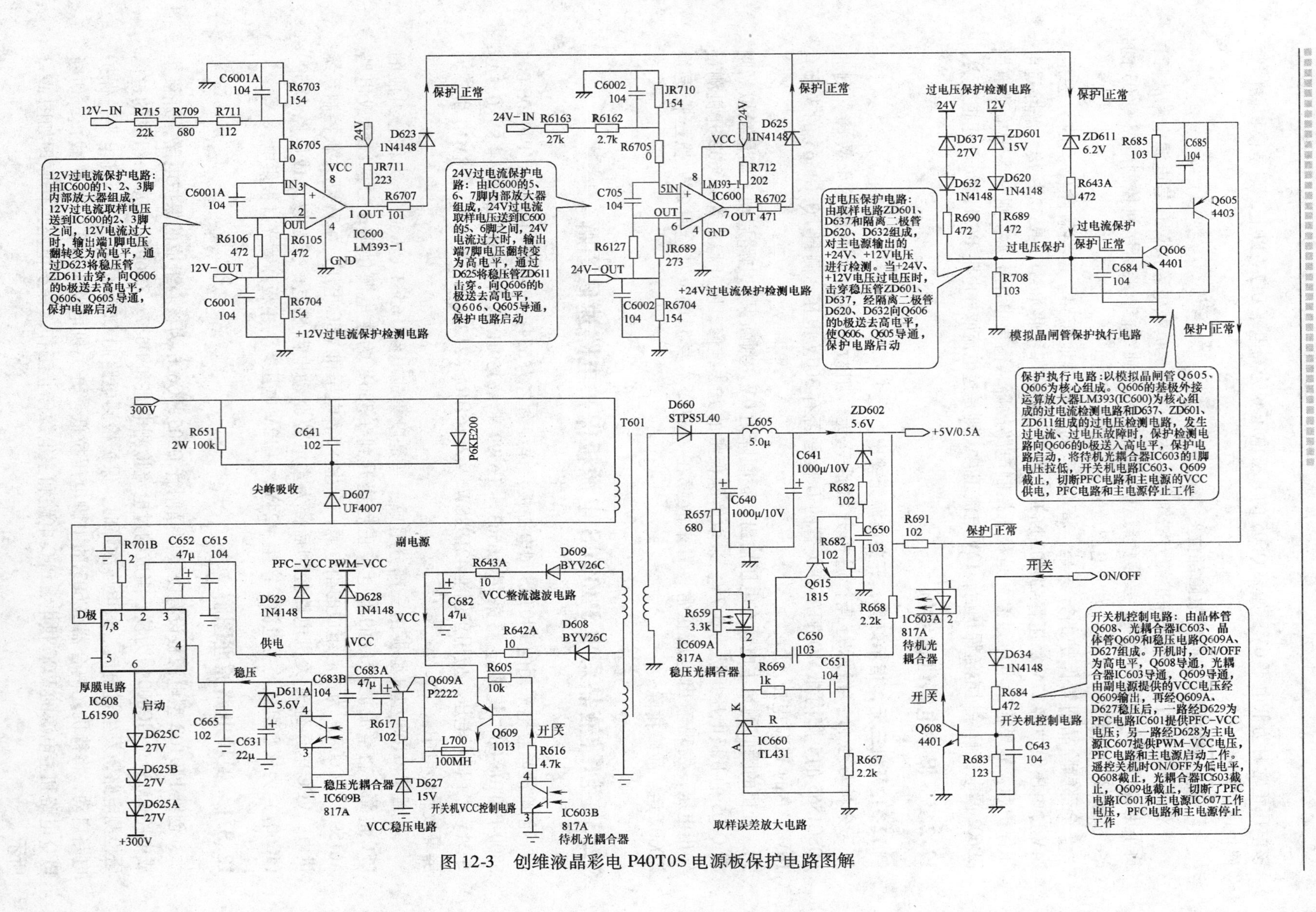

图 12-3　创维液晶彩电 P40T0S 电源板保护电路图解

12.3.2　保护电路维修提示

对于电源板的维修，为了避免负载电路对电源板的影响，可拔掉电源板与负载电路的连接器，在12V输出端接一个摩托车12V灯泡，在24V输出端由两个12V灯泡串联作假负载，在副电源+5VSB输出端和开关机控制ON/OFF端跨接500Ω电阻，提供开机高电平，对电源板单独进行维修。

创维P40T0S型电源板设有过电压、过电流保护电路，当开关电源发生过电压、过电流故障时，多会引起保护电路启动，进入保护状态，开关电源停止工作，看不到真实的故障现象，给维修造成困难。维修时，通过测量关键点电压和解除保护的方法，确定是哪路保护电路启动，在顺藤摸瓜找到引发保护的故障元件。

如果开机的瞬间，开关电源启动，并在开关电源变压器的二次侧有电压输出，几秒钟后开关电源停止工作，输出电压降到0V，多为保护电路启动所致。

1.. 测量关键点电压，判断哪路保护

在开机的瞬间，测量保护电路的Q606的b极电压，该电压正常时为低电平0V。如果开机时或发生故障时，Q606的b极电压变为高电平0.7V以上，则是以Q606、Q605为核心的保护电路启动。

由于Q606的b极外接过电压保护和过电流保护两种保护检测电路，为了确定是哪路检测电路引起的保护，可通过测量隔离二极管D620、D632、D623、D625的正极电压确定。如果哪个隔离二极管正极电压为高电平，则是相关的检测电路引起的保护。

2. 暂时解除保护，确定故障部位

确定保护之后，可采取解除保护的方法，开机测量开关电源输出电压和负载电流，观察故障现象，确定故障部位。为了防止开关电源输出电压过高，引起负载电路损坏，建议先接假负载测量开关电源输出电压，在输出电压正常时，再连接负载电路。

全部解除保护：将Q606的b极对地短路，解除保护，开机观察故障现象。逐路解除保护：对于过电压保护电路，断开检测电路D620、D632；对于过电流保护电路，分别断开D623、D625。每解除一路保护检测电路的隔离二极管，进行一次开机实验，如果断开哪路保护检测电路的隔离二极管后，开机不再保护，则是该电压过高引起的保护。

12.3.3　保护电路维修实例

例12-4：一台采用P40T0S型电源板的创维42L98SW液晶彩电，红色指示灯亮，但不能开机。

分析与检修：测量电源板只有5V电压输出，但低于正常值5V，只有4.8V左右，且抖动。遥控开机后，红色指示灯变为绿色，测量主电源有24V和12V输出，但瞬间变为0V，呈三无状态。

根据该机的故障分析，发生自动关机故障，多为以Q605、Q606为核心的保护电路启动所致。为避免解除保护后电源板输出电压过高，造成主板、背光灯板等负载电路损坏，采用拆下电源板，在12V输出端接一个摩托车12V灯泡，在24V输出端由两个12V灯泡串联作假负载，在副电源+5VSB输出端和开关机控制ON/OFF端跨接500Ω电阻，提供开机高电平。通电开机，测量24V输出电压，电压上升到15V左右降为0V，同时假负载灯泡亮后熄灭。

在开机的瞬间，测量保护电路Q606的b极电压，由正常时低电平0V，变为高电平0.7V以上，确定该保护电路启动。由于Q606的b极外接过电压保护和过电流保护检测电路，采取测量Q606的b极各个保护检测电路隔离二极管正极电压的方法，判断是哪个保护检测电路引起的保护。测量过电压保护电路隔离二极管D632、D620的正极电压均为低电平，说明不是过电压保护检测电路引起的保护；再测量过电流检测电路隔离二极管D623的正极电压，开机瞬间高达15V，判断+12V过电流保护检测电路引起的保护。

边开机，边测量以IC600（LM393）的1、2、3脚为核心组成的+12V过电流检测电路进行检测，开机的瞬间8脚有15V的供电，3脚的12V-IN输入电压正常，但2脚无12V-OUT电压输入，测量主电源开机的瞬间有12V-OUT电压输出，判断故障在IC600的2脚外部电路，检查2脚外部电路元件，发现分压电路C6001（104）和R6704两端电阻为0，怀疑C6001击穿，将其拆除后，R6704两端电阻恢复正常，判断C6001击穿，用普通104pF电容器代换后，开机不再保护。但假负载指示灯亮度不稳定，测量12V电压在8~9V之间波动；测量24V输出电压在22~23V之间波动；测量副电源输出的+5VSB电压在4.7~4.9V之间波动。

根据电路原理分析，如果主电源的稳压控制电路发生故障，只会引发主电源输出的12V和24V输出电压不稳定，副电源的稳压控制电路发生故障，会引起副电源输出电压不稳定的同时，由于副电源还为PFC驱动电路IC601提供PFC-VCC电压，为主电源驱动电路IC607提供VCC-PWM电压，所以怀疑副电源稳压控制电路或副电源与主电源共用部分电路发生故障所致。

测量市电整流滤波后的+300V电压正常，测量PFC电路输出电压为375V正常，测量副电源辅助绕组D609整流、C682滤波后的VCC电压在9~10V之间波动，低于正常值16V，测量副电源厚膜电路IC608（L61590）的2脚VCC电压在10~11V之间波动，判断两个VCC供电过低，引起开关机控制后的副电源厚膜电路和PFC、主电源驱动电路VCC供电过低，驱动输出脉动不足，造成电源板输出电压过低且不稳定。试将滤波电容C682由原来的47μF/25V改为100μF/25V，将IC608的2脚滤波电容C652由原来的4.7μF/25V改为47μF/25V。通电开机后，假负载灯泡不再闪烁，测量副电源输出的5V和主电源输出的12V和24V均达到正常值，不再抖动。拆下假负载和并联在+5VSB输出端与开关机控制ON/OFF端跨接的500Ω电阻后，将电源板装复到液晶彩电后，通电试机，故障彻底排除。

例12-5：开机三无，指示灯亮，开机瞬间有+12V、+24V输出。然后下降为0V。

分析与检修：根据故障现象，判断保护电路启动。开机的瞬间测量过电压保护电路的Q606的b极电压果然为高电平0.7V。

采取解除保护的方法维修，将Q606的b极与e极短接后故障，开机不再出现自动关机故障，测+12V、+24V有稳定的输出，电视机的图像和伴音均正常，判断保护电路本身故障，引起误保护。在路测量过电压保护电路元件未见异常，怀疑检测电路稳压管漏电，稳压值下降造成误保护，逐个测量保护检测电路隔离二极管D620、D632、D623、D625的正极电压，发现D632的正极电压为高电平，判断24V过电压检测电路稳压管D637漏电，用27V稳压管代换后，故障排除。

12.4　创维液晶彩电 P47TTP 电源板保护电路速修图解

创维液晶彩电采用的 P47TTP 型电源板，详细命名为：168P-P47TTP-00、5800-P47TTP-0000，集成电路采用 PLC810P + TNY175 + WT7542 组合方案，输出 +5V、+24V、+24V-1、+12V 电压，应用于创维 47L05HF、47K10RN 等 47in 以上大屏幕彩电中。

集成电路 PLC810P 是 PFC 和 PWM 双驱动集成电路。P47TTP 型电源板由三部分组成：一是以集成电路 PLC810P（UP00）的 1/2 和开关管 QP00 为核心组成的 PFC 电路，将整流滤波后的市电校正后提升到 +390V，为主电源供电；二是以集成电路 TNY175（UP01）为核心组成的副电源，产生 +5V 电压和 VCC 电压，+5V 电压为主板控制系统供电；三是以集成电路 PLC810P（UP00）的 1/2 和开关管 QP01、QP02 为核心组成的主电源，产生 +24V、+24V-1、+12V 电压，为主板和背光灯板供电。

12.4.1　保护电路原理图解

该开关电源在副电源和主电源，设有完善的保护电路：一是如图 12-4 所示，在开关电源次级电路设有稳压管 VRS00 和热敏电阻 THS00、晶体管 QS00 为核心组成的过电压、过热检测保护电路和 WT7542（US01）为核心的主电源过电流保护电路，发生过电压、过热、过电流故障时，进入待机保护状态；二是如图 12-5 所示，在开关机 VCC 控制电路，设有以 LM431（UP03）、QP07 为核心的市电过低保护电路，市电电压过低时，切断 PFC 和主电源驱动电路 UP00 的 12V-SW 供电，PFC 电路和主电源停止工作。

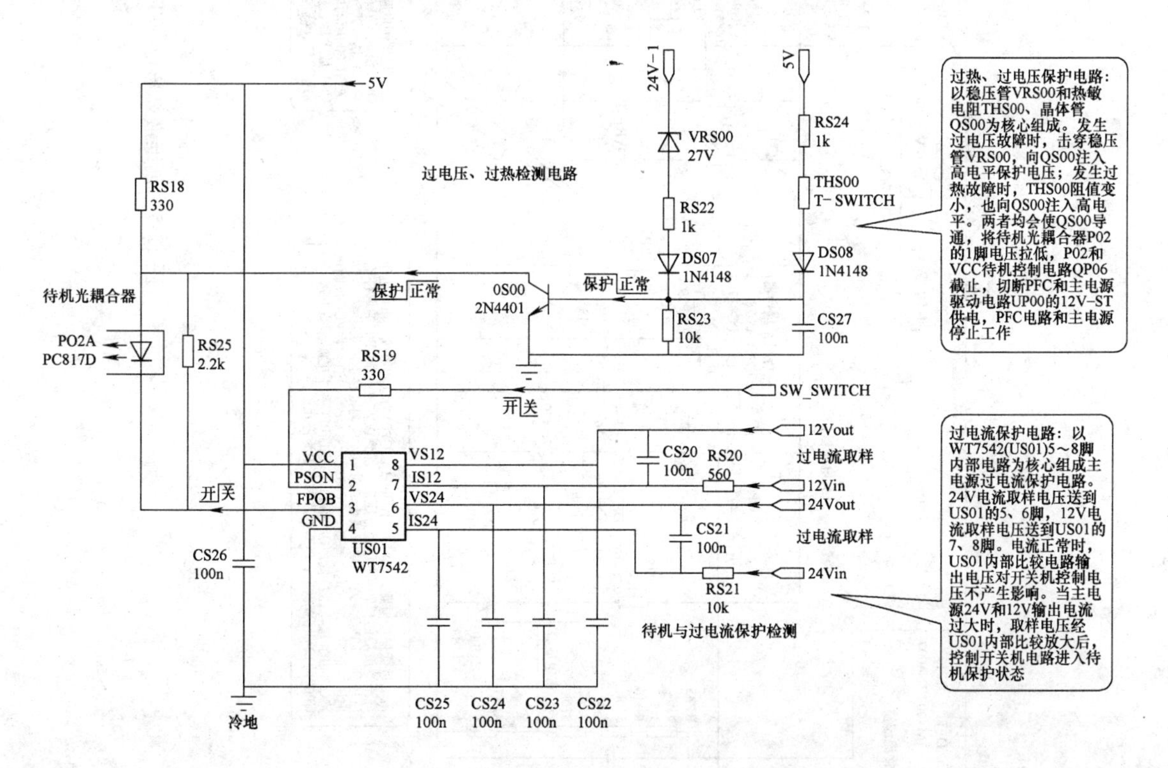

图 12-4　创维液晶彩电 47TTP 电源板过电压、过电流保护电路图解

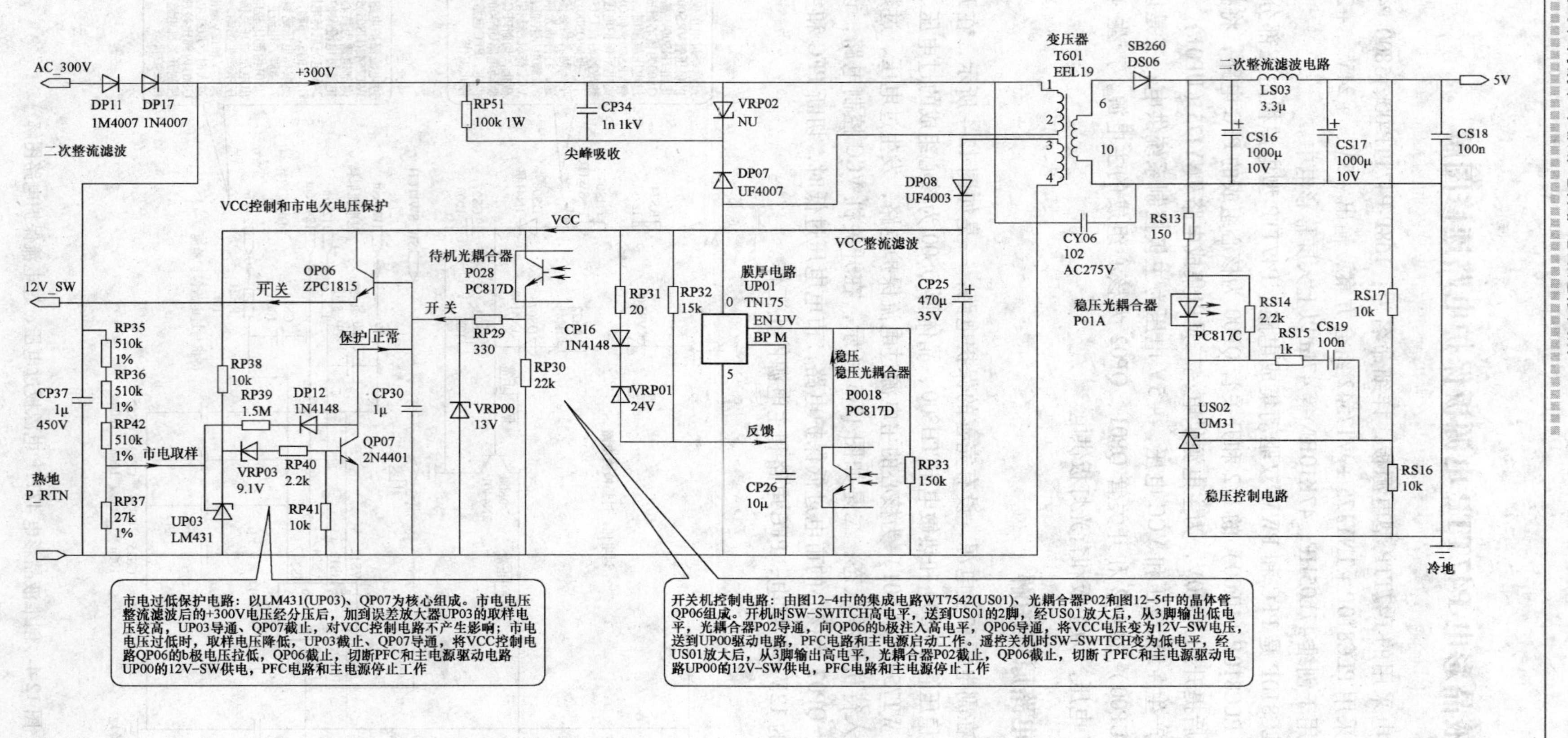

图 12-5　创维液晶彩电 47TTP 电源板市电欠电压保护图解

12.4.2　保护电路维修提示

创维 P47TTP 型电源板发生故障，主要引发开机三无故障，可通过观察待机指示灯是否点亮，测量关键的电压，解除保护的方法进行维修。

发生自动关机故障，则是保护电路启动，由于该电源板设有主电源过电压过热保护、主电源过电流保护、市电过低保护、主电源过热保护共四种保护电路，前三种保护电路均对开关机控制电路进行控制，第四种保护对双驱动电路 UP00 进行控制。

1. 测量关键点电压，判断哪路保护

判断是哪路检测电路引起保护的方法是：如果发生自动关机故障时开关机控制电路无 12V-SW 电压输出，则是前三种保护启动，如果 12V-SW 电压正常，而主电源不工作，且 QP05 的 b 极保护瞬间为 0.7V 高电平，则是主电源过热保护电路启动。

对于前三种保护，在开机后保护前的瞬间，如果测量待机光耦合器 P02 的 1 脚由正常时的高电平变为低电平，则是第一种以稳压管 VRS00 和热敏电阻 THS00、晶体管 QS00 为核心组成的过电压、过热检测保护电路。

2. 暂时解除保护，确定故障部位

解除该路保护的方法是将 QS00 的 b 极对地短路；如果测量待机光耦合器 P02 的 2 脚由开机状态低电平变为高电平，则是第二种以 WT7542（US01）为核心的主电源过电流保护电路启动，解除该路保护的方法是将 US01 的 3 脚断开，将 P02 的 2 脚接地。如果自动关机瞬间测量 QP07 的 b 极由正常时的低电平 0V 变为 0.7V 高电平，则是以 LM431（UP03）、QP07 为核心的市电过低保护电路启动，解除该路保护的方法是将 QP07 的 b 极对地短路。

为避免解除保护后电源板输出电压过高，造成主板、背光灯板等负载电路损坏，建议采用拆下电源板，接假负载，模拟开机电压，脱板维修。

12.4.3　保护电路维修实例

例 12-6：开机三无，指示灯亮。

分析与检修：首先测量副电源输出电压正常，但主电源无电压输出。测量滤波电容 CP04 正端电压为 300V 电压，测量主电源开关变压器 T600 的二次侧整流滤波电路也无短路击穿故障，测得 UP00 的 7 脚开机的瞬间有电压，然后电压丢失，判断保护电路启动。

测量保护电路 QS00 的 b 极电压为 0.7V，进一步判断该保护电路启动。采取解除保护的方法维修，断开与负载电路的连接，接假负载，逐个断开保护检测电路隔离二极管 DS07、DS08，进行开机实验。当断开 DS07 后，开机不再发生保护故障，此时测量开关电源输出电压正常，且图像和亮度正常，判断是过电压保护电路引起的误保护。对过电压保护电路元件进行检修，未见异常，怀疑稳压管 VRS00 漏电，用 27V 稳压管替换 VRS00 后，故障排除。

12.5　创维液晶彩电 P37TTF 电源板保护电路速修图解

创维液晶彩电采用的 P37TTF 型电源板，详细命名为：168P-P37TTF-01、5800-P37TTF-0010 或 5800-P37TTF-0100，集成电路采用 FAN7530 + STR-A6159M + FSFR-1700/1800 组合方案，输出 +5V、+24V/6A、+12V/3A 电压，应用于创维 32M11HM、37M11HM、42M11HF 等 8M20 机心等液晶彩电中。

创维液晶彩电采用的P37TTF型电源板由三部分组成：一是以集成电路FAN7530（IC1）为核心组成的PFC电路，将整流滤波后的市电校正后提升到380V为主电源供电；二是以集成电路STR0-A6159M（U3）为核心组成的副电源，产生+5V电压，为主板控制系统供电，同时产生VCC电压，经开关机电路控制后为PFC电路和主电源驱动电路供电；三是以集成电路FSFR1700/1800（IC2）为核心组成的主电源，产生+24V/6A、+12V/3A电压，为主板和背光灯板供电。

12.5.1 保护电路原理图解

创维P37TTF电源板在开关电源初级电路设有误差放大器IC2为核心组成的PFC电路输出电压过低保护，在开关电源次级电路设有以Q3、Q4组成的模拟晶闸管为核心主电源输出电压过电压保护电路，保护电路如图12-6所示，PFC电路输出电压过低保护对PWM-VCC输出电压进行控制，主电源输出电压过电压保护对对开关机控制电路光耦合器进行控制，保护电路启动时，进入待机保护状态，切断PFC-VCC和PWM-VCC供电。

由于模拟晶闸管电路一旦触发导通，具有自锁功能，要想解除保护再次开机，必须关掉电视机电源，待副电源的5VSB电压泄放后，方能再次开机。

12.5.2 保护电路维修提示

创维P37TTF电源板发生故障，主要引发不开机、开机三无、开机黑屏幕故障，可通过观察待机指示灯是否点亮，测量关键点的电压，解除保护的方法进行维修。

创维P37TTF电源板主电源电路占整个电源70%的输出功率，高电压、大电流是故障高发的主要原因。对于电源板的维修，为了避免负载电路对电源板的影响，可拔掉电源板与负载电路的连接器，将5V电压与ON/OFF相连接，提供开机高电平，对电源板单独进行维修。

发生自动关机故障，一是开关电源接触不良；二是保护电路启动。维修时，可采取测量关键点的电压，判断是否保护和解除保护，观察故障现象的方法进行维修。

1. 检查主电源过电压保护电路

在开机的瞬间，测量PFC电路的输出电压，如果刚开机时为+380V，然后降到0V，多为主电源过电压保护电路启动。测量保护电路的模拟晶闸管Q3的b极电压，该电压正常时为低电平0V。如果开机时或发生故障时，Q3的b极电压变为高电平0.7V以上，则是以模拟晶闸管为核心的过电压保护电路启动。

对于过电压保护：一是检查引起过电压的主电源稳压控制电路IC8、IC3；二是检查过电压保护取样电路ZD6、ZD9是否漏电。

确定保护之后，可采解除保护的方法，确定故障部位。为了防止开关电源输出电压过高，引起负载电路损坏，建议先接假负载测量开关电源输出电压，在输出电压正常时，再连接负载电路。

全部解除过电压保护的方法是：将模拟晶闸管Q3的b极对地短路。逐路解除保护：断开过电压保护电路的隔离二极管D11、D12，如果开机不再保护，则是相关检测电路引起的保护。

2. PFC电路输出过低保护维修

在开机的瞬间，测量PFC电路的输出电压，如果为300V，则检查PFC电路；如果为380V正常，但主电源无电压输出，测量IC2的7脚无PWM-VCC供电，则是PFC-BUS检测

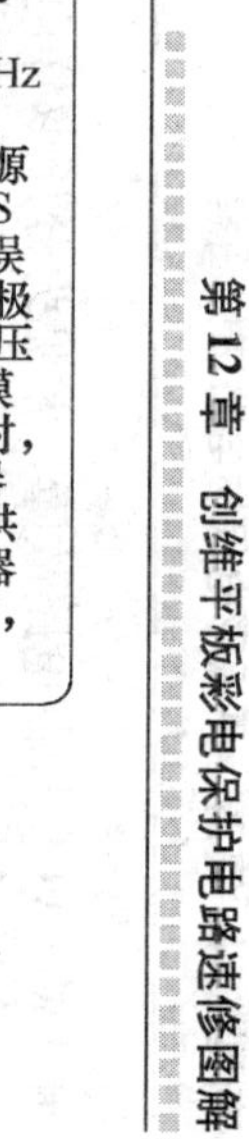

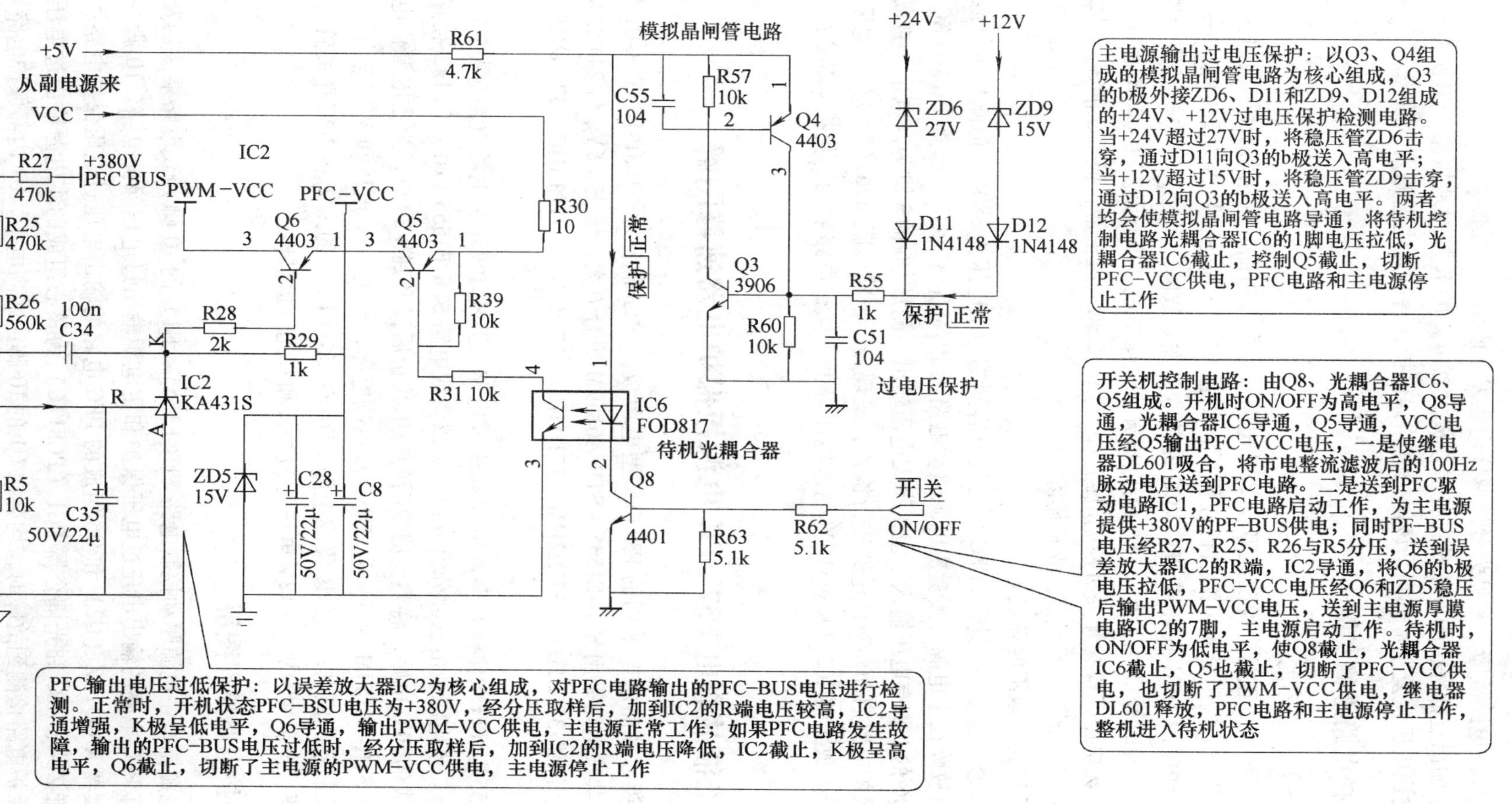

+5V
从副电源来
VCC
R61
4.7k
模拟晶闸管电路
+24V
+12V
C55
104
R57
10k
Q4
4403
ZD6
27V
ZD9
15V
IC2
R27
470k
+380V
PFC BUS
PWM−VCC
PFC−VCC
R25
470k
Q6
4403
Q5
4403
R30
10
D11
1N4148
D12
1N4148
保护
正常
Q3
3906
R55
1k
R26
560k
100n
C34
R28
2k
R29
1k
R39
10k
R60
10k
C51
104
R31 10k
IC2
KA431S
IC6
FOD817
待机光耦合器
过电压保护
R5
10k
C35
50V/22μ
ZD5
15V
C28
50V/22μ
C8
50V/22μ
Q8
4401
R63
5.1k
R62
5.1k
开关
ON/OFF
主电源输出过电压保护：以Q3、Q4组成的模拟晶闸管电路为核心组成，Q3的b极外接ZD6、D11和ZD9、D12组成的+24V、+12V过电压保护检测电路。当+24V超过27V时，将稳压管ZD6击穿，通过D11向Q3的b极送入高电平；当+12V超过15V时，将稳压管ZD9击穿，通过D12向Q3的b极送入高电平。两者均会使模拟晶闸管电路导通，将待机控制电路光耦合器IC6的1脚电压拉低，光耦合器IC6截止，控制Q5截止，切断PFC−VCC供电，PFC电路和主电源停止工作
开关机控制电路：由Q8、光耦合器IC6、Q5组成。开机时ON/OFF为高电平，Q8导通，光耦合器IC6导通，Q5导通，VCC电压经Q5输出PFC−VCC电压，一是使继电器DL601吸合，将市电整流滤波后的100Hz脉动电压送到PFC电路。二是送到PFC驱动电路IC1，PFC电路启动工作，为主电源提供+380V的PF−BUS供电；同时PF−BUS电压经R27、R25、R26与R5分压，送到误差放大器IC2的R端，IC2导通，将Q6的b极电压拉低，PFC−VCC电压经Q6和ZD5稳压后输出PWM−VCC电压，送到主电源厚膜电路IC2的7脚，主电源启动工作。待机时，ON/OFF为低电平，使Q8截止，光耦合器IC6截止，Q5也截止，切断了PFC−VCC供电，也切断了PWM−VCC供电，继电器DL601释放，PFC电路和主电源停止工作，整机进入待机状态
PFC输出电压过低保护：以误差放大器IC2为核心组成，对PFC电路输出的PFC−BUS电压进行检测。正常时，开机状态PFC−BSU电压为+380V，经分压取样后，加到IC2的R端电压较高，IC2导通增强，K极呈低电平，Q6导通，输出PWM−VCC供电，主电源正常工作；如果PFC电路发生故障，输出的PFC−BUS电压过低时，经分压取样后，加到IC2的R端电压降低，IC2截止，K极呈高电平，Q6截止，切断了主电源的PWM−VCC供电，主电源停止工作

图 12-6　创维液晶彩电 37TTF 电源板保护电路图解

和 PWM-VCC 控制电路故障，常见为分压取样电阻发生阻值变大故障。

解除 PFC 输出过低保护的方法是：将误差放大器 IC2 的 K 端对地短路，迫使 Q6 导通，如果主电源输出电压恢复正常，则是该保护电路误保护，否则是主电源发生故障。

12.5.3 保护电路维修实例

例 12-7：5V 正常，但不能开机。

分析与检修：5V 正常，说明故障在 PFC 电路或主电源电路。采用脱板维修：把开机控制脚 ON/OFF 与 5V 端用导线短接强行开机后，测量 C16 两端电压是否为 380V，如果电压为 0V，则是继电器 DL601 损坏或 PFC-VCC 控制电路发生故障。可检查开关机光耦合器 IC6 的 2 脚电压，正常时开机电压为 3.7V，若电压异常，则应检查 IC6 及其 1、2 脚电压。本例实测 C16 两端无电压，检查开关机控制电路 IC3 的 1、2 脚电压正常，但 IC3 的 3、4 脚无导通现象，判断 IC6 损坏，更换后，故障排除。

例 12-8：指示灯亮，但不能开机。

分析与检修：测量开机状态 PFC 大滤波电容两端输出电压为 380V，但测量主电源无电压输出，判断故障在主电源。测量主电源驱动电路无 PWM-VCC 供电，检查 PWM-VCC 供电电路，发现 Q6 的 1 脚有电压输入，但 3 脚无电压输出，测量 Q6 的 2 脚为高电平，判断 PFC 电路欠电压保护电路启动。对该电路进行检查，发现分压电路电阻 R26（560kΩ）电阻阻值变大，造成误差放大器 IC2（KA431S）输入电压降低，保护电路启动。更换 R26 后，故障排除。

12.6 创维液晶彩电 P37TTK 电源板保护电路速修图解

创维 37 英寸液晶彩电采用的 P37TTK 型电源板，详细命名为：168P-P37TTK-01 5800-P37TOK-00。集成电路采用 STR-E1555 + STR-A6159M 组合方案，输出 +5V、+24V、+12V 电压。应用于创维 37L01HM、37L02HM、37L05HR、37L15SW、37L16HC、37L02RM 等液晶彩电中。

STR-E1555 是 PFC 电路和 PWM 双驱动集成电路，其中 PWM 主电源电路包括 MOSFET 大功率开关管。该电源板由三部分组成：一是以集成电路 STR-E1555（U1）的 1/2 和开关管 Q1 为核心组成的 PFC 电路，将整流滤波后的市电校正后提升到 +390V，为主电源供电；二是以集成电路 STR-A6159M（U3）为核心组成的副电源，产生 +5V 电压和 VCC 电压，+5V 电压为主板控制系统供电；三是以集成电路 STR-E1555（U1）的 1/2 和内部开关管为核心组成的主电源，产生 +24V、+12V 电压，为主板和背光灯板供电。

12.6.1 保护电路原理图解

该开关电源围绕主电源驱动控制电路 STR-E1555（U1）的 10 脚 PFC 电路乘法器及误差输出端，设有 PFC 电路的输出电压过电压保护和主电源输出过电压保护电路。10 脚一是外接由比较放大器 KA431AZ（U2）和 Q6 组成的 PFC 电路的输出电压过电压保护电路；二是外接由稳压管 ZD4、ZD3 和光耦合器 PC1（PC817C）为核心组成的主电源输出过电压保护电路，两个保护电路检测到故障时，均会向 U1 的 10 脚注入高电平，U1 内部保护电路启动，PFC 电路和主电源停止工作。保护电路工作原理如图 12-7 所示。

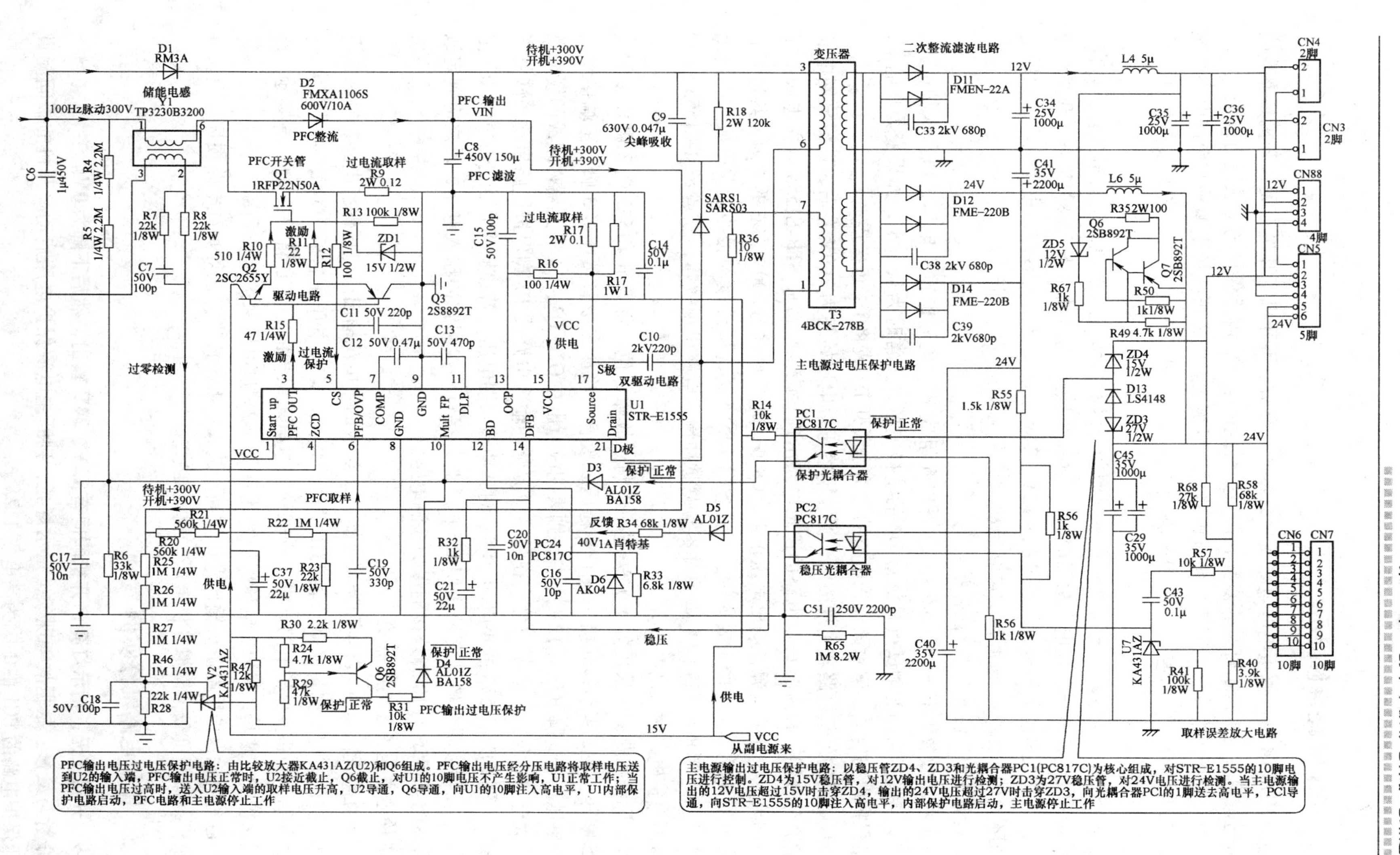

图 12-7　创维液晶彩电P37TTK 电源板 PFC 和主电源保护电路图解

12.6.2 保护电路维修提示

创维 P37TTK 型电源板电源电路发生故障，主要引发不开机、开机三无、开机黑屏幕故障，可通过观察待机指示灯是否点亮，测量关键点的电压，解除保护的方法进行维修。

对于电源板的维修，为了避免负载电路对电源板的影响，可拔掉电源板与负载电路的连接器，将 5V 电压与待机控制 ON/OFF 脚相连接，提供开机高电平，对电源板单独进行维修。

创维 P37TTK 型电源板电源电路在主电源的初级和次级设有过电压、欠电压保护电路，当开关电源发生过电压、欠电压故障时，多会引起保护电路启动，进入保护状态，开关电源停止工作。如果自动关机时，指示灯亮，12V、24V 主电源开机的瞬间有电压输出，然后输出电压降为 0V，说明主电源保护电路启动。

1. 检修 PFC 电路的过电压保护

对于由比较放大器 KA431AZ（U2）和 Q6 组成 PFC 电路的输出电压过电压保护电路，判断该电路是否启动的测试点是测量 D4 的正极电压，正常时为低电平，如果变为高电平，则是给保护电路启动，解除该保护电路的方法是断开 D4 或将 D4 正极接地。

PFC 电路的外部电路若出现故障，滤波电容正端电压始终为 300V 左右，造成电网电能没有被充分利用；若内部 PFC 电路的逻辑电路出现故障，将造成 STR-E1555 开关电源不能启动。如果发生开关电源各输出电压正常，C8 正端电压始终为 300V 左右的故障，其外部电路造成 PFC 电路不工作的主要原因：一是 STR-E1555 的 3 脚外接的缓冲及功率放大电路出现故障；二是 STR-E1555 的 4 脚的过零检测脉冲输入电路出现故障；三是 STR-E1555 的 10 脚外接的保护电路输入高电平。

在实际维修时，可采用如下方法进一步判定故障部位：将 STR-E1555 的 3 脚外接的电阻 R15 断开，在 3 脚与地间接一只 12V 稳压二极管（稳压二极管负端接 3 脚，正端接地），测 3 脚电压。若 3 脚电压为 12V 左右，则表明故障出在 Q2、Q3、Q1 等元器件组成的缓冲及功率放大电路；反之，表明故障出在过零检测脉冲输入电路或 10 脚保护电路启动。恢复断开的 R15，测 STR-E1555 的 4 脚的过零检测脉冲输入端电压，若该脚电压由正常值 3.0V 上升至 3.6V，则表明故障出在 STR-E1555 的 4 脚外接过零检测脉冲输入电路，反之应判定故障出在 STR-E1555 的 10 脚外接的保护检测电路。

2. 检修主电源过电压保护

对于由稳压管 ZD3、ZD4 和光耦合器 PC1 组成的主电源输出过电压保护电路，判断该电路是否保护的方法是测量光耦合器 PC1 的 1 脚电压，该脚电压正常时为 0V，如果变为 1V 以上高电平，则是该保护电路启动，全部解除过电压保护的方法是将 PC1 的 1 脚接地，逐路解除保护的方法是：24V 过电压保护断开 D13，12V 过电压保护断开 ZD4。

为避免解除保护后电源板输出电压过高，造成主板、背光灯板等负载电路损坏，建议拆下电源板，接假负载，模拟开机电压，脱板维修。

12.6.3 保护电路维修实例

例 12-9：开机三无，指示灯亮，开机瞬间有 12V、24V 输出，然后下降为 0V。

分析与检修：根据故障现象，指示灯亮，判断主电源保护电路启动。开机的瞬间测量过电压保护电路的 PC1 的 1 脚为高电平 1.2V。

采取解除保护的方法维修，将 PC1 的 1 脚与 2 脚短接后，开机不再出现自动关机故障，测 12V、24V 有稳定的输出，说明过电压保护电路本身损坏。在路测量过电压保护电路元器件未见异常，怀疑稳压管 ZD4 漏电，稳压值下降造成误保护，更换 ZD3 故障依旧，更换 ZD4 后故障排除。

第13章　海尔平板彩电保护电路速修图解

13.1　海尔L32N01液晶彩电电源板保护电路速修图解

海尔L32N01液晶彩电是海尔32in平板彩电的主流代表机型之一，其电源板为开关电源与背光灯二合一板，其中开关电源部分采用A6069H + FAN7529 + LD7523PS组合方案，背光灯逆变器板振荡驱动电路采用OZ9976GN。

该电源板的开关电源由三部分组成：一是以集成电路FAN7529（IC901）为核心组成的PFC电路，将整流滤波后的市电校正后提升到 +390V，为主、副开关电源和背光灯升压输出电路供电；二是以集成电路A6069H（IC902）为核心组成的副开关电源，产生 +5V和 +20V电压，+5V为主板控制系统供电，+20V电压经开关机电路控制后产生VCC电压，为PFC电路和主电源驱动电路供电；三是以集成电路LD7523PS（IC903）为核心组成的主电源，产生 +24V、+12V电压，为主板和背光灯振荡驱动控制电路供电。

背光灯逆变器由两部分组成：一是由OZ9976GN（IC801）为核心组成的振荡控制电路，产生两路DRV驱动激励脉冲，去推动后级的升压输出电路；二是由推动变压器T801、MOSFET开关管Q801、Q802、升压变压器T802为核心组成的升压输出电路，将激励脉冲电压放大和升压后，产生近千伏的交流电压，将背光灯点亮。

13.1.1　保护电路原理图解

海尔L32N01液晶彩电电源板一是设有以Q970为核心组成的过电压检测保护电路，发生过电压故障时，击穿过电压检测稳压管，向Q970输入高电平触发电压，Q970导通，将副电源稳压光耦合器IC950的1脚电压拉低，IC950截止，副电源IC902停止工作，保护电路启动，整个开关电源停止工作，电源过电压保护电路工作原理如图13-1所示；二是在背光灯高压板驱动控制电路IC801（OZ9976GN）的8、9脚外部设有过电压、过电流检测保护电路，发生过电压、过电流、电流不均衡时，保护电路启动，振荡驱动电路IC801停止工作，高压板过电压、过电流保护电路工作原理如图13-2所示（见书后插页）。

13.1.2　保护电路维修提示

发生自动关机故障，指示灯同时熄灭，则是以Q970为核心的过电压保护电路启动；发生开机的瞬间背光灯点亮，然后熄灭，多为背光灯板保护电路启动，引起保护电路启动，一是背光灯或其连接器发生故障，造成背光灯开路或电流变大，引起保护电路启动；二是保护检测电路的分压电路元件变质引发的误保护。维修时，可采用测量关键点电压判断是否保护电路启动，如果保护电路启动，可采取解除保护的方法，观察故障现象，确定故障部位。

1. 测量关键点电压，判断是否保护

发生自动关机故障，指示灯同时熄灭故障时，在开机的瞬间，测量保护电路Q970的b极电压，该电压正常时为低电平0V，如果变为高电平0.7V以上，则是该过电压保护电路启

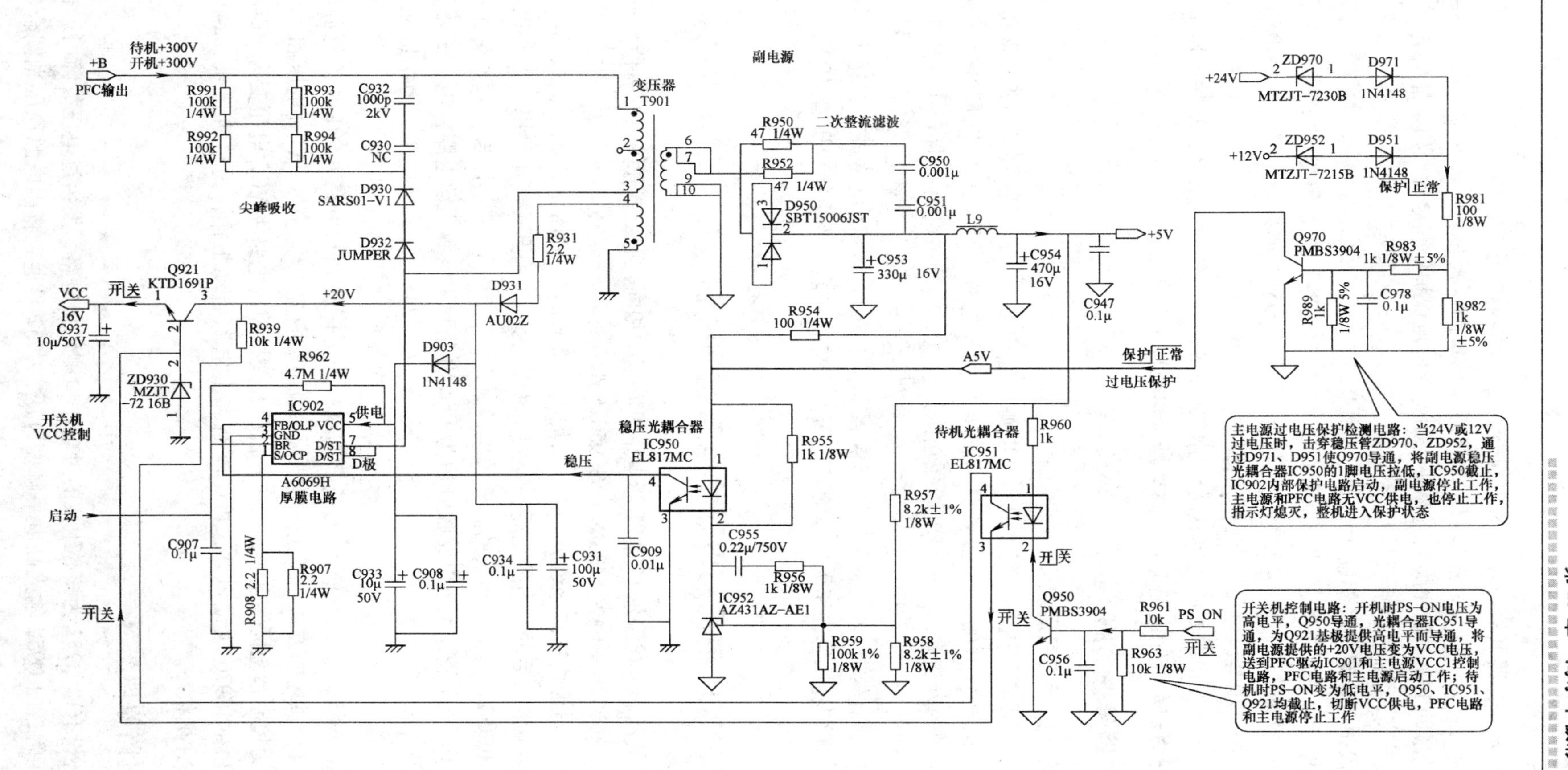

图 13-1　海尔 L32N01 液晶彩电电源板保护电路图解

动。将副电源稳压光耦合器 IC950 的 1 脚电压拉低，造成副电源停止工作。

发生开机的瞬间背光灯点亮，然后熄灭故障时，测量高压板驱动电路 IC801 的 8、9 脚电压，如果开机的瞬间 IC801 的 8 脚电压升高，则是过电压保护电路启动；如果开机的瞬间 IC801 的 9 脚电压升高，则是过电流保护电路启动。

2. 暂时解除保护，确定故障部位

全部解除过电压保护的方法是将 Q970 的 b 极对地短路；逐路解除保护的方法是：+24V过电压保护电路断开 D971，+12V 过电压保护断开 D951。如果断开哪路保护检测电路后，开机不再保护，则是该电压过高引起的保护。

解除高压板过电压保护的方法是将驱动控制电路 IC801 的 8 脚对地短接；解除高压板过电流保护的方法是将驱动控制电路 IC801 的 9 脚对地短接。

13.1.3 保护电路维修实例

例 13-1：开机三无，指示灯亮后熄灭。

分析与检修：开机瞬间指示灯亮，说明副电源已经启动工作，亮后熄灭判断是保护电路启动。测量保护电路 Q970 的 b 极电压，开机的瞬间为高电平 0.7V，进一步判断保护电路启动。采取解除保护的方法维修，拔掉电源板输出连接线，将开关机控制端 PS-ON 接 +5V 输出端，提供开机高电平，将 Q970 的 b 极对地短路解除保护。通电测量电源输出 +12V 和 +24V 电压正常，判断保护检测电路故障，引起误保护，对保护检测电路进行在路电阻检测，未见异常。考虑到稳压管在路无法检测其稳压值，更换试之，当更换稳压管 ZD952 时，故障排除。

13.2 海尔 L37N01 液晶彩电保护电路速修图解

海尔 L37N01 液晶彩电与海尔 L32N01 彩电主机心基本相同，但二者开关电源有所不同，开关电源部分采用 A6069H + FAN7529MX + SSC9502S 组合方案。

该电源板的开关电源由三部分组成：一是以集成电路 FAN7529MX（IC901）为核心组成的 PFC 电路，将整流滤波后的市电校正后提升到 +390V 为主、副开关电源供电；二是以集成电路 A6069H（IC950）为核心组成的副开关电源，产生 +5V 和 VCC 电压，+5V 为主板控制系统供电，VCC 电压经开关机电路控制后为 PFC 电路和主电源驱动电路供电；三是以集成电路 SSC9502S（IC970）为核心组成的主电源，产生 +24V、+12V 电压，为主板和背光灯板供电。

开关机电路由 Q951、IC953、Q953 为核心构成，采用控制 PFC 电路 IC901 和主电源驱动电路 IC970 的 VCC 供电的方式。接通市电电源后副电源首先工作，产生 VCC 电压和 +5V 电压，其中 +5V 为控制系统提供电源，二次开机后开关机控制电路将 VCC 电压变为 VCC-1 电压，送到 IC901 和 IC970 驱动电路，PFC 电路和主电源启动工作，为整机提供 +24V、+12V电压，进入开机状态。

13.2.1 保护电路原理图解

该开关电源还设有以 Q952 为核心组成的过电压检测保护电路，发生过电压故障时，击穿过电压检测稳压管，向 Q952 输入高电平触发电压，Q952 导通，将副电源稳压光耦合器

IC952 的 1 脚电压拉低，IC952 截止，副电源 IC950 停止工作，保护电路启动，整个开关电源停止工作。

部分机型的电源板，在副电源稳压电路 IC950 的 4 脚外部，设有以 ZD953、Q954 为核心组成的市电过电压保护电路，当市电电压过高时，击穿稳压管 ZD953，Q954 导通，将 IC950 的 4 脚电压拉低，IC950 停止工作。保护电路工作原理如图 13-3 所示（见书后插页）。

13.2.2　保护电路维修提示

发生自动关机故障，指示灯同时熄灭，一是以 Q952 为核心的过电压保护电路启动，二是以 ZD953、Q954 为核心的市电过电压保护电路启动，维修方法是测量关键点电压，判断保护电路是否启动，如果保护电路启动，可采取解除保护的方法，观察故障现象，判断故障范围。

1. 测量关键点电压，判断是否保护

在开机的瞬间，一是测量 Q952 的 b 极电压，如果由正常时低电平 0V，变为高电平 0.7V 以上，则是该过电压保护电路启动；二是测量 Q954 的 G 极电压，该脚电压正常时为低电平，如果变为高电平则是市电过电压保护电路启动。

2. 暂时解除保护，确定故障部位

全部解除保护的方法是将 Q952 的 b 极对地短路。逐路解除保护的方法是：+24V 过电压保护电路断开 D974，+12V 过电压保护断开 D975。如果断开哪路保护检测电路后，开机不再保护，则是该电压过高引起的保护。

解除市电过电压保护的方法是将 Q954 的 G 极对地短路。每解除一种保护，进行一次开机试验，如果解除哪路保护电路后，通电试机不再保护，则是该保护检测电路引起的保护故障，应对被检测的电压进行测量，如果电压过高，则是稳压控制电路发生故障或市电电压过高，如果被检测的 +24V、+12V 和市电电压均正常，则是保护检测电路发生变质、漏电故障引起的误保护。

13.2.3　保护电路维修实例

例 13-2：开机三无，指示灯亮后熄灭。

分析与检修：开机瞬间指示灯亮，说明副电源已经启动工作，亮后熄灭，判断是保护电路启动。测量保护电路 Q925 的 b 极电压，开机的瞬间为高电平 0.7V，进一步判断过电压保护电路启动。采取解除保护的方法维修，拔掉电源板输出连接线，将开关机控制端 PS-ON 接 +5V 输出端，提供开机高电平，将 Q925 的 b 极对地短路解除保护。通电测量电源输出 +12V和 +24V 电压均偏高，判断主电源稳压控制电路故障，对主电源稳压控制电路进行检测，发现光耦合器 IC972 内部开路，更换后通电试机，故障排除。

13.3　海尔 L32R1 液晶彩电电源板保护电路速修图解

海尔 L32R1 液晶彩电采用的电源板，采用 NCP1377B + NCP1014AP56G 集成电路组合方案。该电源板由三部分组成：一是集成电路 NCP1014AP56G（U3）为核心组成的副开关电源，产生 +5V 电压、+15V 电压和 VCC 电压，+5V 电压为主板控制系统供电，+15V 电压经开关机电路控制后，为主电源驱动电路供电，VCC电压为副电源U3供电；二是以集成电路NCP1377B（U1）为核心组成的主电源，产生+24V电压，为背光灯逆变器板供电；三是以集成电路LM34167（U2）为核心组成的+12V电压形成电路，将+24V电压降压为+12V，为主板小信号处理电路供电。

13.3.1 保护电路原理图解

该开关电源一是在初级电路设有以U8、V4为核心组成的市电过低保护电路，当市电电压过低时，U8、V4截止，切断主电源驱动电路的VCC供电，主电源停止工作；二是在主电源次级设有以模拟晶闸管V1、V5为核心组成的+12V过电压保护电路，发生+12V过电压时，模拟晶闸管导通，将开关机光耦合器U9的1脚电压拉低，U9和V9截止，切断主电源驱动电路的VCC供电，主电源停止工作。保护电路工作原理如图13-4所示。

13.3.2 保护电路维修提示

发生自动关机故障，测量主电源输出端开机的瞬间有电压输出，然后降为0V，一是以V1、V5为核心的模拟晶闸管过电压保护电路启动；二是以U8、V4为核心的市电过低保护电路启动，维修时可先判断保护电路是否启动，再采取解除保护等方法确定故障部位。

1. 测量关键点电压，判断是否保护

判断方法是：在开机的瞬间，测量保护电路的模拟晶闸管V1的b极电压，如果由正常时低电平0V，变为高电平0.7V以上，则是以模拟晶闸管为核心的保护电路启动；二是以U8、V4核心的市电过低保护电路启动，判断方法是测量V9的e极电压和V4的c极电压，如果V9的e极有电压输出，而V4的c极无电压输出，则是该保护电路启动，常见为U8输入端的分压取样电阻阻值变大或开路。

2. 暂时解除保护，确定故障部位

解除晶闸管保护的方法是将模拟晶闸管V1的b极对地短路；解除市电过低保护的方法是短路V4的e极与c极。如果解除哪路保护检测电路后，开机不再保护，则是该电压过高引起的保护。

13.3.3 保护电路维修实例

例13-3：开机三无，指示灯亮，主电源无电压输出。

分析与检修：指示灯亮，说明副电源已经启动工作。主电源无电压输出，测量主电源310V供电正常，但测量主电源驱动控制电路U1（NCP1377B）的6脚无VCC供电。检查开关机控制电路，ON/OFF为高电平，V11导通，但光耦合器U9截止，判断保护电路启动。测量模拟晶闸管V1的b极电压，开机的瞬间为高电平0.7V，判断过电压保护电路启动。采取解除保护的方法维修，拔掉电源板输出连接线，将开关机控制端PS-ON接+5V输出端，提供开机高电平，将V1的b极对地短路解除保护。通电测量电源输出+12V正常，判断过电压保护电路故障引起误保护，对过电压保护电路元件进行检测，发现V1有漏电现象，更换V1后故障排除。

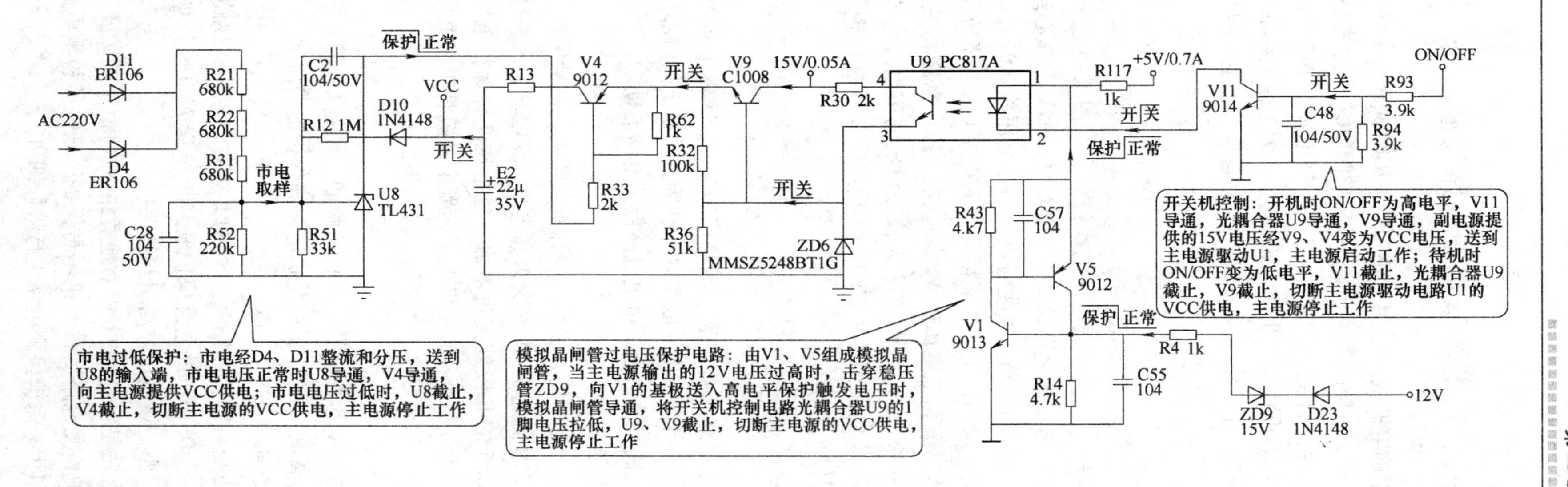

图 13-4　海尔 L32R1 液晶彩电电源板保护电路图解

13.4 海尔H32E07液晶彩电电源板保护电路速修图解

海尔H32E07液晶彩电采用的电源板，采用FAN7530+ICE3B0565J+L6599集成电路组合方案。该电源板由三部分组成：一是以集成电路FAN7530（IC1）为核心组成的PFC电路，将整流滤波后的市电校正后提升到+380V，为主、副电源供电；二是以集成电路ICE3B0565J（IC3）为核心组成的副电源，产生+5VSB电压，为主板控制系统供电；三是以集成电路L6599（IC2）和MOSFET开关管为核心组成的主电源，产生+24V、+12V电压，为主板和背光灯板供电。

13.4.1 保护电路原理图解

海尔H32E07液晶彩电电源板一是在开关电源的次级设有如图13-5所示的以模拟晶闸管QS5、QS4为核心组成的保护电路，外接集成电路LM393（ICS5）为核心组成的过电流检测电路和ZS2、ZS3组成的过电压检测电路，发生过电流、过电压故障时，保护检测电路向QS5的b极送入高电平，保护电路启动，将待机光耦合器IC4的1脚电压拉低，开关机电路IC4、Q5截止，切断PFC电路VCC1和主电源的VCC2供电，PFC电路和主电源停止工作；二是在副电源电路设有如图13-6所示的由Q6、Q7为核心组成的市电过电压保护电路，发生市电电压过高时，将副电源厚膜电路IC3（ICE3B0565J）的2脚稳压控制端电压拉低，IC2内部保护电路启动，副电源停止工作。

13.4.2 保护电路维修提示

发生自动关机故障，指示灯仍然维持点亮，则是以QS4、QS5模拟晶闸管保护电路启动；维修时可先判断保护电路是否启动，再采取解除保护等方法确定故障部位。发生自动关机故障，指示灯熄灭或副电源无法启动，则是市电过高保护电路启动。

1. 测量关键点电压，判断是否保护

判断模拟晶闸管保护电路是否启动的方法是：在开机的瞬间，测量保护电路的模拟晶闸管QS5的b极电压，如果由正常时低电平0V，变为高电平0.7V以上，则是以模拟晶闸管为核心的保护电路启动。由于QS5的b极外接过电流、过电压两种保护电路，区分是哪种保护的方法是，测量隔离二极管DS7、DS8的正极电压，哪个二极管正极电压为高电平，则是该路保护检测电路引起的保护，如果DS7、DS8的正极均为低电平，则是过电压保护电路引起的保护。

判断市电过高保护电路是否启动的方法是：开机的瞬间，测量Q7的b极电压，该电压正常时为0V低电平，如果变为高电平0.7V，则是市电过高保护电路启动。

2. 暂时解除保护，确定故障部位

全部解除晶闸管保护的方法是将模拟晶闸管QS5的b极对地短路；逐路解除保护的方法是：过电压保护电路断开DS9、DS10；过电流保护电路断开DS7、DS8。如果断开哪路保护检测电路后，开机不再保护，则是该电压过高引起的保护。

解除市电过高保护电路的方法是将Q7的b极对地短路，或将Q7的c极与IC3的2脚之间连接断开。如果解除哪路保护检测电路后，开机不再保护，则是该检测电路引起的保护，对被检测电压、电流相关电路和相关保护检测电路进行维修即可。

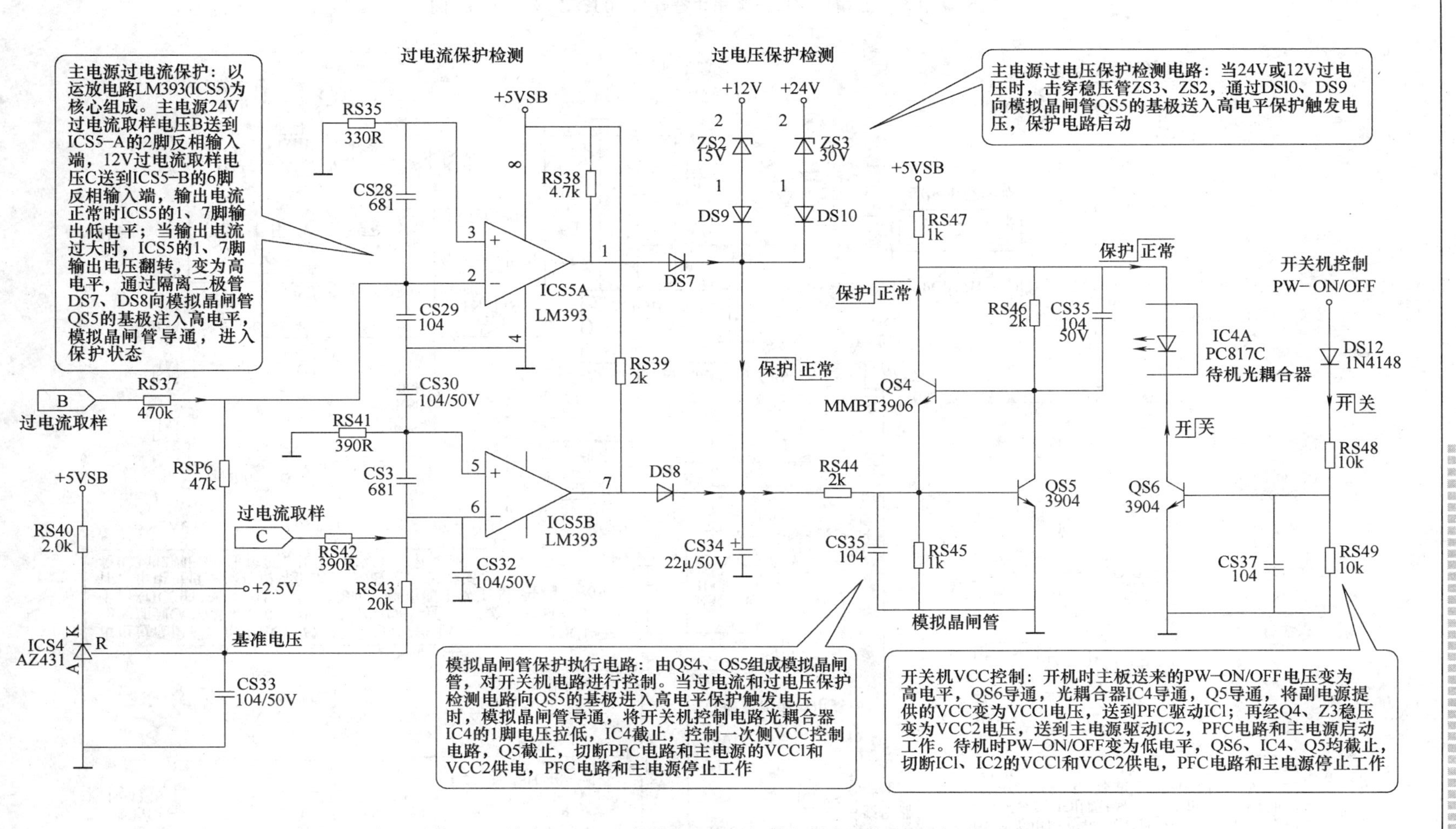
过电流保护检测
过电压保护检测
主电源过电流保护：以运放电路LM393(ICS5)为核心组成。主电源24V过电流取样电压B送到ICS5−A的2脚反相输入端，12V过电流取样电压C送到ICS5−B的6脚反相输入端，输出电流正常时ICS5的1、7脚输出低电平；当输出电流过大时，ICS5的1、7脚输出电压翻转，变为高电平，通过隔离二极管DS7、DS8向模拟晶闸管QS5的基极注入高电平，模拟晶闸管导通，进入保护状态
主电源过电压保护检测电路：当24V或12V过电压时，击穿稳压管ZS3、ZS2，通过DS10、DS9向模拟晶闸管QS5的基极送入高电平保护触发电压，保护电路启动
模拟晶闸管保护执行电路：由QS4、QS5组成模拟晶闸管，对开关机电路进行控制。当过电流和过电压保护检测电路向QS5的基极进入高电平保护触发电压时，模拟晶闸管导通，将开关机控制电路光耦合器IC4的1脚电压拉低，IC4截止，控制一次侧VCC控制电路，Q5截止，切断PFC电路和主电源的VCC1和VCC2供电，PFC电路和主电源停止工作
开关机VCC控制：开机时主板送来的PW−ON/OFF电压变为高电平，QS6导通，光耦合器IC4导通，Q5导通，将副电源提供的VCC变为VCC1电压，送到PFC驱动IC1；再经Q4、Z3稳压变为VCC2电压，送到主电源驱动IC2，PFC电路和主电源启动工作。待机时PW−ON/OFF变为低电平，QS6、IC4、Q5均截止，切断IC1、IC2的VCC1和VCC2供电，PFC电路和主电源停止工作
+5VSB
RS35 330R
CS28 681
RS38 4.7k
ICS5A LM393
CS29 104
CS30 104/50V
RS41 390R
CS3 681
ICS5B LM393
CS32 104/50V
RS42 390R
RS43 20k
RS39 2k
B 过电流取样
RS37 470k
RSP6 47k
C 过电流取样
RS40 2.0k
+2.5V
ICS4 AZ431
基准电压
CS33 104/50V
+12V +24V
ZS2 15V
ZS3 30V
DS9 DS10
DS7 DS8
保护 正常
CS34 22μ/50V
RS47 1k
RS46 2k
CS35 104 50V
QS4 MMBT3906
RS44 2k
CS35 104
RS45 1k
QS5 3904
模拟晶闸管
IC4A PC817C 待机光耦合器
开 关
QS6 3904
CS37 104
开关机控制 PW−ON/OFF
DS12 1N4148
RS48 10k
RS49 10k

图 13-5 海尔 H32E07 液晶彩电电源板模拟晶闸管保护电路图解

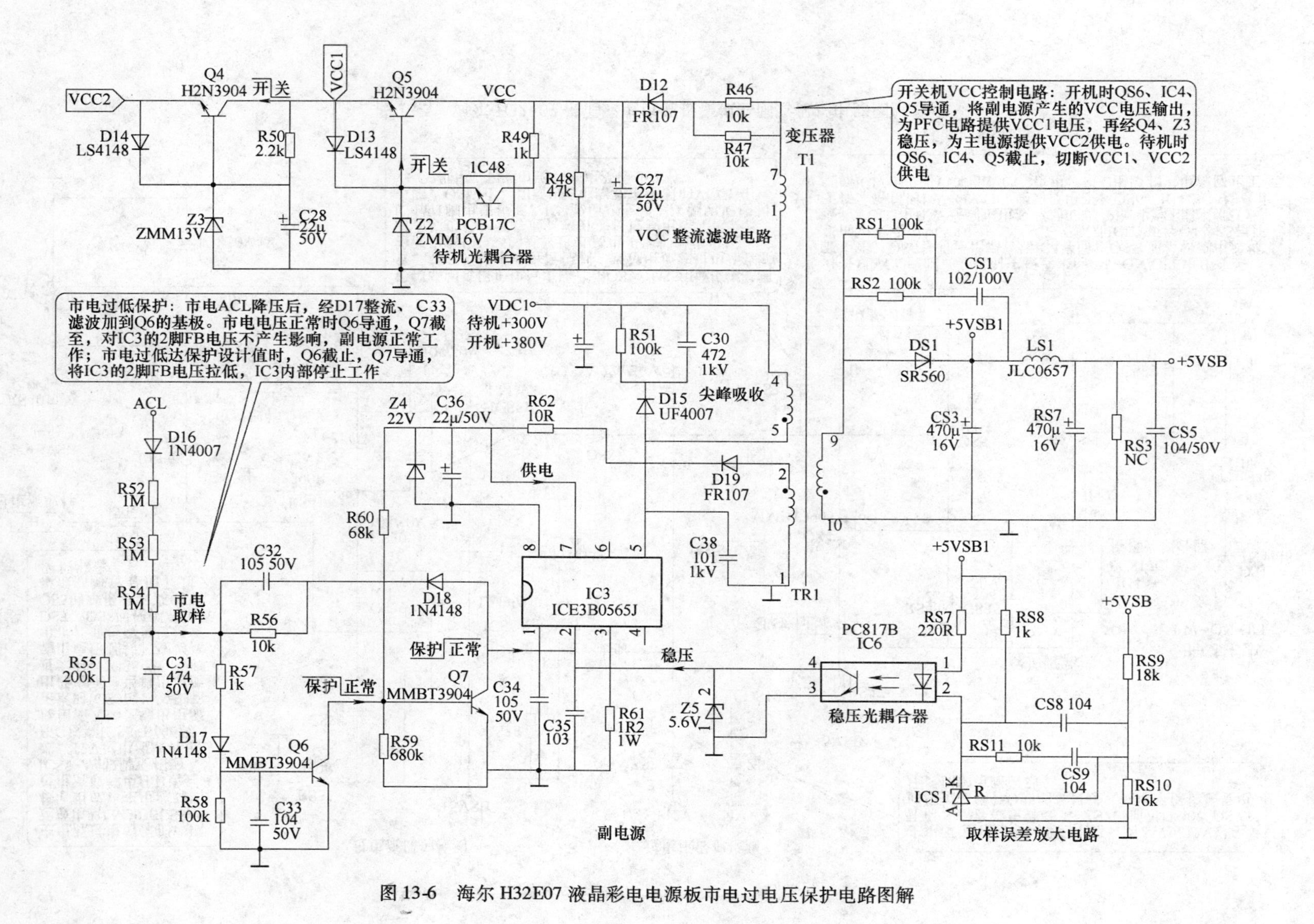

图 13-6 海尔 H32E07 液晶彩电电源板市电过电压保护电路图解

13.4.3　保护电路维修实例

例 13-4：开机三无，指示灯亮。

分析与检修：开机指示灯亮，说明副电源已经启动工作，测量主电源输出电压上升后又降为 0V，测量保护电路 QS5 的 b 极电压，判断模拟晶闸管保护电路启动。采取解除保护的方法维修，拔掉电源板输出连接线，将开关机控制端 PW-ON/OFF 接 +5V 输出端，提供开机高电平，将 QS5 的 b 极对地短路解除保护。通电测量电源输出 +12V 和 +24V 电压正常，判断保护检测电路故障，引起误保护，对保护检测电路进行在路电阻检测，未见异常。考虑到稳压管在路无法检测其稳压值，更换试之，当用 27V 稳压管更换稳压管 ZS3 时，故障排除。

检
33